让亿万人获得幸福的心灵密码

心灵鸡汤

白虹　编著

中国华侨出版社

北 京

图书在版编目(CIP)数据

心灵鸡汤 / 白虹编著.—北京: 中国华侨出版社，2014.3（2020.1重印）

ISBN 978-7-5113-4470-0

Ⅰ.①心… Ⅱ.①白… Ⅲ.①故事—作品集—世界 Ⅳ.①114

中国版本图书馆CIP数据核字（2014）第040300号

心灵鸡汤

编　　著：	白　虹
责任编辑：	彬　彬
封面设计：	李艾红
文字编辑：	朱立春
美术编辑：	盛小云
经　　销：	新华书店
开　　本：	720mm×1020mm　1/16　印张：28　字数：690千字
印　　刷：	鑫海达（天津）印务有限公司
版　　次：	2014年7月第1版　2020年1月第7次印刷
书　　号：	ISBN 978-7-5113-4470-0
定　　价：	68.00元

中国华侨出版社　北京市朝阳区西坝河东里77号楼底商5号　邮编：100028

法律顾问：陈鹰律师事务所

发 行 部：（010）58815874　　　传　真：（010）58815857

网　　址：www.oveaschin.com　　E－mail：oveaschin@sina.com

如果发现印装质量问题，影响阅读，请与印刷厂联系调换。

前言

在当今社会，人们的工作、生活节奏越来越快，竞争也无处不在。要想成为赢家，要在人群中脱颖而出，人们不得不竭尽所能地迎接来自很多方面的挑战，所以承受的压力也越来越大。在这样争斗不断、繁杂忙乱的生活中，人们的心灵变得疲惫且脆弱不堪。而人们在享受着日新月异的物质文明的同时，也面临着金钱、权力的魅惑，那些意志不坚定的人，在不断的攀比与盲从中，会逐渐迷失自己的本性，丧失自我，陷入人性的沼泽。

生活的烦琐芜杂，工作的重重压力，已经使我们的心灵之泉日渐干涸，使我们心灵的花朵日趋凋零、枯萎。我们需要滋养、灌溉心灵，拂去心灵上的蒙尘，使其重现往昔的纯净和安宁。

人心之浩瀚，正如雨果所说："比海洋宽阔的是天空，比天空更宽阔的是人的心灵。"如果我们的心灵总是被自私、贪婪、卑鄙、懒惰所笼罩，那么不管我们是富甲天下还是位高权重，我们的心灵都不可能得到片刻的慰藉。如果我们的心灵能不断被坚强、善良、纯真、刻苦之泉所灌溉，那么即使我们一贫如洗或平凡普通，我们一样可以得到梦想的快乐和幸福。

在人生的旅途中，总存在着许多让人无法预料的困难和诱惑，这会挫伤我们的自信，扰乱我们的视线和心灵，也会使我们的前途变得迷雾重重、扑朔迷离。这时，我们需要放慢匆匆的脚步，重整心情，好好给心灵洗个澡、加点油，让心灵得到新的洗礼，去掉肮脏的污垢，卸掉浮躁和疲惫，得到呵护和润泽，重新焕发出生命的活力与热情。

那么，滋养、放松我们心灵的方式很复杂吗？不，它可以非常简单。

罗斯·斯图特说："一个故事能改善与他人之关系，移人性情，使人恍然大悟，认识到'我们同在一片蓝天下'。一则故事可使我们沉思生存之意义；一则故事或使我们依然接受新的真理，或给我们以新的视野和方式去体察大千世界，芸芸众生。"精彩的故事可以激发人的灵感，开启人的心智和思维。而这些故事对我们生活的改变具有深远的影响。它们发自肺腑，为生活勾描蓝图，为处置日常事务提供方法；它们提供行之有效的行为模式，提示我们具有优良素养和巨大潜力；它们使我们从浑浑噩噩中警醒，鼓励我们去实现梦想，去努力，去成就自我；它们提醒我们什么才最重要，让我们明白生活的真谛。

故事和美文具有教育意义，一则短小的文章中孕育着博大的智慧。它们可以修正错误，启迪心灵，照亮幽暗，帮助你我完成转变；亦可抚慰伤痛，为灵魂提供避难之所。这些故事和美文，就像鸡汤一样，滋润着我们的心灵，让我们从庸庸碌碌中醒来，找到人生的正确态度、生活的正确方向。

充满爱与力量的故事能感动每一颗纯真的心灵。温馨动人、真诚深刻的生命故事，能带给人们心灵的滋养与智慧的启发，给充满爱的心灵注入更多爱的勇气与能量，也能让缺少爱的心灵重新获得爱的滋养，变得更勇敢、更充实，体味到人生中的精彩和美好。

　　"心灵鸡汤"系列图书是世界公认的畅销经典，迄今为止，它已经推出数百个版本，在全球的销售量已超过1亿册，影响了数以千万计的人。作为"心灵鸡汤"系列的精华本，本书将带你体验前所未有的心灵盛宴，使你获得终身受益的人生哲理。本书收录了数百个精彩动人、发人深省的隽永故事，内容涉及心态、宽容、尊重、亲情、爱情、友谊、善良、感恩、幸福、做人、做事、挫折、成功等重大人生课题，相信它能带给无数人前所未有的心灵感动与智慧启迪。

　　书中有体会幸福的生活感悟、涤荡心灵的历练、战胜挫折的勇气、闪烁光辉的美德、发人深思的人生智慧，有温馨感人的爱情，有荡气回肠的亲情，有给人类带来无尽感动与启示的动物传奇……书中的故事个个启人深思。故事后附的"心灵感悟"则起到画龙点睛的作用，让人在紧张繁忙的工作和生活中可以静下心来沉淀自己、审视自己、提高自己。

　　阅读本书，将会使人活得激情满怀，爱得深沉博大；会使你更加自信地去追逐内心的憧憬与梦想。当感到痛苦、惶惑和失落时，它将给你以慰藉；在遇到打击、挫折时，它将给你以力量和智慧。毫无疑问，它会成为你的终生益友，将持续不断地为你的生活提供深刻的经验和智慧。

　　我们建议读者放慢阅读的速度，花点时间，沉下心来，慢慢品味每个故事，思索每个故事所蕴含的意义。如果慢慢用心去读，你会发现每个故事都能从不同方面滋养你的心灵、头脑和灵魂。

　　这些故事是有力的传达手段，可以开启我们的潜能，抚慰伤痛，塑造人格，并让我们借此茁壮成长。人们渴望这样的心灵鸡汤，品尝它只需要一点点时间，但它会产生深远的影响。希望我们能够把每个人心中真情的火炬点燃，让心灵散发出的每一缕清香在尘世间悠悠流传，让我们的心灵永远纯净如昔。

目录

第一辑　心态决定命运

第二辑　感谢生命

第三辑　做事先做人

第四辑　完美人生操之在我

第五辑　走出心灵的围墙

第六辑　给你的心灵洗个澡

第七辑　阳光总在风雨后

第八辑　感谢折磨你的人

第九辑　别跟自己过不去

第十辑　越过心灵的低谷

第十一辑　蹚过心灵的冰河

第十二辑　放飞美丽的心情

第十三辑　学会选择，懂得放弃

第十四辑　在爱的花园里徜徉

第十五辑　沐浴善良的阳光

第十六辑　宽容豁达行天下

第十七辑　感恩点亮生命之灯

第十八辑　　平常心做卓越事

第十九辑　　让心灵快乐地舞蹈

第二十辑　　希望在，梦就在

第二十一辑　活在当下

第二十二辑　幸福的钥匙在你心中

第二十三辑　成功之路在脚下

第二十四辑　让心灵诗意地栖居

第二十五辑　友谊是心灵的甘泉

第二十六辑　敞开心扉，学会分享

第二十七辑　发现你心灵的力量

第二十八辑　享受精彩的人生

第二十九辑　永葆一颗平常心

第三十辑　演奏生命的乐章

第一辑
心态决定命运

心态影响生活

我们的生活状况其实就是我们心境的外部反映，从某种意义上说，有什么样的心境，就有什么样的生活。

有位老太太生了两个女儿，大女儿嫁给伞店老板，小女儿当上了洗衣作坊的主管。于是老太太整天忧心忡忡，逢上雨天，她担心洗衣作坊的衣服晾不干；逢上晴天，她生怕伞店的雨伞卖不出去，天天为女儿担忧，日子过得很忧郁。

后来一位聪明人告诉她："老太太，您真是好福气！下雨天，您大女儿家生意兴隆；大晴天，您小女儿家顾客盈门。哪一天你都有好消息啊！"老太太一想，果然如此，从此高兴起来，每天都很舒心。天还是老样子，只是脑筋变了一变，生活的色彩竟然焕然一新。

明人陆绍珩说，一个人生活在世上，要敢于"放开眼"，而不向人间"浪皱眉"。

"放开眼"和"浪皱眉"就是对人生两面的选择。你选择正面，你就能乐观自信地舒展眉头，面对一切；你选择背面，你就只能是眉头紧锁，郁郁寡欢，最终成为人生的失败者。

悲观失望的人在挫折面前，会陷入不能自拔的困境；乐观向上的人即使在绝境之中也能看到一线生机，并为此而努力。有位诗人说："即使到了我生命的最后一天，我也要像太阳一样，总是面对着事物光明的一面。"到处都有明媚宜人的阳光，勇敢的人一路纵情歌唱。即使在乌云的笼罩之下，他也会充满对美好未来的期待，跳动的心灵一刻都不曾沮丧悲观：不管他从事什么行业，他都会觉得工作很重要、很体面；即使他穿的衣服褴褛不堪，也无碍于他的尊严；他不仅自己感到快乐，也给别人带来快乐。

千万不要让自己的心消沉，一旦发现有这种倾向就要马上避免。我们应该养成乐观的个性，面对所有的打击，我们都要坚韧地承受；面对生活的阴影，我们也要勇敢地克服。

要知道，任何事物总有光明的一面，我们应该去发现光明的一面。垂头丧气和心情沮丧是非常危险的，这种情绪会减少我们生活的乐趣，甚至会毁灭我们的生活本身。

心灵感悟

一个人要想生活幸福，就不能总把目光停留在那些消极的东西上，那只会使你沮丧、自卑，徒增烦恼，还会影响你的身心健康。结果，你的人生就可能被失败的阴影遮蔽本该有的光辉。

1

心境不同结果不同

古代一个举人进京赶考，住在一家店里。考试前两天他做了三个梦，第一个梦是自己在墙上种白菜；第二个梦是下雨天，他戴了斗笠还打伞；第三个梦是跟心仪已久的表妹躺在一起，但是背靠着背。

这三个梦似乎有些深意，举人第二天就赶紧去找算命的解梦。算命的一听，连拍大腿说："你还是回家吧！你想想，高墙上种菜不是白费劲吗？戴斗笠打雨伞不是多此一举吗？跟表妹都躺在一张床上了，却背靠背，不是没戏吗？"

举人一听，如同掉进了万丈深渊。他回到店里，心灰意冷地收拾包袱准备回家。店老板非常奇怪，问："不是明天就要考试了吗？你怎么今天就要回乡了？"

举人如此这般说了一番，店老板乐了："哟，我也会解梦的。我倒觉得，你这次一定要留下来。你想想，墙上种菜不是高种（中）吗？戴斗笠打伞不是说明你这次有备无患吗？跟你表妹背靠背躺在床上，不是说明你翻身的时候就要到了吗？"

举人一听，更有道理，于是振奋精神参加考试，果然考中了。

这就是不同心态带来的不同结果。

为什么会这样呢？积极的心态能激发脑啡，脑啡又转而激发乐观和幸福的感觉，这些感觉反过来又增强积极的心态，这样，就形成了"良性循环"。

积极的心态能激发高昂的情绪，帮助我们忍受痛苦，克服抑郁、恐惧，化紧张为精力充沛，并且凝聚坚忍不拔的力量。

这就从生理学（精神药理学）的角度解释了为什么成功者都是心态积极者，为什么他们能够拿得起、放得下，忍辱负重，乐观向上，义无反顾地走向成功。

相反，消极的心态和颓废的思想则耗尽了体内的脑啡，导致人心情沮丧；由于心情沮丧，脑啡的分泌量更加减少，于是消极的想法变得越来越严重，这就是"恶性循环"。

心灵感悟

树立健康的心态，树立富有生机与活力的心态，这种心态作为一切创造的源泉，作为一种永恒的真理，是一种妙不可言的万用灵药，将使你顿感力量陡增，积极地投入生活。

正确认识自己

一只狐狸早晨起来欣赏着自己在晨曦中的身影说："今天我要用一只骆驼做午餐呢！"整个上午，它奔波着，寻找骆驼。但当正午的太阳照在它的头顶时，它再次看了一眼自己的身影，于是说："一只老鼠也就够了。"狐狸之所以犯了两次截然不同的错误，与它选择"晨曦"和"正午的阳光"作为"镜子"有关。晨曦拉长了它的身影，使它错误地认为自己就是万兽之王，并且力大无穷、无所不能，能吃掉骆驼；而正午的阳光又让它对着自己已缩小了的身影妄自菲薄。

像狐狸这种心态的，在现实生活中大有人在，对自己认识不足，过分强调某种能力，或者无根无据承认自己无能。这种情况下，千万别忘记上帝为我们准备了另外一面镜子，这块镜子就是"反躬自省"4个字，它可以照见落在心灵上的尘埃，提醒我们"时时勤拂拭"，使我们认识真实的自己。

尼采曾经说过："聪明的人只要能认识自己，便什么也不会失去。"正确认识自己，才能使自己充满自信，才能使人生的航船不迷失方向。正确认识自己，才能正确确定人生的奋斗目标。只有有了正确的人生目标，并充满自信，为之奋斗终生，才能此生无憾，即使不成功，自己也无怨无悔。

世界上没有两片完全相同的树叶，人也一样，每个人都是上帝的宠儿。正确认识自己，既看到自己的长处，也认识到自己的不足，为自己正确定位，这样才能充满自信地去迎接机遇和挑战，为自己创造更多的成功和欢乐。

  虽然，生活赋予我们每个人的并不是完全相同的命运，但上帝是无私的。天生我才必有用，只要我们正确认识自己，不失自知之明，就能谱写出属于自己的华美乐章。

脚比路长

当你坚信"脚比路长"时，你的热情会促使你把理想付诸行动。

古老的阿拉比国在大漠深处，多年的风尘肆虐，使城堡变得满目疮痍。国王对4个王子说，他打算将国都迁往据说美丽而富饶的卡伦。

卡伦离这里很远很远，要翻过许多崇山峻岭，要穿过草地、沼泽，还要涉过很多的大河，但究竟有多远，没有人知道。

于是，国王决定让4个儿子分头去探路。

大王子乘车走了7天，翻过3座大山，来到一望无际的草地边，一问当地人，得知过了草地，还要过沼泽，还要过大河、雪山……便马上往回走。

二王子策马穿过一片沼泽后，被那条宽阔的大河挡了回去。

三王子过了那条大河，却被那又一片辽远的大漠吓退了。

一个月后，3个王子陆陆续续回到国王那里，将各自沿途所见报告给国王，并都再三特别强调，他们在路上问过很多人，都告诉他们去卡伦的路很远很远。又过了5天，小王子风尘仆仆地回来了，兴奋地向父亲报告：到卡伦只需18天的路程。

国王满意地笑了："孩子，你说得很对，其实我早就去过卡伦。"

几个王子不解地望着国王：那为什么还要派他们去探路？

国王一脸郑重道："我只想告诉你们，脚比路长。"

  相信脚比路长时，你就会对生活充满希望，无论你在人生的旅途中遭遇多大的困难，都不会悲观沮丧，相反会充满热情地投入生活。

把所有怀疑的思想驱逐掉

三只青蛙掉进了鲜奶桶中。

第一只青蛙说："这是命。"于是它盘起后腿，一动不动地等待着死亡的降临。

第二只青蛙说："这桶看来太深了，凭我的跳跃能力，是不可能跳出去了。今天死定了。"于是，它沉入桶底淹死了。

第三只青蛙打量着四周说："真是不幸！但我的后腿还有劲，我要找到垫脚的东西，跳出这可怕的桶！"

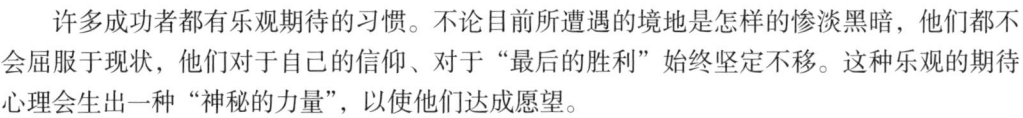

于是，第三只青蛙一边划一边跳，慢慢地，奶在它的搅拌下变成了奶油块，在奶油块的支撑下，这只青蛙奋力一跃，终于跳出了奶桶。

正是希望救了第三只青蛙的命。

许多成功者都有乐观期待的习惯。不论目前所遭遇的境地是怎样的惨淡黑暗，他们都不会屈服于现状，他们对于自己的信仰、对于"最后的胜利"始终坚定不移。这种乐观的期待心理会生出一种"神秘的力量"，以使他们达成愿望。

每个人都应该坚信自己所期待的事情能够实现，千万不可有所怀疑。要把任何怀疑的思想都驱逐掉，而代之以必胜的信念，努力发掘出属于自己的强项，必定会有美满的成功。

心灵感悟

人的一生很像是在雾中行走，远远望去，只是迷茫一片，辨不出方向和吉凶。可是，当你鼓起勇气，放下悲伤和沮丧，一步一步向前走去的时候，你就会发现，每走一步，你都能把下一步路看得清楚一点。"放下悲观往前走，别站在远远的地方观望！"这样，你就可以潇洒上路，最终找到属于你的方向。

坚持下去就会成功

一位名叫希瓦勒的乡村邮递员，每天徒步奔走在各个村庄之间。有一天，他在崎岖的山路上被一块石头绊倒了。

他发现，绊倒他的那块石头样子十分奇特，他拾起那块石头，左看右看，有些爱不释手了。

于是，他把那块石头放进自己的邮包里。村子里的人们看到他的邮包里除信件之外，还有一块沉重的石头，都感到很奇怪，便好意地对他说："把它扔了吧，你还要走那么多路，这可是一个不小的负担。"

他取出那块石头，炫耀地说："你们看，有谁见过这样美丽的石头？"

人们都笑了："这样的石头山上到处都是，够你捡一辈子。"

回到家里，他突然产生一个念头，如果用这些美丽的石头建造一座城堡，那将是多么美丽啊！

于是，他每天在送信的途中都会找几块好看的石头。不久，他便收集了一大堆，但离建造城堡的数量还远远不够。

于是，他开始推着独轮车送信，只要发现中意的石头，就会装上独轮车。

此后，他再也没有过上一天安闲的日子，白天他是一个邮差和一个运输石头的苦力，晚上他又是一个建筑师。他按照自己天马行空的想象来构造自己的城堡。

所有的人都感到不可思议，认为他的大脑出了问题。

20多年以后，在他偏僻的住处，出现了许多错落有致的城堡，当地人都知道有这样一个性格偏执、沉默不语的邮差，在干一些如同小孩建筑沙堡的游戏。

1905年，美国波士顿一家报社的记者偶然发现了这群城堡，这里的风景和城堡的建造格局令他慨叹不已，为此写了一篇介绍希瓦勒的文章。文章刊出后，希瓦勒迅速成为新闻人物。许多人都慕名前来参观，连当时最有声望的大师级人物毕加索也专程参观了他的建筑。

在城堡的石块上，希瓦勒当年刻下的一些话还清晰可见，有一句就刻在入口处的一块石头上："我想知道一块有了愿望的石头能走多远。"

据说，这就是那块当年绊倒希瓦勒的第一块石头。

其实有了愿望的不是石头，而是我们的内心有了一股强大的信念，这个信念就是要过自己向往的生活。

许多人之所以不平凡，是因为他们能够清醒地认识到一点：自己想过什么生活，想要什么样的人生。当他们有了自己的梦想以后，任何困难都是微不足道的。

心灵感悟

很多人抱怨生活中缺少或没有光明，这是因为他们自己缺少或没有希望的缘故。无论在多么艰难的困境中，只要活在希望中，就会看到光明，这光明也将伴随我们的一生。希望是生活的灯塔，没有希望的人生就如同在黑暗中行进；希望具有鼓舞人心的创造性力量，她激励人们去尽力完成自己的事业；希望可以增强人们的才智，能够使梦幻变成现实。

信念的力量

生活中没有信念的人，犹如一个没有罗盘的水手，在浩瀚的大海里随波逐流。

1989年，发生在美国洛杉矶一带的大地震，在不到4分钟的时间里，使30万人受到伤害。

在混乱和废墟中，一个年轻的父亲安顿好受伤的妻子，便冲向他7岁的儿子上学的学校。他眼前，昔日充满孩子们欢声笑语的漂亮的3层教学楼，已变成一堆废墟。

他顿时感到眼前一片漆黑，大喊："阿曼达，我的儿子！"跪在地上大哭了一阵后，他猛地想起自己常对儿子说的一句话："不论发生什么，我总会跟你在一起！"他坚定地挺起身，向那片看起来毫无希望的废墟走去。

他每天早上送儿子上学，知道儿子的教室在楼的一层左后角，他疾步走到那里，开始动手。

在他清理挖掘时，不断有孩子的父母急匆匆地赶来，看到这片废墟，他们痛哭并大喊："我的儿子！""我的女儿！"哭喊过后，他们绝望地离开了，有些人上来拉住这位父亲：

"太晚了，他们已经死了。"

"这样做无济于事，回家去吧！"

"冷静些，你要面对现实。"

这位父亲双眼直直地看着这些好心人，问道："你是不是来帮助我的？"没人给他肯定的回答，他便埋头接着挖。

救火队长挡住他："太危险了，这里随时可能发生起火爆炸。请你离开。"

这位父亲问："你是不是来帮助我的？"

警察走过来："你很难过，难以控制自己，可这样不但不利于你自己，对他人也有危险，马上回家去吧。"

"你是不是来帮助我的？"

人们都摇头叹息地走开了，认为他精神失常了。

这位父亲心中只有一个念头："儿子在等着我。"

他挖了 8 小时、12 小时、24 小时、36 小时，没人再来阻挡他。他满脸灰尘，双眼布满血丝，浑身上下到处是血迹。到第 38 小时，他突然听见底下传出孩子的声音："爸爸，是你吗？"

是儿子的声音！父亲大喊："阿曼达！我的儿子！"

"爸爸，真的是你吗？"

"是我，是爸爸！我的儿子！"

"我告诉同学们不要害怕，说只要我爸爸活着就一定会来救我们，因为他说过'不论发生什么，我总会跟你在一起'！"

"你现在怎么样？有几个孩子活着？"

"我们这里有 14 个同学，都活着，我们都在教室的墙角。房顶塌下来架了个大三角形，我们没被砸着。我们又饿又渴又害怕，现在好了。"

父亲大声向四周呼喊："这里有 14 个孩子，都活着！快来人！"

心灵感悟

信念能够产生巨大的力量。在生活中，想想积极的事，有助于心态的改变。凡事若不从好的方面去想，往往可能还没有去做某件事，就失去了信心，其结果十有八九会朝着不利的方向发展。所以，做什么事，都要有积极的信念，都要从好的方面去想。当你想象你会成功时，你就会增强信心，并在实践中想方设法去做。从好的方面想，才会有好的结果。

怀有成为珍珠的信念

很久很久以前，有一个养蚌人，他想培养一颗世上最大最美的珍珠。

他去海边沙滩上挑选沙粒，并且一颗一颗地问那些沙粒，愿不愿意变成珍珠。那些沙粒一颗一颗都摇头说不愿意。养蚌人从清晨问到黄昏，他都快要绝望了。

就在这时，有一颗沙粒答应了他。

旁边的沙粒都嘲笑起那颗沙粒，说它太傻，去蚌壳里住，远离亲人、朋友，见不到阳光、雨露、明月、清风，甚至缺少空气，只能与黑暗、潮湿、寒冷、孤寂为伍，不值得。

可那颗沙粒还是无怨无悔地随着养蚌人去了。

斗转星移，几年过去了，那颗沙粒已长成一颗晶莹剔透、价值连城的珍珠，而曾经嘲笑它傻的那些伙伴们，却依然只是一堆沙粒，有的已风化成土。

也许你只是众多沙粒中最最平凡的一颗，但如果你有要成为一颗珍珠的信念，并且忍耐着、坚持着，当走过黑暗与苦难的长长隧道之后，你或许会惊讶地发现，平凡如沙粒的你，在不知不觉中，已成了一颗珍珠。每颗珍珠都是由沙子磨砺出来的，能够成为珍珠的沙粒都有着成为珍珠的坚定信念，并无怨无悔。沙粒之所以能成为珍珠，只是因为它有成为珍珠的信念。芸芸众生中，我们原本只是一粒粒平凡的沙子，但只要怀有成为珍珠的信念，你终会长成一颗珍珠的。

心灵感悟

一个人除非对自己的目标有足够的信心，否则目标很难实现。在成长的道路上，我们应当始终坚信，只要朝着自己的目标不断向前，肯定会有好的结果。

选准合适的角色

从前，一位陶工制作了一只精美的彩釉陶罐，他把这只精美的陶罐搬回家中，放到了屋角的一块石头上。

陶罐认为主人把自己放错了地方，整天唉声叹气地抱怨说："我这么漂亮、这么精致，为什么不把我放到皇宫里作为收藏品呢？即使摆放到商店展出，也比待在这儿强啊！"

陶罐底下的石头听了忍不住劝它："这儿不是也挺好吗？我比你待的时间还久呢。"

陶罐听了讥讽石头说："你算什么东西？只不过是一块垫脚石罢了，你有我这么漂亮的图案么？和你在一起我真感到羞耻。"

石头争辩说："我确实不如你漂亮好看，我生来就是做垫脚石的，但在完成本职任务方面，我不见得比你差……"

"住嘴！"陶罐愤怒地说，"你怎么敢和我相提并论！你等着吧，要不了多久，我就会被送到皇宫成为收藏品……"它越说越激动，不提防摇晃了一下，"哗啦"掉在地上，摔成了一堆碎片。

一年一年过去了，世界发生了许多事情，一个又一个王朝覆灭了，陶工的房子早已倒塌了，石块和那堆陶罐碎片被遗落在荒凉的场地上。历史在它们的上面积满了渣滓和尘土，一个世纪连着一个世纪。

许多年以后的一天，人们来到这里，掘开厚厚的堆积，发现了那块石头。

人们把石块上的泥土刷掉，露出了晶莹的颜色。"啊，这块石头可是一块价值连城的宝玉呢！"一个人惊讶地说。

"谢谢你们！"石块兴奋地说，"我的朋友陶罐碎片就在我的旁边，请你们把它也发掘出来吧，它一定闷得够受了。"

人们把陶罐碎片捡起来，翻来覆去查看了一番，说："这只是一堆普通的陶罐碎片，一点价值也没有。"说完就把这些陶罐碎片扔进了垃圾堆。

社会是一座舞台，要想在这个舞台上当一名好演员，就必须根据自己的素质、才能、兴趣和环境条件，选择好适合自己的社会角色，只能演配角就不要去争当主角，适合当士兵就别奢望当将军。如果认不清自己，不满足于普通的角色，像故事中的陶罐那样，一心想成为皇宫的收藏品，把自己摆错了位置，到头来只会白费力气，一事无成。反之，一旦选准了适合的角色，走向成功也是顺理成章的事情。

> 在生活中，谁都想最大限度地发挥自己的能量，在更大程度上获得社会的承认。而要想做到这一点，你就必须根据自己的特长和爱好选准适合自己扮演的社会角色。

积极的心态

一个年轻人和一个老年人分别要在夜晚不同的时间里，穿过一处阴森的树林。

走之前，他俩都听说这树林里出现过一只狼，那是从附近一座山上跑下来的。但这只狼是否还在那里，谁也不知道。

老年人临行前，别人劝他还是不去为好，可老人说："我已经与树林那边的人约好了，今晚无论如何要赶到。再说，反正我已六十多岁了，让狼吃了也没什么了不起。"

于是，老人走了，他准备了一根木棍、一把斧头，很快走进了树林。几个小时后，当老人走出树林时，他已经精疲力竭。灯光下，人们看见老人身上有许多血迹。

年轻人临行前，别人也同样劝他别去，年轻人犹豫了一下，他想，老人都去了，我若退缩的话多没面子，于是，学着老人的话说："我也已经与树林那边的人约好了，怎能不去呢？"接着又说："要是那老人和我一起走，该多好啊！毕竟两个人安全些，我还年轻，以后的日子还长着呢！"说这话的时候，年轻人因害怕而浑身发抖。

那晚他也走进了树林，但人们没能见到他到达树林的那边。天亮的时候，人们只在那片树林里见到一堆新鲜的骨头。

故事中，年轻人结局悲惨的原因就在于他持一种消极的心态，在遇到狼以前，他就已经否定了自己。由此可见，建立一种积极的心态才是成功的关键。

很多时候，大部分人之所以不成功，是因为他们不"想"成功，或者说他们不具备成功者的心态。知识与才能是成功的发动机，而积极的心态则是成功发动机中的润滑油。通过对大量成功者的研究，我们发现，几乎所有的成功者都表现出一个共同的特征，那就是都具备积极的心态。有的人仿佛天生就具备积极乐观、善于自我激励等特征，而有的人则经过苦难的磨砺主动地培养了积极的个性。没有什么比积极的心态更能使一个普通平凡的人走上成功的道路。从这个角度讲，积极的心态是成功理论的重要原则之一。如果你已具有积极的心态，那么恭喜你；如果你能培养积极的心态，那么你也必定能走向成功。

> 成功者与失败者之间的差别是：成功者始终用最积极的思考、最乐观的精神和最辉煌的经验支配和控制自己的人生；失败者则刚好相反，他们的人生是受过去的种种失败与疑虑所引导和支配的。

进取心创造卓越

玛丽·凯在美国可谓家喻户晓，然而在创业之初，她曾历尽失败，走了不少弯路。但她从来不灰心、不泄气，最后终于成为大器晚成的化妆品行业的"皇后"。

20世纪60年代初期，玛丽·凯已经退休回家。可是过分寂寞的退休生活使她突然决定冒一冒险。经过一番思考，她把一辈子积蓄下来的5000美元作为全部资本，创办了玛丽·凯化妆品公司。

为了支持母亲实现"狂热"的理想，两个儿子也"跳往助之"，一个辞去一家月薪480美元的人寿保险公司代理商职务，另一个也辞去了休斯敦月薪750美元的职务，加入母亲创办的公司中来，宁愿只拿250美元的月薪。玛丽·凯知道，这是背水一战，是在进行一次人生中的大冒险，弄不好，不仅自己一辈子辛辛苦苦的积蓄将血本无归，而且可能葬送两个儿子的美好前程。

在创建公司后的第一次展销会上，她隆重推出了一系列功效奇特的护肤品。按照原来的想法，这次活动会引起轰动，一举成功。可是，"人算不如天算"，整个展销会下来，她的公司只卖出去15美元的护肤品。在残酷的事实面前，玛丽·凯不禁失声痛哭，而在哭过之后，她反复地问自己："玛丽·凯，你究竟错在哪里？"

经过认真分析，她终于悟出了一点：在展销会上，她的公司从来没有主动请别人来订货，也没有向外发订单，而是希望女人们自己上门来买东西……难怪在展销会上落得如此下场。

玛丽擦干眼泪，从第一次失败中站了起来，在抓生产管理的同时，她加强了销售队伍的建设……

经过20年的苦心经营，玛丽·凯化妆品公司由初创时的雇员9人发展到现在的5000多人；由一个家庭公司发展成为一个国际性的公司，拥有一支20万人的推销队伍，年销售额超过3亿美元。

玛丽·凯终于实现了自己的梦想。是什么力量不断地激励玛丽·凯朝着自己的目标前进？这个推动力就是：进取心。一旦养成一种不断自我激励、始终向着更高目标前进的习惯，我们身上的很多不良习惯就会逐渐消失。一旦我们有幸受这种伟大推动力的引导和驱使，我们就会成长、开花、结果，进取心最终会成为一种伟大的自我激励力量，它会使我们的人生更加崇高。

心灵感悟

进取心是神秘的宇宙力量在人身上的体现，这种动力并不是纯粹的人为力量能创造的。为了获得和满足这种力量，我们甚至愿意放弃舒适乃至牺牲自我。我们每个人都感到，我们需要这种激励，它是我们人生的支柱。

希望让生命之树常青

希望和欲念是生命不竭的原因所在。记住，无论在什么境况中，我们都必须有继续前行的信心和勇气，生命的生动在于我们满怀希望，不懈追求。

有一个老人，刚好100岁那年，不仅功成名就、子孙满堂，而且身体硬朗、耳聪目明。在他百岁生日的这一天，他的子孙济济一堂，热热闹闹地为他祝寿。

在祝寿中，他的一个孙子问："爷爷，您这一辈子中，在那么多领域做了那么多的成绩，您最得意的是哪一件呢？"

老人想了想说："是我要做的下一件事情。"

另一个孙子问："那么，您最高兴的一天是哪一天呢？"

老人回答："是明天，明天我就要着手新的工作，这对于我来说是最高兴的事。"

这时，老人的一个重孙子，虽然还30岁不到，但已是名闻天下的大作家了，站起来问："那么，老爷爷，最令您感到骄傲的子孙是哪一个呢？"说完，他就支起耳朵，等着老人宣布自己的名字。

没想到老人竟说："我对你们每个人都是满意的，但要说最满意的人，现在还没有。"

这个重孙子的脸陡地红了，他心有不甘地问："您这一辈子，没有做成一件感到最得意的事情，没有过一天最高兴的日子，也没有一个令您最满意的孙子，您这100年不是白活了吗？"

此言一出，立即遭到了几个叔叔的斥责。老人却不以为忤，反而哈哈大笑起来："我的孩子，我来给你说一个故事：一个在沙漠里迷路的人，就剩下半瓶水。整整5天，他一直没舍得喝一口，后来，他终于走出大沙漠。现在，我来问你，如果他当天喝完那瓶水的话，他还能走出大沙漠吗？"

老人的子孙们异口同声地回答："不能！"

老人问："为什么呢？"

他的重孙子作家说："因为他会丧失希望和欲念，他的生命很快就会枯竭。"

老人问："你既然明白这个道理，为什么不能明白我刚才的回答呢？希望和欲念，也正是我生命不竭的原因所在呀！"

生命在于永不放弃，我们的事业也如此，有希望在，我们就有了前进的方向，就有了不竭的动力。

心灵感悟

心无希望的人注定只能浑浑噩噩地生活，没有目标，一切都显得很糟糕。

希望是我们内心深处盛开的一朵永不凋零的花儿，人生在世绝不能没有希望。

无论我们的生活是什么状况的，有希望就会有光明。

做自己的主人

人要主宰自己的命运，做自己的主人。

"老师让我去报名参加那个拼写竞赛。"13岁的安琪一回到家就告诉父母。

"太好了，你已经报名了吗？"

"还没有呢。"

"为什么，宝贝？"父母奇怪地问。

"我有点害怕，台下可能会有许多人看着。"安琪很激动，她在家一向是个听父母话的孩子，在学校平时也不爱多说话，但是学习成绩很好。

"我想你还是先报个名吧，你可以很好地锻炼自己的。不过这事儿你还是得自己决定。"

父母离开了安琪的屋子。过了两天之后，学校老师打来电话，让安琪的父母说服安琪去报名参加拼写竞赛。

安琪回到家后，父母又跟她谈了话，父母对她说："首先，我们并不是强迫你一定要报名，这件事还是你来作决定，但是我们可以谈谈关于参加竞赛的利弊。参加竞赛可以锻炼自己的意志，锻炼自己的智力，还能增强自己的信心。比赛赢了更好，没有得名次也是无关紧要的，我们不在乎。因为你在我们的心目中是很有能力的孩子，这点并不需要用竞赛的名次来证明。"

父母又对她说："老师打电话来说，他也很相信你的能力。我们对你的比赛结果都不太关心，关心的只是你是不是想用这一次机会去锻炼自己。"

有这样开明的父母的鼓励和支持，最后安琪还是去报名了。

安琪的父母知道安琪很聪明，只是她太胆小了。她不敢想象如果自己站在台上面对那么多的观众拼写单词会是一种什么样的感觉。她的父母很想让安琪见一见世面，让她走向自己的生活，而这就是一个很好的机会。还有，父母想让安琪通过这一机会来证明她自己的能力，也好好地锻炼自己的胆量，发现自己的一些潜力，明白自己只是有些发怵，需要自己的父母给加油，同时，又能够消除得一个名次的压力。

安琪的父母对安琪充满了信心，但他们并不催促安琪，而是让她自己来做这一决定。

通过这件事，安琪增强了自己的独立性和勇气，而父母则很满意自己鼓励了安琪，使她没有失去一个很好的锻炼自己的好机会。

要驾驭命运，从近处说，要自主地选择学校，选择书本，选择朋友，选择服饰；从远处看，则要不被种种因素制约，自主地选择自己的事业、爱情和大胆地追求崇高的精神。

你的一切成功、一切造就，完全取决于你自己。

你应该掌握前进的方向，把握住目标，让目标似灯塔般在高远处闪光；你应该独立思考，有自己的主见，懂得自己解决问题。你不应相信有救世主，不该信奉什么神仙或皇帝，你的品格、你的作为，你所有的一切都是你自己行为的产物，并不能靠其他什么东西来改变。在生活道路上，你必须善于做出抉择，不要总是踩着别人的脚步走，不要总是听凭他人摆布，而要勇敢地驾驭自己的命运，调控自己的情感，做自己的主宰，做命运的主人。

心灵感悟

人若失去自己，是一种不幸；人若失去自主，则是人生最大的缺憾。赤橙黄绿青蓝紫，谁都应该有自己的一片天地和特有的亮丽色彩。你应该果断地、毫无顾忌地向世人宣告并展示你的能力、你的风采、你的气度、你的才智。

最优秀的人就是你自己

风烛残年之际，柏拉图知道自己时日不多了，就想考验和点化一下他那位平时看来很不错的助手。他把助手叫到床前说："我需要一位最优秀的承传者，他不但要有相当的智慧，还必须有充分的信心和非凡的勇气……这样的人选直到目前我还未见到，你帮我寻找和发掘一位好吗？"

"好的，好的。"助手很温顺很诚恳地说："我一定竭尽全力去寻找，以不辜负您的栽培和信任。"

那位忠诚而勤奋的助手，不辞辛劳地通过各种渠道开始四处寻找了。可他领来一位又一位，总是被柏拉图一一婉言谢绝。有一次，病入膏肓的柏拉图硬撑着坐起来，抚着那位助手的肩膀说："真是辛苦你了，不过，你找来的那些人，其实还不如你……"

半年之后，柏拉图眼看就要告别人世，最优秀的人选还是没有眉目。助手非常惭愧，泪流满面地坐在病床边，语气沉重地说："我真对不起您，令您失望了！"

"失望的是我，对不起的却是你自己。"柏拉图说到这里，很失望地闭上眼睛，停顿了许久，又不无哀怨地说："本来，最优秀的人就是你自己，只是你不敢相信自己，才把自己给忽略、给耽误、给丢失了……其实，每个人都是最优秀的，差别就在于如何认识自己、如何发掘和重用自己……"话没说完，一代哲人就永远离开了这个世界。

那位助手非常后悔，甚至整个后半生都在自责。

生活中，一个缺乏信心的人，如同一根受了潮的火柴，是不可能擦亮希望的火光的。有一位研究成功学的专家曾经这样说过："信心是生命和力量，信心是奇迹，信心是创立事业之本。只要有信心，你就能够移动一座山；只要你相信会成功，你就一定能赢得成功。"

不是因为有些事情难以做到，我们才失去自信；而是因为我们失去了自信，有些事情才显得难以做到。

真正的自信不是孤芳自赏，也不是夜郎自大，更不是得意忘形、自以为是和盲目乐观，真正的自信就是看到自己的强项或者好的一面来加以肯定、展示或表达。它是内在实力和实际能力的一种体现，能够清楚地预见并把握事情的正确性和发展趋势，引导自己做得最好或更好。

自信是成功最重要的力量之一。自信是对自己百分之百的肯定，自信是相信自己有能力做好某一件事。一个人的自信决定了他的能量、热情以及自我激励的程度。一个拥有高度自信的人，一定会拥有强大的个人力量，他做任何一件事都会成功。你对自己越自信，你就越喜欢自己、接受自己、尊敬自己。

 心灵感悟

你可以敬佩别人，但绝不可忽略了自己；你也可以相信别人，但绝不可以不相信自己。每个向往成功、不甘沉沦者，都应该牢记柏拉图的这句至理名言：最优秀的人就是你自己！

生命需要热忱

一个人成功的因素很多，而居于这些因素之首的就是热忱。热忱是发自内心的兴奋，散发、充满整个人。英文中的"热忱"这个词是由两个希腊字根组成的，一个是"内"，一个是"神"。事实上，一个热忱的人，等于是有神在他的内心。热忱也就是内心里的光辉——这种炽热的、精神的特质深存于一个人的内心。

俄亥俄州克利夫兰市的史坦·诺瓦克下班回到家里，发现他最小的儿子提姆又哭又叫地猛踢客厅的墙壁。小提姆明天就要上幼儿园了，他不愿意去，就这样以示抗议。按照史坦平时的作风，他会把孩子赶回自己的卧室去，让孩子一个人在里面，并且告诉孩子他最好还是

听话去上幼儿园。由于已了解了这种做法并不能使孩子欢欢喜喜地去幼儿园，史坦决定运用刚学到的知识：热忱是一种重要的力量。

他坐下来想："如果我是提姆的话，我怎么样才会乐意去上幼儿园？"他和太太列出所有提姆在幼儿园里可能做的趣事，例如画画、唱歌、交新朋友，等等。然后他们就开始行动，史坦对这次行动做了生动的描绘："我们都在饭厅桌子上画起画来，我太太、另一个儿子鲍勃和我自己，都觉得很有趣。没有多久，提姆就来偷看我们究竟在做什么事，接着表示他也要画。'不行，你得先上幼儿园去学习怎样画。'我以我所能鼓起的全部热忱，以能够听懂的话，说出他在幼儿园里可能会得到的乐趣。第二天早晨，我一起床就下楼，却发现提姆坐在客厅的椅子上睡着了。'你怎么睡在这里呢？'我问。'我等着去上幼儿园，我不要迟到。'我们全家的热忱已经鼓起了提姆内心对上幼儿园的渴望，而这一点是讨论或威胁、责骂都不可能做到的。"

心灵感悟

　　生活中没有任何人能够阻止你将你的目标变成现实，更没有人能够阻止你把热忱注入你的计划之中。

　　热忱能带领你迈向成功。如果你有热情，那么，你几乎所向无敌了。

要克服虚荣心

有一只高傲的乌鸦非常瞧不起自己的同伴。它到处寻找孔雀的羽毛，一根一根地藏起来。等搜集得差不多了，它就把这些孔雀的羽毛插在自己乌黑的身上，直至将自己打扮得五彩缤纷，看起来真有点像孔雀为止。然后，它离开乌鸦的队伍，混到孔雀群中。但当孔雀们看到这位新同伴时，立即注意到这位来客穿着它们的衣服，忸忸怩怩、装腔作势，大伙都气愤极了。它们扯去乌鸦所有的假羽毛，拼命地啄它、扯它，把它弄得头破血流，痛得昏死在地。

乌鸦苏醒后，不知该怎么办才好。它再也不好意思回到乌鸦群中去。想当初，自己插着孔雀羽毛，神气活现的时候，是怎么也看不起自己的同伴啊！

最后，它终于决定还是老老实实地回到同伴们那儿去。有一只乌鸦问它："请告诉我，你瞧不起自己的同伴，拼命想抬高自己，你可知道害羞？要是你老老实实地穿着这件天赐的黑衣服，如今也不至于受这么大的痛苦和侮辱了。当人家扒下你那伪装的外衣时，你不觉得难为情吗？"说完，谁也不理睬它，大伙一起高高飞走了。

地面上，那只梦想当孔雀的乌鸦被孤零零地留下了。

莎士比亚说："轻浮的虚荣是一个十足的饕餮者，它在吞噬一切之后，结果必然牺牲在自己的贪欲之下。"虚荣是一种无聊的、骗人的东西，我们要时时提醒自己远离虚荣，以免被它撞得头破血流。

虚荣是虚妄的荣耀，是掩耳盗铃的现代解释，是无知无能的你最想依赖而实际上最依靠不住的心灵稻草。稻草人是用来吓唬乌鸦及其他动物的，而你是人，还有点智商，你想用稻草人来保护自己，真是愚蠢至极。

虚荣心是一种为了满足自身荣誉、社会地位的欲望。虚荣心强的人往往不惜玩弄欺骗、诡诈的手段来炫耀、显示自己，借此博取他人的称赞和羡慕，最大限度地满足自己的虚荣心。但是由于这种人自身素质低、修养差，经常是真善美与假恶丑不分，往往把肉麻当有趣，将粗俗当高雅，打扮不合时宜，矫揉造作，不伦不类，使人感到很不舒服，甚至产生恶心之感。故事中的乌鸦，就是因为贪图虚荣，盲目追求标新立异的效果，结果弄巧成拙，留下了笑柄。

华丽的外表无法掩饰空虚的心灵。很难想象一个爱慕虚荣的人能有多大的成就，因为他们总是把一些浮在表面上的东西作为提高自己地位的条件，而不是扎实地生活和工作。由于虚荣心具有许多负面的东西，是一种扭曲的人格，它多半会遭到他人的反感和敌意，甚至攻击，因此要尽量克服它。

要克服虚荣心，关键要树立正确的荣辱观，即对荣誉、地位、得失、面子要持有一种正确的认识和态度。不可过分追求荣华富贵、安逸享受，否则就真的陷入了爱慕虚荣的怪圈。

心灵感悟

虚荣心会将你带入无知的深渊。你如果只是追求名誉、地位，看重他人对你的看法，那你就会在无意中将真实和真理拒于千里之外。追求虚荣是与追求真理相悖的一种肤浅意识。

恐惧是心灵之魔

恐惧能摧残一个人的意志和生命，它能影响人的胃、伤害人的修养、减少人的生理与精神的活力，进而破坏人的身体健康。它能打破人的希望、消退人的志气，而使人的心力"衰弱"至不能创造或从事任何事业。

许多人简直对一切都怀着恐惧之心：他们怕风，怕受寒；他们吃东西时怕有毒，经营商业时怕赔钱；他们怕人言，怕舆论；他们怕困苦的时候到来，怕贫穷，怕失败，怕收获不佳，怕雷电，怕暴风……他们的生命，充满了怕！怕！怕！

恐惧能摧残人的创造精神，足以杀灭个性而使人的精神机能趋于衰弱。一旦心怀恐惧、不祥的预感，则做什么事都不可能有效率。恐惧代表着、指示着人的无能与胆怯。这个恶魔，从古到今都是人类最可怕的敌人，是人类文明事业的破坏者。

卫斯里为了领略山间的野趣，一个人来到一片陌生的山林，左转右转，迷失了方向。正当他一筹莫展的时候，迎面走来了一个挑山货的美丽少女。

少女嫣然一笑，问道："先生是从景点那边迷失方向的吧？请跟我来吧，我带你抄小路往山下赶，那里有旅游公司的汽车在等着你。"

卫斯里跟着少女穿越丛林，阳光在林间映出千万道漂亮的光柱，晶莹的水汽在光柱里飘飘忽忽。正当他陶醉于这美妙的景致时，少女开口说话了："先生，前面一点就是我们这儿的鬼谷，是这片山林中最危险的路段，一不小心就会摔进万丈深渊。我们这儿的规矩是路过此地，一定要挑点或者扛点什么东西。"

卫斯里惊问："这么危险的地方，再负重前行，那不是更危险吗？"

少女笑了，解释道："只有你意识到危险了，才会更加集中精力，那样反而更安全。这儿发生过好几起坠谷事件，都是迷路的游客在毫无压力的情况下一不小心摔下去的。我们每天都挑东西来来去去，却从来没人出事。"

卫斯里冒出一身冷汗，对少女的解释并不相信。他让少女先走，自己去寻找别的路，企图绕过鬼谷。

少女无奈，只好一个人走了。卫斯里在山间来回绕了两圈，也没有找到下山的路。

眼看天色将晚，卫斯里还在犹豫不决。夜里的山间极不安全，在山里过夜，他恐惧；过鬼谷下山，他也恐惧；况且，此时只有他一个人。

后来，山间又走来一个挑山货的少女。极度恐惧的卫斯里拦住少女，让她帮自己拿主意。少女沉默着将两根沉沉的木条递到卫斯里的手上。卫斯里胆战心惊地跟在少女身后，小心翼翼地走过了这段"鬼谷"。

过了一段时间，卫斯里故意挑着东西又走了一次"鬼谷"。这时，他才发现"鬼谷"没有想象中那么"深"，最"深"的是自己心中的"恐惧"。

恐惧是人生命情感中难解的症结之一。面对自然界和人类社会，生命的进程从来都不是一帆风顺、平安无事的，总会遭到各种各样、意想不到的挫折、失败和痛苦。当一个人预料将会有某种不良后果产生或受到威胁时，就会产生这种不愉快情绪，并为此紧张不安，程度从轻微的忧虑一直到惊慌失措。现实生活中每个人都可能经历某种困难或危险的处境，从而体验不同程度的焦虑。

恐惧作为一种生命情感的痛苦体验，是一种心理折磨。人们往往并不为已经到来的，或正在经历的事而惧怕，而是对结果的预感产生恐慌，人们生怕无助、生怕排斥、生怕孤独、生怕伤害、生怕死亡的突然降临；同时人们也生怕丢官、生怕失业、生怕失恋、生怕失亲、生怕声誉的瞬息失落。

马克·富莱顿说："人的内心隐藏任何一点恐惧，都会使他受魔鬼的利用。"美国著名作家、诺贝尔文学奖获得者福克纳说："世界上最懦弱的事情就是害怕，应该忘了恐惧感，而把全部身心放在属于人类情感的真理上。"爱因斯坦说："人只有献身社会，才能找出那实际上是短暂而有风险的生命的意义。"

循着哲人的脚步，聆听他们智慧的声音，我们还有什么可以恐惧的理由？

心灵感悟

恐惧产生的结果多是自我伤害，它不仅让人丧失自信心或战斗力，还能使人被根本不存在的危险伤害。与恐惧相反，勇气和镇定能使人变得强大，能减少或避免伤害。所以，在面对危险的时候，一定要临危不乱，牢记勇者无惧的箴言，这样你才能从容面对生活并且走向成功。

化解怒气

动辄发怒是放纵和缺乏教养的表现，而且一旦"愤怒"与"愚蠢"携手并进，"后悔"就会接踵而来。所以，血气沸腾之际，理智不太清醒，言行容易过分，于人于己都不利。

有一位经理，一大早起床，发现上班快要迟到了，便急急忙忙地开着车往公司赶。

一路上，为了赶时间，这位经理连闯了几个红灯，最终在一个路口被警察拦了下来，给他开了罚单。

这样一来，上班迟到已是必然。到了办公室之后，这位经理犹如吃了火药一般，看到桌上放着几封昨天下班前便已交代秘书寄出的信件，更是气不打一处来，把秘书叫了进来，劈头就是一阵痛骂。

秘书被骂得莫名其妙，拿着未寄出的信件，走到总机小姐的座位，同样是一阵狠批。秘书责怪总机小姐，昨天没有提醒她寄信。

总机小姐被骂得心情恶劣之至，便找来公司内职位最低的清洁工，借题发挥，对清洁工的工作，没头没脑地也是一连串声色俱厉的指责。

清洁工没有人可以再骂下去，她只得憋着一肚子闷气。

下班回到家，清洁工见到读小学的儿子趴在地上看电视，衣服、书包、零食，丢得满地都是，刚好逮住机会，把儿子好好地教训了一顿。

儿子电视看不成了，愤愤地回到自己的卧房，见到家里那只大懒猫正盘踞在房门口，一时怒由心中起，狠狠地踢了一脚，把猫儿给踢得远远的。

无故遭殃的猫儿，心中百思不解："我招谁惹谁了？"

情绪是可以传染的，尤其是坏情绪、怒气。按照上面这则事例中怒气蔓延的逻辑，再传递下去，最终会将全世界闹个鸡犬不宁。此话虽略显夸张，但不无道理。其实，他们中的任何一个人只要心平气和地面对别人的怒气，然后合理地处理好自己的情绪，怒气就不会传播得这么广，就不会有那么多的人受怒气影响而情绪变坏。

脾气暴躁，经常发火，不仅强化诱发心脏病的致病因素，而且会增加患其他病的可能性，它是一种典型的慢性自杀。因此为了确保自己的身心健康，以及保证人际关系的和谐安宁，必须学会控制自己，克服易怒的毛病。

冲动会酿成大祸

培根说："冲动，就像地雷，碰到任何东西都一同毁灭。"如果你不注意培养自己冷静理智、心平气和的性情，培养交往中必需的沉着，一旦碰到"导火线"就暴跳如雷，情绪失控，就会把你最好的人生全都炸掉，最后只会让自己陷入自戕的囹圄。

南南的爸爸妈妈大吵了一架，起因是妈妈放在自己外套里的300元钱不见了，妈妈认定是爸爸拿的，爸爸却不承认。下班后，爸爸直接去保姆家接南南，保姆一边帮南南穿衣服，一边说："昨天我给南南洗衣服，从她口袋里找出 300 元钱，都被我洗湿了，晾在……"没等保姆把话说完，爸爸立刻就把南南拽了过去，狠狠打了她两个耳光，南南的嘴角立刻流血了。"你竟敢偷钱！害得我和你妈妈大吵了一架，这样坏的孩子不要算了！"他丢下南南掉头就走了。南南根本不知道发生了什么事，只觉得脸很痛，就哭了起来。保姆对南南妈妈说："你家先生也太急躁了，不等我把话说完就打孩子，这么小的孩子哪知道偷钱啊！ 100 元钱对她来说就是张花纸。一定是她拿着玩时顺手放到口袋里的。"南南被妈妈抱回家，却总是不停哭闹，妈妈只好带她去医院做检查。

检查结果让夫妻俩完全呆住了：孩子的左耳完全失去听力，右耳只有一点听力，将来得戴助听器生活。由于失去听力，孩子的平衡感会很差，同时她的语言表达也将受到严重影响。

南南爸爸简直痛不欲生，他一时冲动打出的两个巴掌竟然毁了女儿的一生，他永远无法原谅自己，并将终生背负着对女儿的亏欠。

愚蠢的行为大多是在手脚转动得比大脑还快的时候产生的。每个父亲都是爱自己的孩子的，南南的爸爸也一定为女儿设想过前途，想过女儿美好的未来，但冲动使他亲手毁了这一切。

在遇到与自己的主观意向发生冲突的事情时，若能冷静地想一想，不仓促行事，也就不会有冲动，更不会在事后后悔莫及了。

大多数成功者，都是对情绪能够收放自如的人。这时，情绪已经不仅仅是一种感情的表达，更是一种重要的生存智慧。如果控制不住自己的情绪，随心所欲，就可能带来毁灭性的灾难。情绪控制得好，则可以帮你化险为夷。

所以，你要学会控制自己的冲动，学会审时度势，千万不能放纵自己。每个人都有冲动的时候，尽管它是一种很难控制的情绪。但不管怎样，你一定要牢牢控制住它。否则，一点细小的疏忽，就可能贻害无穷。

平时可以通过修身养性来调节自己的情绪，或是加强思想修养；或是提高文化层次，以一颗爱心去对待别人，增加自己的心理相容性；或者去学钓鱼；等等，目的都是给你一个舒适的心境，宽松怡人，忘掉烦恼，摆脱急躁。

控制好自己的情绪

良好地控制自我就是不要凡事都情绪化，任由情绪发展，而是要适度控制。

新的一届竞选又开始了，一位准备参加参议员竞选的候选人向自己的参谋讨教如何获得多数人的选票。

其中一个参谋说："我可以教你些方法。但是我们要先定一个规则，如果你违反我教给你的方法，要罚款 10 元。"

候选人说："行，没问题。"

"那我们从现在就开始。"

"行，就现在开始。"

"我教你的第一个方法是：无论人家说你什么坏话，你都得忍受。无论人家怎么损你、骂你、指责你、批评你，你都不许发怒。"

"这个容易，人家批评我、说我坏话，正好给我敲个警钟，我不会记在心上。"候选人轻松地答应。

"你能这么认为最好。我希望你能记住这个戒条，要知道，这是我教给你的规则当中最重要的一条。不过，像你这种愚蠢的人，不知道什么时候才能记住。"

"什么！你居然说我……"候选人气急败坏地说。

"拿来，10块钱！"

虽然脸上的愤怒还没退去，但是候选人明白，自己确实是违反规则了。他无奈地把钱递给参谋，说："好吧，这次是我错了，你继续说其他的方法。"

"这条规则最重要，其余的规则也差不多。"

"你这个骗子……"

"对不起，又是 10 块钱。"参谋摊手道。

"你赚这 20 块钱也太简单了。"

"就是啊，你赶快拿出来，你自己答应的，你如果不给我，我就让你臭名远扬。"

"你真是只狡猾的狐狸。"

"又 10 块钱，对不起，拿来。"

"呀，又是一次，好了，我以后不再发脾气了！"

"算了吧，我并不是真要你的钱，你出身那么贫寒，父亲也因不还人家钱而声誉不佳！"

"你这个讨厌的恶棍，怎么可以侮辱我家人！"

"看到了吧，又是 10 块钱，这回可不让你抵赖了。"

看到候选人垂头丧气的样子，参谋说："现在你总该知道了吧，克制自己的愤怒，控制情绪并不容易，你要随时留心，时时在意。10块钱倒是小事，要是你每发一次脾气就丢掉一张选票，那损失就可大了。"

控制自己的冲动是件非常不容易的事情，因为我们每个人的心中都存在着理智与感情的斗争。为情所动时，不要有所行动，否则你会将事情搞得一团糟。人在不能自制时，会举止失常，激情总会使人丧失理智。此时应去咨询不为此情所动的第三方，因为当局者迷，旁观者清。当谨慎之人察觉到情绪冲动时，会即刻控制并使其消退，避免因热血沸腾而鲁莽行事。短暂的爆发会使人不能自拔，甚至名誉扫地，更糟糕的则可能丢掉性命。

心灵感悟

一个成功的人必定是有良好控制能力的人，控制自我不是说不发泄情绪，也不是不发脾气，过度压抑只会适得其反。良好的控制自我就是不要凡事都情绪化，任由情绪发展，而是要适度控制，这是一种能力的体现。

击好下一个球

有人问世界网球冠军海伦·威尔斯·穆迪："你的上一场温布尔登公开赛打得很艰难，与对手只有一分之差，你当时的感觉怎么样？你在想什么？"

"我在想什么？"她有点惊异，微笑着回答道，"我只有时间去想如何打好下一个球，击败对手！"

无疑，她又登上了英国网球的冠军宝座。在紧张的时刻保持冷静，发挥自己所有的潜能和技术，这才能造就冠军。

这是一个镇静取胜的很好例子。只有在别人激动或者用一张严肃的脸掩饰内心的不安，而你却保持冷静，积极调动自己的每一根神经时，你才能够取得胜利。

如果她失去了自控，她就会输掉比赛；如果她想象着比赛结束，自己取得胜利的场景；如果她在击球的过程中有一秒钟的走神，她都会以失败而告终。

有些人可能因为过于自信而输掉比赛，有些人可能因为过于恐惧而满盘皆输。赢得比赛和赢得人生的唯一办法就是认真地击好下一个球，做好每一件事。

如果我们能打好下一个球，不是随后的球，也不是最后一个球，只是下一个球而已，我们就能赢得比赛，否则，我们就会输掉。

生活的秘诀在于控制自己的情绪，只有这样才是无法战胜的。如果没有这种能力，如果我们不能把自己的精力集中起来，我们就会输掉比赛，甚至在比赛之前就已经输了。

不管目前的情况有多糟，调整好情绪，保持冷静的头脑，认真地击下一个球，这样整个比赛都会改观，即使失败也会在转瞬之间变成胜利。

心灵感悟

冷静是智慧美丽的珍宝，它来自长期耐心的自我控制；冷静是一种成熟的经历，来自对事物规律不同寻常的了解。一个冷静的人不会在任何事情面前大惊小怪，即使在大风大浪中也会如岩石般屹立于海岸，岿然不动。保持冷静，就会拥有处变不惊、泰然自若的人生。

攀比使人生的天平倾斜

我们已经习惯在比较的差距上感受人生的意义，体会幸福与悲伤。但是，攀比的结果是使人生的天平倾斜。

在朋友聚会中，"在哪里发财""一月能赚多少钱""房子有多大"成了人们拉家常的主要内容。然而，这些原本很普通的问话，对于一些人来说可能是被点到"痛处"了，甚至由此引发了他们的心理疾病。

小陈和小丽刚刚结婚，两个人如胶似漆，好得不得了。然而，最近一段时间，小丽表现得郁郁寡欢。而且每当小陈下班去小丽单位接她时，她不再像以前那样高高兴兴地坐上车，搂着小陈的脖子问他想不想她。现在，小陈发现，下班后小丽总是要等其他同事差不多都走完了才不紧不慢地出来。小陈为此忍不住数落了小丽几句，没想到小丽委屈地说："你以后不要把奥拓车开到公司门口来了，那边有个巷子，你就停那儿，我保证一下班就过来！"小丽还说，"最近在公司里自己老公开什么车成了办公室的热门话题，王姐平时在办公室不显山不露水，这段时间可找到感觉了，打'嘴仗'谁都打不过她。没办法，她老公开的是宝马，车牌号又带几个 8，在公司门口一摆，就让人羡慕得不得了！像帕萨特、本田也风光得很，还有波罗车又乖又洋气，普桑也还勉强看得过去，就怕你这样开小奥拓的，让我在同事中间一点面子都没有。"

小丽羡慕别人的车子有多么漂亮，就在老公面前抱怨，这样又有什么好处呢？人不可能每样都比别人强，所谓"人外有人，天外有天"，羡慕别人等于在一定程度上贬低自己，为什么不默默赶上？再怎么羡慕，自己的奥拓也变不成别人的宝马呀！

综合起来，攀比者的表现不外乎以下几种：做事情三心二意、朝三暮四、浅尝辄止；或东一榔头西一棒槌，既要鱼也要熊掌；或是这山望着那山高，静不下心来，耐不住寂寞，稍不如意就轻易放弃，从来不肯为一件事倾尽全力。

其实，立志成就伟业的人应拒绝攀比、拒绝急于求成。让攀比的心多一些个性，给燥热的心多一点清凉，使急于求成的心多一些冷静，这样才能成就大事。

盲目攀比的人总是轻易地修改自己的目标，对任何事都难以有恒久之心。当你看到别人事业有成时，如果能从中看到努力的方向，脚踏实地好好工作，也许下一个事业有成的人就是你自己了。

忘记仇恨

一个人在他 20 多岁时被人陷害，在牢房里待了 10 年。后来冤案告破，他终于走出了监狱。出狱后，他开始几年如一日地反复控诉、咒骂："我真不幸，在最年轻有为的时候竟遭受冤屈，在监狱度过本应最美好的一段时光。那样的监狱简直不是人居住的地方，狭窄得连转身都困难。唯一的小窗口里几乎看不到阳光，冬天寒冷难忍，夏天蚊虫叮咬……真不明白，上帝为什么不惩罚那个陷害我的家伙，即使将他千刀万剐，也难解我心头之恨啊！"

75 岁那年，在贫病交加中，他终于卧床不起。弥留之际，牧师来到他的床边："可怜的孩子，去天堂之前，忏悔您在人世间的一切罪恶吧……"

牧师的话音刚落，病床上的他声嘶力竭地叫喊起来："我没有什么需要忏悔，我需要的是诅咒，诅咒那些施予我不幸命运的人……"

牧师问："您因受冤屈在监狱待了多少年？离开监狱后又生活了多少年？"他恶狠狠地将数字告诉了牧师。

牧师长叹了一口气："可怜的人，您真是世上最不幸的人，对您的不幸，我真的感到万分同情和悲痛！他人囚禁了你区区 10 年，而当你走出监牢本应获取永久自由的时候，您却用心底里的仇恨、抱怨、诅咒囚禁了自己整整 50 年！"

对仇人的报复只会使你内心超负荷。医学上认为，如果内心压力过大，长期性的高血压和心脏病就会如影随形，伴你度过痛苦的一生。因为你胸怀报复之心，所以你将因无法倾泄的怨气而缺乏对理想的执着与追求，事业的成功自然遥遥无期。

忘记仇恨就是快乐。人人都有痛苦、都有伤疤，经常去揭，会添新伤。学会忘却，生活才有阳光，才有欢乐。如果没有忘却，人不会快乐，只会淹没在对过去的懊悔、痛苦和对未来的恐惧、忧虑与烦恼之中，人的大脑与神经会因不堪重荷而错乱，心也会被人生必经的一切坎坷咬噬着，永远没有喘息的机会；如果没有忘却，人们可能会因为人与人之间的小摩擦而终生没有朋友、没有伴侣；如果没有忘却，那么我们除了在既没有多少记忆也不需要忘却的婴儿身上看到最天真的欢愉之外，不会再看到洋溢着幸福的脸。

忘记仇恨就是潇洒。宽厚待人，忘记仇恨，乃事业成功、家庭幸福美满之道。事事斤斤计较、患得患失，活得也累。法国19世纪的文学大师雨果曾说过这样一句话："世界上最宽阔的是海洋，比海洋宽阔的是天空，比天空更宽阔的是人的胸怀。"人难得在滚滚红尘中走一遭，何必自己去寻找那么多的烦恼呢？

实际上，忘记仇恨也是爱他人、爱世界的一种方式。在现实生活中，你千万不要拿显微镜看周围。人人都有不足，事事都有缺憾。但是瑕不掩瑜，只要我们忘记仇恨，不刻意追求完美，就会从中发现自己喜欢的东西，从而拥有丰富而美好的真实生活。

心灵感悟

> 把仇恨一直埋在心里，既浪费感情和精力，也让自己沉重而空虚。人生短暂，要做的事情很多，只要拥有包容的心，一切不快乐都会过去。因为不知道原谅别人而让自己痛苦，才是最大的不幸。

急于求成的恶果

有一个小朋友，他很喜欢研究生物学，很想知道那些蝴蝶如何从蛹壳里出来，然后翩翩飞舞。

有一次，他走到草原上面看见一个蛹，便取了回家，然后天天守着它。过了几天以后，这个蛹出现了一条裂痕，他看见里面的蝴蝶开始挣扎，想抓破蛹壳飞出来。

这个过程达数小时之久，蝴蝶在蛹里面很辛苦地拼命挣扎，怎么也没法子走出来。这个小孩看着看着不忍心，就想不如让我帮帮它吧，便随手拿起剪刀把蛹剪开，使蝴蝶破蛹而出。

但蝴蝶出来以后，因为翅膀不够有力，身体变得很臃肿，飞不起来。

那只蝴蝶以后再也飞不起来，只能在地上爬。因为它还没有经过自己奋斗将蛹打开，然后飞出来这个过程。

从这个故事中，我们能得到什么样的启示？

那只蝴蝶在蛹里要破壳飞出来的时候，在最后的几小时中，要很辛苦地挣扎，而挣扎过程实际上是锻炼它那一对翅膀的过程，亦是看它身体是否能够缩小的过程。如果它通过努力，最后能将这个蛹打开裂口，飞出来的时候，它便可以轻松自如。但是这个小孩帮了它，用剪刀剪开蛹壳，蝴蝶轻而易举地出来了，可是它的翅膀没有经过在撕破蛹的过程中的奋斗，是没有力气的。所以这个小孩想帮蝴蝶的忙，结果反害了蝴蝶，正所谓欲速则不达。

由此不难看出，急于求成只会导致最终的失败，所以我们不妨放远眼光，注重自身知识的积累，厚积薄发，自然水到渠成，达到自己的目标。

蛹化蝶的例子，表面上是一个生物界里很简单的事实，但是放大至我们的人生、我们的社会、我们今时今日所做的事业，同样也都必须有一个痛苦的挣扎、奋斗的过程，这个过程本身就是将你锻炼得坚强，使你成长、使你有力的过程。

对于"一万年太久，只争朝夕"的人来说，最容易犯的毛病就是"欲速则不达"。放眼整个社会，大多数都知道这个道理，而最终背道而驰的仍是大多数人。

造成这种速成心理主要有两方面的原因：一是人们过于追求眼前利益；二是许多人过分享受，而不是磨炼自我。

平时我们看到一些人急于求成的时候，总是以这句话来相告。但叫一个人去接受这句话的时候，并不是一件容易的事情，很多的人只把你所说的当作耳边风，行事依然我行我"速"，最后自然只会导致失败。事实上，很多历史上的名人也用过求速成的方法，但在追求过程中，又转向了下苦功。例如，宋朝的朱夫子是个绝顶聪明之人，他十五六岁就开始研究禅学。而到了中年之时，才感觉到速成不是求学良方。于是他坚信"欲速则不达"这句话，之后下苦功，方获得了一定的成就。他有一句16字真言："宁详毋略，宁近毋远，宁下毋高，宁拙毋巧。"

为什么当今的人却无法做到这一点呢？因为当前更多人信奉的是："随主流而不求本质。"在追求的过程中丧失了自己的目的性，不追求人生最根本的目的，转而追求一些形式上的成功，正如一句话中所说的，瞬间的成就可以使人获得短暂的名利，但如果谈起永恒，无非只是皮毛之举。我们要成就一番事业，就必须静下心来，脚踏实地，摆脱速成心理的牵制，看清人生最根本的目的，一步一个脚印地走下去。

心灵感悟

"涓流积至沧溟水，拳石垒成泰华岑。"这一出自宋代陆九渊《鹅湖教授兄韵》的诗句劝喻人们：涓涓细流汇聚起来，就能形成苍茫大海；拳头大的石头垒砌起来，就能形成泰山和华山那样的巍巍高山。只要我们勤勉努力，脚踏实地，持之以恒，不论自身条件与客观条件如何，都能走上成才建业之路。

适时地认识自己

一个圆滚滚的鸟蛋，不知为什么，忽然从灌木丛上的鸟窝里骨碌碌地滚了出来，跌在灌木丛下厚厚的落叶上。奇怪的是它居然没有跌破，一切完好如初。

鸟蛋得意了，对着鸟窝大声笑着说："哈哈，我是一只跌不破的鸟蛋！你们谁有我这样的本事，就跳下来试比试看！"

窝里的鸟蛋们听了，一个个探出头来看了一眼，吓得忙缩进头说："我们害怕，不敢跳呀。我们谁也没有对你刚才的行为不服气，还要比试什么呢？"

"哼！我早就料到你们没有这个胆量！"地上的鸟蛋神气地向窝里的鸟蛋们大声嘲笑起来。

这只鸟蛋在地上滚来滚去，一会儿滚到一棵小草边，向小草碰了碰，小草连忙仰起身子往后让；一会儿鸟蛋又滚到一株树苗边，向树苗撞一撞，树苗也仰着身子，给它让路。

鸟蛋更得意了。它认为自己力大无比、天下无敌，更加勇气十足地在山坡上滚过来、滚过去。

窝里的鸟蛋们劝告说："小哥，刚才你只是碰到一个偶然的机会，才没有跌破的，不要就此认为自己是个铁蛋蛋了。你仍然是一只容易破碎的鸟蛋呀！这点自知之明你应该有吧？"

"铁蛋蛋有什么了不起？"鸟蛋仍然神气地说，"你们刚才没看到小草和树苗吗？它们对我都要让几分，不敢跟我碰撞，难道这山坡上还有什么我不能去碰撞的吗？哈哈！"

鸟蛋一阵大笑，蹦跳翻滚，想到山坡下的路边去显显威风，谁知被山坡上一块小石头挡住了去路。

鸟蛋气愤地望了小石头一眼，厉声喝道："你是什么东西？居然敢挡我的去路？想找死么？"

小石头昂着头说："嘿，今天的太阳是从西边出来的么？一个鸟蛋对我也如此神气起来？告诉你吧，我是一块阻挡山坡上泥沙往下滑的小石头，这里是我的岗位，我站在这里是绝不会后退一步的，你看看怎么办吧？"

鸟蛋更气愤了，仰着头对小石头说："你知道我的脾气吗？我是一个勇气十足的鸟蛋，在这山坡上是颇有名气的。小草和树苗都已经领教过我的厉害，别人怕你小石头，我可不怕。到时候，你别说我不客气啊！"

小石头也生起气来，大声说："你还想打架么？别不知天高地厚了，快滚回去吧！"

鸟蛋为了显示它的勇气，不听小石头的警告，鼓足劲，猛地一滚，向小石头冲去。只听"啪"的一声，鸟蛋碰得粉碎，流出一摊蛋汁。

邻居山雀大婶从这里飞过，看到这情景，伤心地说："唉，这孩子也太任性了，竟然硬要与石头过不去。要知道，没有自知之明的人，越是无所畏惧，那后果就越不妙啊！"

在一个人的成长、发展过程中，对自己充满自信是可取的；但过分的自信则成为自负，这是非常不利的。小鸟蛋在一次又一次"畅通无阻"之后，过分沉浸于自己取得的成就，沾沾自喜，不能自拔，于是盲目自大，更加猖狂。它从来都没有看清自己的处境和地位，以至于与强大自己百倍的石头碰撞，所以它的结局就只能是自取灭亡。

这种结局当然是咎由自取，希望它的下场能够给每一个人敲响警钟——适时地认清自己。

心灵感悟

一个人不管自己有多丰富的知识，取得多大的成绩，甚或有了何等显赫的地位，都要谦虚谨慎，不能自视过高。应心胸宽广，博采众长，不断地再进取，增强自己的本领，以获取新的业绩。

第二辑
感谢生命

读懂生命

哲人说，生命不止一次。读不懂生命的人，认为他的生命只是一次；读懂生命的人，感叹他的生涯浮沉，九死一生。活得无悔，便不会怨憎死亡。

一天，庄子的妻子去世了，好友惠子去吊丧，却看到庄子蹲在地上，正敲着盆子唱歌，惠子很惊讶。

惠子愤愤地说："夫人和你结为伴侣，生儿育女，身老而死，你不哭也就罢了，怎么能敲着盆子唱歌，是不是太过分了？"

庄子微笑："不对。她刚死的时候，我怎么可能不难过！可是探究她的开始，本来没有生命；不仅没有生命，而且没有形体；不仅没有形体，而且没有气。混杂在恍恍惚惚之中，变化而产生了气，气变化成了形体，形体变化有了生命。现在又因变化而死亡，这些就好像春夏秋冬一年四季在运行。夫人现在安静地在天地之间休息，我却号啕大哭，我认为这样是太不懂得命运了，所以忍住了哀痛。"

惠子若有所悟。

生命从起点到终点，是一次多么自然的过程啊！

心灵感悟

> 没有死的悲伤就没有生的喜悦，洞悉了生与死的本质，就不会为终究要死去而坐立不安，而只会为生存的每一天喝彩。

生命岂容虚掷

20世纪20年代，有一位老少皆知的珠宝大盗罗迪克，他偷盗的对象，都是有钱有地位的上流人士。他还是位艺术品鉴赏家，所以有"绅士大盗"之称，罗迪克因偷盗被捕，被判刑18年。出狱后，全国各地的记者纷纷前来采访他，其中有位记者问了一个有趣的问题："罗迪克先生，你曾偷了许多很有钱的人家，我想知道，蒙受损失最大的人是谁？"罗迪克不假思索地说："是我。"

记者们哗然。罗迪克接着解释说："以我的才能，我应该能成为一个成功的商人、华尔街的大亨，或是对社会很有贡献的一分子；但我不幸选择了做小偷，成了一个向自己偷盗东西

最多的人——各位都知道，我生命中四分之一的时间是在监狱里消耗掉的。"

无独有偶，一位造诣很深的画家帕克，曾经花费了很多精力，以鬼斧神工的技艺，一笔一画地手工绘制了一张 20 美元的钞票。和罗迪克一样，他也因触犯法律而被捕了。具有讽刺意味的是，帕克画一张 20 美元钞票所耗费的时间，跟他画一张可以卖到 500 美元的肖像画所需的时间几乎是相同的。但不管怎么说，这位天才的画家是一个小偷。可悲的是，被偷得最惨的人不是别人，正是他自己。

罗迪克和帕克都是天分很高的聪明人，在某一领域，他们完全可以凭借自己的本领赢得成功，占有一席之地。然而，他们没有发挥自身的才能，反而选择了偷窃自己。

心灵感悟

生活中，向自己行窃者，大有人在。为什么人们会干这种蠢事呢？这是因为，他们没有真正地认识自己，不知道自己的价值何在。他们不相信正面地、充分地发挥自己的才华，便是走在通向成功的光明大道上。他们更不知道，通过不正当的手段谋取钱财，实际上是在走一条死胡同。其实，任何一个不相信自己、从而未能充分发挥自身才能的人，都可以说是偷窃自己的人。

感谢生命

杰米·杜兰特是 20 世纪伟大的艺术家之一。他曾被邀参加一场慰劳第二次世界大战退伍军人的表演，但他告诉邀请单位自己行程很紧，连几分钟也抽不出来；不过假如让他只做一段独白，然后马上可以离开赶赴另一场表演的话，他愿意参加。当然，安排表演的负责人欣然同意了。

当杰米走到台上，奇怪的事发生了。他做完了独白，却并没有立刻离开。掌声愈来愈响，他没有离去。他连续表演了 15 分钟、20 分钟、30 分钟，最后，终于鞠躬下台。等在后台的负责人问他道："我还以为你只能表演几分钟。这是怎么回事？"

杰米回答："我本来需要马上离开的，但我不能那样做，你自己看看第 1 排的观众便会明白了。"

第 1 排坐着两个男人，二人均在战事中失去一只手。一个人失去左手，另一个则失去右手。他们却在一起鼓掌，他们一直在鼓掌，而且拍得又开心又大声。

心灵感悟

人对生命缺少感激，源于人在心灵上难以满足，对生命有太多的抱怨。当一个人能从心底对自己的生命充满感激时，快乐自然与之相伴。

活着就是莫大的幸福

有位青年，厌倦了日复一日平淡无奇的生活，感到生命尽是无聊和痛苦。

为寻求刺激，青年参加了挑战极限的活动。

主办者把他关在山洞里，无光无火亦无粮，每天只供应 5 千克的水，时间为 120 小时，整整 5 个昼夜。

第一天，青年还心怀好奇，颇觉刺激。

第二天，饥饿、孤独、恐惧一齐袭来，四周漆黑一片，听不到任何声响。于是他有点向往起平日里的无忧无虑来。

他想起了乡下的老母亲千里迢迢风尘仆仆地赶来，只为送一坛韭菜花酱以及给小孙子的一双虎头鞋。

他想起了终日相伴的妻子在寒夜里为自己掖好被子。

他想起了宝贝儿子为自己端的第一杯水。

他甚至想起了与他发生争执的同事曾经给自己买过的一份工作餐……

渐渐地，他后悔起平日里对生活的态度来：懒懒散散，敷衍了事，冷漠虚伪，无所作为。

第三天，他饿得几乎挺不住了。可是一想到人世间的种种美好，便坚持了下来。第四天、第五天，他仍然在饥饿、孤独、极大的恐惧中反思过去，向往未来。

他痛恨自己竟然忘记了母亲的生日；他遗憾妻子分娩时未尽照料的义务；他后悔听信流言与好友分道扬镳……他这才觉出需要他努力弥补的事情竟是那么多。可是，连他自己也不知道，他能不能挺过最后一关。

就在他涕泪齐下、百感交集之时，洞门开了。阳光照射进来，白云就在眼前，淡淡的花香，悦耳的鸟鸣——他又迎来了美好的人间。

青年摇摇晃晃地走出山洞，脸上浮现出了一丝难得的笑容。5 天来，他一直用心在说一句话，那就是：活着，就是幸福！

心灵感悟

活着就是莫大的幸福。放下死亡的包袱，打开自己的心扉，积极地对待生活中的每一天，你才能好好地活着。

生命不能被透支

在印度洋海岛上，有一种红嘴的鸟，它的嘴的颜色深浅决定了其在异性眼里受欢迎的程度。那些一心想让自己变得更受异性欢迎的鸟，必须调整体内的胡萝卜素。研究表明，胡萝卜素是促使鸟嘴颜色变红的主要原因，但同时也是鸟体内免疫能力不可或缺的重要元素。在异性鸟眼里，深度红嘴的鸟是鸟中精英，因为它有足够的胡萝卜素。尽管生物学家证明有很大一部分鸟是打肿脸充胖了，事实上把太多的胡萝卜素集中到嘴的颜色装饰上会削弱体内正常的免疫能力，但为了异于同类，在竞争中取胜，鸟甚至红"嘴"薄命。

一位作家曾经讲过一个故事：一位计算机博士在美国找工作，他奔波多日却一无所获。万般无奈，他来到一家职业介绍所，没出示任何学位证件，以最低的身份作了登记。很快他被一家公司录用了，职位是程序输入员。不久，老板发现这个小伙子的能力非一般程序输入员可比。此时，他亮出了学士证书，老板给他换了相应的职位。又过了一段时间，老板发觉这位小伙子能提出许多有独特见解的建议，其本领远比一般大学生高明，此时，他亮出了硕士证书，老板立刻提拔了他。又过去了半年，老板发觉他能解决实际工作中遇到的几乎所有技术难题，在老板的再三盘问下，他才承认自己是计算机博士，因为工作难找，就把博士学位瞒了下来。第二天一上班，他还没来得及出示博士证书，老板已宣布他就任公司副总裁。

作家的意思是一个人要懂得生命的迂回，在没有机遇时要善于储蓄智慧，而不可把自己看得过重。其实这位博士仍然遵循了生命不能被透支的人生哲学。适当地保存生命的价值是非常重要的。而那红嘴鸟，只凭一时的勇气来展示自己，一不小心就会透支生命。

心灵感悟

　　循序渐进的生命对一般人来说很重要。我们应该像河流一样，在行进过程中遇到山石或者草丛的阻挡时，懂得迂回而过，只有这样才能更好地锻炼生命。

心灵的孔洞

有个老人一生十分坎坷，年轻时由于战乱几乎失去了所有的亲人，一条腿也在一次空袭中被炸断；中年时，妻子因病去世了；不久，和他相依为命的儿子又在一次车祸中丧生。

可是，在别人的印象之中，老人一直爽朗而又随和。有一次某个人终于冒昧地问他："您经受了那么多苦难和不幸，可是为什么看不出一点伤感？"

老人默默地看了此人很久，然后，将一片树叶举到那个人的眼前。

"你瞧，它像什么？"

那是一片黄中透绿的叶子。那个人想，这是白杨树叶，可是，它到底像什么呢？

"你能说它不像一颗心吗？或者说就是一颗心？"

那个人仔细一看，还真的十分像心脏的形状，心不禁轻轻一颤。

"再看看它上面都有些什么？"

老人将树叶更近地向那个人凑去。那个人清楚地看到，那上面有许多大小不等的孔洞。

老人收回树叶，放到了掌中，用那厚重的声音缓缓地说："它在春风中绽出，阳光中长大。从冰雪消融到寒冷的深秋，它走过了自己的一生。这期间，它经受了虫咬石击，以致千疮百孔，可是它并没有凋零。它之所以得以享尽天年，完全是因为它热爱着阳光、泥土、雨露，它热爱着自己的生命！相比之下，那些打击又算得了什么呢？"

心灵感悟

　　人的生命只有一次，生命不是绵延到永远的，它有起点更有终点。我们敬畏它的不屈不挠，更敬畏它不着痕迹、毫不留情地逝去。生命需要我们去热爱。热爱生命，你体会到的将是生命中更深邃的意义。

生命的潜能

有一次，乔治不幸遭遇了交通事故，被一辆小汽车撞得不省人事，好在有人迅速将他送往医院。

在一间灯光暗淡的病房里，两位女护士焦急地工作着——每人各抓住乔治的一只手腕，力图摸到脉搏的跳动。因为乔治在这儿整整 6 小时内都未能脱离昏迷状态。医生已经做了他觉得所能做的一切事情，然后离开这个病房给其他病人看病去了。

乔治不能动弹、谈话或抚摩任何东西。然而，他能听到护士们的声音，在昏迷的某些时间里，他能相当清楚地思考，他听到一位护士激动地说：

"他停止呼吸了！你能摸到脉搏的跳动吗？"

"没有。"

他一再听到如下的问题和回答："现在你能摸到脉搏的跳动吗？"

"没有。"

"我很好，"他想，"但我必须告诉她们，无论如何我必须告诉她们。"

同时他又对护士们近于愚蠢的关切觉得很有趣，他不断地想："我的身体良好，并非即将死亡，但是，我怎么能告诉她们这一点呢？"

他记起了他所学过的自我激励的语句："如果你相信你能够做这件事，你就能完成它。"他试图睁开眼睛，但失败了，他的眼睑不肯听他的命令。事实上，他什么也感觉不到，然而他仍努力地睁开双眼，直到最后他听到这句话："我看见他的一只眼睛在动——他仍然活着！"

这种情况持续了一段相当长的时间，直到乔治不断努力睁开了一只眼睛，接着又睁开另一只眼睛。恰好这时候，医生回来了，医生和护士们以精湛的医术、精心的护理，使他起死回生。

心灵感悟

"潜能"是生命所具备的一种自然能量。这种能量是人类对万物造化的一种反抗。而人的潜能，则是帮助人找到实现自我价值的意义。

像牛一样活着

"红卫兵"年代，他，一位老教授，被打成"黑帮"，下放到农村放牛。

开批斗会时，他就得上台，被人骂被人斗，折磨够了，就被押往牛棚。

这种生活使很多人都想到了死。老教授也是，他想以死来抗争这疯狂的世界。

但是，是牛救了他，是牛的眼神让他的心灵感到一种无言的震撼。他对着牛哭，牛只是看着他，很平静很安详地看着他。这眼神像在问他："你为什么要这样做？"又像在取笑他："你太懦弱了。"

挂在牛棚上的绳子被他解下来扔了。但在那时活着是要付出代价的。

以当时的政策，牛是集体财产，不能屠宰的。但那个时候，一年到头，村里人难得见到油腥。年关将近，为了能吃到肉，他们想到了一个办法，就是弄死一头牛。

最终，他们想到了老教授。大队长命令老教授把一头老牛牵到一处悬崖边，然后把牛推到悬崖下，这样会让人以为牛是失足摔死的。

老教授在队长的威逼下这样做了。老牛在滑向悬崖的时候，用前脚拼命扒住了一块石头，眼神仍然平静，但奇怪的是，牛的眼眶里满是泪水。

牛坚持不了多长时间，就摔下悬崖……那个年关，全村的人都吃到了牛肉。

不久，厄运降临了。有人告发了这件事，一切的罪责都落到了老教授的身上。他以破坏生产罪被判了 15 年徒刑。

在北大荒的 15 年，他备受煎熬，但每当想到自杀的时候，他总是想起那头牛摔落悬崖时的眼神。

他要活着。像牛一样地活着。终于，老教授坚强地活下来了。我们只有活着才会感觉到这世界上的一切——痛苦与欢乐。

心灵感悟

"困难与折磨对于人来说，是一把打向坏料的锤，打掉的应是脆弱的铁屑，锻成的将是锋利的钢刀。"活着就是一种幸福，再苦再难都要珍惜难得的生命。

享受生命的过程

小罗和阿恒结婚已 5 年了。小罗现在是一个全职家庭主妇，不会有人想到她曾经是个十分优秀的商场经理。

小罗常常觉得有点失落、后悔和惋惜。她问自己，这几年在家庭中操劳，她究竟得到了些什么？一座带小花园的属于她和阿恒的房子、一辆小汽车、一个孩子。生活给她的报酬难道就只有这些吗？小罗想不通。

有一天，小罗在收拾屋子时，发现了一盘看上去很旧的录像带，她十分好奇，停下手里的活，将录像带塞进放映机里。

屏幕上，首先显示出这样一个画面：她抱着一大束玫瑰站在房门口，显得光彩照人。小罗想起那是 4 年前第 1 次收获自己种植的玫瑰。当时，看到自己辛勤除草、松土、灭虫的工作终于有了回报，她高兴得合不拢嘴。

屏幕上接着显示出这样的场景：宝宝摇摇摆摆地出现。他瞪着一双大眼睛，手指头含在小嘴里，一颠一颠地向镜头跑来。突然，他"啪"地摔在地上，随即号啕大哭起来。看到宝宝可爱的样子，小罗情不自禁地笑了。

看完录像带，小罗已感动得满眼泪花。原来这 5 年里，她获得了这么多欢笑和快乐。

心灵感悟

生命本身就是一个过程，如果你在这个过程中体会到了生命的魅力，那结果对你来说也只是一个过程——无数个结果串联成生命的过程。懂得享受过程的人，才能真正懂得珍惜生命、享受生活。

生命需要挑战

派蒂·威尔森在年幼时被诊断出患有癫痫。她的父亲吉姆·威尔森习惯每天晨跑。有一天，戴着牙套的派蒂兴致勃勃地对父亲说："爸，我想每天跟你一起慢跑，但我担心病情会中途发作。"

她父亲回答说："如果你的病发作，我知道该怎样应付。我们明天就开始跑吧。"

于是，十几岁的派蒂就这样与跑步结下了不解之缘。和父亲一起晨跑是她一天之中最快乐的时光；跑步时，派蒂的病一次也没发作。

几个星期后的一天，她向父亲表达了自己的心愿："爸，我想打破女子长距离跑步的世界纪录。"父亲替她查吉尼斯世界纪录，发现女子长距离跑步的最高纪录是128千米。

当时，读高一的派蒂为自己订立了一个长远的目标："今年我要从橘县跑到旧金山（640多千米）；高二时，要到达俄勒冈州的波特兰（2400多千米）；高三时的目标在圣路易市（3200多千米）；高四则要向白宫进发（4800多千米）。"

虽然派蒂的身体状况与他人不同，但她依旧满怀热情与理想。对她来说，癫痫只是偶尔给她带来不便的小毛病。她并不因此消极退缩，相反，她更加珍惜自己已经拥有的一切。

高一时，派蒂穿着上面写有"我爱癫痫"的衬衫，一路跑到了旧金山。她父亲陪她跑完了全程，母亲则开着旅行拖车尾随其后，照料父女两人。

高二时，她身后的支持者换成了班上的同学。他们拿着巨幅的海报为她加油打气，海报上写着："派蒂，跑啊！"但在这段前往波特兰的路上，她扭伤了脚踝。医生劝告她马上中止跑步："你的脚踝必须打上石膏，否则会造成永久的伤害。"

她回答道："医生，跑步不是我一时的兴趣，而是我一辈子的至爱。我跑步不单是为了自己，同时也是要向所有人证明，残疾人同样可以跑马拉松。有什么方法能让我跑完这段路？"

医生表示可用黏合剂先将受损处接合，而不用上石膏；但他警告说，这样会起水泡，到时会十分疼痛。

派蒂毫不犹豫地点头答应了。

派蒂终于来到波特兰，俄勒冈州州长还陪她跑完最后1.6千米。一面写着红字的横幅早在终点等着她："超级长跑女将派蒂·威尔森在17岁生日这天创造了辉煌的纪录。"

高中的最后一年，派蒂花了4个月的时间由美国西海岸长跑到东岸，最后抵达华盛顿，并接受总统召见。她告诉总统："我想让人们明白，癫痫患者与一般人无异，也能过正常的生活。"

要想炼就真金，需经烈火燃烧；要想铸就宝剑，就得千锤百炼，然而要想见证生命的价值，抢占生命的制高点，就得勇敢地挑战生命。

生命在好不在长

一个14岁的男孩与他6岁的妹妹相依为命。兄妹二人父母早逝，他是她唯一的亲人。所以男孩爱妹妹胜过爱自己。然而灾难再一次降临在这两个不幸的孩子身上。妹妹染上重病，需要输血。

作为妹妹唯一的亲人，男孩的血型与妹妹相符。医生问男孩是否有勇气承受抽血时的疼痛，男孩郑重而又严肃地点了点头。

抽血时，男孩十分安静，只是向邻床上的妹妹微笑。抽血后，他躺在床上，目不转睛地看着医生将血液注入妹妹体内。等到手术完毕，男孩声音颤抖地问："医生，我还能活多长时间？"

医生正想笑男孩的无知，但转念间又被男孩的勇敢震撼了：在男孩 14 岁的大脑中，他认为输血会失去生命，但他仍然肯输血给妹妹。在那一瞬间，男孩所做出的决定使他付出了一生的勇敢，并下定了付出生命的决心。医生的手心渗出了汗，他握紧了男孩的手说："放心吧，你不会死的。输血不会丢掉生命。"

男孩眼中放出了光彩："真的？那我还能活多少年？"

医生微笑着说："你能活到 100 岁，小伙子，你很健康！"

男孩从床上跳到地上，挽起胳膊郑重其事地对医生说："那就把我的血抽一半给妹妹吧，我们两个每人活 50 年！"

心灵感悟

　　对每个人来说，不仅生命有长有短，而且生命的质量也有很大不同。什么是生命的质量？生命的质量是愿意将生命平分给别人的无私，是一个生命走向成熟必须经历的对灵魂的考验！

人生的起点与终点

生和死是一对孪生兄弟。死对他的哥哥眷恋不已，生走到哪里，他就跟到哪里。可是，生却讨厌他的这个弟弟。尤其使他扫兴的是，往往在他举杯畅饮的时候，死突然出现了，把他斟满的酒杯碰落在地，摔得粉碎。

"你这个冤家，当初母亲既然生我，又何必生你，既然生你，又何必生我！"生绝望地喊道。

"好哥哥，别这么说。没有我，你岂不寂寞？"死心平气和地说。

"永远不！"

"可是你想想，如果没有我和你竞争，你的享乐有何滋味？如果没有我和你同台演出，你的戏剧岂能精彩？如果没有我给你灵感，你心中怎会涌出美的诗歌，眼前怎会展现美的图画？"

"我宁可寂寞，也不愿见到你！"

"好哥哥，这可办不到。母亲怕你寂寞，才让我陪伴你。我怎能不从母命？"

于是，忍无可忍的生来到大自然母亲面前，请求她把可恶的弟弟带走，别让他再纠缠自己。然而，大自然是一位大智大慧的母亲，绝不迁就儿子的任性。

生只好服从母亲的安排，但并不领会母亲如此安排的好意，所以对死始终怀着一种无可奈何的怨恨心情。

心灵感悟

　　生是人生的起点，死是人生的终点，许多时候，死是容易的，活着却很艰难。从起点到终点，犹如画了一道美丽的弧线，生命之美被淋漓尽致地展现。

生命的激情

她一生中见过的绝大多数花都在病房里，花开花败，命运无常。因为她是医生。

记得有一次，一场与死神的搏杀宣告失败之后，她无意间看到，病人床头柜上的花竟还在大朵大朵地绽放，仿佛浑然不知死亡的存在，黑色的花蕊像一只只冰冷嘲弄的眼睛。

她从此不喜欢花。

然而有一个病人第一次见到她，便送给她一盆花，她没有拒绝。也许是因为这个病人稚气、孩子一般的笑容，更可能是因为，所有的人都知道，除非奇迹中的奇迹，他是没有机会活着离开医院的。

那次，是他不顾叫他多休息的医嘱，与儿科的小病人们打篮球，满身大汗。她责备他，他吐吐舌头，不好意思地笑笑，然后傍晚，她的桌上多了一盆花，三瓣，紫、黄、红，斑斓交错，像蝴蝶展翅，又像一张顽皮的鬼脸，附一张小条子："医生，你知道你发脾气的样子像什么吗？"她忍俊不禁。第二天花又换了一种，是小小圆圆的一朵朵红花，每一朵都是仰面的一个笑："医生，你知道你笑的样子像什么吗？"

他告诉她，昨天那种花，叫三色堇，今天的，是太阳花。阳光把竹叶照得透绿的日子，他带她到附近的小花店走走，她这才惊奇地知道，世上居然有这么多种花，玫瑰深红，康乃馨粉黄，马蹄莲幼弱婉转，郁金香冰艳倨傲，栀子花香得动人，而七里香摄人心魄。她也惊奇于他谈起花时燃烧的眼睛，仿佛忘了病，也忘了死。

他问："你爱花吗？"

她答："花是无情的，不懂得人的爱。"

他只是微笑，说："花的情，要懂得的人才会明白。"

一个烈日的正午，她远远看见他在住院部的后园里呆站着，走近喊他一声，他急忙转过身，食指掩唇："嘘——"

那是一株矮矮的灌木，缀满红色灯笼似的小花，此时每一朵花囊都在爆裂，无数花籽像小小的空袭炸弹向四周飞溅，仿佛一场密集的流星雨。他们默默地站着，同时看见生命最辉煌的历程。

他俯身拾了几颗花籽装在口袋里。第2天，他送给她一个花盆，盆里盛着黑土："这花，叫死不了，很容易种，过几个月就会开花——那时，我已经不在了。"

她突然很想做一件事，她想证明命运并非不可逆转的洪流。

4天后，深夜，铃声大震，她一跃而起，冲向病人的身边。

他始终保持奇异的清醒，对周围的每一个人，父母、手足、亲友、所有参与抢救的医生护士，说："谢谢，谢谢，谢谢。"唇边的笑容，像刚刚展翅便遭遇风雪的花朵，渐渐冻凝成化石。她知道，已经没有希望了。

她并没有哭，只是每天给那一盆光秃秃的土浇水。然后她参加医疗小分队下乡，打电话回来，同事说："什么都没有，以为是废物，丢窗外了。"她怔了一怔，也没说什么。

回来已是几个月后，她打开自己桌前久闭的窗，震住——

花盆里有两瓣瘦瘦的嫩苗。仿佛营养不良，一口气就吹得走，却青翠欲滴。而最高处，是那么羞涩的含苞，透出一点红的消息，像一盏初初燃起的灯。

她忽然深深懂得了花的情意。

 **心灵感悟**

易朽的是生命，似那转瞬即谢的花朵；然而永存的，是对未来的渴望，是那生生世世传递下来的、不朽的生命激情。每一朵勇敢开放的花，都是死亡唇边的微笑。

命运不相信眼泪

1946 年的秋天，26 岁的汪曾祺从西南联大肄业后，只身来到上海，打算单枪匹马闯天下。在一间简陋的旅馆住下后，他就开始四处找工作。工作显然不好找，他每天在胳肢窝里夹本外国小说上街。走累了，他就找条石凳，点燃一支烟，有滋有味地吸着，同时，打开夹了一路的书，细心阅读起来。有时书读得上瘾了，干脆把找工作的事抛到一边，一颗心彻底跳进文字里沐浴。

日子越拖越久，兜里的钱越来越少；能找的熟人都找了，能尝试的路子都尝试过了。终于，有一天下午，一股海涛般的狂躁顷刻间吞噬了他！他一反往日的温文尔雅，像一头暴怒不已的狮子，拼命地吼叫。他摔碎了旅馆里的茶壶、茶杯，烧毁了写了一半的手稿和书，然后给远在北京的沈从文先生写了一封诀别信。信邮走后，他拎着一瓶老酒来到大街上。他边迷迷糊糊地喝酒，边思考着一种最佳的自杀方式。他一口一口对着嘴巴猛灌烧酒，内心里涌动着生不逢时的苍凉……晚上，几个相熟的朋友找到他时，他已趴在街侧一隅醉昏了。

还没有从自杀情结中解脱出来的汪曾祺很快就接到了沈先生的回信。沈先生在信中把他臭骂了一顿，沈先生说："为了一时的困难，就这样哭哭啼啼地，甚至想到自杀，真是没出息！你手里有一支笔，怕什么！"

沈先生在信中讲述了他初来北京的遭遇。那时沈先生才刚刚 20 岁，在北京举目无亲，连标点符号都不会用，就梦想着用一支笔闯天下。只读过小学的沈先生最终成功了，成为国内外享有盛誉的大作家。读着沈先生的信，回味着沈先生的往事和话语，汪曾祺先是如遭棒喝，后来一个人偷偷地乐了。

不久，在沈先生的推荐下，《文艺复兴》杂志发表了汪曾祺的两篇小说。后来，汪曾祺进了上海一家民办学校，当上了一名中学教师，再后来，他也和沈先生一样，成了国内外享有盛誉的作家。

心灵感悟

"在灰色的日子中，不要让冷酷的命运窃喜；命运既然来凌辱我们，就应该用处之泰然的态度予以报复。"命运从不相信眼泪，它相信的只有与之抗争的人。

抓住自己的"树叶"

托尼在伯父的林场里散步，时不时听到树上小枝子断裂时发出的噼啪声，偶尔也可以听到猫头鹰的叫声。

"大卫，奶奶为什么会死？"8岁的堂弟汤姆突然问他。

托尼吓了一跳，因为他没有想到汤姆会跟他说话，他们散步这么久了，汤姆还没跟他说过一句话呢。

"那是上帝的意愿。"托尼边说边捡起一根树枝，用力甩了出去。他转过脸看看小堂弟，接着说："上帝出于某种原因让她死的。"

"我不明白，你讲讲死到底是什么。"汤姆大声说。他的语气让托尼吃惊，他的眼睛里好像有了泪水。

"奶奶去世，你一定很伤心吧？"汤姆点点头。

"好吧，我来跟你讲一讲。"托尼停下来，希望这时能看到一只兔妈妈带着小兔子穿过树林，这样就可以用它们来做个例子。

可是，四周除了高高的橡树，什么也看不到。"汤姆，奶奶老了，"他正说着，一片树叶落下来，他捡起树叶递给汤姆，"这片树叶曾经很年轻，可现在老了。"

"所有的人都是这样死的吗。"汤姆看着树叶问。

"当然不是，就像所有的树叶不会以相同的方式落下一样。"

"别的树叶是怎样落的？"

"有的落得很慢，像奶奶一样……"

"这我知道。"汤姆打断托尼的话，"告诉我，其他人的树叶是怎样的？"

"我刚才不是在说吗？有些树叶落得很慢，像老人；有些落得很快，就像有人患了癌症。"托尼从地上拾起一块鹅卵石，抛向天空。

"为什么有的树叶落得快？"托尼真想不到汤姆会提出这么多的问题。

"这，我也说不清，也许是因为有的树叶天生虚弱，要么就是它们病了，就像我们有的人很早就死去。"

"有时候我看到树枝断的时候，成百上千的树叶同时落下，那是怎么回事？"

"你想想，遇到飞机失事或地震时，不是也有成百上千的人死亡吗？这跟树叶是一样的，有时会一起落下来。"

"托尼，你的树叶呢？"汤姆好像有点害怕提这样的问题。

"肯定在什么地方，但我现在说不清。"托尼感到有些冷，便把上衣拉链拉上去。

"托尼，我要保护你的生命，我要抓住你的树叶，不让它落下来，这样你就不会死了。"

托尼惊愕了。"听着，小孩子，人总是要死的，只是迟早而已。死是避免不了的，正如你不能把所有的树叶都抓住，就是这样。"

"可是春天来了，树上又长满了树叶，这是怎么回事？"

"这就像新生儿替代了死去的人。"托尼抬头望望天空，天色已经暗了下来。

"那么，托尼，婴儿是从哪来的？"

"这不容易解释，这里好冷，咱们回家吧。我跟你赛跑，看谁先跑到家。"

"等等，托尼，你还没回答我的问题呢。"

"预备——跑！"

"什么？"

"没什么。从现在起，让我们紧紧抓住自己的树叶吧！"

> 生命如花，有着它特有的活力与规律，只有用心灵去领悟，才能真正地触摸到它的最深处。

过好生命中的每一分钟

一位风烛残年的老人在日记簿上记下了这段生命的醒悟。

"如果我可以从头活一次，我要尝试更多的错误。我不会再事事追求完美。

"我情愿多休息，随遇而安，处世糊涂一点，不对将要发生的事处心积虑计算着。其实人世间有什么事情需要斤斤计较呢？

"可以的话，我会多去旅行，跋山涉水，最危险的地方也要去一次。以前我不敢吃冰激凌，不敢吃豆，是怕危害健康，此刻我是多么的后悔。过去的日子，我实在活得太小心，每一分每一秒都不容有失。太过清醒明白，太过清醒合理。

"如果一切可以重新开始，我会什么也不准备就上街，甚至连纸巾也不带一块，我会用心享受每一分、每一秒。如果可以重来，我会赤足走在户外，甚至整夜不眠，用这个身体好好地感受世界的美丽与和谐。还有，我会去游乐园多玩几圈儿木马，多看几次日出，和公园里的小朋友玩耍。

"如果人生可以从头开始……但我知道，不可能了。"

这就是人生，真的不可以再来一次。

今天，正值韶华的你，如果每天巧用一分钟，会是怎样呢？

多读一分钟：书太多了，人的时间太少了，多浪费一分钟，少阅读一本书。经常省下零零星星的一分钟，拿出一本喜欢又被遗忘很久的书来阅读。多读一分钟，你会感到很惬意。

多玩一分钟：人生倏忽一百年，少得可怜。每天多留一分钟，看一看山水，看一看大海和天空，看一看星星和月亮，把人生演绎得美妙多情些。

多陪孩子一分钟：孩子才是人生里最重要的财产之一，多一分钟赚钱，便少一分钟与孩子相处的机会，要珍惜。与孩子相处，你可以返璞归真，拥有童稚之心，无忧、欢乐。

多陪爱人一分钟：爱人不是用来拌嘴的对象，是陪你走过一生的人，在终老之前多陪伴侣一分钟。一个一分钟很少，一百个一分钟也不多，但是千千万万个一分钟可就不少了。每天预留一分钟给家人，人生便多了许多一分钟的美好。

> 过好每一分钟，人生足以美不胜收、妙不可言。

热情是一笔财富

热情，是一种无法抗拒的力量。热情使人拔剑而起，为自由而战；热情使樵夫举起斧头，开拓出人类文明的道路；热情使莎士比亚拿起了笔，记下他燃烧着的思想……热情是一种持续的心理状态，能够鼓舞和激励一个人对手中的工作不断地采取行动。热情是成功的原动力。大部分人之所以平庸，大多是因为他们有一种无可救药的弱点：缺乏热情。

对生活充满热情的人都有着积极的心态和良好的精神状态。在人群当中，热情是用一种极富感染力的表达方式来表示对别人的支持。拥有热情的人，无论碰到什么事情，都能够以积极的心态去面对、去行动。

热情的人，往往是积极的人，热情不是来自外在空间的力量，而是自信、热忱、乐观、激情在人的内心燃烧，最后有机地综合而来的。人们喜欢热情的人，心中永远保持住热情，良好的精神状态就会自然而然地表现出来。

剑桥郡的世界第一名女性打击乐独奏家伊芙琳·格兰妮说："从一开始我就决定，一定不要让其他人的观点阻碍我成为一名音乐家的热情。"

她成长在苏格兰东北部的一个农场，从8岁时就开始学习钢琴。随着年龄的增长，她对音乐的热情与日俱增。但不幸的是，她的听力在渐渐下降，医生们断定是由于难以康复的神经损伤造成的，而且断定到12岁，她将彻底耳聋。可是，她对音乐的热爱从未停止过。

她的目标是成为打击乐独奏家，虽然当时并没有这类音乐家。为了演奏，她学会了用不同的方法"聆听"其他人演奏的音乐。她只穿着长袜演奏，这样她就能通过她的身体和想象感觉到每个音符的震动，她几乎用她所有的感官来感受她的声音世界。

她决心成为一名音乐家，而不是一名耳聋的音乐家，于是她向伦敦著名的皇家音乐学院提出了申请。

因为以前从来没有一个聋学生提出过类似申请，所以一些老师反对接收她入学。但是她的演奏征服了所有的老师，她顺利地入了学，并在毕业时荣获了学院的最高荣誉奖。

从那以后，她的目标就是成为第一位专职的打击乐独奏家，并且为打击乐独奏谱写和改编了很多乐章，因为那时几乎没有专为打击乐而谱写的乐谱。

至今，她作为独奏家已经有十几年的时间了，因为她很早就下了决心，不会仅仅由于医生诊断她将完全变聋而放弃追求，因为医生的诊断并不意味着她的热情和信心不会有结果。

心灵感悟

热情的人总是面对光明，远离黑暗，因而，他们不仅个性灿烂耀眼，命运也洒满阳光，即使在危难之时，他们也总是能转危为安。因为不仅命运之神青睐他们，人们也愿意把友谊奉送给感染自己的人。

第三辑
做事先做人

别拿诚信开玩笑

一个小伙子终于实现了自己的理想，来到美丽的法国开始了半工半读的留学生活。

渐渐地，他发现当地的车站与国内不同，几乎是开放式的，不设检票口，也没有检票员，甚至连随机性的抽查都非常少。凭着自己的聪明劲儿，他精确地估算了这样一个概率——逃票而被查到的比例大约仅为万分之三。他为自己的这个发现而沾沾自喜，从此之后，他便经常逃票上车。偶尔也会被查到受处罚，当时他会感到羞愧，决定以后不再逃票，但每次上车后他的侥幸心理又会冒出来，他又开始逃票了，而且他找到了一个宽慰自己的理由：自己还是个穷学生嘛，能省一点是一点。

4年过去了，名牌大学的金字招牌和优秀的学业成绩让他充满自信，他开始频频进入巴黎一些跨国公司的大门，踌躇满志地推销自己。然而，结局是他始料不及的：这些公司都是先对他热情有加，然而数日之后，却又都是婉言相拒。真是莫名其妙。

最后，他写了一封措辞恳切的电子邮件，发送给了其中一家公司的人力资源部经理，烦请他告知不予录用的理由。当天晚上，他就收到了对方的回复。

"先生：

我们十分赏识您的才华，但我们调阅了您的信用记录后，非常遗憾地发现，您有两次乘车逃票受罚的记录。然而根据逃票受罚的概率计算，您也许有过上百次甚至更多次逃票却没有被发现。我们认为此事至少证明了两点：1. 您不遵守规则；2. 您不值得信任。而敝公司对这两点是十分重视的，鉴于以上原因，敝公司不敢冒昧地录用您，请见谅。"

直到此时，他才如梦方醒、懊悔难当。

之后，无论他怎样努力，也没能找到一份理想的工作，而拒绝他的原因大多是因为他有因逃票而受罚的记录。

12年后，他已经成为国内一名小有名气的教授，他在给学生授课时不再避讳这段不光彩的经历，他告诉学生们：别拿诚信开玩笑，一次也不要！

心灵感悟

道德常常能弥补智慧的缺陷，然而，智慧永远填补不了道德的空白。道德上的一次错误便可能会造成终身的遗憾。

我们心里有眼睛

凯恩斯 11 岁的时候，举家前往新罕布什尔湖的岛上别墅度假。那里四面湖水环绕，景色非常美，是绝佳的钓鱼圣地。

在那里，只有在鲈鱼节的时候才允许钓鲈鱼。但他和父亲决定提前过过钓鱼瘾。于是，他们扛着钓竿，在鲈鱼节开始前的午夜来到了湖边。他们坐下后，只见明月当空，波光粼粼，一片银色世界。突然间有什么东西沉甸甸地拽着渔竿的那头。父亲吩咐他沉住气并赞赏地看着他慢慢地把钓线拉回来，那条用尽了力气的鱼被凯恩斯小心地拖出水面——那是他们见过的最大的一条鲈鱼！

父亲擦着了火柴，他看着表说："10 点，再过 2 小时鲈鱼节才开始。"他看了看鱼，又看看凯恩斯，"放回去，孩子！"

"爸爸……"刚开始凯恩斯不理解，接着大声地哭起来。

"这里还有别的鱼嘛……"

"但是没有它那么大。"他继续哭，和父亲争执起来。

月光晶莹，万籁俱寂，四周再也没有人和船了，似乎还有一丝希望。凯恩斯不哭了，恳求地看着父亲。

凯恩斯怯生生地求父亲："爸爸，这里没有别人，没有人会看到的。"

"可是我们心里有眼睛。"父亲坚定地说。

之后是父亲的沉默，他已经很明白地表示，这个决定是不能改变的。没办法，凯恩斯只好从鲈鱼的嘴上摘下钓钩，慢慢把它放回寂静的湖水里，"嗯"的一声，鱼就消失在水中了。凯恩斯感到很失望，因为他很可能再也无法钓到这么大的一条鲈鱼了。

那是 23 年前的事了，现在凯恩斯已经成为纽约市一名小有成就的建筑师。的确，这些年来，他再也没有钓到过 23 年前那么大的鲈鱼。他日后提起那段往事，说："那次父亲让我放走的只不过是一条鱼，但是我从此学会了自律。那晚，在父亲的告诫下，我走上了光明磊落的道路。有了这个开始，在人生的道路上，我处处严于律己。我在建筑设计上从不投机取巧，在同行中颇有口碑；就连亲朋好友把股市内部消息透露给我、胜算有十成的时候，我也会婉言谢绝。诚实是我生活的信条，也是教育孩子的准则。"

"我们心里有眼睛"，这句智慧的话语一直温暖地留在凯恩斯的心里。

心灵感悟

自律是一个人做人的根本，在小事情上能够自律的人才能够成就一番大事业。

金钱换不来尊重

有位富翁认为金钱可以买到一切，可事实好像并非如此。他想得到别人的尊重，却总是难以办到。他很是苦恼，每天都在想怎样才能得到众人的敬仰。

某天在街上散步时，他看到街边一个衣衫褴褛的乞丐，心想我给他钱，他一定会感谢我的，便在乞丐的破碗中丢下 10 枚亮晶晶的金币。

谁知乞丐头也不抬地仍是忙着捉虱子，富翁生气了："你眼睛瞎了？没看到我给你的是金币吗？"

乞丐仍是不看他一眼，答道："给不给是你的事，不高兴可以拿回去。"

富翁大怒，和乞丐较起劲来，又丢了 10 个金币在乞丐的碗中，心想不会有人对金币不动心的。却不料乞丐仍是不理不睬。

富翁几乎要跳了起来："我给你 10 个金币，你看清楚，我是有钱人，难道你就不会向我道个谢来表示一下尊重吗？"

乞丐懒洋洋地回答："有钱是你的事，尊不尊重你则是我的事，这是强求不来的。"

富翁急了："那么，我将我财产的一半送给你，你该尊重我了吧？"

乞丐翻着一双白眼看他："给我一半财产，那我不是和你一样有钱了吗？为什么要我尊重你？"

富翁更急了："好，我将所有的财产都给你，这下你该愿意尊重我了吧？"

乞丐大笑："你将财产都给了我，那你就成了乞丐，而我成了富翁，我凭什么来尊重你？"

富翁语塞。

心灵感悟

　　能否得到他人的尊重不在于你是否有钱，金钱与尊重在许多情况下是难以画等号的。尊重只能用真诚的心来换得，而不能用金钱的多少来衡量。

万千遗产敌不过一个好名声

盖瑟近来觉得日子越来越难过了。他和妻子都在镇子上教书，收入维持日常开销尚可，却拿不出任何一笔大的数目。但他们的第一个孩子已经出世了，需要一块地皮来盖房子，这件事令他们很是苦恼。

镇子上还是有很多土地的，在镇子南边有一大片土地，属于老银行家于勒先生，但他就是不卖，无论谁去找他，他总是说："我答应过农民，他们可以在上面放牛的。"

尽管如此，盖瑟还是去拜访了他。他穿过一道森严的桃花心木大门，来到一间幽暗的办公室。于勒先生坐在书桌旁，在看《华尔街日报》。他透过眼镜的上边打量着来客，身子一动不动。

盖瑟告诉于勒先生他想买那块地，于勒先生挺和气地说："不卖。我答应过农民可以在上面放牛的。"

"我知道，"盖瑟紧张地答道，"不过，我是在这里长大的，现在和妻子都在镇子里教书，我们以为也许您愿意把它卖给准备在这儿长住的人。"

于勒努起嘴唇，盯着他们："你说你叫什么名字来着？"

"盖瑟。比尔·盖瑟。"

"嗯……和格罗弗·盖瑟有什么关系吗？"

"他是我的祖父。"

于勒先生放下报纸，摘去眼镜，示意盖瑟坐在椅子上谈。

"格罗弗·盖瑟是我的农场里最好的工人啊。"于勒说，"来得早，去得晚。需要做什么就做什么，从来不需要指派。"于勒先生开始了对往事的回忆。

老人向前倾了倾身子："一天夜里，都下班一个钟头了，我发现他还在仓库里。他在修理拖拉机，他说修不好就回家心里会不踏实。"于勒先生眯起双眼，"盖瑟，你说你想干什么来着？"

盖瑟将自己的意思对他讲了一遍。

"这件事让我考虑考虑，过几天你再来找我吧。"

没过几天，盖瑟又去了于勒的办公室。于勒先生告诉他说："我已经决定了。3800美元，怎么样？"

盖瑟想：看来他是不会卖给我了。每英亩3800美元，一共要拿出将近6万美元。可我根本拿不出这笔钱的啊！

"3800美元？"盖瑟重复了一句，嗓子里堵了一下。

"嗯。15英亩一共3800美元。"

这是盖瑟绝没有想到的，这块地恐怕要值5倍不止！盖瑟满怀感激地接受了。

盖瑟知道，自己能有这片神奇的土地，全是靠了爷爷的好名声。好名声是盖瑟爷爷留给自己的一份遗产。在他爷爷的葬礼上，很多人都走过来对他说："你爷爷可是个好人啊。"人们赞美他善良、宽容、敦厚、慷慨——最重要的是诚实正直。他只不过是一个朴实的农民，但他的品质使他赢得了人们的敬重。

心灵感悟

万千遗产敌不过一个好名声。宁可抛弃那家产万贯，而应选择好的名声；宁可抛弃金银财宝，而应选择真正的赞誉。

帮助别人也是帮助自己

风浪太大了，货轮在海面上颠簸，艰难地行驶着。一个在船尾搞勤杂的黑人小孩不慎掉进了波涛滚滚的大西洋。没有人知道他掉了下去，尽管他想大声呼救，但根本没有人能够听得见，望着渐行渐远的货轮，孩子难过极了。

孩子使出全身的力气在冰冷的水中游动，求生的本能让他自己努力浮出水面，睁大眼睛盯着轮船远去的方向。

船越来越远，船的影子越来越小，到后来，什么都看不见了，只剩下一望无际的汪洋。孩子实在游不动了，在他的潜意识中认为自己要沉下去了。算了吧，他对自己说。这时候，他的脑海中浮现出老船长那张慈祥的脸和友善的眼神。不，船长知道我掉进海里后，一定会来救我的！想到这里，他又鼓足勇气用生命中最后的力量向前游去⋯⋯

船长终于发现那黑人孩子失踪了，当场断定孩子掉进海里，于是下令返航回去找。这时，有人规劝道："这么长时间了，就是没有被淹死，也让鲨鱼吃了⋯⋯"船长犹豫了一下，还是决定回去找。又有人说："为一个黑人孩子，这样做值得吗？"船长大喝一声："住嘴！"

就这样，他们返航了，在孩子生命的最后一刻他得救了。

当孩子苏醒过来，跪在地上感谢船长的救命之恩时，船长扶起孩子问："孩子，你怎么能坚持这么长时间？"

孩子用微弱的声音答道："我知道您会来救我的,一定会的!"

"你怎么知道我一定会来救你?"

"因为我知道您是那样的人!"

听到这里,白发苍苍的船长泪流满面,扑通一声跪在黑人孩子面前:"孩子,不是我救了你,而是你救了我啊!我为我在那一刻的犹豫而感到耻辱……"

　　人生最美丽的补偿之一,就是人们在真诚地帮助别人的同时,也帮助了自己。拯救别人是一种幸福。他人眼中的信任,更是可以救赎我们的灵魂。

骨气是笔大财富

乔的父亲罗曼,在证券交易所是一名普通职员,不多的一点工资,一半用于生活费,一半用来接济比他们还穷的亲戚,日子过得紧巴巴的。

可能在这座小城里,唯一没有汽车的,就是他们家了。

但母亲常常安慰家里人说:"做人要有骨气。一个人有了骨气,就有了一笔珍贵的财富。怀着希望生活,这就等于有了一大笔精神财富。"

在城市的市节那天,一辆崭新的别克牌汽车吸引了全城人的目光。这辆车作为奖品,在大街上那家最大的百货商店橱窗里展出,定在当晚以抽彩的方式馈赠给得奖者。

即便他们那么想拥有一辆汽车,也没有想到幸运女神会突然眷顾他们。所以,当高音喇叭宣布父亲为这辆彩车得主时,乔简直不敢相信自己的耳朵。

父亲缓缓地开车驶过人群。好几次,乔很想上车同父亲分享幸福的时刻,都被父亲赶开了。最后,父亲竟然吼道:"滚一边去,让我清静一下!"

乔感到委屈极了,而且对父亲获奖后的反应大惑不解。他为什么会那么烦躁呢?得到期待已久的汽车是一件多么让人兴奋的事情啊。乔向母亲诉说了自己的苦恼。母亲对父亲十分了解,她温柔地说:"你误会你父亲了,他正在考虑一个道德问题,我想他很快会找到适当的答案的。"

"为什么?我们中彩得到汽车,难道不道德吗?"乔疑惑地问。

"这就是问题的关键:我们根本就不应该得到汽车。"母亲说。

"不可能!"乔不敢相信自己的耳朵,失态地大叫起来,"爸爸中彩明明是大喇叭里宣布的。"

"来,看看这个。"母亲指了指桌上台灯下放着的两张彩票存根。乔看到,存根的号码分别是"348""349",中彩号码是"348"。

"你看看,这两张彩票有什么不同?"母亲说。

乔反复看了几遍,终于发现,一张彩票的角落上有用铅笔写得不太明显的"K"字。

母亲解释说,这 K 字代表一个名字——凯滋克。

"基米·凯滋克?"乔知道凯滋克是爸爸交易所的老板。

"对。"母亲肯定地说。

原来,当初买彩券时,父亲对凯滋克说,他可以给凯滋克代买一张。"为什么不可以呢?"凯滋克随口应道。老板说完就出去了,也许他再也没有想过这事。"348"那张正是给凯滋克买的。

"可是凯滋克是一个千万富翁，他根本就不缺汽车。再说，那两张彩票是同时买的，谁能知道哪一张是凯滋克的呢？"乔仍希望爸爸能留下这辆别克车。

"让你爸爸决定吧，"母亲平静地说，"他知道该怎么做的。"

这时，父亲进门径直去了里间，乔和母亲知道他一定是在给凯滋克打电话。翌日下午，凯滋克的两个司机上门，送给父亲一盒雪茄，然后开走了别克车。

乔一直到成年才拥有了一辆属于自己的汽车，而父亲终于没能等到坐上自家汽车的那一天。但乔逐渐对母亲的那句"人有了骨气，就是有了一大笔财富"的格言有了深刻的理解。回首往昔时，乔才悟出，父亲打电话给凯滋克的时候，才是他们家最富有的时刻。

　　不属于自己的东西不要留下。对做人来说，骨气本身就是一笔难以估算的巨大财富。

严守做人这把锁

从前，在一个小城里有一位老锁匠，他修了一辈子锁，技术精湛，人们都十分敬重他。更重要的是老锁匠为人正直，每修一把锁他都告诉别人他的姓名和地址，说："如果你家发生了盗窃，只要是用钥匙打开的家门，你就来找我！"

老锁匠岁数大了，为了不让他的技艺失传，老锁匠收了两位徒弟。这两个人都很聪明好学，老人准备将一身技艺传给他们。

一段时间以后，两个年轻人都学会了不少东西。但两个人中只有一个能得到真传，而这个人一定要具有良好的品德，老锁匠决定对他们进行一次考试。

老锁匠准备了两个保险柜，分别放在两个房间，让两个徒弟去打开，以决定谁能继承自己的技艺。结果大徒弟很快就打开了保险柜，大概只用了 10 分钟，而二徒弟却用了半个小时才打开，看来结果已经没有悬念了。老锁匠问大徒弟："保险柜里有什么？"大徒弟眼中放出了光亮："师傅，里面有很多钱，全是百元大钞。"问二徒弟同样的问题，二徒弟支吾了半天说："师傅，您只是让我打开锁，并没有让我看里面有什么，我就没看，所以，我……我不知道里面有什么。"话说到最后，他的声音越来越小。

老锁匠笑着点了点头，郑重宣布二徒弟为他的正式接班人。大徒弟不服，众人不解，为什么二徒弟用的时间长却被选中呢？老锁匠微微一笑，说："不管干什么行业都要讲一个'信'字，尤其是我们这一行，要有更高的职业道德。我收徒弟是要把他培养成一个高超的锁匠，他必须做到只看得到锁而看不到钱财。否则，稍有贪心，登门入室或打开保险柜易如反掌，最终只能害人害己。不只是我们修锁的人，每个人心上都要有一把不能打开的锁啊。"人们听了，无不赞服地点了点头。

　　每个人心头都有一把锁，这把锁的名字就叫诚信。做人就要死死地守住这把锁。这把锁一旦被破坏，最终只能使自己无路可退。

可以贫穷，但不能失去自尊

拉哈布·萨卡尔，是一个高傲而又善良的人。在处世中，他尽力给予对方最大的尊重。但在华萨尔街上遇到的那件事使他开始重新审视自己。

那天的太阳像要把地面烤化一样，空气中弥漫着一股股热气。拉哈布正走着，一个瘦得皮包骨头的黄包车夫来到他身边。车夫摇着铃铛，问道："先生，您要车吗？"拉哈布转过头去，发现那个人的目光里似乎包含着期待的神情。拉哈布一直认为以人力车代步是一种犯罪，只有没人性的人才会那么做。他用那粗布缝制的甘地服的袖子擦了擦额头上的汗珠，连声说道："不，不，我不要。"一面继续走自己的路。

黄包车夫却没有放弃的意思，拉着车子跟在他后面，一路不停地摇铃。突然间，拉哈布的脑子里闪出一个念头：也许拉车是这个穷人唯一的谋生手段。拉哈布同情穷苦人，他愿意为他们尽微薄之力。他又一次回头看了看那黄包车夫——天哪，他是那样面黄肌瘦！拉哈布心里顿时对他生出了怜悯之情，他决定帮助这个车夫。

他问黄包车夫："去希布塔拉。你要多少钱？"

"6便士。"

"好吧，你跟我来！"拉哈布继续步行。

"请上车，先生。"

"跟我走吧！"拉哈布加快了脚步，拉黄包车的人跟在他后面小跑。时不时地，拉哈布回头对车夫说："跟着我！"

到了希布塔拉，拉哈布·萨卡尔从衣兜里掏出6便士递给黄包车夫，说："拿去吧！"

"可您根本没坐车呀。"

"我从不坐车。我认为这是一种犯罪。"

"啊？可您一开始就该告诉我！"车夫的脸上露出一种不满的神情。他擦了擦脸上的汗，拉着车子走开了。

"把这钱拿去吧，它是你应得的！"

"可我不是乞丐！"黄包车夫一字一顿地说完，拉着车，消失在街道的拐角处。

心灵感悟

尊严是人最珍贵、最高尚的东西，是神圣不可侵犯的。一个人可以没有金钱，但精神上不可以贫穷，更不可以失去做人的尊严。

公正让我别无选择

在世界级的竞技比赛中，人们往往只对最终夺冠的赛事记忆深刻。但在上海举办的世乒赛中，却有一场比赛令人难以忘怀。那只是一场淘汰赛，中国选手刘国正对阵德国选手波尔，胜者进入下一轮比赛，败者只能打道回府。

这是一场两强的对决，一时难分胜负。在第7局也是决胜局里，刘国正以12比13落后，

再输一分就将被淘汰。就是这关键的一分，刘国正的一个回球偏偏出界了！观众们都屏住了呼吸，不敢相信眼前的一切，刘国正自己好像也蒙了，愣愣地站在那里；波尔的教练已经开始起立狂欢，准备冲进场内拥抱自己的弟子。

就在这一瞬间，波尔却优雅地伸手示意，指向台边——这是个擦边球，应该是刘国正得分。

就这样，刘国正被对手从悬崖边"救"了回来，而且最终反败为胜。

这是一场足以震撼世人的经典之战！不仅是因为双方选手的高超球艺，更因为波尔在关键时刻的那个优雅的手势。

对于波尔来说，夺取世界冠军是他的夙愿，但他屡屡与其失之交臂。这一次，只要赢下那一分，他就可以顺利晋级，向自己的梦想靠近一步。而这个球是否擦边观众根本看不到，对手也看不太清楚，即便是裁判也可能错判。

但是，波尔却毫不犹豫地选择了主动示意。波尔失利了，但他同时赢得了异国观众雷鸣般的掌声和世人的尊重。

赛后，记者们追问他为何要这么做。他只是轻描淡写地说了句："公正让我别无选择。"

人生就如一场竞技比赛，只有拥有良好的品德，严格遵守赛场规则的人，才能真真正正地在比赛中获胜。失掉了品德，就注定成为人生赛场上的一名败将。

成熟的麦穗懂得弯腰

有位刚刚退休的资深医生，医术非常高明，许多年轻的医生都前来求教，并渴望投身于他的门下。

资深医生选中了其中一位年轻的医生，帮忙看诊，两人以师徒相称。应诊时，年轻医生成为得力的助手，资深医生理所当然是年轻医生的导师。

由于两人合作无间，诊所的病患者与日俱增，诊所声名远播。为了分担门诊时越来越多的工作量，避免患者等得太久，医生师徒决定分开看诊。

病情比较轻微的患者，由年轻医生诊断；病情较严重的，由师傅出马。实行一段时间之后，指明挂号给医生徒弟看诊的病患者比例明显增加。起初，医生师傅不以为意，心中也高兴："小病都医好了，当然不会拖延成为大病，病患减少了，我也乐得轻松。"

直到有一天，医生师傅发现，有几位病人的病情很严重，但在挂号时仍坚持要让医生徒弟看诊，对此现象他百思不得其解。

还好，医生师傅两人彼此信赖，相处时没有心结，收入的分配也有一套双方都能接受的标准制度，所以医生师傅并没有往坏处想，也就不至于到怀疑医生徒弟从中搞鬼、故意抢病人的地步。

"可是，为什么呢？"他问自己，"为什么大家不找我看病？难道他们以为我的医术不高明吗？我刚刚才得到一项由医学会颁发的'杰出成就奖'，登在新闻报纸上的版面也很大，很多人都看得到啊！"

为了解开他心中的疑团，一个朋友来到他的诊所深入观察。本来这个朋友想佯装成患者，后来因为感冒，也就顺理成章地到他的诊所就医，顺便看看问题出在哪里。

初诊挂号时，负责挂号的小姐很客气，并没有刻意暗示病人要挂哪一位医生的号。

复诊挂号时，就有点学问了，发现很多病人都从师傅那边转到医生徒弟的诊室。问题就出在所谓的"口碑效果"，医生徒弟的门诊挂号人数偏多，等候诊断的时间也较长，有些病人在等候区聊天，交换彼此的看诊经验，呈现出"门庭若市"的场面。

更有趣的发现是，医生徒弟的经验虽然不够丰富，但就是因为他有自知之明，所以问诊时非常仔细，慢慢研究推敲，跟病人的沟通较多也较深入，而且很亲切、客气，也常给病人加油打气："不用担心啦！回去多喝开水，睡眠要充足，很快就会好起来的。"类似的心灵鼓励，让他开出的药方更有加倍的效果。

回过来看看医生师傅这边，情况正好相反。经验丰富的他，看诊速度很快，往往病患者无须开口多说，他就知道问题在哪里，资深加上专业，使得他的表情显得冷酷，仿佛对病人的苦痛已然麻痹，缺少同情心。

整个看诊的过程，明明是很专业认真的，却容易使病患者产生"漫不经心、草草了事"的误会。当朋友向医生师傅提出这些浅见时，师傅惊讶地张大了嘴巴："我自己怎么就没有发现！"

这就是麦穗弯腰的哲学，其实，很多具有专业素养的人士，都很容易遇到类似的问题。

他们并不是故意要摆出盛气凌人的高姿态，但因为地位高高在上，令人仰之弥高，从而产生了遥不可及的距离感。

别忘了，越成熟的麦穗，越懂得弯腰。

或者，我们也可以来个逆向思考，越懂得弯腰，才会越成熟。

心灵感悟

　　人，有时就像麦穗，越懂得弯腰，才说明他越成熟。

勇敢源于信任

在火车上，一位孕妇临盆，列车员广播通知，紧急寻找妇产科医生。这时，一个女孩子犹犹豫豫地站出来，说她是妇产科的，女列车长赶紧将她带进用床单隔开的"病房"。毛巾、热水、剪刀、钳子，什么都到位了，只等最关键时刻的到来。产妇由于难产而非常痛苦地尖叫着。妇产科的女孩子非常着急，却迟疑着不肯动手。列车长搞不清女孩在顾虑什么，赶紧问她遇到了什么困难，如果需要准备什么，她马上盼咐别人去办。女孩子脸上已渗出了汗水，她将列车长拉到"产房"外，说明产妇的情况紧急，并告诉列车长自己没有行医资格，而且她只是一个不合格的妇产科护士，已经在一次医疗事故之后被医院开除了。她实在没有把握，建议立即送往医院抢救。

可列车距最近的一站还要行驶 1 个多小时。列车长郑重地对她说："无论你以前发生过什么，但在这趟列车上，你就是医生，你就是专家，我们相信你。"

车长的话感动了护士，她准备了一下，走进"产房"前又问："如果万不得已，是保小孩还是保大人？"

"我们相信你的判断。"

护士明白了。她点了点头坚定地走进"产房"。列车长轻轻地安慰产妇，说现在正有一名妇产科专家准备给她做手术，请产妇安静下来好好配合。出人意料，那名护士竟独自成功地完成了这次手术，婴儿的啼哭声宣告了母子平安。

那对母子是幸福的，因为遇到了热心人；但那位护士更是幸福的，她不仅挽救了两个生命，而且找回了自信与尊严。职业的责任感使她勇敢地承担起重担，大家的信任使她由一个不合格的护士变成了一名优秀的医生。

他人一个信任的眼神、一句鼓励的话语都可以令我们勇气十足、信心百倍，并向着心中的目标奋勇前行。

崇高与卑劣

有这样一个真实的故事。

加拿大科学家斯罗达博士正与同事们研究和试验两块被放在轨道上的浓缩铀对合的临界质量。就在这时，他拨动铀块的螺丝刀突然滑掉了，铀块失去了控制，以很快的速度接近着，已经发出了可怕的光。斯罗达博士深知，如果不采取措施，两个铀块相碰，便会爆发出超级的能量而引发可怕的核爆炸。

就在这千钧一发之际，斯罗达博士果断地用双手掰开了马上就要滑到一起的铀块，从而避免了这场险些到来的灾难，而他自己却因此受到高剂量的核辐射，最终献出了宝贵的生命。加拿大政府为了表彰他对人类做出的贡献，把他誉为"用双手掰开原子弹的人"。

我们常说"危难之时显真情"，灾难时刻最可以体现出一个人崇高或卑劣的本性。而最终永不更改的是：崇高的灵魂人们会永远纪念，而卑劣的行径则只会遭到人们的唾弃。

守时是最大的礼貌

1779 年，德国哲学家康德计划到一个名叫珀芬的小镇，去拜访老朋友威廉·彼特斯。康德动身前曾写信给彼特斯，说自己将于 3 月 2 日上午 11 点之前到达。

康德 3 月 1 日就赶到了珀芬小镇，第二天早上租了一辆马车前往彼特斯的家。彼特斯的家与小镇相距 19 千米，且中间隔了一条河。当马车来到河边时，细心的车夫说："先生，桥坏了，很危险，不能再往前走了。"

康德下了马车，看到桥，中间的确已经断裂了，这样贸然过去是很危险的。河面虽然不宽，但水很深。

"附近还有别的桥吗？"康德焦急地问。

车夫说："在上游 6 千米处还有一座桥，但从那里走要花费较多的时间，大概要 12 点半才能到达农场。"

康德又问："如果我们经过面前这座桥，以最快速度什么时间能到达？"

车夫回答说："最快也得用 30 分钟。"

康德跑到河边一座很破旧的农舍里，客气地向主人打听道："请问你的这间房子要卖的话打算要多少钱？"

农妇大吃一惊："我的房子这么破旧，您买它干什么呢？"

"你不要问我做什么，您愿意还是不愿意？"

"那就给 200 马克吧！"

康德付了钱，说："如果您能马上从破房上拆下几根长木头，20 分钟内把桥修好，我将把房子还给您。"

农妇从没遇到过如此慷慨的人，她对康德千恩万谢，并马上把两个儿子叫来，让他们按时修好了桥。

马车平安地过了桥，10 点 50 分康德赶到了老朋友的家。

在门口迎候的彼特斯高兴地说："亲爱的朋友，您可真守时啊！"

康德却没有提起为了准时赶到而买房修桥的事。

后来，彼特斯在无意中听那个农妇讲了此事，便深有感触地给康德写了一封信。信中说道："您太客气了，还是一如既往地守时。其实，老朋友之间的约会，迟一些是可以原谅的，何况您还遇到了意外。"

一向一丝不苟的康德，在给老朋友的回信中写了这样的一句话："在我看来，无论是对老朋友，还是对陌生人，守时就是最大的礼貌。"

心灵感悟

有句美国谚语说："失约就像向别人借钱不还一样。"诚实守信是待人接物一个重要的行为准则，在任何情况下都要努力按时践约。

失误，不应该成为虚伪的借口

一位记者在访问英国诺丁汉大学校长、原复旦大学校长杨福家院士时，杨福家院士讲了这样一个故事。美国波士顿大学曾聘请了一位十分著名的教授为传播系主任。这个教授在一次讲课时，讲了一段十分精彩的话，而这段话是他从其他地方看到的，本来他是要交代这段话的出处的，但教授刚讲完那段话，下课铃就响了，教授便下课了。在西方的许多著名大学，要求学校的每个老师和学生不能以任何形式剽窃别人的成果，即使是老师在上课时所讲的内容，如果引用了别人的话，都必须明确指出，如果不指出，便认为是一种不诚实，是一种剽窃行为。所以，当这个教授下课后，有一个学生便向校长反映，说那个教授在上课时引用了某个杂志上的话，但没有交代出处。校长便找到这个教授核对，那个教授承认了自己的失误，便立即提出辞职。由于其他教师的挽留，最后学校决定撤销他的主任职务。第二天，这个教授上课时，第一件事就是向学生道歉。

在我们看来，这也许是小题大做。何况那个教授并不是存心不想说那段话的出处，实在是因为下课了他没有来得及说；再说，就是这个教授说了那段话不是自己的，也不会对他有什么影响，他为什么要故意不说呢？再退一步说，即使不说出出处，那又有什么关系呢？但是，学生反映了这个很小的问题，校长还是十分重视，即使知道了这个教授不是故意不做交代，校长还是撤了他的主任职务。而这个教授呢？他在校长找他的那一刻，便已经认识到自己的疏忽犯了大错，他在那一瞬间便觉得自己不配在这里为人师了，所以他立即提出了辞职。最后因为同事们的挽留，他虽然留了下来，但仍觉得错在自己，所以在第二天上课时，第一件事情就是向他的学生真诚地道歉。因为他明白：失误，不能成为原谅自己的借口。

在整件事中，无论是那个学生，还是校长，抑或那个失误的教授，都表现出了一种对虚伪的厌恶，对诚实的追求。那个学生并不因为教授有名气便原谅他的不诚实，哪怕他并不是故意的；校长并不因为这个教授有名气，便原谅他的失误；教授也不因为失误，便找种种借口原谅自己。其实，学生、校长和教授，所不能容忍的不是这件小事，而是不能容忍哪怕是半点的虚伪，无论这种虚伪是有意还是无意。因为他们认为，如果容忍了虚伪，便是对真诚的一种亵渎。

在我们的生活中，有很多虚伪的东西存在。在《中华读书报》上就有过好几篇揭发著名教授抄袭别人成果的文章。但是，有的抄袭者非但不承认错误，反而多方辩解，甚至对指出他剽窃别人成果的人进行人身攻击。这种背着牛头不认赃的行为，是多么可悲的现象啊！

做人，无论在怎样的情况下，都应该真诚，不应当虚伪，这是每个人都明白的道理。可是在我们的生活中有很多不尽如人意的现象存在，这也许正是我们长时间不能有大的进步的原因所在。我们只有不断地清理自己的心灵，让自己的内心深处多一些真诚、少一些虚伪，才能成为一个真正大写的人。我们应该向那个指出教授不诚实的学生致以敬意，我们应该对那个校长给予赞扬，当然，我们更应该向那个不因为失误而宽容虚伪的教授致以崇高的敬意。

失误，不应该成为虚伪的借口。

无论什么时候，诚信都是不允许打折扣的。失误不能成为原谅自己过错的原因，更不应该成为虚伪的借口。

原则不容更改

耶路撒冷有一家名为"芬克斯"的酒吧，酒吧的面积不大，只有 30 平方米，但它声名远扬。

有一天，酒吧老板接到一个电话，那人很客气地跟他商量说："我将带 10 个随从前往你的酒吧。为了方便，希望你能谢绝其他顾客，可以吗？"

老板罗斯恰尔斯毫不犹豫地说："我欢迎你们来，但要谢绝其他顾客，这不可能。"

其实，这个老板不知道，打电话的人是美国前国务卿基辛格博士。他是在访问中东的议程即将结束时，在别人的推荐下，才打算到"芬克斯"酒吧的。

基辛格最后坦言："我是出访中东的美国国务卿，我希望你能考虑一下我的要求。"罗斯恰尔斯礼貌地对他说："国务卿先生，您愿意光临本店我深感荣幸。但是，因您的缘故而将其他人拒之门外，这是我无法办到的。"

基辛格博士听后，摔掉了手中的电话。

第二天傍晚，罗斯恰尔斯又接到了基辛格的电话。他首先对自己昨天的失礼表示歉意，说明天只打算带 3 个人来，只订 1 桌，并且不必谢绝其他客人。

罗斯恰尔斯说："非常感谢您，但我还是无法满足您的要求。"

基辛格很意外，问："这次又是为什么？"

"对不起，先生，明天是星期六。"

"可是，后天我就要回美国了，您能否破例一次呢？"罗斯恰尔斯很诚恳地拒绝了。

基辛格无言以对，他只好无奈又不无遗憾地离开了耶路撒冷，而没能在中东享受到这家小酒吧的服务。

这是一个真实的故事。这家小酒吧连续多年被美国《新闻周刊》列入世界最佳酒吧前 15 名。一个只有 30 平方米的小酒吧，竟能享有如此之高的美誉，与这家酒吧老板的作风有着千丝万缕的关联。

凡事都有一定的目的与意义，只要确认我们的方向正确无误，便要坚持自己的原则；即使此刻还在迷宫中跌跌撞撞，我们也不再迷失，反而比别人更早一步走出迷宫。

良心的惩罚

卢梭生于穷苦的人家，为求生计，在很小的时候他就到一个伯爵家去当小用人。有一段时间，他对伯爵家一个侍女戴的一条小丝带相当痴迷，他很想拿在手里摸一摸、看一看。一天，机会终于来了，卢梭趁没人的时候，从侍女床头拿走小丝带，跑到院里玩赏起来。

正在这时候，从他身后经过的一个仆人发现了卢梭手中的小丝带，并立刻报告了伯爵。伯爵大为恼火，就把卢梭叫到身旁，厉声追问小丝带的来历。卢梭紧张极了，如果承认丝带是自己拿的，那他一定会被辞退。而找一份工作是多么困难啊。他结巴了好大一会儿，最后竟撒了个谎，说丝带是小厨娘玛丽永偷给他的。伯爵半信半疑，就让玛丽永过来对质。善良、老实的小玛丽永一听这事，又害怕又委屈，一边流泪一边说："不是我，绝不是我！"可卢梭呢，他死死咬住了玛丽永，并把事情的"经过"编造得有鼻子有眼。

这下子，伯爵更恼火了，他不想去分辨哪一个是清白的，索性将卢梭和玛丽永同时辞退了。当两人离开伯爵家时，一位长者意味深长地说："你们之中必有一个是无辜的，而另一个人一定会受到良心的惩罚！"

果然，这件事给卢梭带来了终身的痛苦。40 年后，他在自传《忏悔录》中坦白说："这种沉重的负担一直压在我的良心上……促使我决心撰写这部忏悔录。""这种残酷的回忆，常常使我苦恼，在我苦恼得睡不着的时候，便看到那个可怜的姑娘前来谴责我的罪行……"

犯错之后主动承认能得到他人的原谅并获得精神的解脱，而不敢面对错误，甚至撒谎来伤害别人，最终只能受到良心的惩罚。

挺起你的胸膛

多年前，一位挪威青年男子漂洋过海来到法国，他要报考著名的巴黎音乐学院。考试的时候，尽管他竭力将自己的水平发挥到最佳状态，但主考官还是没能看中他。

身无分文的青年男子来到学院外不远处一条繁华的街上，勒紧裤带在一棵榕树下拉起了手中的琴。他拉了一曲又一曲，吸引了无数的人驻足聆听。饥饿的青年男子最终捧起自己的琴盒，围观的人们纷纷掏钱放入琴盒。

一个无赖鄙夷地将钱扔在青年男子的脚下。青年男子看了看无赖，最终弯下腰拾起地上的钱递给无赖说："先生，您的钱丢在地上了。"

无赖接过钱，重新扔在青年男子的脚下，再次傲慢地说："这钱已经是你的了，你应该收下！"

青年男子再次看了看无赖，深深地对他鞠了个躬说："先生，谢谢您的资助！刚才您掉了钱，我弯腰为您捡起。现在我的钱掉在了地上，麻烦您也为我捡起来！"

无赖被青年男子出乎意料的举动震撼了，最终捡起地上的钱放入青年男子的琴盒，然后灰溜溜地走了。

围观者中有双眼睛一直默默关注着青年男子，他就是刚才的那位主考官。他将青年男子带回学院，最终录取了他。

这位青年男子叫比尔·撒丁，后来成为挪威著名的音乐家，他的代表作名叫《挺起你的胸膛》。

心灵感悟

　　无论自己陷入怎样的不利境地，无论招致了怎样的侮辱与诬蔑，我们都要理智地去应对，挺起自己的胸膛去维护我们的尊严。

没有任何借口

不为失败找借口。一个人做任何事，如果失败了，只要他愿意找借口，总能找到完美的借口，但借口和成功不在同一屋檐下。

美国西点军校有一个悠久的传统，遇到学长或军官问话，新生只能有4种回答：

"报告长官，是！"

"报告长官，不是！"

"报告长官，没有任何借口。"

"报告长官，不知道。"

除此之外，不能多说一个字。比如学长问："你认为你的皮鞋这样就算擦亮了吗？"你的第一个反应肯定是为自己辩解："报告学长，刚才排队时有人不小心踩到了我。"但是不行，这不在那4个"标准答案"里，所以你只能回答："报告学长，不是。"学长要问为什么，你最后只能答："报告学长，没有任何借口。"再比如军官派一个新生去完成一项任务，而且限

定在一定时间内完成。这项任务完全可能会
因种种原因而不能按时完成，但军官只要结
果，根本不会听你长篇大论地解释为何完不
成任务。"没有任何借口"迫使这位新生只
有把握每一分每一秒去争取完成任务，根本
无暇为完不成任务找借口。

　　学校之所以这样规定，就是要让新生
学会忍受压力，学会恪尽职责，明白表现达
到十全十美是"没有任何借口"的。

　　秉持"没有任何借口"这样的信念，尽管看似对自己冷酷无情，却犹如破釜沉舟，
可以激起一个人的斗志，促使其全力以赴，埋头苦干，尽善尽美地完成每一件事情。

弱者同样需要尊重

　　火车站外，一位学者和朋友在送人。送走人之后，学者刚走出火车站口不远，就看到一
个疯疯癫癫的人迎了上来，拦住了他们的去路。他衣衫褴褛，头发乱蓬蓬的。谁都以为他是
一个讨钱的，于是学者的朋友就掏出一元钱来递给他。他瞪了瞪他，没有接，然后将目光移
向了学者，小心翼翼地说："这位老先生，我看得出来你是个有学问的人，能不能给我讲讲三
国历史？"

　　朋友想推开他，学者却阻止了他，领着那个疯子到了一个楼角。他从吕蒙设计，讲到关
羽败走麦城，最后遇害，大约用了十几分钟时间。学者讲得绘声绘色，那疯子也听得津津有
味。临走的时候，疯子抓住学者的手，眼睛中泛动着晶莹的泪花："谢谢你，我求了好多人，
只有您才肯给我讲！"学者的手也用力摇动了几下。

　　回去的路上，学者的朋友问："他是一个疯子吧？"学者沉默了一会儿才说："也许是，但
他首先是一个人，只要是人，都是值得尊重的。因为在尊重别人的时候，更重要的还是在尊
重自己！"

　　的确，尊重不只是一个得到或者给予的问题，其实在给人尊重的同时，也会得到别人的
尊重；当你践踏别人的尊严的时候，你自己的尊严也正在自己的脚下痛苦地呻吟着！

　　一定要学会尊重弱者，他们也有人格。正所谓"我敬人一尺，人敬我一丈"。

君子当以谦逊为本

　　苏东坡在湖州做了3年官，任满回京。想当年因得罪王安石，落得被贬的结局，这次回
来应投门拜见才是。于是，他便往宰相府来。

此时，王安石正在午睡，书童便将苏东坡迎入东书房等候。

苏东坡闲坐无事，见砚下有一方素笺，原来是王安石两句未完诗稿，题是咏菊。苏东坡不由笑道：

"想当年我在京为官时，此老下笔千言，不假思索。3 年后，真是江郎才尽，起了两句头便续不下去了。"

他把这两句念了一遍，不由叫道：

"呀，原来连这两句诗都是不通的。"

诗是这样写的：

"西风昨夜过园林，吹落黄花满地金。"

在苏东坡看来，西风盛行于秋，而菊花在深秋盛开，最能耐久，随你焦干枯烂，却不会落瓣。一念及此，苏东坡按捺不住，依韵添了两句：

"秋花不比春花落，说与诗人仔细吟。"

待写下之后，又想如此抢白宰相，只怕又会惹来麻烦，若把诗稿撕了，更不成体统，左思右想，都觉不妥，便将诗稿放回原处，告辞回去了。

第二天，皇上降诏，贬苏东坡为黄州团练副使。

苏东坡在黄州任职将近一年，转眼便已深秋，这几日忽然起了大风。风息之后，后园菊花棚下，满地铺金，枝上全无一朵。苏东坡一时目瞪口呆，半晌无语。此时方知菊花果然落瓣！不由对友人道：

"小弟被贬，只以为宰相是公报私仇，谁知是我错了。切记啊，不可轻易讥笑人，正所谓经一事长一智呀。"

苏东坡心中含愧，便想找个机会向王安石赔罪。想起临出京时，王安石曾托自己取三峡中峡之水用来冲阳羡茶，由于心中一直不服气，早把取水一事抛在脑后。现在便想趁冬至节送贺表到京的机会，带着中峡水给宰相赔罪。

此时已近冬至，苏东坡告了假，带着因病返乡的夫人经四川进发了。在夔州与夫人分手后，苏东坡独自顺江而下，不想因连日鞍马劳顿，竟睡着了，及至醒来，已是下峡，再回船取中峡水又怕误了上京时辰，听当地老人道："三峡相连，并无阻隔。一般样水，难分好歹。"便装了一瓷坛下峡水，带着上京去了。

上京来先到相府拜见宰相。

王安石命门官带苏东坡到东书房。苏东坡想到去年在此改诗，心下愧疚。又见柱上所贴诗稿，更是羞惭，倒头便跪下谢罪。

王安石原谅了苏东坡以前没见过菊花落瓣。待苏东坡献上瓷坛，书童取水煮了阳羡茶。

王安石问水从何来，苏东坡道：

"巫峡。"

王安石笑道：

"又来欺瞒我了，此水明明是下峡之水，怎么冒充中峡。"

苏东坡大惊，急忙辩解道误听当地人言，三峡相连，一般江水，但不知宰相何以能辨别？

王安石语重心长地说道：

"读书人不可轻举妄动，定要细心察理，我若不是到过黄州，亲见菊花落瓣，怎敢在诗中乱道？三峡水性之说，出于《水经补注》，上峡水太急，下峡水太缓，唯中峡缓急相伴，如果用来冲阳羡茶，则上峡味浓，下峡味淡，中峡浓淡之间，今见茶色，故知是下峡。"

苏东坡敬服。

王安石又把书橱尽数打开，对苏东坡言道：

"你只管从这二十四橱中取书一册，念上文一句，我答不上下句，就算我是无学之辈。"

苏东坡专拣那些积灰较多，显然久不观看的书来考王安石，谁知王安石竟对答如流。

苏东坡不禁折服：

"老太师学问渊深，非我晚辈浅学可及！"

苏东坡乃一代文豪，诗词歌赋都有佳作传世，只因恃才傲物，口出妄言，竟三次被王安石所屈，他从此再也不敢轻易讥笑他人。

心灵感悟

　　大智若愚是才智技艺达到精湛圆熟的最高境界。一个人才智越高，越有学问，见闻越广博，越应该谦虚谨慎，处处收敛锋芒，不炫耀自己。我们都应该记住这样一个道理：学无止境，君子当以谦逊为本。

第四辑
完美人生操之在我

生命完全属于你自己

年轻的亚瑟国王被邻国的伏兵抓获。邻国的君主并没有杀他，而是向他提出了一个非常难的问题，并承诺只要亚瑟回答得上来，他就可以给亚瑟自由。亚瑟有一年的时间来思考这个问题，如果一年期满还不能给他答案，亚瑟就会被处死。

这个问题是：女人真正想要的是什么？

这个问题令许多有学识的人困惑不解，何况年轻的亚瑟。但求生的欲望使亚瑟接受了国王的命题——在一年的最后一天给他答案。

亚瑟回到自己的国家，开始向每个人征求答案：公主、妓女、牧师、智者、宫廷小丑。他问了几乎所有的人，答案五花八门，有的回答是男人，有的说是孩子，有的说是金钱，还有的说是地位，但没有一个答案可以令他满意。最后，人们建议亚瑟去请教一个女巫，也许她能够知道答案。但是他们警告他，女巫会提出一些稀奇古怪的条件，这些条件往往使人们不敢向她求助。

一年的最后一天到了，亚瑟别无选择，只好去找女巫试试看。女巫答应回答他的问题，但他必须首先接受她的交换条件：让她和加温结婚。而加温是最高贵的圆桌武士之一，是亚瑟最亲密的朋友。亚瑟惊骇极了，看看女巫：驼背、丑陋不堪，只有一颗牙齿，身上发出臭水沟般难闻的气味，而且经常制造出猥亵的声音。他从没有见过如此丑陋不堪的怪物。他拒绝了，他不能让他的朋友为了救他而牺牲自己的幸福。

加温知道这个消息后，对亚瑟说："我同意和女巫结婚。对我来说，没有比拯救你的生命更重要的了。"亚瑟感动极了，深情地拥抱着他的朋友。于是亚瑟宣布了婚礼的日期，女巫也回答了亚瑟的问题：女人真正想要的是——可以主宰自己的命运。

人们都明白女巫说出的是真理，于是邻国的君主如约给了亚瑟永远的自由。

加温的婚礼如约举行，而亚瑟也陷入了深深的痛苦之中。这是怎样的婚礼呀——加温一如既往地温文尔雅，而女巫却在婚礼上表现出最丑陋的行为：蓬头垢面，用嘶哑的喉咙大声讲话，还用手抓东西吃。她的言行举止让所有的宾客都感到恶心，大家也都深切地同情加温从此失去了幸福。

新婚之夜对于所有的人都是美妙的，对加温却是异常可怕的，但它终究还是到了。然而，加温走进新房，却被眼前的景象惊呆了：一个他从没见过的美丽少女斜倚在婚床上！加温忽然如入梦境，不知这到底是怎么回事。

少女回答说："我也曾被别人施以魔咒，我自己在一天的时间里一半是丑陋的，另一半是美丽的。你愿意怎样分配这丑陋与美丽呢？"

多么残忍的问题呀！加温开始面对他的两难选择：是在白天向朋友们展示自己的美丽妻子，而在夜晚自己的屋子里，面对一个如幽灵般又老又丑的女巫；还是在白天拥有一个丑陋的女巫妻子，但在晚上与一个美丽的女人共度亲密时光呢？出乎意料的是，加温没有做任何选择，只是对他的妻子说："既然女人最想要的是主宰自己的命运，那么就由你自己决定吧！"

少女眼中闪着泪光，动情地说："谢谢你替我解除了诅咒，当有一个男人愿意让我主宰自己命运的时候，诅咒就会自动失效了。那么，我要告诉你，我会选择白天和夜晚都是美丽的女人，因为我爱你。"

　　你的命运由你自己主宰。命运就在你自己的手中，就看你自己如何去把握。

人生的 5 枚金币

不久前，陈家村有 3 位渔民因为木船机器出了故障，在海上漂了 7 天 6 夜。3 位渔民脸晒得黑红，坐在我们面前，讲述着曾经发生的故事，他们面带笑容，语气平淡，好像这些事不是他们自己亲历而是发生在别人身上似的。

"你们开始的时候想到会漂 7 天吗？"

"没有，我们想再坚持一天，明天就会有人来救我们。如果一开始就知道要等 7 天，受这么多罪，我们可能会受不住。"一位年纪较大的渔民说，他是这艘船的主人。

"第 6 天下午，我觉得自己坚持不住了，喝进去的海水在胃里翻腾，难受死了。就在这时候我们听见了马达声，看见一条船朝我们开来，我们 3 人趴在船上喊救命，可是当船驶近的时候，船上的人却冲我们说：你们慢慢漂吧。我绝望地趴在船舷上想跳海自杀，是他救了我。"年纪较小的帮工感激地指着船主说。

船主不好意思地摸摸后脑勺："其实也没什么，我只是给他们讲了一个 5 枚金币的故事。"

"小时候，我生活在内蒙古草原。有一次，我和爸爸在草原上迷了路，我又累又怕，到最后都快走不动了。爸爸并没有哄我，他从兜里掏出 5 枚硬币，把一枚硬币埋在草地里，把其余的 4 枚放在我的手上，说：人生有 5 枚金币，童年、少年、青年、中年、老年各有一枚，你现在才用了 1 枚，就是埋在草原上的那一枚。你不能把 5 枚都扔在草原，你要一点点地用，每一次都用出不同来，这样才不枉人生一世。今天我们一定要走出草原。你将来也一定要走出草原。世界很大，人活着，就要多走些地方，多看看，不要让你的金币还没用就被扔掉。

"我们走了一天一夜，终于走出了草原。我一直记得父亲说过的话，也一直保存着那 4 枚硬币。25 岁的时候，我从电视上看到大海，我把第 2 枚硬币埋在草原，带着其余的 3 枚硬币一个人乘车来到大连旅顺，当了一名水手。今年是我来海上的第 9 个年头了，我刚刚用攒下的钱买下这条 12 马力的新木船，我一生的梦想是能有一条可以远洋的 100 马力以上的铁船。我们还年轻，还有人生的 3 枚金币，不能就这么把它们都扔到大海里。我们一定要活着回去。从我讲这个故事到被救，才十几个小时。我们真的活着回来了！"

海上漂泊 7 天 6 夜，他们喝海水，吃鱼饵，忍受着肉体和精神上双重的痛苦，直到现在，他们还因为海水中毒而全身水肿、胃出血、脚溃烂，但他们坐在我们面前，面带笑容，语气平淡，对他们来说，所有的灾难都已成为过去，重要的是他们还活着，还拥有人生的 3 枚金币，这比什么都重要。

在苦难降临时，还有什么比拥有活下去的信念更重要的呢？我们还年轻，还拥有人生最大的资本，如果我们对待生活、工作能有同样的信念，那么世界上就没有什么挫折可以击倒我们。

自己就是上帝

一个穷人来找神父求助，原来，他为农场主运东西的时候，失手打碎了一个贵重的花瓶，农场主要他赔。

神父说："听说有一种能将破碎的瓶子粘起来的技术，你不如去学这种技术，将农场主的花瓶粘得完好如初，再还给他不就可以了嘛。"

穷人听了直摇头："哪里会有这种神奇的技术？将一个破花瓶粘得完好如初，这不太可能吧？"

神父说："这样吧，教堂后面有个石壁，上帝就在那里。只要你对石壁大声说话，上帝就会回应你。"

于是，穷人来到石壁前，对石壁说："上帝请您帮助我，只要您愿意帮助我，我相信我能将花瓶粘好。"话音刚落，上帝就回答了他："能将花瓶粘好。"于是穷人信心百倍，去学粘花瓶的技术了。

一年后，穷人通过认真学习和不懈的努力，终于掌握了将破花瓶粘得天衣无缝的本领。那只破花瓶被他粘得和原来完好时一样，然后他将它还给了农场主。

他又一次来到教堂感谢上帝能够帮助他，神父将他领到了那座石壁前，笑着说："你最应该感谢的是你自己啊。其实这里根本没有上帝，这块石壁不过是块回音壁而已，你所听到的上帝的声音，其实就是你自己的声音。"

哦，原来自己就是上帝。

抱有坚定不移的信念，并为之付出不懈的努力，就能够把梦想变成现实。相信自己的能力和潜力，因为自己就是上帝。

把握自己的人生

诗人亨雷写下了富有哲理意味的诗句："我是我命运的主宰；我是我灵魂的船长。"

很多情况下，人们的命运都是由别人和外物所控制，要主宰自己，需要莫大的勇气。特别是对于一个失败者，当挫折困扰着他时，要及时调整自己、战胜自己，树立起主宰自己的信心，更不是一件容易的事。

华明的公司宣告破产了，资不抵债，他成了一个名副其实的穷光蛋。

华明无法面对残酷的现实，他沮丧极了，甚至想到了自杀。

他流着泪去见父亲，希望能够得到父亲的安慰和指点，让他东山再起！

父亲看到华明的样子，心都快碎了，可他没有能力帮助儿子。

华明唯一的希望破灭了，他喃喃自语道："难道我真的没有出路了吗？"

父亲像想到了什么一样，突然说："虽然我没办法帮助你，但我可以介绍你去见一个人，相信他可以协助你东山再起。"

华明的心中又燃起了一点希望之火，他迫不及待地要见到这个"能令他东山再起"的人。父亲带着华明来到一面大镜子前，手指着镜子里的华明说："我介绍的这个人就是他，在这个世界上，只有他才能够使你东山再起，只有他才能够主宰你的命运。"

华明怔怔地望着镜子里的自己，用手摸着长满胡须的脸孔，望着自己颓废的神色和迷离无助的双眸，他明白了父亲的用意，不由自主地抽噎起来。第2天早晨，父亲见到的华明从头到脚几乎是换了一个人，步伐轻快有力，双目坚定有神。

他说："爸爸，我终于知道我应该怎么做了，谢谢你！是你让我重新认识了自己，把真正的我指给我看。我会努力地去找工作，我坚信，这是我成功的又一个起点。"

果然，几年后，华明东山再起，事业比当初还要兴旺。

心灵感悟

只有我们是自己命运的主人，因为我们有能力控制自己的思想；也只有我们自己才能把握我们的人生，只有自己才能描绘出美丽的人生画卷。

别把命运交给别人

敬明小学6年级的时候，考试得了第一名，老师奖励给他一本世界地图。

敬明很高兴，跑回家就开始看这本世界地图。那天正好轮到他为家人烧洗澡水。敬明就一边烧水，一边在灶边看地图，看到一张埃及地图，他想："长大以后如果有机会我一定要去埃及。去看神秘的金字塔，还有尼罗河，还有许许多多美妙的东西。"

敬明正看得入神的时候，爸爸怒气冲冲地从浴室冲出来，用很大的声音对他说："你在干什么？"

敬明赶紧说："我在看地图。"

爸爸大吼着说："火都熄了，看什么地图？"

敬明说："我在看埃及的地图。"

爸爸就跑过来"啪、啪"给他两个耳光，然后说："赶快生火！看什么埃及地图？"打完后，又踢了敬明屁股一脚，用很严肃的表情跟他讲："我给你保证！你这辈子不可能到那么遥远的地方！赶快生火！"

当时敬明看着爸爸，呆住了，心想："爸爸怎么给我这么奇怪的保证？难道我真的不会到埃及吗？"

20年后，敬明第一次出国就去埃及，他的朋友都问他："到埃及干什么？"

敬明说："为了使我的命运不被爸爸保证。"

敬明一到埃及，做的第一件事便是写信给爸爸。坐在金字塔前面的台阶上，他写道："爸爸：我现在在埃及的金字塔前面给你写信。记得小时候，你打我两个耳光，踢我一脚，保证我不能到这么远的地方来，现在我就坐在这里给你写信。"写的时候，敬明感触非常深……

只要不把你的命运交给别人，只要你的生命不被保证，你就能够演绎出令自己满意的人生。

走自己的路

有两位法国诗人是无话不谈的忘年交，一位是年纪较大的马莱伯，一位是年轻的拉冈。

有一天，拉冈跑来请教马莱伯："我想请您指点一下，您人生阅历丰富，一定对人生有着独到的见解。现在，我正面临一个需要选择的难题，我苦苦思考却无法决定，依您看，我应该何去何从呢？您对我的家世、门第、财产以及能力都很清楚，那我是否应该结婚并到外省去？或者投身军队还是去政界供职？"

听了拉冈的一番话，马莱伯并没有直接回答："你要让所有人都对你感到满意确实很不容易，在我回答你以前，先听我讲一个故事吧。

"从前，有位磨坊主和他十几岁的儿子，打算去集市卖掉自家的驴子。为了让驴子保存体力，能卖个好价钱，爷儿俩就把驴腿扎上，一前一后抬着驴走。一个路人看到后大笑起来，'大家快看这一对傻瓜，竟抬着驴走，驴子不就是让人骑的吗？'听到路人的话，磨坊主也觉得有道理，赶紧把驴子放下，让儿子骑驴，自己跟在后面走。

"走了没多远，迎面走来3个商人，年轻较大的那位冲着男孩喊道，'年轻人，你怎么好意思自己骑着驴呢？你的父亲是多么辛苦啊，快点下来，应该让老人骑着驴！'听了他的话，磨坊主便让儿子下来，自己骑到了驴背上。

"又走了一段路，走来了3位姑娘，其中一个指责老人说，'你这老头儿真是过分啊！让一个孩子那么辛苦地走路，自己却骑在驴子上悠然自得。'磨坊主没想到自己这么一大把年纪还会被一个姑娘指责，于是他赶紧让驴放慢了脚步，让儿子一起骑到了驴背上。他想：这下大家该没什么可说的了吧？

"可刚走了十几步，又来了一群人，有个人说，'这两个人真够狠的！这头可怜的驴走到市场，估计他们就只能出售驴皮了。'磨坊主感到无所适从了，他一时想不到更好的办法，最后决定两人谁都不骑驴了，而是让驴子走在他们的前面。

"又有个人对他们说：'你们傻不傻，有驴子还不骑，而且让驴走在你们的前面，还真有意思。'磨坊主没有理睬他，因为他已经决定不再被别人的话所摆布。就这样，他让驴子走在自己的前面一直到集市。打那以后，磨坊主做事情有了主见，再也不听从别人的摆布。至于你，我的朋友，究竟是参军，或是为政界服务，还是结婚，不论你做出什么选择，都请记住——按照自己的想法，走自己的路，任凭他人说去吧。"

　　但丁说："走自己的路，让别人说去吧。"只要你认为是正确的道路，就要坚持自己的选择，而不应被他人的评论所左右。

打好自己手中的牌

　　艾森豪威尔年轻时经常和家人一起玩纸牌游戏。母亲总告诫他要"打好自己手中的牌"，他对这句话总是不甚理解。

　　一天晚饭后，他像往常一样和家人打牌。这一次，他的运气简直差到了极点，每次抓到的都是很差的牌。他开始抱怨，最后，竟发起了少爷脾气。

　　一旁的母亲看到他这个样子，正色道："既然要打牌，你就必须用自己手中的牌打下去，不管牌是好是坏。谁也不可能永远都有好运气！"

　　艾森豪威尔对妈妈的这种理论已经厌倦了，刚要争辩，却听到母亲接着说："我们的人生又何尝不像这打牌一样啊！发牌的是上帝。不管你手中的牌是好是坏，你都必须拿着，你都必须面对。你能做的，就是让浮躁的心情平静下来，然后认真对待，把自己的牌打好，力争达到最好的效果。这样打牌，这样对待人生才有意义啊！"

　　艾森豪威尔此后一直牢记母亲的话，无论遇到什么情况，都会尽全力打好自己手中的牌。就这样，他一步一个脚印地向前迈进，成为中校、盟军统帅，最后登上了美国总统之位。

　　也许我们无法决定自己手中能够抓到什么样的牌，但可以决定用怎样的态度去打这把牌。困难面前，怨天尤人是无济于事的，只有勇敢地迎接挑战才是最明智的选择。

不过一念间

　　两个年轻人曾一起拜一位老师傅学习手艺。学成之后，两人又同时应聘到一家公司工作，但因二人学历低，在公司总受别人的欺负，不被领导重视，他们感到很痛苦，但又不知该怎么做，便一起来找师父，希望师傅能够给他们指示。

　　师傅闭着眼睛，隔了半天，吐出 5 个字："不过一碗饭。"就挥挥手，示意年轻人回去了。

　　才回到公司，一个人就递上辞呈，回家种田，另一个却安然不动。

　　日子真快，转眼 10 年过去了。

　　回家种田的以科学方法种植，以现代方法经营，居然成了农业专家。另一个留在公司的也不差，他忍着气，努力学习，渐渐受到器重，成了经理。

　　有一天两个人遇到了。

　　"奇怪，师傅给我们同样'不过一碗饭'这 5 个字，我一听就懂了。不过一碗饭嘛，何必硬待在公司？所以我立刻选择了辞职！"农业专家问另一个人："你当时为何没听师傅的话呢？"

"我听了啊，"那经理笑道，"师傅说'不过一碗饭'，意思是出来就是为了混碗饭吃，平时多受点气，多受点累，多做一点，少赌气，少计较，就成了。"

两人对师傅当年那句话的含义争执不下，最后决定找师父问个究竟。

两个人再次来到师傅的住处，师傅已经很老了，仍然闭着眼睛，隔了半天，回答了 5 个字："不过一念间。"然后挥挥手……

心灵感悟

　　对同一句话、同一件事，怀有不同的心态，便会有不同的理解。人生悲喜一念之间，人生苦乐一念之间，人生成败亦在于一念之间。

好好活着

不知为什么，洛希近日情绪很低落，生活、工作总给她带来许多的不顺心，而她的情绪又直接地影响着她的生活与工作，以致她几乎丧失了活下去的愿望。

有一天，洛希在路上又碰到了朋友。朋友见她神情格外沮丧，多次询问缘故，才知道她因工作失误而被老板狠狠地批评了一顿。

"唉！生活真的一点意思都没有。再见了……"洛希幽怨地叹息着，她已不再想对朋友倾诉自己的烦恼了。从她的话语中，朋友猜想她这次一定是做了某种可怕的决定。

朋友感到一种莫名的不安，一时竟然不知道怎样去安慰她。过了一会儿，她才急匆匆地追上了洛希，问："洛希，如果你真的选择自杀的话，我不拦你。不过，我有一个小小请求，请你答应我等到 1 个月后再自杀。"

洛希感到很奇怪："为什么要等这么久……哦，我明白了——你这是'缓兵之计'，是想让我降下火气，等到心平气和时就会打消自杀的念头。可是，我确实已经受够了，你就不要再劝我了！"

"不，你说错了。"朋友说，"我不是这个意思。这一个月时间不是留给你的，而是留给我的。我需要用一个月时间给你准备后事！既然你想死，如果能给孩子及亲人留点什么，不是更好吗？我想，从现在开始，我就要四处打听帮你找买家了。"朋友很认真地说。

洛希更加疑惑了："'买家'？什么'买家'？你在说什么呀？"

朋友说："一定有买家的！你的视力一向很好，可以把眼角膜移植给失明的人；你的皮肤十分细腻，可以卖给那些需要植皮的人；你的身体非常健康，内脏器官可以卖给那些需要它们的人。既然你一定要寻死，你身上的东西就不要浪费，这些对你来说没用的东西，对别人来说可是难得的无价之宝！把它们卖给别人，至少能够得到数百万元，就当是给亲人们造福吧，这样你也可以去得无牵无挂了。"

洛希对朋友的这番话闻所未闻，竟然呆住了。

良久，她才恍然大悟，继而痛哭流涕："是啊！我有这么健康的身体，为什么不好好珍惜呢？谢谢你让我明白这一切。以后的生活不管怎样，我都会好好地活着的！"

世界的颜色由你自己决定

　　记得小时候，敏不知道从哪儿得到了一堆各种颜色的镜片，她总是喜欢用这些有颜色的镜片遮挡眼睛，站在窗台上看窗外的风景。用粉红色的镜片，面前世界便是一片粉红色；用蓝色的镜片，眼前就是一片蓝色；当用黄色的镜片的时候，世界也变成黄色的了！虽然，用不同的镜片去看眼前的世界，世界便会给她不同的颜色。然而，敏心里明白，世界本来的颜色，并不会因为她用不同颜色的镜片而改变，它仍然是原来就有的颜色……

　　这只是小时候所发生的一件事情。当敏渐渐长大，每当不高兴的时候，她总是会自然地想起这件事情。敏总是对自己说："世界并没什么不同，它展现在我面前的和展现在他人面前的是一样的，只不过我不小心拿错了一块带着悲伤和失意颜色的镜片，挡在了自己的眼前而已！"

　　那么，你呢？你看到的世界是什么颜色呢？

自己是面镜子

　　从前有一位智慧的老人，每天坐在镇子街头的椅子上，向开车经过镇上的人打招呼。

　　这天，他的孙女在他身旁，陪他坐在椅子上。他俩坐在那里看着人们经过。一位身材很高、看来像个游客的男人到处打听，想要找地方住下来。

　　陌生人走过来说："这是个怎样的城镇？"

　　老人慢慢抬起头来反问道："你来的地方又是怎样的城镇呢？"

　　游客说："在我原来住的地方，人人都很喜欢批评别人，邻居之间常说别人的闲话，总之那地方很不好。我真高兴能够离开，那不是个令人愉快的地方。"摇椅上的老人对陌生人说："那我得告诉你，其实这里也差不多。"

　　过了几个小时，一辆载着一家人的大卡车在这里停下来，显然他们是要搬到这里。

　　这家人的父亲下了车，恭敬地问老人："老先生，这个镇子怎么样？"坐在椅子上的老人反问道："你原来住的地方怎样？"

　　父亲说："我原来住的城镇每个人都很亲切，人人都愿帮助邻居。无论去哪里，总会有人跟你打招呼，我真舍不得离开。"老先生转过来看着父亲，脸上露出和蔼的微笑："其实这里也差不多。"父亲说了谢谢，挥手再见，驱车离开了。

　　等到那家人走远，孙女抬头问爷爷："爷爷，为什么你告诉第一个人这里很可怕，却告诉第二个人这里很好呢？"

祖父慈祥地看着孙女美丽湛蓝的双眼说："人自己就是一面镜子，他的言行能够反映出他对待他人、对待生活的态度，那个地方可怕与可爱，其实全在于他自己呀！"

不管你搬到哪里，你都会带着自己的态度；那地方可怕或可爱，全在于你自己。你寻找什么，就会找到什么。

　　人自己就是一面镜子，你以什么样的态度对待世界，世界就会呈现给你什么样的景象。

无法改变别人就改变自己

一个小男孩在他父亲的葡萄酒厂看守橡木桶。

每天早上，他都用抹布将一个个木桶擦拭干净，然后一排排整齐地摆放好。

令他生气的是：一夜之间，风就把他排列整齐的木桶吹得东倒西歪。

男孩很委屈地哭了。父亲抚摩着男孩的头说："孩子，别伤心，我们可以想办法征服风。"

于是，小男孩擦干了眼泪，坐在木桶旁边想啊想啊，想了半天，他终于想出了一个办法，他去井里挑来一桶一桶的清水，把它们倒进空空的橡木桶里，然后他就忐忑不安地回家睡觉了。

第二天天刚蒙蒙亮，小男孩就匆匆爬了起来，他跑到放桶的地方一看，那些木桶一个一个排列得整整齐齐，没有一个被风吹倒的，也没有一个被吹歪的。

小男孩高兴地笑了，他对父亲说："要想木桶不被风吹倒，就要加重木桶自己的重量。"男孩的父亲赞许地笑了。

　　我们控制不了这个世界的许多东西，但是我们可以改变自己，改变我们自身的能力和思维。提升自我能力，这是一个人不被打倒的唯一方法。

生命之旅由自己驾驭

一位优秀的母亲，曾给她的孩子写了这封直抵心灵的信：

我能给予你生命，但不能替你生活。

我能教你许多东西，但不能强迫你学习。

我能指导你如何做人，但不能为你所有的行为负责。

我能告诉你怎样分辨是非，但不能替你做出选择。

我能为你奉献浓浓的爱心，但不能强迫你照单全收。

我能教你与亲友有福同享、有难同当，但不能强迫你这样做。

我能教你如何尊重他人，但不能保证你受人尊重。

我能告诉你真挚的友谊是什么，但不能替你选择朋友。

我能对你进行性教育，但不能保证你保持纯洁。

我能对你谈人生的真谛，但不能替你赢得声誉。

我能提醒你酒精是危险的，但不能代替你对它说"不"。

我能告诉你毒品的危害，但不能保证你远离它。

我能告诉你必须为人生确定崇高的目标，但不能替你实现这些目标。

我能教给你做人的优良品质，但不能确保你成为善良的人。

我能责备你的过失，但不能保证你因此而成为有道德的人。

我能告诉你如何生活得更有意义，但不能给你永恒的生命。

我能肯定我将尽自己最大的努力给予你最美好的东西，但不能给予你前程和事业。

孩子，我能为你做很多，因为我爱你；但是，你要明白，即使我愿意永远和你在一起，也还是要由你自己做出那些重要决定。为此，我只求灿烂阳光永远照亮你的人生之路，使你总能做出正确的决定。

每一位读懂此信的人都会明白这样一个哲理：人生之路，无论坎坷还是幸福，都只能由自己全程驾驭。

心灵感悟

别人能够告诉你的很多很多，但是任何一个人都不能替你做出决定。无论人生之旅平坦或坎坷，幸福的人生秘诀都只在于自己的把握。

生命的选取在自己

有这样一个有趣的关于生命的故事。

第一天，神创造了一头牛。

神对牛说："你要整天在田里替农夫耕田，供应牛奶给人类饮用。你要工作直至日落，而你只能吃草。我给你 50 年的寿命。"

牛不满："我这么辛苦，还只能吃草，我只要 20 年寿命，余下的还给你。"

神答应了。

第二天，神创造了猴子。

神跟猴子说："你要娱乐人类，令他们欢笑。你要表演翻筋斗，而你只能吃香蕉。我给你 20 年的寿命。"

猴子不满："要引人发笑，表演杂技，还要翻筋斗，这么辛苦，我活 10 年好了。"

神答应了。

第三天，神创造了狗。

神对狗说："你要站在门口对生人狂吠，还要吃主人吃剩的东西。我给你 20 年的寿命。"

狗不满："整天坐在门口吠，我要 10 年好了，余下的还给你。"

神答应了。

第四天，神创造了人。

神对人说："你只需要睡觉，吃东西和玩耍，不用做任何事情，只需要尽情享受生命。我给你 20 年的寿命。"

人抗议："这么好的生活只有 20 年？"

神没说话。

人对神说："这样吧。牛还了 30 年给你，猴子还了 10 年，狗也还了 10 年，这些都给我好了，那我就能活到 70 岁。"

神答应了。

所以，我们的头 20 年，只需吃饭、睡觉和玩耍。

之后的 30 年，我们整天工作养家。

接着的 10 年，我们退休了，得表演杂耍来娱乐自己的孙儿。

最后的 10 年，整天留在家里，坐在门口旁边"吠"生人……

对于你，生命将是怎样的呢？有人活着，分分秒秒都是煎熬；有人活着，感觉时间不够用；有人活着，稀里糊涂；有人活着，认认真真；有人活着，只为自己；有人活着，为了所有人……

生命的形状、色彩只在于我们的选取，多一分幸福，少一分痛悔，才是智者的生活哲学。

第五辑
走出心灵的围墙

自我解脱

禅宗二祖慧可为了表示自己求佛的诚心，挥刀断臂，拜达摩为师。

有一次，他对达摩祖师说道："请师父为我安心。"

达摩当即说："把你的心拿来给我。"

慧可不得不说："弟子无法办到。"

达摩开导他说："如能办到，那就不是你的心了！我已经帮你安好心了，你看到了吗？"

慧可恍然大悟。

几十年以后，僧璨前去拜谒二祖慧可，他对二祖说："请求师父为弟子忏悔罪过。"

二祖慧可想起了当初达摩启发自己的情景，微笑着对僧璨说："把你的罪过拿来给我！"

僧璨说道："我找不到罪过。"

慧可便点化他说："现在我已经为你忏悔了！你看到了吗？"僧璨恍然大悟。

又过了许多年，一个小和尚向三祖僧璨求教："如何才能解除束缚？"

僧璨当即反问："究竟是谁在捆绑你呢？"

小和尚脱口而出："没有谁捆绑我呀！"

僧璨微微一笑，说道："那你何必又再求解脱呢？"

小和尚顿悟。他就是后来中国禅宗第四祖——道信。

醉心于功利，便被"名缰利锁"缚住；斤斤计较于褒贬毁誉，必会患得患失。野心勃勃、贪欲无厌、争权夺利、钩心斗角，哪一个不是伴随着烦恼焦虑、忧愁惊恐、忌妒猜疑？重要的是自我解脱，而不是求人解脱。

心灵感悟

并没有谁来束缚你，真正束缚住你的是自己的欲望和贪念。抛却了这些，你便可以得到自我解脱，何必要求别人为你解脱呢？

心随境转

心理学家带领他的学生来到一间黑暗的屋子。在他的指引下，他的学生们轻松地穿过了这间伸手不见五指的神秘房间。

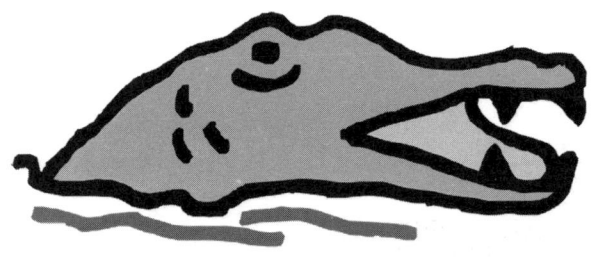

接着，心理学家打开房间里的一盏灯，在这昏黄如豆的灯光下，学生们才看清楚房间的布置，不禁吓出了一身冷汗。

原来，这间房子的地面就是一个很深很大的水池，池子里有几条张着血盆大口的鳄鱼在向上张望。就在这池子的上方，搭着一座很窄的木桥，他们刚才就是从这座木桥上走过来的。

心理学家看着他们，问："现在你们还愿意再次走过这座桥吗？"大家你看看我、我看看你，一时间冷了场。谁也不愿意拿自己的性命开玩笑。

这时，心理学家又打开了房内另外几盏灯，灯光又亮了许多。学生们揉揉眼睛再仔细看，才发现小木桥的下方装着一道安全网，只是因为网线的颜色极暗，他们刚才都没有看出来。心理学家大声地问："你们当中还有谁愿意现在就通过这座小桥？"

过了片刻，有3个学生犹犹豫豫地站了出来。其中一个学生一上去，就异常小心地挪动着双脚，速度比第一次慢了好多；另一个学生战战兢兢地踩在小木桥上，身子不由自主地颤抖着，才走到一半，就挺不住了；第三个学生干脆弯下身去，慢慢地趴在小桥上爬了过去。

心理学家问他的学生们："有了安全网的保护，你们怎么还会这么害怕呢？"学生们心有余悸地反问："这张安全网的质量可靠吗？"

心理学家把所有的灯都打开了，强烈的灯光一下把整个房间照耀得如同白昼。学生们这才看清，原来池中的鳄鱼是逼真的橡胶模型，而非真正的鳄鱼，他们的脸上重新露出了轻松的笑容。心理学家又问："这次谁敢走过这座桥？"这一次，所有的人都将手举了起来，无一例外。

心灵感悟

人生的路并不难走，只是环境的干扰使我们失去了平静的心态，使我们乱了方寸、慌了手脚，失去了前进的勇气。

想开一点

有一个年轻美丽的少妇，在发现丈夫有了外遇后痛苦地与他离了婚，之后儿子又夭折了，她顿时感到天塌了一般的悲惨，看不到生活的乐趣，决定去投河自尽，但被正在河中划船的老艄公救上了岸。

艄公问："你年纪轻轻的，为何寻短见？"

少妇哭诉道："我结婚两年，丈夫就遗弃了我，接着孩子又不幸病死。你说，我活着还有什么乐趣？"

艄公又问："两年前的你又是怎样的状况呢？"

少妇说："那时候我自由自在、无忧无虑。"

"那时你有丈夫和孩子吗？"

"没有。"

"那么，你不过是被命运之船送回了两年前，现在你又可以自由自在、无忧无虑了。"

少妇听了艄公的话，心里顿时敞亮了，告别艄公后，又开始了正常的生活。

善待自己

娜娜刚刚 22 岁，本该无忧无虑，在她的脸上却没有一丝笑意。她做什么事情都打不起精神，认定幸福不会眷顾自己。虽然看到周围的年轻人成双成对，也很羡慕，却又认为自己永远不会得到真正的爱情。

一个雨天的下午，不幸的娜娜去找一位有名的牧师，因为据说他能解除所有人的痛苦。牧师握住她的手的时候，她冰凉的手让牧师的心都颤抖了。他打量着这个可怜的女孩，她的眼神没有任何光彩，透露出绝望，声音仿佛来自墓地。她的整个身心都好像在对牧师哭泣着："上帝为什么对我如此不公？我是世界上最不幸的女人！"

牧师请娜娜坐下，跟她谈话，渐渐找到了娜娜的问题的根源。最后他对娜娜说："娜娜，只要按我说的去做，你就会有办法的。"他要娜娜去买一套新衣服，再去修整一下自己的头发，他要娜娜打扮得漂漂亮亮的，告诉她星期二他的朋友有个晚会，他要请她来参加。

娜娜还是一脸愁容，对牧师说："我想这是没有用的。没有人需要我，在晚会中我并不能做什么，我还会像原来一样不快乐。"牧师告诉她："你要做的事很简单，你的任务就是帮助我的朋友照料客人，我会向我的朋友打招呼的，他们也会很高兴的。"

星期二这天，娜娜衣衫得体、发式入时地来到了晚会上。她按照牧师朋友的吩咐尽职尽责，一会儿和客人打招呼，一会儿帮客人端饮料，她在客人间穿梭不息、来回奔走，始终在帮助别人，完全忘记了自己。她眼神活泼，笑容可掬，成了晚会上的一道彩虹，晚会结束时，同时有 3 位男士自告奋勇要送她回家。

在随后的日子里，这 3 位男士热烈地追求娜娜，娜娜终于选中了其中的一位，让他给自己戴上了订婚戒指。不久，在婚礼上，有人对这位牧师说："你创造了奇迹。""不，"牧师说，"是她自己为自己创造了奇迹。任何人都不能随随便便地自暴自弃、自怨自艾，而应该善待自己，敞开自己的心扉，去接纳别人，去体恤别人，在与别人的交往中得到快乐。娜娜懂得了这个道理，所以创造了奇迹。所有的女人都能拥有这个奇迹，只要你想，你就能让自己变得美丽。"

跳出心中的高度

根据科学测试，跳蚤跳的高度一般可达它身体的 400 倍，号称动物界的跳高冠军。

于是，有人用跳蚤做了这样一个实验，实验者把跳蚤放进杯子里，不过放进后立即在杯子上加一个透明的玻璃盖。

"嘣"的一声，跳蚤跳起来后重重地撞在玻璃盖上，但它并没有停下来，因为跳蚤的生活方式就是"跳"。一次次跳起，一次次被撞，跳蚤好像开始变得聪明起来了，显然它有很强的适应能力，它开始根据盖子的高度来调整自己所跳的高度。

后来，这只跳蚤再也没有撞击到这个盖子，而是在盖子下面自由地跳动。

一天后，实验者把盖子轻轻拿掉，跳蚤不知道盖子已经被拿掉了，它还在原来的这个高度继续地跳。

3天以后，这只跳蚤还在那里跳。

1周以后，这只可怜的跳蚤还在玻璃杯里不停地跳着——这时它已经无法跳出这个玻璃杯了。

心灵感悟

我们常常不敢去追求自己想要的。其实它并非难以得到，而是我们的心中已经设定了一个"高度"，认为超过这个高度自己就难以达到了。

点亮心中的蜡烛

程韵终于决定搬家了。搬家的念头从一年前就一直困扰着程韵，同时困扰着他的还有工作的不顺和生活的挫折。身为工程师的程韵已人过中年，事业却毫无起色，仍是一个"高级"的打工仔；与妻子结婚8年，经历了一个"持久战"，原来的甜美与温馨已被生活的琐事和平淡冲击得荡然无存。程韵最近常常无端地发脾气，抱怨别人见利忘义。终于，在经历了又一个失眠之夜后，他们搬家了。

程韵和妻子来到了另外一个城市，搬进了新居。这是一幢普通的公寓楼。程韵依然忙于工作，早出晚归对身边的一切都未曾在意。

一个周末的晚上，程韵和妻子正在整理房间，突然，停电了，屋子里一片漆黑。他们在房间里翻来翻去也没有找到蜡烛，只好无奈地坐在地板上抱怨起来。

这时，门口突然传来轻轻的、断断续续的敲门声，打破了黑夜的寂静。

"谁呀？"程韵并不知道是谁会在这时拜访，因为他在这个城市并没有熟人，也不愿意在周末被人打扰。他感到莫名的烦躁，费力地摸到门口，极不耐烦地开了门。

门口站着一个小男孩，他怯生生地对程韵说："叔叔，我是您楼上的邻居。请问您有蜡烛吗？"

"没有！"程韵气不打一处来，"嘭"的一声把门关上了。

"真是麻烦！"程韵对妻子抱怨道，"现在都是些什么人，我们刚刚搬来就来借东西，这么下去怎么得了！"

就在他满腹牢骚的时候，门口又传来了敲门声。

打开门，门口站着的依然是那个小男孩，手里拿着两根蜡烛，红彤彤的，在这个黑暗的夜里格外显眼。"妈妈说，楼下新来了邻居，可能没有带蜡烛来，要我拿两根给你们。"

程韵顿时愣住了，他被眼前发生的一幕惊呆了，好不容易才缓过神来。"谢谢你，孩子，也谢谢你的妈妈！"

在那一瞬间，程韵猛然意识到很多，他明白了自己失败的根源就在于对别人的冷漠与刻薄。

程韵和妻子一起点燃了这两根蜡烛，看着跳动的火苗，他们感到心中明亮了许多。

　　冷漠、刻薄只能使自己与别人离得越来越远。点亮心中的蜡烛，在温暖自己的同时照亮别人，才能体会到人与人之间真挚的情感。

远离囚禁你的塔

从前，有一个公主，被巫婆施以魔咒囚禁在一座古堡的塔里。老巫婆天天对公主说公主长得多么多么丑陋，以致公主也认为自己丑陋不堪，陷入深深的自卑中，极少露面见人。

直到有一天，一位年轻英俊的王子从塔下经过，透过古堡的门看到了公主的容貌，那一刻，他便对自己说：这是我未来的妻子。因为，公主美极了。从这以后，他天天都要到这里来。公主看到了王子，倾听了王子的心声，却不相信王子说的"自己很美"。一天，公主从巫婆遗落下的一面镜子中看到了自己的真实容貌，她自己都惊呆了。她的皮肤白皙嫩滑，蓝色的眼睛很漂亮，却总露出些许的忧郁。公主最美丽的是她的一头长发，金黄金黄的，在阳光下越发光亮耀眼。公主发现了自己的美，同时也发现了自己的自由和未来。有一天，她终于放下头上长长的金发，让王子攀着长发爬上塔顶，把她从塔里解救出来。

其实，囚禁公主的不是别人，正是她自己。那个老巫婆就像她心里的魔鬼，她听信了魔鬼的话，以为自己长得很丑，不愿见人，就把自己囚禁在塔里。

人心很容易被种种烦恼和物欲所捆绑，而那都是自己把自己关进去的，就像那原本美丽的公主。

仔细想想，在人生的海洋中，我们犹如一条条游动的鱼，本来可以自由自在地寻找食物，欣赏海底世界的景致，享受生命的丰富情趣。但突然有一天，我们遇到了海螺壳，便钻进去，不愿再动弹了，并且呐喊着说自己陷入了绝境。这不可笑吗？千万不要自己给自己的心灵营造囚禁的塔，然后钻进去，坐以待毙。

　　人的一生的确充满了坎坷、愧疚、迷惘、无奈，稍不留神，我们就会被自己营造的囚禁塔所监禁。

打破心灵的围墙

有一位著名的建筑设计师，平生设计出了无数杰作。在 66 岁寿诞之日，他突然宣称：下一个设计便是自己的封笔之作。

惊闻此言，众多房地产商均来拜访大师，希望与其合作。

大师自有大师的想法，他一生学富五车，阅历无数，深为现代建筑格局担忧。现在的房屋建筑把城市空间分割得支离破碎，楼房之间的绝对独立加速了都市人情的隔阂与冷漠。他要创建一种新的设计格局，力求在住户之间开辟一条交流和交往的通道，使人们相互之间不再隔离，而充满大家庭般的欢乐与温馨。

他的观点和理念深得一位颇具胆识和超前意识的房地产商的赞赏，出巨资请他设计。经过数月挑灯夜战，图纸出来了，不但业内人士一致叫好，媒体与学术界也交口称赞，房地产商更是信心十足，立马投资施工。

令人惊异的是，大师的全新设计叫好不叫座，楼盘成交额始终处于低迷状态。

房地产商急了，赶快派遣公司信息部门去做市场调研。调研结果出来了，原来人们不肯掏钱不是设计的原因，是人们有许多的顾虑。虽然这样的设计令人耳目一新，活动空间也大了，但这样邻里之间会不会有更多的矛盾？孩子会不会更加难以看管？人员复杂，会不会有更多的入室抢劫、盗窃事件发生？

设计大师听到这个反馈，心中充满了酸涩与无奈，他退还了所有的设计费，办理了退休手续，与老伴儿回乡下隐居去了。临行前，他对众人感慨道："我一生设计无数，这是我一生最大的败笔，因为我只识图纸不识人啊！我们可以拆除隔断空间的砖墙，而人心之间那堵坚厚的墙又有谁能拆得掉呢？"

心灵感悟

拆除砖墙容易，拆除心墙难。心墙不除，人们的生活空间只会越变越小。

要生活得惬意

跳舞的时候便跳舞，睡觉的时候就睡觉。即使一个人在幽美的花园中散步，倘若思绪一时转到与散步无关的事物上去，也要很快将思绪收回，想想花园，寻味独处的愉悦，思量一下自己。天性促使我们为保证自身需要而进行活动，这种活动也就给我们带来愉快。慈母般的天性是顾及这一点的，它推动我们去满足理性与欲望的需要，打破它的规矩就违背了情理。

我们知道恺撒与亚历山大就是在最繁忙的时候，仍然充分享受自然的，也就是必需的、正当的生活乐趣。这不是要使精神松懈，而是使之增强，因为要让激烈的活动、艰苦的思索服从于日常生活习惯，是需要有极大的勇气的。他们认为，享受生活乐趣是自己正常的活动，而战事才是非常的活动。他们持这种看法是明智的，而我们倒是些愚蠢的人。我们说："他一辈子一事无成。"或者说："我今天什么事也没有做……"怎么！你不是生活过来了吗？这不仅是最基本的活动，而且是我们诸种活动中最有光彩的。

"如果我能够处理重大的事情，我本可以表现出我的才能。"你懂得考虑自己的生活，懂得去安排它吧？那你就做了最重要的事情了。天性的表露与发挥作用，无须异常的境遇，它在各个方面乃至在暗中也都会表现出来，无异于在不设幕的舞台上一样。我们的责任是调整我们的生活习惯，而不是盲从；是使我们的举止温文尔雅，而不是去打仗、去扩张领地。我们最辉煌、最光荣的事业乃是生活得惬意，一切其他事情，执政、致富、建造产业，充其量也只不过是这一事业的点缀和从属品。

抛弃冷漠

　　一辆公共汽车在林肯公园里行驶了几千米，可是谁都没有朝窗外看。

　　乘客们穿着厚墩墩的衣服在车上挤在一起，全都被单调的引擎声和车厢里闷热的空气弄得昏昏欲睡。

　　谁都没作声。这是在伦敦搭车上班的不成文规矩之一。虽然约克每天碰到的大都是这些人，但大家都宁愿躲在自己的报纸后面。此举所包含的意义非常明显：彼此在利用几张薄薄的报纸来保持距离。

　　公共汽车驶近一排闪闪发光的摩天大厦时，一个声音突然响起："注意！注意！"报纸沙沙作响，人人都伸长了脖颈。

　　"我是你们的司机。"

　　车厢内鸦雀无声，人人都瞧着那司机的后脑勺，他的声音很威严。

　　"你们全都把报纸放下。"

　　报纸慢慢地被放了下来。司机在等着。乘客们把报纸折好，放在大腿上。

　　"现在，转过头面向坐在你旁边的那个人。转啊！"

　　使人惊奇的是，乘客们全都这样做了。但是，仍然没有一个人露出笑容。他们只是盲目地服从。

　　约克面对着一个年龄较大的妇人。她的头给红围巾包得紧紧的，他几乎每天都看见她。他们四目相接，目不转睛地等候司机的下一个命令。

　　"现在跟着我说……"那是一道用军队教官的语气喊出的命令，"早安，朋友！"

　　他们的声音很轻，很不自然。对其中很多人来说，这是今天第一次开口说话。可是，他们像小学生那样，齐声向身旁的陌生人说了这四个字。

　　约克情不自禁地微微一笑，完全不由自主。他们松了一口气，知道不是被绑架或抢劫。而且，他们隐约地意识到，以往他们怕难为情，连普通的问候也不讲，现在这腼腆之情却一扫而空。他们把要说的话说了，彼此间的界限消除了。"早安，朋友。"说起来一点也不困难。有些人随着又说了一遍，也有些人握手为礼，许多人都大笑起来。

　　司机没有再说什么，他已经无须多说。没有一个人再拿起报纸，车厢里一片谈话声，你一言，我一语，热闹得很。大家开始都对这位古怪司机摇摇头，待话说开了，就互相讲述别人搭车上班的趣事。大家都听到了欢笑声，一种以前在公共汽车上从未听到过的热情洋溢的声音。

心灵感悟

　　冷漠会使我们失去很多朋友，抛弃那句"不要和陌生人说话"的教导吧！多一句问候就多一份友情，多一句交谈就多一份交流。世间本有很多温情，何必将自己囚禁在一个封闭的角落？

按自己的曲子跳舞

　　一个物质生活颇为优越的商人，处处与别人比较，他不允许自己得到的东西比别人差。他做到了，他成了交际圈中的佼佼者。可是，他的内心没有丝毫快乐可言。他为了寻找到自己的快乐，决定出门旅行。

　　有一天，他来到了一个很偏僻的村寨，这里相对封闭，人们的生活很俭朴。可是，他发现村民们活得非常快乐。一到晚上，人们吃罢晚饭，就在一片空地上点起篝火，乐师们弹起他们心爱的乐器，男女老少一起载歌载舞，将欢声笑语洒在村寨的每一个角落。从他们的神态中，除了快乐看不到一丝一毫的忧愁。他们有什么值得快活的资本呢？商人百思不得其解。

　　一个晚上，在村民们跳舞的间隙，商人与一位年长的乐师攀谈，他问乐师："为什么你们总是那么快乐？"老乐师听了他的话并没有马上回答，而是拿起乐器，弹起了一首曲子，老乐师对他说："年轻人，你跳起来吧，按照你自己心中的那支曲子跳舞，而不要受我的影响。我相信你会找到答案的。"就这样，他真的跳了起来，而且没有受乐曲的一点影响。虽然，他跳得很累，但是不知怎么回事，一场舞跳下来，他很轻松、很惬意，那是一种他从来也没有感受过的快乐。而就在他静下来的一刹那，心中突然一亮，他真正地明白了，原来，获得快乐的秘诀，就是按自己的曲子跳舞。

心灵感悟

　　按自己的曲子跳舞，按自己的节奏生活，向着自己的目标前进，不被别人的行动所左右，寻找到真实的自我，也就找到了真正的快乐。

洒脱一点过得好

　　"生活是沉重的"，他一直这样认为。以致有一天他觉得被压得有些喘不过气来了，便向一位禅师求助，寻求解脱之法。

　　禅师听明他的来意，递给他一个竹篓背在肩上，笑着说："我正要去南山取些彩石，你与我同行吧。见到美丽的石头便捡到竹篓中吧。"他同意了。

　　路上，每走两步就能见到一块美丽的石头，他把它们都装在了竹篓里。过了一会儿，禅师问他有什么感觉。他说："觉得越来越沉重。"

　　禅师说："这也就是你为什么感觉生活越来越沉重的道理。当我们来到这个世界上时，我们每人都背着一个空篓子，然而我们每走一步都要从这世界捡一样东西放进去，所以才有了越走越累的感觉。"

他问："有什么办法可以减轻这沉重呢？"

禅师问："那么你愿意把工作、爱情、家庭、友谊哪一样拿出来呢？"

那人不语。

禅师说："我们每个人的篓子里装的不仅仅是精心从这个世界上寻找来的东西，还有责任。当你感到沉重时，也许你应该庆幸自己不是国王，因为他的篓子比你的大多了，也沉多了。"

算起来，人最轻松的时候，一是出生时，一是死亡时。出生时赤条条而来，背的是空篓子；死亡时，则要把篓子里的东西倒得干干净净，又是赤条条而去。除此之外，一个人的一生，就是不断地往自己的篓子里放东西的过程。得了金钱，又要美女；得了豪宅，又要名车；得了地位，还要名声。生怕自己篓子里的东西比别人放得少，哪怕是如牛负重、心为形役。这又岂能不累？要想真不累，其实也容易得很，只消把背篓里的东西扔出去几样。可每往篓子外扔一件东西，我们都会心疼得流血。那就干脆换个思路，给自己找心理平衡。当你感到生活篓子里的东西太重因而步履蹒跚的时候，你不妨看看左邻右舍羡慕的眼光，看看他们同样也在拼命地往篓子里捡东西，你就会安慰自己，你装的东西多，是你的本事大，别人想装还装不进来呢。

你还得明白，篓子里的东西越多，你的责任就越大。譬如说吧，你打算娶一个美女为妻，也就是说往篓子里放一件人人羡慕的宝贝，那么你在获得美女情爱的时候，责任也就来了：美女的花费肯定比一般女人要高，脾气要更怪，被人觊觎、受人勾引的概率也更大，你可能要经常处在猜忌、恐慌、羞耻、愤慨的情绪中。但你与漂亮太太走在街头换来的无数羡慕的眼光，或许就是对你的弥补。

生活就是这样，你要想在篓子里多装东西，就得比别人更辛苦。既然样样都难以割舍，那就不要想背负的沉重，而去想拥有的快乐。

人要活出一点味道，活得有点境界，就得学会摆脱紧张。而摆脱紧张的最好办法就是洒脱。

洒脱既可以说是一种外在的行为方式，也可以被看作一种内在的精神境界。一个人要想洒脱，首先就要调整好自己的心态，淡化功利意识，不要把自己的存在、自己的行为看得那么重要。不妨设想一下，这个世界不管离开了谁，地球不都照转吗？人的功利意识或者说使命意识太强，相对来说，其精神负担就大，其压力就大，也就必然活得比常人紧张。但是，也有一种身负重任者往往忙中偷闲。有的人即使担当天下大任，也能够表现出一种闲态，比如在军事活动频繁之时，诸葛亮仍旧羽扇纶巾，这是一种潇洒，也是一种品质。只有这种闲情逸致才能养成他们临事不惊的本领。苏东坡为官时不也很有一番洒脱情致吗？如果没有这种洒脱，不是你办事能力太低，就是你的私欲过重。

洒脱是一种境界。现代人很难做到洒脱，也未必会崇尚洒脱。洒脱不一定需要太多，只要有那么一点，对于你的身心都是有好处的。

心灵感悟

洒脱是一种高层次的人生态度，是一种崇高的思想境界。抛却功利意识的束缚，洒脱一点，你的生活会更美好。

生命的出口

高原坐在窗边喝茶看报纸，读到一则消息：一个女生为情跳楼自尽；第二天，她的男友从桥上跳入河心，也自杀了。

这时候，一只小黄蜂从窗外飞了进来，在室内绕了两圈，再回到原来的窗户，竟然就飞不出去了。

可怜小黄蜂不知道世上竟有"玻璃"这种东西，明明看见窗外的山，却飞不出去，在玻璃窗上撞得咚咚作响。

忙了一阵子，眼看无路可走了，它停在玻璃上踱步，好像在思考一样。想了半天，小黄蜂突然飞起来，绕了一圈，从它闯进来的纱窗缝隙飞了出去，消失在空中。

小黄蜂的举动使高原感到惊奇，原来黄蜂是会思考的，在无路可走之际，它会往后回旋，寻找出路。

对照起来看，人的痴迷使高原感到迷茫。

在这样的绝境，为什么人不会像小黄蜂一样退回原来的位置，绕室一圈，寻找生命的出口呢？

当我们还年轻、遭受情感挫折的时候，很多人会想到了结生命，以解脱一切的苦痛与纠葛。

但是今日回观，并没有必死之理，因为情感的发展只是一个过程接一个过程，乃是姻缘的幻灭。如果情爱受挫就要自尽，这世上的人类恐怕早就灭绝了。

何况，活着，或者死去，世界都不会有什么改变，情感也不会变得更深刻，反而会失去再创造、再发展的生机，岂不可惜又可怜？

正如一只山上飞来的黄蜂，如果刚刚撞到玻璃而死，山林又会有什么改变呢？现在它飞走了，整个山林都是它的，它可以飞或者不飞，它可以跳舞或者不跳舞……它可以有生命的许多选择，它的每一个选择都会比死亡更生动有趣！

第一次情感失败没有死的人，可能找到更深刻的情感。

第二次情感受挫没有死的人，可能找到更幸福的人生。

许多次在情感里困苦受难的人，如果有体验，一定会更触及灵性的深处。

高原这样想着，但是，他并不谴责那些殉情的人，而是感到遗憾，他们自己斩断了一切幸福的可能。

他的心里有深深的祝福，祝福真有来生，可以了却他们的爱恋痴心。可叹的是，幸福的可能是今生随时可以创造的，而来生，谁能知道呢？

心灵感悟

> 给生命一个出口，给自己一个出口，幸福也就随之而来了。

摘掉生活的面具

玲是一位中学女老师，她每天在讲台上竭力保持完美形象，但谁也不知道她心里的痛苦。她开始对自己的脸孔越来越不满意，觉得哪儿看起来都不顺眼，她要改变现状，她决定去整容。

医师认为她长得并不难看便劝她不要做了。可玲坚持认为自己的脸有问题。

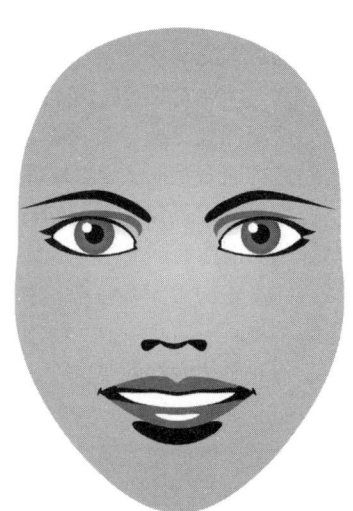

无奈之下，医师动手术稍微改善了她的五官，但只是动了一些小手术，比她所要求的少了很多。

医师对她说："身为一名整容医师，我只能替你动这些手术了。"

玲对手术的效果并不太满意，她认为医师在应付她："你并没有对我的脸做大的改变。"

医师想了想说："你的脸只需稍做改变，我都已经做了。现在你的脸一点毛病也没有了，脸不是面具，你不能用它来遮掩你的感觉。"

"面具？"玲很伤心地低下头说，"我也不想这样子的。"

"我相信你，"医师说，"请你告诉我，你是不是因为自己是一名教师，因此对自己压抑得有点过分？"

玲沉默了一会儿，她说出了藏在自己心头很久的话："我很讨厌当老师，无论何时何地，我都必须做学生最好的榜样，不能有丝毫的差错。每一天到学校之前，都要将所有生活中的不快藏起来，把自己的情绪隐藏起来，带上笑容去面对学生。我教书已经 3 年了，但每次登上讲台之前都很紧张，这种感觉快让我疯掉了。"

"孩子都嘲笑我。我想，一定是我的脸出了什么问题。"玲说完了自己的遭遇之后，忍不住放声大哭。她哭着，随后突然警觉地停住哭泣，擦擦鼻涕，坐直了身子望向医师，仿佛她已经泄露了什么重大秘密。

医师脸上露出微笑："这样好多了，哭泣证明你有人情味。"她慢慢放松自己，然后笑望着医师。

"孩子们嘲笑你，"医师说，"是因为他们已经看出你一直都在演戏。身为一名教师，控制自己的言行和情绪是无可厚非的，你需要表现得十分能干而成熟，但是你用不着表现得十全十美。作为老师，偶尔也可以表现得愚蠢一点，那样会显得更可爱，学生也仍然会尊重你，学生将会因为你平易近人而更喜欢你。拿掉你的面具，你会更喜欢自己，甚至会变得很喜欢自己的工作。"离开诊所后，玲的心情好多了，几个月后，她不再为自己的脸孔而焦虑。她写信告诉医师，她觉得比以前轻松多了。她自认为是一位更有人情味的老师了，她开始爱上了这份工作和那群可爱的孩子，而且，她深信不久之后，她会工作得更出色。

　　为了表现完美而戴上面具，只能使自己的身心更加疲惫。摘掉生活的面具，展示出最真实的自己，别人会因你的本色而喜欢你，自己也会受到莫大的鼓舞。

保护好你的潜能

在生活中，很多人都拥有优于其他人的潜能，但是这些人不会保护自己的潜能，导致许多人终其一生都没将潜能发挥出来，平庸度日。

要想成功，一个人必须注意不要让别人拿走你的潜能。

在遥远的国度里，住着一窝奇特的蚂蚁，它们有预知风雨的能力。最近蚂蚁们清楚地知道，有一场巨大的暴风雨正逐渐逼近，整窝蚂蚁全部动员，往高处搬家。

这窝蚂蚁之所以奇特，不在于它们预知气候的能力，许多其他动物也具备这样的天赋。它们的特别之处是整窝蚂蚁都只有5只脚，并不像一般蚂蚁长有6只脚。

由于它们只有5只脚，行动也就没有一般蚂蚁快捷，整个搬家的队伍缓慢前进。虽然面对暴风雨来袭的沉重压力，每只蚂蚁心中都焦急不堪，但行动半点也快不了。

在漫长的搬家队伍中，有一只蚂蚁与众不同，它的行动快速，不停地往返于高地与蚁窝之间，来回一趟又一趟，仿佛不知劳累，辛苦地尽力抢搬蚁窝中的东西。

这只勤快的蚂蚁引起了五脚蚂蚁群的注意，它们仔细观察它的动作，终于找出这只蚂蚁动作如此敏捷的关键，它有6只脚。

五脚蚂蚁的搬家队伍整体暂停下来，它们聚在一起，窃窃私语，讨论这只与它们长得不同、行动却快过它们数倍的六脚蚂蚁。

经过冗长的讨论后，五脚蚂蚁们终于达成共识。它们扑上前去，抓住那只六脚蚂蚁，一阵撕咬过后，将它那多出来的一只脚撕扯了下来。

行动迅速的那只蚂蚁被撕扯掉一只脚，也变成了平凡的五脚蚂蚁，在搬家的队伍中，迟缓地跟随大家移动。

五脚蚂蚁们很高兴它们能除去一个异类，增加一个同伴，这时暴风雨的雷声，已在不远处隆隆地响起。

常常在我们接触到一个新的机会、有了一个好的创意，或是工作取得特别进步时，"五脚蚂蚁群"就出现了。

他们会告诉你，你得到的机会是陷阱、你的好创意是行不通的，或是提醒你，工作勤奋不一定会有好的报偿。而这些无非是想撕扯掉你突然间多出来的一只脚。

尤其是当你正确地运用出你的潜能时，周围类似五脚蚂蚁般的消极意识更会增加，各式各样不可能的思想蜂拥而至，企图要你放弃他们所不懂的潜能，让你成为平庸的人。

在这个时候，你一定要把握住自己，用你的独立思想，来保护自己多出来的那只"脚"。

心灵感悟

　　坚持自己的想法，珍惜自己得到的机会，发挥自己独特的创意，更加勤奋地工作，加倍地发挥你自己最大的潜能，这样你才能在未来获得成功。

你的空间无限

某公司办公室的门口有一个大鱼缸，缸里养着十几条产自热带的杂交鱼，那种鱼长约10厘米，长得特别漂亮，惹得许多人驻足观赏。

一转眼两年时间过去了，那十几条鱼在这两年里似乎没什么太大的变化，依然是10厘米来长，自由自在地在鱼缸里游玩，

忽一日，鱼缸的缸底被单位头头那顽皮的小儿子砸了一个洞，待人们发现时缸里的水已所剩无几，十几条热带鱼在那儿可怜巴巴地苟延残喘，人们急忙把它们捡起来，四处张望，

唯有外面的喷水池可以做它们的容身之所，于是，人们把那十几条鱼放了进去。

两个月后，一个新的鱼缸被抬了回来。人们都跑到喷水池边来捞鱼，捞上一条，人们大吃一惊；又捞上一条，人们又大吃一惊，等十几条鱼都捞出来的时候，人们简直有点手足无措了。2 个月，仅仅是 2 个月的时间，那些鱼竟然都由 10 厘米长疯长到 30 厘米长。

人们七嘴八舌，众说纷纭，有人说可能是因为喷水池的水是活水，鱼才长得这么快；有人说喷水池里可能含有某种矿物质；也有人说那些鱼可能吃了某种特殊的食物；但无论如何，都有共同的前提，那就是喷水池要比鱼缸大得多。

心灵感悟

要想使自己长得更快，就不要拘泥于一个小小的空间，而应寻找更广阔的发展领域。走得远，世界将属于你；走得近，世界将离你越来越远。

坚持自己的选择

汤姆成长于环境复杂的纽约市劳工区切尔西。时值嬉皮士时代，汤姆身穿大喇叭裤，头顶阿福柔犬蓬蓬发，脸上涂满五颜六色的彩妆，为此，常遭到住家附近各式人士的批评。

有一天晚上，汤姆跟邻居友人约好一起去看电影。时间到了，汤姆身穿扯烂的吊带裤，一件绑染衬衫，头顶阿福柔犬蓬蓬发。当汤姆出现在朋友面前时，朋友看了汤姆一眼，然后说："你应该换一套衣服。"

"为什么？"汤姆很困惑。

"你扮成这个样子，我才不要跟你出门。"

汤姆怔住了："要换你换。"于是朋友走了。

当汤姆跟朋友说话时，母亲正好站在一旁。这时，她走向汤姆："你可以去换一套衣服，然后变得跟其他人一样。但你如果不想这么做，而且坚强到可以承受外界嘲笑，那就坚持你的想法。不过，你必须知道，你会因此引来批评，你的情况会很糟糕，因为与大众不同本来就不容易。"

汤姆受到极大的震撼。因为汤姆明白，当他探索另类存在的方式时，没有人有必要鼓励他，甚至支持他。当他的朋友说"你得去换一套衣服"时，他陷入两难抉择：倘若我今天为你换衣服，日后还得为多少人换多少次衣服？母亲是看出了汤姆的决心，她看出他在向这类同化压力说"不"，看出他不愿为别人改变自己。

人们总喜欢评判一个人的外形，却不重视其内在。要想成为一个独立的个体，就要能承受这些批评。汤姆的母亲告诉他，拒绝改变并没错，但她也警告他，拒绝与大众一致是一条漫长的路。

汤姆一生都始终摆脱不了与大众一致的议题。当汤姆成名后，他也总听到人们说："他在这些场合为什么不穿皮鞋，反而要穿红黄相间的快跑运动鞋？他为什么不穿西装？他为什么跟我们不一样？"到头来，人们之所以受到他的吸引，学他的样子，又恰恰因为他与众不同。

做好你自己

　　一位诗人说过："不可能每个人都当船长，必须有人来当水手，问题不在于你干什么，重要的是能够做一个最好的你。"把身边的工作做好，就是成功。

　　一大早，格尔开着小型运货汽车来了，车后扬起一股尘土。

　　他卸下工具后就干起活来。格尔会刷油漆，也会修修补补，能干木匠活，也能干电工活、修理管道、整理花园；他会铺路，还会修理电视机，他是个心灵手巧的人。

　　格尔已经上了年纪，走起路来步子缓慢、沉重，头发理得短短的，裤腿留得很长，他给别人干活。

　　他的主人有几间草舍，其中有一间，格尔在夏天租用。每年春天格尔把自来水打开，到了冬天再关上。他把洗碗机安置好，把床架安置好，还整修了路边的牲口棚。

　　格尔摆弄起东西来就像雕刻家那样有权威，那种用自己的双手工作的人才有的权威。木料就是他的大理石，他的手指在上边摸来摸去，摸索什么，别人不太清楚。一位朋友认为这是他自己的问候方式，接近木头就像骑手接近马一样，安抚它，使它平静下来。而且，他的手指能"看到"眼睛看不到的东西。

　　有一天，格尔在路那头为邻居们盖了一个小垃圾棚。垃圾棚被隔成3间，每间放一个垃圾桶。棚子可以从上边打开，把垃圾袋放进去，也可以从前边打开，把垃圾桶挪出来。小棚子的每个盖子都很好使，门上的合页也安得严丝合缝。

　　格尔把垃圾棚漆成绿色，晾干。一位邻居走过去一看，为这竟是一个人做的而不是在什么地方买的而感到惊异。邻居用手抚摩着光滑的油漆，心想，完工了。不料第二天，格尔带着一台机器回来了。他把油漆磨毛了，不时地用手摸一摸。他说，他要再涂一层油漆。尽管照别人看来这已经够好了，但这不是格尔干活的方式。经他的手做出来的东西，都看上去不像是自己家做的。

　　在格尔的天地中，没有什么神秘的东西，因为那都是他在某个时候制作的、修理的，或者拆卸过的。保险盒、牲口棚、村舍全出自格尔的手。

　　格尔的主人们从事着复杂的商业性工作。他们发行债券，签订合同。格尔不懂如何买卖证券，也不懂怎样办一家公司。但是当做这些事时，他们就去找格尔，或找像格尔这样的人。他们明白格尔所做的是实实在在的、很有价值的工作。

　　当一天结束的时候，格尔收拾工具放进小卡车，然后把车开走了。他留下的是一股尘土，以至还有一个想不通的小伙伴。这个人纳闷，为什么格尔做的这样多，可得到的报酬却这样少。

　　然而，格尔又回来干活儿了，默默无语，独自一人，没有会议，也没有备忘录，只有自己的想法。他认为该干什么活就干什么活，自己的活自己干，也许这就是自由的一个很好的定义。

**心灵感悟**

　　如果你能心无旁骛、专心致志地做好自己的事，做最好的自己，你就能在不知不觉中超越他人，跨越平庸的鸿沟，脱颖而出。

盲从的束缚

　　生活中，不少人将权威、专家、学者的所有作品、言行举止，甚至某句话奉为终身的准则，任何时候都坚信不疑。其实，这极有可能让自己陷入盲从的误区。

　　一次，宋代大文豪苏东坡去拜访济南监镇宋保国。宋保国将王安石写的《华严经注解》拿出来展示。

　　苏东坡说：《华严经》本来有 81 卷，现在却只有 1 卷，这是怎么回事呀？"宋保国说："荆公注解的这一卷才是佛语，非常精妙，其他卷都是菩萨语！"

　　苏东坡见他这么推崇王安石，就说："我从经书中，取出几句佛语，夹杂在菩萨语中，再找出几句菩萨语，夹杂到佛语中，你能分辨清楚吗？"

　　宋保国说："不能。"

　　苏东坡又说："我以前曾住在岐下这个地方，听说附近河阳县的猪肉味道很好，就叫人去买。这人回来的路上喝醉了酒，于是猪夜间逃走了，他就另买了一头普通的猪来顶替。客人们尝了这猪肉后，都赞不绝口，连说好吃，认为非一般的猪肉可比。后来，这件用假猪顶替的事情败露了，客人们知道后，都为自己当初的表态感到惭愧。今天荆公写的假话就如同那头假猪一样，只是没有败露罢了。如果你用心去体会，就会发现墙壁瓦砾都昭示着很精妙的佛法。至于说什么佛语很精妙，不是菩萨语能比得上的，这难道不是梦话吗？"

　　宋保国一脸惭愧，之后大悟。

心灵感悟

　　盲从者是可笑、可悲的。盲从者的悲哀在于，前面即使是万丈深渊，也会跟着别人一齐掉下去。

不要画地自限

　　一天，龙虾与寄居蟹在深海中相遇，寄居蟹看见龙虾正把自己的硬壳脱掉，露出娇嫩的身躯。寄居蟹非常紧张地说："龙虾，你怎么可以把唯一保护自己身躯的硬壳也放弃呢？难道你不怕有大鱼一口把你吃掉吗？以你现在的情况来看，连急流也会把你冲到岩石上去，到时你不死才怪呢！"

　　龙虾一笑，平静回答："谢谢你的关心。但是你不了解，我们龙虾每次成长，都必须先脱掉旧壳，才能生长出更坚固的外壳。现在的做法，只是为了将来发展得更好而做的准备。"

　　寄居蟹似有所悟，自己整天只顾着找可以避居的地方，而没有想过如何令自己成长得更强壮；整天只活在别人的护佑之下，不敢外出冒险，难怪永远都无法有自己的发展。

　　人也如此。法国文学家雨果曾说："所谓活着的人，就是不断挑战的人，不断攀登命运险峰的人。"的确，整个生命就是一场冒险，走得最远的人，常是愿意去做，并愿意去冒险的人。

> 生活中，每个人都有自己的安全区，如果你想跨越自己目前的成就，就不要画地自限。勇于接受挑战，敢于冒险来充实自我，你才会发展得比想象中更好。

不要给思维拴上辔头

这是几年前的一件事。爸爸告诉儿子，水的表面张力能将针浮在水面上，儿子那时才 10 岁。爸爸接着提出一个问题，要求他将一根很大的针投放到水面上，但不得沉下去。他自己年轻时做过这个试验，所以他提示儿子要利用一些方法，譬如采用小钩子或者磁铁等。儿子却不假思索地说："先把水冻成冰，把针放在冰面上，再把冰慢慢化开不就得了吗？"

这个答案真是令人拍案叫绝。是否行得通倒无关紧要，关键一点是：爸爸即使绞尽脑汁苦思冥想上几天，也不会想到这上面来。经验把他限制住了，思维僵化了，这小伙子倒不落窠臼。

这位父亲设计的"轻灵信天翁"号飞机首次以人力驱动飞越英吉利海峡，并因此赢得了 214 万美元的亨利·克雷默大奖。但在投针一事之前，他并没有真正明白他的小组何以能在这场历时 18 年的竞赛中获胜。要知道，其他小组无论从财力上还是从技术力量上来说，实力远比他们雄厚。但到头来，别人的进展甚微，他们却独占鳌头。

投针的事情使他豁然醒悟。尽管每一个对手技术水平都很高，但他们的设计都是客观的。而他的秘密武器是：虽然缺乏机翼结构的设计经验，但他很熟悉悬挂式滑翔以及那些小巧玲珑的飞机模型。他的"轻灵信天翁"号只有 32 千克重，却有 27 米宽的巨大机翼，用优质绳作为张索。他们的对手们当然也知道悬挂式滑翔，他们的失败就在于懂得的标准技术太多了。

这个事例再一次提醒我们：阻碍我们成功的，不是我们未知的东西，而是我们已知的东西。我们的知识和经验常成为囚禁我们思维的栅栏。

> 每个人都会有"自身携带的栅栏"，若能及时从中走出来，则实在是可贵的警悟。在学习生涯中勇于独立思考，在日常生活中善于注入创意，在职业生涯中精于自主创新，正是能够从自我囚禁的"栅栏"里走出来的鲜明标志。

不要为自己设限

不要再认为自己无法做某件事，不要再认为这件事"不切实际"，也不要以为事情永远都无法十全十美，不要以为你什么事都做不成。如果只因为你从未站在反面看事情才让你有这些想法的话，那么，就反其道而行之，看看事情没发生，是否可能是因为你从不以为它发生。

有一本书叫作《做得到的小引擎》，这本书告诉我们你能做到你认为做得到的事。在故事里，没有人相信小引擎可以拖着破旧的火车翻山越岭，把食物与玩具带给山谷那边的小孩。但是，小引擎还是动身出发了，并且不断念着"我想我做得到，我想我做得到，我想我做得到"。最后，眼见事情就要成功了，小引擎当然更加卖力。当他到达山谷，接受英雄式的欢呼与喝彩时，他只回答说："我当时想我做得到的，我当时想我做得到的，我当时想我做得到的。"

各种限制都起于心，并在心里生根成长。它们很快就会成为你个人意识的一部分，而你也将依照这些限制行事。这些心防处处现形，让你相信你无法遇到一个爱你的人，无法开创一个满足自己金钱及感情需要的生活，无法与你的父亲维持一个相互尊重的关系，也让你相信你无法在网球场上打败你的对手。如果你只能这样想，事情当然就只有这样了。

如果你懂得除去心防，你马上就可以改变自己的生命，并且真的开始活得扎实。如果你自视自己为命运的主宰，如果你了解想法与具体事实之间的关联，你就会知道，基本上你能得到任何你想要的，而且，你的任务就只是实实在在地想你要什么。让自己成为"做得到的小引擎"，开始说"我想我做得到，我想我做得到"。

各种限制都起于心，并在心里生根成长。不为自己设限，相信自己能够做得到，你会发现眼前将是另外一番天地。

第六辑
给你的心灵洗个澡

战争中的人性

这是发生在美国南北战争时期的故事。

北方军上尉指挥官龙德在一次战斗中与两名敌军短兵相接，经过半小时的搏斗，终于解决了对手。可就在他包扎好准备离开时，一个声音却从刚刚倒下的士兵那儿发出来。

"不要走……请等一下！"说话者嘴角仍在滴着血。

龙德猛转过身，两眼死盯着尚未死亡的士兵，一声不响。

"你当然不知道被你杀死的两人是兄弟了，他是我哥哥罗杰，我想他已不行了。"

他看了看另一个士兵，喘着气又说："本来我们无冤无仇！可战争……我不恨你，何况是二对一，不过你的确太早了一点送一对兄弟去地狱！看在上帝的分上，帮帮我们！"

"你要我做什么？"龙德问。

"我叫厄尔。萨莉·布罗克曼是罗杰的妻子。他们结婚快两年了，不久前罗杰错怪了萨莉，她一气之下跑回了父亲的农庄。对此，罗杰后悔不已，那次未得谅解，他心里很难过，就在半小时前，我们还在谈论他。罗杰刚为她雕了一个……一个小像……"

这个自称厄尔的士兵还未说完便昏了过去。

"喂、喂……"龙德上前扶起厄尔喊道。

厄尔吃力地抬起眼睑说："请告诉萨莉，罗杰爱她，我也爱……"

说着，厄尔又昏了过去。

龙德放下厄尔，迅速收拾了罗杰的遗物：一张兵卡，一块金表，上有一行小字："ONLY MY LOVE！S.L."

当后来厄尔见到萨莉时，两人满眼盈泪。

萨莉说："罗杰牺牲了，你受伤被俘。当时我也不想活了，是龙德救了我。他好几天也不离我左右，待我有点信心时，他留下这张字条：'上帝知道我是无罪的，但我决心死后接受炼狱的烈火。'便默默地走了。别太悲伤了，厄尔，上帝会原谅我们！"

后来厄尔和萨莉从没放弃过打听龙德消息的机会。

> **心灵感悟**
>
> 战争是残酷的，但人性的光辉不会被战争所遮蔽，它总会露出些许的光芒照亮我们的心灵。

好人与坏人

有位商人和邻居的一位老人聊天，商人对老人说："假如有人愿意出 10 万美元买你的心脏，你卖不卖？"

老人毫不犹豫地回答："不卖！"

商人又问："如果有人出 100 万美元呢？"

老人仍然说："不卖。"

"要是 1000 万美元你卖不卖？"商人再问。

这时候，老人犹豫了一下，说："也许我可以考虑一下。"

商人笑着说："没有了心脏，你要 1000 万美元还有什么用处呢？"

老人认真地说："我的老伴儿和子女有了这笔钱，就可以从此过上比较富裕的生活了。"

"可是，你的老伴儿和子女即使得到了 1000 万美元却失去了你，他们会快乐吗？"商人说。

老人笑了笑，说只有回去问问才能答复这个问题。

第二天，二人再次相遇。老人十分不快地说："无论谁愿意出多少钱，我也不卖心脏了！"

商人肯定地说："一定是因为你的老伴儿和子女都反对，所以你就不愿意卖了。"

不料，老人的回答是："我回家跟他们一说这件事，他们还以为是真的，并问我打算怎样分配那一大笔钱。我想，要是我真的卖了心脏，他们也不会太伤心的。所以，我决定多少钱也不卖了！"

心灵感悟

在利益面前，往往没有绝对的好人与坏人之分。

心疼的底线

有一次，韩峰去国家图书馆，公交车开到西单的时候，上来一个乞丐，一脸的疲惫与沧桑，背着又大又沉的包裹。他只坐一站地，售票员和司机呵斥他下去，而乞丐就是不下去——他的眼里流露出的是一种无奈的渴求。就在售票员把他往下推的时候，全车人——包括韩峰自己——没一个想帮他打一张票，尽管只需区区的 1 块钱。最后，那个年老的乞丐还是被推下车了，司机像躲避瘟疫似的，迅速关上了车门。

不久前，几个文友开车到郊区，吃肥牛火锅。远远地，只见一头漂亮的小黄牛拴在那家饭店的门口，常在这家吃的一个文友说，诸位过来看看，想吃哪一块肉，尽管说。他把手指向这头小黄牛。韩峰知道，朋友的热情是发自内心的，不然他就不会接着这样说了：你们来一次不容易，今天我请你们吃顿活肉。韩峰问什么叫活肉？他说就是这头牛身上的任一块肉，只要是看中，马上就活割……太恐怖了，当时就想走，但又怕扫朋友的兴，最后，还是坐进了包间。但当各种各样的牛肉片一端上来，韩峰比谁都涮得欢。当韩峰打着酒嗝从饭店出来时，他是这样安慰自己的，这有什么，不是还有活吃猴脑的嘛。

　　自有这种想法，韩峰就知道自己的心，不知何时已变硬了。以前他可是一个连青蛙都不敢捉的人。记得小时候，为了一只小兔子不吃草他会心疼好几天。而现在，他却可以吃"活肉"了。更为可怕的是，心硬也就罢了，却总要找冠冕堂皇的理由。平时，在编杂志的过程中，他也接到许多诸如妹妹卖肾为哥哥治病、几岁小女孩为瘫痪的母亲撑起一片亮丽晴空之类的稿子……但，看过了也就看过了，也许会有瞬间的感动，却不会为某一件具体的事而心疼不已。现在，他不是怕流泪，而是怕自己流不出泪：他是写诗的，他知道，如果双眼成了断流的干河，那将是一件多么可怕的事情。

　　除了辣椒水之外，以后还有什么事、什么人能让他流泪？如果他的心，连疼的感觉都没有，那不是死了吗？也许，他的心还没有死，既然如此，那么让他心疼的那根底线在哪里——在得出答案之前，他把自己的那颗心，想象成一只有刻度的量杯。进一步的比喻是这样的，总有些事，会像最后冲刺的运动员，撞了某条刻度线，使自己的心为之一颤两颤三颤……

　　有时回来晚了，坐地铁一直要坐到终点站。在穿过那段幽静而晦暗的通道时，韩峰总是不由地想，如果这时候，前面有一个歹徒正在对一个弱者实施抢劫，他会偷偷地溜走还是冲上前去？如果他遇到有人不讲道理地打人，他的心能否因那个被打的人而疼上一会儿，并且走上前去制止？面对身外的事，假设我们都事不关己，高高挂起，都丧失了心疼的能力，那么，最后的情况肯定是这样的——没一个人能明哲保身。

　　朱学勤先生在美国做访问学者时，对一个叫马丁的神父所写的一首忏悔诗深有感触。那首诗是这样的：起初他们追杀共产主义者，我不是共产主义者，我不说话；看着他们追杀犹太人，我不是犹太人，我不说话；后来他们追杀工会成员，我不是工会成员，我继续不说话；再后来他们追杀天主教徒，我不是天主教徒，我还是不说话；最后，他们奔我而来，再也没有人为我说话了。

　　面对社会上的不公与残忍，我们漠视，我们已经不再有心疼的感觉。而当不公落到自己头上时，我们也没有理由控诉别人的冷漠。

生命中不能承受之重

　　生活就是一杯水，杯子的华丽与否显示不出一个人的贫与富。杯子里的水，清澈透明，无色无味，对任何人都一样，接下来你有权力加盐、加糖，只要你喜欢。

　　生活当中，该有多少人为了让自己的这杯水色香味俱佳而无谓地往里面加着各种各样的作料，诸如爱情、友情、金钱、喜、怒、哀、乐，等等，所以他们都感到活得非常"累"。然而，有许多人在自愿地承担着这种重量，各式各样的诱惑接踵而至，欲望的雪球越滚越大，最终这无法承受之重把每个人压垮，使整个社会陷入混乱。

　　听说过这样一则寓言：

　　有一只狐狸，看围墙里有一株葡萄树，枝上结满了诱人的葡萄。狐狸垂涎欲滴，它四处寻找入口，终于发现一个小洞，可是洞太小了，它的身体无法进入。于是，它在围墙外绝食6天，饿瘦了自己，终于穿过了小洞，幸福地吃上了葡萄。可是后来它又发现，吃得饱饱的身体无法钻到围墙外，于是，又绝食六天，再次饿瘦了身体。结果，回到围墙外的狐狸仍旧是原来那只狐狸。

生活中，有多少人也像这只钻进钻出的狐狸，为了自己心中的"葡萄"透支着自己的身体与精力，最后终于因这串葡萄而失去了人生的整片田野。

在人的一生中，有些重量是你心甘情愿承受的，比如爱情、亲情；有些重量是你不得不承受的，比如责任、义务；而有些重量则是你无论如何都不能承受的，比如私欲。人活着应该让别人因为你活着而得到快乐，而不是只为了满足自己的私欲。每当你往欲望的篓子里多扔一块小石子，你的脊背就不得不因此弯曲一次，最终欲望的重量让你只能匍匐于地，过完庸俗的甚至可鄙的一生，此时私欲就成了你唯一能为自己写下的墓志铭。

生活就像一杯水，适当地添加调味品才能变得美味。私欲会成为你人生中难以承受的重担，也会使你的生活之水变得苦涩、浑浊。

严格要求自己

高尔基是前苏联的大文学家。他处处严格要求自己，以人品和文品为世人做出表率，越发受到人们的尊敬。

有一年冬天，莫斯科远郊的一个小镇上，冰天雪地，寒气逼人。一个阴冷的下午，小镇上唯一的剧院门口排起了长长的队伍。镇民穿着厚厚的大衣、高高的皮靴，又长又宽的围巾绕在头颈上，连同嘴巴一块儿裹住了。妇女头上扎着羊毛头巾，男人则戴着毛茸茸的皮帽。看不清每个人的五官，只看见一双双眼睛和一只只鼻子。他们在排队买票，城里话剧院这次到镇上演出的是高尔基的戏剧《底层》。恰巧，高尔基外出开一个文代会，回来时遇冰雪封住了铁路，火车停开，所以就在这个小镇临时住了下来。这天他散步经过小镇戏院门口时，发现镇民正排队购买《底层》的票，心想：不知道镇民对《底层》反映如何？趁着回不了城，不如也坐进戏院，观察观察镇民对该剧的褒贬意见。心里想着，脚就移向戏院门口的队伍，高尔基也排队买了票。他刚回身走出没多远，只听身后有追上来的脚步声，回头一看，是一位男子跑了过来。那男子跑到高尔基跟前，打量着，谨慎地问道："您是阿列克塞·马克西莫维奇·彼什科夫同志吧？"

"是，我就是。您——"高尔基好奇地问道。"我是戏院售票组的组长。刚才您买票时，我正在售票房里，我看着您面熟，但您戴着围巾和帽子，我一下子不敢确认是您。您走路的背影，使我越发感到您可能就是高尔基，所以我跑过来问问您。"

"噢，"高尔基和蔼地笑了。他握住售票组组长的手说："现在，您认出我了。有什么事要我帮忙吗？""嗯，没什么。只是，这钱请您收回。"售票组长从衣兜里掏出钱递给高尔基。

"这是为什么？"高尔基奇怪地问。"实在对不起，售票员刚才没看清是您，所以让您花钱买了自己的票，现在我来退回给您。请您多包涵！"

"怎么，我不能看这场戏？"高尔基愈发奇怪了。

"不，不，不，不是这个意思。这个戏本来就是您写的，您看就不用花钱买票了。"组长解释道。"噢，是这样。"高尔基明白了。他想了想，问售票组长道："那布是纺织工人织的，他们要穿衣服就可以不花钱，到服装店去随便拿吗？面包是面粉厂工人把小麦加工制成面粉后做成的，工人们要吃面包就可以不花钱，到食品仓库里去随便取吗？我想您一定会说，这不行吧。那么，我写的剧本一旦上演，我就可以不论何时何地地到处白看戏吗？"

"这——"售票组长一时无言以对。

"告诉您吧，同志，我们写戏的人，除领导上规定的观摩活动以外，自己看戏看电影，一律都要像普通人一样地照章办事。就像现在，我要看戏，就得买票。"说完，高尔基乐呵呵地笑了起来。

"您真是的，一点也没有大文豪的架子。"售票组长也笑了起来。说着，他们愉快地道别了。

真正有内涵、有气质的人都是不为名而骄、不为利而奢、不为荣而喜，懂得自制的人，正如高尔基，时刻提醒自己克制名利的侵扰，保持本色！

心灵的缺口

一个日本人在海上救起了一个溺水的人，记者闻讯后便去采访这位舍己救人的英雄，不想英雄却对着镜头无奈地摇头。记者让他讲出自己起初的想法，他说："现在我想起来可真后怕呀！海水那么深、那么凉，那个人又那么重，有一刻我以为自己是必死无疑了。我多么不愿意就这么死了呀，所以，我想在这里告诉你们，我再也不愿意重复这样的人生体验了。从今以后，至少10年间，我绝不再下海营救溺水的人。"

日本教授金井肇先生是这样评价这件事的：对生命的崇敬使这个人毅然去救助生命；对生命的崇敬又使这个人毅然决定不再去救助生命。这是两种真实。一个人的道德价值体系是不可能也不应该建成空中楼阁的，如果心灵有了缺口，那也不要怕，"美好"的种子常常会从"丑恶"的土壤中萌生胚芽。

最可爱的是真实，谁心里没有点"丑陋"的地方呢？那些把自己打扮得完美无缺的人你信吗？

生命的征服

有一个抢劫嫌疑犯在抢劫银行时被警察包围，无路可退。情急之下，嫌疑犯顺手从人群中拉过一人当人质。他用枪顶着人质的头部，威胁警察不要走近，并且喝令人质要听从他的命令。警察四散包围，嫌疑犯挟持人质向外突围。突然，人质大声呻吟起来。嫌疑犯忙喝令人质住口，但人质的呻吟声越来越大，最后竟然成了痛苦的叫喊。

嫌疑犯慌乱之中才注意到人质原来是一个孕妇，她痛苦的声音和表情证明她在极度惊吓之下马上要生产。鲜血已经染红了孕妇的衣服，情况十分危急。

一边是漫长无期的牢狱之灾，一边是一个即将出生的生命。嫌疑犯犹豫了，选择一个便意味放弃另一个，而每一个选择都是无比艰难的。四周的人们，包括警察在内都注视着嫌疑犯的一举一动，因为嫌疑犯目前的选择是一场良心、道德与金钱、罪恶的较量。

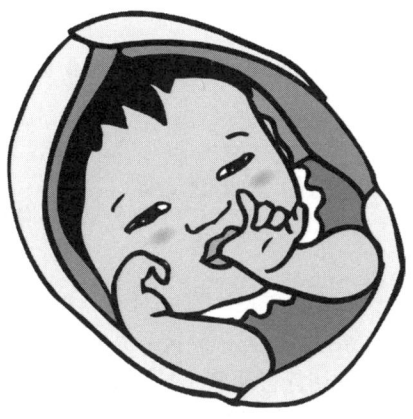

终于，他将枪扔在地上，随即举起了双手。警察一拥而上。围观者竟然响起了掌声。

孕妇不能自持，众人要送她去医院。已戴上手铐的嫌疑犯忽然说："请等一等好吗？我是医生！"警察迟疑了一下，嫌疑犯继续说："孕妇已无法坚持到医院，随时会有生命危险，请相信我！"警察终于打开了嫌疑犯的手铐。

一声洪亮的啼哭声惊动了所有听到它的人，人们高呼万岁，相互拥抱。嫌疑犯双手沾满鲜血——是一个崭新生命的鲜血，而不是罪恶的鲜血。他的脸上挂着职业的满足和微笑。人们向他致意，竟忘了他是一个嫌疑犯。

警察将手铐戴在他手上，他说："谢谢你们让我尽了一个医生的职责。这个小生命是我从医以来第一个在我枪口下出生的婴儿，他的勇敢征服了我。我现在希望自己不是劫犯，而是一名救死扶伤的医生！"

心灵感悟

无论怎样险恶的人，都有他善良的一面。一件小小的事情都能够激发他的恻隐之心，更何况是一个即将诞生的生命呢？

自私会毁了幸福

一个年轻的美国战士刚刚从越战的战场上回到了国内，从旧金山给父母打了一个电话。

"爸爸，妈妈，我要回家了！但我想请你们帮我一个忙，我要带我的一位朋友回来。"

"当然可以。"父母回答道，"我们见到他会很高兴的。"

"有些事必须告诉你们，"儿子继续说，"他在战斗中受了重伤，他踩到一个地雷，失去了一只胳膊和一条腿。他无处可去，我希望他能来我们家和我们一起生活。"

"我们听到这件事也感到很伤心，孩子，但也许我们可以帮他另找一个地方住下。"

"不，我希望他和我们住在一起。"儿子坚持。

"孩子，"父亲说，"你不知道你在说些什么，这样一个残疾人将会给我们带来沉重的负担，我们不能让这种事干扰我们的生活。我想你还是赶快回家来，把这个人给忘掉，他自己会找到活路的。"就在这个时候，儿子挂了电话。

父母再也没有得到他们儿子的消息。几天后，他们接到旧金山警察局打来的一个电话，被告知，他们的儿子从高楼上坠地而亡，警方认为是自杀。

悲痛欲绝的父母飞往旧金山。在陈尸间里，他们惊愕地发现，他们的儿子只有一只胳膊和一条腿。

心灵感悟

自私是人类灵魂深处的陷阱,它不但会伤害到别人,也会让自己在不经意间落入其中,难以自拔。

解除痛苦的紧箍咒

一个小镇商人有一对双胞胎儿子,当这对兄弟长大后,就留在父亲经营的店里帮忙,直到父亲过世,兄弟俩接手共同经营这家商店。

一切都很顺利,兄弟俩齐心协力把小店打理得井井有条。可是,有一天1美元丢失了,然后,一切都发生了变化。

哥哥将1美元放进收银机后,就与顾客外出办事。当他回到店里时,突然发现收银机里面的钱不见了!

他问弟弟:"你有没有看到收银机里面的钱?"

弟弟回答:"我没看到。"

但是哥哥咄咄逼人地追问,不愿就此罢休。哥哥说:"钱不会长了腿跑掉的,我认为你一定看见过那1美元。"

语气中隐约地带有强烈的质疑意味。弟弟委屈万分:"哥哥你怎么那么不信任我?"怨恨油然而生,手足之情出现了裂隙,兄弟俩内心产生了严重的隔阂。

双方都对此事耿耿于怀,开始不愿再交谈,后来决定不再在一起生活。他们在商店中间砌起了一道砖墙,从此分居而立。

20年过去了,敌意与痛苦与日俱增,这样的气氛也感染了双方的家庭与整个社区。一天,有位开着外地车牌汽车的男子在哥哥的店门口停下来。

他走进店里问道:"您在这个店里工作多久了?"哥哥回答说他这辈子都在这店里服务。

这位客人说:"我必须要告诉您一件往事。20年前我还是个不务正业的流浪汉,一天流浪到你们这个镇上,已经好几天没有进食了。我偷偷地从您这家店的后门溜进来,并且将收银机里面的1美元取走。虽然时过境迁,但我对这件事情一直无法忘怀。1美元虽然是个小数目,但是我深受良心的谴责,必须回到这里来请求您的原谅。"

说完原委后,这位访客很惊讶地发现店主已经泪流满面,从该店门前路过的弟弟也听到了他们的对话。他流着泪,快步走进哥哥的商店,与同样泪流满面的哥哥抱在了一起。哥哥抽噎着说:"原谅我吧!对不起!我不该怀疑你!"弟弟含着泪长叹道:"20年啊,只为了1美元!"

心灵感悟

亲情,只因1美元而出现了20年的断层。多些宽容,少些怀疑吧!痛苦的紧箍咒需要用相互的理解来解除。

零善良反应

报上忽然充斥着关于诚信危机的探讨，从球场到商场，到考场、情场甚至讲坛、法庭、手术台……总之一切名利场，似乎都有诚信沙化的阴影。

人们总算开始明白，曾经被讥为"几钿一斤"的道德一旦沙化是可以真正"要我们的命"——首先是经济秩序的"命"的。

更要命的是，也许久处"鲍鱼之肆"，也许是近朱近墨的缘故，我们对自己的人格沙化早已浑然不觉，以至于突然换个环境后，才猛然发觉除了饮食不习惯之外，已经不习惯人们对我们的善举了。

那是9月一个美好的夜晚，从许程下榻的酒店看下去，维也纳有那么多金碧辉煌的宫殿通体明亮，街上的行人却是寥寥无几。

许程走出饭店，按地图所示，准备坐有轨电车去欣赏夜幕下的伟大的"圣·斯捷潘"大教堂。他上车发觉没有售票员，也没有投币机，又不通奥地利语，而许程又是坚决不肯逃票的。正尴尬时，一位穿着非常大胆的少妇指着他拿钱的手，摇手示意。

难道是鼓励他逃票吗？或者认为他钱不够？许程疑惑着。

少妇见状，干脆走上来，指着他的手要他把钱塞回上衣口袋里去，又指指车，双手抱胸，闭眼，仰头，做一个若无其事状。

啊，许程明白了，这环城的电车大概是免票的。

到站了，她又示意许程七拐八拐地跟她走，街上行人还是很少，许程脚步迟疑着，心里又开始七上八下：她是干什么的，"维也纳流莺"吗？看她那么坦然又不像，否则那揽活的眼光也太不职业了。难道看不出像自己这样坐电车的游客身上只有100多先令吗……要不，是个"托儿"？绑了肉票，向代表团勒取赎金？

而且"圣·斯捷潘"大教堂真那么远吗？安静的巷子里只有她很重的皮鞋声，她比自己高出整整一头，看上去像北欧种马一样壮实，结实的背阔肌将衬衣胀得像藕节或素鸡一样，真要动手，她的摆拳一定可以把自己的左腮打得像"汤婆子"一样瘪进去……

正这么全力将她妖魔化时，小巷一拐，立即一片流光溢彩，大教堂如同一座琉璃山耸立在广场上，她回过头来，对许程阳光一笑：拜拜！随后迅速消失在夜幕里，许程歉疚地看着她的背影，不禁又想起几天前的"挪威雨伞"。

8月的卑尔根什么都好，就是雨多不好。那天也是晚上，许程独自在雨夜中行走，没带伞，十分狼狈。

只听得背后始终有人不紧不慢地跟着他，他走快，那人也走快，他走慢，那人也走慢，心里发毛的许程头发根根竖起。

走到著名挪威音乐家格里格铜像前，那人忽然"哈啰"一声，紧上一步，把伞递过来，而许程居然像被剥猪猡一样下意识地大吼一声（上海话）："侬做啥！"

完全是"沙化"的下意识，本能的"零善良反应"。

那是一个高个儿的挪威老头儿，路灯下歪着头傻了半天，像瞅怪物似的瞅许程，嘴里挪威语叽叽呱呱几句，指指对面的房子，把伞往许程手里一塞，就奔进对街的门洞里去了。

原来挪威老头儿只是执意要把伞送给许程这个"巴子"罢了。

圣·斯捷潘教堂巨大的管风琴响了。许程胸中突然涌满一种陌生的热流——自己本善良，为什么如今却处处怀疑善良……

世事总是如此玄妙，自己本是善良之人却处处怀疑别人的善良。多一些沟通，多一些理解，你会发现这个世界很美好。

尊重别人的回报

又是红灯！这已经是在这条街道遇到的第 3 个红灯了。车流仍旧那么拥挤，他不禁有些不耐烦了。这时，一个衣服褴褛的小男孩，敲着车窗问他要不要买花，只要 2 美元一束。他看这个孩子可怜，便掏出 2 美元递出去，绿灯已亮，而后面的人正猛按喇叭催着，他情急之下粗暴地对正问他要什么花的男孩说："什么颜色都可以，你只要快一点就好。"

那男孩赶快递给他一束红色的花，并十分礼貌地说："谢谢你，先生。"

在开了一小段路后，他为自己粗暴无礼的态度而良心不安。他没想到那个小男孩会一直如此有礼地回应。他把车停在路边，回头走向孩子表示歉意，并且又再给了 2 美元，告诉他："你自己买一束花送给喜欢的人吧。"这个孩子笑了笑并道谢接受。

当他回去发动车子时，发现车子发生故障，动也动不了，在一阵忙乱后，他决定步行到 10 米远处，找拖吊车帮忙。他刚要下车，一辆拖吊车已经迎面驶来，他大为惊讶，司机笑着对他说："有一个小孩给了我 2 美元，要我开过来帮你，并且还写了一张纸条。"他打开一看，上面写着："这代表一束花"。

对别人粗暴的态度却能换来对方善意的微笑，这一幕能否唤醒我们内心深处的一份良知、一份对他人的尊重和关爱？

良心是最后一面镜子

有一个灵魂即将投胎转世，但听其他灵魂说，人世是一个苦海，那里的情形好像炼狱。人自一生下来，就匆匆加入争名逐利、尔虞我诈的行列，并且终生对此津津乐道，至死不悔。灵魂听了感到十分恐惧，就暗暗地祷告，央求上帝不要让他转世做人，上帝听到后，就派了一名天使来。

天使将灵魂带到一间宽敞的屋子，屋里摆着长长的一排镜子。天使把灵魂推到一面镜子跟前，灵魂朝镜子里一看，被吓了一跳，几乎想立刻逃走，但被天使拉住了，原来，镜子里不是他的影像，而是一只极其丑陋的怪物。

灵魂很奇怪，他知道自己虽算不上英俊，但也绝不会丑到这种地步。他心中好奇，刚想问天使是怎么回事，天使却打手势止住了他的发问，示意他看下一面镜子。于是，灵魂战战兢兢地来到下一面镜子面前，果然不出其所料，里面又是一只丑陋的令人恶心的怪物。这样灵魂一直照过了几十面镜子，每次看到的，无一不是比地狱里最丑陋的恶鬼还要丑陋的怪物。等剩下最后一面镜子时，天使忽然一拉灵魂，站住了，然后指着刚才照过的镜子说：

"假设这间屋子是人间，那么，你刚才照过的第一面镜子就叫贪婪，第二面叫妒忌……"天使依次说出了那些镜子的名字，有的叫骄横，有的叫自卑，有的叫凶残，甚至有的叫刚愎自用，等等，名字都十分奇怪。

天使的话说完后，灵魂深思了很久，天使又把他带到最后一面镜子跟前。

灵魂立在镜子面前，怔住了，这次里面再也没有怪物，只是平常真实的自己。在目睹了那么多的变形之后，此时此刻，才能够面对真实的自己。虽然真实的自己极其平常，却感到一种从来没有过的亲切和贴近，感到一种从来没有过的平静和幸福。

这时天使的声音由背后响起："这只是一面平常的镜子，它的名字叫良心。"

不久，灵魂转世了，天使闻讯后叹息道："每一个转世的灵魂都把全部镜子带走了，但转世之后，所运用的又多是前面的镜子，但愿你是一个还记得有最后一面镜子的灵魂。"

你还记得自己的最后一面镜子吗？别忘了，要常常擦拭它，否则它将蒙满灰尘。

心灵感悟

贪婪、自私、阴险、毒辣、卑鄙……这些东西都是令人厌恶的，其实，做一个好人很简单，记住自己的最后一面镜子，让你的良心不要沾上灰尘。

净化灵魂的污点

在意大利瓦耶里市的一个居民区里，35 岁的玛尔达是个备受人们议论的女人。她和丈夫比特斯都是白皮肤，她的两个孩子中却有一个是黑色的皮肤。这个奇怪的现象引起周围邻居的好奇和猜疑，玛尔达总是微笑着告诉他们，由于自己的祖母是黑人，祖父是白人，所以女儿莫妮卡出现了返祖现象。

2002 年秋，黑皮肤的莫妮卡接连不断地发高烧。后经安德烈医生诊断说莫妮卡患的是白血病，唯一的治疗办法是做骨髓移植手术。玛尔达让全家人都做了骨髓配型实验，结果没一个合适的。医生又告诉他们，像莫妮卡这种情况，寻找合适骨髓的概率是非常小的。还有一个行之有效的办法，就是玛尔达与丈夫再生一个孩子，把这个孩子的脐血输给莫妮卡。这个建议让玛尔达怔住了，她失声说："天哪，为什么会这样？"她望着丈夫，眼里弥漫着惊恐和绝望。比特斯也眉头紧锁。

第二天晚上，安德烈医生正在值班，突然值班室的门被推开了，是玛尔达夫妇。他们神色肃穆地对医生说："我们有一件事要告诉您，但您必须保证为我们保密。"医生郑重地点点头。

"1992 年 5 月，我们的大女儿伊莲娜已两岁，玛尔达在一家快餐店里上班，每晚 10 点才下班。那晚下着很大的雨，玛尔达下班时街上已空无一人。经过一个废弃的停车场时，玛尔达听到身后有脚步声，惊恐地转头看，一个黑人男青年正站在她身后，手里拿着一根木棒，将她打昏，并强奸了她。等到玛尔达从昏迷中醒来，跟跄地回到家时，已是 1 点多了。我当时发了疯一样冲出去，可那人早已没影了。"说到这里，比特斯的眼里已经蓄满了泪水。

他接着说："不久后，玛尔达发现自己怀孕了。我们感到非常害怕，担心这个孩子是那个黑人的。玛尔达想打掉胎儿，但我还是心存侥幸，也许这孩子是我们的。我们惶恐地等待了几个月。1993年3月，玛尔达生下了一个女婴，是黑色的皮肤。我们绝望了。曾经想过把孩子送给孤儿院，可是一听到她的哭声，我们就舍不得了。毕竟玛尔达孕育了她，她也是条生命啊。我和玛尔达都是虔诚的基督徒，我们最后决定养育她，给她取名莫妮卡。"

安德烈医生终于明白这对夫妻为什么这么惧怕再生个孩子。良久，他试探着说："看来你们必须找到莫妮卡的亲生父亲，也许他的骨髓，或者他孩子的骨髓能适合莫妮卡。但是，你们愿意让他再出现在你们的生活中吗？"玛尔达说："为了孩子，我愿意宽恕他。如果他肯出来救孩子，我是不会起诉他的。"安德烈医生被这份深沉的母爱深深地震撼了。

人海茫茫，况且事隔多年，到哪里去找这个强奸玛尔达的人呢？玛尔达和比特斯考虑再三，决定以匿名的形式，在报纸上刊登一则寻人启事。2002年11月，在瓦耶里市的各家报纸上，都刊登着一则特殊的寻人启事，恳求那位强奸者能站出来，为那个可怜的白血病女孩子做最后的拯救。

启事一经刊出，引起了社会的强烈反响。安德烈医生的信箱和电话都被打爆了，人们纷纷询问这个女人是谁，他们很想见见她，希望能给她提供帮助。但玛尔达拒绝了人们的关心，她不愿意透露自己的姓名，更不愿意让别人知道莫妮卡就是那个强奸者的女儿。

当地的监狱也积极帮助玛尔达。但罪犯都不是当年强奸她的那个黑人。

这则特殊的寻人启事出现在那不勒斯市的报纸上后，一个30多岁的酒店老板的心里起了波澜。他是个黑人，叫阿里奇。由于父母早逝，没有读多少书的他很早就工作了。聪明能干的他希望用自己的勤劳换取金钱以及别人的尊重，但他的老板是个种族歧视者，不论他如何努力，总是对他非打即骂。1992年5月17日，那天是阿里奇20岁生日，他打算早点下班庆贺一下生日，哪知忙乱中打碎了一个盘子，老板居然按住他的头逼他把盘子碎片吞掉。阿里奇愤怒地给了老板一拳，冲出餐馆。怒气未消的他决定报复白人，雨夜的路上几乎没有行人，他在停车场里遇到玛尔达，出于对种族歧视的报复，他无情地强奸了那个无辜的女人。

当晚他用过生日的钱买了一张开往那不勒斯市的火车票，逃离了这座城市。在那不勒斯，阿里奇顺利地在一个美国人开的餐馆里找到工作，那对夫妇很欣赏勤劳肯干的他，还把女儿丽娜嫁给了他，甚至把整个餐馆委托他经营。几年下来，他不但把餐馆发展成了一个生意兴隆的大酒店，还有了3个可爱的孩子。

这些天，阿里奇几次想拨通安德烈医生的电话，但每次电话号码还未拨完，他就挂断了。

那天晚上吃饭的时候，全家人和往常一样议论着报纸上的有关玛尔达的新闻。妻子丽娜说："我非常敬佩这个女人。如果换了我，是没有勇气将一个因被强奸而生下的女儿养大的。我更佩服她的丈夫，他真是个值得尊重的男人，竟然能够接受一个这样的孩子。"

阿里奇默默地听着妻子的谈论，突然问道："那你怎么看待那个强奸者呢？"

"我绝不能宽恕他，当年他就已经做错了，现在关键时刻他又缩着头。他实在是太卑鄙，太自私了，太胆怯了！他是个胆小鬼！"妻子义愤填膺地说。

一夜未眠的阿里奇觉得自己仿佛在地狱里煎熬，眼前总是不断地出现那个罪恶的雨夜和那个女人的影子。

几天后，阿里奇无法沉默了，他在公共电话亭里给安德烈医生打了个匿名电话。他极力让自己的声音显得平静："我很想知道那个不幸女孩的病情。"安德烈医生告诉他，女孩病情严重，还不知道她能不能等到亲生父亲出现的那一天。

这话深深地触动了阿里奇，一种父爱在灵魂深处苏醒了，他决定站出来拯救莫妮卡。那天晚上他鼓起勇气，把一切都告诉了妻子。

丽娜听完了这一切气愤地说："你这个骗子！"当她把阿里奇的一切都告诉父母时，这对老夫妇在盛怒之后，很快就平静下来了。他们告诉女儿："是的，我们应该对阿里奇过去的行为愤怒，但是你有没有想过，他能够挺身而出，需要多么大的勇气？这证明他的良心并未泯灭。你是希望要一个曾经犯过错误，但现在能改正的丈夫，还是要一个永远把邪恶埋在内心的丈夫呢？"

2003 年 2 月 3 日，阿里奇夫妇与安德烈医生取得联系，2 月 8 日，阿里奇夫妇赶到伊丽莎白医院，医院为阿里奇做了 DNA 检测，结果证明阿里奇的确就是莫妮卡的生父。当玛尔达得知那个黑人强奸者终于勇敢地站出来时，她热泪横流。她对阿里奇整整仇恨了 10 年，但这一刻她充满了感动。

2 月 19 日，医生为阿里奇做了骨髓配型实验，幸运的是他的骨髓完全适合莫妮卡，医生激动地说："这真是奇迹！"

2003 年 2 月 22 日，阿里奇的骨髓输入了莫妮卡的身体，很快，莫妮卡就度过了危险期。1 周后，莫妮卡就健康地出院了。

玛尔达夫妇完全原谅了阿里奇，盛情邀请他和安德烈医生到家里做客。但那一天阿里奇却没有来，他托安德烈医生带来了一封信。在信中他愧疚万分地说："我不能再去打扰你们平静的生活了。我只希望莫妮卡和你们幸福地生活在一起，如果你们有什么困难，请告诉我，我会帮助你们！同时，我也非常感激莫妮卡，从某种意义上说，是她给了我一次赎罪的机会，是她让我拥有了一个快乐的后半生，是她送给我一份最宝贵的礼物！"

心灵感悟

在生命面前，一切罪恶都会被人性中的善良所取代，而它所发挥的作用，却远远不止挽救一个生命那么简单，它能够净化一个原本存有污点的灵魂。

🌿 第七辑 🌿
阳光总在风雨后

路就在自己脚下

在人的一生中，每个人都不能保证一切顺利，然而人们在面对失败时大可不必灰心丧气，用心发现，其实路就在你脚下。

达尼是一个很有事业心的人，他在一家销售公司跟着老板一干就是5年，从一个刚毕业的大学生一直做到分公司总经理的职位。在这5年里，公司逐渐成为同行业中的佼佼者，达尼也为公司付出了许多，他很希望通过自己的努力将企业带入一个更加成功的境地。然而就在他兢兢业业拼命工作的时候，达尼发现老板变了，变得不思进取、"牛"气十足，对自己渐渐地不信任，许多做法都让人难以理解。而达尼自己也找不到昔日干事业的感觉。

同样，老板也看达尼不顺眼，说达尼的举动使公司的工作进展不顺利，有点碍手碍脚。不久，老板把达尼解雇了。

从公司出来后，达尼并没有气馁，他对自己的工作能力还是充满了信心。不久，达尼发现有一家大型企业正在招聘一名业务经理，于是将自己的简历寄给了这家企业，没过几天他就接到面试通知，然后便是和老总面谈，最终顺利得到这份工作。工作大约一个月时间，达尼觉得自己十分欣赏该公司总经理的气魄和工作能力。同时，他也感到总经理同样十分赏识他的才华与能力。在工作之余，总经理经常约他一起去游泳、打保龄球或者参加一些商务酒会。

在工作中，达尼发现公司的企业图标设计相当烦琐，虽然有美感，但缺乏应有的视觉冲击力，便大胆地向总经理提出更换图标的建议。没想到其实总经理也早有此意，总经理把这件事安排给他去完成。

为了把这项工作做好，达尼亲自求助于图标设计方面的专业人士，从他们设计的作品中选出了比较满意的一件。当他把设计方案交给总经理的时候，总经理大加赞赏，立马升达尼为公司副总，薪水增加一倍。

是的，被解雇并不是一件坏事，达尼面对无情的解雇，凭借着才能找到了更适合自己的工作，而且得到了一位真正"伯乐"的赏识。

其实路就在脚下，被解雇了，我们并不用去计较，走过去，前面也许有更光明的一片天空在等着我们。

美国著名作家海明威在《老人与海》中，阐述了这么一个关于人的尊严的道理——"人可以被消灭，但不能被打败！"因此，我们才要不断地自我激励，不能因为一时的挫折就把自己的一生永远地困在困境的泥淖中。人的可贵之处在于，无论我们跌倒多少次，都应该从失败的废墟上站起来！站立的人方显得高大，人生也会因此而显得绚丽多彩。作为一个现代人，应具有迎接挑战的心理准备。世界充满了机遇，也充满了风险。要不断提高自我应付挫折的能力，调整自己，增强社会适应力，坚信挫折中蕴含着机遇。

也许在人生低谷的你正在为自己失业了而烦恼不堪。其实这于事无补，相信上帝在关上一扇门的同时会打开另一扇窗户，机遇的诞生可能就在这一切发生之时。

　　人必须活在希望之中，而这种希望和光明是自己为自己设置的。如果心中有路，你脚下的路也会越走越宽。

失败也是一次机会

我们谁都不愿意失败，因为失败意味着以前的努力将付诸东流，意味着一次机会的丧失。不过，一生平顺、没遇到失败的人，恐怕是少之又少。所有人都存在谈败色变的心理，然而，若从不同的角度来看，失败其实是一种必要的过程，而且是一种必要的投资。数学家习惯称失败为"或然率"，科学家则称之为"实验"，如果没有前面一次又一次的"失败"，哪里有后面所谓的"成功"？

全世界著名的快递公司 DIL 创办人之一的李奇先生，对曾经有过失败经历的员工则情有独钟。每次李奇在面试即将走进公司的人时，必定会先问对方过去是否有失败的例子，如果对方回答"不曾失败过"，李奇认为对方不是在说谎，就是不愿意冒险尝试挑战。李奇说："失败是人之常情，而且我深信它是成功的一部分，有很多的成功都是由于失败的累积而产生的。"

李奇深信，人不犯点错，就永远不会有机会；从错误中学到的东西，远比在成功中学到的多得多。

另一家被誉为全美最有革新精神的 3M 公司，也非常赞成并鼓励员工冒险，只要有任何新的创意都可以尝试，即使在尝试后是失败的，每次失败的发生率是预料中的 60%，3M 公司仍视此为员工不断尝试与学习的最佳机会。

3M 坚持的理由很简单，失败可以帮助人再思考、再判断与重新修正计划，而且经验显示，通常重新检讨过的意见会比原来的更好。

美国人做过一个有趣的调查，发现在所有企业家中平均有三次破产的记录。即使是世界顶尖的一流选手，失败的次数都毫不比成功的次数"逊色"。例如，著名的全垒打王贝比路斯，同时也是被三振出局最多的纪录保持人。

其实，失败并不可耻，不失败才是反常，重要的是面对失败的态度，是能反败为胜，还是就此一蹶不振？杰出的企业领导者，绝不会因为失败而怀忧丧志，而是回过头来分析、检讨、改正，并从中发掘重生的契机。

沮特·菲力说："失败，是走上更高地位的开始。"许多人之所以获得最后的胜利，只是受惠于他们的屡败屡战。对于没有遇见过大失败的人，他有时反而不知道什么是大胜利。其实，若能把失败当成人生必修的功课，你会发现，大部分的失败都会给你带来一些意想不到的好处呢！

给自己加油

每个人都希望，也都需要得到别人的鼓励。日本有句格言："如果给猪戴高帽，猪也会爬树。"这句话听起来似乎不雅，但说明了这样的一个道理：当一个人的才能得到他人的认可、赞扬和鼓励的时候，他就会产生一种发挥更大才能的欲望和力量。

但是，光靠别人的赞扬还不够——因为生活不光是赞扬，你碰到更多的可能是责难、讥讽、嘲笑。在这时候，你一定要学会从自我激励中激发自信心，学会自己给自己加油。

刘讯参加工作后，他爱上了"小发明"。一下班，常常一头钻进自己的房间，看呀、写呀、试验呀，常常连饭也忘了吃。为此，全家人都对他有看法。妈妈整天絮絮叨叨地没完没了骂他"是个油瓶倒了都不扶的懒鬼""将来连个媳妇都找不上"；他大哥就更过分了，一看到他写写画画、摆弄这摆弄那就来气，甚至拍着胸脯发誓："这辈子，你要能搞出一个发明来，我头朝下走路……"

值得赞叹的是，刘讯在这种难堪的境遇中始终不泄气、不自卑，而且经常自我鼓励。厂报上每登出有关他的"革新成果"，哪怕只有一个"豆腐块""火柴盒"那么大，他都要高兴地细细品味，然后把这些介绍精心地剪贴起来，一有空闲就翻出来自我欣赏一番。每当这时，他就特有成就感，他也就对自己更有信心。

在自己给自己的掌声中，刘讯通过实验搞成功的"小发明"慢慢多起来，"级别"也慢慢高起来了。几年后，他的"小发明"竟然在世界上获得了大奖。

给自己加油的做法，促成了刘讯的成功。

美国的一位心理学家说过："不会赞美自己的成功，人就激发不起向上的愿望。"是的，别小看这种"自我赞美"，它往往能给你带来欢乐和信心；信心增强了，又会鼓励你获得更大的成功，自信心也就会再度增强。试想，当初刘讯要是不会"给自己鼓掌"，一听到"你要是……我就……"之类的讥笑就垂头丧气，就看不到灿烂的前景，哪里还会有今天的成功呢？

唐代诗人李白在《将进酒》中写道："天生我才必有用，千金散尽还复来。"字字展示着无比的自信。坚信自己的价值，学会为自己加油，学会为自己喝彩，才会拥有一个精彩而有意义的人生。

愿望与现实之间

每个人都有一大堆的愿望，他们却很难踏上实现的征程，影响他们做出选择的因素有时候很简单，那就是勇气。他们因为恐惧而害怕选择自己认为不可能的愿望，因此也错过了成功的机会。

1865年，美国南北战争结束了。一名记者去采访林肯，他们有这么一段对话：

记者：据我所知，上两届总统都曾想过废除农奴制，《解放黑奴宣言》也早在他们那个时期就已草就，可是他们都没拿起笔签署它。请问总统先生，他们是不是想把这一伟业留下来，让您去成就英名？

林肯：可能有这个意思吧。不过，如果他们知道拿起笔需要的仅是一点勇气，我想他们一定非常懊丧。

记者还没来得及问下去，林肯的马车就出发了，因此，他一直都没弄明白林肯的这句话到底是什么意思。

直到1914年，林肯去世50年了，记者才在林肯致朋友的一封信中找到答案。在信里，林肯谈到幼年的一段经历：

"我父亲在西雅图有一处农场，农场里有许多石头。正因如此，父亲才得以用较低价格买下它。有一天，母亲建议把上面的石头搬走。父亲说，如果可以搬走的话，主人就不会卖给我们了，它们是一座座小山头，都与大山连着。

"有一年，父亲去城里买马，母亲带我们到农场劳动。母亲说，让我们把这些碍事的东西搬走，好吗？于是我们开始挖那一块块石头。不长时间，就把它们弄走了，因为它们并不是父亲想象的山头，而是一块块孤零零的石块，只要往下挖一英尺，就可以让它们晃动。"

林肯在信的末尾说，有些事情人们之所以不去做，只是他们认为不可能。而许多不可能，只存在于人们的想象之中。

那些成功的人们，如果当初都在一个个"不可能"的面前因恐惧失败而退却，而放弃尝试的机会，则不可能有所谓成功的降临，他们也将平凡。

没有勇敢的尝试，就无从得知事物的深刻内涵，而勇敢做出决断了，即使失败，也由于对实际的痛苦亲身经历，而获得宝贵的体验，从而在命运的挣扎中愈加坚强、愈加有力，愈接近成功。

心灵感悟

有人或许要说，已经失败了多次，所以再试也是徒劳无益。这种想法真是太自暴自弃了！其实，只要你在失意时，依然坚持再"往下挖一英尺"，你就可以获得成功了。

不拒绝命运的雕琢

自古英雄多磨难，不拒绝命运的雕琢，才能有所作为。

深山里有两块石头，第一块石头对第二块石头说："去经一经路途的艰险坎坷和世事的磕磕碰碰吧，能够搏一搏，也不枉来此世一遭。"

"不，何苦呢！"第二块石头嗤之以鼻，"安坐高处一览众山小，周围花团锦簇，谁会那么愚蠢地在享乐和磨难之间选择后者，再说，那路途的艰险磨难会让我粉身碎骨的！"

于是，第一块石头随山溪滚涌而下，历尽了风雨和大自然的磨难，它依然义无反顾、执着地在自己的路途上奔波。第二块石头讥讽地笑了，它在高山上享受着安逸和幸福，享受着周围花草簇拥的畅意抒怀，享受着盘古开天辟地时留下的那些美好的景观。

在许多年以后，饱经风霜、历尽尘世之千锤百炼的第一块石头和它的家族已经成了世间的珍品、石艺的奇葩，并且被千万人赞美称颂，享尽了人间的富贵荣华。第二块石头知道后，有些后悔当初，现在它想投入世间风尘的洗礼中，然后得到像第一块石头那样拥有的成功和高贵，可是一想到要经历那么多的坎坷和磨难，甚至疮痍满目、伤痕累累，还有粉身碎骨的危险，便又退缩了。

一天，人们为了更好地保存那石艺的奇葩，准备为它修建一座精美别致、气势雄伟的博物馆，建造材料全部用石头。于是，他们来到高山上，把第二块石头粉了身、碎了骨，给第一块石头盖起了房子。

第一块石头，选择了艰难坎坷，懂得放弃享乐，所以它成了珍品，成了石艺的奇葩。只可惜第二块石头，不仅最后落得粉身碎骨的下场，而且成了废物。

心灵感悟

痛苦并非坏事，除非痛苦征服了我们。在困难面前，如果你放弃了，那你永远也不会品尝到成功的甘甜。

给自己一个悬崖

给自己一个悬崖，其实就是给自己一片蔚蓝的天空。

有一个老人在山里打柴时，拾到一只样子怪怪的鸟，那只怪鸟和出生刚满月的小鸡一样大小，也许因为它实在太小了，还不会飞，老人就把这只怪鸟带回家给小孙子玩耍。老人的孙子很调皮，他将怪鸟放在小鸡群里，充当母鸡的孩子，让母鸡养育。母鸡没有发现这个异类，全权负起一个母亲的责任。怪鸟一天天长大了，后来人们发现那只怪鸟竟是一只鹰，人们担心鹰再长大一些会吃鸡。为了保护鸡，人们一致强烈要求：要么杀了那只鹰；要么将它放生，让它永远也别回来。因为和鹰相处的时间长了，有了感情，这一家人自然舍不得杀它，他们决定将鹰放生，让它回归大自然。然而他们用了许多办法都无法让鹰重返大自然。他们把鹰带到很远的地方放生，过不了几天那只鹰又回来了，他们驱赶它，不让它进家门，他们甚至将它打得遍体鳞伤……许多办法试过了都不奏效。最后他们终于明白：原来鹰是眷恋它从小长大的家园，舍不得那个温暖舒适的窝。

后来村里的一位老人说："把鹰交给我吧，我会让它重返蓝天，永远不再回来。"老人将鹰带到附近一个最陡峭的悬崖绝壁旁，然后将鹰狠狠向悬崖下的深涧扔去。那只鹰开始也如石头般向下坠去，然而快要到涧底时它终于展开双翅托住了身体，开始缓缓滑翔，然后轻轻拍了拍翅膀，飞向蔚蓝的天空，它越飞越自由舒展，越飞动作越漂亮。它越飞越高，越飞越远，渐渐变成了一个小黑点，飞出了人们的视野，永远地飞走了，再也没有回来。

其实我们每个人又何尝不像那只鹰一样，总是对现有的东西不忍放弃，对舒适安稳的生活恋恋不舍。

人在面对压力时会激发出巨大的潜能，因此，我们不必因惧怕逆境和挫折而去当温室里的花朵。温室里的花朵固然可以安全舒适地生活，但人生不可能一帆风顺，一旦逆境来临，首先被摧毁的就是失去意志力和行动能力的"温室花朵"，经常接受磨炼的人却能创造出崭新的天地，这就是所谓的"置之死地而后生"。

一个人要想让自己的人生有所转机，就必须懂得在关键时刻把自己带到人生的悬崖。给自己一个悬崖，其实就是给自己一片蔚蓝的天空。

心灵感悟

人要为梦想去奋斗。你有信心获得成功，你就能成功，因为，你体内有一股巨大的潜能。你勇敢，困难便退却；你懦弱，困难就变本加厉地欺负你；你勇敢，就可能成功；你懦弱，则肯定会失败。

希望之灯永不灭

在人生的旅途中，我们常常会遭遇各种挫折和失败，会身陷某些意想不到的困境。这时，不要轻易地说自己什么都没了，其实只要心灵不熄灭信念的圣火，努力地去寻找，总会找到能渡过难关的方法。

一队人马在渺无人烟的沙漠中跋涉，他们已经在沙漠中走了好多天，都渴望找到生命的绿色。

太阳热辣辣的，他们口干舌燥。随身带的水已经不多了，他们随时都会有生命危险。大家也都走不动了。

这时候，领队的老者从背上解下一只水壶，对大家说："现在只剩这一壶水了，我们要等到最后一刻再喝，不然我们都会没命的。"

他们继续着艰难的行程，那壶水成了他们唯一的希望，看着沉甸甸的水壶，每个人心中都有了一种对生命的渴望。但天气太炎热了，有的人实在支撑不住了。"老伯，让我喝口水吧。"一个小伙子乞求着。"不行，这水要等到最艰难的时候才能喝，你现在还可以坚持一下。"老者生气地说。就这样，他坚决地回绝着每个想喝水的人。

在一个大家再也难以支撑下去的黄昏，

他们发现老者不见了，只有那只水壶孤零零地立在前面的沙漠里，沙地上写着一行字：我不行了，你们带上这壶水走吧。要记住，在走出沙漠之前，谁也不能喝这壶水，这是我最后的命令。

老者为了大家的生存，把仅有的一壶水留了下来，每个人都抑制着内心的巨大悲痛。他们继续出发了，那只沉甸甸的水壶在他们每个人手里依次传递着，但谁也不舍得打开喝一口，因为他们明白这是老者用自己的生命换来的。

终于，他们一步步挣脱了死亡线，顽强地穿越了茫茫沙漠。他们喜极而泣，这时他们想到了老者留下的那壶水。他们慌忙打开壶盖，里面慢慢流出的却是一粒粒沙子。

同样是一个穿行沙漠的故事：有两个人结伴穿越沙漠。走到半途，水喝完了，其中一人也因中暑而不能行动。同伴把一支枪递给中暑者，再三吩咐："枪里有 5 颗子弹，我走后，每隔两小时你就对空中鸣放一枪，枪声会指引我前来与你会合。"说完，同伴满怀信心找水去了。

躺在沙漠里的中暑者却满腹狐疑：同伴能找到水吗，能听到枪声吗？他会不会丢下自己这个"包袱"独自离去？

暮色降临的时候，枪里只剩下一颗子弹，而同伴还没有回来。中暑者确信同伴早已离去，自己只能等待死亡。想象中，沙漠里的秃鹰飞来，狠狠地啄瞎他的眼睛，啄食他的身体……终于，中暑者彻底崩溃了，把最后一颗子弹送进了自己的太阳穴。

枪声响过不久，同伴提着满壶清水，领着一队骆驼商旅赶来，找到了中暑者温热的尸体。

中暑者不是被沙漠的恶劣环境吞没的，而是被自己的恶劣心境毁灭的。面对友情，他用猜疑代替了信任；身处困境，他用绝望驱散了希望。

所以，一个人无论面对怎样的环境，面对再大的困难，都不能放弃自己的信念，放弃对生活的热爱。因为很多时候，打败自己的不是外部环境，而是你自己本身。信念和希望是生命的维系。只要一息尚存，就要追求，就要奋斗。

心灵感悟

朋友，在任何时候，无论处在什么样的境遇，请不要放弃希望和信念，如果你的心灵已太久不曾有过渴望的涌动，请你将它激活，让它焕发健康的亮色。

别让心态老去

世间最可怕的衰老是心态的衰老，如果你有一个年轻的体魄，却有一颗衰老的心，那会比你有一个衰老的身体还要可悲。没有什么可以挡得住你前进的脚步，擦亮你的眼睛，就会看到生活的希望，一切还皆有可能。时刻保持年轻的心态，你的生命也会常保绿色。

一天夜里，一场雷电引发的山火烧毁了美丽的"万木庄园"，这座庄园的主人迈克陷入了一筹莫展的境地。面对如此大的打击，他痛苦万分，闭门不出、茶饭不思、夜不能寐。

转眼间，一个多月过去了，年已古稀的外祖母见他还陷入悲痛之中不能自拔，就意味深长地对他说："孩子，庄园成了废墟并不可怕，可怕的是你的眼睛失去了光泽，一天一天地老去。一双老去的眼睛，怎么能看得见希望……"

迈克在外祖母的说服下，决定出去转转。他一个人走出庄园，漫无目的地闲逛。在一条街道的拐弯处，他看到一家店铺门前人头攒动。原来是一些家庭主妇正在排队购买木炭。那一块块躺在纸箱里的木炭让迈克的眼睛一亮，他看到了一线希望，急忙兴冲冲地向家中走去。

在接下来的两个星期里，迈克雇了几名烧炭工，将庄园里烧焦的树木加工成优质的木炭，然后送到集市上的木炭经销店里。

很快，木炭就被抢购一空，他因此得到了一笔不菲的收入。他用这笔收入购买了一大批新树苗，一个新的庄园初见规模。

几年以后，"万木庄园"再度绿意盎然。

庄园废了并不可怕，可怕的是心灵成了废墟，在困境来临的时候，不被困境吓倒，而是保持积极的心态，困难就会被你击倒。

心灵感悟

很多时候，一个人的苦乐成败，不在于外物的左右，而在于自己的心态和看待世界的角度，如果你用悲伤的眼光看待生活，那么你的生活就会暗无天日；如果你用乐观的眼光看待世界，那么你就会发现，生活到处充满成功的喜悦。

"不可能"的成功

科尔刚到报社当广告业务员时，经理对他说，你要在一个月内完成20个版面的销售。

20个版面，一个月内？科尔认为不可能完成。因为他了解到报社最好的业务员一个月最多才销售15个版面。

但是，他不相信有什么是"不可能"的。他列出一份名单，准备去拜访别人以前招揽不成功的客户。去拜访这些客户前，科尔把自己关在屋里，把名单上的客户念了10遍，然后对自己说："在本月结束之前，他们将向我购买广告版面。"

第一个星期，他一无所获；第二个星期，他和这些"不可能的"客户中的5个达成了交易；第三个星期他又成交了10笔交易；月底，他成功地完成了20个版面的销售。

在月度的业务总结会上，经理让科尔与大家分享经验。科尔只说了一句："不要恐惧被拒绝，尤其是不要恐惧被第一次、第十次、第一百次甚至上千次的拒绝。只有这样，才能将不可能变成可能。"

报社同事给予他最热烈的掌声。

在生活中，我们时常碰到这样的情况：当你准备尽力做成某项看起来很困难的事情时，就会有人走过来告诉你，你不可能完成。其实，"不可能完成"只是别人下的结论，能否完成还要看你自己是否去尝试、是否去尽力。去尝试，需要你克服恐惧失败的心理；去尽力，需要你克服一切障碍，获得力量。以"必须完成"或者"一定能做到"的心态去拼搏奋斗，你一定会做出令人仰慕的成绩的。

心灵感悟

人最怕的就是胡思乱想、自我设置障碍，这不仅会让你失去理智，还往往会误入歧途。如果你常在心中对自己说：这样做可能不对，万一失败了怎么办。结果还没去做，就失去信心了，而结局肯定会比你想象的还要糟。

找到自己的优势

布朗是美国非常成功的电影制片人，然而在其职业生涯中先后被 3 家公司革职。他曾经是好莱坞 20 世纪福克斯公司的第二号人物，建议摄制《埃及艳后》，不料该影片卖座情况奇惨。紧接着公司大裁员，他也被裁掉了。

在纽约，他在新阿美利坚文库任副总裁，但是几位股东又聘请了一位局外人，而他与此人意见不合，以致被开除。

回到加州，他又进了 20 世纪福克斯公司，在高层任职 6 年，由于董事局不喜欢他所建议拍摄的几部影片，他又一次被革职。

布朗开始仔细检讨自己的工作方式。他在大机构做事一向敢言、肯冒险，喜欢凭直觉处事，这些都是老板的作风。他痛恨以委员会的方式统筹管理。

分析了失败的原因之后，布朗自立门户，摄制《大白鲨》《裁决》《天茧》等影片，获得了巨大的成功。布朗并不是一位失败的公司行政人员，他天生是一名企业家，只不过是一时没有发挥其巨大的潜力而已。

道不同不相为谋。"我之所以多年来没有固定的工作，原因很简单，那是因为我和那些能够提供给我工作的绅士们的想法完全不同。"梵·高这样说，也许你就是这样的人。

一个人没有认清自己的真面目，不能看明自己的优势所在，就不能把命运掌握在自己手中，也就不可能取得成功。

我们首先要意识到，自己就是一个蕴含着无尽宝藏的世界。每个人都有自己的个性和长处，每个人都可以选择自己的目标，并通过不懈的努力去争取属于自己的成功。

心灵感悟

当我们面对困境时，不要小视自己的力量，调整好自己的心态，别悲观。当前景不太光明的时候，试着向上看——阳光总是那么灿烂，这样你一定会获得成功的。

永不放弃

在前进的道路上，如果我们因为一时的困难就将梦想搁浅，那只能收获失败的种子，我们将永远不能品尝到成功这杯芬芳美酒的味道。

"肯德基"创始人、美军退役上校桑德斯的创业史是对永不放弃的最佳诠释。桑德斯从军队退役时，妻子带着幼小的女儿离他而去。家里只有他一个人，这使得他时常觉得时间的漫长与人生的寂寞。他总想做点事情。但戎马生涯大半生，除了操枪弄炮，实在没有什么别的特长可供开发。

年过花甲的他想到了自己曾经试验出的炸鸡秘方，想到马上做到，于是他便找了几家餐馆要求合作，但都遭到了拒绝。

于是，他开着自己那辆破旧的"老爷车"，从美国的东海岸到西海岸，历时两年多时间，推开过 1008 家餐馆的大门，都没有成功。年老的桑德斯为此感到非常沮丧，也曾想到过放弃，但很快他就会说服自己再试一次，于是幸运之神开始注意到这个坚韧的老人。当他试着推开第 1009 家餐馆的大门，这家老板被他的精神打动，买下了炸鸡的秘方。桑德斯以秘方作为投资，得到了这家餐馆的股份。由于经营得法，从此，"肯德基"炸鸡遍布美国，乃至遍布世界。

成功的路上总是荆棘与鲜花交相辉映，我们在为理想奋斗的时候难免遇到一点阻碍、挫折，但我们不能因此就放弃奋斗。如果是在这样的困境中，我们或许可以学一下丘吉尔的人生秘诀。

丘吉尔下台之后，有一回应邀在牛津大学的毕业典礼上演讲。那天他坐在主席台上，打扮一如平常，还是一顶高帽，手持雪茄。

经过主持人隆重冗长的介绍之后，丘吉尔走上讲台，注视观众，沉默片刻。然后他用那种特别的丘吉尔式的眼神凝视着观众，足足有 30 秒之久。终于他开口说话了，他说的第一句话是："永不放弃。"然后又凝视观众足足 30 秒。他说的第二句话是："永远，永远，不要放弃！"接着又是长长的沉默。然后他说的第三句话是："永远，永远，永远，不要放弃！"他又注视观众片刻，然后迅速离开讲台。

当台下数千名观众明白过来的时候，立即响起了雷鸣般的掌声。

心灵感悟

人生始终在考验我们战胜困难的毅力，唯有那些能够坚持不懈的人才能得到最大的奖赏。毅力可以移山，也可以填海，更可以从芸芸众生中筛出成功的人。

失败时善于变通

犹太人说，这世界上卖豆子的人应该是最快乐的，因为他们永远不必担心豆子卖不完。

犹太人为什么不怕豆子卖不完？

假如他们的豆子卖不完，可以拿回家去磨成豆浆，再拿出来卖给行人。如果豆浆卖不完，可以制成豆腐，豆腐卖不成，变硬了，就当作豆腐干来卖。而豆腐干卖不出去的话，就把这些豆腐干腌起来，变成腐乳。

还有一种选择是：卖豆人把卖不出去的豆子拿回家，加上水让豆子发芽，几天后就可改卖豆芽。豆芽如卖不动，就让它长大些，变成豆苗。如豆苗还是卖不动，再让它长大些，移植到花盆里，当作盆景来卖。如果盆景卖不出去，那么再把它移植到泥土中去，让它生长。几个月后，它结出了许多新豆子。一颗豆子现在变成了上百颗豆子，想想那是多划算的事！

一颗豆子在遭遇冷落的时候，可以有无数种精彩的选择，一个人更是如此。人生总免不了要遭遇这样或者那样的失败。确切地说，我们每天都在经受和体验各种失败。

有时候，我们甚至会在毫不经意和不知不觉之间与失败不期而遇。面对失败，我们又往往会采取习惯的对待失败的措施和办法——或以紧急救火的方式扑救失败，或以被动补漏的办法延缓失败，或以收拾残局的方法打扫失败，或以引以为戒的思维总结失败……虽然这些都是失败之后十分需要，甚至必不可少，却是在眼睁睁看着失败发生而又无法抢救的情况下采取的无奈之举。任凭失败一路前行而无力改变，实在是更大的失败和遗憾。

心灵感悟

条条大路通罗马。当我们失败时，如果能够静下心来，坦然面对，换一个角度去思考，那么在我们从另一个出口走出去时，就有可能看到另一番天地。

耐得住等待，苦尽甘来

从前，在一个小山村里，传说有两兄弟在一次上山的途中，偶然与神仙邂逅，神仙传授他们酿酒之法，叫他们把在端午那天收割的米，与冰雪初融时高山流泉的水来调和，注入千年紫砂土铸成的陶瓮中，再用初夏第一个看见朝阳的新荷覆紧，密封七七四十九天，直到鸡叫三遍后方可启封。

他们历尽千辛万苦，跋涉过千山万水，终于找齐了所有的材料，一起调和密封，然后潜心等待那注定的时刻。多么漫长的等待，终于第四十九天到了。两人整夜都没有睡，等着鸡鸣的声音。

远远地，传来了第一遍鸡鸣。过了很久很久，才响起了第二遍。第三遍鸡鸣到底什么时候才会来呢？其中一个再也等不下去了，他迫不及待地打开陶瓮品尝，却惊呆了——里面的水，像醋一样酸，又像中药一般苦，他把所有的后悔加起来也不可挽回。他失望地把它洒在了地上。而另外一个，虽然欲望如同一把野火在他心里燃烧，让他按捺不住想要伸手，但他还是咬着牙，坚持到三遍鸡鸣响彻天空。

"多么甘甜清澈的酒啊！"他终于品尝到了自己亲自酿制的美酒。

心灵感悟

追求理想，就像是做饭煲汤，火候到了，味道才会鲜美。耐得住性子，静观其变，就一定能等到一个完美的质变。

相信自己的梦想

1863 年冬天的一个上午，凡尔纳刚吃过早饭，正准备到邮局去，突然听到一阵敲门声。凡尔纳开门一看，原来是一个邮政工人。工人把一包鼓囊囊的邮件递到了凡尔纳的手里。一看到这样的邮件，凡尔纳就预感到不妙。自从他几个月前把他的第一部科幻小说《乘气球五周记》寄到各出版社后，收到这样的邮件已经是第十四次了。

他怀着忐忑不安的心情拆开一看，上面写道："凡尔纳先生：尊稿经我们审读后，不拟刊用，特此奉还。某某出版社。"每次看到退稿信，凡尔纳都是心里一阵绞痛。这已经是第十五次了，还是未被采用。

凡尔纳此时已深知，那些出版社的"老爷"们是如何看不起无名作者。他愤怒地发誓，从此再也不写了。他拿起手稿向壁炉走去，准备把这些稿子付之一炬。

凡尔纳的妻子赶过来，一把抢过手稿紧紧抱在胸前。此时的凡尔纳余怒未息，说什么也要把稿子烧掉。他妻子急中生智，以满怀关切的口气安慰丈夫："亲爱的，不要灰心，再试一次吧，也许这次能交上好运的。"听了这句话以后，凡尔纳抢夺手稿的手慢慢放下了。他沉默了好一会儿，然后接受了妻子的劝告，又抱起这一大包手稿到第十六家出版社去碰运气。

这一次没有落空，读完手稿后，这家出版社立即决定出版此书。并与凡尔纳签订了20年的出书合同。

没有他妻子的疏导，没有为梦想持之以恒的勇气，我们也许根本无法读到凡尔纳笔下那些脍炙人口的科幻故事，人类就会失去一笔极其珍贵的精神财富。

世界上的事情就是这样，成功需要坚持梦想。这种素质的人常常创造出人间奇迹。弗洛伊德、拿破仑、贝多芬、梵·高，还有《吉尼斯世界大全》一书中所记载的诸多人物，不能不承认，是所有这些大大小小的人物使我们这个世界变得有声有色。他们的性格中明显有着共同的一点，即执着。他们执着地将他们热爱的某项事业推向极致，什么也阻止不了他们——除了自身的死亡。

心灵感悟

通向成功的路绝不止一条，不同的人可以选择不同的路，成功与否，往往不在于对道路的选择，而在于一旦选定了自己的路，便不再彷徨，而是坚定地走下去。所以，能否到达心中的目标，首先取决于对脚下道路的信任。

失败时不找任何借口

一个人做错了一件事，老老实实地认错是最明智的做法，而不是找几个理由为自己辩护。我们知道，借口是我们做不成事、做错事的挡箭牌；是我们敷衍别人、原谅自己的护身符；是我们无处不在、如影随形的掩饰弱点，逃避责任的百验灵丹。一个人，做不好一件事，完不成一项任务，若想找借口，就可以有成千上万条站在那儿响应你、声援你、支持你。结果呢？过失是掩盖了，责任是推卸了，心理是暂时平衡了，但长此以往，便是大事做不了、小事做不好，最终一事无成。

日本最著名的首相伊藤博文的人生座右铭就是"永不向人讲'因为'"。这是一种做人的美德，也是为人处世、办事做事的最高深的学问。借口往往让你不思进取、止步不前。只有打消你的借口，你才能从失败中吸取教训，迈向成功。

心灵感悟

秉持"没有任何借口"这样的信念，尽管看似对自己冷酷无情，却犹如破釜沉舟，可以激起一个人无比的毅力，促使其全力以赴，埋头苦干，尽善尽美地完成手头的每件事情。

经验帮你少走弯路

威廉·赛姆儿是美国著名投资大师。他的事业如日中天，在全球金融领域里，"威廉·赛姆儿"这几个字如雷贯耳。在一次十拿九稳的投资中，他由于分析错误而损失了一大笔资产。

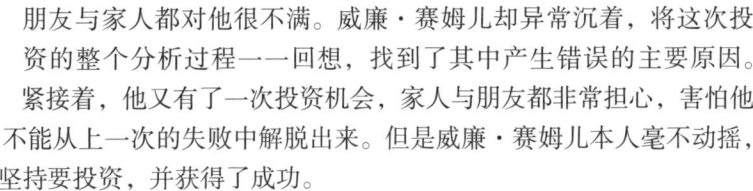

朋友与家人都对他很不满。威廉·赛姆儿却异常沉着，将这次投资的整个分析过程一一回想，找到了其中产生错误的主要原因。

紧接着，他又有了一次投资机会，家人与朋友都非常担心，害怕他不能从上一次的失败中解脱出来。但是威廉·赛姆儿本人毫不动摇，坚持要投资，并获得了成功。

在人漫长的一生中，谁也不能保证自己永远不犯错，但我们应该从错误中积累经验教训，而并非永远消沉。

有个渔人有着一流的捕鱼技术，被人们尊称为"渔王"。

然而"渔王"年老的时候非常苦恼，因为他的 3 个儿子的渔技都很平庸。

于是他经常向人诉说心中的苦恼："我真不明白，我捕鱼的技术这么好，儿子们的技术为什么这么差？我从他们懂事起就传授捕鱼技术给他们，从最基本的东西教起，告诉他们怎样织网最容易捕捉到鱼，怎样划船最不会惊动鱼，怎样下网最容易请鱼入瓮。他们长大了，我又教他们怎样识潮汐、辨鱼汛……凡是我长年辛辛苦苦总结出来的经验，我都毫无保留地传授给了他们，可他们的捕鱼技术竟然赶不上技术比我差的渔民的儿子！"

一位路人听了他的诉说后，问："你一直手把手地教他们吗？"

"是的，为了让他们得到一流的捕鱼技术，我教得很仔细、很耐心。"

"他们一直跟随着你吗？"

"是的，为了让他们少走弯路，我一直让他们跟着我学。"

路人说："这样说来，你的错误就很明显了。你只传授给了他们技术，却没传授给他们教训，对于才能来说，没有教训与没有经验一样，都不能使人成大器。"

不经历风雨怎能见彩虹？

孩子是在摔倒了无数次之后才学会走路的，伟人的发明创造更是经历了无数次失败之后才成功的。可口可乐董事长罗伯特·高兹耶达说："过去是迈向未来的踏脚石，若不知道踏脚石在何处，必然会被绊倒。"教训和失败是人生历练不可缺少的财富。

我们在学习、工作过程中，要及时总结经验教训，只有吸取了经验教训，才能避免在以后的人生中犯类似的错误。

心灵感悟

学会及时总结得失，我们才会有个良好的心态，宠辱不惊，面对生活反馈给人们的一切。学会及时总结得失，我们自己才会不断完善，一步一步迈向成功。

生命在，希望就在

人要主宰自己，做自己的主人。沮丧的面容、苦闷的表情、恐惧的思想和焦虑的态度是你缺乏自制力的表现，是你弱点的表现，是你不能控制环境的表现。它们是你的敌人，要把它们抛到九霄云外。

有一个阿拉伯的富翁，在一次大生意中亏光了所有的钱，并且欠下了债，他卖掉房子、汽车，还清了债务。

此刻，他孤独一人，无儿无女，穷困潦倒，唯有一条心爱的猎狗和一本书与他相依为命，相依相随。在一个大雪纷飞的夜晚，他来到一座荒僻的村庄，找到一个避风的茅棚。他看到里面有一盏油灯，于是用身上仅存的一根火柴点燃了油灯，拿出书来准备读书。但是一阵风忽然把灯吹灭了，四周立刻漆黑一片。这位孤独的老人陷入了黑暗之中，对人生感到深彻的绝望，他甚至想到了结束自己的生命。但是，站在身边的猎狗给了他一丝慰藉，他无奈地叹了一口气沉沉睡去。

第二天醒来，他忽然发现心爱的猎狗也被人杀死在门外。抚摸着这只相依为命的猎狗，他突然决定要结束自己的生命，世间再没有什么值得留恋的了。于是，他最后扫视了一眼周围的一切。这时，他不由发现整个村庄都陷入一片可怕的寂静之中。他不由急步向前，啊，太可怕了！尸体，到处是尸体，一片狼藉。显然，这个村庄昨夜遭到了匪徒的洗劫，连一个活口也没留下来。

看到这可怕的场面，老人不由心念急转，啊！我是这里唯一幸存的人，我一定要坚强地活下去。

此时，一轮红日冉冉升起，照得四周一片光亮，老人欣慰地想，我是这个世界上唯一的幸存者，我没有理由不珍惜自己。虽然我失去了心爱的猎狗，但是我得到了生命，这才是人生最宝贵的。

老人怀着坚定的信念，迎着灿烂的太阳又出发。

人生总有得意和失意的时候，一时的得意并不代表永久的得意；然而，在一时失意的情况下，如果你不能把心态调整过来，就很难再有得意之时。

故事中的老人，在失意甚至绝望的状态下，重新寻回了希望，赶走了悲伤。这不能不说是他人生中的又一大转折。

联想到我们日常的生活和学习，如果遇到失意或悲伤的事情时，我们一样要学会调整自己的心态。

如果你的演讲、你的考试和你的愿望没有获得成功；如果你曾经尴尬；如果你曾经失足；如果你被训斥和谩骂，请不要耿耿于怀。对这些事念念不忘，不但于事无补，还会占据你的快乐时光。抛弃它吧！走出阴影，沐浴在明媚的阳光中，把它们彻底赶出你的心灵。如果你曾经因为鲁莽而犯过错误；如果你被人咒骂；如果你的声誉遭到了毁坏，不要以为你永远得不到清白，勇敢地走出失败的阴影吧！

让那担忧和焦虑、沉重和自私远离你；更要避免与愚蠢、虚假、错误、虚荣和肤浅为伍；还要勇敢地抵制使你失败的恶习和使你堕落的念头，你会惊奇地发现，你人生的旅途是多么的轻松、自由，你是多么自信！

心灵感悟

不管过去的一切多么痛苦，多么顽固，把它们抛到九霄云外。不要让担忧、恐惧、焦虑和遗憾消耗你的精力。把你的精力投入到未来的创造中去吧。

请记住：生命在，希望就在！

换个角度看人生

记得有位哲人曾说："我们的痛苦不是问题的本身带来的，而是我们对这些问题的看法产生的。"这句话很经典，它引导我们学会解脱，而解脱的最好方式是面对不同的情况，用不同的思路去多角度地分析问题。因为事物都是多面性的，视角不同，所得的结果就不同。

相信一句话：要解决一切困难是一个美丽的梦想，但任何一个困难都是可以解决的。一个问题就是一个矛盾的存在，而每一个矛盾只要找到合适的节点，都可以把矛盾的双方统一。这个节点在不停地变幻，它总是在与那些处在痛苦中的人玩游戏。转换看问题的视角，就是不能用一种方式去看所有的问题和问题的所有方面。如果那样，你肯定会钻进一个死胡同，离问题的解决越来越远，处在混乱的矛盾中而不能自拔。

活着是需要睿智的。如果你不够睿智，那至少可以豁达。以乐观、豁达、体谅的心态看问题，就会看出事物美好的一面；以悲观、狭隘、苛刻的心态去看问题，你会觉得世界一片灰暗。两个被关在同一间牢房里的人，透过铁栏杆看外面的世界，一个看到的是美丽神秘的星空，一个看到的是地上的垃圾和烂泥，这就是区别。

换个视角看人生，你就会从容坦然地面对生活。当痛苦向你袭来的时候，不要悲观气馁，要寻找痛苦的原因、教训及战胜痛苦的方法，勇敢地面对这多变的人生。

换个视角看人生，你就不会为战场失败、商场失手、情场失意而颓废，也不会为名利加身、赞誉四起而得意忘形。

换个视角看人生，是一种突破、一种解脱、一种超越、一种高层次的淡泊宁静，从而获得自由自在的乐趣。转一个视角看待世界，世界无限宽大；换一种立场对待人事，人事无不畅通。

活着需要睿智、需要洒脱，如果这些你做不到，至少还可以勇敢。生活也许到处都是障碍，同时也到处都是通途，只需大胆地向前走。

像斗士一样生活

岩石长年累月地经受风侵雨蚀，裂开了一道缝。

一粒草的种子落到岩缝里来。

岩石说："孩子，你怎么到这儿来了？我们太贫瘠了，养不活你啊！"

种子说："老妈妈，别担心，我会长得很好的。"

经过阵阵春雨的滋润，种子从岩缝里冒出了嫩芽。

阳光爱抚地照耀着它，春风柔和地轻拂着它，雨露更不断地给这不平凡的幼芽以最慈爱的关怀和哺育。

小草渐渐长大了，长得很健康、很结实。

岩石高兴地说："孩子，你真不错！你是倔强的，是值得我们骄傲的！"它用自己风化了的尘泥把小草的根拥抱得更紧。

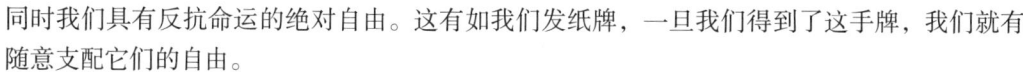

一个诗人走过，看见了从岩缝里长出来的小草，不禁欣喜地吟咏道："啊！小草的生命多么顽强，我要千百遍地赞美它。"

小草谦逊地说："值得赞美的不是我，而是阳光和雨露，还有紧抱着我的根的岩石妈妈。"

小草生活在岩缝，生长很艰难，可是它没有抱怨命运的不公，而是依靠自己的力量顽强地生长着，小草的这种精神值得我们学习。

我们的命运是不容谈判、不可改变的，也是不会妥协的，它虽具有绝对的"特定性"，但同时我们具有反抗命运的绝对自由。这有如我们发纸牌，一旦我们得到了这手牌，我们就有随意支配它们的自由。

为了支配自己的命运，我们就要做一个精神上的强者，一个坚忍不拔、威武不屈的人。人的精神力量是无穷无尽的。世间不存在人无法克服的艰难困苦。人对于这些艰难困苦不是默默地承受，而是去克服它们，使自己变得更加坚强。当你感到困难无法克服，头脑中出现退却的念头，想走捷径的时候，你可别怜悯自己。怜悯自己是意志薄弱的表现，它能使强者变成弱者。而做一个弱者，其命运是不能令人羡慕的。弱者的乐趣既渺小又贫乏，他不懂得生活的真正幸福，理想对于他来说是不可思议的，也是无法达到的，因为懦弱会发展成为自私和胆小。你越觉得自己是强人，你心中藏着"努力奋进"的动力就越强大。要是你让你身上那种怜悯自己的感情滋长的话，那么你心中的渴望进取的动力就会永远保持沉默。对于无病呻吟和灰心丧气，对于软弱和绝望，你要毫不妥协、毫不留情。要记住：人有时会出现体力完全耗尽的情况，可是精神力量会在他的身上激发新的体力，使得他继续像斗士一样生活。

当你感觉生活太苦、遭遇太多曲折时，你不妨想想岩缝里不屈不挠的小草。记住，命运掌握在自己手中，你能支配自己的命运。

比别人更努力

美国《商业周刊》的记者采访某名企业家："你成功的首要秘诀是什么？"

"比别人更努力！"

"其次呢？"

"比别人更努力！"

"最后呢？"

"比别人更努力！"

由此，你也得到成功的答案了吧——比别人更努力！

努力是成功的捷径之一，而且是成功必须付出的代价。你要想成功，要想做得更好、更出色，那么你就必须比别人付出更多，更努力，否则，成功不一定属于你。

有些人总是很羡慕他人突然像彗星一样闪亮，却忽视了他人在能够发光之前所下的功夫、所忍受的寂寞、所挨过的苦难。这些人之所以能跑得快一些，是因为他们所付出的努力比别人更多。

心灵感悟

成功的人永远比他人做得更多，当一般人放弃的时候，他在努力；当别人享受休闲的乐趣时，他在努力；当别人正躺在床上呼呼大睡时，他还在努力。

一个永远值得我们记住的哲理是：成功永远不在于一个人知道了多少，而在于他努力了多少。

再坚持一下就成功

旱季来了，河床就要干涸了，曾经湍急的河流已经变成了一个个小水洼，烈日下，龟裂的河床在急速扩展，远处，却隐隐传来了大江的涛声，鱼儿们从一个水洼跳到另一个水洼，奔涛声而去。

"还有多远呢？"一个不大的水洼里，一条大鱼端着粗气，问躺着歇息的一尾小鱼。

"远着呢！别费劲了，到不了大江的。"小鱼悠然地在水洼里游了一圈说，"做什么大江的梦啊，现实点儿，就在这儿待着吧！"

"可用不了多久，这水洼里的水就会干的。"

"那又怎样？长路漫漫，你又能走多远？离大江五十步和离大江一百步有什么区别？结局都是一样的，要看结局，懂吗？"

"即便真的到不了大江，只要我已经尽力了，也不后悔。"

"你已经遍体鳞伤了，老兄！"小鱼自如地扭动着自己保养得很好的身体，嘲弄着在小水洼里已经转不开身的大鱼："像你这样笨重的身材，不老老实实在原处待着，还奔什么大江啊？你以为自己还年轻啊？就算真的有鱼能到达大江，也轮不到你！"

小鱼戳到了大鱼的痛处，它望着小鱼说："真的很羡慕你们有如此娇小的身材，在越来越浅的水洼里，只有你们才能自如地呼吸，可是，再苦再难，我们大鱼也得朝前奔啊，我们也得把握自己的命运。"大鱼说完，一个纵身，跳入了下一个水洼，它听见了小鱼抑制不住的笑声。它知道，自己的动作很笨拙，它看见自己的鱼鳞又脱落了几片，而肚皮已渗出斑斑血迹，但它对自己说："此时此刻，除了向前，已别无选择。"

水洼的面积越来越小，大鱼知道，前面的路将越发艰难，它已很难再喝到水了，偶尔滋润干唇的是自己的泪。沿途，它看见大片大片的鱼变成了鱼干，其中，有许多是比它灵活得多的小鱼。

每一个水洼里都躺着懒得再动的伙伴，它们大口大口地端着粗气，对大鱼说："别跳了，省点力气吧！没用的。"而大鱼却分明听见了越来越近的涛声。"坚持！"它对自己说，"唯有坚持，才有希望。"

不知跳了多久，大鱼终于看见了大江的波涛，可是，它的体力已经在长途跋涉中消耗殆尽，通向大江的路上，最后的一个水洼也干涸了，虽然，只有一步之遥，可大鱼想，它是到不了大江了。就在这时，它听见了水声，接着，便看见一股小小的水流缓缓流来，这是行将干涸的河床在这个夏季最后的一股水流吧？！大鱼抓住了这个机会，在水流的帮助下，一鼓作气奔向大江。而那些留在水洼里的鱼儿，却只是让这股水流稍稍往前带出了一小步而已，大江离它们依旧遥不可及。而干旱却以无法阻挡的步伐占领了这片土地。

在这个世界上，只有强者才能掌握自己的命运，就像故事中的大鱼一样，以一种永不屈服的斗志、昂扬的精神和毅力，克服了种种困难，奔入大海，拥有自由，延展生命。

心灵感悟

做一个强者，首先是做一个精神上的强者，一个坚忍不拔、威武不屈的人。世间不存在人无法克服的艰难和困苦，在你面临绝境行将没顶时，在你气喘吁吁甚至筋疲力尽时，你只要再坚持一下、奋力拼搏一下，困难就会被你征服了，你就坚强了许多。

不懈追求才能羽化成蝶

有一条毛毛虫，它一缩一伸、一伸一缩，终于爬上了一片树叶，从这里它能观望四周昆虫们的活动。它好奇地看着它们唱呀，跳呀，跑呀，飞呀，一个比一个来劲儿。在它的身边，一切生命都痛快地表现出它们的活力。可就只有它，可怜巴巴的，没有脆亮的歌喉，天生不会跑、不会飞。它只能蠕蠕爬动，连这样一点点往前移动都深感不易。当毛毛虫艰难地从一片叶子爬到另一片叶子上，它觉得它似乎走完了漫漫征程、周游了整个世界。它过得虽然是这样艰难，可它倒是从来不抱怨自己命运不好，也从不忌妒那些活蹦乱跳的昆虫们。它知道，昆虫各有各的不同。它呢，只是一条毛毛虫，当务之急是学会吐出细细亮亮的柔丝，好用这些细丝编织起一只结结实实的茧子来。

毛毛虫没有时间胡思乱想，它得加劲儿干，在有限的时间里把自己从头到脚严密地包裹在一个温暖的茧子里。

"那么接着我该做什么呢？"它在与世隔绝的全封闭的小茧屋里自问道。

"该做的事会一件一件来的！"它仿佛听到有人在回答它，"耐着点儿性子吧，马上就会知道下一步该做什么了！"

终于，它熬到了清醒的时候，发现自己已经不再是从前那条行动笨拙的毛毛虫。它灵活地从小茧屋中爬出来，摆脱了那个狭小的天地，此时，它惊喜地看到自己已经长出了一对轻盈的翅膀，五色斑斓，鲜丽可爱。它快活地扇了扇，这身子简直像羽毛一样轻盈。它于是翩翩地从这片叶子上飞起，在那片叶子上落下，飘飘逸逸，融入了蔚蓝的雾霭之中。

在现实生活中，很多人企图不劳而获、坐享其成，结果都为此付出了惨重的代价，或越来越贫穷，或走上了邪路。天上不会掉下馅饼，想要收获就必须付出自己的努力。天下没有白吃的午餐，这是一个千古不变的真理。

当我们看到美丽的蝴蝶时，不要忘记这是可爱的毛毛虫付出了努力的结果！

> 我们应当为毛毛虫竖起大拇指！它那种对生活的执着，对理想的追求以及对生命的热爱，时时激励着我们的心灵。正因为它具有这些美德，所以它最后才能变成一只美丽的蝴蝶！

最难战胜的敌人是你自己

这个世上最大的敌人就是我们自己。我们往往不是被别人打败，而是被自己打败。

世界著名的游泳健将弗洛伦丝·查德威克，依次从卡得林那岛游向加利福尼亚海湾，在海水中泡了16小时，只剩下一海里时，她看见前面大雾茫茫，潜意识发出了"何时才能游到彼岸"的信号，她顿时浑身困乏，失去了信心。于是她被拉上小艇休息，失去了一次创造纪录的机会。事后，弗洛伦丝·查德威克才知道，她已经快要登上了成功的彼岸，阻碍她成功的不是大雾，而是她内心的疑惑。是她自己在大雾挡住视线之后，对创造新的纪录失去了信心，然后才被大雾所俘虏。

过了两个多月，弗洛伦丝·查德威克又一次重游加利福尼亚海湾，游到最后，她不停地对自己说："离彼岸越来越近了！"潜意识发出了"我这次一定能打破纪录"的信号，她顿时浑身来劲儿，最后弗洛伦丝·查德威克终于实现了目标。

> 人生最大的挑战就是挑战自己，这是因为其他敌人都容易战胜，唯独自己是最难战胜的。这正如一位作家说得好："自己把自己说服了，是一种理智的胜利；自己被自己感动了，是一种心灵的升华；自己把自己征服了，是一种人生的成熟。大凡说服了、感动了、征服了自己的人，就有力量征服一切挫折、痛苦和不幸。"

坚持你的信念

迈克尔是一个喜欢拉琴的年轻人，可是他刚到美国时，却必须到街头拉小提琴卖艺来赚钱。

非常幸运，迈克尔和一位新认识的黑人琴手一起，抢到了一个最能赚钱的好地盘，即一家商业银行的门口。

过了一段时间，迈克尔赚到了不少钱后，就和那位黑人琴手道别，因为他想进入大学进修，也想和琴艺高超的同学相互切磋。于是，迈克尔将全部的时间和精力投入提高音乐素养和琴艺中……

10年后，迈克尔有一次路过那家商业银行，发现昔日的老友——那位黑人琴手，仍在那"最赚钱的地盘"拉琴。

当那个黑人琴手看见迈克尔出现的时候，很高兴地问道："兄弟啊，你现在在哪里拉琴啊？"

迈克尔回答了一个很有名的音乐厅的名字，但那个黑人琴手反问道："那家音乐厅的门前也是个好地盘，也很赚钱吗？"

他哪里知道，10年后的迈克尔已经是一位国际知名的音乐家，他经常应邀在著名的音乐厅中登台献艺，而不是在门口拉琴卖艺。

一个人有无成就，决定于他青年时期有无志气。志气的来源并不一定看他年少时是否真的有成就事业的气质，而在于他有没有成就大事业的志向和一颗相信自己永不退缩的心。

尼采曾把他的哲学归为一句至理名言：成为你自己。的确，人生的成功与人生的期望密切相关。

一个对生活、对自己失去期望的人，永远不会成功。而一个懂得改变、顺势而为、笑对挫折的人，才会最终把成功拥在怀中。

心是承载梦想的地方，让心灵最先到达你想去的地方。听从心灵的召唤，让它带你走近成功。这正如爬山活动中，决定你能否到达山顶的不是你的体能，而是你的信念。如果你坚信自己能够爬到顶峰，你就可以；如果你觉得自己不行，那你就很难到达最高处。把心作为起跳的动力，你才会跳得更高。

每个生命都从不卑微

造物主常把高贵的灵魂赋予卑贱的肉体。

著名企业家迈克尔出身贫寒，家境穷困潦倒。在从商以前，他曾是一家酒店的服务生，干的就是替客人搬行李、擦车的活儿。

有一天，一辆豪华的劳斯莱斯轿车停在酒店门口，车主人吩咐一声："把车洗洗。"迈克尔那时刚刚中学毕业，还没有见过世面，从未见过这么漂亮的车子，不免有几分惊喜。他边洗边欣赏这辆车，擦完后，忍不住拉开车门，想上去享受一番。这时，正巧领班走了出来，"你在干什么？穷光蛋！"领班训斥道，"你不知道自己的身份和地位吗？你这种人一辈子也不配坐劳斯莱斯！"

受辱的迈克尔从此发誓："这一辈子我不但要坐上劳斯莱斯，还要拥有自己的劳斯莱斯！"他的决心是如此强烈，以至这成了他人生的奋斗目标。许多年以后，当他事业有成时，果然买了一部劳斯莱斯轿车！如果迈克尔也像领班一样认定自己的命运，那么，也许今天他还在替人擦车、搬行李，顶多做一个领班。

霍兰德说："在最黑的土地上生长着最娇艳的花朵，那些最伟岸挺拔的树木总是在最陡峭的岩石中扎根，昂首向天。"而高普更是一语道破天机，他说："并非每一次不幸都是灾难，早年的逆境通常是一种幸运，与困难做斗争不仅磨炼了我们的人生，也为日后更为激烈的竞争准备了丰富的经验。"

每个人都具有特殊才能，每个人应该尽量灵活运用自己的这项特殊才能。有很多人以为自己所具有的这项才能，只是一些不登大雅之堂的"小玩意儿"，根本不曾想过利用这项"小玩意儿"来提高身价。而杰出人士正是因为勤于思考，发掘利用自己的才能，才获得了很大的成功。

苦难与天才

　　上帝像精明的生意人，给你一份天才，就搭配几倍于别人的苦难。

　　小提琴家帕格尼尼就是一位同时接受两种馈赠又善于用苦难的琴弦把音乐演奏到极致的人。

　　他是一位苦难者。4 岁时一场麻疹和强直性昏厥症，险些使他白布裹尸装入棺材。7 岁险些死于猩红热，13 岁患上严重肺炎，不得不大量放血治疗。40 岁牙床突然长满脓疮，只好拔掉大部分的牙齿。牙病刚愈，又染上了可怕的眼疾，幼小的儿子成了手中拐杖。50 岁后，关节炎、肠道炎、喉结核等多种疾病吞噬着他的肌体。后来声带也坏了，靠儿子按口型翻译他的思想。他活到 58 岁时因肺结核口吐鲜血而亡。死后尸体也备受磨难，先后被搬迁了 8 次。

　　但帕格尼尼似乎觉得这还不够深重，又给生活设置了各种障碍和旋涡。他长期把自己囚禁起来，每天练琴 10 ~ 12 个小时，忘记饥饿和死亡。13 岁起，他就周游各地，过着流浪生活。他一生和 5 个女人发生过感情纠葛，其中有拿破仑的遗孀和两个妹妹。姑嫂间为他展开激烈争夺。但他不齿于上流社会生活，认定人该受苦受难。在他眼中这也不是爱情，而只是他练琴的教场和获得唯一的儿子的公平交易。除了儿子和小提琴，他几乎没有一个家和其他亲人。

　　他也是一位天才。3 岁学琴，12 岁就举办首场音乐会，并一举成功，轰动舆论界。之后他的琴声遍及法、意、奥、德、英、捷等国。他的演奏使帕尔玛首席提琴家罗拉惊异得从病榻上跳下来，木然而立，无颜收他为徒。他的琴声使卢卡观众欣喜若狂，宣布他为共和国首席小提琴家。在意大利的巡回演出产生神奇效果，人们到处传说他的琴弦是用情妇的肠子制作的，魔鬼又暗授妖术，所以他的琴声才魔力无穷。歌德评价他"在琴弦上展现了火一样的灵魂"。李斯特大喊："天啊，在这四根琴弦中包含着多少苦难、痛苦和受到残害的生灵啊！"

　　人们不禁问："是苦难成就了天才，还是天才特别热爱苦难？"几乎所有的天才人物都曾遇到类似于帕格尼尼的磨难，虽然并不是完全相同的磨炼，却打造出相似的人生。但弥尔顿、贝多芬和帕格尼尼，西方文艺史上的三大怪杰，居然一个成了瞎子、一个成了聋子、一个成了哑巴！然而人生的苦难对于他们这样的历史人物，更多的是对心性的锻造，而无法摧残他们的意志与才华。小提琴大师帕格尼尼坚忍的一生告诉我们：任何苦难都是可以超越的。

真金不怕火炼，是宝石最终一定会发光。

正如华盛顿所言："衡量一个人成功与否，不完全是以他在生活中所得到的地位为标准的，而是由他在努力通往成功的路上越过的障碍多少作为尺度的。"

转移和排遣痛苦

一位钢琴家在战争中被敌军俘虏了，他被囚禁在刚好能栖身的笼子里，一关就是 5 年。5 年过去了，他的身体已被折磨得不成人形，周围的同伴也一个接着一个死亡。可是，他的心中仍充满着一定要活下去的强烈欲望。

战争结束后，钢琴家被遣返回国，开始他新的生活。人们惊奇地发现，他弹钢琴的造诣和熟练程度不但没有减退，反而比被俘虏之前还精湛。

原来在被俘期间，为了克服极度的恐惧并且鼓励自己继续活下去，钢琴家每天都在脑海中弹钢琴：所有的动作都与真实的没有两样，5 年下来，每一个细节他都记得一清二楚。人生总有低潮，心理素质差的人会因此而失去信念，把自己击垮；而心理素质好的人，则能够转移和排遣痛苦，等待光明的到来。

总有许多人不停地抱怨命运的不公，自己付出了辛劳的汗水，得到的却是失败和痛苦。究其原因，是因为他们不会调节自己的心态。如果你想获得生活的幸福与美满，或者事业的成功与辉煌，那么你就要积极地面对生活。

89 岁高龄横渡大西洋

如果一个人空有梦想，凡事只停留在思考阶段，而不付诸行动，那么他永远只能一事无成。

海伦很小的时候就爱上了船，11 岁时她已经是一个划船高手，她非常迷恋驾着一叶孤舟纵横水上的感觉。

海伦的父亲拉罕姆是一个优秀的弄潮儿，他的人生梦想就是以最快的速度驾舟横渡 1.28 万公里的大西洋。在海伦 23 岁那年，拉罕姆决定实施伟大的横渡计划，但他拒绝带着一心想与他同行的海伦上路，因为他担心航途莫测的危险会吞噬心爱的女儿。就这样，拉罕姆只身登舟，不久，一项新的吉尼斯世界纪录就在他手中诞生了。

海伦的心在那一片辽阔的大海上摇曳。当一个叫约翰的青年驾着一艘自己设计的帆船向她驶来的时候，她毅然嫁给了他。她开始寄希望于自己的爱侣，希望能与他一道去享受那 1.28 万公里的蔚蓝。然而，水波不兴的甜美水草般的生活羁绊住两个人的手脚，那条帆船在岸上做起了与水无关的梦……

拉罕姆走了，约翰走了，转眼就有 11 个孩子追着海伦喊祖母了。

海伦重新走向那条闲置已久的帆船。她知道，如果再不行动，她的梦想就再也无法实现了。

2000年8月里，一个阳光灿烂的日子，89岁的海伦只身离开英格兰，开始了她梦想已久的大西洋之旅。

在那一片蔚蓝中她梦见了自己离别已久的父亲，沿着他当年的航道，追随着他当年的足迹，她跟过来了。在死神衣袂飘忽的海上，她没有给自己丝毫畏惧的权利，毕竟，与那生长了差不多一辈子的梦想相比，风浪显得太微不足道了。海伦成功了。她以"最年迈的老人驾舟横渡大西洋"刷新了一项世界纪录，而让她最高兴的是终于圆了自己一生的梦。

海伦成功了，她在89岁时终于实现了她的梦想，她明白一味地等待只会一事无成，唯有从现在开始努力，抓紧时间才能实现自己的梦想。她的成功让我们感动的同时也让我们有所感悟，横渡大西洋，对于一个89岁的老人来说，并非一个可望而不可即的梦想，只要你能把握当下，从现在做起。

成功不在难易，而在于"谁真正去做了"。一个人要想实现梦想，其实很简单，只需要从现在开始着手，一点一滴地去做。

充满希望地生活

在一个偏僻的山村，住着一位独自生活的老奶奶。在她26岁的时候，丈夫外出做生意，却一去不复返。是死在了乱枪之下，是病死在外，还是像有人传说的那样被人在外面招了养老女婿？都不得而知。当时，她唯一的儿子只有5岁。

丈夫不见踪影几年以后，村里人都劝她改嫁。没有了男人，孩子又小，这寡得守到什么时候？然而，她没有走。她说，丈夫生死不明，也许在很远的地方做了大生意，没准哪一天就回来了。她被这个念头支撑着，带着儿子顽强地生活着。她甚至把家里整理得更加井井有条，她想，假如丈夫发了大财回来，不能让他觉得家里这么窝囊。

就这样过去了十几年。在她儿子17岁的那一年，一支部队从村里经过，她的儿子跟部队走了。儿子说，他到外面顺便去寻找父亲。

不料儿子走后又是音信全无。有人告诉她说儿子在一次战役中战死了，她不信，一个大活人怎么能说死就死呢？她甚至想，儿子不仅没有死，还做了军官，等打完仗，天下太平了，就会衣锦还乡。她还想，也许儿子已经娶了媳妇，给她生了孙子，回来的时候是一家子人了。

尽管儿子依然杳无音信，但这个想象给了她无穷的希望。她是一个小脚女人，不能下田种地，她就做绣花的小生意，勤奋地奔走四乡，赚一点钱供自己花销。她告诉人们，她要赚些钱把房子翻盖了，等丈夫和儿子回来住。

有一年她得了大病，医生已经判了她死刑，但她最后竟奇迹般地活了过来。她说，她不能死，她死了，儿子回来到哪里找家呢？

这位老人一直在这个村里健康地生活着，后来她活到了100岁，她还是做着她的绣花生意。她天天算着，她的儿子生了孙子，孙子也该生孩子了。这样想着的时候，她那布满皱褶的沧桑的脸，立刻会变成绚烂多彩的花朵。

 **心灵感悟**

　　不管生活给了我们多少挫折与变故，只要我们依旧保留着不灭的信念，充满希望地生活，人生就总有意义，会成就美的风景。

做人生的强者

　　1940 年 6 月 23 日，在美国一个贫困的铁路工人家庭，一位黑人妇女生下了她一生中的第 20 个孩子，这是个女孩，取名威尔玛·鲁道夫。众多的孩子让这个贫困的家庭更加捉襟见肘，连怀孕的母亲也常常饿肚子，孕妇营养不良使得威尔玛早产，这就注定了威尔玛的先天性发育不良。

　　4 岁那年，威尔玛不幸同时患上了双侧肺炎和猩红热。在那个年代，肺炎和猩红热都是致命的疾病。母亲每天抱着小威尔玛到处求医，医生们都摇头说难治，她以为这个孩子保不住了。然而，这个瘦小的孩子居然挺了过来。威尔玛勉强捡回来一条命，她的左腿却因此残疾了，因为猩红热引发了小儿麻痹症。从此，幼小的威尔玛不得不靠拐杖来行走。看到邻居家的孩子追逐奔跑时，威尔玛的心中蒙上了一团阴影，她沮丧极了。

　　在她生命中那段灰暗的日子里，经历了太多苦难的母亲却不断地鼓励她，希望她相信自己并能超越自己。虽然有一大堆孩子，母亲还是把许多心血倾注在这个不幸的小女儿身上。母亲的鼓励给了威尔玛希望的阳光，威尔玛曾经对母亲说："我的心中有个梦，不知道能不能实现。"母亲问威尔玛的梦想是什么。威尔玛坚定地说："我想比邻居家的孩子跑得还快！"母亲虽然一直不断地鼓励她，可此时还是忍不住哭了，她知道孩子的这个梦想将永远难以实现，除非奇迹出现。

　　在威尔玛 5 岁那年，一天，母亲听说城里有位善良的医生免费为穷人家的孩子治病。母亲便把女儿抱进手推车，推着她走了 3 天，来到城里的那家医院。母亲满怀希望地恳求医生帮助自己的孩子。医生仔细地为威尔玛做了检查，然后进到里屋。医生出来的时候拿了一副拐杖。母亲对医生说："我们已经有拐杖了。我希望她能靠自己的腿走路，不是借助拐杖。"医生说："你的孩子患的是严重的小儿麻痹症，只有借助拐杖才能行走。"

　　坚强的母亲没有放弃希望，她从朋友那里打听到一种治疗小儿麻痹症的简易方法，那就是泡热水和按摩。母亲每天坚持为威尔玛按摩，并号召家里的人一有空就为威尔玛按摩。母亲还不断地打听治疗小儿麻痹症的偏方，买来各种各样的草药膏为威尔玛涂抹。

　　奇迹终于出现了！威尔玛 9 岁那年的一天，她扔掉拐杖站了起来。母亲一把抱住自己的孩子，泪如雨下。4 年的辛苦和期盼终于有了回报！

　　11 岁之前，威尔玛还是不能正常行走，她每天穿着一双特制的钉鞋练习走路。开始时，她在母亲和兄弟姐妹的帮助下一小步一小步地行走，渐渐地能穿着钉鞋独自行走了。11 岁那年的夏天，威尔玛看见几个哥哥在院子里打篮球，她一时看得入了迷，看得自己心里也痒痒的，就脱下笨重的钉鞋，赤脚去和哥哥们玩篮球。一个哥哥大叫起来："威尔玛会走路了！"那天威尔玛可开心了，赤脚在院子里走个不停，仿佛要把几年里没有走过的路全补回来似的。全家人都集中在院子里看威尔玛赤脚走路，他们觉得威尔玛走路比世界上任何节目都好看。

13岁那年，威尔玛决定参加中学举办的短跑比赛。学校的老师和同学都知道她曾经得过小儿麻痹症，直到此时腿脚还不是很利索，便都好心地劝她放弃比赛。但威尔玛决意要参加比赛，老师只好通知她母亲，希望母亲能好好劝劝她。然而，母亲说："她的腿已经好了。让她参加吧，我相信她能超越自己。"事实证明母亲的话是正确的。

比赛那天，母亲也到学校为威尔玛加油。威尔玛靠着惊人的毅力一举夺得100米和200米短跑的冠军，震惊了校园，老师和同学们也对她刮目相看。

从此，威尔玛爱上了短跑运动，想办法参加一切短跑比赛，并总能获得不错的名次。同学们不知道威尔玛曾经不太灵便的腿为什么一下子变得那么神奇，只有母亲知道女儿成功背后的艰辛。坚强而倔强的女儿为了实现比邻居家的孩子跑得还快的梦想，每天早上坚持练习短跑，直练到小腿发胀、酸痛也不放弃。

在1956年的奥运会上，16岁的威尔玛参加了4×100米的短跑接力赛，并和队友一起获得了铜牌。1960年，威尔玛在美国田径锦标赛上以22秒9的成绩创造了200米的世界纪录。在当年举行的罗马奥运会上，威尔玛迎来了她体育生涯中辉煌的巅峰。她参加了100米、200米和4×100米接力比赛，每场必胜，接连获得了3块奥运金牌。

心灵感悟

这个世界上没有那么多"不可能"，即使被宣判了"死刑"，我们也可以用意志的力量让上天改判。真正顽强的生命总是不肯屈服于命运，而是用自己的努力来战胜它。

或许那也没什么大不了的

如果一个人在46岁的时候，因意外事故被烧得不成人形，4年后又在一次坠机事故中腰部以下全部瘫痪，他会怎么办？再后来，你能想象他变成百万富翁、受人爱戴的公共演说家、洋洋得意的新郎官及成功的企业家吗？你能想象他去泛舟、玩跳伞，还在政坛角逐一席之地吗？

米契尔做到了这些，甚至有过之而无不及。在经历了两次可怕的意外事故后，他的脸因植皮而变成一块"彩色板"，手指没有了，双腿那样细小，无法行动，只能瘫痪在轮椅上。

意外事故把他身上65%以上的皮肤都烧坏了，为此他动了16次手术。手术后，他无法拿起叉子，无法拨电话，也无法一个人上厕所。但以前曾是海军陆战队队员的米契尔从不认为他被打败了，他说："我完全可以掌握我自己的人生之船，我可以选择把目前的状况看成倒退或是一个新起点。"6个月之后，他又能开飞机了！

米契尔为自己在科罗拉多州买了一幢维多利亚式的房子，另外也买了房地产、一架飞机及一家酒吧。

后来他和两个朋友合资开了一家公司，专门生产以木材为燃料的炉子，这家公司后来变成佛蒙特州第二大私人公司。意外发生后4年，米契尔所开的飞机在起飞时又摔回跑道，把他的12块脊椎骨压得粉碎，腰部以下永久性瘫痪！"我不解的是为何这些事老是发生在我身上，我到底是造了什么孽，要遭到这样的报应？"

但米契尔仍不屈不挠，日夜努力使自己能达到最大限度的独立自主。他被选为科罗拉多州孤峰顶镇的镇长，负责保护小镇的环境，使之不因矿产的开采而遭受破坏。米契尔后来也竞选国会议员，他用一句"不只是另一张小白脸"的口号，将自己难看的脸转化成一项有利的资产。

尽管面貌骇人、行动不便，米契尔却坠入爱河，并完成终身大事，同时拿到了公共行政硕士学位，并持续他的飞行活动、环保运动及公共演说。

米契尔说："我瘫痪之前可以做 1 万件事，现在我只能做 9000 件，我可以把注意力放在我无法再做好的 1000 件事上，或是把目光放在我还能做的 9000 件事上。告诉大家，我的人生曾遭受过两次重大的挫折，如果我能选择不把挫折拿来当成放弃努力的借口，那么，或许你们可以以用一个新的角度来看待一些一直使你们裹足不前的经历。你可以退一步，想开一点，然后你就有机会说：'或许那也没什么大不了的！'"

心灵感悟

　　人要不断地征服困难，才使得生命充满乐趣，而永不服输的信念是一种自我的肯定。强者不惧怕困难，更不会被困难压倒，即使暂时战胜不了也不气馁，积蓄力量，等待时机，困难就永远不能成为他前进路上的终结者。

用乐观的情绪自救

一个会控制自己情绪的人即使面对困境，也依然会获得幸福。

1939 年，德国军队占领了波兰首都华沙，此时，卡亚和他的女友迪娜正在筹办婚礼。卡亚做梦都没想到，他和其他犹太人一样，在光天化日之下被纳粹推上卡车运走，关进了集中营。卡亚陷入了极度的恐惧和悲伤之中，在不断的摧残和折磨中，他的情绪极其不稳定，精神遭受着痛苦的煎熬。

一同被关押的一位犹太老人对他说："孩子，你只有活下去，才能与你的未婚妻团聚。记住，要活下去。"卡亚冷静下来，他下定决心，无论日子多么艰难，一定要保持积极的精神和情绪。

所有被关在集中营的犹太人，他们每天的食物只有一块面包和一碗汤。许多人在饥饿和严酷刑罚的双重折磨下精神失常，有的甚至被折磨致死。卡亚努力控制和调适着自己的情绪，把恐惧、愤怒、悲观、屈辱等抛之脑后，虽然他的身体骨瘦如柴，但精神状态很好。

5 年后，集中营里的人数由原来的 4000 人减少到不足 400 人。纳粹将剩余的犹太人用脚镣铁链连成一长串，在冰天雪地的隆冬季节，将他们赶往另一个集中营。许多人忍受不了长期的苦役和饥饿，最后死于茫茫雪原之上。在这人间炼狱中，卡亚奇迹般地活下来。他不断地鼓舞自己，靠着坚韧的意志力，维持着衰弱的生命。

1945 年，盟军攻克了集中营，解救了这些饱经苦难、劫后余生的犹太人。卡亚活着离开了集中营，而那位给他忠告的老人却没有熬到这一天。

若干年后，卡亚把他在集中营的经历写成一本书。他在前言中写道："如果没有那位老者的忠告，如果放任恐惧、悲伤、绝望的情绪在我的心间弥漫，很难想象，我还能活着出来。"

是卡亚自己救了自己，是他用积极乐观的情绪救了自己。

与卡亚不同的是，总有许多人不停地抱怨命运的不公，自己付出了辛劳的汗水，得到的却是失败和痛苦。究其原因，是因为他们不会调节自己的情绪。

过度的情绪化除了带给人不快乐的情绪，更多的则是与成功无缘。情绪化会让你周围的人认为你喜怒无常，不敢委以重任或信赖你，因为你显得不够成熟。情绪化还会让你丧失判断力，冲动之下说出错话，做出错误的决定。

总之，如果你想获得生活的幸福与美满，或者事业的成功与辉煌，那么你就要避免情绪化。

面对逆境，不同的人有着不同的观点和态度。就悲观者而言，逆境是生存的炼狱，是绝望的深渊；就乐观的人而言，逆境是人生的良师，是前进的阶梯。逆境如霜雪，它既可以凋叶摧草，也可使菊香梅艳；逆境似激流，它既可以溺人殒命，也能够济舟远航。逆境具有二重性，就看人怎样正确地认识和把握。

第八辑
感谢折磨你的人

破茧化蝶的"痛楚"

蝴蝶的幼虫是在一个洞口极其狭小的茧中度过的。当它的生命要发生质的飞跃时，这天定的狭小通道对它来讲无疑成了鬼门关，那娇嫩的身躯必须竭尽全力才可以破茧而出。许多幼虫在往外冲杀的时候力竭身亡，不幸成了飞翔的悲壮祭品。

有人怀了悲悯恻隐之心，企图将那幼虫的生命通道"修"得宽阔一些，他们用剪刀把茧的洞口剪大。但这样一来，所有受到帮助而见到天日的蝴蝶都不是真正的精灵——它们无论如何也飞不起来，只能拖着丧失了飞翔功能的双翅在地上笨拙地爬行！原来，那"鬼门关"般的狭小茧洞恰恰是帮助蝴蝶幼虫两翼成长的关键所在，穿越的时候，通过用力挤压，血液才能被顺利输送到蝶翼的组织中去；唯有两翼充血，蝴蝶才能振翅飞翔。人为地将茧洞剪大，蝴蝶的翼翅就没有了充血的机会，爬出来的蝴蝶便永远不能飞翔。

成长的过程恰似蝴蝶的破茧过程，在痛苦的挣扎中，意志得到磨炼，力量得到加强，心智得到提高，生命在痛苦中得到升华。当你从痛苦中走出来时，就会发现，你已经拥有了飞翔的力量。人生如果没有挫折，也许就会像那些受到"帮助"的蝴蝶一样，萎缩了双翼，平庸一生。

心灵感悟

生命是一次次蜕变的过程。唯有经历各种各样的折磨，才能拓展生命的深度。通过一次又一次与各种折磨握手，历经反反复复的较量，人生的阅历才会在这个过程中日积月累、不断丰富起来。

改变生命的视角

1941年，美国洛杉矶。

深夜，在一间宽敞的摄影棚内，一群人正在忙着拍摄一部电影。

"停!"刚开拍几分钟,年轻的导演就大喊起来,一边做动作一边对着摄影师大声说:"我要的是一个大仰角、大仰角,明白吗?"

又是大仰角!这个镜头已经反复拍摄了十几次,演员、录音师……所有的工作人员都已累得筋疲力尽。可是这位年轻的导演总是不满意,一次次地大声喊:"停!"一遍遍地向摄影师大叫"大仰角"!

此时,扛着摄影机趴在地板上的摄影师再也无法忍受这个初出茅庐的小伙子,就站起来大声吼道:"我趴得已经够低了,你难道不明白吗!"

周围的工作人员都停下了手中的工作,有些幸灾乐祸地看着他们。年轻的导演镇定地盯着摄影师,一句话也没有说,突然,他转身走到道具旁,捡起一把斧子,向着摄影师快步走了过去。

人们不知道这位年轻的导演会做出怎样的蠢事。就在目瞪口呆的人们的注视下,在周围人的惊呼声中,只见年轻的导演抢起斧子,向着摄影师刚才趴过的木制地板猛烈地砍去,一下、两下、三下……把地板砸出一个窟窿。

导演让摄影师站到洞中,平静地对他说:"这就是我要的角度。"就这样,摄影师蹲在地板洞中,无限压低镜头,拍出了一个前所未有的大仰角,一个从未有人拍出的镜头。

这位年轻的导演名叫奥逊·威尔斯。这部电影是《公民凯恩》。电影因大仰拍、大景深、阴影逆光等摄影创新技术及新颖的叙事方式,被誉为美国有史以来最伟大的电影之一,至今仍是美国电影学院必备的教学影片。

心灵感悟

按照自己的视角看生活,才能看到最真实的美丽;按照自己的视角演绎生活,才能得到最丰硕的成果。

没有"不可能"

想一想,别人提到一件新奇的事时,你是否有过这样的反应:"不可能!"很多人都有这样的经历。人在生活中打磨得太久,思维变得僵化,目光变得浑浊,则只会亦步亦趋,平庸一世。

在自然界中,有一种十分有趣的动物,叫作大黄蜂。曾经有许多生物学家、物理学家、社会行为学家联合起来研究这种生物。

根据生物学的观点,所有会飞的动物,必然是体态轻盈、翅膀十分宽大的,而大黄蜂这种生物却正好跟这个理论反其道而行。

大黄蜂的身躯十分笨重,而翅膀却是出奇的短小。依照生物学的理论来说,大黄蜂是绝对飞不起来的。而物理学家的论调则是,大黄蜂的身体与翅膀比例的这种设计,从流体力学的观点,同样是绝对没有飞行的可能。简单地说,大黄蜂这种生物,根本是不可能飞得起来的。

可是,在大自然中,只要是正常的大黄蜂,却没有一只是不能飞的,甚至它飞行的速度也并不比其他能飞的动物差。这种现象,仿佛大自然正在和科学家们开一个很大的玩笑。

最后,社会行为学家找到了这个问题的解答。答案很简单,那就是——大黄蜂根本不懂

"生物学"与"流体力学"。

每一只大黄蜂在它成熟之后，就很清楚地知道，它一定要飞起来去觅食，否则就必定活活饿死！这正是大黄蜂能飞的奥秘。

如果你的思维凝滞了，不妨去看看大自然，人在伟大的事物面前才能体会到人生的深邃和世界的神奇。在这个世界上，一切皆有可能，只要你始终坚信这样的信念，你就能创造奇迹！

没有什么不可能，这是大自然给我们的启示。坚信这一点，你就能创造奇迹。

黑暗和光明只在一线间

莎士比亚在他的名著《哈姆雷特》中有这样一句经典台词："光明和黑暗只在一线间。"

一个人虽身处黑暗之中，但心灵千万不要因黑暗而熄灭，而是要充满希望，因为黑暗只是光明来临的前兆而已。

一个年轻书生，自幼勤奋好学。无奈贫瘠的小村里没有一个好老师。书生的父母决定变卖家产，让孩子外出求学。

这天，天色已晚，书生饥肠辘辘准备翻过山那头找户人家借住一宿。走着走着，树林里忽然蹿出一个拦路抢劫的山匪。书生立即拼命往前逃跑，无奈体力不支再加上山匪的穷追不舍，眼看着书生就要被追上了，正在走投无路时，书生一急钻进了一个山洞里。

山匪见状，哪肯罢手，他也追进山洞里。洞里一片漆黑，在洞的深处，书生终究未能逃过山匪的追逐，他被山匪逮住了。一顿毒打自然不能免掉，身上的所有钱财及衣物，甚至包括一把准备为夜间照明用的火把，都被山匪一掳而去。山匪给他留下的只有一条薄命。

后来，书生和山匪两个人各自分头寻找着洞的出口，这山洞极深极黑，且洞中有洞，纵横交错。

山匪将抢来的火把点燃，他能轻而易举地看清脚下的石块，能看清周围的石壁，因而他不会碰壁，不会被石块绊倒，但是他走来走去，就是走不出这个洞，最终，恶人有恶报，他迷失在山洞之中，力竭而死。

书生失去了火把，没有了照明工具，他在黑暗中摸索行走得十分艰辛，他不时碰壁，不时被石块绊倒，跌得鼻青脸肿，但是正因为他置身于一片黑暗之中，所以他的眼睛能够敏锐地感受到洞里透进来的一点点微光，他迎着这缕微光摸索爬行，最终逃离了山洞。

如果没有黑暗，怎么可能发现光明呢？

黑暗并不可怕，它只是光明到来之前的预兆。充满光明的渴望，才是最良好的心态。如果你害怕黑暗，因黑暗而绝望，那么你将被无边的黑暗所淹没。相反，若你一直在心中放一盏长明灯，则光明很快就会降临。

一次突破自我的机会

禅宗典籍《五灯会元》上曾记载这样一则故事：德山禅师在尚未得道之前曾跟着龙潭大师学习，日复一日地诵经苦读让德山有些忍耐不住。

一天，他跑来问师父："我就是师父翼下正在孵化的一只小鸡，真希望师父能从外面尽快地啄破蛋壳，让我早日破壳而出啊！"

龙潭笑着说："被别人剥开蛋壳而出的小鸡，没有一个能活下来的。母鸡的羽翼只能提供让小鸡成长和有破壳力的环境，你突破不了自我，最后只能胎死腹中。不要指望师父能给你什么帮助。"

德山听后，满脸迷惑，还想开口说些什么。龙潭说："天不早了，你也该回去休息了。"德山撩开门帘走出去时，看到外面非常黑，就说："师父，天太黑了。"龙潭便给了他一支点燃的蜡烛，他刚接过来，龙潭就把蜡烛熄灭，并对德山说："如果你心头一片黑暗，那么，什么样的蜡烛都无法将其照亮啊！即使我不把蜡烛吹灭，说不定哪阵风也要将其吹灭啊！只有点亮心灯一盏，天地自然成了一片光明。"

德山听后，如醍醐灌顶，后来果然青出于蓝，成了一代大师。

心灵感悟

在面临生活中这样那样的不如意时，不妨将这些不如意当作一次突破自我的机会，勇敢地超越自我的极限，生命就会更上一层楼。

生命不会贬值

在一次讨论会上，一位著名的演说家没讲一句开场白，手里却高举着一张 50 美元的钞票。面对会议室里的 200 个人，他问："谁要这 50 美元？"

一只只手举了起来。他接着说："我打算把这 50 美元送给你们中的一位，但在这之前，请准许我做一件事。"

他说着将钞票揉成一团，然后问："谁还要。"仍有人举起手来。

他又说："那么，假如我这样做又会怎么样呢？"他把钞票扔到地上，又踏上一只脚，并且用脚碾它。然后他拾起钞票，钞票已变得又脏又皱。

"现在谁还要？"还是有人举起手来。

"朋友们，你们已经上了一堂很有意义的课。无论我如何对待那张钞票，你们还是想要它，因为它并没贬值。它依旧值 50 美元。"

心灵感悟

生命的价值不依赖我们的所作所为，也不仰仗我们结交的人物，而是取决于我们本身！我们是独特的，在上帝眼中，生命永远不会贬值。

笑对苦难

蔡耀星，台湾花莲泰雅族人，因家境贫穷，国小毕业即当了学徒。16岁时，他在工作中误触高压电，伤势非常严重，好几家医院都拒收，医生都摇头说"没救了"。后来他辗转进入了一家医院，才从死神手中抢回一条命，但是他双手全被截去，这注定他往后一辈子都是"无臂残障者"。

由四肢健全一下子变成"无臂人"，真是晴天霹雳啊！然而祸不单行，父亲车祸过世，母亲改嫁，妹妹也远嫁，他一人独居多年，但"人还是要活下去啊"！

没有手，怎么吃饭？蔡耀星看狗儿如何吃，就学狗儿一样"直接用嘴吃饭"！

没有手，怎么穿衣服？他学会用嘴巴、用脚趾头，慢慢将衣服套上！

穿裤子呢？他利用树木分叉出的枝杈来钩住裤子，以方便他顺势起身，将裤子套上……

所以，在他家中，姐姐、姐夫为他钉了好多钉子及其他"暗器"，来协助他完成每一件事情。

别人都是"双手万能"，他却是"双脚万能"，凡是洗头、洗脸、刷牙、写字、拿书、拿电话、梳头、擦屁股……全都靠双脚来完成！连洗米、煮饭、切菜、切肉，也都用双脚来操作，一"脚"的好功夫，真是已经"神乎其技"了。

而今天的成就，却是10年来，他辛酸走来的血与泪啊！

"我相信'意念的力量'，我要坚定目标！虽然以前我靠养鸡鸭、捡蜗牛为生，但我还是天天训练体力，在水中游、在路上走、在沙滩上跑，我不管别人怎么看我，但我要为自己而活！希望有一天，我还能参加残疾人奥运会，这是我最大的梦想！"蔡耀星看着来访的记者，眼中也闪耀着期盼与梦想！

而这番豪言壮语，蔡耀星并不是随便说说而已，因为，无师自通的他，早已在前些年参加台湾区运动会，成为蛙式50米、100米，仰式50米的金牌得主；以后几年又获得蛙式、仰式等多项金牌，被好多人敬称为"无臂蛙王"。

取得各种成就的蔡耀星一直有着接受教育的梦想。后来，在花莲县教育局陈素婴老师的协助下，蔡耀星进入花岗国中就读夜校。每天，他都坚持上学，风雨无阻，用脚操作计算机，用脚捧书，用脚写考卷，也用脚挺住自己多舛的人生。而在多场的学校演讲中，蔡耀星告诉年轻学子们："人生充满希望，去做就对了！""每天愁眉苦脸也是一天，还不如快快乐乐地过每一天！"

蔡耀星的命运是悲惨的，但他将生命中一副极差的牌打得令人刮目相看！这样"用脚改写人生，游出生命金牌"的无臂蛙王，岂不教人又敬又佩？"不要看失去什么，只看还拥有什么！"蔡耀星的这句话，值得我们每一个肢体健全的人去深思。

心灵感悟

每一个人都无法避免苦难的降临。懦弱者、愚者面对苦难，垂头丧气，甚至丧失了生活的勇气；勇敢者、智者面对苦难，能够坦然接受，然后想方设法化解苦难，把它看作对人生的一次挑战，去演绎精彩的人生。

有勇气就能成功

有一个年轻人，因为家贫没有读多少书，他去了城里，想找一份工作。可是他发现城里没一个人看得起他，因为他没有文凭。就在他决定要离开那座城市时，忽然想给当时很有名的银行家罗斯写一封信。他在信里抱怨了命运对他是如何的不公："如果您能借一点钱给我，我会先去上学，然后再找一份好工作。"

信寄出去了，他便一直在旅馆里等，几天过去了，他用尽了身上的最后一分钱，也将行李打好了包。就在这时，房东说有他一封信，是银行家罗斯写来的。可是，罗斯并没有对他的遭遇表示同情，而是在信里给他讲了一个故事。

罗斯说："在浩瀚的海洋里生活着很多鱼，那些鱼都有鱼鳔，但是唯独鲨鱼没有鱼鳔。没有鱼鳔的鲨鱼照理来说是不可能活下去的。因为它行动极为不便，很容易沉入水底，在海洋里只要一停下来就有可能丧生。为了生存，鲨鱼只能不停地运动，很多年后，鲨鱼拥有了强健的体魄，成了同类中最凶猛的鱼。"最后，罗斯说，"这个城市就是一个浩瀚的海洋，拥有文凭的人很多，但成功的人很少。你现在就是一条没有鱼鳔的鱼……"

那晚，他躺在床上久久不能入睡，一直在想着罗斯的信。突然，他改变了决定。第二天，他跟旅馆的老板说，只要给一碗饭吃，他可以留下来当服务员，一分钱工资都不要。旅馆老板不相信世上有这么便宜的劳动力，很高兴地留下了他。10年后，他拥有了令全美国人羡慕的财富，并且娶了银行家罗斯的女儿，他就是石油大王哈特。

人生，不论到了哪一步境地，只要你还有勇气向成功挑战，你就还没有失败。只要勇气还在，你就未败，你就仍有成功的希望！

苦难是成长的殿堂

从前古希腊国王有一个儿子，这孩子却爱上了一个牧羊女。他对他的父亲说："父王，我爱上了一个牧羊人的女儿，我要娶她为妻。"

国王说："我贵为国王，而你是我的儿子，我去世以后你便是一国之君了，你怎么可以娶一个牧羊女呢？"王子回答说："父王，我不知道可以不可以，我只知道我爱这个女子，我要她做我的皇后。"

国王感到他儿子的爱情是神的安排，于是说道："我将传谕给她。"他召来了使者告诉他说："你去对牧羊女说，我的儿子爱上了她并且要娶她为妻。"那使者到女子那里对她说道："国王的儿子爱上了你并且要娶你为妻呢。"牧羊女却问道："他做什么工啊？"使者回答说："哎呀！他是国王之子，他不做工。"那女子说："他一定要学一个行当。"那使者回到国王那里，把牧羊女的话一字一句地报告给他。

国王对王子说："那牧羊女要你学一点手艺呢！你是否仍要娶她为妻？"王子坚决地说："是的，我要学习编织草席。"于是王子就学习编织草席——各式各样、各种颜色和装饰图案的席子。过了三年，他已经能够编织很好的草席了。使者又回到牧羊女那里去对她说这些草席都是王子自己编织的。

牧羊女跟着使者来到王宫，嫁给王子为妻。

有一天，王子走过一家食物店。这店看上去非常清静雅致，于是他便走进去，选了一张桌子坐下，那原来是一个窃贼和杀人凶手开的黑店。他们抓了王子，把他丢在地牢里。城里很多达官贵人都被囚在那里。这些杀人越货的强盗，把俘虏中的胖子宰了用来喂养瘦子，以此寻开心。王子最为瘦弱，强盗们也不知道他是希腊国王的太子，所以没有杀他。王子对强盗们说："我是编草席的，我所织的席子非常宝贵！"他们便拿了些草让他编织。他3天编了3张席子，他对那些强盗说："把这几张席子拿到希腊王的宫廷里去，每张席子你们会得到100块金子。"他们便把那3张席子送进王宫，国王一看就知道那是他儿子的作品。他把草席带到牧羊女那里，说道，"有人把这几张席子送进宫来，这是我失踪了的儿子的手艺。"牧羊女把这些席子逐一拿起仔细端详。她在这些席子的图案里看到她丈夫用希腊文编下的求救信息，她把这个信息告诉了国王。

于是国王派了很多士兵到贼窝去，救出了所有的俘虏，并杀掉了所有的强盗。王子因此得以平安地回到王宫里，并回到他妻子——那个牧羊女的身旁。王子回到宫中和妻子重逢时，他伏在她跟前，抱着她的双足。他说："我的妻子啊！完全是因为你，我才能够活着！"国王因此也非常疼爱这牧羊女了。

　　造就伟人的不是顺境，而是困境。在生活的任一驿站，要想取得成就，就必须面对和征服重重苦难。

用歌声燃起希望

1920年10月，一个漆黑的夜晚，在英国斯特兰腊尔西岸的布里斯托尔湾的洋面上，发生了一起船只相撞事件。一艘名叫"洛瓦号"的小汽船跟一艘比它大十多倍的航班船相撞后沉没了，104名搭乘者中有11名乘务员和14名旅客下落不明。

艾利森国际保险公司的督察官弗朗哥·马金纳从下沉的船身中被抛了出来，他在黑色的波浪中挣扎着。救生船这会儿为什么还不来？他觉得自己已经奄奄一息了。渐渐地，附近的呼救声、哭喊声低了下来，似乎所有的生命都被浪头吞没，死一般的沉寂在周围扩散开去。就在这令人毛骨悚然的寂静中，突然——完全出人意料地，传来了一阵优美的歌声。那是一个女人的声音，歌曲丝毫也没有走调，而且不带一点哆嗦。那歌唱者简直像在面对着客厅里众多的来宾进行表演一样。

马金纳静下心来倾听着，一会儿就听得入了神。教堂里的赞美诗从没有这么高雅，大声乐家的独唱也从没有这般优美，寒冷、疲劳刹那间不知飞向何处，他的心完全复苏了。他循着歌声，朝那个方向游去。

靠近一看，那儿浮着一根很大的圆木头，可能是汽船下沉的时候漂出来的。几个女人正抱住它，唱歌的人就在其中，她是个很年轻的姑娘。大浪劈头盖脸地打下来，她却仍然镇定自若地唱着。在等待救生船到来的时候，为了让其他妇女不丧失力气，为了使她们不致因寒冷和失神而放开那根圆木头，她用自己的歌声给她们增添着精神和力量。

就像马金纳借助姑娘的歌声游靠过去一样，一艘小艇也以那优美的歌声为导航，终于穿过黑暗驶了过来。于是，很多人得救了。

　　当你被黑暗或危险吞没时，不要绝望，给自己一个快乐的借口，用歌声驱逐恐惧，用歌声重新燃起希望，一定会带来意想不到的结果。

感谢折磨你的人

　　有位老人经不住海里的风吹浪颠，就守候着海滩，窝在泥铺子里熬鹰。等鹰熬足了月，他就能获取钱财了。他住在海边一座新搭的泥铺子里。泥铺的苇席顶上，立着一黑一灰两只雏鹰。疲惫无奈的日子孕育着老人的希望。黑鹰和灰鹰在屋顶待腻了，就钻进泥铺里来了。老人左手托黑鹰，右手托灰鹰，说不清到底最喜欢哪一个。

　　熬鹰的时候，老人很狠毒，对两只鹰没有一点感情。他想将它们熬成鱼鹰。他用两根布条分别把两只鹰的脖子扎起来，饿得鹰嗷嗷叫了，他就端出一只盛满鲜鱼的盘子。鹰们扑过去，吞了鱼，喉咙处便鼓出一个疙瘩。鹰叼了鱼吞不进肚里又舍不得吐出来，憋得咕咕地惨叫。老人脸上毫无表情。他先用一只手攥了鹰的脖子将它拎起来，另一只大手捏紧鹰的双腿，头朝下，一抖，再把攥了鹰的脖子的那只手腾出来，狠拍鹰的后背。鹰不舍地吐出鱼来。

　　海边天气说变就变。海狂到了谁也想不到的地步，老人住的泥铺被风摇塌了，等老人明白过来时已被重重地压在废墟里。黑鹰和灰鹰抖落一身的厚土，钻出来，嘎嘎叫着。黑鹰如得到了大赦似的钻进夜空里去了。灰鹰没去追黑鹰，嗖嗖地围着废墟转圈，悲哀地叫着。

　　老人被压在废墟里，喉咙里塞满了泥团子，喊不出话来，只能拿身子一拱一拱。聪明的灰鹰瞧见老人的动静了，便俯冲下来，立在破席片上，忽闪着双翅，刮动着浮土。不久后，老人便看到铜钱大的光亮。他凭灰鹰翅膀刮拉出来的小洞呼吸活了下来。后来又是灰鹰引来村人救出了老人。老人看着灰鹰，泪流满面。

　　大半天后，黑鹰皮沓沓地飞回来了。老人重搭泥铺，继续熬鹰。看见灰鹰饿得咕咕叫的样子，老人开始心疼了。他开始对灰鹰手下留情，关键时解开灰鹰脖子上的红布带子，小鱼就滑进灰鹰肚里去了。对于黑鹰，老人没气没恼，依然用原来的熬法，而到了关口却比先前还狠。一次，他给黑鹰脖子上的绳子扎松了，小鱼缓缓在黑鹰脖子里下滑，他发现了，便狠狠拽起黑鹰，一只手顺着黑鹰脖子往下撸，一直撸出鱼才停手，黑鹰惨叫着。灰鹰瞅着，吓得不住地颤抖。

　　半年后鹰熬成了。老人很神气地划着一条旧船出征了。到了海汊子里，灰鹰孤傲地跳到最高的船木上，黑鹰有些恼，也跟着跳上去，却被灰鹰挤下去。不仅如此，灰鹰还用嘴啄黑鹰的脑袋。黑鹰反抗却被老人打了一顿。

　　可是，到了真正逮鱼的时候，灰鹰就蔫了。黑鹰真行，不断逮上鱼来。黑鹰眼睛毒，按照主人的呼哨扎进水里，又叼上鱼来，喜得老人扭歪了脸相。可灰鹰半晌也逮不上鱼，只是围着老人抓挠。老人很烦地骂了一句，挥手将它扫到一边去了。灰鹰气得咕咕叫，很羞愧。老人开始并不轻视灰鹰，但慢慢就对灰鹰态度冷淡了。灰鹰逮不上鱼，生存靠黑鹰，于是黑鹰在主人面前占据了灰鹰的地位。

后来，灰鹰受不住了，在老人脸色难看时飞离了泥铺子。老人不明白灰鹰为何出走。从黄昏到黑夜，他都带着黑鹰找灰鹰，招呼的口哨声在野洼里起起伏伏，可是仍没找到灰鹰。老人胸腔里像塞了块东西般堵得慌，他知道灰鹰不会打野食儿。

不久，老人在村里一片苇帐子里找到了灰鹰。灰鹰死了，是饿死的，身上的羽毛几乎秃光了，肚里被黑黑的蚂蚁盗空了。老人的手抖抖地抚摸着灰鹰的骨架，默默地落下了老泪。他一直认为自己对黑鹰的要求近乎苛刻，却没想到自己的不忍害了灰鹰。

　　把命运的折磨当作人生的考验，忍受今天的苦楚寄希望于明天的甘甜，这样的人，即便是上帝对他也无能为力。感谢折磨你的人吧，正是他的严苛要求才促成了你的成长。

麻烦是朋友

一位成功人士曾向朋友讲述了他的经历。

我20岁那年，任职的公司突然倒闭，我失业了。经理对我说："你很幸运。"

"幸运！"我叫道，"我浪费了两年的光阴，还有1600元的欠薪没有拿到。"

"是的，你很幸运。"他继续说，"凡在早年受挫的人都是很幸运的，可以学到鼓起勇气从头做起，学到不忧不惧。运气一直很好，到了四五十岁忽然灾祸临头的人才真可怜，这样的人没有学过如何重新做起，这时候来学年纪又已太大了。"

我35岁时，一位商业顾问对我说："不要因为事情麻烦而抱怨；你的收入多就是因为工作麻烦。一般人不需要负什么责任，没有什么麻烦，报酬也少。只有困难的工作才有丰厚的报酬。"

我40岁时，一位哲学家告诉我："再过5年，你就会有重大的发现。就是：麻烦不是偶然出现的，而是经常存在的。麻烦就是人生。"

今天，我50岁了，回想这3位朋友的启示，真是至理名言。

有位知名作家说："人生中不幸的事如同一把刀，它可以为我们所用，也可以把我们割伤。只要看你握住的是刀刃还是刀柄。"

　　不要感叹命运多舛不公。命运向来都是公正的，在这方面失去了，就会在那方面得到补偿。当你遗憾失去的同时，可能会有另一种意想不到的收获。但是，前提是你必须有正视现实、改变现实的毅力与勇气。

对冷遇说声感谢

美国人常开玩笑说，是一位布朗小姐的厚此非彼，才"造就"了一位美国总统。

原来故事是这样的。

在读高中毕业班时，查理·罗斯是最受老师宠爱的学生。他的英文老师布朗小姐，年轻漂亮，富有吸引力，是校园里最受学生欢迎的老师。同学们都知道查理深得布朗小姐的青睐，他们在背后笑他说，查理将来若不成为一个人物，布朗小姐是不会原谅他的。

在毕业典礼上，当查理走上台去领取毕业证书时，受人爱戴的布朗小姐站起身来，当众吻了一下查理，向他表达了一个出人意料的祝贺。

当时，人们本以为会发生哄笑、骚动，结果却是一片静默和沮丧。许多毕业生，尤其是男孩子们，对布朗小姐这样不怕难为情地公开表示自己的偏爱感到愤恨。不错，查理作为学生代表在毕业典礼上致告别词，也曾担任过学生年刊的主编，还曾是"老师的宝贝"，但这就足以使他获得如此之高的荣耀吗？典礼过后，有几个男生包围了布朗小姐，为首的一个质问她为什么如此明显地冷落别的学生。布朗小姐微笑着说，查理是靠自己的努力赢得了她特别的赏识，如果其他人有出色的表现，她也会吻他们的。

这番话使别的男孩得到了些安慰，却使查理感到了更大的压力。他已经引起了别人的忌妒，并成为少数学生攻击的目标。他决心毕业后一定要用自己的行动证明自己值得布朗小姐报之一吻。毕业之后的几年内，他异常勤奋，先进入了报界，后来终于大有作为，被杜鲁门总统亲自任命为白宫负责出版事务的首席秘书。

当然，查理被挑选担任这一职务也并非偶然。原来，在毕业典礼后带领男生包围布朗小姐，并告诉她自己感到受冷落的那个男孩子正是杜鲁门本人。布朗小姐也正是对他说过："去干一番事业，你也会得到我的吻的。"

查理就职后的第一项使命，就是接通布朗小姐的电话，向她转述美国总统的问话：您还记得我未曾获得的那个吻吗？我现在所做的能够得到您的评价吗？

生活中，当我们遭到冷遇时，不必沮丧，不必愤恨，唯有尽全力赢得成功，才是最好的答复与反击。

心灵感悟

有时候，白眼、冷遇、嘲讽会让弱者低头走开，但对强者而言，这也是另一种幸运和动力。对冷遇说声感谢吧，是它"逼迫"你竭尽全力的。

别让自己成"破窗"

美国斯坦福大学心理学家詹巴斗曾做过这样一项实验：他找来两辆一模一样的汽车，一辆停在比较杂乱的街区，一辆停在中产阶级社区。他把停在杂乱街区的那辆车的车牌摘掉，顶棚打开，结果一天之内就被人偷走了。而摆在中产阶级社区的那一辆过了一个星期仍安然无恙。

后来，詹巴斗用锤子把这辆车的玻璃敲了个大洞，结果，仅仅过了几个小时，它就不见了。

以这项试验为基础，政治学家威尔逊和犯罪学家凯琳提出了破窗理论：如果有人打破了一个建筑物的窗户玻璃，而这扇窗户又得不到及时的维修，别人就可能受到某些暗示性的纵容去打烂更多的窗户玻璃。

久而久之，这些破窗户就给人造成一种无序的感觉。结果在这种公众麻木不仁的氛围中，犯罪就会滋生、增长。破窗理论给我们的启示是：必须及时修好"第一个被打碎的窗户玻璃"。

因此，若你成为那扇破窗，那么最先被淘汰出局的人就是你。

　　人都要准确地把握自己的人生行程，无论何时都要记住，你千万不要让自己成为那扇"破窗"，否则最先被淘汰出局的就是你。

人生需滚烂泥巴

　　我国少数民族侗族人有一种奇特的成年礼仪式。一生要滚三次泥巴，一次是 5 岁，一次是 10 岁，一次是 15 岁。侗族人有句俗语："从母亲那里学到善良，从父亲那里学到勤劳，从祖父那里学到耐性。"这种仪式可能就是跟这句俗语相呼应的。5 岁的侗族人，就要脱离母亲的怀抱，开始跟着父亲学习劳动，接受艰苦的磨炼了，所以让母亲领到田边，由父亲在田坝彼岸接着。到 10 岁，则由父亲把他领到田边，由祖父在田坝彼岸接着（没有祖父则请寨里德高望重的老人）。这种做法的意思是孩子初步养成劳动的习惯，下一步要向祖父学习和锻炼意志、培养耐性了。到了 15 岁，则由祖父把他带到田边，对面田坝上没人接，意思是从这时起，你即将长大成人，需要自己去体味人间的艰辛，闯出一条自己的生活道路。

　　祖先一代一代的智慧累积起来，则形成一个个独特的仪式，侗族人的成年礼仪式具有深刻的内涵——滚过烂泥巴，才能有成功的人生。

　　人生的苦难并不可怕，可怕的是我们沉浸于挫折的阴影中而不能走出来。在哪里跌倒，就从哪里爬起来。拍拍身上的灰尘，说声"没有什么了不起"，昂起头，向前走。

对手的"呵护"

　　一位名叫朗凯宁的作家曾写过一篇名叫《对手》的小说。

　　志和文成为对手，缘自一个女同学。那是在读大学 2 年级的时候，他俩同时爱上了一个叫颖的女同学。颖是中共党员。她对他俩的条件要求非常明朗：谁成为一名中共党员，她就嫁给谁。

　　于是，志和文同时向党组织交了入党申请书。一年后，志成为一名党员。当文第二次向党组织递交申请时，志在讨论会上说文动机不纯，他是为了爱情。许是命运注定，他俩成为一生的对手的机缘就这样开始了。毕业后，他俩被分配到同一部门工作。他俩的争斗让颖生厌，结果谁也没有得到颖的爱情，得到的只是彼此的怨恨。这怨恨使他俩留一个心眼去盯对方，一旦发现对方有什么纰漏，就毫不留情地捅出去。他俩的目标很明确。

　　志当上股长的时候，文无可厚非地加入了中国共产党。

　　志当上科长的时候，文也当上了股长。

他俩就这么相互盯着，相互攀升。

当志当上了处长时，文也当上了科长。

志当处长，有许多人送钱送礼物给他，他不敢要，他觉得文的一双眼睛盯着他。有一回，他实在忍不住，心动了，收了人家送来的 3000 元。夜里，他做了个梦，梦见文高兴得哈哈大笑，说："这回你完了，3000 元已经够处罚条件了，你完了。"他吓出一身冷汗，第二天就把钱送到纪检部门去了。

文的机会也同样多。

文虽是科长，请他去吃喝玩乐的人也不少。一回去吃一餐饭，他喝了几杯酒，醉意朦胧中，他被人扶到包房中，一个三陪女对他百般温情，他也动了念头，就在他要失去理智的时候，黑暗中觉得志在笑："玩吧，你玩吧，不玩你怎么会完？"他当即酒醒：险啊！

……

就这样，他们以有口皆碑的清廉和才干升上了更高的职位，且得到了人们的尊敬。

眼下，他俩都到了要退休的年龄。

一天，两人相见，互望着对方，竟忍不住紧紧拥抱，且激动得热泪盈眶。是的，没有这样的对手，谁敢说途中不会怎样？！

一生平安，得益于对手的"呵护"。

他们都深深地感激对方。

心灵感悟

其实我们无论何时都应该感激对手，只有对手才能让我们有危机感，我们才会不断地进取，以获取最大的成功。没有对手，我们就不会有进步；没有对手，我们就不会有今天的成就；没有对手，我们就不会走向成功的道路。

承受压力的生命

腔棘鱼又称"空棘鱼"，由于脊柱中空而得名，是目前世界上十分罕见的鱼类，由于科学家在白垩纪之后的地层中已找不到它的踪影，因此认为这个登陆英雄已经告别了世间，全部灭绝了。1938 年在南非，科学家发现了一条腔棘鱼，这个史前鱼种还活着！在距今 4 亿年前的泥盆纪时代，腔棘鱼的祖先凭借强壮的鳍爬上了陆地。经过一段时间的挣扎，其中的一支越来越适应陆地生活，成为真正的四足动物；而另一支在陆地上屡受挫折，又重新返回大海，并在海洋中寻找到一个安静的角落，与陆地彻底告别了。

这个安静的角落就是 10000 多米深的海底。众所周知，人类入海比登天还要难。首先是巨大的压力：水深每增加 10 米，压力就要增加 1 个大气压。在 10000 多米深的海底，压力将高达 1000 多个气压，别说血肉之躯，就是普通的钢铁构件也会被压得粉碎。还有海底的恶劣环境：黑暗、寒冷！太阳光进入海中很快被吸收，10 米处的光能照及海洋表面的 18%，100 米深处则只有 1% 了。光线稀少，热量自然难留，水下的寒冷、黑暗可想而知。然而，腔棘鱼通常生活在非常深的海底，并把自己隐藏在海底礁石的洞穴里。在恶劣的海底世界里，它们以生存为目标，不断给自己施加压力，学会与压力共处，在自己的历史空间里痛并快乐地生存着，超乎想象地存在了 4 亿年！

　　生命的潜能是无限的，它可以承受难以想象的困难和压力。只有承受住压力的生命，才能真正显现出自己的能力。能负重前行的人，才会拥有彩色的人生。

生命需要挑战

　　一位音乐系的学生走进练习室。在钢琴上，摆着一份全新的乐谱。

　　"超高难度……"他翻动着乐谱，喃喃自语，感觉自己弹奏钢琴的信心似乎跌到了谷底，消磨殆尽。

　　已经3个月了！自从跟了这位新的指导教授之后，他不知道，为什么教授要以这种方式整人。勉强打起精神，他开始用十指奋战、奋战、奋战……琴音盖住了练习室外教授走来的脚步声。

　　指导教授是个极有名的钢琴大师。授课第一天，他给自己的新学生一份乐谱。"试试看吧！"他说。乐谱难度颇高，学生弹得生涩僵滞、错误百出。"还不熟，回去好好练习！"教授在下课时如此叮嘱学生。

　　学生练了一个星期，第二周上课时正准备让教授验收，没想到教授又给他一份难度更高的乐谱，"试试看吧！"上星期的课，教授提也没提。学生再次挣扎于高难度的技巧挑战。

　　第三周，更难的乐谱又出现了。同样的情形持续着，学生每次在课堂上都被一份新的乐谱所困扰，然后把它带回去练习，接着再回到课堂上，重新面临更高难度的乐谱，却怎么样都赶不上进度。学生感到越来越不安、沮丧和气馁。

　　教授没开口，他抽出了最早的那份乐谱，交给学生。"弹奏吧！"他以坚定的目光望着学生。

　　不可思议的事情发生了，连学生自己都惊讶万分，他居然可以将这首曲子弹得如此美妙、如此精湛！教授又让学生试了第二堂课的乐谱，学生依然呈现超高水准的表现……演奏结束，学生怔怔地看着老师，说不出话来。

　　"如果，我任由你表现最擅长的部分，可能你还在练习最早的那份乐谱，就不会有现在这样的成就……"钢琴大师缓缓地说。

　　那些我们熟悉的领域与专业，我们做起来固然得心应手，但若长久停留在原地，那么再多的重复也无济于事。生命需要不断地自我挑战，只有朝着一个更高的难度奋进，我们的水平才能得到提高。

勇于为过错承担责任

　　那年李小姐刚大学毕业，被分配在一个离家较远的公司上班。每天清晨7时，公司的专车会准时等候在一个地方接她和她的同事们上班。

　　一个骤然寒冷的清晨，她关闭了闹钟尖锐的铃声后，又稍微赖了一会儿暖被窝——像在

133

学校的时候一样。她尽可能最大限度地拖延一些时光，用来怀念以往不必为生活奔波的日子。那个清晨，她比平时迟了5分钟起床。可是就是这区区5分钟让她付出了代价。

当她匆匆忙忙奔到专车等候的地点时，已经7点过5分，班车开走了。站在空荡荡的马路边，她茫然若失，一种无助和受挫的感觉第一次向她袭来。

就在她懊悔沮丧的时候，突然看到了公司的那辆蓝色轿车停在不远处的一幢大楼前。她想起了曾有同事指给她看过那是上司的车，她想真是天无绝人之路。她向那车走去，在稍稍犹豫后打开车门悄悄地坐了进去，并为自己的聪明而得意。

为上司开车的是一位慈祥温和的老司机。他从反光镜里已看她多时了。这时，他转过头来对她说："你不应该坐这车。"

"可是我的运气真好。"她如释重负地说。

这时，她的上司拿着公文包飞快地走来。待他在前面习惯的位置上坐定后，她才告诉他的上司说："班车开走了，想搭您的车子。"她以为这一切合情合理，因此说话的语气充满了轻松随意。

上司愣了一下，但很快坚决地说："不行，你没有资格坐这车。"然后用无可辩驳的语气命令："请你下去！"她一下子愣住了——这不仅是因为从小到大还没有谁对她这样严厉过，还因为在这之前她没有想过坐这车是需要一种身份的。

当时就凭这两条，以她过去的个性是肯定会重重地关上车门以显示她对小车的不屑一顾，而后拂袖而去。可是那一刻，她想起了迟到将对她意味着什么，而且她那时非常看重这份工作。于是，一向聪明伶俐但缺乏生活经验的她变得从来没有过的软弱，她近乎用乞求的语气对上司说："我会迟到的。"

"迟到是你自己的事。"上司冷淡的语气没有一丝一毫的回旋余地。

她把求助的目光投向司机。可是老司机看着前方一言不发。委屈的泪水在她的眼眶里打转。然后，她在绝望之余，为他们的不近人情而固执地陷入了沉默的对抗。

他们在车上僵持了一会儿。最后，让她没有想到的是，她的上司打开车门走了出去。坐在车后座的她，目瞪口呆地看着有些年迈的上司拿着公文包向前走去。他在凛冽的寒风中拦下了一辆出租车，飞驰而去。泪水终于顺着她的脸颊流淌下来。

老司机轻轻地叹了一口气："他就是这样一个严格的人。时间长了，你就会了解他。他其实也是为你好。"老司机给她说了自己的故事。他说他也迟到过，那还是在公司创业阶段，"那天他一分钟也没有等我，也不要听我的解释。从那以后，我再也没有迟到过。"他说。

她默默地记下了老司机的话，悄悄地拭去泪水，下了车。那天她走出出租车踏进公司大门的时候，上班的铃声正好敲响。她悄悄而有力地将自己的双手紧握在一起，心里第一次为自己充满了无法言语的感动，还有骄傲。

从这一天开始，她长大了许多。

心灵感悟

勇于为自己的过错承担责任，哪怕为此付出代价，这是一种良好的品质。卡耐基说："蠢人才会试图为自己的错误辩护。"而更愚蠢的是试图让别人替自己的错误埋单。承认错误，并从中吸取教训，才是明智之举。

第九辑
别跟自己过不去

不能改变就接受

珍子家世代采珠，她有一颗珍珠是她母亲在她离开家赴美求学时给她的。

在她离家前，珍子整日都在担心不能融入那个陌生的环境中，她母亲郑重地把她叫到一旁，给她这颗珍珠，告诉她说："当女工把沙子放进蚌的壳内时，蚌觉得非常不舒服，但是又无力把沙子吐出去，所以蚌面临两个选择，一是抱怨，让自己的日子很不好过，另一个是想办法把这粒沙子同化，使它跟自己和平共处。于是蚌开始把它的精力和营养分一部分去把沙子包起来。"

"当沙子裹上蚌的外衣时，蚌就觉得它是自己的一部分，不再是异物了。沙子裹上的蚌的成分越多，蚌越能把它当作自己，就越能心平气和地和沙子相处。"

母亲启发她道："蚌并没有大脑，它是无脊椎动物，在演化的层次上很低，但是连一个没有大脑的低等动物都知道要想办法去适应一个自己无法改变的环境，把一个令自己不愉快的异己转变为可以忍受的自己的一部分，人的智能怎么会连蚌都不如呢？"

心灵感悟

如果你不能改变环境，就试着改变自己。总能找到方法适应新的环境，并与新环境中的人和谐相处。

别把栅栏门带上

赖莎的丈夫去世了，同时也带走了她所有的快乐，她感觉生活越发苦闷。

赖沙每次上街都要经过一幢老房子，房子前面有一个小得不能再小的院子。不过，那泥地院子总是被扫得干干净净，坚实的地上摆满了一盆盆争奇斗艳的鲜花。

有个身材纤小的女人经常身系围裙，在院子里扫地、修花、剪草。她甚至把那些从无数飞驰而过的汽车上抛下的废物也捡走。

这个院子正在修筑新的栅栏。那栅栏筑得很快，赖莎每次驾车经过那房子时都会留意它的进展。那位老木匠在它上面加了个玫瑰花棚架和一个凉亭。他把栅栏漆成乳白色，然后给那房子四周也涂上了同样颜色，使它重又光彩照人。

有一天，赖莎把车子停在路旁，对那道栅栏凝望了很久。那木匠把它造得太好了，她有点舍不得离开，于是把发动机关掉，走下车去摸摸那道白色的栅栏。栅栏上的油漆味尚未消散。她听见那女人在里面转动割草机的曲柄，想发动机器。

"你好！"赖莎挥手喊她。

"啊，你好！"那女人站起来，用围裙擦擦手。

"我很喜欢你的栅栏。"赖莎告诉她。

她朝赖莎看了看，微微一笑道："来前廊坐坐，我把这栅栏的故事讲给你听。"

她们走上后面的楼梯，跨过磨旧了的地毯，越过木板地，走到了前廊。

"请坐在这里。"女主人热情地说。

赖莎坐在门廊上喝着香浓的咖啡，看着那道漂亮的白栅栏，心里突然欣喜万分。

"这白栅栏不是为我自己做的。"女主人开始述说这栅栏的故事，"这房子现在只有我一个人住，丈夫早已去世，儿女们也都搬走独自生活去了。但我看到每天有那么多人经过这里，我想，如果我让他们看到一些真正好看的东西，他们一定会很开心。现在大家都看我的栅栏，向我挥手。有些人像你一样，甚至还停下车来，到门廊上坐坐聊天。"

"但路在不断地拓宽，这里在不断地改变，你的院子也越变越小，这一切你难道一点都不在乎吗？"赖莎忍不住问道。

"改变是人生不可避免的，是生活中常有的事，它能陶冶你的性格，培养毅力。当你遇到不如意的事时，你有两个选择：怨天尤人，或者生活得更潇洒。"

赖莎离开时，女主人大声喊道："欢迎你随时再来。别把栅栏门带上，那样看起来更友善些。"

"别把栅栏门带上"，赖莎永远记住了这句话。

心灵感悟

不要把自己埋在陈旧的记忆里，也不要让自己陷入痛苦的泥潭中。改变是人生所不可避免的，你所能做的最佳选择就是接受它。

活出自己的本色

"我想按照自己的定义生活。"梅格·莱恩说，"我绝对不要活在别人定义的形象底下。我不在乎遗忘，人们总是会变得贪婪、太自我。我希望能不断成长，活出既有的框架。也许我会再拍一部或两部电影，也许不会。虽然我会怀念这个工作，不过我对其他事情也很有兴趣。"

"我希望能活得踏实。"她说，"我不想过得飘飘然，脱离现实。"

你想要的自我方式是什么样？这是一个永远没有标准答案的问题。只要那是你要的方式，便是最好的方法。

最可怕的人生，便是活了一辈子之后，却发现这不是自己要的一辈子！

做着自己不喜欢的工作，念着不想念的科系，过着自己不想要的生活……这种人即使活了200岁也是白活，因为他根本没有自己、没有思想，只像张复印纸，不断地复印别人的想法和意见，以这些东西再来复印生活！

活出自己，还必须要克服的是：别太在乎别人的想法和眼光。

相信世界上不会有人比你自己更懂自己要什么！

每个人的价值观和对生活的认同感不尽相同，他们当然可以给你意见、为你分析，你也可以去参考、去思维，但绝对不可以一个口令一个动作，人家说好的便去做，人家不认同的便去抗拒，这样只是对自己不尊重而已。而不懂得尊重自己的人，别人又怎么会懂得去尊重你？把自己生命中该思考的问题丢给别人负责，根本就是不负责任的行为！

任何人都有自我的方式：有人用唱歌活出自己，有人通过画画、有人用舞蹈、有人用种田、有人用煮饭、有人靠买卖……方式各异但唯一相同的是：这都是自我的选择。

生命是自己的，生活是个人的，方式更是自己选的。每个人都有不同的天分，只要将自己最擅长、最喜欢的部分去延伸发展，就可以发展精彩的自我人生。

不要再犹豫了，你当然可以决定要活出自己。

心灵感悟

　　生命是自己的，生活是自己的，不要在乎别人的看法和眼光，按自己的定义生活，快乐地活出自己的本色吧！

学会认输

赵大爷在院门口摆了一个棋摊，他立下一个规矩，凡输了的，不输金不输银，但必须说一句"我输了"。不说也可以，但必须从他那 1 米来高的棋桌下钻过去，以示惩罚。既然是楚河汉界，就要分个胜负，这不奇怪。奇怪的是有些人宁愿钻桌子，也不愿认输。

赵大爷嗜棋如命，棋艺也高，只有别人向他拱手认输，他却从未开口说过"输"字。一日，有一位棋友慕赵大爷高名前来对弈。赵大爷第一次遇到了对手，一连三局，赵大爷都输了。每次输后，他总是黑着脸，一句话也不说，就从棋桌下钻过去。

后来有人问赵大爷："你这是何苦呢？说一声输了，不就得了，为什么要钻桌子。"

赵大爷把脖子一拧："这'输'字能轻易说的么？你就是砍了我的头，我也不会说的。"

这正应了那句老话："宁输一垅田，不输一句言。"我们生活中的很多人都像赵大爷一样，只知道一味追求要赢，从来不知道认输。其实认输，也是人生的必修课。

学会认输，就是承认失误、承认差距，目的是为了扬长避短。人与人之间，智力的差距、体力的差距、技艺和知识的差距总是存在的。明知自己臂力不如人，却要与人家硬拼，不知后退，那就只有彻底输掉自己。所谓"明知山有虎，偏向虎山行"，这是一种误导，是盲目的执拗，除了以身饲虎，并不能证明你的勇敢，只能说明你的偏激和愚蠢。

人非圣贤，在生活中搭错车的事总是难免。当我们发现自己搭的车与自己的目的地走向不对时，就应马上下车。如果你不承认错误，硬要一条道儿走到底，那只能南辕北辙，距你的目的地更远，吃的苦更多。像赵大爷那样，不肯认输，那就只有钻桌子。

学会认输，就是清醒地审读自己，避免更大的损失，也就是纠正错误，重新开始，踏上正确的人生之旅。

心灵感悟

　　认输是人生的必修课。人的生命有限，知识有限，输是必然，赢是偶然。学会认输，就是面对生活的真实，承认挫折，明智地绕过暗礁，避凶趋吉，让自己抵达成功的彼岸。

人人都会犯错

任何所谓获得幸福生活的"公式"都注定要失败，因为我们都是平凡的人，无法遵守一成不变的规定，如果硬要我们去遵循"公式"生活，一定会使我们过度紧张。我们都会犯错，我们必须了解这一点，不要自怨自艾。

人无法按照绝对完美的标准去生活，而且无此必要。尽管我们也有一些缺点，但我们仍然能够生活得很好。

有俗语说："经过弱点的磨炼，我的力量获得完美的发展。"

请注意"获得完美的发展"这句话并未提到容忍弱点，而只是承认弱点在发展个人力量上所扮演的角色。

我们以往都犯过错，将来也会犯错。

如果你是一名推销员，有时也会使用错误的方法去推销。

如果你是一个母亲，也可能因为无法随时替宝贝女儿添加衣物，而使她感冒。

如果你是学生，你可能会在英语及历史两科上拿到高分，物理成绩却很糟。

如果你是投资顾问，有时候你也会向顾客提出不合理的建议。

错误是生活中的一部分，根本无法完全避免。

悲哀的是有许多人为了自己的错误而责备自己——连续好几天、好几个星期，甚至一辈子也不肯原谅自己。

他们往往会这样说："如果我不把钱花在那上面就好了……"或是说："如果我能稍微注意一点，就不会发生那件意外了……"

这些人在他们的脑子中一再重复他们所犯的错误，这等于提醒他们自己如何愚蠢、如何无能。他们无情地惩罚自己，无休无止，然而这对他们没有任何好处。

这种自我批评不仅令他们感到悲哀，而且会造成神经紧张，将使他们犯更多的错误，形成一种永无止境的恶性循环。

某些女性永远忘不了她们外表上的缺点，她们对这些缺点耿耿于怀，仿佛在这个世界上，只有这些缺点才是真实的。如果她们的胸部不丰满，或她们的鼻子不够挺直，她们就要怨天尤人。她们会严厉地责备自己，仿佛这些不算缺点的缺点是她们自己造成的。

她们这样有何好处？没有！她们这样又有何损失呢？失去了健全自我心灵的伟大力量。

不要再虐待自己了。

世上没有完美之人，每一个人都会犯错误。只要不是原则性的大错误，我们大可不必纠结住不放。为什么非要用那一点点错误和缺点来虐待自己呢？

学会自我安慰

吃了亏的人说："吃亏是福。"

丢了东西的人说："破财免灾。"

胆子小的人说："出头的椽子先烂。"

侥幸逃过一劫的人说："大难不死，必有后福。"

受欺压的人说："不是不报，时候未到。"

卸任官员说："无官一身轻。"

官场失意者说："塞翁失马，焉知非福。"

生了女孩的父母说："养女儿是福气，养儿子是名气。"

没钱人的太太说："男人有钱就变坏。"

惧内的丈夫说："有人管着好呀，啥事都不用操心。"

夫不下厨，妻跟人说："整天围着锅台转的男人没出息。"

住在顶楼的人说："顶楼好呀，上下楼锻炼身体，空气新鲜，还不会有人骚扰。"

住在一楼的人说："一楼好呀，出入方便，省得爬楼梯，怪累的。"

某人被老板炒了鱿鱼，他对人说："我把老板给炒了。"

中国人的确有些"阿Q"精神，既要面子，又要自我解嘲。然而这又没什么不好，达观地处理嘛！

我们每一个人所拥有的财物，无论是房子、车子、金子……无论是有形的还是无形的，没有一样是属于自己的。那些东西不过是暂时寄托于你，有的让你暂时使用，有的让你暂时保管而已，到了最后，物归何主都未可知。所以智者把这些财富统视为身外之物。

卡耐基说："要是我们得不到我们希望的东西，最好不要让忧虑和悔恨来苦恼我们的生活。"且让我们原谅自己，学得豁达一点。根据古希腊哲学家艾皮科蒂塔的说法，哲学的精华就是：一个人生活上的快乐，应该来自尽可能减少对外在事物的依赖。

罗马政治学家及哲学家塞涅卡也说："如果你一直觉得不满，那么即使你拥有了整个世界，也会觉得伤心。"且让我们记住，即使我们拥有整个世界，我们一天也只能吃三餐，一次也只能睡一张床，即使是一个挖水沟的工人也可如此享受，而且他们可能比洛克菲勒吃得更津津有味、睡得更安稳。

"身外物，不眷恋"是思悟后的清醒。它不但是超越世俗的大智大勇，也是放眼未来的豁达襟怀。谁能做到这一点，谁就会活得轻松、过得自在，遇事想得开，放得下。

生活中不免有失意之时，不免遇到不公之事，用"阿Q"精神胜利法来安慰自己，用豁达的胸襟来包容，才会活得更加轻松自在。

学会说"不"

罗恩刚参加工作不久，姑妈来到这个城市看他。罗恩陪着姑妈把这小城转了转，就到了吃饭的时间。

罗恩身上只有50美元，这已是他所能拿出招待对他很好的姑妈的全部资金，他很想找个小餐馆随便吃一点，可姑妈却偏偏相中了一家很体面的餐厅。罗恩没办法，只得硬着头皮随她走了进去。

两人坐下来后，姑妈开始点菜，当她征询罗恩意见时，罗恩只是含混地说："随便，随

便。"此时，他的心中七上八下，放在衣袋中的手里紧紧抓着那仅有的 50 美元。这钱显然是不够的，怎么办？

可是姑妈一点也没注意到罗恩的不安，她不住口地夸赞着这儿可口的饭菜，中途姑妈看到邻桌有一杯很诱人的香草冰淇淋，便将侍者叫来询问价格，侍者说那是本店推出的新品，特价 15 美元一杯。姑妈问罗恩要不要来一杯，罗恩多么想说"不"啊，但他看到姑妈那么喜欢的样子，便"鬼使神差"般地说了句："来两杯吧！"

姑妈吃得很高兴，不时发出赞叹声，罗恩却什么味道都没吃出来。

最后的时刻终于来了，彬彬有礼的侍者拿来了账单，径直向罗恩走来，罗恩张开嘴，却什么也没说出来。

姑妈温和地笑了，她拿过账单，把钱给了侍者，然后盯着罗恩说："小伙子，我知道你的感觉，我一直在等你说不，可你为什么不说呢？要知道，有些时候一定要勇敢坚决地把这个字说出来，这是最好的选择。我来这里，就是想要让你知道这个道理。不过，还是感谢你请姑妈吃了一顿大餐，今天的确吃得太多了些，平时我只吃两片面包、一杯牛奶就够了。"

这一课对所有的人都很重要：在你力不能及的时候要勇敢地把"不"说出来，否则你将陷入更加难堪的境地。

学会说"不"，是种自我尊重，尊重了自己之后，别人才懂得如何尊重我们。一味地好心，不只加重了别人的依赖，也加重了自我的负担。

这种好心，不但害了自己，也害了别人。

在力所不能及的时候勇敢地说"不"，这不是懦弱的表现，而是一种保护自己、尊重别人的手段。

原谅生活

"人有悲欢离合，月有阴晴圆缺，此事古难全。"古人有古人的悲哀，可古人很看得开，他们把人世间的悲欢离合比作月的阴晴圆缺，一切全出于自然，其中有永恒不变的真理，它像一只无形的手在那里翻云覆雨，演绎着多色多味的世界。今人也有今人的苦恼，因为"此事古难全"。

苦恼和悲哀常常引起人们对生活的报怨，哀自己的命运苦，怨生活的不公。其实生活仍然是生活，关键看你取什么角度。

沮丧失落的时候，我们对一切感到乏味，生活的天空阴云密布，看什么都不顺眼，像 T 恤衫上印着的：别理我，烦着呢！生活中有很多时候令我们心情不好。面对高考落榜，面对失恋，面对解释不清的误会，我们的确不易很快地超脱。但是人有逆反心理，更多的时候是"多云转晴"，忧郁被生气勃勃的憧憬所取代。烦些什么？你的敌人就是你自己，战胜不了自己，没法不失败；想不开、钻死胡同，全是自己自寻烦恼。

沮丧的时候，退归你生活的角落，去充电、打气。选一盒录音带，京剧、越剧、歌曲、乐曲什么都成，边听边练毛笔字，书写龚自珍的诗"霜豪掷罢倚天寒"，多带劲！"不是逢人苦誉君，亦狂亦侠亦温文"，多亲切！你还是发泄一下，那就大声唱出来："我站在冽冽风中，恨不能荡尽绵绵心痛；看苍天，四方云动，剑在手，问天下谁是英雄……"渐渐地排遣了沮丧，焕发了新的振奋激情，环视四周，发现一切正常，你的消沉、你的低落、你的怨愤没有任何意义。既然如此，何不让自己回归正常？凭什么总跟自己过不去呢？试试看，每天吃一颗糖，然后告诉自己——今天的日子，果然是甜的！

有时候，我们要对自己残忍一点，不必过分纵容自己的哀怜，"不识庐山真面目，只缘身在此山中"。走出去或登到顶上去，你会看到另一番景象："日照香炉生紫烟，遥看瀑布挂前川，飞流直下三千尺，疑是银河落九天。"

我们看清了自己，再来看生活，也许多了几分宽容在里面，生活本身，并不是可以实现所有幻想的万花筒，生活和我们是相互选择的，不该过分计较生活的失言，生活本来就没有承诺过什么。它所给予的，并不总是你应当得到的，而你所能取得的，是凭你不懈的真诚和执着所能得到的。

原谅生活是一种积极有效的方式。原谅生活，不是可以淡漠所有的不公，不是为了超脱凡世的恩怨，而是要正视生活的全部，以缓解和慰藉深深的不幸。相信生活，才能原谅生活，如果你的桅杆折断，不论是你自己的错，还是生活的错，都不该再悲哀地守着荡舟的孤独。

请重新支起新的桅杆！

原谅生活，是为了更好地生活。

　　生活并非一位温文尔雅的智者，它会给我们带来快乐与欢笑，也会带来烦恼与痛苦。我们不应怨生活，人不能完美，何况生活？感恩生活、原谅生活，才是人生的明智选择。

学会弯曲

加拿大的魁北克有一条南北走向的山谷。山谷没有什么特别之处，唯一能引人注意的是它的西坡长满松、柏、女贞等树，而东坡只有雪松。

这一奇异景观是个谜，许多人想探究个所以，但一直没有找到令人满意的结论。最后揭开这个谜的，竟是一对夫妇。

那是1983年的冬天，这对夫妇的婚姻正濒于破裂的边缘。为了重新找回昔日的爱情，他们打算做一次浪漫之旅，如果能找回就继续生活，如果不能就友好分手。他们选择的地点正是这个山谷。他们刚到这里，天空便下起了大雪。他们支起帐篷，望着满天飞舞的大雪，发现由于风向的缘故，东坡的雪总比西坡的雪来得大，来得密。不一会儿，雪松上就落了厚厚的一层雪。不过当雪积到一定的程度，雪松那富有弹性的枝丫就会向下弯曲，直到雪从枝上滑落。这样反复地积，反复地弯，反复地落，雪松完好无损。西坡由于雪小，总有些树挺了过来，所以西坡除了雪松，还有柘、柏和女贞之类。

帐篷中的妻子发现了这一景观，对丈夫说："东坡肯定也长过杂树，只是不会弯曲才被大雪摧毁了。"

丈夫点头称是。少顷，两人像突然明白了什么似的相互吻着拥抱在一起。

丈夫兴奋地说："我们揭开了一个谜——对于外界的压力要尽可能地去承受，在承受不了的时候，学会弯曲一下，像雪松一样让一步，这样就不会被压垮。"

确实，他们不只揭开了山谷雪松之谜，更揭开了一个人生之谜。

　　弯曲不是退缩的怯懦，而是一种逆境求生的智慧与获得和谐生活的人生艺术。

人生的三重境界

一位禅师认为，人生有三重境界，这三重境界可以用一段充满禅机的语言来说明：看山是山，看水是水；看山不是山，看水不是水；看山还是山，看水还是水。

人生之初，纯洁无瑕，初识世界，一切都是新鲜的，眼睛看见什么就是什么。人家告诉他这是山，他就认识了山，告诉他这是水，他就认识了水。

随着年龄渐长，经历的世事渐多，就发现这个世界的问题了。这个世界问题越来越多，越来越复杂，经常是黑白颠倒、是非混淆，无理走遍天下、有理寸步难行，好人无好报、恶人活千年。进入这个阶段，人是激情的、不平的、忧虑的、疑问的、复杂的，人不愿意再轻易地相信什么。人在这个时候看山也感慨，看水也叹息，借古讽今，指桑骂槐。山自然不再是单纯的山，水自然不再是单纯的水。

一切的一切都是人的主观意志的载体。倘若留在人生的这一阶段，那就苦了这条性命了。人就会这山望着那山高，不停地攀登，争强好胜，与人比较，怎么做人，如何处世，绞尽脑汁，机关算尽，永无满足的一天，因为这个世界原本就是一个圆，人外还有人，天外还有天，循环往复，绿水长流。而人的生命是短暂的、有限的，哪里能够去与永恒和无限比较呢？

在生活中，不少人到了人生的第二重境界就到了人生的终点。追求一生，劳碌一生，心高气傲一生，最后发现自己并没有达到自己的理想，于是抱恨终生。但是有一些人通过自己的修炼，终于把自己提升到了第三重人生境界，茅塞顿开，回归自然。人在这时候便会专心致志做自己应该做的事情，不与旁人有任何计较。任你红尘滚滚，自有清风朗月。面对芜杂世俗之事，一笑了之，了了有何不了。这个时候的人看山又是山，看水又是水了。

"人本是人，不必刻意去做人；世本是世，无须精心去处世"，这才是真正的做人与处世。

　　人生须专心地做自己应做的事，任你红尘滚滚，自有清风朗月。

别做金钱的奴隶

利奥·罗斯顿是美国最胖的好莱坞影星。1936年，他在英国演出时，因心肌衰竭被送进汤普森急救中心。抢救人员用了最好的药，动用了最先进的设备，仍没挽回他的生命。

临终前，罗斯顿曾绝望地喃喃自语："你的身躯很庞大，但你的生命需要的仅仅是一颗心脏！"

罗斯顿的这句话，深深触动了在场的哈登院长。作为心外科专家，他流下了泪。为了表达对罗斯顿的敬意，同时也为了提醒体重超常的人，他让人把罗斯顿的遗言刻在了医院的大楼上。

1983 年，一位叫默尔的美国人也因心肌衰竭住了进来。他是位石油大亨，两伊战争使他在美洲的 10 家公司陷入危机。为了摆脱困境，他不停地往来于欧、亚、美之间，最后旧病复发，不得不住进医院。

他在汤普森医院包了一层楼，增设了 5 部电话和 2 部传真机。当时的《泰晤士报》是这样渲染的：汤普森——美洲的石油中心。

默尔的心脏手术很成功，他在这儿住了 1 个月就出院了。不过他没回美国。苏格兰乡下有一栋别墅，是他 10 年前买下的，他在那儿住了下来。1998 年，汤普森医院百年庆典，邀请他参加。记者问他为什么卖掉自己的公司，他指了指医院大楼上的那一行金字。不知记者是否理解了他的意思，总之，在当时的媒体上没找到与此有关的报道。后来人们在默尔的一本传记中发现这么一句话："富裕和肥胖没什么两样，也不过是获得超过自己需要的东西罢了。"

要有合乎时代的"金钱感觉"，说来容易，实际做来却有困难。因为对事情的想法和创意，多多少少会受限于生长的环境，所以虽然知道，却不容易做到。

因此，我们要把一个真理铭记于心："不要做金钱的奴隶！"

换句话说，就是不要被金钱所束缚。单是这个基本的想法，就值得跨越任何时代而铭记于心。

心灵感悟

金钱只是使我们生活便利的工具，我们绝不能沦为金钱的奴隶。只有这样，你才能在面对金钱时不丧失良心，不做违背道德的事情。

不必完美

美国心理学家纳撒尼雨·布兰登举过一个他亲身经历的例子。

许多年前，一位叫洛蕾丝的 24 岁的年轻妇女无意中读了他的一本书，便找他来进行心理治疗。洛蕾丝有一副天使般的面孔，骂起街来却粗俗不堪，她曾吸毒、卖淫。

布兰登说，她做的一切都使我讨厌，可我又喜欢她，不仅因为她的外表相当漂亮，而且因为我确信在堕落的表象下她是个出色的人。起初，我用催眠术使她回忆她在初中是个什么样的女孩子。她当时很聪明，但是不敢表现自己，怕引起同学的忌妒。她在体育上比男孩强，招惹来一些人的讽刺挖苦，连她哥哥也怨恨她。我让她做真空练习，她哭泣着写了这样一段话：你信任我，你没有把我看成坏人！你使我感到痛苦，也感到了希望！你把我带到了真实的生活，我恨你！

一年半后，洛蕾丝考取洛杉矶大学学习写作，几年后成为一名记者，并结了婚。10 年后的一天，我和她在大街上相遇，我几乎认不出她了：衣着华丽，神态自若，生机勃勃，丝毫不见过去的创伤。寒暄后，她说："你是没有把我当成坏人看待的那个人，你把我看作一个特殊的人，也使我看到了这一点。那时我非常恨你！承认我是谁，我到底是什么人，这是我一生中从未遇到的事。人们常说承认自己的缺点是多么不容易的事，其实承认自己的美德更难。"

　　真正面对成功，就必须学会放弃完美、不求完美，因为我们的确不是完美无缺的。这是一个令人宽慰的事实，我们越早接受这一事实，就越能及早地向新的目标迈进，这是人生的真谛。

　　没有自我接受、自我肯定这个先决条件，我们怎么会改进和提高呢？

　　你站在一面穿衣镜前，观察自己的面孔和全身。你可能喜欢某些部分，而不喜欢另外某些部分。有些地方可能不怎么耐看，使你感到不安，但如果你看自己不喜欢的样子，请你不要逃避、不要抵触、不要否认自己的容貌。这个时候你就需要放弃完美，放弃"公有化"的标准，而用自己的标准来看待自己。否则你就无法自我接受、自我肯定。法国大思想家卢梭说得好："大自然塑造了我，然后把模子打碎了。"这话听起来似乎有点深奥，其实说的是实在话。可惜的是，许多人不肯接受这个已经失去了模子的自我，于是就用自以为完美的标准，即公共模子，把自己重新塑造一遍，结果彼此就变得如此相似，都失去了自我。

　　"成为你自己！"这句格言之所以知易行难，道理就在于此。失去了自我、失去了个性与自我意识，你还谈什么改进和提高呢？

　　应当怎么办？你要用自己的眼光注视镜子里边的自我形象，并试着对自己说："无论我的什么缺陷，我都无条件地完全接受，并尽可能喜欢我自己的模样。"你可能想不通：我明明不喜欢我身上的某些东西，我为什么要无条件地完全接受呢？

　　接受意味着接受事实，是承认镜子里的面孔和身体就是自己的模样。接受自己承认事实，你会觉得轻松一点，感到真实和舒服了。时间不长，你就会体会到自我接受与自信自爱之间相辅相成的关系。我们学会接受自我，才会构建属于自己的头脑。

第十辑
越过心灵的低谷

不碎的是意志

有这样一个人，生长在农村，初中只读了两年，家里就没钱继续供他上学了。他辍学回家，帮父亲耕种三亩薄田。

在他 19 岁那年，父亲去世了，家庭的重担全部压在了他的肩上。他要照顾身体不好的母亲，还有一位瘫痪在床的祖母。

20 世纪 80 年代，农田承包到户。他把一块水洼挖成池塘，想养鱼。但乡里的干部告诉他，水田不能养鱼，只能种庄稼，他只好把水塘填平。这件事成了一个笑话，在别人的眼里，他是一个想发财但非常愚蠢的人。

后来，听说养鸡能赚钱，他向亲戚借了 1000 元钱，养起了鸡。但是一场洪水后，鸡得了鸡瘟，几天内全部死光了。1000 元对别人来说可能不算什么，对一个只靠三亩薄田生活的家庭而言，不亚于天文数字。他母亲受不了这个刺激，竟然忧郁而死。

他后来酿过酒、捕过鱼，甚至还在采矿的悬崖上帮人打过炮眼……可都没有赚到钱。35 岁的时候，他还没有娶到媳妇。即使是死了男人拖儿带女的寡妇也看不上他。因为他家的那一间土房已经成为村里有名的危房，一场大雨就有可能使它倒塌。娶不上老婆的男人，在农村是没有人看得起的。

但他还想搏一搏，就四处借钱买了一辆手扶拖拉机。不料，上路不到半个月，这辆拖拉机就载着他冲入河里。他断了一条腿，成了瘸子。而那拖拉机，被人捞起来时，已经支离破碎，他只能拆开它，当作废铁卖。

在别人看来，他这辈子算是完了。

但是后来他却成了城里一家公司的老总，拥有 2 亿元的资产。现在，许多人都知道他苦难的过去和富有传奇色彩的创业经历。媒体采访过他，报告文学描述过他。其中有这样一个情节。

记者问他："在苦难的日子里，你凭什么一次又一次毫不退缩？"

他坐在宽大豪华的老板台后面，喝完了一杯水。然后，他把玻璃杯子握在手里，反问记者："如果我松手，这只杯子会怎样？"

记者说："摔在地上，碎了。"

"那我们试试看。"他说。

他手一松，杯子掉到地上发出清脆的声音，但并没有破碎，而是完好无损。他说："即使有 10 个人在场，他们都会认为这只杯子必碎无疑。但是，这只杯子不是普通的玻璃杯，而是用玻璃钢制作的。而我，就是这杯子。"

　　其实，有"摔不碎的意志"的人，无论上天给他怎样的挫折与苦难，他都能在生存的缝隙中抓住成功的机会，奋起一搏。

希望永不破灭

　　很久以前，为了开辟新的街道，伦敦拆除了许多陈旧的楼房。然而新路久久没能开工，旧楼房的废墟晾在那里，任凭日晒雨淋。

　　有一天，一群自然科学家来到这里，他们发现，在这一片多年未见天日的旧地基上，这些日子里因为接受了春天的阳光雨露，竟长出了一片野花野草。

　　奇怪的是，其中有一些花草却是在英国从来没有见过的，它们通常只生长在地中海沿岸国家。这些被拆除的楼房，大多都是在古罗马人沿着泰晤士河进攻英国的时候建造的。

　　这些花草的种子多半就是那个时候被带到了这里，它们被压在沉重的石头砖瓦之下，一年又一年，几乎已经完全丧失了生存的机会。但令人感到意外的是，一旦它们见到阳光，就立刻恢复了勃勃生机，绽开了一朵朵美丽的花朵。

　　其实，人的生命也是如此。一个人，不管他经受了多少打击，也不管他经历了多少苦难，一旦爱的阳光照耀在他的身上，他便能治愈创伤，便能重获希望，便能萌生出新的生机，哪怕是在荒凉恶劣的环境里，也依然能够放射出自己的生命之光。

　　在挫折和逆境中保持旺盛的斗志，蓄势待发的人，就像被埋藏了数千年的花草种子，只要发现成功的转机，就会迅速地发芽、开花。

弯腰的哲学

　　孟买佛学院是印度最著名的佛学院之一，这所佛学院之所以著名，除了它建院历史的久远、辉煌的建筑和它培养出了许多著名的学者以外，还有一个特点是其他佛学院所没有的，这是一个极其微小的细节，但是，所有进入过这里的人，当他再出来的时候，几乎无一例外地承认，正是这个细节使他们顿悟，正是这个细节让他们受益无穷。

　　这是一个很简单的细节，只是我们都没有在意：孟买佛学院在它的正门一侧，又开了一个小门，这个小门只有1.5米高、40厘米宽，一个成年人要想过去必须弯腰侧身，不然就只能碰壁了。

　　这正是孟买佛学院给它的学生上的第一堂课。所有新来的人，教师都会引导他到这个小门旁，让他进出一次。很显然，所有的人都是弯腰侧身进出的，尽管有失礼仪和风度，却达到了目的。教师说，大门当然出入方便，而且能够让一个人很体面、很有风度地出入。但是，有很多时候，我们要出入的地方并不都是有着壮观的大门的，况且，有的大门也不是随便可以出入的。这个时候，只有学会了弯腰和侧身的人，只有暂时放下尊贵和体面的人，才能够出入。否则，有很多时候，你就只能被挡在院墙之外了。

佛学院的教师告诉他们的学生，佛家的哲学就在这个小门里，人生的哲学也在这个小门里。人生之路，尤其是通向成功的路上，几乎是没有宽阔的大门的，所有的门都是需要弯腰侧身才可以进出。

心灵感悟

人生的道路会有曲折与艰险，会有深渊与泥潭，但只需你懂得了弯腰的哲学，渡过难关之后，迎来的必是一马平川。

一切都能应付过去

辛·吉尼普的父亲得了肺结核，那段日子，正碰上全美经济危机，吉尼普和妻子都先后失业了，经济拮据。父亲的病使得本不富裕的家里更加雪上加霜。老吉尼普生病时，仗着他曾经是俄亥俄州的拳击冠军，有着硬朗的身子，才挺了过来。

那天，吃罢晚饭，父亲把他们叫到病榻前。他一阵接一阵地咳嗽，脸色苍白。他艰难地扫了每个人一眼，缓缓地说："我想告诉你们一件事情。那是在一次全州冠军对抗赛上，我的对手是个人高马大的黑人拳击手，而我个子矮小，一次次被对方击倒，牙齿也出血了。我在台上不止一次地想到过要放弃。但在休息时，教练鼓励我说，'你不痛，你能挺到第十二局！'我也跟着说，'不痛。我能应付过去！'之后，我感到自己的身子像一块石头、像一块钢板，对手的拳头击打在我身上发出空洞的声音。跌倒了又爬起来，爬起来又被击倒了，但我终于熬到了第十二局。对手战栗了，我开始了反攻，我是用我的意志在击打，长拳、勾拳，又一记重拳，我的血同他的血混在一起。眼前有无数个影子在晃，我对准中间的那一个狠命地打去……他倒下了，而我终于挺过来了。哦，那是我唯一的一枚金牌。"

说话间，他又咳嗽起来，额上的汗珠纷纷而下。他紧握着吉尼普的手，苦涩地一笑："不要紧，才一点点痛，我能应付过去。"

第二天，父亲就去世了。

父亲死后，家里的境况更加艰难。吉尼普和妻子天天跑出去找工作，晚上回来，总是面对面地摇头，但他们不气馁，互相鼓励说："不要紧，我们会应付过去的。"

后来，当吉尼普和妻子都重新找到了工作，坐在餐桌旁静静地吃着晚餐的时候，他们总会想到父亲，想到父亲的那句话：我能应付过去。

心灵感悟

就像不可能总是一帆风顺一样，我们不会总处于平静之中。困境只是上苍对我们的考验，你应该昂起头，微笑着说："一切都能应付过去！"

生命的滋味

只有一个真正严肃的哲学问题，那就是自杀。这是加缪《西西弗斯神话》里的第一句话。朋友提起这句话时，正躺在医院急诊室的病床上，140粒安定药没有撂倒他，他又能够微笑着和大家说话了。

另一位朋友肺癌晚期，一年前医生就下过病危通知书，是钱、药、家人的爱在一点一点地延长着他的生命。对于病人来说，病痛的折磨或许让他感到生不如死；但对于亲人来说，不惜一切代价，只要他活着，只要他在那儿。

人无权决定自己的生，但可以选择死。为什么要活着，怎样活下去，是人终生都要面对的问题。

有一个春天，李杰很忧郁，是那种看破今生的绝望，那种找不到目的和价值的空虚，那种无枝可栖的孤独与苍凉。一个下午，李杰抱了一大堆影碟躲在屋内，心想就这样看吧看吧看死算了。直到他看到它——伊朗影片《樱桃的滋味》，他的心弦被轻轻地拨动了。

那时李杰的电脑还没装音箱，只能靠中文字幕的对白了解剧情。剧情大致是这样的。

巴迪先生驱车走在一条山间公路上，他神情从容镇静，稳稳地操纵着方向盘。他要寻找一个帮助埋掉他的人，并付给对方20万元。一个士兵拒绝了，一位牧师也拒绝了，天色不早了，巴迪先生依然从容镇静地驱车在公路上寻觅。这时他遇到了一个胡子花白的老者，老者给他讲了一个故事：我年轻的时候也曾想过要自杀，一天早上，我的妻子和孩子还没睡醒，我拿了一根绳子来到树林里，在一颗樱桃树下，我想把绳子挂在树枝上，扔了几次也没成功，于是我就爬上树去。那时是樱桃成熟的季节，树上挂满了红玛瑙般晶莹饱满的樱桃。我摘了一颗放进嘴里，真甜啊！于是我又摘了一颗。我站在树上吃樱桃。太阳出来了，万丈金光洒在树林里，涂满金光的树叶在微风中摇摆，满眼细碎的亮点。我从未发现树林这么美丽。这时有几个上学的小学生来到树下，让我摘樱桃给他们吃。我摇动树枝，看他们欢快地在树下捡樱桃，然后高高兴兴去上学。看着他们的背影远去，我收起绳子回家了。从那以后我再也不想自杀。生命是一列向着一个叫死亡的终点疾驰的火车，沿途有许多美丽的风景值得我们留恋。

夜幕降临了，巴迪先生披上外套，熄灭了屋内的灯，走进黑暗中。夜色里只看到车灯的一线亮光。然后是无边的、长久的黑暗……

天亮了，远处的城市和近处的村庄开始苏醒，巴迪先生从洞里爬出来，伸了个懒腰，站在高处远眺。

看到这里李杰决定认认真真地洗个脸，把皮鞋擦亮，然后到商场给自己买束鲜花。

后来李杰曾经问过一位欲放弃生命的朋友，问他体验死亡的感觉如何。他说一直在昏迷中，没觉着怎么痛苦。倒是出院的那天，看到阳光如此的明媚，外面的世界如此的新鲜，大街上姑娘们穿着红格子呢裙，真是可爱。长这么大第一次发现世界是这样的美好。

世界还是那个世界，只是感受世界的那颗心不同而已。

患肺癌的朋友已经离开了，记得他生前爱吃那种烤得两面焦黄的厚厚的锅盔。每次看到卖饼的小贩推着小车走来，就会怅然，若他活着该多好！可惜那些吃饼的人，已经体味不到自己能够吃饼的幸福了。

为什么要活着？就为了樱桃的甜、饼的香。静下心来，认真去体验一颗樱桃的甜、一块饼的香，去享受春花灿烂的刹那、秋月似水的柔情吧。就这样活下去，把自己生命过程的每一个细节都设计得再精美一些、再纯净一些。不要为了追求目的而忽略过程，其实过程即目的。

心灵感悟

　　生命的滋味不能一言蔽之。有人想永生，有人想提前结束，有人活得有滋有味，有人活得太苦太难。可不论人们怎样，生命总是生生不息。

蚂蚁人生

布奇是位鳏夫，今年已90岁了。不过看样子他至少还能活20个年头。

布奇从来不谈论自己的长寿之道，其实这也没有什么奇怪的，他平时就是个寡言少语的人。

布奇虽然不爱说话，却很乐于帮助别人。因此他拥有不少莫逆之交。据他的朋友透露，他母亲生他时难产死了；他5岁那年，他家乡发生水灾，大水一直漫过房顶。他坐在一块木板上，他的父亲和几个哥哥扶着木板在水里游着。在那个生命之舟上，他眼睁睁地看着巨浪把自己的几个哥哥一个个地卷走。当他看到陆地的时候，父亲也筋疲力尽，随水而走。他是全家唯一的幸存者。经此磨难，他活泼的眼神变得呆滞了，他的眼前似乎总是弥漫着一片茫茫大水。

布奇长大成人，结了婚，温柔美丽的妻子为他生了5个可爱的孩子——3个男孩与2个女孩。他渐渐忘记了过去的痛苦，刻板的脸上又有了微笑。天有不测风云，人有旦夕祸福。他们全家出去郊游，布奇雇了一辆汽车，可是汽车不够宽敞，他只好骑着自行车兴致勃勃地跟在后面。这时车祸发生了。布奇又成了孤身一人。那一瞬间，他的眼神又变得像木头一样呆滞了。

此后，布奇再也没结过婚。他当过兵，出过海。他没日没夜地跟苦难的朋友们待在一起，倾尽全力帮别人的忙。布奇也经历了各种各样的惊涛骇浪，然而，死神逼近的时候，总是拥抱别的灵魂，好像他有上帝的护身符一样。

不知什么时候，90岁的布奇已站在我们身后，他苍凉的声音像远古时期的洪流冲击着每一个人："在离我10米远近的水面上，一窝蚂蚁抱成足球那么大的一团漂浮着。每一秒钟都有蚂蚁被洪水冲出这个球。当这窝蚂蚁跟5岁的我一起登上陆地时，它们竟还有网球那般大小。"

心灵感悟

　　蚂蚁的坚忍与对生命的追求启发了布奇。布奇的传奇人生感化了我们。对于坚忍的生命来说，苦难只是人生的插曲而已，它并不会破坏生命的主旋律。

种一棵"烦恼树"

一个农场主，雇了一个水管工来安装农舍的水管。不知是否老天故意和水管工做对，那天他的运气糟透了。头一天，车子的轮胎爆裂了，耽误了一个小时，后来电钻也"罢工"了。最后，开来的那辆载重 1 吨的老爷车说什么也不再启动。他收工后，雇主开车把他送回家去。到了家门前，为了感谢雇主，他邀请雇主进屋坐坐。

在门口，雇主发现，满脸晦气的水管工没有马上进去，而是沉默了一阵子，接着伸出双手，抚摸门旁一棵小树的枝丫，像是自言自语地说了些什么。待到门打开，水管工笑逐颜开，和两个孩子紧紧拥抱，再给迎上来的妻子一个响亮的吻，像变了一个人一样。在家里，水管工喜气洋洋地招待这位新朋友。雇主离开时，水管工陪他向车子走去。雇主按捺不住好奇心，问："刚才你在门口的动作，有什么用意吗？为什么你能在瞬间像换了个人呢？"水管工爽快地回答："哦，这是我的'烦恼树'。我到外头工作，不愉快的事情总是有的，可是烦恼不能带进门，不能因自己的烦恼而影响太太和孩子的心情。我就把它们挂在烦恼树上，让老天爷管着，明天出门再拿走。奇怪的是，第二天我到树前去，'烦恼'大半都不见了。"

心灵感悟

栽上一棵"烦恼树"，清除心灵的垃圾，让快乐生活陪伴在你的左右。

绝望之后必轻松

我们在处于绝望状态时，往往会设法逃避现实甚至希望得到他人的保佑。著名政治家丘吉尔却不然，他深知在那种消极的情绪支配下不可能马上找到解决的良方，因而要大胆地承认和接受眼前这一绝望的现实，并借助这种豪迈的气概和客观的态度来鼓起自己的勇气。

有关英国前首相丘吉尔的传说很多。第二次世界大战爆发前曾流传这样一个故事。

当时战争已无法避免，一天一位高级军官报告说："依我看，事态的发展令人感到绝望。"这时丘吉尔镇定地说："的确，绝望的心情无法用言辞来表达。"丘吉尔首先肯定和承认这一现实，然后继续说："可我感到我年轻了 20 岁！"

绝望和承认绝望是截然不同的两种精神活动。承认自己绝望的处境才能客观地看待自己！因此，处于绝望状态时，承认自己处于绝望状态这一现实，不仅能松弛自己的情绪，甚至还能使自己设法摆脱绝望的处境。

有一本人生杂志，上面刊载了如下新闻：有一位曾在战场上受伤的士兵，当他从麻醉手术台上醒过来的时候，军医对他说："你再休息一会儿，你就会痊愈了，唯一遗憾的是，你已经失去一只脚了。"

没有想到，这位伤兵却大声抗议说："不对，我这只脚不是失去的，而是被我遗弃的。"

任何人在读完这篇报道后，都对这位士兵那种毫不沮丧地接受悲剧事实的勇敢感到由衷的敬佩。他能把失去的，改称为被遗弃的，显然表示他已经越过绝望的深渊。

不管"失去的"也好,"被遗弃的"也好,反正是自己已经没有了的东西,这是一个改变不了的事实。不过,如果你认为它是失去的东西,那么,你的意志与感受便会不断地牵挂在那件失去的事物上。换句话说,失去的东西具有尚未了结的性质,所以内心一定万分地惋惜,甚至想不开;相反,如果你把它想象成被遗弃的东西,那就表示它是废物,在这种情况下,你就会以轻松的心情来处理事物,而且对它不再眷恋。

在我们的人生中,失去的东西显然不计其数。然而,只要我们把那些东西当作被遗弃的废物时,沮丧的感觉就会减轻许多。也只有这样,绝望之后才会感觉轻松。

处于绝望状态时,承认"绝望"这一现实,才能放松心情,使自己摆脱绝望境地,生活才能轻松愉快。

选择坚强地活下去

这是发生在日本的一则故事。

一个女人死了丈夫,家乡又遭受了灾祸,不得已,母亲带着两个孩子背井离乡,辗转各地,好不容易得到一个善良人家的同情,把一个仓库的一角租借给她们母子三人居住。

空间很小,只有3张榻榻米大小,她铺上一张席子,拉进一个没有灯罩的灯泡、一个炭炉、一个吃饭兼孩子学习两用的小木箱,还有几床破被褥和一些旧衣服,这是他们的全部家当。

为了维持生活,女人每天早晨6点离开家,先去附近的大楼做清扫工作,中午去学校帮助学生发食品,晚上到饭店洗碟子。

结束一天的工作回到家里已是深夜十一二点钟了。于是,家务的担子全都落在了大儿子身上。

为了一家人能活下去,女人披星戴月,从没睡过一个安稳觉,可生活还是那么清苦。

她们就这样生活着,半年、8个月、10个月……做母亲的不忍心孩子们跟她一起过这种苦日子。她想到了死,想和两个孩子一起离开人间,到丈夫所在的地方去。

这一天,女人泡了一锅豆子,早晨出门时,给大儿子留下一张条子:"锅里泡着豆子,把它煮一下,晚上当菜吃,豆子煮熟了时少放点酱油。"

又经过了一天的辛劳和疲惫,女人偷偷买了一包安眠药带回家,打算当天晚上和孩子们一块死去。

她打开房门,见两个儿子已经钻进席子上的破被褥里,并排入睡了。忽然,女人发现大儿子的枕边放着一张纸条,便有气无力地拿了起来。上面这样写道:

"妈妈,我照您条子上写的那样,认真地煮了豆子,豆子烂了时放进了酱油。不过,晚上盛出来给弟弟当菜吃时,弟弟说太咸了,不能吃。弟弟只吃了点冷水泡饭就睡觉了。

"妈妈,实在对不起。不过,请妈妈相信我,我的确是认真煮豆子的。妈妈,尝一粒我煮的豆子吧。而且,明天早晨不管您起得多早,都要在您临走前叫醒我,再教我一次煮豆子的方法。

"妈妈,我们知道您已经很累了。我心里明白,妈妈是在为我们操劳。妈妈,谢谢您。不过请妈妈一定保重身体。我们先睡了。妈妈，晚安！"

泪水从女人的眼里夺眶而出。

"孩子年纪这么小，都在顽强地伴着我生活……"母亲坐在孩子们的枕边，伴着眼泪一粒一粒地品尝着孩子煮的咸豆子。一种信念在她的心中升腾而起：我选择坚强地活下去。

女人摸摸装豆子的布口袋，里面正巧剩下一粒豆子。她把它捡出来，包进大儿子给她写的信里，她决定把它当作护身符带在身上。

心灵感悟

　　困难是打不倒坚强的意志的，不论遇到什么挫折，都没有理由绝望，都要坚强地活下去。

独奏坚强

如果不是亲眼所见，王卓简直不能相信那是真的：耀眼的镁光灯下，一个男孩用他无手的右胳膊，拉出了悦耳的《江河水》。二胡的琴弓就绑在光秃秃的右臂上，在胳膊的带动下，抹、拉、抖、颤，种种高难度的二胡动作，被他表现得淋漓尽致。

一曲终了，台下响起雷鸣般的掌声。主持人也动情地说：这位少年小时候被高压电击中，截去了双手。他一度悲观、绝望，但他最终站了起来，并拜师学习二胡。

他把琴弓绑在右胳膊上，刚开始的时候，琴弓与胳膊怎么也配合不好，等到掌握了二胡的技法，残存的胳膊也磨出了老茧，而在茧花之下，埋藏的是曾经的血肉模糊和疼痛难忍，还有对怨天尤人的诀别。

此时此刻，王卓的心情单纯用感动二字是无法表达的。和他相比，我们这些四肢健全的人，又做得怎样？

尤其初涉人世的时候，家人的一次误解、高考的一次失利、朋友的一次欺诓、职业的暂无着落、工作的一次失误，都有可能使我们意志消沉，甚至在打击面前加上"致命"二字。

和生活扳手腕，有几次我们是问心无愧的胜利者？

也许，现实是另一种形式的"二胡"，挫折与磨难会使我们一时手足无措——就像那位少年刚失去双手时的感觉。

也许人生之路，就像绷得紧紧的琴弦——是奏出动人的音乐，还是拉出噪声，全靠你自己的精神如何。

巧合的是，那天电视里也播放了另一组镜头，一个屡屡行窃屡屡得手的少年犯，他在摄像机前声泪俱下。他的手不可谓不长，甚至他的名字也可以用"三只手"来代替。然而，他只诠释了失败与堕落。

心灵感悟

　　在困境中用生命独奏坚强的人，得到的是众人的尊重与灵魂的升华，他们用自己的意念演奏了华美的人生乐章。

沉浮人生

日本"经营之神"松下幸之助，小时候有一次看见农民洗甘薯，这一寻常的举动却让他悟出了一番做人的道理。

农民用木制的特大号水桶，装满了要洗的甘薯，然后用一根扁平的大木棍不停地搅拌。在木桶里，大小不一的甘薯，随着木棍的搅动，忽沉忽现。有趣的是，浮在上面的甘薯，不会永远在上面；沉在下面的甘薯，也不会永远在下面。甘薯总是浮浮沉沉，互有轮替。

甘薯是这样，生活何尝不是这样！

松下深有体会地说："这种沉沉浮浮、互有轮替的景象，正是人生的写照。每一个人的一生，都像那个甘薯一样，总是浮浮沉沉，不会永远春风得意，也不会永远穷困潦倒。这样持续不停地一浮一沉，就是对每个人最好的磨炼。"

松下虽然在商界声名显赫，业绩辉煌，其实他一生充满着不幸与坎坷。他 11 岁辍学；13 岁丧父；17 岁差一点淹死；20 岁不但丧母，而且得肺病差点死掉；34 岁，唯一的儿子出生仅 6 个月就夭折；他一生受病魔纠缠，常常因病而卧床。

然而，每当他遭受打击与挫折时，他就会想起乡下人洗甘薯那一幕，他相信厄运能变成好运，危机就是转机，逆境能变为顺境。于是，他百折不挠，愈挫愈勇，最终战胜逆境，转败为胜，化危为安。

心灵感悟

人生确实如此，没有人会永远一帆风顺，同样也不会有永远的泥潭将你深埋。人的一生有低潮，就会有高潮，但你别指望永远站在浪尖上。当你的心情跌到谷底时，一定要懂得积聚力量，为再次"冲浪"做好一切准备。

方法总比困难多一个

詹妮芙·帕克小姐是美国鼎鼎有名的女律师。她曾被自己的同行——老资格的律师马格雷先生愚弄过一次，但是，恰恰是这次愚弄使詹妮芙小姐名扬美国。

使詹妮芙扬名的故事是这样的。

一位名叫康妮的小姐被美国"全国汽车公司"制造的一辆卡车撞倒，司机踩了刹车，卡车把康妮小姐卷入车下，导致康妮小姐被迫截去了四肢，骨盆也被碾碎。康妮小姐说不清楚自己是在冰上滑倒跌入车下，还是被卡车卷入车下，马格雷先生则巧妙地利用了各种证据，推翻了当时几名目击者的证词，康妮小姐因此败诉。

伤心、绝望的康妮小姐向詹妮芙·帕克小姐求援。詹妮芙通过调查掌握了该汽车公司的产品近年来的 15 次车祸——原因完全相同，该汽车的制动系统有问题，急刹车时，车子后部会打转，把受害者卷入车底。

詹妮芙对马格雷说："卡车制动装置有问题，你隐瞒了它。我希望汽车公司拿出 200 万美元来给那位姑娘，否则，我们将会提出控告。"

马格雷回答道："好吧，不过我明天要去伦敦，一个星期后回来，届时我们研究一下，做出适当安排。"

一个星期后，马格雷却没有露面。詹妮芙感到自己上当了，但又不知道为什么上当，她的目光扫到了日历上——詹妮芙恍然大悟，诉讼时效已经到期了。詹妮芙怒气冲冲地给马格雷打了个电话，马格雷在电话中得意扬扬地放声大笑："小姐，诉讼时效今天过期了，谁也不能控告我们了！希望你下一次变得聪明些！"

詹妮芙几乎要被气疯了，她问秘书："准备好这份案卷要多少时间？"

秘书回答："需要三四个小时。现在是下午1点钟，即使我们用最快的速度草拟好文件，再找到一家律师事务所，由他们草拟出一份新文件交到法院，那也来不及了。"

"时间！时间！该死的时间！"詹妮芙急得团团转。突然，一道灵光在她的脑海中闪现——"全国汽车公司"在美国各地都有分公司，为什么不把起诉地点往西移呢？隔1个时区就差1个小时啊！

位于太平洋上的夏威夷在西十区，与纽约时间相差整整5个小时！对，就在夏威夷起诉！

詹妮芙赢得了至关重要的几个小时，她以雄辩的事实、催人泪下的语言，使陪审团的成员们大为感动。陪审团一致裁决：詹妮芙胜诉，"全国汽车公司"赔偿康妮小姐600万美元损失费！

心灵感悟

成功的人找方法，失败的人找借口。面对困难，我们需要的是积极寻找方法，而不是用借口来敷衍事实。关键时候的冷静有助于发现方法，使事情有所转机，相信柳暗花明又一村总会来到。

再等待三天

应邀访美的女作家在纽约街头遇见一位卖花的老太太。这位老太太穿着相当破旧，身体看上去很虚弱，但脸上满是喜悦。女作家挑了一朵花说："你看起来很高兴。"

"为什么不呢？一切苦难都会过去的。"接着她像对待老朋友一样向女作家讲述了她不幸的一生。她的丈夫在第二个孩子还没有出世时就去世了，之后她一人挑起了生活的重担。在第二次世界大战中，又传来了她的两个儿子都阵亡的噩耗。"你很能承担苦难。"老太太平静的叙述令女作家感到吃惊。

老太太的回答令女作家更为吃惊："耶稣在星期五被钉在十字架上的时候，那是全世界最糟糕的一天，可三天后就是复活节。所以，当我遇到不幸时，我就想再等待三天，一切也会恢复正常的。"

心灵感悟

一些常常抱怨生命不幸、命运不公的人，会感慨"一切都让我心生绝望"。如此说话的人，通常都不知道什么叫真正的"灭顶之灾"，很多时候眼前的痛苦并不算什么大不了的事情。武田麻方在自传《抗争》中说："没有天生的强者，一个人只有站在悬崖边时才会真正坚强起来。"

首先将你的心跳过去

布勃卡是举世闻名的奥运会撑竿跳冠军,享有"撑竿跳沙皇"的美誉。他曾数十次创造撑竿跳世界纪录,所保持的两项世界纪录,迄今无人打破。

在接受"国家勋章"的授勋典礼上,记者们纷纷提问:"你成功的秘诀是什么?"

布勃卡微笑着说:"很简单,每次撑竿跳之前,我都会先让自己的心'跳'过横杆。"

作为一名撑竿跳选手,在成名之前,尽管布勃卡不断尝试新的高度,但每次都以失败告终。他既沮丧又苦恼,甚至怀疑过自己的潜力。

有一天,他来到训练场,禁不住摇头对教练说:"我实在跳不过去。"

教练平静地问:"你是怎么想的?"

布勃卡如实回答:"只要踏上起跳线,一看那根高悬的横杆,心里就害怕。"

教练看着他,突然厉声喝道:"布勃卡,你现在要做的就是闭上眼睛,先让你的心从标杆上'跳'过去。"

教练的训斥,让布勃卡如梦初醒。遵从教练的吩咐,他重新撑竿,这一次,他顺利地跃身而过。

教练欣慰地笑了,语重心长地说:"记住,先将你的心从标杆上'跳'过去,你的身体就一定会跟着过去。"

心灵感悟

在一个没有勇气的人眼中,任何挫折都是不可战胜的。如果你真的能够勇往直前,将你的心跳过标杆,你的身体就一定能跨越过去。每当遇到难题时,我们都要先从心理上打败它,认定自己必胜无疑。只有具备这种无比坚定信心的人,才能越过人生的横杆。

天助自助者

车夫驾着一辆满载货物的车子走在乡间的路上,一不小心陷进了泥坑里。在乡下的田野上,会有谁来帮这个可怜人呢?这完全是命运之神有意惹人发怒而安排的。

车陷入泥坑里使车夫大动肝火,骂不绝口。他骂泥坑、骂马,又骂车子和自己。无奈之中,他只得向天神求救。

"神啊!"车夫恳求道,"请你帮帮忙,你的背能扛起天,把我的车从泥坑中推出来对你来说应该是举手之劳。"

刚祈祷完,车夫就听到神从云端发话了:"神要人们自己先动脑筋、想办法,然后才会给予帮助。你先看看，你的车困在泥坑里究竟是什么原因？为什么会陷入泥坑？拿起锄头清除车轮周围的泥浆和烂泥，把碍事的石子都砸碎，把车辙填平，你不自己尝试一下怎么行呢？"

过了一会儿，神问车夫："你干完了吗？"

"是的，干完了。"车夫说。

"那很好，我来帮助你。"天神说，"拿起你的鞭子。"

"我拿起来了……咦，这是怎么回事？我的车走得很轻松！神哪，你真是无所不能！"

这时神发话说："你瞧，你的马车很轻易地就离开了泥坑！遇到困难，要先自己动脑筋想办法解决，不要坐等别人来帮助你。"

遇到挫折时，不要总是习惯于把自己放在一个弱者的位置上，等待着别人的同情，然后等着别人来拯救你。只有自强自立，才能让人对你刮目相看，你也才能走出挫折的泥潭。

将挫折踩在脚下

一头驴不小心掉到一口枯井里，它哀怜地叫喊求助，期待主人能救它出去。驴的主人召集数位乡亲出谋划策，却想不出好的办法。大家一致决定，反正驴已老了，将它活埋了也不为过，况且，这口枯井迟早也要填上，以免后患。

于是，人们拿起铲子，开始填井。当第一铲泥土落到枯井中时，驴叫得更凄惨了——它显然明白了主人的意图。

然而，当一铲铲泥土落到枯井中时，驴却出乎意料地安静了。人们发现，每一铲泥土打在它背上的时候，驴都在做一件令人惊奇的事情：它努力抖落背上的泥土，踩在脚下，把自己垫高一点儿。人们不断地把泥土往枯井里铲，驴就不停地抖落那些落在背上的泥土，使自己再升高一点儿。就这样，驴慢慢地升到枯井口，在人们惊奇的目光中，潇潇洒洒、溜溜达达地走出了枯井。

山再高也有顶，困难再大也有限，而自我的力量却是无穷的。

那些让我们苦恼的困难，其实如同泥土一样，放在身上是包袱，抖落地上又都变成了帮助我们走出困境的垫脚石。

接受痛苦的雕琢

一位著名的雕刻师准备塑造一尊佛像供人供奉，经过精挑细选，他看上一块质感上乘的石头，开始雕刻。没想到才拿起锉刀敲几下，这块石头就痛不欲生，不断哀号："好痛，好痛，师傅，不要再刻了，还是让我躺着吧！"

师傅只好停工，让其躺在地上，另外再找了一块质感差一点的石头重新雕刻。只见这块较差的石头，任凭刀琢棒敲，一概咬紧牙根坚忍承受，默然不出一语。

师傅渐入佳境，在精雕细琢下，果然雕成了极品，大家惊叹为杰作，将佛像送到大雄宝殿，供善男信女日夜顶礼膜拜，从此，该庙宇香火鼎盛，远近驰名。

不久，无法忍受雕刻之痛的那块石头被人废物利用，铺在通往庙宇的马路上，人车频繁经过，又要承受风吹雨打，实在痛苦不堪，石头内心愤愤不平，质问庙里这尊佛像，说道："你资质比我差，却享尽人间礼赞尊崇，我却每天遭受凌辱践踏、日晒雨淋，凭什么？"佛像只是微笑，说："你天资虽好，却耐不住雕琢之苦，怎能抱怨别人呢？"

心灵感悟

如果把生命比作一把披荆斩棘的"刀"，那么挫折就是一块不可或缺的"磨刀石"，为了使青春这把"刀"更加锋利，就必须勇敢地接受挫折的磨砺！"梅花香自苦寒来"，经受过痛苦的人才能尝到幸福的喜悦。

第十一辑
蹚过心灵的冰河

活在今天

你没必要为过去而懊悔，也没必要为未来而不安，最明智的做法就是做好今天该做的事情。

1871 年春天，一个蒙特瑞综合医院的医学生偶然拿起一本书，看到了书上的一句话。就是这话，改变了这个年轻人的一生。它使这个原来只知道担心自己的期末考试成绩、自己将来的生活何去何从的年轻的医学院的学生，最后成为他那一代最有名的医学家。他创建了举世闻名的约翰·霍普金斯学院，被聘为牛津大学医学院的钦定讲座教授，还被英国国王册封为爵士。他死后，用厚达 1466 页的两大卷书才记述完他的一生。

他就是威廉·奥斯勒爵士，而下面，就是他在 1871 年看到的由汤冯士·卡莱里所写的那句话："人的一生最重要的不是期望模糊的未来，而是重视手边清楚的现在。"

威廉·奥斯勒爵士曾在耶鲁大学做了一场演讲。他告诉那些大学生，在别人眼里，曾经当过 4 年大学教授、写过一本畅销书的他，拥有的应该是"一个特殊的头脑"，可是，他的好朋友们都知道，他其实也是个普通人。他的一生得益于那句话："人的一生最重要的不是期望模糊的未来，而是重视手边清楚的现在。"很久以前，曾经有两位哲人游说于穷乡僻壤之中，对前来听教的人说了一句流传千古的话："不要为明天的事烦恼。明天自有明天的事，只要全力以赴地过好今天就行了。"

许多人都觉得耶稣说过的这句话难以实行，他们认为为了明天的生活有保障、为了家人、为了将来出人头地，必须做好准备。我们当然应该为明天制订计划，却完全没有必要去担心。现代生活中，存在着一个惊人的事实，证明了现代生活的错误。在美国，医院里半数以上的病床都被精神病人占据着，而这些人大多是因为不堪忍受生活的重负而精神崩溃的。可是，如果他们谨奉耶稣的箴言"不要为明天的事忧虑"，谨记威廉·奥斯勒的话"人只能生存在今天的房间里"，只活在今天，你就能成为一个快乐的人，满意地度过一生。

心灵感悟

昨天就像使用过的支票，明天则像还没有发行的债券，只有今天是现金，可以马上使用。今天是我们轻易就可以拥有的财富，无度地挥霍和无端地错过都是一种对生命的浪费。

沙漏哲学

现代人大都背负着沉重的生活压力，时常担心这个、担心那个。面对这么多的压力，你该试一试所谓的"沙漏哲学"，既然你所忧虑的事不是一时半刻就能改变的，你就要用另一种心情去面对。

二次大战时期，米诺肩负着沉重的任务，每天花很长的时间在收发室里，努力整理在战争中死伤和失踪者的最新纪录。

源源不绝的情报接踵而来，收发室的人员必须分秒必争地处理，一丁点儿的小错误都可能造成难以弥补的后果。米诺的心始终悬在半空中，小心翼翼地避免出现任何差错。

在压力和疲劳的袭击之下，米诺患了结肠痉挛症。身体上的病痛使他忧心忡忡，他担心自己从此一蹶不振，又担心自己是否能撑到战争结束，活着回去见他的家人。

在身体和心理的双重煎熬下，米诺整个人瘦了 34 磅。他想自己就要垮了，几乎已经不奢望会有痊愈的一天。

身心交相煎熬，米诺终于不支倒地，住进医院。

军医了解他的状况后，语重心长地对他说："米诺，你身体上的疾病没什么大不了，真正的问题出在你的心里。我希望你把自己的生命想象成一个沙漏，在沙漏的上半部，有成千上万的沙子。它们在流过中间那条细缝时，都是平均而且缓慢的，除了弄坏它，你跟我都没办法让很多沙粒同时通过那条窄缝。人也是一样，每一个人都像是一个沙漏，每天都是一大堆的工作等着去做，但是我们必须一次一件慢慢来，否则我们的精神绝对承受不了。"

医生的忠告给了米诺很大的启发，从那天起，他就一直奉行着这种"沙漏哲学"，即使问题如成千上万的沙子般涌到面前，米诺也能沉着应对，不再杞人忧天。他反复告诫自己："一次只流过一粒沙子，一次只做一件工作。"

没过多久，米诺的身体便恢复正常了，从此，他也学会了如何从容不迫地面对自己的工作了。

人没有一万只手，不能把所有的事情一次解决，那么又何必一次为那么多事情而烦恼呢？

不能即时改变的事，你再怎么担心忧虑也只是空想而已，事情并不能马上解决；你应该试着一件一件慢慢来，全心全意把眼前的这件事做好。

心灵感悟

人生在世，必然要面临各种各样的压力，当你学会调整自己，让压力一点一滴而来时，你会发现，压力反而成为一种动力，只要你按部就班，它就会不断推动着你努力前进。

忧虑不能改变现实

与内疚悔恨一样，过分忧虑也是人性的一种最消极而毫无益处的缺陷之一，是一种极大的精力浪费。当你悔恨时，你会沉湎于过去，为自己的某种言行而沮丧或不快，在回忆往事中消磨掉自己现在的时光。当你产生忧虑时，你会利用宝贵的时光，无休止地考虑将来的事情。对我们每个人来讲，无论是沉湎过去，还是忧虑未来，其结果都是相同的：徒劳无益。

一个商人的妻子不停地劝慰着她那在床上翻来覆去折腾了的丈夫："睡吧，别再胡思乱想了。"

"嗨，老婆啊，"丈夫说，"你是没遇上我现在的罪啊！几个月前，我借了一笔钱，明天就到还钱的日子了。可你知道，咱家哪儿有钱啊！你也知道，借给我钱的那些邻居们比蝎子还毒，我要是还不上钱，他们能饶得了我吗？为了这个，我能睡得着吗？"他接着又在床上继续翻来覆去。

妻子试图劝他，让他宽心："睡吧，等到明天，总会有办法的，我们说不定能弄到钱还债的。"

"不行了，一点儿办法都没有啦！"丈夫喊叫着。

最后，妻子忍耐不住了，她爬上房顶，对着邻居家高声喊道："你们知道，我丈夫欠你们的债明天就要到期了。现在我告诉你们：我丈夫明天没有钱还债！"她跑回卧室，对丈夫说："这回睡不着觉的不是你，而是他们了。"

如果凌晨三四点的时候，你还忧虑在心头，似乎全世界的重担都压在你肩膀上：到哪里去找一间合适的房子，找一份好一点的工作，怎样可以使那个啰唆的主管对你有好印象，儿子的健康、女儿的行为、明天的伙食、孩子们的学费……可怜！你的脑子里有许多烦恼、问题和急着要做的事在那里滚转翻腾！墙上糊的纸好不好，女儿的男友配得上她吗，粮食会不会又要涨价了，可怜！你脑子里的思绪东飘西荡，你仿佛永远无法再入睡了！

不，你会睡着的，只要你采取一个简单的步骤，对自己说一句简短的话，说上几遍，每一次要深呼吸，放松！你要对自己说，同时心里也要真的这样想："不要怕。"

深呼吸，一切由他去！睁开眼睛，再轻松地闭起来，告诉自己："不要怕。"要仔细想想这些有魔力的字句，而且要真正相信，不要让你的心仍在恐惧和烦恼之中彷徨。

有一点，我们不能将忧虑与计划安排混为一谈，虽然二者都是对未来的一种考虑。如果你是在制订未来的计划，这将更有助于你现实中的活动，使你对未来有自己的具体想法与行动指南。而忧虑只是因今后可能发生的事情而产生惰性。忧虑是一种流行的社会通病，几乎每个人都要花费大量的时间为未来担忧。忧虑既然如此消极而无益，既然你是在为毫无积极效果的行为浪费自己宝贵的时光，那么你就必须改变这一缺点。

请记住一点，世上没有任何事情是值得忧虑的，绝对没有！你可以让自己的一生在对未来的忧虑中度过，然而无论你多么忧虑，甚至抑郁而死，你也无法改变现实。

心灵感悟

"人生不如意事，十有八九"，忧虑在所难免。但人们切不可沉溺于忧虑的泥潭中不能自拔，而应尽快调整心态和情绪，采取积极的行动来改变已遭到变故的生活。不想八九，常想一二。

忧虑是健康的大敌

忧虑会使一个人老得更快，摧毁他的容貌。忧虑会使我们的表情难看，会使我们咬紧牙关，会使我们的脸上产生皱纹，会使我们老是愁眉苦脸，会使我们头发灰白，有时甚至会使头发脱落。

忧虑甚至会使最强壮的人生病。在美国南北战争的最后几天里，格兰特将军发现了这一点。故事是这样的：

格兰特围攻里奇蒙德有9个月之久，李将军手下衣衫不整、饥饿不堪的部队被打败了。有一次，好几个兵团的人都开了小差。其余的人在他们的帐篷里开会祈祷——叫着、哭着，看到了种种幻象。眼看战争就要结束了，李将军手下的人放火烧了里奇蒙德的棉花和烟草仓库，也烧了兵工厂，然后在烈焰升腾的黑夜里弃城而逃。格兰特乘胜追击，从左右两侧和后方夹击南部联军，而由骑兵从正面截击，拆毁铁路线，俘获了运送补给的车辆。

由于剧烈头痛而眼睛半瞎的格兰特无法跟上队伍，就停在了一个农家。"我在那里过了一夜，"他在回忆录里写道，"把我的两脚泡在加了芥末的冷水里，还把芥末药膏贴在我的两个手腕和后颈上，希望第二天早上能康复。"

第二天清早，他果然康复了。可是使他复原的，不是芥末药膏，而是一个带回李将军降书的骑兵。

"当那个军官到我面前时，"格兰特写着，"我的头还痛得很厉害，可是一看到那封信的内容，我就好了。"

显然，格兰特是因为忧虑、紧张和情绪上的不安才生病的。一旦他在情绪上恢复了自信，想到他的成就和胜利，就马上好了。

当我们忧虑的时候，思想激烈碰撞，无法形成一个定式，最终只会丧失所有做决定的能力。

可是，如果强迫自己接受现状，先有了一个精神准备，那我们就能够衡量所有可能的情形，进行细致的考虑，使我们的思想能够充分集中，去想办法扭转局势。

心理上能接受最坏后果，实际上就成为发挥你个人潜力的最佳保证，因为当我们接受了最坏打算后，就不会再有什么损失了，反正一切都已显得微不足道。换句话说，一切都可以失去，也都能够回来。

但总有许多人，因为愤怒而毁了他们的生活，因为他们根本无法接受最坏的东西，不肯由此进行改进，不愿意在灾难中尽可能地救出点东西来。他们将整个身心投入利弊得失的忧虑中——实际上，他们只有损失，最终成为那种颓废的情绪的牺牲品。

心灵感悟

　　健康是人一生最重要的资本，没有了健康，纵然有再多的财富也是枉然。很多时候，人们可能忽视了坏情绪对人的负面影响，使健康出现严重危机，由此，我们应该还自己一片晴朗的心空，让健康永驻。

挣脱痛苦的锁链

有一只兀鹰，猛烈地啄着村夫的双脚，将他的靴子和袜子撕成碎片后，便狠狠地啃起村夫的双脚来了。正好这时有一位绅士经过，看见村夫如此鲜血淋漓地忍受痛苦，不禁驻足问他，为什么要受兀鹰啄食呢？村夫答道："我没有办法啊。这只兀鹰刚开始袭击我的时候，我曾经试图赶走它，但是它太顽强了，几乎抓伤我的脸颊。因此我宁愿牺牲双脚。啊，我的脚差不多被撕成碎屑了，真可怕！"

绅士说："你只要一枪就可以结束它的性命呀。"村夫听了，尖声叫嚷着："真的吗？那么你助我一臂之力好吗？"

绅士回答："我很乐意，可是我得去拿枪，你还能支撑一会儿吗？"

在剧痛中呻吟的村夫，强忍着被撕扯的痛苦说："无论如何，我会忍下去的。"

于是绅士飞快地跑去拿枪。但就在绅士转身的瞬间，兀鹰蓦然拔身冲起，在空中把身子向后拉得远远的，以便获得更大的冲力，然后如同一根标枪般，把它的利喙刺向村夫的喉头，深深插入。村夫终于扑死在地了。死前稍感安慰的是，兀鹰也因太过费力，淹溺在村夫的血泊里。

你会问：村夫为什么不自己去拿枪结束掉兀鹰的性命，却宁愿像傻瓜一样忍受兀鹰的袭击？在这则故事中，兀鹰只是一个比喻，它象征着萦绕人生的内在与外在的痛苦，人很容易陷入痛苦中无法自拔。

其实，任何一个凡人都会不知不觉地像村夫一样，沉溺于自己的臆造幻想中，痛苦得不能自拔，甚至"爱"上自己的痛苦，不愿亲手毁掉它，尽管只是举手之劳而已。卡夫卡有一段格言，正可以解释人为什么总会身陷种种痛苦："人们惧怕自由和责任，所以人们宁愿藏身在自铸的牢笼中。"所以，村夫与他臆想的痛苦（兀鹰）同归于尽。这个寓言告诉我们：不要等待别人来解决你的痛苦，只要愿意，你可以超越它，"枪毙"了你的痛苦。

心灵感悟

痛苦是生命的敌人，人生虽然充满挫折与苦难，但人可以一颗豁达乐观的心灵凌驾于逆境之上。千万不要沉溺于痛苦之中，痛苦是心灵的自我囚禁，每个人都应自觉地呵护自己的心灵，别让它承受痛苦的煎熬。

自卑是心灵的钉子

自卑是人生最大的跨栏，每个人都必须成功跨越才能到达人生的巅峰。

自卑的人情绪低沉，郁郁寡欢，常因害怕别人看不起自己而不愿与人来往，只想与人疏远，缺少朋友，顾影自怜，甚至自疚、自责、自罪；自卑的人缺乏自信，优柔寡断，毫无竞争意识，抓不住稍纵即逝的各种机会，享受不到成功的乐趣；自卑的人常感疲劳，心灰意懒，注意力不集中，工作没有效率，缺少生活情趣。

如果一个人总是沉迷在自卑的阴影中，那无异于给自己套上了无形的枷锁。但是如果能够认清自己，懂得换个角度看待周围的世界和自己的困境，那么许多问题就迎刃而解了。

一位父亲带着儿子去参观梵·高故居，在看过那张小木床及裂了口的皮鞋之后，儿子问父亲："梵·高不是位百万富翁吗？"父亲答："梵·高是位连妻子都没娶上的穷人。"

第二年，这位父亲带儿子去丹麦，在安徒生的故居前，儿子又困惑地问："爸爸，安徒生不是生活在皇宫里吗？"父亲答："安徒生是位鞋匠的儿子，他就生活在这栋阁楼里。"

这位父亲是一个水手，他每年往来于大西洋各个港口；这位儿子叫伊东布拉格，是美国历史上第一位获普利策奖的黑人记者。20年后，在回忆童年时，他说："那时我们家很穷，父母都靠卖苦力为生。有很长一段时间，我一直认为像我们这样地位卑微的黑人是不可能有什么出息的。好在父亲让我认识了梵·高和安徒生，这两个人告诉我，上帝没有轻看卑微。"

富有者并不一定伟大；贫穷者也并不一定卑微。上帝是公平的，他把机会放到了每个人面前。自卑的人也有相同的机会。

自卑常常在不经意间闯进我们的内心世界，控制着我们的生活，在我们有所决定、有所取舍的时候，向我们勒索着勇气与胆略；当我们碰到困难的时候，自卑会站在我们的背后大声地吓唬我们；当我们要大踏步向前迈进的时候，自卑会拉住我们的衣袖，叫我们小心地雷。一次偶然的挫败就会令你垂头丧气，一蹶不振，将自己的一切否定，你会觉得自己一无是处，窝囊至极，你会掉进自责自罪的旋涡。

自卑就像蛀虫一样啃噬着你的人格，它是你走向成功的绊脚石，它是快乐生活的拦路虎。

一个人如果自卑，他不仅不敢有远大的目标，同时他将永远不会出类拔萃；一个民族和国家，如果自卑，只能当别国的殖民地，站不起来，也不敢站起来，只能跟在别的国后边当附庸。

自卑是一种压抑，一种自我内心潜能的人为压抑；更是一种恐惧，一种损害自尊和荣誉的恐惧。所以生活中，我们只有比别人更相信并且珍爱自己，才能发挥自己最大的潜力，创造出属于自己的天地。当我们遭到冷遇时，当我们受到侮辱时，一定要自尊自爱，把羞辱作为奋发的动力，激励自己去战胜一个个难关。

心灵感悟

自卑是麻痹药，自卑是落后丹，自卑是自杀的剧毒品！

驱赶自卑的良药是接受自信心训练，建立自信。

别抓住自己的劣势不放

世上大部分不能走出生存困境的人都是因为对自己信心不足，他们就像一颗脆弱的小草一样，毫无信心去经历风雨，这就是一种可怕的自卑心理。所谓自卑，就是轻视自己，自己看不起自己。自卑心理严重的人，并不一定是其本身具有某些缺陷或短处，而是不能悦纳自己，自惭形秽，常把自己放在一个低人一等、不被自己喜欢，进而演绎成别人看不起自己的位置，并由此陷入不能自拔的痛苦境地，心灵笼罩着永不消散的愁云。

王璇就是这样，本来是一个活泼开朗的女孩，竟然被自卑折磨得一塌糊涂。

王璇在一家大型的日本企业上班，毕业于某著名语言大学。大学期间的王璇是一个十分自信、从容的女孩。她的学习成绩在班级里名列前茅，是男孩追逐的焦点。然而最近，王璇的大学同学惊讶地发现，王璇变了，原先活泼可爱、整天嘻嘻哈哈的她，像换了一个人似的，不但变得羞羞答答，甚至其行为也变得畏首畏尾，而且说起话来、干起事来都显得特别不自信，和大学时判若两人。每天上班前，她会为了穿衣打扮花上整整两个小时的时间。为此她不惜早起，少睡两个小时。她之所以这么做，是怕自己打扮不好，遭到同事或上司的取笑。在工作中，她更是战战兢兢、小心翼翼，甚至到了谨小慎微的地步。

原来到日本公司后，王璇发现日本人的服饰及举止显得十分高贵及严肃，让她觉得自己土气十足，上不了台面。于是她对自己的服装及饰物产生了深深的厌恶。第二天，她就跑到服饰精品商场去了。可是，由于还没有发工资，她买不起那些名牌服装，只能悻悻地回来了。

在公司的第一个月，王璇是低着头度过的。她不敢抬头看别人穿的正宗名牌西服、名牌裙子，因为一看，她就会觉得自己穷酸。那些日本女人或早于她进入这家公司的中国女人大多穿着一流的品牌服饰，而自己呢，竟然还是一副穷学生样。每当这样比较时，她便感到无地自容，她觉得自己就是混入天鹅群的丑小鸭，心里充满了自卑。

服饰还是小事，令王璇更觉得抬不起头来的是她的同事们平时用的香水都是洋货。他们所到之处清香飘逸，而王璇自己用的却是一种廉价的香水。

女人与女人之间，聊起来无非是生活上的琐碎小事，主要的当然是衣服、化妆品、首饰，等等。而关于这些，王璇几乎什么话题都没有。这样，她在同事中间就显得十分孤立，也十分羞惭。

在工作中，王璇也觉得很不如意。由于刚踏入工作岗位，工作效率不是很高，不能及时完成上司交给的任务，有时难免受到批评，这让王璇更加拘束和不安，甚至开始怀疑自己的能力。

此外，王璇刚进公司的时候，她还要负责做清洁工作。看着同事们悠然自得地享用着她倒的开水，她就觉得自己与清洁工无异，这更加深了她的自卑意识……

像王璇这样的自卑者，总是一味轻视自己，总感到自己这也不行、那也不行，什么也比不上别人。怕正面接触别人的优点、突出自己的弱项，这种情绪一旦占据心头，结果是对什么都提不起精神，犹豫、忧郁、烦恼、焦虑便纷至沓来。

每一个事物、每一个人都有其优势，都有其存在的价值。自卑是一种没有必要的自我没落，一个人如果陷入了自卑的泥潭，他能找到一万个理由说自己如何如何不如别人，比如：我个儿矮、我长得黑、我眼睛小、我不苗条、我嘴大、我有口音、我汗毛太多、我父母没地位、我学历太低、我职务不高、我受过处分、我有病，乃至我不会吃西餐，等等，可以找到无数种理由让自己自卑。由于自卑而焦虑，于是注意力分散了，从而破坏了自己的成功，导致失败，即失败—自卑—焦虑—分散注意力——失败，这就是自卑者制造的恶性循环。

心灵感悟

具有自卑心理的人，总是过多地看重自己不利和消极的一面，而看不到有利、积极的一面，缺乏客观全面地分析事物的能力和信心。这就要求我们努力提高自己透过现象抓本质的能力，客观地分析对自己有利和不利的因素，尤其要看到自己的长处和潜力，而不是妄自嗟叹、妄自菲薄。

走出过去的阴影

没有一个人是没有过失的，如果有了过失能够决心去修正，即使不能完全改正，只要继续不断地努力下去，也就对得住自己的良心了。徒有感伤而不从事切实的补救工作，那是最要不得的！

人很容易被负疚感左右，在人们的文化中，内疚被当作一种有效的控制手段加以运用。

的确，我们应当吸取过去的经验教训，但绝不能总在阴影下活着，内疚是对错误的反省，是人性中积极的一面，却属于情绪的消极一面。我们应该分清这二者之间的关系，反省之后迅速行动起来，把消极的一面变为积极，让积极的一面更积极。

哈蒙是一位商人，四处旅行，忙忙碌碌。当能够与全家人共度周末时，他非常高兴。他年迈的双亲住的地方，离他的家只有一个小时的路程。哈蒙也非常清楚自己的父母是多么希望见到他和他的全家人。但他总是寻找借口尽可能不到父母那里去，最后几乎发展到与父母断绝往来的地步。不久，他的父亲死了，哈蒙好几个月都陷于内疚之中，回想起父亲曾为自己做过的所有好事情。他埋怨自己在父亲有生之年未能尽孝心。在最初的悲痛平定下来后，哈蒙意识到，再大的内疚也无法使父亲死而复生。认识到自己的过错之后，他改变了以往的做法，常常带着全家人去看望母亲，并一直同母亲保持密切的电话联系。

大家再看一下赫莉是怎么处理的：

赫莉的母亲很早便守寡，她勤奋工作，以便让赫莉能穿上好衣服，在城里较好的地区住上令人满意的公寓，能参加夏令营，上名牌私立大学。赫莉的母亲为女儿"牺牲"了一切。当赫莉大学毕业后，找到了一个报酬较高的工作。她打算独自搬到一个小型公寓去，公寓离母亲的住处不远，但人们纷纷劝她不要搬，因为母亲为她做出过那么大的牺牲，现在她撇下母亲不管是不对的。赫莉立刻感到有些内疚，并同意与母亲住在一起。后来她看上了一个青年男子，但她母亲不赞成她与他交朋友，强有力的内疚感再一次作用于赫莉。几年后，为内疚感所奴役着的赫莉，完全处于她母亲的控制之下。而到最终，她又因负疚感造成的压抑毁了自己，并为生活中的每一个失败而责怪自己和自己的母亲。

当然，处在某种情境之下，我们的头脑会被外在因素所控制而不再清醒，不自觉地陷在内疚的泥潭里无法自拔。这时候既需要有人当头棒喝，更需要自己毅然决然做出选择。

心灵感悟

我们不能抛弃回忆，可是我们也不能做回忆的奴隶。让我们在心灵的一个角落里，珍藏起我们走过的路上种种的喜怒哀愁、酸甜苦辣，然后，把更广阔的心灵空间留给现在，留给此时此刻！

怀旧情结适可而止

淑娟是某校一位普通的学生。她曾经沉浸在考入重点大学的喜悦中，但好景不长，大一开学才两个月，她已经对自己失去了信心，连续两次与同学闹别扭，功课也不能令她满意，她对自己失望透了。

她自认为是一个坚强的女孩，很少有被吓倒的时候，但她没想到大学开学才两个月，自己就对大学四年的生活失去了信心。她曾经安慰过自己，也无数次试着让自己抱以希望，但换来的只是一次又一次的失望。

以前在中学时，几乎所有老师跟她的关系都很好，很喜欢她，她的学习状态也很好，学什么像什么，身边还有一群朋友，那时她感觉自己像个明星似的。但是进入大学后，一切都变了，人与人的隔阂是那样的明显，自己的学习成绩又如此糟糕。现在的她很无助，她常常这样想：我并未比别人少付出，并不比别人少努力，为什么别人能做到的，我却不能呢？她觉得明天已经没有希望了，她还想：难道12年的拼搏奋斗注定是一场空吗？那这样对自己来说太不公平了。

进入一个新的学校，新生往往会不自觉地与以前相对比，而当困难和挫折发生时，产生"回归心理"更是一种普遍的心理状态。淑娟在新学校中缺少安全感，不管是与人相处方面，还是自尊、自信方面，这使她长期处于一种怀旧、留恋过去的心理状态中，如果不去正视目前的困境，就会更加难以适应新的生活环境、建立新的自信。

不能尽快适应新环境，就会导致过分的怀旧。一些人在人际交往中只能做到"不忘老朋友"，但难以做到"结识新朋友"，个人的交际圈也大大缩小。此类过分的怀旧行为将阻碍着你去适应新的环境，使你很难与时代同步。回忆是属于过去的岁月的，一个人应该不断进步。我们要试着走出过去的回忆，不管它是悲还是喜，不能让回忆干扰我们今天的生活。

一个人适当怀旧是正常的，也是必要的，但是因为怀旧而否认现在和将来，就会陷入病态。

不要总是表现出对现状很不满意的样子，更不要因此过于沉溺在对过去的追忆中。当你不厌其烦地重复述说往事、述说过去如何如何时，你可能忽略了今天正在经历的体验。把过多的时间放在追忆上，会或多或少地影响你的正常生活。

我们需要做的，是尽情地享受现在。过去的再美好，抑或再悲伤，那毕竟已经因为岁月的流逝而沉淀。如果你总是因为昨天错过今天，那么在不远的将来，你又会回忆着今天的错过。在这样的恶性循环中，你永远是一个迟到的人。不如积极参与现实生活，如认真地读书、看报，了解并接受新生事物，积极参与改革的实践活动，要学会从历史的高度看问题，顺应时代潮流，不能老是站在原地思考问题。如果对新事物立刻接受有困难，可以在新旧事物之间寻找一个突破口，例如思考如何再立新功、再创辉煌，不忘老朋友、发展新朋友，继承传统、厉行改革等，寻找一个最佳的结合点，从这个点做起。

隆萨乐尔曾经说过："不是时间流逝，而是我们流逝。"不是吗，在已逝的岁月里，我们毫无抗拒地让生命在时间里一点一滴地流逝，却做出了分秒必争的滑稽模样？

说穿了，回到从前也只能是一次心灵的谎言，是对现在的一种不负责的敷衍。史威福说："没有人活在现在，大家都活着为其他时间做准备。"所谓"活在现在"，就是指活在今天，今天应该好好地生活。这其实并不是一件很难的事，我们都可以轻易做到。

心灵感悟

正常的怀旧有一种寻找安静、维持心灵平和、返璞归真的积极功能。这方面的功能多一些，病态的、消极的心态就会减少。只要发挥怀旧的积极功能，我们还是希望一个人有适当的怀旧心理的。

信心创造奇迹

只要有信心，你就能移动一座山。只要坚信自己会成功，你就能成功。

宋朝，有一段时期战争频频，国患不断，大将军李卫带领人马杀赴疆场，不料自己的军队势单力薄，寡不敌众，被困在小山顶上，眼看将被敌军吞没。

就在士气大减，甚至将要缴械投降之际，大将军李卫站在大家面前说："士兵们，看样子我们的实力是不如人家了，可我一直都相信天意，老天让我们赢，我们就一定能赢。我这里有9枚铜钱，向苍天企求保佑我们冲出重围。我把这9枚铜钱撒在地上，如果都是正面，一定是老天保佑我们；如果不全是正面的话，那肯定是老天告诉我们不会冲出去的，我就投降。"

此时，士兵们闭上了眼睛，跪在地上，烧香拜天祈求苍天保佑，这时李卫摇晃着铜钱，一把撒向空中，落在了地上，开始士兵们不敢看，谁会相信9枚铜钱都是正面呢！可突然一声尖叫："快看，都是正面。"

大家都睁开了眼睛往地上一看，果真都是正面。士兵们跳了起来，把李卫高高举起喊道："我们一定会赢，老天会保佑我们的！"

李卫拾起铜钱说："那好，既然有苍天的保佑，我们还等什么，我们一定会冲出去的！各位，鼓起勇气，我们冲啊！"

就这样，一小队人马竟然奇迹般战胜了强大的敌人，突出重围，保住了有生力量。过些时候，将士们谈起了铜钱的事情，还说："如果那天没有上天保佑我们，我们就没有办法出来了！"

这时候李卫从口袋掏出了那9枚铜钱，大家竟惊奇地发现，这些铜钱的两面都是正面的！

虽然只是几枚小小的两面都是正面的铜钱，却让这小队人马的命运为此而改变。细细体味故事时，我们能够领悟到，战斗胜利的根源其实是在于：信心。

自信比金钱、势力、出身、亲友更有力量，是人们从事任何事业的最可靠的资本。自信能排除各种障碍、克服种种困难，能使事业获得完满的成功。有的人最初对自己有一个恰当的估计，自信能够处处胜利，但是一经挫折，他们却又半途而废，这是因为他们自信心不坚定的缘故。

所以，树立了自信心，还要使自信心变得坚定，这样即使遇到挫折，也能不屈不挠、向前进取，绝不会因为一时的困难而放弃。

那些成就伟大事业的卓越人物在开始做事之前，总是具有充分信任自己能力的坚定的自信心，深信所从事之事业必能成功。这样，在做事时他们就能付出全部的精力，破除一切艰难险阻，直达成功的彼岸。

心灵感悟

"依靠自己，相信自己"，这是独立个性的一种重要成分。如果有坚强的自信，往往能使平凡的男男女女做出惊人的事业来。而胆怯和意志不坚定的人，即使有出众的才华也终难成就伟大的事业。

悲观是自酿的苦酒

20世纪女作家张爱玲的一生完整地注释了悲观给人带来的负面影响是多么巨大。

张爱玲一生聚集了一大堆矛盾，她是一个善于将艺术生活化、将生活艺术化的享乐主义者，又是一个对生活充满悲剧感的人；她是名门之后、贵族小姐，却宣称自己是一个自食其力的小市民；她悲天悯人，时时洞见芸芸众生"可笑"背后的"可怜"，但在实际生活中显得冷漠寡情；她通达人情世故，但她自己无论待人穿衣均是我行我素、独标孤高。她在文章里同读者拉家常，在生活中却始终与人保持着距离，不让外人窥测她的内心；她在20世纪40年代的上海大红大紫，几十年后，她在美国又深居简出，过着与世隔绝的生活。所以有人说："只有张爱玲才可以同时承受灿烂夺目的喧闹与极度的孤寂。"这种生活态度的确不是普通人能够承受或者是理解的，但用现代心理学的眼光看，其实张爱玲的这种生活态度源于她始终抱着一种悲观的心态活在人间，这种悲观的心态让她无法真正地融入生活，因此她总在两种生活状态里不停地左右徘徊。

张爱玲悲观苍凉的色调，深深地沉积在她的作品中，使其作品产生了巨大而独特的艺术魅力。但无论作家用怎样流利华丽的文字，写出怎样可笑或传奇的故事，终不免露出悲音。那种渗透着个人身世之感的悲剧意识，使她能与时代生活中的悲剧氛围相通，从而在更广阔的历史背景上臻于深广。

张爱玲所拥有的深刻的悲剧意识，并没有把她引向西方现代派文学那种对人生彻底绝望的境界。个人气质和文化底蕴最终决定了她只能回到传统文化的意境，且不免自伤自恋，因此在生活中，她时而在世俗的喧嚣中沉浸，时而又陷入极度的寂寞中，最后孤老死去。

张爱玲的悲剧人生让我们看到了悲观对一个人的戕害是多么惨重。现实生活中，不止文豪有这样的悲观情绪，平常的人也会经历这样的心情。

有一位年老的父亲，他有两个儿子，他们都很可爱。在圣诞节来临前，父亲分别送给他

们完全不同的礼物，在夜里悄悄把这些礼物挂在圣诞树上。第二天早晨，哥哥和弟弟都早早起来，想看看圣诞老人给自己的是什么礼物。哥哥的圣诞树上礼物很多，有一把气枪，有一辆崭新的自行车，还有一个足球。哥哥把自己的礼物一件一件地取下来，却并不高兴，反而忧心忡忡。

父亲问他："是礼物不好吗？"哥哥拿起气枪说："看吧，这支气枪我如果拿出去玩，没准会把邻居的窗户打碎，那样一定会招来一顿责骂。还有，这辆自行车，我骑出去倒是高兴，但说不定会撞到树干上，会把自己摔伤。而这个足球，我总是会把它踢爆的。"父亲听了没有说话。

弟弟的圣诞树上除了一个纸包外，什么也没有。他把纸包打开后，不禁哈哈大笑起来，一边笑，一边在屋子里到处找。父亲问他："为什么这样高兴？"他说：

"我的圣诞礼物是一包马粪，这说明肯定会有一匹小马驹就在我们家里。"最后，他果然在屋后找到了一匹小马驹。父亲也跟着他笑起来："真是一个快乐的圣诞节啊！"

其实，在工作和生活中，很多事情也是这样，乐观情绪总会带来快乐明亮的结果，而悲观的心理则会使一切变得灰暗。

受苦的人，没有悲观的权利；失火时，没有怕黑的权利；战场上，只有不怕死的战士才能取得胜利；生活中，只有受苦而不悲观的人，才能克服困难，脱离困境。

我们不仅要知道在快乐的时候微笑，更要学会在面对困难的时候微笑，因为只有这样，你才能在挫折面前精神不倒；只有这样，你才能告别悲伤的凄凉，迎接生活的春日暖阳。

当自己已经尽力，可因为个人无法控制的所谓"天命"而使事情变糟时，恐慌、着急、悔恨都无济于事，不如将自己从悲观中放逐，去感受生活中的阳光，这样方能迎来不一样的人生。

内心有阳光，世界就是光明的

一样的事情，可以选择不同的态度对待。选择积极的方面并做出积极努力，就一定会看出前方独好的风景。

两个小桶一同被吊在井口上。

其中一个对另一个说："你看起来似乎闷闷不乐，有什么不愉快的事吗？"

另一个回答："我常在想，这真是一场徒劳，没什么意思。常常是这样，装得满满地上去，又空着下来。"

第一个小桶说："我倒不觉得如此。我一直这样想：我们空空地来，装得满满地回去！"

很多事情，站在不同的立场，便有不同的看法，正面的想法带来积极的效果，负面的想法带来消极的效果。乐观的人，在每一个忧患中看到机会；悲观的人，在每一个机会中看到忧患。

普希金说，假如生活欺骗了你，不要忧郁，也不要愤慨。我们的心憧憬着未来，现实总是令人悲哀。一切都是暂时的，转瞬即逝，而那逝去的将变为可爱。

鲁滨孙太太这样描述她曾有过的经历：

美国庆祝陆军在北非获胜的那一天，我接到国防部送来的一封电报，我的侄儿——我最爱的一个人——在战场上失踪了。过了不久，又来了一封电报，说他已经死了。

我悲伤得无以复加。在那件事发生以前，我一直觉得生命多么美好，我有一份自己喜欢的工作，并努力带大了这个侄儿。在我看来，他代表了年轻人美好的一切。我觉得我以前的努力，现在都有很好的收获……然而收到了这些电报，我的整个世界都粉碎了，我觉得再也没有什么值得我活下去。我开始忽视自己的工作、忽视朋友，我抛开了一切，既冷淡又怨恨。为什么我最疼爱的侄儿会离我而去？为什么一个这么好的孩子——还没有真正开始他的生活——就死在战场上？我没有办法接受这个事实。我悲痛欲绝，决定放弃工作，离开我的家乡，把自己藏在眼泪和悔恨之中。

就在我清理桌子、准备辞职的时候，突然看到一封我已经忘了的信——从我这个已经死了的侄儿那里寄来的信。是几年前我母亲去世的时候，他给我写来的一封信。"当然我们都会想念她的，"那封信上说，"尤其是你。不过我知道你会撑过去的，以你个人对人生的看法，就能让你撑过去。我永远也不会忘记那些你教我的美丽的真理：不论活在哪里，不论我们分离得多么远，我永远都会记得你教我要微笑，要像一个男子汉一样承受所发生的一切。"

我把那封信读了一遍又一遍，觉得他似乎就在我的身边，正在对我说话。他好像在对我说："你为什么不照你教给我的办法去做呢？撑下去，不论发生什么事情，把你个人的悲伤藏在微笑底下，继续过下去。"

于是，我重新回去开始工作。我不再对人冷淡无礼。我一再对自己说："事情到了这个地步，我没有能力去改变它，不过我能够像他所希望的那样继续活下去。"我把所有的思想和精力都在用工作上，我写信给前方的士兵——给别人的儿子们。晚上，我参加成人教育班——要找出新的兴趣，结交新的朋友。朋友们都不敢相信发生在我身上的种种变化。我不再为已经永远过去的那些事悲伤，我现在每天的生活都充满了快乐——就像我侄儿要我做到的那样。

鲁滨孙太太讲完这些话，嘴角泛起一丝笑意。

你知道汽车轮胎为什么能在路上跑那么久，能忍受那么多的颠簸吗？起初，制造轮胎的人想要制造一种轮胎，能够抗拒路上的颠簸，结果轮胎不久就被切成了碎条。然后他们又做出一种轮胎来，吸收路上碰到的各种压力，这样的轮胎可以"接受一切"。在曲折的人生旅途上，如果我们也能够承受所有的挫折和颠簸，能够化解与消释所有的困难与不幸，我们就能够活得更加长久，我们的人生之旅就会更加顺畅、更加开阔。

心灵感悟

客观现实对任何人本来都是一样的。但一经各人"心态"诠释后，便代表了不同的意义，因而形成了不同的事实、环境和世界。心态改变，则事实就会改变；心中是什么，则世界就是什么。心里装着哀愁，眼里看到的就全是黑暗。抛弃已经发生的令人不痛快的事情或经历，才会迎来新心情下的新乐趣。

孤独永远是一个人的舞蹈

孤独，是一种常见的心理状态。

孤独是既不爱人也不被人爱的一种失重状态，是处于不关心他人也不被他人关心的人生夹壁，因此摆脱孤独的唯一方式在人而不在物，即以爱人之心冰释不被人爱的人生尴尬。孤独感在人的思想、行为上的体现有两种情况：

一种是因为客观条件的制约，长期脱离人群的"有形"的孤独，比如远离人们生活中心的边疆哨所中的战士、长期坚持在高山气象观测站工作的科技工作者、长期游弋五洲四海的海员等。

一种是身处人群之中，内心世界却与生活格格不入而造成的"无形"的孤独。这种孤独对人的伤害是十分严重的。一个长期被孤独感笼罩的人，精神受到长时间的压抑，不仅会导致自己的心理失去平衡，影响自己的智力和才能的发挥，也会引起人的心理、思想上的一系列变化，产生诸如思想低沉、精神萎靡，失去对事业的进取心和对生活的信心。

5年前，马丽失去了自己的丈夫，她悲痛欲绝。自那以后，她便陷入一种孤独与痛苦之中。"我该做些什么呢？"在她丈夫离开近一个月之后的一天晚上，她对朋友哭诉："我将住到何处？我将怎样度过一个人孤独的日子？"

朋友安慰她说，她的孤独是因为自己身处不幸的遭遇之中，才50多岁便失去了自己生活的伴侣，自然令人悲痛异常，但时间一久，这些伤痛和孤独便会慢慢减缓消失，她也会开始新的生活——从痛苦的灰烬之中建立起自己新的幸福。

"不！"她绝望地说道，"我不相信自己还会有什么幸福的日子。我已不再年轻，孩子也都长大成人，成家立业。我孑然一身还有什么乐趣可言呢？"抱着这种孤独，马丽得了严重的自怜症，而且不知道该如何治疗。好几年过去了，她的心情一直都没有好转。

有一次，朋友忍不住对她说："我想，你并不是要特别引起别人的同情或怜悯。无论如何，你可以重新建立自己的新生活，结交新的朋友，培养新的兴趣，千万不要沉溺在旧的回忆里。"她没有把朋友的话听进去，因为她还在为自己的孤独自怨自叹。后来，她觉得孩子们应该为她的幸福负责，便搬去与一个结了婚的女儿同住。

但事情的结果并不如意，她的孤僻使她和女儿都面临一种痛苦的经历，甚至恶化到母女反目成仇。马丽后来又搬去与儿子同住，但也好不到哪里去。后来，孩子们只好共同买了一间公寓让她独住，但这更加重了她的孤独。

她对朋友哭诉道，所有的家人都弃她而去，没有人要她这个老妈妈了。马丽的确一直都没有再享受到快乐的生活，因为她认为全世界都在孤立她。她实在是既可怜又可悲，虽然已过半百了，但情绪还是像小孩一样没有成熟。

大多有孤独感的人，并不是自己情愿离群索居、孤身独守的。他们有的是在坎坷难行的人生路上遇到了伤人肺腑的痛苦，因而或嗟叹人生艰难，埋怨命运刻薄，或痛恨世态炎凉，咒骂人心虚伪；有的是感到自己怀才不遇，知音难觅，得不到别人的理解，因而也不愿去理解别人，不如独处一隅，洁身自好；也有的是自己看不起自己，不相信自己，在人群中徒见别人风流潇洒、知识渊博，因而自惭形秽，悲叹自己外貌平庸、才智低下，不敢也不愿意与人交往……境遇各有不同，其结果却大致差不多：把自己置身于孤独的控制之下，陷入无边的伤感之中。

那些能克服孤寂的人，一定是生活在怀特博士所说的"勇气的氛围"里。无论我们走到哪里，一定要培养出与人们亲密的情谊关系。就好像燃烧的煤油灯一样，火焰虽小，却仍能产生光亮和温暖。

心灵感悟

一个人要想得到他人的欢迎，或被人接纳，一定要付出许多努力和代价。要想让别人喜欢我们，的确需要尽点心力。情爱、友谊或快乐的时光，都不是一纸契约所能规定的。让我们面对现实，无论怎样的困境，活着的人都有权利快乐地活下去。我们必须了解：幸福并不是靠别人来布施的，而是要自己去赢取别人对你的需求和喜爱。

痛苦不会永远存在

曾看到过这样一则故事：一位老妇人8岁的时候就死了父亲，母亲含辛茹苦地把她养大；她19岁时嫁了人，并替丈夫生了4个孩子，可当她29岁那年丈夫又去世了；她唯有把全部希望倾注在孩子们身上，但在以后的 20 年内她的 4 个孩子也一一相继死去。从 51 岁起，她在世界上就没有一个亲人了，她可以算得上世界上命运最悲惨的女人。可她现在还活着，已经 94 岁了，拥有 4 家食品零售店，身体很硬朗，并且每天都到邻居家去玩两个小时的桥牌。

有人感叹说："一个人竟然能够承受命运的如此打击，简直有点不可思议。"

后来一名记者知道了老妇人的故事，便于一个阳光明媚的午后，驾车去访问她。记者刚迈出车门，就远远地听到了屋子里有许多人在说笑。当记者敲开门，向老妇人说明他的意图后，老妇人紧紧地握了握记者的手，并热情地邀请记者进去。当穿越客厅时，记者见到几个老太太在兴高采烈地学跳舞，接着，他们进入客厅旁一间布置优雅的小房间，老妇人顺手关上门，客厅里的喧闹声便被关在门外了。

老妇人坐进棕色的圈形沙发里，拿起茶几上的毛衣织起来，一只长毛的波斯猫趴在她的脚边，她不时地透过眼镜片愉快地打量着记者。

老妇人开始用一种富有感染力的声音讲述自己的经历，讲父亲、丈夫和孩子如何一一离她而去，讲她如何艰难地经营一家小零售店，并在 40 年内开出 3 家上规模的连锁店，讲她如何幸福地度过现在的每一天。在讲述过程中，她的脸上始终挂着阳光般的笑容。

记者呷着茶，静静地听着，不知不觉中两个小时过去了。

当老妇人讲完她的经历后，记者欠了欠身，提出了心中的疑问：

"请问，您对人生有什么秘诀吗？"

"秘诀？"老妇人发出一阵爽朗的笑声，然后摇了摇头，但停了一会儿，又说："如果有的话，那就是我自己教会自己快乐。"

接着老妇人又讲了下面一个小故事。

有一个 6 岁的小女孩，因为害怕恶魔攫去她和她美丽的琉璃弹珠而每天都不敢睡觉，她的母亲用尽了所有方法都不能使她消除这种恐惧。小女孩一天一天地瘦下去了。直到有一天，她的父亲出差回来，用镜子里的人像做比喻，才使她明白恶魔在世界上是根本不存在的，那只是人的想象。从而把小女孩从困境中解脱了出来。

两年后，小女孩的父亲在车祸中丧生了，她又陷入了痛苦中，一天清晨，她梳妆的时候，注意到面前镜子里的肖像，忽然脑海中灵光一闪。

小女孩在一刹那间意识到：人生的苦难、痛苦和恶魔一样，它们的存在与否，完全决定于人的想象。

"那个小女孩就是我。"老妇人的脸上泛着红光，她继续说，"一个人是否快乐，完全取决于他对人、事、物的看法；而他的思想会改变他的生活。"

心灵感悟

> 痛苦与快乐，不过是人对事物的不同感受而已。面对苦痛，只要你认为它并不是什么了不得的事，它也就不能再伤害你了。

第十二辑
放飞美丽的心情

并没有人捆住你

一个年轻人四处寻找解脱烦恼的秘诀。

有一天，他来到一个山脚下。只见一片绿草丛中，一位牧童骑在牛背上，吹着横笛，笛声悠扬，逍遥自在。

年轻人走上前去询问："你看起来很快活，能教给我解脱烦恼的方法吗？"

牧童说："骑在牛背上，笛子一吹，什么烦恼也没有了。"

年轻人试了试，不灵。于是，他又继续寻找。

年轻人来到一条河边，看见一位老翁坐在柳荫下，手持一根钓竿正在垂钓。他神情怡然，自得其乐。年轻人走上前去鞠了一个躬："请问老翁，您能赐我解脱烦恼的办法吗？"

老翁看了他一眼，慢声慢气地说："来吧，孩子，跟我一起钓鱼，保管你没有烦恼。"

年轻人试了试，还是不灵。

于是，他又继续寻找。不久，他来到一个山洞里，看见洞内有一个老人独坐在洞中，面带满足的微笑。

年轻人深深鞠了一个躬，向老人说明来意。

长髯者微笑着摸摸长髯，问道："这么说你是来寻求解脱的？"

年轻人说："对对对！恳请前辈不吝赐教。"

老人笑着问："有谁捆住你了吗？"

"……没有。"

"既然没有人捆住你，又谈何解脱呢？"

有许多习惯忧虑的人就如同这年轻人一样，不肯让自己放松下来，老爱自己找麻烦，和自己过不去。

当他们在感慨活着真累的时候，不知你有没有想过，生活本来无意与你作对，和你过不去的一直是你自己而已。

　　勤勤恳恳做每一件事，平平淡淡对待生命，那么我们在名利面前，就多了一份平静，少了一份贪婪。努力了，属于你的，跑不掉；不属于你的，再苛求也难得到，别把自己弄得那么累。

　　生活原本可以平平淡淡，平平淡淡才是生活的本质。放开心情，享受平淡生活，平淡之中蕴含着生活的真谛。

体验生活中美好的东西

　　当体验到生活中美好的东西时，自然就能找回一切快乐的心情。

　　晓飞在她30岁以后终于意识到，其实她的生活并不快乐。她将责任全部归咎于她的丈夫、她的前任老板以及她的亲属。但是有一天，一位认识她已10年的朋友对她说："晓飞，你将你的不快乐归咎于你周围所有的人，为什么你就不能从自己身上找找原因呢？坦率地说，我总觉得和你在一起有种压抑的感觉。"

　　这句话对晓飞触动很大，从那以后，她开始认真思考她的生活方式，她开始努力尝试使自己快乐起来。她学着观察并感受每天发生在她周围的一切，她努力将自己的思维投向那些积极和快乐的事情上，并学会将烦恼放在一边，她发现她的生活正发生着日新月异的变化。

　　在以后的日子里，每当晓飞与其他的人谈论她的生活经历时，她总是这样说："在过去的许多年，我从未发现自己只是关注那些令人沮丧和消沉的事情，那时的我简直让人没法忍受。所幸的是，我的一位很好的朋友提醒了我，是他让我学会将那些糟糕的东西扔进垃圾筒，让我体验到生活中原来有那么多美好的东西。"

　　没有人不幸到会遇上所有坏的情况，也没人幸运到会遇上一切好的情况，那为什么人的心境会有天壤之别呢？其实问题不在身外，恰恰在人的内心。当体验到了生活中美好的东西时，生活自然而然就生动起来了。

生活需要阳光心态

　　在对幸福生活的主动追求中，需要你选择乐观，只有乐观的人才能以阳光的心态迎接生活。

　　琳达是个不同寻常的女孩。她的心情总是非常好，因为她对事物的看法总是正面的。

　　当有人问她近况如何时，她就会回答："我当然快乐无比。"她是个销售经理，也是个很独特的经理。因为她换过几家公司，而每次离职的时候都会有几个下属跟着她跳槽。她天生就是个鼓动者。如果哪个下属心情不好，琳达会告诉他怎么去看事物的正面。

　　这种生活态度的确让人称奇。

　　一天，一个朋友追问琳达说："一个人不可能总是看事情的光明面。这很难办到！你是怎么做到的？"琳达回答道："每天早上我一醒来就对自己说，琳达你今天有两种选择，你可以选择心情愉快，也可以选择心情不好。我选择心情愉快。然后我命令自己要快快乐乐地活着，于是，我真的做到了。每次有坏事发生时，我可以选择成为一个受害者，也可以选择从中学些东西。我选择从中学习。我选择了，我做到了。每次有人跑到我面前诉苦或抱怨，我可以选择接受他们的抱怨，也可以选择指出事情的正面。我选择后者。"

"是！对！可是并不能那么容易做到吧。"朋友立刻回应。

"就是那么容易。"琳达答道，"人生就是选择。每一种处境面临一个选择。你选择如何面对各种处境，你选择别人的态度如何影响你的情绪，你选择心情舒畅还是糟糕透顶。归根结底，你自己选择如何面对人生。"

她曾被确诊患上了中期乳腺癌，需要尽快做手术。手术前期，她依然过着正常而有规律的生活。

所不同的是，每天下午3点半的时候她要接受医院规定的检查。对于来检查的医生，她总是微笑接待，让他们感到轻松无比，尽管检查的时候，大多感觉十分不舒服。

直到手术麻醉之前，她仍然对主治医师说："医生，你答应过我，明天傍晚前用你拿手的汉堡换我的插花！别忘了！上次的自制汉堡，味道真好，让人难以忘怀！"直叫医生哭笑不得。手术果然进行得很顺利。两个月后的一天，朋友来探望她，她竟然马上忘记疼痛，要送朋友一件自己刚刚被医院允许做好的插花。等到她出院时，竟然与医科室一半的人都交上了朋友，包括那些病友。因为人们都被她的轻松和坚强所感染和征服。

充满着欢乐与战斗精神的人们，永远带着欢乐，欢迎雷霆与阳光。如果一个人，对生活抱一种达观的态度，就不会稍有不如意就自怨自艾。大部分终日苦恼的人，实际上并不是遭受了多大的不幸，而是自己的内心素质存在着某种缺陷，对生活的认识存在偏差。事实上，生活中有很多坚强的人，即使遭受不幸，精神上也会岿然不动。

心灵感悟

生活是喜怒哀乐之事的总和。我们必须清楚，不顺心、不如意是人生不可避免的一部分，这些都是我们个人的力量所不能左右的。明白了这一点，我们就会对生活抱一种达观的态度，而当这种态度占据一个人的心灵后，他就拥有了阳光的心态。

在自我赏识中肯定自己

也许你想成为太阳，可你只是一颗星星；也许你想成为大树，可你只是一株小草；也许你想成为大河，可你只是一条山溪……于是，你很自卑。很自卑的你总以为命运在捉弄自己。其实，你不必这样：欣赏别人的时候，一切都好；审视自己的时候，却总是很糟。和别人一样，你也是一道风景，也有阳光，也有空气，也有寒来暑往，甚至有别人未曾见过的一株春草，甚至有别人未曾听过的一阵虫鸣……做不了太阳，就做星辰，让自己的星座发热发光；做不了大树，就做小草，以自己的绿色装点希望；做不了伟人，就做实在的小人物，平凡并不可卑，关键是必须扮演好自己的角色。

有个小男孩头戴球帽，手拿球棒与棒球，全副武装地走到自家后院。

"我是世上最伟大的击球手。"他自信地说完后，便将球往空中一扔，然后用力挥棒，却没打中。他毫不气馁，继续将球拾起，又往空中一扔，然后大喊一声："我是最厉害的击球手。"他再次挥棒，可惜仍是落空。他愣了半晌，然后仔仔细细地将球棒与棒球检查了一番之后，他又试了一次，这次他仍告诉自己："我是最杰出的击球手。"然而他第三次的尝试还是挥棒落空。

"哇！"他突然跳了起来，"我真是一流的投手。"

男孩勇于尝试，能不断给自己打气、加油，充满信心，虽然仍是失败，但是他并没有自暴自弃，没有任何抱怨，反而能从另一种角度"欣赏自己"。

生活中大多数人都习惯自怜自艾、自我批判，他们最常说的是"我身材难看""我能力太差""我总是做错事"……他们总是学不会像那个小男孩一样，换个角度欣赏自己，这都是由于自卑心理在作祟。自卑心理所造成的最大问题是：你总是在斤斤计较你的平凡，你总是在想方设法证明你的失败，每一天你都在为自己的想法找证据，结果你越来越觉得自己平凡、渺小，处处不如人。一个值得思考的问题是：为什么你明明知道这样做会使人生更灰暗、负面的感觉更多，更不知道珍惜人生的天赋美好，却还是执迷不悟。我们都是芸芸众生中的一员，都是平凡的小人物，但我们也有比别人美好的地方，所以千万不要自贬身价。

你也许曾埋怨过自己不是名门出身，你也许曾苦恼过自己命运中的波折，你也许曾愤叹过自己行程中的坎坷。如果一个人对自己都不欣赏，连自己都看不起，那么，这个人怎么还会自强、自信、自爱、自省呢？

可是，你有没有正视过自己？对于一个生活的强者而言，出身只是一种符号，它和成功没有丝毫瓜葛，你又何必为此而斤斤计较？人生变动不居，又岂能无忧无虑、平静无波？生命的行程如果没有顽石的阻挡，又怎能激起美丽的浪花朵朵？

心灵感悟

平日里，我们只顾风尘满面地在尘世间奔波，步履匆匆，眼睛总是看着别人的美好，一不小心就忘了欣赏自己。命运是公正无私的，它给谁的都不会太多，多欣赏自己，你就会发现生活是如此美好，你的生活是如此幸福。

热情让生命流光溢彩

一个人，如果对任何事情和任何人都冷漠，那么他的人生也会相当乏味。热情是让人生更加生动的催化剂。

热情所以有非凡的力量，因为它能给人激励、给人鼓舞。一个在工作中投入热情的人，常常不会感到疲倦、劳累，而且觉得自己有使不完的力气，能够完成平时根本不可能完成的事情。

热情可以使你的人生获得一种向前的动力，它可以帮助你把自己的想象变成现实；而离开了热情，你即使有再大的潜能，也根本无力去实现它。

热情还有一个作用，它能够感染周围的人。他们目睹了你的热忱，不禁会被你带动，也会以同样的热情投入生活。

伯莱德在一家服装厂工作，依照他的学识，本来可以有更好的工作，但因为他的身体缺陷，他只能做一份不需要站立和行走的工作，因此，他成为一名缝纫工。但他并没有为此而苦恼，而是很热忱地投入这份工作。

每天，他都在休息时间给同事们讲笑话，在一天的工作结束后，他又"痴迷"于服装的设计，每天晚上，他都会躺在床上看服装设计类的书籍。在工厂里，他是个备受欢迎的人，就因为他为人热情、性格乐观。很快，他被厂长提升为服装设计师。

热情是生活中最缤纷多彩的部分，它可以驱走我们心底的阴郁、烦恼和不快。大家都喜欢和热情的人交往，因为他会带给人一种向上的精神，并创造一种"明亮"的氛围。因为热情，你就可以获得别人的欢迎，赢得很多朋友，你的人生也就会随之丰富多彩起来。

心灵感悟

　　热情是这个世界上最伟大的财富，它远胜过金钱、权力和影响力。一个人拥有热情，就拥有了永不衰竭的生命力，同时也拥有了感染他人的力量。

灿烂地笑对生活

笑，就是阳光，它能消除人们脸上的冬寒。

20世纪30年代，有一位犹太传教士每天早晨总是按时到一条乡间土路上散步。无论见到任何人，他总是微笑着热情地打一声招呼："早安。"

其中，有一个叫米勒的年轻农民，对传教士这声问候起初反应冷漠。在当时，当地的居民对传教士和犹太人的态度是很不友好的。然而，年轻人的冷漠未曾改变传教士的热情，每天早上，他仍然向这个一脸冷漠的年轻人道一声早安。终于有一天，这个年轻人脱下帽子，也向传教士道一声："早安。"

好几年过去了，纳粹党上台执政。

这一天，传教士与村中所有的人被纳粹党集中起来，送往集中营。在下火车、列队前行的时候，有一个手拿指挥棒的指挥官，在前面挥动着棒子，叫道："左，右。"被指向左边的是死路一条，被指向右边的则还有生还的机会。

传教士的名字被这位指挥官点到了，他浑身颤抖，走上前去。当他无望地抬起头来，眼睛一下子和指挥官的眼睛相遇了。

传教士习惯性地脱口而出："早安，米勒先生。"米勒先生虽然没有过多的表情变化，但仍禁不住还一句问候："早安。"声音低得只有他们两人才能听到。米勒先生看着传教士，犹豫了一秒钟，将指挥棒指向了右边，低声说："右。"

人是很容易被感动的，而感动一个人靠的未必都是慷慨的施舍、巨大的投入。往往一个热情的问候、温馨的微笑，就足以在人的心灵中洒下一片阳光。

不要低估了一句话、一个微笑的作用，它很可能使一个不相识的人走近你，甚至爱上你，成为开启你幸福之门的一把钥匙，成为你走上柳暗花明之境的一盏明灯。

心灵感悟

微笑，是一座情感沟通的虹桥，跨越时空障碍，使天堑变为坦途。它不同于语言和别的风俗，无论男女老少，无论任何民族、任何肤色、任何文化层次都能心领神会，在此达成一致的认同。

保持心情的弹性

村里有一位善骑的、箭法好的猎人。一次，他看到一件有趣的事情。那一天，他偶然发现村里一位十分严肃的老人与一只小鸡在说话、游戏。猎人好生奇怪，为什么一个生活严谨、不苟言笑的人会在没人时像一个小孩那样快乐呢？

他带着疑问去问老人，老人说："你为什么不把弓带在身边，并且时刻把弦扣上？"猎人说："天天把弦扣上，那么弦就失去弹性了。"老人便说："我和小鸡游戏，理由也是一样的。"

生活也一样，每天总有干不完的事。但是，你有没有仔细想过，如果天天为工作疲于奔命，最终这些让我们焦头烂额的事情也会超过我们所能承受的极限。

尤其是在当今社会，生活节奏不断加快，"时间"似乎对每个人都不再留情面。于是，超负荷的工作便给人造成不可避免的疾患。因为人们的生活起居没了规律，所以患职业病、情绪不稳、心理失衡甚至猝死等一系列情况时有发生，给人们的生活、工作及心理造成无形的压力。

据有关统计，在美国，有一半成年人的死因与压力有关；企业每年因压力遭受的损失达1500亿美元——员工缺勤及工作心不在焉而导致的效率低下。在挪威，每年用于职业病治疗的费用达国民生产总值的10%。在英国，每年由于压力造成1.8亿个劳动日的损失，企业中60%的缺勤是由于压力相关的不适引起的。

这时，需要我们换一种心情，轻松一下，学会放下工作，试着做一些其他的运动，以偷得片刻休闲，消去心中烦闷。记得有一位网球运动员，每次比赛前别人都会好好睡一觉，然后去练球，他却一个人去打篮球。有人问他，为什么你不练网球？他说，打篮球我没有丝毫压力，觉得十分愉快。对于他来说，换一种心态、换一种运动方式就是最好的休闲。

千万别说自己没时间，我们都有时间，并且可以试着改变自己。当你下班赶着回家做家务时，不妨提前一站下车，花半小时，慢慢步行，到公园里走走。或者什么都不做，什么也不想，就是看看身边的景色，放松一下自己的心情，肯定会有意想不到的效果。

心灵感悟

生活需要劳逸结合。游历名山大川并不是每个人都能办到的，但给自己一个空间，学会忙里偷闲，作片刻休息，则人人都能做到。

上帝给谁的都不会太多

意大利一位著名的女高音歌唱家玛莲娜，仅仅30多岁就已经红得发紫，誉满全球，而且郎君如意，家庭美满。

一次她到邻国开独唱音乐会，入场券早在一年以前就被抢购一空，当晚的演出也受到极

为热烈的欢迎。

演出结束之后，歌唱家和丈夫、儿子从剧场里走出来的时候，一下子被早已等在那里的观众团团围住。人们七嘴八舌地与歌唱家攀谈着，其中不乏赞美和羡慕之词。

有的人恭维歌唱家大学刚刚毕业就开始走红，进入了国家级的歌剧院，成为扮演主要角色的演员；有的人恭维歌唱家有个腰缠万贯的某大公司老板做丈夫，而膝下又有个活泼可爱、脸上总带着微笑的小男孩……

在人们议论的时候，歌唱家只是在听，并没有表示什么。

等人们把话说完以后，她才缓缓地说："我首先要谢谢大家对我和我的家人的赞美，我希望在这些方面能够和你们共享快乐。但是，你们看到的只是一个方面，还有另外的一个方面没有看到。那就是你们夸奖的活泼可爱、脸上总带着微笑的这个小男孩，不幸的是，他是一个不会说话的哑巴。而且，在我的家里还有一个姐姐，是需要长年关在装有铁窗房间里的精神分裂症患者。"

歌唱家的一席话使人们震惊得说不出话来，你看看我，我看看你，似乎很难接受这样的事实。

这时，歌唱家又心平气和地对人们说："这一切说明什么呢？恐怕只能说明一个道理，那就是：上帝给谁的都不会太多。"

心灵感悟

上天是公平的，给予每一个人的既有欢乐也有痛苦。有时我们所拥有的，别人不一定拥有，每个人都有他自己拥有的长处，也都有他自身的不足。所以，我们不必为别人的拥有而失意，应该多为自己的拥有而开怀。

换种心情会怎样

生活中有些痛苦是外力强加的，但更多的痛苦是自己选择的，比如，强迫自己的内心去回忆痛苦的往事，这就是给自己强加的另一种痛苦。

多年以前，有一个女孩被强暴了，非常痛苦，就到庙里去烧香求签。看到女孩一脸悲伤，一位老和尚问她发生了什么事。

这个女孩哭了，她泣不成声地说："我好惨啊，我多么不幸啊！我这一辈子都忘不了这件事情了……"

听罢她的陈述，老和尚对她说："这位小姐，你被强暴是你自愿的。"

这个女孩被老和尚的话吓了一跳，说："你说什么？我怎么可能自愿被强暴？"

老和尚对她说："你被他强暴了一次，但在你的心里，天天心甘情愿地被他强暴一次，那你一年下来，就被他强暴了 365 次。"

"这是什么意思呢？"女孩不解地问。

"在你身边发生了一件不好的事情，你好像看了一场不好的电影一样，天天在回想，这不是很笨的事情吗？这与重蹈覆辙有什么区别呢？你改变不了环境，但你可以改变自己；你改变不了事实，但你可以改变态度；你改变不了过去，但你可以改变现在；你不能控制他人，但你可以掌握自己；你不能预知明天，但你可以把握今天；你不可能样样顺利，但你可以事事尽心；你不能延伸生命的长度，但你可以决定生命的宽度；你不能左右天气，但你可以改变心情……"

　　人生在世，谁都难免遭受一些意外的打击。当事情已经发生，并且无法挽回时，最好的办法是学会遗忘。改变心情，不要沉浸在没完没了的痛苦中。

生命的化妆品

　　不管你在做什么事，它必然影响到你的心，表现于你的脸。相由心生，一个人只有在心怀善念、心气平和时，相貌才能够生动秀美。因此，多做一些轻松有趣的事情，心情自然会快乐起来。

　　从前，有一个青年以制造面具为生。

　　有一天，他的一位远方朋友来访，见面就问他："你近来脸色不大好。到底是什么事使你生气呢？"

　　"没有呀！"

　　"真的吗？"他的朋友好像不大相信，也就回去了。

　　过了半年，那位朋友再度来访，见面就说："你今天的脸色特别好，和从前完全不同，有什么事情使你这么高兴啊？"

　　"没有呀！"他还是这么回答。

　　"不可能的，一定有原因。"他的朋友说道。

　　在他们交谈后，这个青年才想起，原来半年前，他正忙着做魔鬼、强盗等凶残的面具，做的时候心里总是在想咬牙切齿、怒目相视的面相，因此自然也表露在脸上了；而最近，他正在制造慈眉善目的面具，心里所想的都是可爱的笑容，脸上自然也显得柔和了。

　　好心情是一种万能剂：可以让自己的烦恼烟消云散；可以消除你全身的困乏；可以消除人际的紧张局势；可以传递出一种令人会意的情感；也能给他人留下良好的第一印象……

　　好心情就是你好意的信使，好心情令你笑口常开。同时，你的笑容能照亮所有看到它的人。对于那些整天都皱眉头、愁容满面、对一切视若无睹的人来说，你的笑容就像穿过乌云的太阳，一个笑容能帮助他们了解一切都是有希望的，了解世界是有欢乐的。

　　好心情是一种生活态度，是一种处世的法则，同时也是一种美容方法。愉悦的心情是人生最好的化妆品。一个人每天保持轻松快乐的心情，就是对心灵最好的滋养。

决定心情的是心境

苏格拉底是单身汉的时候，和几个朋友一起住在一间只有七八平方米的小屋里。但是，他一天到晚总是乐呵呵的。

有人问他："那么多人挤在一起，连转个身都困难，有什么可乐的？"

苏格拉底说："朋友们在一起，随时都可以交换思想、交流感情，这难道不是很值得高兴的事吗？"

过了一段时间，朋友们一个个成家了，先后搬了出去。屋子里只剩下苏格拉底一个人，但是他每天仍然很快活。

那人又问："你一个人孤孤单单的，有什么好高兴的？"

苏格拉底说："我有很多书啊！一本书就是一个老师。和这么多老师在一起，时时刻刻都可以向它们请教，这怎不令人高兴呢！"

几年后，苏格拉底也成了家，搬进了一座大楼里。这座大楼有7层，他的家在最底层。底层在这座楼里是最差的，不安静、不安全，也不卫生。上面老是往下泼污水，丢死老鼠、破鞋子、臭袜子和其他的脏东西。

那人见苏格拉底还是一副喜气洋洋的样子，好奇地问："你住这样的房间，也感到高兴吗？"

"是呀！"苏格拉底说，"你不知道住一楼有多少妙处啊！比如，进门就是家，不用爬很高的楼梯；搬东西方便，不必花很大的劲儿；朋友来访容易，用不着一层楼一层楼地去叩门询问……特别让我满意的是，可以在空地上养一丛花、种一畦菜，这些乐趣呀，数之不尽啊！"

过了一年，苏格拉底把一层的房间让给了一位朋友，这位朋友家里有一个偏瘫的老人，上下楼很不方便。他搬到了楼房的最高层——第七层，可是他每天仍是快快活活的。

那人揶揄地问："先生，住七层也有许多好处吧？"

苏格拉底说："是啊，好处多着哩！仅举几例吧，每天上下几次，这是很好的锻炼机会，有利于身体健康；光线好，看书写文章不伤眼睛；没有人在头顶干扰，白天黑夜都非常安静。"

后来，那人遇到苏格拉底的学生柏拉图，他问："你的老师总是那么快快乐乐，可我却感到，他每次所处的环境并不那么好呀？"

柏拉图说："决定一个人心情的，不是在于环境，而是在于心境。"

心灵感悟

遇到情绪扭不过来的时候，不妨暂时回避一下，打破静态体验，用动态活动转换情绪。只要一曲音乐，就能将你带到梦想的世界。如果你能跟随欢乐的歌曲哼起来，手脚拍打起来，无疑，你的心灵会与音乐融化在纯净之中。同样，看场电影、散散步，和孩子玩玩，都能把你带到另一个情绪世界。

弹奏乐观的心曲

英国作家萨克雷说："生活是一面镜子，你对它笑，它就对你笑，你对它哭，它也对你哭。"的确，如果我们心情豁达、乐观，我们就能够看到生活中光明的一面，即使在漆黑的夜晚，我们也知道星星仍在闪烁。一个心理健康的人，思想高洁，行为正派，能自觉而坚决地摒弃病态的想法。我们既可以坚持错误、执迷不悟，也可以痛改前非、改过自新，这都取决于我们自己。这个世界是大家创造的，因此，它属于我们每一个人，而真正拥有这个世界的人，是那些热爱生活、乐观向上的人。也就是说，那些真正拥有快乐的人才能真正拥有这个世界。

但是快乐也是有成本的。要得到快乐，必须先磨炼自己的耐性，先付出艰苦和等待。我们必须先播下种子，然后用不求收获的、理智的心情去等待快乐的果实。

人的心理活动没有一刻的平静，间或兴奋、欢乐，间或沮丧、消极。快乐的人也有不幸与烦恼。有的人大部分的生活被消极情绪占领，或哀叹不已、灰心丧气，或牢骚满腹、怨天尤人，却不善于解脱排遣。

开朗的人的特点是把眼光盯在未来的希望上，把烦恼抛在脑后。培养乐观、豁达的性格，将对你终生有益。

具有乐观、豁达性格的人，无论在什么时候，他们都感到光明、美丽和快乐的生活就在身边。他们眼睛里流露出来的光彩使整个世界都流光溢彩。在这种光彩之下，寒冷会变成温暖，痛苦会变成舒适。这种性格使智慧更加熠熠生辉，使美丽更加迷人灿烂。那种生性忧郁、悲观的人永远看不到生活中的七彩阳光，春日的鲜花在他们的眼里也失去了娇艳，黎明的鸟鸣变成了令人烦躁的噪声，无限美好的蓝天、五彩纷呈的大地都像灰色的布幔。在他们眼里，生活仅仅是令人厌倦的、没有生命和没有灵魂的苍白。

乐观像一股永不枯竭的清泉，乐观像一首没有歌词的永无止境的欢歌。它使人的灵魂得以宁静，使人的精力得以恢复，使美德更加芬芳。人的精神、灵魂、美德都从这种愉悦的心情中得到滋润，尽管烦恼和不安总在时时吞噬着这种美好的心情，各种挫折和磨难会一点一滴地消耗它，但这如清泉甘露般的美丽心情永远不会枯竭，而是历久弥坚以至永远。

所以，要保持乐观的心态，微笑着面对生活。

心灵感悟

任何对客观环境的不满和怨天尤人都是无济于事的，只有以一种平和乐观的心态去面对生活、面对问题，才是最重要的。

特立独行一次

我们一直都是父母的乖儿子、乖女儿，所以很小的时候，我们就在别人设置的规则中成长。小孩子刚出生时，本来是无拘无束的，但大人告诉我们，不能上树，不能爬墙，不要在小河里玩……

做孩子的真可怜，一切自由浪漫的想法都被那些所谓见多识广的大人们给扼杀了。其实多数时候，他们的识多见广只不过是泯灭了天性，把枷锁从前辈的人身上传接过来，为自己套上。

等我们长大了，我们满心希望自己会有更多的自由空间，谁知道，年龄越大，外部强加的设置或规矩越多。你有你的思想，你太与众不同，社会就会将你的棱角用锋利的斧头削平，你血流满身，再也不敢张扬你的个性。慢慢地，你也开始适应这样的情形，从初始的反抗到后来出于无奈的沉默，再到视而不见的麻木，最后你也变成"能识时务的俊杰"，同流合污起来。

故此，要想在这样的社会中特立独行是需要非凡的勇气的。

如果我们特立独行，别人的眼睛会紧紧盯住我们，他们也会对我们的行径发表议论。假使我们脆弱，经不起有些人的谩骂和侮辱，几番袭击，我们便满身伤痕，无处可逃。

要想特立独行，就得有大无畏的气魄和胆识。没有这些，就不用出来标榜了，因为你患有先天缺钙症，四肢疲软，存活不了多长时间。除了这些，还要有坚强的意志、百折不挠的韧性。总而言之，要想特立独行，任何宝贵的品性和素质，你都得具备，而且要运用得当。

当然，我们的特立独行不能妨害其他人的生活。你只有做到这一点，才可以理直气壮地回击那些反对你的人；只有做到这一点，才可以真正把特立独行坚持到底，完成得纯粹。

有时候，你会追逐自己的情绪，不断地尝试改变，用特立独行的花卉装饰自己的生活。也许，特立独行不能从根本上解开你对于生活的困惑，但确实帮你逃出了大多数人盲目遵从的轨迹，让你收获了快意和满足。

心灵感悟

改变一下发型，换一换香水的味道，或者拿出胆量穿一穿时尚的服饰，或者听一听刺激神经的音乐，或者在旷野放声吟咏诗歌，等等，一切的事情，都可以改变我们的心情，让我们的生活多姿多彩。那么，我们又何必在意别人怎样看呢？

学会选择，懂得放弃

地图人生

地图上的路有千百条，但你找不到一条始终笔直平坦的路。人生的道路也是这样，充满崎岖坎坷。如果你想选择一条始终笔直平坦的路，那你将无路可走。生活是一条曲折漫长的征途——既有荒凉的大漠，也有深幽的峡谷；既有横亘的高山，也有断路的激流。只有矢志不渝地前进，才能赢得光辉的未来；只有顽强不息地攀越，才能登上理想的巅峰。人生道路，就是这么不平坦，坑坑洼洼、曲曲折折——既有得意者的欢欣，也有失败者的泪水；既有顺利时的喜悦，又有受挫时的苦恼。正由于人生像条曲线，生命才变得充实而有意义。当一个人走完了自己的坎坷旅程，蓦然回首时，他定会为自己留下的曲折而执着的印迹而欣慰，对大千世界报以满意的一瞥……人生的曲线，鼓人信心，给人希望，激人奋进，展示了人类奋斗的力量和生命的美。的确，既然人生是一条曲线，我们畏头缩颈又有何用？倒不如昂起头来，大踏步前进为好。

地图上的路有千百条，但每一条路都只能走向一个既定的目标。一个人，不可能同时向南又向北。路只能一步一步地走，目标只能一个一个地实现。你如果什么都想要，最终便什么也得不到。太多的幻想，往往使人不知如何选择。当你还在举棋不定时，别人或许已经到达目的地了。托尔斯泰说："人生目标是指路明灯。没有人生目标，就没有坚定的方向；而没有方向，就没有生活。"在人生的竞赛场上，无论一个多么优秀、素质多么好的人，如果没有确立一个鲜明的人生目标，也很难取得事业上的成功。许多人并不乏信心、能力、智力，只

是没有确立目标或没有选准目标，所以没有走上成功的途径。这道理很简单，正如一位百发百中的神射击手，如果他漫无目标地乱射，也不会在比赛中获胜。

人生地图上的路有千百条，选择什么样的路，当量力而行。要学会选择，学会审时度势，学会扬长避短。只有量力而行的睿智选择才会拥有更辉煌的成功。"成名成家"固然充满风光，但绝不是每一个人都可以实现，"心想事成"只不过是美好的愿望。有信心是重要的，虽然有信心不一定会赢，但没信心一定会输。人生的学问，其实就是"量需而行，量力而行"。要想获得快乐的人生，你最好不要一味地行色匆匆，不妨停下脚步，暂时休息一会儿，想一想自己需要什么、

需要多少。想一想有没有这样的情况：有些东西明明是需要的，你却误以为自己不需要；有些东西明明不需要，你却误以为自己需要；有些东西明明需要得不多，你却误以为需要很多；有些东西明明需要很多，你却误以为需要极少……

　　一张地图，一次人生，二者何其像也！

　　　选择是人生成功路上的航标，只有量力而行的睿智选择才会拥有更辉煌的成功。
　　　放弃是智者面对生活的明智选择，只有懂得何时放弃的人才会事事如鱼得水。
　　　人生如演戏，每个人都是自己的导演，只有学会选择和懂得放弃的人才能创作出精彩的电影，拥有海阔天空的人生境界。

失去是一种获得

　　执着地对待生活，紧紧地把握生活，但又不能抓得过死、松不开手。人生这枚硬币，其反面正是那悖论的另一要旨：我们必须接受"失去"，学会放弃。

　　对善于享受简单和快乐的人来说，人生的心态只在于进退适时、取舍得当。因为生活本身即是一种悖论：一方面，它让我们依恋生活的馈赠；另一方面，又注定了我们对这些礼物的最终舍弃。正如先师们所说：人生在世，紧握拳头而来，平摊两手而去。

　　有一位住在深山里的农民，经常感到环境艰险，难以生活，于是便四处寻找致富的好方法。

　　一天，一位从外地来的商贩给他带来了一样好东西，尽管在阳光下看去那只是一粒粒不起眼的种子。但据商贩讲，这不是一般的种子，而是一种叫作"苹果"的水果的种子，只要将其种在土壤里，两年以后，就能长成一棵棵苹果树，结出数不清的果实，拿到集市上，可以卖好多钱呢！

　　欣喜之余，农民急忙将苹果种子小心收好，但脑海里随即涌现出一个问题。

　　既然苹果这么值钱、这么好，会不会被别人偷走呢？于是，他特意选择了一块荒僻的山野来种植这种颇为珍贵的果树。

　　经过近两年的辛苦耕作，浇水施肥，小小的种子终于长成了一棵棵茁壮的果树，并且结出了累累的硕果。

　　这位农民看在眼里，喜在心中。因为缺乏种子，果树的数量还比较少，但结出的果实肯定可以让自己过上好一点儿的生活。

　　他特意选了一个吉祥的日子，准备在这一天摘下成熟的苹果挑到集市上卖个好价钱。

　　当这一天到来时，他非常高兴，一大早，他便上路了。

　　但当他气喘吁吁爬上山顶时，心里猛然一惊，那一片红灿灿的果实，竟然被外来的飞鸟和野兽们吃个精光，只剩下满地的果核。

　　想到这几年的辛苦劳作和热切期望，他不禁伤心欲绝，大哭起来。他的财富梦就这样破灭了。在随后的岁月里，他的生活仍然艰苦，只能苦苦支撑下去，一天一天地熬日子。

　　不知不觉之间，几年的光阴如流水一般逝去。

　　一天，他偶尔之间又来到了这片山野。当他爬上山顶后，突然愣住了。因为在他面前出现了一大片茂盛的苹果林，树上结满了累累的果实。

这会是谁种的呢？在疑惑不解中，他思索了好一会儿才找到了一个出乎意料的答案。

这一大片苹果林都是他自己种的。

几年前，当那些飞鸟和野兽在吃完苹果后，就将果核吐在了旁边，经过几年的生长，果核里的种子慢慢发芽生长，终于长成了一片更加茂盛的苹果林。

现在，这位农民再也不用为生活发愁了，这一大片林子中的苹果足可以让他过上温饱的生活。只不过，他转念一想，如果当年不是那些飞鸟和野兽们吃掉了这小片苹果树上的苹果，今天肯定没有这样一大片果林了。

　　生活中，一扇门如果关上了，必定有另一扇门打开。失去了这种东西，必然会在其他地方有所收获。关键是你要有乐观的心态，相信有失必有得。要懂得得放弃，正确对待你的失去，有时失去也就是另一种获得。

学会放弃

一位青年在高速行驶的火车上一不小心将刚买的新鞋从窗口失手掉了一只，周围的人倍感惋惜，不料那青年立即把第二只鞋也从窗口扔了下去。这一举动令大家很吃惊，青年解释道："这一只鞋无论多么昂贵，对我而言都没用了，如果谁捡到这一双鞋子，说不定他还能穿呢！"

生活中有时需要我们做出选择，但什么才是最难舍弃的，是一种道义，还是一段感情？为什么不能抛开和牺牲一些东西，而去获得另一些东西？

《百喻经》里有一个故事，从前有一只猩猩，手里抓了一把豆子，高高兴兴地在路上一蹦一跳地走着。一不留神，手中的豆子滚落了一颗，为了这颗掉落的豆子，猩猩马上将手中其余的豆子全部放置在路旁，趴在地上，转来转去，东寻西找，却始终不见那一颗豆子的踪影。

最后猩猩只好用手拍拍身上的灰土，回头准备拿取原先放置在一旁的豆子，怎知那颗掉落的豆子没找到，原先的那一把豆子却全都被路旁的鸡鸭吃得一颗也不剩了。

想想我们现在的追求，是否也是放弃了手中的一切，仅仅为了追求掉落的那一颗？

再想起扔掉第二只鞋的那位青年，他的做法确实值得称道，既然已经不能保全自己的美事，何不成全别人呢？对于别人，也许可以获得整个冬天的温暖。

的确，失去的已经失去，何必为之大惊小怪或耿耿于怀呢？

失去某种心爱之物大多会在我们的心理上投下阴影，有时甚因此而备受折磨。究其原因，就是我们没有调整心态去面对失去，没有从心理上承认失去，只沉湎于已不存在的过去，而没有想到去创造新的未来。与其怀恋过去，不如抬起头，去争取未来。

　　在生活中，有很多的无奈要我们去面对，有很多的道路需要我们去选择。放弃一些原本不属于自己的，去把握和珍惜真正属于自己的，去追寻前方更加美好的！放弃一些烦琐，为了轻便地前行；放弃一丝怅惘，为了轻快地歌唱；放弃一段凄美，为了轻柔地梦想。放弃是一种伤感，但更是一种美丽。

告别旧我

有歌云："不经历风雨，怎能见彩虹？"确实，美好的获得需要付出代价，正如老鹰的重生需要经历常人难以想象的蜕变过程一样，处在人生的十字路口，需要我们正确地选择，更需要我们具有为赢得新生活而敢于冒险、敢于经受磨炼的勇气和毅力。

放眼人生，又何尝不是如此？面对癌症，是草草地结束自己的生命以免遭受肉体和精神的折磨，还是积极地治疗，创造生命的奇迹？陷入困境，是听天由命，等待命运的宣判，还是放手一搏，冒险寻求可能的转机？工作平淡无奇，碌碌无为，是安于现状，享受现有的安逸，还是勇于改变，寻求属于自己的一片天地？

我们一定有过年前大扫除的经历吧。当你一箱又一箱地打包时，一定会很惊讶自己在过去短短一年内，竟然累积了这么多的东西。然后懊悔自己为何事前不花些时间整理，淘汰一些不再需要的东西，否则，今天就不会累得你连脊背都直不起来。

大扫除的懊恼经验，让很多人懂得一个道理：人一定要随时清扫、淘汰不必要的东西，日后才不会变成沉重的负担。

人生又何尝不是如此！在人生路上，每个人不都是在不断地累积东西吗？这些东西包括名誉、地位、财宝、亲情、人际关系、健康、知识等；另外，当然也包括了烦恼、苦闷、挫折、沮丧、压力等。这些东西，有的早该丢弃而未丢弃，有的则是早该储存而未储存。

在人生道路上，我们几乎随时随地都得做"清扫"。念书、出国、就业、结婚、离婚、生子、换工作、退休……每一次挫折，都迫使我们不得不"丢掉旧我，接纳新我"，把自己重新"扫"一遍。

不过，有时候某些因素也会阻碍我们放手进行扫除。譬如，太忙、太累，或者担心扫完之后，必须面对一个未知的开始，而你又不能确定哪些是你想要的。万一现在丢掉的，将来又捡不回来怎么办？

的确，心灵清扫原本就是一种挣扎与奋斗的过程。不过，你可以告诉自己：每一次的清扫，并不表示这就是最后一次。而且，没有人规定你必须一次全部扫干净。你可以每次扫一点，但你至少应该丢弃那些会拖累你的东西。

心灵感悟

人生需要选择，生命需要蜕变，每当面临困难和挫折，面临选择和放弃，我们都要有足够的勇气，清扫过去，改变自己，只有这样才能获得重生，才能创造另一个辉煌！

把握命运的伟大力量

选择——是把握人生命运最伟大的力量。

谁掌握了选择的力量，谁就掌握了人生的命运。

人生的任何努力都会有结果，但不一定有预期的结果。

错误的选择往往使辛勤的努力付诸东流，甚至使人生招致灭顶之灾。

只有正确地选择了，所付出的努力才会有美好的结果。

或许连你自己都没有意识到这一点，只有当你面临困境的时候，你才会发现这种潜在的力量。

一群迁徙的野牛在行进途中，突遭数只凶猛猎豹的袭击。刚才还是悠然自得的牛群顿时像炸了窝的马蜂，惊恐着四处奔逃，躲避着猎豹，逃脱着死亡。一只只野牛在奔逃中被扑倒，没有搏斗，连挣扎也是那样有气无力，只是哀鸣了几声，就成了猎豹的食物。

突然，一只看似弱小的野牛，就在快被猎豹追上的刹那，突然转向，全身奋力后坐，努力将身体的重心后移，奔跑的四蹄成了四条铁杠，直直地斜撑在地上，随即身体周围腾起一股浓浓的尘土，如同爆响的炸弹掀起的浪。在这生与死的千钧一发之际，这只小小的野牛停住了。

急停下来的小野牛，不但没有被猎豹吓倒，反而反转过身来，愤怒地沉下头，接着又仰起头顶上那一双尖尖的、硬硬的牛角，猛抵冲过来的猎豹。那只不可一世的猎豹，还没有看清眼前发生的一切，就被小野牛的尖角抵住了身体，扎进了肚子，被高高地扬起，抛向空中。

顿时，情况急转直下，奔逃的野牛们还在拼命地奔逃，而其他猎豹却惊呆了，先是停顿，继而掉头逃走。

我们不知道为什么唯有那只小野牛不像它的父母兄弟姐妹以奔逃求生，而选择回首痛击，去战胜自己所面临的死亡。

但它的行为给了我们许许多多的启迪和联想。

生活中的困难多于幸福，人生中的磨难多于享乐。人不应在困难中倒下，而要努力在困难中挺起。因为当你重新做出选择的时候，你就会拥有一种连自己都不敢相信的力量，而这种力量会使你战胜困难，同时使你的人生像初升的太阳一样，冲破云层，升起在蔚蓝的天空中。

我们积聚起一种新的力量，重新面对世界。

面临危机，你必须做出选择，这如同你不会游泳却被人推到河里一样，除了学会游上岸让自己不至于被淹死，此外别无生路。

心灵感悟

有时候，选择使人痛苦，尤其是当被选择的对象对你具有同等吸引力的时候。

人生的悲哀，莫过于自己不能选择，或者不去选择。只有依靠自己的选择，才能掌握自己的命运；只有正确地选择，才有成功的人生。

善于取舍

人的内心就是这样，总是希望有所得，以为拥有的东西越多，自己就会越快乐。所以，这人之常情就迫使我们沿着追求收获的路走下去。可是，有一天，我们忽然惊觉：我们忧郁、无聊、困惑、无奈……我们失去了一切的快乐，其实，我们之所以不快乐，是我们渴望拥有的东西太多了，欲望的负累让我们执迷在某个事物上了。

懂得放弃才有快乐，背着包袱走路总是很辛苦。中国历史上，"魏晋风度"常受到称颂，他们不同于佛、老子、孔子，在入世的生活里，又有一分出世的心情，说到底，是一种不把心思凝结在一个死结上的心态。

我们在生活中，时刻都在取与舍中选择，我们又总是渴望着取，渴望着占有，常常忽略了舍，忽略了占有的反面：放弃。懂得了放弃的真意，也就理解了"失之东隅，收之桑榆"的妙谛。

多一点中和的思想，静观万物，体会与世界一样博大的诗意，我们自然会懂得适时地有所放弃，这正是我们获得内心平衡、获得快乐的好方法。

每个人都有着不同的发展道路，面临着人生无数次的抉择。当机会接踵而来时，只有那些树立远大人生目标的人，才能做出正确的取舍，把握自己的命运。

树立了远大目标，面对人生的重大选择就有了明确的衡量准绳。孟子曰："舍生取义。"这是他的选择标准，也是他人生的追求目标。

著名诗人李白曾有过"仰天大笑出门去，我辈岂是蓬蒿人"的名句，潇洒傲岸之中，透出自己建功立业的豪情壮志。凭借生花妙笔，他很快名扬天下，荣登翰林学士这一古代文人梦寐以求的事业巅峰。

但是一段时间之后，他发现自己不过是替皇上点缀升平的御用文人。这时的李白就面临一个选择，是继续安享荣华富贵，还是走向江湖穷困潦倒呢？以自己的追求目标作衡量标准，李白毅然选择了"安能摧眉折腰事权贵，使我不得开心颜"，弃官而去。

一些看似无谓的选择，其实是奠定我们一生重大抉择的基础。古人云："不积跬步，无以至千里；不积小流，无以成江海。"

无论多么远大的理想、伟大的事业，都必须从小处做起，从平凡处做起，所以对于看似琐碎的选择，也要慎重对待，考虑选择的结果是否有益于自己树立的远大目标。

有这样一则故事：一只老鹰被人锁着。它见到一只小鸟唱着歌儿从它身旁掠过，想到自己却……于是它用尽全身的力量，挣脱了锁链，可它也挣折了自己的翅膀。它用折断的翅膀飞翔着，没飞几步，它那血淋淋的身躯还是不得不栽落在地上。

老鹰向往小鸟的自由，挣脱了锁链，却牺牲了自己的翅膀。自由如果要以牺牲自己的翅膀为代价，实际上也就牺牲了自由。

放弃，对每一个人来说，都有一个痛苦的过程。因为放弃意味着永远不再拥有，但是不会放弃，想拥有一切，最终你将一无所有，这是生命的无奈之处。如果你不放弃都市的繁华，就无法享受花前月下的静谧……

生活给予我们每个人的都是一座丰富的宝库，但你必须学会放弃，选择适合你自己应该拥有的，否则，生命将难以承受！

心灵感悟

一个决定可以改变一个人的命运，这个决定是对是错，恐怕要用一生作赌注。其实，有未必真得，无未必真失，有无随缘、得失在心，人生的遭遇不可用"得失"二字定论。

放弃是一种智慧

放弃，是一种智慧，是一种豁达，它不盲目、不狭隘。

放弃，对心境是一种宽松，对心灵是一种滋润，它驱散了乌云，它清扫了心房。有了它，人生才能有爽朗坦然的心境；有了它，生活才会阳光灿烂。

1998年的诺贝尔奖得主崔琦，在有些人眼里简直是"怪人"：远离政治，从不抛头露面，整日浸泡在书本中和实验室内，甚至在诺贝尔奖桂冠加顶的当天，他还如常到实验室工作。更令人不敢置信的是，在美国高科技研究的前沿领域，崔琦居然是一个地地道道的"电脑盲"。他研究中的仪器设计、图表制作，全靠他一笔一画完成。而一旦要发电子邮件，也都请秘书代劳。他的理论是：这世界变化太快了，我没有时间去追赶！

崔琦放弃了世人眼里炫目的东西，为自己赢得了大量宝贵的时间，也赢得了至高无上的荣誉。

人的一生很短暂，有限的精力不可能方方面面都顾及，而世界上又有那么多炫目的精彩，这时候，放弃就成了一种大智慧。放弃其实是为了得到，只要能得到你想得到的，放弃一些对你而言并不必需的"精彩"，又有什么不可以呢？

贪婪是大多数人的毛病，有时候只抓住自己想要的东西不放，就会给自己带来压力、痛苦、焦虑和不安。往往什么都不愿放弃的人，结果却什么也没有得到。

放弃是一种睿智。尽管你的精力过人、志向远大，但时间不容许你在一定时间内同时完成许多事情，正所谓："心有余而力不足。"所以，在众多的目标中，我们必须依据现实，有所放弃，有所选择。

如果在放弃之后，烦乱的思绪梳理得更加分明，模糊的目标变得更加清晰，摇摆的心变得更加坚定，那么放弃又有什么不好呢？

生活中，不堪重负就归零。归零就是清除所有的东西，放弃一切，从零开始。有时候归零是那么难，因为每一个要被清除的数字都代表着或实在或精神上的某种意义；有时候归零又是那么容易，只要按一下键盘上的删除键就可以了。

心灵感悟

人生总要面临许多选择，也要做出一些放弃。要学会选择，首先要学会放弃。放弃是为了更好地调整自我，准备良好的心态向目标靠近。特别是在现代社会中，竞争日趋激烈，每个人的生存压力也越来越重，于是每个人都身不由己地变得"贪心"。追求太多，其失望也愈深，所以一定要保持一个清醒的头脑，做好人生的取舍。

下山的也是英雄

人们习惯于对爬上高山之巅的人顶礼膜拜，实际上，能够及时主动从光环中隐退的下山者也是"英雄"。

有多少人把"隐退"当成"失败"。曾经有过非常多的例子显示，对于那些惯于享受欢呼与掌声的人而言，一旦从高空中掉落下来，就像艺人失掉了舞台、将军失掉了战场，往往因为一时难以适应，而自陷于绝望的谷底。

心理专家分析，一个人若是能在适当的时间选择作短暂的隐退（不论是自愿还是被迫），都是一个很好的转机，因为它能让你留出时间观察和思考，使你在独处的时候找到自己内在真正的世界。

唯有离开自己当主角的舞台，才能防止自我膨胀。虽然失去掌声令人惋惜，但往好的一面看，心理专家认为，"隐退"就是进行深层学习，一方面韬光养晦，一方面重新上发条，平衡日后的生活。当你志得意满的时候，是很难想象没有掌声的日子的。但如果你要一辈子获得持久的掌声，就要懂得享受"隐退"。

作家班塞说过一段令人印象深刻的话："在其位的时候，总觉得什么都不能舍，一旦真的舍了之后，又发现好像什么都可以舍。"曾经做过杂志主编，翻译出版过许多知名畅销书的班塞，在40岁事业最巅峰的时候退下来，选择当个自由人，重新思考人生的出路。

40岁那年，欧文从人事经理被提升为总经理。三年后，他自动"开除"自己，舍弃堂堂"总经理"的头衔，改任没有实权的顾问。正值人生最巅峰的阶段，欧文却奋勇地从急流中跳出，他的说法是："我不是退休，而是转进。"

"总经理"三个字对多数人而言，代表着财富、地位，是事业身份的象征。然而，短短3年的总经理生涯，令欧文感触颇深的，却是诸多的"无可奈何"与"不得而为"。

他全面地打量自己，他的工作确实让他过得很光鲜，周围想巴结自己的人更是不在少数，然而除了让他每天疲于奔命、穷于应付之外，他其实活得并不开心。这个想法促使他决定辞职，"人要回到原点，才能更轻松自在。"他说。

辞职以后，司机、车子一并还给公司，应酬也减到最低。不当总经理的欧文，感觉时间突然多了起来，他把大半的精力拿来写作，抒发自己在广告领域多年的观察与心得。

"我很想试试看，人生是不是还有别的路可走。"他笃定地说。

事实上，欧文在写作上很有天分，而且多年的职场经历给他积累了大量的素材。

现在欧文已经是某知名杂志的专栏作家，其间还完成了两本管理学著作，欧文迎来了他的第二个人生辉煌。

事实上，"隐退"很可能只是转移阵地，或者是为了下一场战役储备新的能量。但是，很多人认不清这点，反而一直缅怀着过去的光荣，他们始终难以忘情"我曾经如何如何"，不甘于从此做个默默无闻的小人物。走下山来，你同样可以创造辉煌，同样是个大英雄！

心灵感悟

一个不受过去干扰的人，就像画家手中的一张干净的纸，更能画出美妙的图画来。因为是崭新的开始，就需要付出全部的努力，需要认真地对待，需要一丝不苟地去应对每一个环节和细节，这样往往更能把事情做好。

放弃是为了更好地选择

放弃是为了更好地选择得到，在放弃中进行新一轮进取，你所得到的比失去的更可贵。

成立于1881年的日本钟表企业精工舍，是一家世界闻名的大企业。它生产的石英表、

"精工·拉萨尔"金表远销世界各地,其手表的销售量长期位于世界第一的位置。它能取得这样的成功,全取决于其第三任总经理服部正次的放弃战略。

1945年,服部正次就任精工舍第三任总经理。当时的日本还处在战争破坏后的满目疮痍中。精工舍步子疲惫,征尘未洗。而这时,有"钟表王国"之称的瑞士,由于没有受到二战的破坏影响,其手表一下子占据了钟表行业的主要市场。精工舍面临着巨大的生存危机!

服部正次并不为困难所吓倒,他沉着冷静,制定了"不着急,不停步"的战略,着重从质量上下手,开始了赶超钟表王国的步伐。10多年过去了,服部正次带领的精工舍取得了长足的进展,但仍然无法与瑞士表分庭抗礼。

整个20世纪60年代,瑞士年产各类钟表1亿只左右,行销世界150多个国家和地区,世界市场的占有额也达到了50%~80%。有"表中之王"美誉的劳力士和浪琴、欧米茄、天梭等瑞士名贵手表,依然是各国达官贵人、富商巨贾等人财富地位的象征。无论精工舍在质量上怎样下功夫,都无法赶上瑞士表的质量标准!

怎么办?是继续寻求质量上的突破,还是另走他径?服部正次思量着。他看到,要想在质量上超过有深厚制表传统的瑞士,那简直是不可能的。服部正次认为精工舍该换个活法了,他要带领精工舍另走新路。经过慎重的思考,服部正次决定放弃在机械表制造上和瑞士表的较劲,转而在新产品的开发上做文章。

经过几年的努力,服部正次带领他的科研人员成功地研制出了一种新产品——石英电子表!与机械表相比,石英表的最大优势就是走时准确。表中之王的劳力士月误差在100秒左右,而石英表的误差却不超过15秒。1970年,石英电子表开始投放市场,立即引起了钟表界和整个世界的轰动。到20世纪70年代后期,精工舍的手表销售量就跃居世界首位。

在电子表市场牢牢站稳了脚跟后,1980年,精工舍收购了瑞士以制作高级钟表著称的"珍妮·拉萨尔"公司,转而向机械表王国发起了进攻。不久,以钻石、黄金为主要材料的高级"精工·拉萨尔"表开始投放市场,马上得到了消费者的认可,成为人们心中高质量、高品质的象征!

现代社会似乎给我们描绘了一幅幅风和日丽、欣欣向荣的财富画卷,而一个个诗情画意、神乎其神的成功的故事,则更令我们激情冲动。于是,在众多的诱惑面前,太多的人忘却了理性的分析和选择,忘却了放弃,而任凭欲望的野马在陷阱密布的商界里纵横驰骋。殊不知,"放弃"是一种战略智慧。学会了放弃,你也就学会了争取。

心灵感悟

鱼和熊掌不可兼得,你必须有所选择、有所放弃。人生是一个不断放弃,又不断创造的过程,所以适时地放弃一些不切实际的要求,会令你收获更大的惊喜。

学会放弃才能成功

两个贫苦的樵夫靠着上山捡柴糊口,有一天在山里发现两大包棉花,两人喜出望外,棉花的价格高过柴薪数倍,将这两包棉花卖掉,足可让家人一个月衣食无忧。当下两人各自背了一包棉花,便欲赶路回家。

走着走着,其中一名樵夫眼尖,看到山路有着一大捆布,走近细看,竟是上等的细麻布,足足有十多匹之多。他欣喜之余，和同伴商量，一同放下肩负的棉花，改背麻布回家。

他的同伴却有不同的想法，认为自己背着棉花已走了一大段路，到了这里才丢下棉花，岂不枉费自己先前的辛苦，坚持不愿换麻布。先前发现麻布的樵夫屡劝同伴不听，只得自己竭尽所能地背起麻布，继续前行。

又走了一段路后，背麻布的樵夫望见林中闪闪发光，待近前一看，地上竟然散落着数坛黄金，心想这下真的发财了，赶忙邀同伴放下肩头的麻布及棉花，改用挑柴的扁担来挑黄金。

他的同伴仍是那套不愿丢下棉花以免枉费辛苦的想法，并且怀疑那些黄金不是真的，劝他不要白费力气，免得到头来一场空欢喜。

发现黄金的樵夫只好自己挑了两坛黄金，和背棉花的伙伴赶路回家。走到山下时，无缘无故下了一场大雨，两人在空旷处被淋了个湿透。更不幸的是，背棉花的樵夫肩上的大包棉花，吸饱了雨水，重得完全无法再背得动。那樵夫不得已，只能丢下一路辛苦舍不得放弃的棉花，空着手和挑金的同伴回家去。

人生即哲学，可许多人无法悟透其中的道理。凡事都有一个度和量，过分执着，不懂变通，往往会适得其反，失去自己原本拥有的东西。

在人生的每一次关键时刻，审慎地运用你的智慧，作最正确的判断，选择属于你的正确方向。同时别忘了随时检查自己选择的角度是否产生偏差，适时地加以调整，千万不能像背棉花的樵夫一般，只凭一套哲学，便欲度过人生所有的阶段。

心灵感悟

　　有时只有放弃眼前利益，才能获得长远大利——要想成功，就要学会放弃。

　　为了更好的明天，放弃眼前的小利，只有勇于舍弃的人才是智慧的人。成功者永远是一群具备高瞻远瞩眼光的人。

放下心灵的重负

有一个聪明的年轻人，想成为一名大学问家。可是，许多年过去了，他的学业没有长进。他很苦恼，就去向一个大师求教。

大师说："我们登山吧，到山顶你就知道该如何做了。"

那山上有许多晶莹的小石头，煞是迷人。每次见到他喜欢的石头，大师就让他装进袋子里背着，很快，他就吃不消了。"大师，再背，别说到山顶了，恐怕连动也不能动了。"他疑惑地望着大师。"是呀，那该怎么办呢？"大师微微一笑："该放下了，不放下，背着石头怎能登山呢？"

年轻人一愣，忽觉心中一亮，向大师道过谢走了。之后，他一心做学问，最终成了一名大学问家。其实，人要有所得必要有所失，只有学会放弃，才有可能登上人生的极致高峰。

我们很多时候羡慕在天空中自由自在飞翔的鸟儿。人，其实也该像这鸟儿一样，欢呼于枝头，跳跃于林间，与清风嬉戏，与明月相伴，无拘无束，无羁无绊。这，才是鸟儿应有的生活，才是人类应有的生活。

然而，这世上终还有一些鸟儿，因为忍受不了饥饿、干渴、孤独乃至于"爱情"的诱惑，从而成为笼中鸟，永永远远地失去了自由，成为人类的玩物。

与人类相比，鸟儿面对的诱惑要简单得多。而人类，却要面对来自红尘之中的种种诱惑。于是，人们往往在这些诱惑中迷失了自己，从而跌入了欲望的深渊，把自己装入了一个个打造精致的"功名利禄"的金丝笼里。

这是鸟儿的悲哀，也是人类的悲哀。然而更为悲哀的是，鸟儿被囚禁于笼中，被人玩弄于股掌之上，仍欢呼雀跃，放声高歌，甚至于呢喃学语，博人欢心；而人类置身于功名利禄的包围中，仍自鸣得意，唯我独尊。这应该说是一种更深层次的悲哀。

人生在世，有许多东西是需要不断放弃的。在仕途中，放弃对权力的追逐，随遇而安，得到的是宁静与淡泊；在淘金的过程中，放弃对金钱无止境的掠夺，得到的是安心和快乐；在春风得意、身边美女如云时，放弃对美色的占有，得到的是家庭的温馨和美满。

我们每个人心中都应谨记，你不可能什么都得到，所以你应该学会放弃。生活有时会逼迫你，不得不交出权力，不得不放走机遇，甚至不得不抛下爱情。放弃，并不意味着失去，因为只有放弃才会有另一种获得。

心灵感悟

> 珍藏，会使我们的宝库越来越丰富。但是，珍藏过多，那些美丽的珍宝可能成为我们前进的羁绊。心灵的负荷太重，人生就是一种苦旅。放弃一些吧，把那些不太重要的东西抛掉，把曾经的忧伤和痛苦抛置脑后，我们的步履仍会轻盈，心情仍会轻扬。

放弃是一种获得

一个初学打猎的年轻人跟着自己的师父一同到山里去打猎。

没走多远就发现了两只兔子从树林里蹿了出来，年轻猎人很快就取出自己的猎枪。两只兔子向不同的方向跑去，年轻猎人一下子不知道该向哪只兔子瞄准了，想打这只兔子，又怕那只兔子跑了，猎枪一会儿瞄准这只，一会儿又瞄准那只，就这样瞄来瞄去，结果兔子不见了踪影。年轻猎人感到十分气恼。

他的师父安慰他说："两只兔子向不同的方向跑，你的枪再快，也不可能同时射中两只呀。关键是你一定要选择好目标，这样你就不会空手而归了。"

人生有许多东西值得我们去奋斗、去追求，但并不是所有的东西我们都可以同时得到。

当鱼和熊掌不可兼得的时候，你必须当机立断，抓住时机，马上出击。常言道："一鸟在手，胜过双鸟在林。"当机遇出现在你面前时，千万不要犹豫，因为机遇稍纵即逝。倘若瞻前顾后，患得患失，只会使你与成功擦肩而过。

人生是一部选择的历史。

从我们来到这个世界，就在不停地进行着各种各样的选择。在选择中我们做出取舍，在放弃中我们走向成熟。在你呱呱坠地时，你就选择了声音，放弃了沉默。当你第一次背上书包,跨进学校的大门,你就选择了知识,抛弃了愚昧的束缚。当你升学,你就选择了继续深造,就放弃立即就业的想法。当你与一见钟情的他(她)相遇后,更是反复经受着选择的折磨。大学毕业后,是继续深造,还是参加工作?你需要选择。是留在父母身边,还是去异地发展?你需要选择。是留在国内深造,还是出国求学?你无时不在选择中!

生命是有限的,你无法实现所有的梦想,无法满足所有的欲望。所以我们必须做出各种选择,将我们有限的生命充分地利用起来,将有限的精力集中投入到自己最美好的人生奋斗目标中。这样,即使你会失去很多——那也是不可避免的——但你已为自己的人生目标奋斗过,才不算枉来此生。

生活中,如果你想过得比别人好,你就必须学会选择。具备这样的品质,那就是你对人生目标选择的明确性,知道自己需要什么,并且迫切渴望达到这一目的。对目标游移不定,只会让你前功尽弃、一无所获。

记住老猎人的话吧,永远别在徘徊中错失良机。

> 正是因为人的欲望永远无法得到满足,永远是遥无止境,所以我们必须学会放弃。不放弃,留给自己的只能是心灵的重负。放弃,虽然意味着某种失去,意味着难言的割舍,放弃也会给我们带来伤感和愁绪,但是,放弃也正是为了前方路上更美的相遇,为了明天更加宝贵的撷取。

脚踏实地是最好的选择

任小萍女士说,在她的职业生涯中,每一步都是组织上安排的,自己并没有什么自主权。但在每一个岗位上,她也有自己的选择,那就是要比别人做得更好。

1968 年:在西瓜地里干活的她,被告知北京外国语学院录取了她,到了学校,她才知道她年纪最大,水平最差,第一堂课就因为回答不出问题而站了一堂课。然而等到毕业的时候,她已成为全年级最好的学生。

大学毕业后她被分到英国驻华大使馆做接线员。接线员是个不愿意干就很简单,愿意干就很麻烦的工作。任小萍把使馆里所有人的名字、电话、工作范围甚至他们家属的名字都背得滚瓜烂熟。有时候,有一些电话进来,不知道该找谁,她就多问几句,尽量帮助别人找到该找的人。逐渐地,使馆人员外出时,都不告诉自己的翻译了,而是打电话给任小萍,说可能有谁会来电话,请转告什么话。任小萍成了一个留言台。不仅如此,使馆里有很多公事私事都委托她通知、转达、转告。这样,任小萍在使馆里成了很受欢迎的人。

有一天,英国大使来到电话间,靠在门口,笑眯眯地看着任小萍,说:"你知道吗,最近和我联络的人都恭喜我,说我有了一位英国姑娘做接线员!当他们知道接线生是中国姑娘时,都惊讶万分。"英国大使亲自到电话间表扬接线员,在大使馆是破天荒的事情。结果没多久,她就因工作出色而被破格调去给英国某大报记者处做翻译。

该报的首席记者是个名气很大的老太太,得过战地勋章,被授过勋爵,本事大,脾气大,把前任翻译给赶跑了,刚开始也拒绝雇用任小萍,看不上她的资历,后来才勉强同意一试。一年后,老太太经常对别人说:"我的翻译比你的好上 10 倍。"不久,工作出色的任小萍就被破例调到美国驻华联络处，她干得又同样出色，获外交部嘉奖……

一个人在无法选择工作时，至少他永远有一样可以选择：就是好好干还是得过且过。在同一个工作岗位上，有的人勤恳敬业，付出得多，收获也多，有的人整天想调好工作，而不做好眼前的事。其实，这样的选择就决定了将来的被选择。

人生有各种各样的舞台，但最能展现你才华的舞台却只有一个。只有准确地选择这个舞台，脚踏实地地干下去，你的才华才能得到更好的发挥，从而实现自己的人生梦想。

为爱而放弃

谁说喜欢一样东西就一定要得到它？有时候，有些人，为了得到他喜欢的东西，殚精竭虑，费尽心机，更有甚者可能不择手段，以致走向极端。也许他得到了他喜欢的东西，但是在他追逐的过程中，失去的东西也无法计算，他付出的代价是其得到的东西所无法弥补的。也许那代价是沉重的，是我们无法承受的，直到最后，他才发现，其实喜欢一样东西，不一定要得到它。

真正的爱情不是占有，而是无私地付出，是时刻为对方着想。

这是一个现代都市里的浪漫爱情故事。他得了绝症，她辞掉了自己的工作，专心在医院里照顾他。他们纯洁的恋情打动了所有的人。

整整两年，他们的病友换了一个又一个，有的康复出院，有的进了太平间。而小伙子的病情不见好转也不见恶化。

终于有一天，医生告诉他们一个沉痛的消息：小伙子的生命挺不过这一周了。女孩儿痛哭失声，小伙子却长舒了一口气。报社的记者们知道了这个感人的故事也匆忙赶来了。

记者们提出给两个人拍一张照，女孩儿拢了拢自己的头发，准备配合记者拍照，小伙子却拦住了："还是不要拍了吧？"

"为什么？"

"将来她还要嫁人呢！我不想影响她以后正常的生活。"

她扑进他怀里失声痛哭。

第二天报纸上登出的是女孩的侧面照，一张美丽得让人心碎的侧影。

喜欢一样东西，就要学会欣赏它、珍惜它，使它更弥足珍贵。

喜欢一个人，就要让他快乐、让他幸福，使那份感情更诚挚。

一位父亲聊他儿子目前的状况，他的儿子才18岁，却理直气壮地告诉父亲他爱上了一个女孩，甚至可以为那个女孩而放弃上大学继续深造的机会。父亲说，他的心当时真的被揪紧了。

父亲告诉他儿子："男子汉要有责任心，你爱她，但你有能力对她的将来负责吗？知道吗？有时正因为爱，所以才要放弃。不适时的爱有时会成为一种伤害。"

男孩的执着和忠贞以及血气方刚令我们感动，但爱情有许多现实因素的干扰，站在青春的门口你要学会理智。

学会放弃吧。学会放弃，在落泪以前转身离去，留下简单的背影；学会放弃，将昨天埋在心底，留下最美的回忆；学会放弃，让彼此都能有个更轻松的开始，遍体鳞伤的爱并不一定就刻骨铭心。这一程，情深缘浅，走到今天，已经不容易，轻轻地抽出手，说声再见，真的很感谢，这一路上有你。曾说过爱你的，今天仍是爱你，只是爱你却不能与你在一起。一如爱那原野的火百合，爱它，却不能携它归去。

渴望得太多，反而会有许多的烦恼。其实，生活并不需要这些无谓的执着，没有什么真的不能割舍。人生的现阶段，你要想生活得轻松，就要学会放弃。

为了以后的幸福，为了以后的事业，放一放手，前方的风景更迷人。

心灵感悟

在爱情旅程中，不会总是艳阳高照、鲜花盛开，也同样有夏暑冬寒、风霜雪雨。有时，你需要学会放手，只有放开了双手，给自己和对方以自由，才能让双方更加轻松、快乐。放开手，你就会发现，久违的幸福其实就在你的身边。

能上架更要会下架

不要以为自己了不起，不要认为自己现在有令人垂涎的待遇和足以自豪、炫耀的地位就可以目空一切，你的虚架子搭得越高，就可能摔得越重。

都柏公司是美国一家著名的制造企业，技术先进，实力雄厚，是业内的佼佼者。许多人毕业后到该公司求职遭拒绝，原因很简单，该公司的高技术人员爆满，不再需要各种高技术人才。但是令人垂涎的待遇和足以自豪、炫耀的地位仍然向那些有志的求职者闪烁着诱人的光环。

罗伯特和许多人的命运一样，在该公司每年一次的用人测试会上被拒绝申请，其实这时的用人测试会已经是徒有虚名了。罗伯特并没有死心，他发誓一定要进入都柏公司。于是他采取了一个特殊的策略——假装自己一无所长。

他先找到公司人事部，提出为该公司无偿提供劳动力，请求公司分派给他工作，他将不计任何报酬来完成。公司起初觉得这简直不可思议，但考虑到不用任何花费，也用不着操心，于是便分派他去打扫车间里的废铁屑。一年来，罗伯特勤勤恳恳地重复着这种简单却劳累的工作。为了糊口，下班后他还要去酒吧打工。这样虽然得到老板及工人们的好感，但是仍然没有一个人提到录用他的问题。

1990年初，公司的许多订单纷纷被退回，理由均是产品质量有问题，为此公司将蒙受巨大的损失。公司董事会为了挽救颓势，紧急召开会议商议解决，当会议进行了一大半却尚未见眉目时，罗伯特闯入会议室，提出要直接见总经理。在会上，罗伯特把他对这一问题出现的原因做了令人信服的解释，并且就工程技术上的问题提出了自己的看法，随后拿出了自己对产品的改造设计图。这个设计非常先进，恰到好处地保留了原来机械的优点，同时克服了已出现的弊病。总经理及董事会的董事见到这个编外清洁工如此精明在行，便询问他的背景以及现状。罗伯特面对公司的最高决策者们，将自己的意图和盘托出，经董事会举手表决，罗伯特当即被聘为公司负责生产技术问题的副总经理。

原来，罗伯特在做清扫工时，利用清扫工到处走动的特点，细心察看了整个公司各部门的生产情况，并一一做了详细记录，发现了所存在的技术性问题并想出解决的办法。为此，他花了近一年的时间搞设计，做了大量的统计数据，为最后一展雄姿奠定了基础。

在刚涉入社会的时候，不妨放下架子，甘心从基层干起。有所失必有所得，只有放得下，才能拿得起，舍不得放下自己的虚架子，放下自以为是的成绩，怎么能得到别人的赏识呢？

心灵感悟

面对机会的来临，人们常有许多不同的选择方式。有的人单纯地接受；有的人抱持怀疑的态度，站在一旁观望；有的人则顽固得如同骡子一样，不肯接受任何新的改变。而不同的选择，当然会导致迥异的结果。许多成功的契机，起初未必能让每个人都看得到深藏的潜力，而起初抉择的正确与否，往往更决定是成功还是失败。

关上过去的门

曾为英国首相的劳合·乔治有一个习惯——随手关上身后的门。一天，有一个朋友来拜访他，两个人在院子里一边散步，一边交谈，他们每经过一扇门，乔治总是随手把门关上。

朋友很是纳闷，不解地问乔治："有必要把这些门都关上吗？"乔治微笑着回答："哦，当然有这个必要。我这一生都在关我身后的门，这是必须做的事。当你关门时，也就是把过去的一切留在了后面，不管是美好的成就，还是让人懊恼的失误，然后，你才可能重新开始。"

把过去的一切关在身后，也就是卸下身心上的包袱，放弃了已经到手的一切，这样才会更好地重新开始新的生活，这个问题却往往被我们所忽略。大多数人总是习惯于让过去的事情，无论成功或喜悦，无论失败或烦恼，挤占在脑海里不忍抛弃，结果使身心负载过重，浪费了精力，影响了事业的发展。所以，你应该试着学会经常把身后的门关上，把过去的一切留在身后。

关上身后的门，并不是把你过去的经验和教训也关在身后，这些都是你人生的宝贵财富。你应把它们潜移默化地融化到你的血液里，让它变成一种本能，成为一种习惯，这样更有利于你奔向成功。

不为已经失去的而悲伤，这是一种怎样的大智慧啊！

每个人来到这个世界上，都希望自己尽可能多的美好梦想变为绚丽现实。于是，在人生路上漫步时，我们犹如天真的孩童，总是在瞪大好奇的眼睛期待珍宝的出现，并在行走中欣喜地将它拾起。人生经历的行囊，在不断地捡拾中变得越来越重，直到我们举步维艰。是断然放弃还是继续珍藏？这是我们每个人都不可避免的难题，是每一个想前行的人都要遇到的麻烦。

放弃，也是一种伤感的美丽……

如果曾经的心情宛如一个行者，孤身踽踽在无边的大漠，迎着风沙漫漫，在艰难地跋涉。远处，残阳如血。抬眼望，遥远的一线天际空旷而寂寥，周身弥漫的是一种孤苦和凄凉。当情绪低落到极点，为何不去处理自己的问题，为何不去把行囊中的抑郁放弃？也许曾经收入行囊时，它们对于我们来说是值得珍视的，是给我们带来了无边的欢快。但随着岁月的流转，随着光阴的飞逝，当它们的存在只会触痛我们的伤痕，它们的出现只能给我们留下黑夜辗转难眠时无声的泪水，为什么还要保存着它们？放弃它们，打开尘封已久的行囊，把它们倾倒出来！也许这使我们痛苦，但是放弃之后，你会发现，心会如此灵动，情会如此轻松。

**心灵感悟**

　　人生不可避免的缺憾，你怎样面对呢？逃避不一定躲得过，面对不一定最难受；孤单不一定不快乐，得到不一定能长久；失去不一定不再有，转身不一定最软弱。别急着说别无选择，别以为世上只有对与错，许多事情的答案都不是只有一个。换个思维，也许有另外的收获。

人生就是选择和放弃

　　朋友说他前些天去了一次动物园，感受颇深。动物园非常广阔，散布在2000多平方米的树林中。朋友说，若想纵贯全园，必须花费2～3天的时间。而他那天是陪一位亲戚逛，而亲戚只有半天的时间可以消磨。朋友说，这样吧，每走到一处路口，仅选择一个方向前进。

　　路口出现在眼前，一侧通往狮子园，一侧通往老虎山，选吧。亲戚琢磨一会儿，选择了狮子园。毕竟，狮子为山中之王。又一处路口，分别指向熊猫馆和孔雀馆，他们又迫不得已地选了熊猫一方，当然国宝第一。接下来是棕熊或鸵鸟、蛇或鱼、大象或河马，五花八门。

　　每选择一次，就遗憾一次，但是他必须当机立断，瞻前顾后和犹豫不决都意味着时间无情地流逝，意味着即使一半的机会都会捕捉不到，白白落空。只有迅速地选择，他们才能有所收获。

　　他说："人生不就是这样吗？"

　　左右为难或被迫撒手的情形时常发生：要地位就得委曲求全；要学问就得寒窗苦读；要花容月貌就得精心呵护保养。很多时候、很多场合还必须进行更残酷的选择，比如面对两份同具诱惑力的工作、两个同具魅力的追求者。容不得遐想，容不得认真比较或检验，仓促间我们留下一个，而眼睁睁地失去另一个。

心灵感悟

　　人生总要进行一些艰难的选择与放弃。不要因放弃的事物而悲伤，而更应该好好经营你选择的那一半。

生命之舟需要轻载

　　一个青年背着个大包裹千里迢迢跑来找无际大师，他说："大师，我是那样孤独、痛苦和寂寞，长期的跋涉使我疲倦到极点；我的鞋子破了，荆棘割破双脚；手也受伤了，流血不止；嗓子因为长久的呼喊而暗哑……为什么我还不能找到心中的阳光？"

　　大师问："你的大包裹里装的什么？"青年说："它对我可重要了。里面装的是我每一次跌倒时的痛苦、每一次受伤后的哭泣、每一次孤寂时的烦恼……靠着它，我才能走到您这儿来。"

　　于是，无际大师带青年来到河边，他们坐船过了河。上岸后，大师说："你扛了船赶路吧！"

　　"什么，扛了船赶路？"青年很惊讶，"船那么沉，我扛得动吗？"

　　"是的，孩子，你扛不动它。"大师微微一笑，说："过河时，船是有用的。但过了河，我们就要放下船赶路，否则它会变成我们的包袱。痛苦、孤独、寂寞、灾难、眼泪，这些对人生都是有用的，它能使生命得到升华，但须臾不忘，就成了人生的包袱。放下它吧！孩子，生命不能太负重。"

青年放下包袱，继续赶路，他发觉自己的步子轻松而愉悦，比以前快得多。原来，生命之舟是可以不必如此沉重的。

　　我们常常在疲惫不堪时才领悟，原来生命不必如此沉重。现在就放下一些不需要的东西吧！生命的航船是承载不了太多重担的。

清理"可能有用"

每个生存在职场里的人，到了岁末年初，总要将自己的办公桌彻底清理一次——扔掉那些毫无保存意义的信件、材料，再将其他的重新进行归类整理，使之井井有条、耳目一新，给自己创造一个相对宽松、舒适的环境和一份好心情。

人们总习惯以"可能有用"为借口而无形中保留了一件件、一堆堆"废品"和"垃圾"，直到有一天狠狠心将它扔掉，生活中也不觉得缺少什么时，才明白它是多余的东西，意识到自己所犯的"错"。

随着年龄的增长、阅历的丰富、知识的积累与沉淀，人们对生活注入了新的思考与认知，同时也对传统思想、观念进行了深刻的审视、反省与诠释，对一切诸如习惯、观念、想法、经验、爱好等无形的东西也在不断地进行筛选和更新。一些过时的或给生活造成不必要麻烦和不便的，我们要有勇气随时丢弃它，即便要为此付出很多时间、精力，甚至要忍受煎熬和痛苦。

这样一来，我们才有机会和足够的时间、精力、空间，学习和接纳一些科学的、新鲜的东西。丢弃某些东西不易，要守护某些东西也并不轻松。

同时，在人欲膨胀、物欲横流的时代，面对市场经济和社会变革的激荡冲击而滋生出的种种物质的、精神的刺激、诱惑和陷阱，人们内心仍无法割舍对功名利禄的追逐，经受着种种的挑战和考验，人们的思想观念、价值观念、伦理道德也相应地发生了一系列的改变与革新。

到底还要不要坚守志向、信念、道德、操守、正义和良知的精神阵地，捍卫和呵护人类共同的精神家园的问题，困扰和拷问着每一个现代人。尽管内在的欲望膨胀与外来的物质诱惑外呼内应，使一些人信仰的天平发生了严重的失衡，精神发生了可怕的"癌变"，最终走上犯罪的道路，但是，我们依然要提倡坚守。不管世界如何变化，我们都要像旗手保卫战旗、战士捍卫阵地那样，在喧嚣和浮躁中坚守我们做人的准则，呵护好我们充满正义与良知的心灵。

诚然，现实生活有时不是一种单纯的取与舍，它们有时在你死我活的较量中相随相伴而相得益彰。不要斤斤计较失去的，要知道我们得到的比失去的更可贵、更美好。

　　生活的真谛是难以用单纯的取与舍来衡量的，对于失去的不要一直念念不忘，我们更应该珍惜已经得到的。

丢掉多余的东西

铁匠打了两把宝剑。

刚刚出炉时它们一模一样,又笨又钝。

铁匠想把它们磨快一些。

其中一把宝剑看到从自己身上掉下的铁屑,想到这曾是自己身体的一部分,丢掉可惜。便苦求铁匠不要磨了。

铁匠答应了它。

铁匠去磨另一把剑,另一把没有拒绝。

经过长时间的磨砺,一把寒光闪闪的宝剑磨成了。

铁匠把那两把剑挂在店铺里。

不一会儿就有顾客上门,他一眼就看上了磨好的那一把,因为它锋利、轻巧、合用。

而钝的那一把,虽然钢铁多一些、重量大一些,但是无法当宝剑用,它充其量只是一块剑形的铁而已。

同样出自一个铁匠之手,同样的功夫打造,两把宝剑的命运却有天壤之别!锋利的那把又薄又轻,而另一把则又厚又重,前者是削铁如泥的利器,后者则只是一个中看不中用的摆设、一个包袱,只因为它身上有太多多余的东西没有丢掉。

心灵感悟

在人生的旅途中,需要我们放弃的东西很多,古人云,"鱼和熊掌不可兼得"。如果不是我们应该拥有的,就要学会放弃。只有学会放弃,才会活得更加充实、坦然和轻松。

错过花,你将收获雨

许多的事情,总是在经历过以后才会懂得。一如感情,痛过了,才会懂得如何保护自己;傻过了,才会懂得适时的坚持与放弃。在得到与失去中我们慢慢地认识自己。

其实,生活并不需要那么多无谓的执着,没有什么是真的不能割舍。学会放弃,生活会更容易。

每一份感情都很美,每一程相伴也都令人迷醉。是不能拥有的遗憾让我们更感缱绻;是夜半无眠的思念让我们更觉留恋。感情是一份没有答案的问卷,苦苦的追寻并不能让生活更圆满。也许一点遗憾、一丝伤感,都会让这份答卷更隽永,也更久远。

收拾起心情,继续走吧,错过花,你将收获雨;错过他,我才遇到了你。继续走吧,你终将收获自己的美丽。

爱情没有永久的保证书。有个男士饱受一位前女友骚扰,骚扰范围之广,等于古代的"诛九族",所有亲戚朋友都备受这位不甘离去的女友的电话恐吓。后来他亲自去恳谈和解时才发现,原来他的前女友已经有新的同居对象——她自己有新欢,但就是不让他轻松自在。新的已来,旧爱却还不愿割去。

一个永远不想失去你的人，未必是爱你的人，未必对你忠心耿耿。

在心中如果有"曾经拥有就永远不要失去"的偏执狂与占有欲，越想要获得爱的永久保证书，就只会越来越偏离。

谁说喜欢一样东西就一定要得到它。有时候，有些人，为了得到他喜欢的东西殚精竭虑、费尽心机。更甚者可能会不择手段，以致走向极端。也许他得到了他喜欢的东西，但是在他追逐的过程中，失去的东西也许更多，他付出的代价是其得到的东西所无法弥补的。也许那代价是沉重的，只是直到最后才会被他发现罢了。

有时候为了强求一样东西而令自己的身心都疲惫不堪，是很不划算的。再者，有些东西是"只可远观而不可近瞧的"，一旦你得到了它，日子一久你可能发现其实它并不如原本想象中的那么好。如果你再发现你失去的和放弃的东西更珍贵的时候，你一定会懊恼不已。所以常听到这样的一句话"得不到的东西永远是最好的"。

所以当你喜欢一样东西时，得到它并不一定是你最明智的选择。

喜欢一个人，就要让他快乐、让他幸福，使那份感情更诚挚。如果你做不到，那你还是放手吧。有时候，有些人要学会放弃，因为放弃也是一种美丽。

人生必须学会放弃，答案不可预期。结果最后才能看得清，来来回回何必在意。

坦然面对失去

一般来说，人们总是习惯于得到而害怕失去。尽管"有得必有失"的道理人人皆知，但人们依旧认为得到了可喜可贺，而失去则可惜可叹。每有所失，总要难受一阵，甚至为之痛苦。

人生苦短。为了不虚度光阴，使生命尽可能卓越，我们的确应该追求得到，努力用智慧和汗水创造业绩。然而，我们也应该正确看待失去、学会接受失去。为了成就一番事业，有时不得不失去一些感官的享受；为了更好地实现自己的主要人生目标，有时不得不"丢卒保车"；尤其是为了不玷污自己的人格，有时不得不失去一些利益，比如金钱——那种只要出卖良心或尊严就可以得到的金钱。

坦然面对失去，需要及时调整心态，要面对现实，承认失去，而不能总沉湎于已经不存在的东西之中。得到和失去其实是相对的。为了得到，需要失去，因为失去一些可能又意想不到地得到了另一些。民间安慰丢东西的人总是说"旧的不去，新的不来"。事实正是如此。与其为了失去而懊恼，不如全力争取新的得到。应该明白的是，有时失去并不一定是损失，而是放弃、是奉献、是大步跃进的前奏或序曲，这样的失去，不也是好事么？

面对失去，我们常常感到悲伤、悔恨，甚至痛不欲生。能够坦然面对失去的人，其豁达的心胸是常人难以匹敌的。这是一种超然的人生态度，更是一种并非人人皆可得到的人生智慧。

目标应只有一个

在师范学院毕业之际，痴迷音乐并有相当音乐素养的卢卡诺·帕瓦罗蒂问父亲："我是当教师呢，还是做歌唱家？"其父回答说："如果你想同时坐在两把椅子上，你可能会从椅子中间掉下去。生活要求你只能选一把椅子坐上去。"帕瓦罗蒂选了一把椅子——做个歌唱家。经过 7 年的努力，帕瓦罗蒂才首次登台亮相。

有所选择就必须有所舍弃，舍弃许多椅子，而只能选择其中的一把。人在面临选择的时候是脆弱的，但目标只能确定一个，这样才会凝聚起人生的全部合力，将其攻下。确定了目标、选定了路，不管路有多崎岖，同行者怎样寥寥，你都要忍受孤独和寂寞将它走完。尤其在诱人的岔路口，你必须不改初衷，有心无旁骛的坚定信念和超然气度。

选择就意味着放弃。放弃了彼，才能将更多的时间和精力专注于此；放弃了彼，才能在此做出一番新的成就。

生活无须完美

有这样一个故事，讲的是一个圆环被切掉了一块，圆环想使自己重新完整起来，于是就到别处去寻找丢失的那块儿。因为不是圆环了，它滚得很慢，但是，在此期间，它欣赏路边的花儿，它与虫子聊天，它享受阳光的照耀，它发现了许多不同的小块儿，可没有一块儿适合它。于是它继续寻找着。

终于有一天，圆环找到了一个非常合适的小块儿，它高兴极了，将那小块儿装上，它又变成完整的圆环了，然后就滚了起来。它能够滚得很快，以至于无暇欣赏花儿，也不能和虫子聊天。同时，它也失去了自己的快乐。当它发现飞快的滚动使得它的世界再也不像从前那样时，它停住了，把那一小块儿又放回到路边，缓慢地向前滚去。

当我们失去了什么时才反而觉得更加珍惜，才会更加努力去追求，生活才变得更充实，更有意义。拥有一切的人从某种角度来说是一个一无所有的人，他从不知道渴望、希冀的感觉，从不知道梦想滋润心田的感觉。

生活不可能完美无缺，也正因为有了残缺，我们才有梦、有希望。当我们为梦想和希望而付出我们的努力时，我们就已经拥有了一个完整的自我。生活不是一场必须拿满分的考试，生活更像一个足球赛季，最好的队也可能会输掉其中的几场比赛，而最差的队也有自己闪亮的时刻。我们的所有努力就是为了赢得更多的比赛。当我们能继续在比赛中前进并珍惜每场比赛的时候，我们就赢得了自己的完整。

生活不可能完美无缺，也正因为有了残缺，我们才有梦、有希望。当我们为梦想和希望而付出我们的努力时，我们已经拥有了一个完整的自我。

选择适合自己的

有一只城里老鼠和一只乡下老鼠是好朋友。有一天，乡下老鼠请城里老鼠来家里吃东西。城里老鼠心里想乡下食物的口味是什么样的呢？于是立刻动身去了乡下，乡下老鼠看到城里老鼠真的来了，特别高兴，他把城里老鼠引到谷仓去，那里堆满稻谷、地瓜，还有花生。

乡下老鼠对城里老鼠说："城里朋友，不要客气，尽情地吃，东西多着呢！"可是城里老鼠见到这些食物一点胃口都没有。

乡下老鼠还以为城里老鼠客气，于是抓了一把花生给城里老鼠，说："朋友，这些花生味道特别好，唉，你不要这样客气嘛！"

城里老鼠觉得这些东西一点都不好吃，勉强吃了一些，最后只好对乡下老鼠说："我实在吃不下去，你们这里的东西太粗糙了点。这样吧，改天你到城里去，我让你尝尝美味可口的食物。"

乡下老鼠想开开眼界，也特别向往城里的食物，于是没过几天就来到城里老鼠的住处。城里老鼠见到乡下朋友果真来了，可高兴了，他把乡下老鼠引到厨房去。哇，这里东西可丰富了，有蛋糕、汽水、苹果、香肠、蜂蜜，还有鸡、鸭、肉、鱼，等等，看得乡下老鼠口水直流。他们正要享用时，一个人走进厨房，他们连忙吓得躲进洞里，不一会儿那个人走出厨房。哪知他们刚刚钻出来，"喵——喵"一只猫突然出现，吓得他们再度躲起来。

乡下老鼠胆战心惊，既怕又饿，他长叹一声："唉！朋友，吃东西这样担惊受怕，实在划不来，我们乡下东西虽然粗糙点儿，倒是悠闲自在，我现在就回去了，朋友，若不嫌弃，欢迎还到乡下来玩！"

这则寓言使我们看到，不同个性、习惯的老鼠喜欢不同的生活方式。即使它们都曾经对不同的世界感到好奇、有趣，但是，它们最后还是都回归自己所熟悉的世界里。生活中，你是否也曾对别人的生活抱有无限的羡慕，而忘记了自己的可贵。这让人想起"邯郸学步"的可笑，一味地模仿和追随他人，最终连自己也会丢失。每个人都有自己的生存方式，适合自己的才是最好的，切莫去做削足适履的事情。

不要总以为美景必定在远方，其实我们身边的东西一样可以使我们富足快乐。远方有什么？只不过神秘一点罢了。

有一种放弃叫勇敢

至今仍对一个故事印象深刻：一个人被一块巨石压在荒野。为了求生，他把压在石下的右腿砸断，然后爬出来，他得救了。这不禁让人对那个人产生深深的敬意，因为他在保留与放弃之间做出了如此艰难而又如此明智的选择。

人生总要面对许多抉择，放弃就是一种选择，命运逼迫你不得不做出一定的放弃！也许放弃的结果不尽如人意，但是有时候不得不做出选择，然而最痛苦的有时候还不是结果，而是选择的过程。再提一下一个讨论烂了的话题，关于妻子和母亲或妻子和孩子同时落水先救谁的问题，这就牵涉放弃和抉择，因为无力同时救两个，只能选一个，哪个更重要，下意识会选哪一个呢？决定思索本身是非常痛苦的，因为两个都是至亲至爱之人，放弃任何一个都会遗憾终生。可是上天要求你不得不这样，有时时间的紧迫性还不容你多想，怎么办呢？只能放弃一个，即使遗憾、痛苦、无奈，也无能为力。这是人生中最残酷的一种选择、最痛苦的一种放弃。

这是亲情！

但事情有时候是不能圆满或天遂人愿的，是不能两全的，只能放弃！

一旦放弃，再后悔、再难过、再痛苦都是无法挽回的，这就是它的残忍所在。而过程虽然比不上结局要承受的痛苦时间长，但它关系到结果，有时是更难度过的！人生是由许多许多的选择组成的，无数的人生门槛意味着无数的抉择，有抉择就有放弃，而结果不外乎两种：好的、坏的。逃避选择、不想放弃是不现实的，无论怎么样最后都要做出选择，哪怕不是想要的结果！

爱情、亲情、工作、生活……其实抉择不可怕，有时它是一种机遇、一种挑战，放弃是何结果要看你如何去处理。明智的人能够善用放弃，能够把放弃原有的东西看成动力、挑战，以此去创造更美好的人生。

我们无法逃避选择与放弃，哪怕是人生中最痛苦的选择、最残酷的放弃，我们都只能逼着自己做出抉择。并非所有的放弃都是懦弱胆小的无奈，相反，却是一种大智大勇的魄力。

放弃需要巨大的勇气

多年前，年近 60 的英国退役军人迈克·莱恩曾是一名探险队员。

1976 年，他随英国探险队成功登上珠穆朗玛峰。而在下山的路上，他们却遇到了狂风大雪。他们每行一步都极其艰难，最让他们害怕的是风雪根本就没有停下来的迹象，这时，他们的食品已为数不多。如果停下来扎营休息，他们很可能在没有下山之前就被饿死；如果继续前行，大部分路标早已被积雪覆盖，不仅要走许多弯路，而且每个队员身上所带的增氧设备及行李等物都压得他们喘不过气来，步履缓慢。这样下去他们不饿死也会因疲劳而倒下。

在整个探险不知所措的时候，迈克·莱恩率先丢弃所有的随身装备，只留下不多的食品，提出轻装前行。

不过，他的这一举动几乎遭到所有队员的反对，他们认为现在到山下最快也要 10 天时间。这就意味着这 10 天里不仅不能扎营休息，还可能因低氧而使体温下降导致冻坏肉体。那样，对他们的生命是极其危险的。面对队友的顾忌，迈克·莱恩很坚定地告诉他们说："我们必须而且只能这样做，这样的雪山天气 10 天甚至半个月都有可能不会好转，再拖延下去路标也会被全部掩埋。丢掉重物，就不允许我们再有任何幻想和杂念，只要我们坚定信心，徒步而行就可以提高走的速度，也许这样我们还有生的希望！"结果，队友们采纳了他的建议，一路互相鼓励，忍受疲劳、寒冷，不分昼夜，只用 8 天时间就到达安全地带。确实，恶劣的天气正像他所预料的那样从未好转过。

多年以后，英国国家军事博物馆的工作人员找到迈克·莱恩，请求他赠送给博物馆任何一件与英国探险队当年登上珠穆朗玛峰有关的物品，不料收到的竟是莱恩因冻坏而被截下的10个脚趾和5个右手指尖。

正是因为他当年一次正确的放弃，才挽救了所有队友的生命；也由于这个选择，他的登山装备也就无一保存下来，而冻坏的指尖和脚趾却在被医院截掉后留在了身边。这是博物馆收到的最奇特而又最珍贵的赠品。

若想驾驭好生命之舟，每个人都面临着一个永恒的课题：学会放弃。无论如何艰难，我们都要认准方向，选取好至关重要的一条路。

　　人生是复杂的，有时又很简单，甚至简单到只有取得和放弃。取得往往容易心地坦然，而放弃则需要巨大的勇气。

放弃小利益

一个青年向一位大商人请教成功之道，商人却拿了3块大小不一的西瓜放在青年面前，"如果每块西瓜代表一定程度的利益，你选哪块？"

"当然是最大的那块！"青年毫不犹豫地回答。

商人一笑："那好，请吧！"他把那块最大的西瓜递给青年，而自己却吃起了最小的那块。

很快，商人就吃完了，随后拿起桌上的最后一块西瓜得意地在青年面前晃了晃，大口吃起来。

青年马上明白了商人的意思：商人吃的瓜虽没有青年的瓜大，却比青年吃得多。如果每块西瓜代表一定程度的利益，那么商人占有的利益自然比青年多。

吃完西瓜，商人对青年说："要想成功，就要学会放弃，只有放弃眼前利益，才能获取长远大利，这就是我的成功之道。"

生活中，一些人的目光只会停留在眼前利益，无论做什么都不舍一分一厘，只求自己独吞利益，却常常因一时贪得小利，而失去了长远之大利。可谓捡了芝麻，丢了西瓜。

　　有舍才有得，明智之人总会及时放弃眼前的小利益，而把目光放在长远目标上。

放手让你更轻松

柏拉图："孩子，为什么悲伤？"

失恋者："我失恋了。"

柏拉图："哦，这很正常。如果失恋了没有悲伤，恋爱大概也就没有味道。可是，年轻人，我怎么发现你对失恋的投入甚至比恋爱还要多呢？"

失恋者："到手的葡萄给丢了，这份遗憾，这份失落，您非个中人，怎知其中的酸楚啊！"

柏拉图："丢了就丢了，何不继续向前走，鲜美的葡萄还有很多。"

失恋者："踩她一脚如何？我得不到的，别人也别想得到。"

柏拉图："可这只能使你离她更远，而你本来是想与她更接近的。"

失恋者："您说我该怎么办？我可是真的很爱她。"

柏拉图："真的很爱？那你当然希望你所爱的人幸福。"

失恋者："那是自然。"

柏拉图："如果她认为离开你是一种幸福呢？"

失恋者："不会的！她曾经跟我说，只有跟我在一起的时候她才感到幸福！"

柏拉图："那是曾经，是过去，可她现在并不这么认为。"

失恋者："这就是说她一直在骗我？"

柏拉图："不，她一直对你很忠诚。当她爱你的时候，她和你在一起，现在她不爱你，她就离去了，世界上再没有比这更大的忠诚。如果她不再爱你，却还装得对你很有情谊，甚至跟你结婚、生子，那才是真正的欺骗呢。"

失恋者："可我为她所投入的感情不是白白浪费了吗？谁来补偿我？"

柏拉图："不，你的感情从来没有浪费，因为在你付出感情的同时，她也对你付出了感情；在你给她快乐的时候，她也给了你快乐。"

失恋者："可是这多不公平啊！"

柏拉图："的确不公平，我是说你对所爱的那个人不公平。本来，爱她是你的权利，但爱不爱你则是她的权利，而你却想在行使自己权利的时候剥夺别人行使权利的自由。这是何等的不公平！"

失恋者："可是您看得明白，现在痛苦的是我而不是她，是我在为她而痛苦！"

柏拉图："为她而痛苦？她的日子可能过得很好，不如说你为自己而痛苦吧。"

失恋者："依您的说法，这一切倒成了我的错？"

柏拉图："是的，从一开始你就犯了错。如果你能给她带来幸福，她是不会从你的生活中离开的，要知道，没有人会逃避幸福。不过时间会抚平你心灵的创伤。"

失恋者："但愿有这一天，可我的第一步该从哪里做起呢？"

柏拉图："去感谢那个抛弃你的人，为她祝福。"

失恋者："为什么？"

柏拉图："因为她给了你寻找新的幸福的机会。"

心灵感悟

在生命的旅程中，有时，你需要学会放手，只有放开了双手，给自己和对方以自由，才能让双方更加轻松、快乐。放开手，你就会发现，久违的幸福其实就在你身边。

第十四辑

在爱的花园里徜徉

爱情是什么

亲情、友情和爱情是每一个人一生都要面对的三大课题，经历了亲情、友情和爱情之后的人生才完整。除了亲情之外，人们，尤其是年轻人，总是对爱情和友情之间的界限难以把握。青春期又是一个身体和心理双重发展的时期，如果对于友情和爱情处理不好，会影响到今后的生活甚至一生的幸福。

一个充满稚气的大男孩里查，与一个同样充满稚气的大女孩安妮玩得很好，两人感情很融洽。

"你们在相爱！"旁人评论说。

"是吗？我们在相爱吗？"他们问别人，也问自己。是的，他们弄不清自己是在与对方相爱，还是在与对方享受朋友间的友谊。

于是，他们去问智者。

"告诉我们友谊与爱情的区别吧！"他们恳求道。

智者含笑看着两个年轻人，说道：

"你们给我出了一个最难解的难题。爱情和友谊像一对性格迥异的孪生姊妹，她们既相同又不同。有时她们很容易区分，有时却无法辨别……"

"请举例说明吧！"大男孩和大女孩说。

"她们都是人间最美好、最温馨的情感。当她们给人们带来美、带来善、带来快乐时，她们无法区别；当她们遇到麻烦和波折时，反映就大不相同了。"

"比如……"男孩和女孩问。

"比如，爱情说：你是属于我一个人的；友谊却说：除了我，你还可以有她和他。

"友谊来了，你会说：请坐请坐；爱情来了，你会拥抱着她，什么也不说。

"爱情的利刃伤了你时，你的心一边流血，你的眼却渴望着她；友谊锋芒刺痛了你时，你会转身而去，拔去芒刺，不再理她。

"友谊远行时，你会笑着说：祝你一路平安！爱情远行时，你会哭着说：请你不要忘了我。

"爱情对你说：我有时是奔涌的波涛，有时是一江春水，有时又像凝结的冰；友谊对你说：我永远是艳阳照耀下的一江春水。

"当你与爱情被追杀至绝路时，你会说：让我们一起拥抱死亡吧；当你与友谊被追杀得走投无路时，你会说：让我们各自找条生路吧。

"当爱情遗弃了你时，你可能大醉三天、大哭三天，又大笑三天；当友谊离你而去时，你可能叹一天气、喝一天茶，又花一天的时间寻找新的友谊。

"当爱情死亡时，你会跪在她的遗体边说，我其实已经同你一起死了；当友谊死亡时，你会默默地为她献上一个花圈，把她的名字刻在你的心碑上，悄然而去……"

大男孩和大女孩相视而笑，他们互相问道：

"当我远行时，你是笑呢还是哭？"

读者们，看了这段小故事，你真正明白了什么叫爱情，什么叫友情了吗？或许，懂得爱情并不是一件难事：当爱情悄然而至的时候，你自然就会明白你在爱了。或许，真正懂得爱情，也不是一件容易的事：有好多人一生都没有明白什么叫爱；只是在爱情默然离开的时候，捶胸顿足，扼腕叹息。对于友谊和爱情，每个人都有自己的区分尺度。但是，不管怎样，有一点是可以肯定的，爱情总是较友谊更为炽烈、更为专一、更为投入。当你发现自己真爱上一个人，你的心里便不再容纳其他；而当他的爱逝去，你会觉得失去的是整个世界，爱情更多的时候是作为人生的意义而存在的。

人总会依次经历亲情、友情和爱情，从而逐渐走向成熟和完整。而爱情正是从友情到亲情的过渡阶段。因为爱情，本来不相干的人，成为一路牵手的人生伴侣，有了血缘的交融、爱情的结晶，成为亲人。正因为如此，爱情才伟大，才需要我们每个人用心去经营，认真地对待。

爱是生命的源泉。

人生当中有快乐，亦有苦恼，一个人承担这些喜怒哀乐会感到无聊或沉重。爱人是最亲密的伴侣，他可以陪你笑，也可以陪你哭，快乐同分享，苦难共分担。因为有了爱情，人生才被装点得更加丰富多彩。

直面现实，不失浪漫

爱情是一种浪漫的体验。这种体验使任何事物在恋爱者的眼中，都是一种美好。爱情中不能没有浪漫，没有浪漫，也就没有了爱情，爱情建立在双方因相互的好感而出现的良好氛围之上。然而，爱情的浪漫毕竟只是一种主观的、缥缈的东西，总是依赖于一种现存的事情上，没有现实作基础的爱情也是不牢固的，总有一天泡沫破了，梦也就醒了。

一对情侣结伴到山里去露营。晚上睡觉的时候，一个人问另一个人："你看到什么呀？"另一个人回答："我看到满天的星星，深深感觉到宇宙的浩瀚，造物主的伟大，我们的生命是多么的渺小和短暂……那你又看到什么了？"

那个先开口说话的人冷冷地道："我看见有人把我们的帐篷偷走了。"

只顾精神的纯浪漫主义者，他们的生活很可能过得很寒酸和自欺欺人；而完全埋头于实际事务中没有想象力的现实主义者，他们的生活又是多么枯燥乏味？我想，生活需要的是二者的适度结合。

其实，真正的爱情既不缺乏物质基础，又会让人感到精神满足。在爱情中，女孩往往比男孩更容易感情用事，更倾向于追求浪漫的情节而忽视现实因素。

"浪漫"和"现实"是一对恋人，他们两人如漆似胶地相爱着，真可以说一日不见，如隔三秋。

一次，为了考察"现实"对自己的忠诚程度，"浪漫"问："你到底爱不爱我？"

"十二分地爱你！""现实"回答。

"那假设我去世了，你会不会跟我一起走？"

"我想不会。"

"如果我这就去了，你会怎样？"

"我会好好活着！"

"浪漫"心灰意冷，深感"现实"靠不住，一气之下和"现实"分开了，去远方寻觅真爱。

"浪漫"首先遇到了"甜言"，接着又碰见"蜜语"，相处一年半载后，均感不合心意。过烦了流浪的日子，"浪漫"通过比较，觉得"现实"还是多少出色一些，就又来到"现实"面前。

此时，"现实"已重病在床，奄奄一息。

"浪漫"痛心地问："你要是去世了，我该咋办呢？"

"现实"用最后一口气吐出一句话："你要好好活着！"

"浪漫"猛然醒悟。

看看上面的小故事，我们无法不为它的真实所震撼。其实，真正的浪漫来自对生活的真实面对，来自对爱人的真心付出。男孩不肯用虚伪的甜言蜜语来欺骗女孩的感情，这正是发自心底的真爱，也是对女孩和自己人生的负责。

真正的浪漫不是浅薄的、程式化的甜言蜜语，也不是死去活来的心灵激荡；它应该是一种切实的温馨与美好，是一种真正地、全心全意为对方着想的相互关爱。彼此携手，互相扶助，共担现实生活的风雨；以一颗浪漫美好的心，认真地生活——这才是爱情的真谛！

心灵感悟

赵咏华的歌里唱道："我能想到最浪漫的事，就是和你一起慢慢变老；一路上收藏点点滴滴的往事，留到以后坐着摇椅慢慢聊……"其实真正的爱情只有蜕变成亲情才能永存，浪漫也只能是一时的风花雪月，再美丽的爱情到最后也要踏踏实实过日子。人生短暂，几十载光阴，如梦般飘逝无痕，如果能和自己心爱的人，在余晖下，相依携手看天边的浮云，看飘零的枫叶，这何尝不是人世间最大的幸福呢？

珍惜眼前人

我们要懂得珍惜当下的幸福，不要等到失去了才追悔莫及，也不要把所有的特别合心意的希望都放在未来，这样我们才能及时品味到人生的乐趣。

从前，有一座圆音寺，每天都有许多人上香拜佛，香火很旺。在圆音寺庙前的横梁上有个蜘蛛结了张网，由于每天都受到香火和虔诚的祭拜的熏陶，蜘蛛便有了佛性。经过了一千多年的修炼，蜘蛛的佛性增加了不少。

忽然有一天，佛祖光临圆音寺，看见这里香火甚旺，十分高兴。离开寺庙的时候不经意间看见了横梁上的蜘蛛。佛祖停下来，问这只蜘蛛："你我相见总算是有缘，我来问你个问题，看你修炼了这一千多年，有什么真知灼见？"

蜘蛛遇见佛祖很是高兴，连忙答应了。佛祖问道："世间什么才是最珍贵的？"蜘蛛想了想，回答道："世间最珍贵的是'得不到'和'已失去'。"佛祖点了点头，离开了。

蜘蛛依旧在圆音寺的横梁上修炼。

有一天，刮起了大风，风将一滴甘露吹到了蜘蛛网上。蜘蛛望着甘露，见它晶莹透亮，很漂亮，顿生喜爱之意。蜘蛛看着甘露，它觉得这是它最开心的几天。突然，又刮起了一阵大风，将甘露吹走了，蜘蛛很难过。这时佛祖又来了，问蜘蛛："蜘蛛，世间什么才是最珍贵的？"蜘蛛想到了甘露，对佛祖说："世间最珍贵的是'得不到'和'已失去'。"佛祖说："好，既然你有这样的认识，我让你到人间走一趟吧。"

蜘蛛投胎到了一个官宦家庭，成了一个富家小姐，父母为她取了个名字叫蛛儿。一晃，蛛儿到了16岁，出落成了个楚楚动人的少女。

这一日，皇帝决定在后花园为新科状元郎甘鹿举行庆功宴席。宴席上来了许多妙龄少女，包括蛛儿，还有皇帝的小公主长风公主。状元郎在席间表演诗词歌赋，大献才艺，在场的少女无一不被他所折服。但蛛儿一点也不紧张和吃醋，因为她知道，这是佛祖赐予她的姻缘。

过了些日子，蛛儿陪同母亲上香拜佛的时候，正好甘鹿也陪同母亲而来。上完香拜过佛，两位长辈在一边说上了话。蛛儿和甘鹿便来到走廊上聊天，蛛儿很开心，终于可以和喜欢的人在一起了，但是甘鹿并没有表现出对她的喜爱。蛛儿对甘鹿说："你难道不记得16年前圆音寺蜘蛛网上的事情了吗？"甘鹿很诧异，说："蛛儿姑娘，你很漂亮，也很讨人喜欢，但你的想象力未免丰富了一点吧。"说罢，和母亲离开了。

几天后，皇帝下诏，命新科状元甘鹿和长风公主完婚，蛛儿和太子芝草完婚。这一消息对蛛儿如同晴天霹雳，她怎么也想不通，佛祖竟然这样对她。几日来，她不吃不喝，生命危在旦夕。太子芝草知道了，急忙赶来，扑倒在床边，对奄奄一息的蛛儿说道："那日，在后花园众姑娘中，我对你一见钟情，我苦求父皇，他才答应。如果你死了，那么我也就不活了。"

说着就拿起了宝剑准备自刎。

这时，佛祖来了，他对快要出壳的蛛儿灵魂说："蜘蛛，你可曾想过，甘露（甘鹿）是风（长风公主）带来的，最后也是风将它带走的。甘鹿是属于长风公主的，他对你不过是生命中的一段插曲。而太子芝草是当年圆音寺门前的一棵小草，他看了你三千年，爱慕了你三千年，你却从没有低下头看过它。蜘蛛，我再问你，世间什么才是最珍贵的？"蜘蛛一下子大彻大悟，她对佛祖说："世间最珍贵的不是'得不到'和'已失去'，而是现在能把握的幸福。"刚说完，佛祖就离开了，蛛儿的灵魂也回位了，她睁开眼睛，看到正要自刎的太子芝草，马上打落宝剑，和太子深情地抱在一起……

"世间最珍贵的是'得不到'和'已失去'。"生活总是这样捉弄人，想要的得不到，不留恋的却偏偏徜徉身边。当那个"爱我的人"对我们还恋恋不舍的时候，我们以为这一切幸福都不会消失，我们理所当然地接受他们的爱，心里却在为"得不到"与"已失去"黯然神伤。日子一天天地滑过，直到有一天那个"爱我的人"因失望而选择离开时，我们才蓦然惊醒：原来他（她）才是上天许给我的姻缘！因此要懂得的道理是：珍惜眼前人。

心灵感悟

虽说爱情需要用心去等候和追求，然而生命也常常在这种固执的等待中悄然流逝了。人们却并不懂得如何去珍惜身边的和已经拥有的；他们也不知道，自己已经得到的，其实就是最大的幸福、最真的爱情！

爱我的人还是我爱的人

在《乱世佳人》中，思嘉丽少女时代就狂热地爱上了近邻的一位青年加西亚。每当遇到加西亚，思嘉丽就恨不得把自己全部的热情都倾注在他身上，然而他浑然不觉。在思嘉丽向加西亚表达她的爱恋之情时，被另一个青年白瑞德发现，从此白瑞德对思嘉丽产生了兴趣。加西亚没有领会思嘉丽的真情，同他的表妹梅兰结婚了，思嘉丽陷入深深的痛苦之中，然而对加西亚的爱恋依然丝毫没有减弱。后来二战爆发了，白瑞德干起了运送军民物资的生意，并借此多次接触思嘉丽。他非常欣赏思嘉丽独立、坚强的个性和美丽、高贵的气质，狂热地追求她，引导思嘉丽冲破传统习俗的束缚，激发她灵魂中真实、叛逆的内核，让她开始追求真正的幸福。思嘉丽最终经不起他强烈的爱情攻势，他们结婚了，然而思嘉丽却始终放不下对加西亚的感情，尽管白瑞德十分爱她，她却始终感觉不到幸福，一直不肯对白瑞德付出真爱，以致他们的感情生活出现了深深的裂痕。

后来，他们最爱的小女儿不幸夭折，白瑞德悲痛万分，对思嘉丽的感情也失去信心，最终离开了她。白瑞德的离去使思嘉丽最终意识到自己的真爱其实就是他，然而一切悔之晚矣。

思嘉丽被一个并不爱她的男人蒙蔽了发现爱情的双眼，一生都在追求一种虚无缥缈的感觉，追求一种并不存在的所谓的爱情，当真正的爱情一直追随自己时，她却屡屡忽略。白瑞德选择了一个不爱自己的女人，也因此付出了大量的青春和感情，最终使自己伤痕累累。

他们俩的选择都是错误的，因为他们选择了不爱自己的人，致使自己的感情白白付出，酿成了悲剧。

读完这个故事，我们都应该掩卷沉思，从中得到启发，避免类似的悲剧再在我们身上发生。爱情是两颗心的相互碰撞，水乳交融，单靠一个人的努力，另外一方无所回应，爱情的嫩苗不可能成长壮大，爱情的花朵也不可能结出丰硕的果实。因此，我们在寻找爱情时，一定要找一个既爱自己又被自己深深爱着的人，找一个与自己的道德观念、人生理想、信仰追求相似的人。尽管这样的爱情得来不易，适合自己的伴侣迟迟没有出现，我们也应对真爱抱有坚定而执着的信念，做到"宁缺毋滥"。

因为不适合自己的"爱情"不仅不能给自己带来幸福，反而会浪费自己的青春和感情，给自己的心灵造成伤害，使我们丧失对真爱的感悟力，使伤痕累累的我们没有信心再去尝试真正的爱情，从而错过人生中的最爱，这岂不是最大的悲剧吗？

心灵感悟

爱是琴瑟相鸣、心灵相通，真正完美的、能够长久地给人带来幸福的爱情，应该是两相情愿、两情相悦的，是爱情双方互相认同和吸引的，是双方共同努力营造的。

不完美也幸福

人说，自你一降生，就有一份天定的缘为你而生。然而大千世界，人海茫茫，生命苦短，如何才能找到属于你的那个完美的伴侣呢？如果有这样一个人，他在你的心目中是绝对完美的，没有一丝缺陷，你敬畏他却又渴望亲近他，那么，这种感觉不可以叫作"爱情"，而是

"崇拜"。崇拜需要创造一个偶像，就像图腾之类没有血肉的东西；而爱情不需要，爱情是真真切切地能够用手触摸、用心体会的。

　　一位秀慧双修的女孩大学毕业后，拒绝了很多优秀男孩的追求，最后却选择了一个毫不起眼且个子矮小的同事。周围的许多人都觉得不可思议，就连她的闺中女友也表示不理解。而她自己却很坦然，在众人疑惑的目光中，她披上婚纱与先生走进了"围城"。多年以后，当她的同学们都疲倦于营造自己的一隅、失望于当初幻想的破灭之时，众人才在同学聚会上发现：这位女孩并没有如他们原先所想的那样，被困在一个庸碌无为的圈子里憔悴不堪；而是依然光彩照人，甚至比以前还多了一份成熟的雍容和深刻。

　　这位女士告诉大家，她的男人不是最优秀的，有着许多的缺点，但这些在她还没有接受他的时候就已知道；而她愿意，今生今世，将自己的感情托付给这个在她遇到挫折的时候默默地帮助她、在她失意的时候热情地鼓励她，并且从不索取任何回报的男人。

　　由此可想，如果有一份执着而持久的感情和一份金玉其外却瞬间即逝的"感情"，你宁愿选择哪一种？世界上有许多出色的男孩和美丽的女孩，然而真正属于你的感情只能有一份，千万莫因为别人的眼光而改变了自己的挚爱，莫要活在别人的眼光里而失去了自己！

心灵感悟

　　真正的爱情像美丽的花朵，它开放的环境越是贫瘠，看来就格外悦眼。只有在世俗人的眼中，相貌、家室、权位和钱财才不会成为爱情的绊脚石。爱情只是心与心的对话，无须这些世俗之物的加入。能够对两个恋人之间的感情和恩怨做出评判的，只有他们自己。

好马也吃"回头草"

　　一群马来到一片肥沃的草地，草地的这头碧波万顷，草地的那头是茫茫沙漠。马儿们忘乎所以地吃着鲜嫩的青草，觉得这是上天对它们的恩赐，从这头吃到那头，到了那头，它们发现是一片一望无际的沙漠。这时候，几乎所有的马都惋惜再也吃不到这样好的草了。有的马继续前行，去寻找新的草地，但终究没有走出沙漠；有的马立在原地，誓死不回头；有的马忍不住回头望了望它们吃剩下的青草，但始终没有往回走，它们都是好马，好马不吃回头草啊！只有一匹马，它不想为了做好马而失去生存的机会，于是它轻松地往回走，坦然地吃着回头草。结果其他的好马都死了，只有它活了下来。

　　也许自然中没有这样的马，现实中却有这样的人，他们以好马自居，错过了就错过了，失去了就失去了，表面上不在乎，心里却后悔不已。不是他们不想吃回头草，而是他们不敢吃。所有的问题都归结于一点，那就是面子问题。然而，面子比自己的前途、自己的幸福还要重要吗？

　　曾经爱你的人也是你爱的人由于误会与你分手了，当你们再一次走到一起的时候，为什么不解开彼此的心结再续前缘呢？你曾经非常热爱的一份工作因为种种原因而失去了，如果你愿意，为什么不回到从前呢？

有一对恋人，从相识到恋爱，在一起已有4年多，筹备婚事时却因为一点小事反目，从此各自分飞。辗转几年，女的交了几任男友，却终于在婚礼前做了"落跑新娘"，芳龄已逾30岁，至今尚未婚配；男的虽然成家立业，但婚姻生活并不称心如意，离婚也已成定局。几年中，两人也有过联系，也明白对方始终是自己心中最合适的人选。但旁人的舆论，还有"好马不吃回头草"的传统观念竟成为他们的压力和阻碍，两人在忘不掉舍不下的焦灼中对峙着，就是不敢真正地走到一起，把握自己的幸福。

其实如果两人能够在爱情面前脱去过度自尊的外壳，袒露一片真心，用事实告诉别人"这草吃了又如何"！旁人永远不可能真正了解两人之间的情况，闲言闲语不过图一时口快而已，他们心中其实是对此事毫不在意的。因为别人的闲言碎语而错失了属于自己的美好未来，着实让人感到可惜。

倘若我们当初离开是因为环境的恶劣，或根本不合自己的胃口，那完全可以义无反顾地选择新的道路，好马不愁没草吃。如果曾经属于我们的那片草地依然旺盛，我们也仍然是"好马"，这最佳的匹配就应该去尝试，草地永远不会拒绝好马，只是看好马有没有勇气回头。

如果你是真的好马，又有肥沃的草地等着你，与其去寻找那片遥不可及的新绿洲，何不低下头，吃一次回头草呢？

爱像把小提琴，音乐可以偶尔停息，但琴弦始终存在。爱情不必做给别人看，只要两人心还在，只要还有时机，又怎会无法回头？

爱其实很简单

一个失去四肢的女孩，身残志坚，凭着她坚强的毅力、无比坚韧的生命力和强烈的自信心，坚强地活了下来。她不但不需要别人的照料，而且一直是靠自己的辛勤劳动养活自己，因此她被当作先进典型，在电视上广为宣传。电视上的她看上去美丽、自信，和一个正常人没有两样，甚至比许多正常人看上去更快乐、更精神。她是一个真正美丽的女人。而一位小伙子正是被她顽强的生命力，被她对生活无比热爱的精神所感动，也因她的艰难困苦而同情不已，并被她的真爱所感动。于是，这位健康、帅气的小伙子，不顾家人的顽固阻挠和世人的闲言碎语娶了她。他们过起了幸福、甜蜜、相濡以沫的美满生活。不久，勤劳而贤惠的妻子冒着生命危险，坚决要为亲爱的丈夫生下一个孩子，以满足丈夫的心愿。丈夫因为妻子的生命安全而劝阻她，然而妻子甘愿冒这个险。于是，在经历了痛苦的煎熬之后，妻子生下了一个男孩，一个健康、可爱的男孩！这是上天对他们的恩赐，对这位美丽女性的恩赐。不久，他们又拥有了自己的第二个孩子，一个活泼可爱、健康漂亮的女儿，看着电视上流露甜蜜笑容的夫妻俩，相信所有的人都会无比欣慰和感动。

他们是不幸的，他们承受了比常人更多的艰辛和困苦，然而他们又是幸福的，他们体会着许多常人不曾体会过的喜悦和甜蜜。他们是满足的，所以他们是幸福的；他们是相依为命的，所以他们的爱情是无比坚韧、不可击破的；他们的爱情来之不易，所以他们比常人更加珍惜。

他们坚守着他们的爱情,尽管他们平凡;他们充满信心而无比虔诚地过着他们的日子,尽管他们贫穷;他们的爱情无比动人,令人羡慕,因为他们真诚而炽热地爱着对方,尽管他们的爱情没有惊天动地,没有令人羡慕的玫瑰,没有浪漫的烛光晚餐;妻子没有动人心魄的容貌,丈夫不是文质彬彬的绅士,然而,他们爱得真诚。他们的爱很简单,但他们的爱很长久。有一天,皱纹爬上他们的面颊,他们看上去苍老,皮肤粗糙,然而他们的爱还存在着。

心灵感悟

　　爱情是短暂人生中所做的最绚丽、最珍贵、最神秘的精神漫游;爱情是皇冠上的珍珠,格外神圣和珍贵。爱其实很简单,爱是个人内心的一种感受,无所谓是非对错的标准。其实只要你觉得自己是幸福的,那你就是幸福的。

给爱人自由

　　旷世才女林徽因曾经与徐志摩有过一段恋情,但后来在梁启超的大力促成下,林徽因嫁给了梁启超的儿子梁思成,成就一段良缘。梁思成与林徽因在建筑上的许多见解都影响深远。但著名的哲学家、逻辑学家及教育家金岳霖,为了林徽因却终生未娶。

　　梁思成在林徽因死后续娶他的学生林洙,林洙在怀念金岳霖的文集里披露了一段故事:当时梁林夫妇住在总布胡同,金岳霖就住在后院,但另有旁门出入,平时走动得很勤快,就像一家人。1931年梁思成从外地回来,林徽因很沮丧地告诉他:"我苦恼极了,因为我同时爱上了两个人,不知道怎么办才好!"梁思成非常震惊,一种无法形容的痛苦捉住了他,仿佛连血液都凝固了。他一夜无眠翻来覆去地想,他一方面觉得痛苦,一方面也很感谢林徽因没有将他当成一个傻丈夫,她坦白而诚实得好像小妹妹招惹了麻烦向哥哥讨主意。他问自己,徽因到底和谁在一起会比较幸福?他虽然自知他在文学、艺术上有一定的修养,但金岳霖那哲学家的头脑,是自己及不上的。

　　第二天,他告诉林徽因:"你是自由的,如果你选择了老金,我祝愿你们永远幸福。"说着说着,两个人都哭了。后来林徽因将这些话转述给金岳霖,金岳霖回答:"看来思成是真正爱你的,我不能伤害一个真正爱你的人,我应该退出。"从此他们再不提起这件事,三个人仍旧是好朋友,不但在学问上互相讨论,有时梁思成和林徽因吵架,也是金岳霖做仲裁,把他们糊涂不清楚的问题弄明白。

　　金岳霖再不动心,终生未娶,待林梁的儿女如己出。

　　我们不禁对这两个男人博大的胸怀和洒脱的性情肃然起敬!他们是真正领悟了爱情的真谛:给爱人自由,尊重爱人的选择。当林徽因面临爱情的抉择时,两个男人都从他们的爱人和朋友的幸福出发,做出让步,让所爱的人真正快乐。而做出这样的选择需要何等的勇气!正如有所放弃就会有回报一样,梁思成的让步使他再次赢得了爱的权利;金岳霖的让步使他们之间的友谊更加深厚,更加牢固。

　　我们即使做不到这两位先辈那样的洒脱,但我们也要学会如何去爱我们所爱的人。我们要学会在适当的时候放手,给对方以追求幸福的机会,同时也成全我们自己的幸福和快乐。因为,放手的同时,意想不到的快乐也会悄然降临。

母爱永恒

　　有这样一件事。

　　一天中午，一个捡破烂的妇女把捡来的破烂物品送到废品收购站卖掉后，骑着三轮车往回走，经过一条无人的小巷时，从小巷的拐角处猛地蹿出一个歹徒。这歹徒手里拿着一把刀，他用刀抵住妇女的胸部，凶狠地命令妇女将身上的钱全部交出来。妇女吓傻了，站在那儿一动不动。

　　歹徒便开始搜身，他从妇女的衣袋里搜出一个塑料袋，塑料袋里包着一沓钞票。

　　歹徒拿着那沓钞票，转身就走。这时，那位妇女反应过来，立即扑上前去，劈手夺下了塑料袋。歹徒用刀对着妇女，作势要捅她，威胁她放手。妇女却双手紧紧地攥住装钱的袋子，死活不松手。

　　妇女一面死死地护住袋子，一面拼命呼救，呼救声惊动了小巷子里的居民，人们闻声赶来，合力逮住了歹徒。

　　众人押着歹徒、搀着妇女走进了附近的派出所，一位民警接待了他们。审讯时，歹徒对抢劫一事供认不讳。而那位妇女站在那儿直打哆嗦，脸上冷汗直冒。民警便安慰她："你不必害怕。"妇女回答说："我好疼，我的手指被他掰断了。"说着抬起右手，人们这才发现，她右手的食指软绵绵地耷拉。

　　宁可手指被掰断也不松手放掉钱袋子，可见那钱袋的数目和分量。民警便打开那包着钞票的塑料袋，顿时，在场的人都惊呆了，那袋子里总共只有8块零5毛钱，全是一毛和两毛的零钞。

　　为8块零5毛钱，一个断了手指，一个沦为罪犯，真是太不值得了。一时，小城哗然。

　　民警迷惘了，是什么力量在支撑着这位妇女，使她能在折断手指的剧痛中仍不放弃这区区的8块零5毛钱呢？他决定探个究竟。所以，将妇女送进医院治疗以后，他就尾随在妇女的身后，以期找到问题的答案。

　　但令人惊讶的是，妇女走出医院大门不久，就在一个水果摊儿上挑选起了水果，而且挑得那么认真。她用8块零5毛钱买了一个梨子、一个苹果、一个橘子、一个香蕉、一节甘蔗、一枚草莓，凡是水果摊儿上有的水果，她每样都挑一个，直到将8块零5毛钱花得一分不剩。

　　民警吃惊地张大了嘴巴。难道不惜牺牲一根手指才保住的8块零5毛钱，竟是为了买一点水果尝尝？

　　妇女提了一袋子水果，径直出了城，来到郊外的公墓。民警发现，妇女走到一个僻静处，那里有一座新墓。妇女在新墓前伫立良久，脸上似乎有了欣慰的笑意。然后她将袋子倚着墓碑，喃喃自语："儿啊，妈妈对不起你。妈没本事，没办法治好你的病，竟让你刚13岁时就早早地离开了人世。还记得吗？你临去的时候，妈问你最大的心愿是什么，你说你从来没吃过完好的水果，要是能吃一个好水果该多好呀。妈愧对你呀，竟连你最后的愿望都不能满足，为了给你治病，家里已经连买一个水果的钱都没有了。可是，孩子，到昨天，妈妈终于将为你治病借下的债都还清了。妈今天又挣了8块零5毛钱，孩子，妈可以买到水果了，你看，有橘子、有梨、有苹果，还有香蕉……都是好的。都是妈花钱给你买的完好的水果，一点都没烂，妈一个一个仔细挑过的，你吃吧，孩子，你尝尝吧……"

心灵感悟

　　母爱的恒久，使得人间所有真情与之相比都黯然失色。

　　有母爱陪伴的人是幸福的，好好珍惜吧，不要等失去了才知道它的珍贵。趁着父母依然健在，常回家看看，陪父母说说话，帮父母捶捶背，尽一尽孝心，享受人间最珍贵的天伦之乐。

留一些时间给孩子

　　人类的生活节奏趋向已越来越快，人们的生活压力也随之越来越大了。越来越多的父母如今已难得有充足的时间来陪伴孩子。时间真是个奇妙的东西，可以创造无尽的金钱，也可以创造无价的亲情，就看你怎么去分配了。

　　父亲下班回家已经很晚了，身体疲倦，心情也不太好。这时，他发现5岁的儿子正靠在门边等他。

　　"我可以问你一个问题吗？"儿子问。

　　"什么问题？"父亲有些不耐烦。

　　"爸，你1个小时能挣多少钱？"

　　"这与你无关。为什么要问这样的问题？"父亲生气地说。

　　"我只是想知道。"儿子望着父亲，恳求道，"请告诉我，你1小时挣多少钱？"

　　"假如你一定要知道的话，那我就告诉你吧。我一个小时挣20美元。"父亲有点按捺不住了。

　　"喔。"儿子沮丧地低下头。过了一会儿，他又抬起头，犹豫地说："爸——可以借给我10美元吗？"

　　父亲终于发怒了："如果问这种问题就是想要向我借钱去买毫无意义的玩具，那你还是回房间去，躺到床上好好想想为什么你会那么自私。我每天长时间辛苦工作，现在需要休息，没时间和你玩小孩子的游戏。"

　　儿子一声不吭地走回自己的房间，轻轻关上了门。

　　儿子走后，父亲还在生气。过了一阵儿，他渐渐平静下来。想到自己刚才有些粗暴，便走进孩子的房间，轻声问："你睡了吗？"

　　"爸，还没呢。我还醒着。"儿子回答道。

　　"爸爸今天心情不太好，所以刚才可能对你太凶了，"父亲说，"这是你要的10美元。"

"爸，谢谢你。"儿子欣喜地接过钱，然后又从枕头下拿出一些皱皱的钞票，仔细地数起来。

"你已经有钱了为什么还要？"父亲又开始生气了。

"因为只有那些还不够，不过现在足够了。"儿子回答道。然后他将数好的钱全部放在父亲手里，认真地说："爸，我现在有 20 美元了，我可以向你买 1 个小时的时间吗？明天请早一点回家，我想和你一起吃晚餐。"

爱需要时间来表达。工作缠身的父母，尽量留一些时间给孩子吧。倾听他们的心声，不要忽略他们的感受。孩子如同栽种的花草一样，是需要时间来灌溉和呵护的。

爱情不可以握得太紧

爱情如手中的一捧流沙，你握得越紧，流失得越多。爱情不能完全用理智把握，需要我们用心体会和感受。

一个即将出嫁的女孩，向她的母亲提了一个问题："妈妈，婚后我该怎样把握爱情呢？"

"傻孩子，爱情怎么能把握呢？"母亲诧异道。

"那爱情为什么不能把握呢？"女孩疑惑地追问。

母亲听了女孩的问话，温情地笑了笑，然后慢慢地蹲下，从地上捧起一捧沙子，送到女儿的面前。女孩发现那捧沙子在母亲的手里，圆圆满满的，没有一点流失，没有一点撒落。接着母亲用力将双手握紧，沙子立刻从母亲的指缝间泻落下来。当母亲再把手张开时，原来那捧沙子已所剩无几，其团团圆圆的形状，也早已被压得扁扁的，毫无美感可言。

女孩望着母亲手中的沙子，领悟地点点头。

爱情是生活中美好的东西，却往往因为我们对它提出过分的要求而被破坏了。

爱情无须刻意去把握，越是想抓牢自己的爱情，反而越容易失去自我，失去彼此之间应该保持的宽容和谅解，爱情也会因此而变成毫无美感的形式。

爱情需要自由呼吸的空间，如果你因害怕失去爱情而紧紧地握住它，不给它任何自由的话，那只能事与愿违。只有让爱自由地呼吸，爱情之树才能长得枝繁叶茂。

爱需要勇气

爱情的美丽在于勇敢无畏的追求过程。如果你真的爱上了一个人，不要害怕拒绝，勇敢地去追求，只要曾经努力过，不管今后成功与否，你都不再留下遗憾。

荷兰足球明星克鲁伊夫曾 5 次被评为荷兰"足球先生"，3 次被评为欧洲"足球先生"。他风度翩翩，言谈举止十分讲究。他曾收到许多姑娘的情书，但他没有理会，因为他要在绿茵场上迅跑。一次，他收到一个用裘皮精装的日记本。每一页上都只有一个名字，他自己亲笔写的名字——克鲁伊夫。一直翻到最后才有一篇文章，那秀丽流畅的笔迹使克鲁伊夫惊诧不已，他一口气读完了它：

"……我已经看过你踢的100多场球，每一场都要求你签名，而且也得到了，我多么幸运啊！当然，对于拥有无数崇拜者的你来说，我是微不足道的一个，'爱是群星向天使的膜拜'，但我敢说，我是最有心计的一个，我多么希望你对我已经有一点印象啊……

"坦率地说，我爱你，这封信花了我整整一个星期，我曾经在月下彷徨，曾经在玫瑰园惆怅，也曾经在王子公园徘徊，好多次想迎着你，我毕竟才19岁，少女的羞涩仍不时漾上脸来，心中只有恐惧和向往……现在，爱神驱使我寄出了这个本子。

"……如果你不能接受我奉上的爱情，请把这个本子还给我，那上面'克鲁伊夫'的名字会给我破碎的心一半的慰藉，那另一半就是你，我多么想也得到那另一半啊……"

这封信的字里行间流露出的真挚感情，深深打动了克鲁伊夫，他终于留下了本子。一星期后，在王妃公园的马达卡亚塑像旁，克鲁伊夫和丹妮·考斯特尔相会了。21岁的世界足球明星和19岁的美丽姑娘一见钟情，遂定金石之盟。

"功夫不负有心人"，在追求爱情方面也是如此。在爱的旅程中，最可贵的精神就是执着。

心中有爱，却不懂得如何去追求爱，你只能在苦苦的等待中看着自己的爱悄悄溜走。被动，使你永远在等待。其实，在许多情况下，自卑是爱的第一大天敌。自卑的人就像一根受了潮的火柴，很难点燃幸福的火花。只有克服自卑，才能燃起心中爱情的烈焰。一个自卑的人并不是自己不如人，而是对自己太过苛求，是一种性格的缺陷。爱情之路上不需要犹豫与懦弱，需要勇气。

心灵感悟

　　有时候我们暗恋一个人，但我们没有勇气捅破那层窗户纸。于是我们在犹豫和怯懦中等待，日子从身边悄无声息地溜走，直到对方真的远离我们的视线，我们才发现自己已错过许多爱的机会。其实，大胆一点也许会有意想不到的收获呢！就算是被拒绝也无所谓，那样也足以让这颗悸动的心安宁了。

不要错过爱的季节

犹豫和怯懦是爱情的天敌。年少的岁月不应有"后悔"这样的字眼，大方一点，勇气将助你前行，别让对方等待得太久，错过爱的季节后，连上帝也没有办法挽留爱情的脚步。

乔治在礼品店外徘徊良久，丽萨的生日即将来临，他想给自己心仪已久的女孩买个礼物，表达他对她的爱意。他终于鼓足勇气，迈进了那家装饰精美的小店，然而店中琳琅满目的礼品却都价格昂贵，囊中羞涩的他只能尴尬离开。

"买个'青草娃娃'吧，只要两元。"一位中年妇女迎面走过来。他看到她的篮子里满是"青草娃娃"，黑黑的眼睛、红红的嘴巴，很可爱，花布里面包着泥土，顶上撒着花草种子。

"你每天给它浇水，半个月以后，种子就会发芽，长出青青的草，很讨女孩子喜欢的。"妇女一个劲儿地怂恿他。于是他拿出攒了很久的钱，小心地递给了她。

回到宿舍，乔治把"青草娃娃"放在窗台上，每天用自己的茶杯浇水时，他都怀着虔诚的心祈祷：快点儿发芽吧，快点儿长出一片青草吧。

在丽萨的生日晚会上，她的追求者送来了许多礼物，有生日蛋糕，有高档时装，有芬芳的鲜花，甚至有人送了昂贵的首饰，摆在桌上，琳琅满目。

乔治也来了，两手空空地来了，他的"青草娃娃"没有发芽。

丽萨满怀期待地望着他，她其实早已注意到他灼热的目光，而且他的才学、他的气质都令她怦然心动。她等待着今天晚上他当众向她表白，她就可以幸福地挽住他的手臂，谢绝其他人的追求。

然而，乔治不敢迎接她的目光，在这一大堆豪华的礼物面前，他自惭形秽，如坐针毡，晚会还未结束，他就离开了。他甚至没有告别，就匆匆地走了，当然，他也没有看见她暗藏的幽怨和伤心。

他心灰意冷，再也没给"青草娃娃"浇水。

他暗暗发誓：等他将来有钱了，一定要给她买最昂贵的礼物。

放寒假了，大家都收拾行囊，准备回家。乔治突然发现窗台上有一片绿，仔细一看，"青草娃娃"竟然真的长出了一片嫩绿的青草！压抑很久的思念，突然像这些青草一样蓬勃升起。

他想起了久未见面的丽萨，他把"青草娃娃"揣在怀里，飞也似的跑去找她。

他顾不上等车和坐电梯，一路飞跑。当他大汗淋漓地跑进她的宿舍，却已经人去楼空！丽萨已经走了，别人告诉他，丽萨已经接受了一个男孩的追求。

他只觉得心里一下空荡荡的，他一直等待着欣赏"青草娃娃"的好时机，与所爱的女孩共赏这生命最甜美的一场盛宴。然而，好不容易等到"青草娃娃"发芽了，心爱的人却已去了远方。早知如此，应该在生日那天就送给她，两人一起浇灌这爱情的幼芽。

　　爱是一种缘分，缘分始于漫不经心的追寻，却经不起漫不经心的等待，它需要缘分两端的人去珍惜。时间带来了爱情，相信也能带来幸福，下次它从身边经过的时候，不要放开它的手。

伟大的亲情

没有无私的、自我牺牲的母爱的帮助，孩子的心灵将是一片荒漠。父母的爱是世间最伟大的爱，因为它从来不要求回报。要珍惜父母给予我们的爱，并时刻准备着用孝心去回报。

有一对夫妇是登山运动员，为庆祝他们儿子一周岁的生日，他们决定背着儿子登上7000米的雪山。夫妇俩很快轻松地登上了5000米的高度。然而，就在他们稍事休息准备向新的高度进发之时，风云突起，一时间狂风大作，雪花飞卷。气温陡降至零下34度。由于风势太大，能见度不足一米，或上或下都意味着危险或死亡。两人无奈，情急之中找到一个山洞，只好进洞暂时躲避风雪。

气温继续下降，妻子怀中的孩子被冻得嘴唇发紫，最主要的是他要吃奶。要知道在如此低温的环境下，任何一寸裸露的肌肤都会导致体温迅速降低，时间一长就有生命危险。怎么办？孩子的哭声越来越弱，他很快就会因为缺少食物而被冻饿而死。丈夫制止了妻子几次要喂奶的要求。他不能眼睁睁地看着妻子被冻死。然而，如果不给孩子喂奶，孩子就会很快死去。妻子哀求丈夫："就喂一次。"丈夫把妻子和儿子揽在怀中。喂过一次奶的妻子体温下降了2摄氏度。她的体能受到了严重的损耗。时间在一分一秒地流逝，孩子需要一次又一次地喂奶，妻子的体温在一次又一次地下降。

3天后，当救援人员赶到时，丈夫已冻昏在妻子的身旁。而他的妻子——那位伟大的母亲已被冻成一尊雕塑，她依然保持着喂奶的姿势屹立不倒。她的儿子，她用生命哺育的孩子正在丈夫的怀里安然地睡眠，他脸色红润，神态安详。

为了纪念这位伟大的母亲，丈夫决定将妻子最后的姿势铸成铜像，让她最后的爱永远流传。

心灵感悟

父母为了孩子可以不顾及自己的生命，这种爱中不掺杂一丝利害打算的念头。我们应该向父母的伟大而无私的爱顶礼膜拜。在我们的心头，应该永远牢记他们的恩情，用一颗赤诚的儿女心去回报他们。

不要仇恨而要爱

一家新开业的礼品店热闹了一阵后，慢慢地安静了下来。年轻的姑娘黛丝刚把凌乱的柜台整理好，一位20多岁的男青年进了店。他瘦瘦的脸颊，戴副近视镜。他冷冰冰的目光在店中搜索，最后落在窗边那只柜台里。黛丝顺着男青年的目光看去，见他正盯着一只绿色玻璃龟出神。

她走过去轻声问道："先生，你喜欢这只龟吗？我拿出来给您看。"

男青年似乎对看与不看并不在意，伸手把钱包掏出来，问道："多少钱一只？"

"20元。"

"啪"，青年不假思索地把钞票拍在柜台上。

面对黛丝递过来的乌龟，青年眯起眼睛慢慢地欣赏着，脸上的肌肉时不时地抽动一下，继而一丝笑容勉强地跳了出来。他自言自语道："好，把它作为结婚礼物是再好不过了。"青年人的脸兴奋得有点扭曲，两眼灼灼闪光。

黛丝在一旁细心地观察着青年，她对青年自言自语的那句话感到极大的震惊。虽然她刚刚离开校门不久，但她知道那种东西若出现在婚礼上，无疑是投下一枚重磅炸弹。女孩表情平静地问道："先生，结婚的礼物应当好好包装一下的。"说完弯腰到柜台下找着什么。"真不巧，包装盒用完了。"女孩说道。

"那怎么行，明天一早我就要急用的。"

女孩忙说："不要紧，您先到别处转一下，20分钟以后再来，我包装好了等您，保证让您满意。"

20分钟以后，青年如约取走了那盒包装得极精美的礼物，像战士奔赴战场一样，去参加他以前曾经深深爱过的一位姑娘的婚礼。

婚礼的第二天晚上，青年终于等到了姑娘打来的电话，当他听到那久违而又熟悉的声音时，双腿一软竟坐在了地板上。

这一天他度日如年，是在悔恨和自责的心态中熬过的。他像一个等待法官宣判的罪人一样，等待着姑娘对他的怒斥。可他万万没想到，电话中传来的却是姑娘甜甜的道谢声："我代表我的先生，感谢你参加我们的婚礼，尤其是你送来的那份礼物，更让我们爱不释手……"

爱不释手？他简直不相信自己的耳朵，他不知道通话是怎么结束的。

青年度过了一个不眠之夜。清早，他来到礼品店，进门一眼就看见那只乌龟还安详地躺在柜台里，此时他似乎明白了一切。

对青年的突然出现，黛丝的确感到有些意外。望着他那红肿的眼睛，黛丝发现里面已不再是那绝望的冷酷。青年嘴唇哆嗦了一下，似乎要说些什么。突然他走到黛丝面前深深地鞠了一躬，等他再抬头时，已是泪流满面。他哽咽地说道："谢谢你，谢谢你阻止我滑向那可怕的深渊。"

黛丝见青年已经明白了一切，从柜台里取出一个盒子，打开后交给了他，轻声说道："这才是你送去的真正礼物。"原来那是一尊水晶玻璃心，两颗相交在一起的、什么力量也无法把它们分开的水晶玻璃心。此时，一缕晨光透过窗子照在水晶心上，折射出一串绚丽的七彩光来。

青年惊叹道："太美了，实在太美了。这么贵重的礼物，我付的钱一定是不够的。"

黛丝忙打断他说道："论价值它们是有差别的，但它如果能了却你们以前的恩恩怨怨，那它也就物有所值了。至于两件礼物之间所差的那点钱，也不必想它，将来你还会遇到更好的姑娘，那时候你再到我的店里多买些礼物送给她，就算感谢我了。"

不论是谁在遭到自己最爱的人无情离弃和愚弄后，那份悲愤与怨恨都是不难想象的。可是为什么重逢之际，当初那种火山喷涌的怨怒与报复欲没能复燃，却要情不自禁地用一颗同情的心体谅对方。对曾经负情之人再伸出温情之手去拉她一把或选择悄悄走开，这说到底，还是爱。因为，他们曾经真正地爱过、痛过。那份爱深入骨髓，温暖过他们的心灵和生命旅程。时间的流水可以带走很多东西，诸如忧伤、仇恨，但永远抹不去最初的那份爱恋在心灵上留下的温馨、美好与感动。那份爱，已如磐石，无法撼动。没有人会为了收获仇恨而去播种爱的种子。即使不能相爱，即使曾经爱过的人伤害过我们，我们总不该因爱成仇。学会忘却对方给的伤害！如果不能感恩，起码不用嫉恨，那只会让曾经的爱恋成为痛苦的记忆，带给双方难以抚平的伤痕。

　　既然已经失去了，就将它尘封吧，让它化作心底的一汪清泉，时刻滋润我们干渴的心田。每个人心里都有一个角落，那里住着一个特殊的人、一份别样的记忆，专属于我们自己。对于已经逝去的爱，我们应怀有感恩的心情将它埋藏，感谢对方曾给予我们的快乐。无论幸福如何短暂，但幸福的味道都一样，爱神不会剥夺任何人爱与被爱的权利。

当爱已成往事

少男少女踏进青春的门槛时，自然会对异性产生好奇与爱慕。最初的爱情是这样的美好而单纯，然而就是因为它单纯，所以也脆弱。它往往迫不及待、无比强烈地开始，经过短暂的激情很快就会搁浅。女孩们，如果你的爱在无望中结束时，请不要悲伤。

一个清秀的女孩失恋了。她来到当初她与以前的男友约会的公园里，伤心地哭了起来，她哭得很悲戚。很多人看她伤心的样子，都耐心地劝导她，可是，别人越是劝她，她越是觉得自己很委屈，她不明白为什么男孩不再爱她了。渐渐地，她由伤心变成了不甘心，又由不甘心变成了怨恨，她不甘心自己的爱为什么不能换来同样的回报，她怨恨他太狠心，太无情。她越哭越悲伤，难以遏止，陷于强烈的失落、自卑和悔怨中不能自拔。

一个长者知道她为什么而哭之后，并没有安慰她，而是笑道：“你不过是损失了一个不爱你的人，而他损失的是一个爱他的人。他的损失比你大，你恨他做什么？不甘心的人应该是他呀。再说，他已经不爱你了，你还要以伤心、怨恨来让这份失败的感情阻碍你今后的生活吗？”姑娘听了这话，忽然一愣，转而恍然大悟。她擦干泪，决心重新振作，投入新的生活。

是啊，当爱情离我们远去的时候，我们要尽力挽留；当我们无法挽留的时候，最好的处理方式就是忘掉，忘掉以前的愉快和不愉快。因为任何好的或不好的回忆，对于失恋者都是一种灵魂的刺痛。

当我们学会了忘记，才会真正的解脱，才会学会宽容。有人说，经历了真正的爱之后，人才会成熟。不论结果如何，只要我们真心付出过，坦诚地对待过，也就不会有什么后悔的感觉。成熟的心志，才会产生成熟的感情。青涩年华产生的爱情，单纯而无比美妙。但是，它通常很难经得起岁月的考验，很难历练成恒久、深沉的真爱。就让那些过去成为美好的回忆吧。

心灵感悟

我们仍然年轻，我们还有很多时间和机会去寻找爱、重新去爱。我们有理由相信，总有一份爱在未来的日子里期待着我们呢。因此，当爱搁浅时，试着放松你的手，也放松你的心灵吧。

爱情在于经营

爱是相互给予，而不是不断地索取。爱情需要精心维护和营造，一味地享受爱情的甜蜜，不知给爱的花园浇水施肥，爱的花朵迟早会枯萎。

一位悲伤的少女求见爱神。

“爱神，你掌管着人世间的爱情，现在，我有件关于我的爱情的事请教您，希望您能帮助我。”

“可怜的孩子，请说吧。”爱神说。

少女停顿了一下，忧伤的声调令人心碎：

“我爱他，可是，我马上就要失去他了。”少女流泪了。

“孩子，请慢慢从头说吧，怎么回事？”爱神慈祥地说。

“我与他深深相爱着。他以他的热情，日复一日地用鲜花表达着他对我的爱。每天早上，他都会送我一束迷人的鲜花；每天晚上，他都要为我唱一首动听的情歌。”

“这不是很好吗？”爱神说。

“可是，最近一个月来，他有时几天才送一束花，有时根本就不为我唱歌了，放下花束就匆匆离去了。”

“唔？问题出在哪儿呢？你对他的爱有变化吗？”

“没有，我一直从心里深深爱着他。但是，我从来没有表露过我对他的爱，我只能以冰冷掩饰内心的热情。现在他对我的热情也在慢慢逝去，我真怕，真怕有一天失去他。爱神，请指教我，我该怎么办？"

爱神听完少女的诉说，从屋里取出一盏油灯，添了一点儿油，点燃了它。

"这是什么？"少女问。

"油灯。"

"点它做什么？"

"别说话，让我们看着它燃烧吧。"爱神示意少女安静。

灯芯嘶嘶地燃烧着，冒出的火苗欢快而明亮，它的光亮几乎映亮了整个屋子。然而，渐渐地，随着灯油越来越少，灯芯火焰也越来越小，光线变弱了。

"呀！该添油了！"少女道。

可是爱神示意少女不要动。任凭灯芯把灯油烧干，最后，连灯芯也烧焦了，火焰终于熄灭了，只留下一缕青烟在屋中飘浮。

少女沉思了一会，恍然大悟。

如同故事中的那位少女，我们许多人都和她一样，固执地以为我们的爱永不褪色，永远新鲜，于是以"爱"的名义不断地向对方索取，殊不知，此刻爱已变了味道。

爱其实需要表白，还需要不断培养，否则爱情之花终究会凋落。

心灵感悟

> 爱情的经营，应该是彼此的共赢，即一个人加上一个人的力量，要大于两个人的力量。两个人的结合，是要为彼此带来更为丰富精彩的人生经历和幸福，那才是爱情的真正使命。

天使之爱

从前，一位天使路过山涧的时候，遇到一位男孩。他们相爱了，就在山上建造了爱的小屋。

天使每天都要飞来飞去，但她真的很爱这位男孩，得空的时候就来陪伴他。

一天，天使带着心爱的男孩在山间散步。忽然，她说："如果有一天，你不再爱我了，我会离开你。因为没有爱的日子，我活不下去。那时候，我就会飞到另一个男孩的身边。"

男孩看了天使一会儿，坚定地说："我永远爱你！"

他们的日子过得挺幸福，但是，男孩总觉得天使说不定哪一天就会离开他，飞到另一个男孩的身边了。于是，一天晚上，男孩趁着天使熟睡的时候，把天使的翅膀藏了起来。

天亮以后，天使生气地说："把我的翅膀还给我！为什么要这样？你不爱我了，你不爱我了……"

"我没有，我还是爱你的！我没有藏你的翅膀，真的，相信我好吗？"

"你骗人，你说谎，我不相信你了，我感觉你不爱我了！"

当她从柜子里找出翅膀后，就头也不回地飞走了。

男孩很难过，也很怀念那段美好的生活。他后悔了，就独自坐到山头的风口上，默默地忏悔："纵然我爱你爱得发狂，也不能剥夺你自由飞翔的权利，是吗？我应该给你足够的自由，让彼此有喘息的空间。我现在真的懂了，你还能回来吗……"

忽然间，天使出现了。她温柔地说："我回来了，亲爱的！"

"你真的不走了，真的还爱着我？"

天使微笑着说："我感觉到，你还是爱我的，对吗？只要你还爱着我，我就一直爱着你。"

生活中一些事情常常是物极必反的：你越是想得到他的爱，越要他时时刻刻不与你分离，他越会远离你，背弃爱情。你多大幅度地想拉人向左，他则多大幅度地向右荡去。

所以我们应该让爱人有自己的天地，去做他的工作，或从事其他任何爱好。爱人时常需要从捆在他脖子上的爱的锁链里挣脱出来。如果我们能够帮助并支持他们，那么我们就是在做一些使他们快乐的事了。

心灵感悟

当你真正爱对方的时候，你应该助对方一臂之力而不是阻碍对方飞翔。男女之爱如此，对父母的爱，对同学、朋友的爱也是这样。你爱对方，所以你就希望按照自己的方式去改变对方，结果只能适得其反，这也证明你是个自私的人。真正爱对方的话就要以豁达的心态对待爱，多为对方考虑。

爱不一定要占有

爱的真谛不是自私也不是约束，更不是占有，而是要让对方自由地飞翔。1853年，作曲家勃拉姆斯幸运地结识了舒曼夫妇。

舒曼非常赏识勃拉姆斯的音乐天赋，并热情地向音乐界推荐了这位年仅20岁的后起之秀。

但不幸的是，半年后舒曼就因精神失常而被送进了疯人院。当时，舒曼的夫人克拉娜正怀着身孕，残酷的现实使她悲恸欲绝，难以接受。这时，勃拉姆斯来到了克拉娜身边，诚心诚意地照顾她和孩子，还时常到疯人院看望恩师舒曼。

克拉娜是一位很有教养、品行高尚的钢琴家。在那段患难与共的日子里，勃拉姆斯难以抗拒地深陷了，他最初对克拉娜的崇拜，竟渐渐转化成真挚的爱恋。尽管她大他14岁，而且已是7个孩子的母亲，但这些丝毫不能减弱他对她的痴情，爱恋的情感毫不留情地深深将他包围；然而，他也清楚地知道，克拉娜永远不会响应这份深刻的情感，可是他仍不放弃，只求能够静静地陪伴、支持自己的所爱。

其实，克拉娜并非草木，但她始终克制着、克制着……勃拉姆斯从克拉娜身上看到了自我克制的人性光辉，这样的克拉娜，让他更为恋慕，因此他决意成全。他将满腔的情意，投诸文字之中，不断地写情书给克拉娜，却始终一封也未寄出。他更把所有的爱恋都倾注在五线谱上，整整20年，他终于写成了《小调钢琴四重奏》，一座用20年生命和激情铸造的爱情丰碑！

爱的最高境界不是索取，而是真心希望对方获得幸福。如果仅仅将爱的定义等同于占有，那么就将爱庸俗化了。

故事中作曲家勃拉姆斯对克拉娜炽烈的爱无处倾诉，他选择了将爱谱写成乐曲，这种人性的高尚也使得他的作品多了一份庄严的分量。

真爱一个人不是要得到他，或放置身边，而是内心为他祈愿。如果不能在一起，就不要捅破这道墙，让美丽永驻心间。

心灵感悟

　　真正的爱是"你快乐所以我快乐"，只要对方的心灵能有一个宁静、幸福的所有，我们宁愿远远观望，也不去打破这一份静谧。

爱的双方是平等的

爱要彼此尊重，夫妻之间或爱人之间一旦在人格上瞧不起对方，爱情就会消失。

1848年，大英帝国的维多利亚女王和她的表哥阿尔伯特公爵结了婚。和女王同岁的阿尔伯特比较喜欢读书，不大喜欢社交，对政治也不大关心。

有一次，女王敲门找阿尔伯特。

"谁？"里面问道。

"英国女王。"女王回答道。

门没开。敲了好几次以后，女王突然感觉到了什么，又敲了几下，用温柔的语气说："我是你的妻子，阿尔伯特。"

这时，门开了。

爱是什么？恐怕这问题是个难题，人人都有自己的答案。但爱应该包含相互尊重是毫无疑问的，不平等的两个人是不会产生爱情的。这"平等"要求的不是社会地位平等或别的什么身份，而是人格与感情的平等。

爱情使者丘比特问爱神阿佛洛狄特："LOVE 的意义在哪里？"

阿佛洛狄特说：

"L"代表 Listen（倾听），爱就是要无条件无偏见地倾听对方的需求，并且予以协助。

"O"代表 Obligate（感恩），爱需要不断地感恩，付出更多的爱，灌溉爱的禾苗。

"V"代表 Valued（尊重），爱就是展现你的尊重，表达你的体贴，真诚地鼓励，发自内心地赞美。

"E"代表 Excuse（宽恕），爱就是仁慈地对待，宽恕对方的缺点和错误，接受对方的全部。

也许爱神阿佛洛狄特的解答是贴近真实的，爱不是用语言所能完全表述的，爱更多的是内心体验，一旦说出来就完全变了味儿。

在真爱中的两个人，无论双方的学识、地位、财富有多么大的差距，也不能用"高人一等"的语言来刺伤对方。如果一个人想用这种方式来展示他的权威，那么他显然是错误的，因为他将失去幸福的机会。

心灵感悟

　　爱情就像一朵非常容易凋谢的花。它需要两颗真诚的心共同去灌溉，才能保持长久芬芳的生命力。不论是谁，在爱与被爱之间，在上帝面前，我们任何人都是平等的。若在爱情里面掺杂了和它本身不相关涉的顾虑，那就不是真的爱情。

爱是生命最好的养料

爱是生命中最好的养料，哪怕只是一滴清水，它都能使生命之树苗壮成长。

一个小男孩认为自己是世界上最不幸的孩子，因为他患脊髓灰质炎而留下了瘸腿和参差不齐且凸出的牙齿。他很少与同学们游戏、玩耍，老师叫他回答问题时，他也总是低着头一言不发。

在一个平常的春天，小男孩的父亲从邻居家讨了些树苗，想把它们栽在房前。他叫他的孩子们每人栽一棵。父亲对孩子们说，谁栽的树苗长得最好，就给谁买一件最喜欢的礼物，小男孩也想得到父亲的礼物。但看到兄妹们蹦蹦跳跳提水浇树的身影，不知怎么却萌生出一种阴冷的想法：希望自己栽的那棵树早日死去。因此，浇过一两次水后就再也没去搭理它。

几天后，小男孩再去看他种的那棵树时，惊奇地发现它不仅没有枯萎，而且还长出了几片新叶子，与兄妹们种的树相比，显得更嫩绿，更有生气。父亲兑现了他的诺言，为小男孩买了一件他最喜爱的礼物，并对他说，从他栽树来看，他长大后一定能成为一个出色的植物学家。

从那以后，小男孩慢慢变得乐观向上起来。

一天晚上，小男孩躺在床上睡不着，看着窗外皎洁的月光，忽然想起生物老师曾说过的话：植物一般都在晚上生长。何不去看看自己种的那棵小树？当他轻手轻脚来到院子里时，却看见父亲用勺子在向自己栽种的那棵小树下泼洒着什么。顿时，一切都明白了，原来父亲一直在偷偷地为自己栽种的那棵小树施肥。他返回房间，任凭泪水肆意地流淌……

几十年过去了，那瘸腿的小男孩尽管没有成为一个植物学家，但他成为美国总统，他的名字叫富兰克林·罗斯福。

这个小男孩是幸运的。他爸爸养育了他，又造就了他。与其说小男孩种树，不如说父亲在培植小男孩这棵"树"。小男孩自卑的心和阴冷的想法，犹如正在枯萎的小树苗。正是父亲的良苦用心和涓涓爱的滋润，才使"小树"得以重生，得以苗壮成长，最终长成参天大树。而小男孩，也给了这份爱丰厚的回报。他当上了美国总统，把自己的青春和热情献给了美国人民，让爱传遍每一个角落，把希望带给祖国和人民。

心灵感悟

　　父爱与母爱一样恒久，一样是人世间最为珍贵的爱。父亲也许不会如母亲那样，对我们的生活照顾得无微不至，然而父亲常常用"默默无闻"的方式，来昭示他们对我们的关心与爱护。

母亲永不卑微

这个世界上从没有卑微的母亲，也没有卑微的母爱。

故事发生在奥地利。

罗莎琳是一个性格孤僻、胆小羞涩的 13 岁少女，很小的时候她的父亲就去世了。母亲索菲娜在一家清洁公司工作，靠微薄的薪金把罗莎琳一手抚养大。因为家境的贫困，罗莎琳常常受到别人的歧视和欺侮，这些都给她幼小的心灵投下了浓重的阴影。久而久之，她对母亲开始心生怨恨，认为正是母亲的卑微才使她遭受如此多的苦难。

2002年2月下旬的一天，索菲娜由于工作出色而被允许休假一周。为了缓和母女之间的关系，索菲娜决定带女儿去阿尔卑斯山滑雪。但不幸降临了，她们在雪地里迷了路，对雪地环境缺乏经验的母女俩惊慌失措。她们一边滑雪一边大声呼救，不想，呼喊声引起了一连串的雪崩，大雪把母女俩埋了起来。出于求生的本能，母女俩不停地刨着雪，历经艰辛终于爬出了厚厚的雪堆。母女俩挽着手在雪地里漫无目的地寻找着回归的路。

突然，索菲娜看见了救援的直升机，但由于母女俩穿的都是与雪的颜色相近的银灰色羽绒服，救援人员并没有发现她们。

当罗莎琳醒来时，发现自己正躺在医院的床上，而母亲索菲娜却不幸去世了。医生告诉罗莎琳，真正救她的是她的母亲。索菲娜用岩石片割断了自己的动脉，然后在血迹中爬出了十几米的距离，目的是想让救援的直升机能从空中发现她们的位置，也正是雪地上那道鲜红的长长的血迹引起了救援人员的注意。

中国有句俗语，"儿不嫌母丑，狗不嫌家穷"。故事中的罗莎琳因为嫌弃母亲的卑微，而对母亲产生可怕的憎恨，她的母亲却为她牺牲了自己的生命。这个世界只有不孝的孩子，却从来没有自私的母亲。一个母亲，无论她在社会中所扮演的角色多么弱小与轻微，她的母爱也会令她变得光辉。

心灵感悟

父母对我们的爱是天底下最纯洁伟大的爱。这个世界谁都可能背叛自己，但是父母不会！谁都可能抛弃我们，但是父母不会！谁都可能把我们遗忘，但是父母不会！即使我们的家一贫如洗，即使在我们的成长过程中遭受了许多苦难，这个家也永远是我们挡风遮雨的温暖所在。

第十五辑
沐浴善良的阳光

奉献收获爱

只要我们将自己奉献给他人，爱对我们而言便是随手可得的。我们的爱给予他人，我们会因此得到更多的爱。

菲娜是个美国女孩，她作为一名老师，只要有时间，便从事一些艺术创作。在她28岁的时候，医生发现她长了一个很大的脑瘤，他们告诉她，做手术存活概率只有2%。因此他们决定暂时不做手术，先等半年看看。

她知道自己有天分，所以在6个月的时间里，她疯狂地画画及写诗。她所写的诗除了一首之外，其余的都被刊登在杂志上。她所有的画，除了一张之外，都在一些知名的画廊展出，并且以高价卖出。

6个月之后她动了手术。在手术前的晚上，她决定要将自己奉献出来——完全地、整个身体地奉献。她写了一份遗嘱，遗嘱中表示如果她死了，她愿意捐出她身上所有的器官。

不幸的是，菲娜的手术失败了。手术后，她的眼角膜很快地就被送到马里兰一家眼睛银行，之后被送去给在南加州的一名患者，使一名年仅28岁的年轻男性患者得以重见光明。他在感恩之余，写了一封信给眼睛银行，感谢他们的存在。

进一步地，他说他要谢谢捐赠人的父母，他们一定是一对难得的好父母，才能养育出愿意捐赠自己眼角膜的孩子。

他得知他们的名字与地址之后，便在没有告知的情况下飞去拜访他们。菲娜的母亲了解了他的来意之后，将他抱在怀中。她说："孩子，如果你今晚没有别的地方要去，爸爸和我很乐意和你共度这个周末。"

他留下来了。他浏览着菲娜的房间，发现她曾经读过柏拉图，而他以前也读过柏拉图的一些书；他发现她读过黑格尔，而他以前也读过黑格尔的一些书。

第二天早上，菲娜的母亲看着他说："你知道吗，我觉得我好像在哪儿见过你，可是就是想不起来。"突然她想到一件事，她上楼抽出菲娜死前所画的最后一幅画，那是她心目中理想男人的画像。画上的男人和这个年轻人几乎一模一样。

然后她母亲将菲娜死前在床上写的最后一首诗读给他听：

两颗心在黑夜里穿梭，

坠入爱河，

却永远无法抓到对方的眼神。

及时行善

　　爱心赋予人生以意义。爱的反面不是恨，而是漠然。一个人如果失去了爱的能力，他的人生也会异常黯淡。

　　一座城市来了一个杂技团。8个12岁以下的孩子穿着干净的衣裳，手牵着手排队在父母的身后，等候买票。他们不停地谈论着上演的节目，好像他们就要骑上大象在舞台上表演似的。

　　终于轮到他们了，售票员问要多少张票，父亲神气地回答：“请给我8张小孩的、两张大人的。”

　　售票员说出了价格。

　　母亲的心颤了一下。别过头把脸垂了下来。父亲咬了咬唇，又问：“你刚才说的是多少钱？”

　　售票员又报了一次价。父亲眼里透着痛楚的目光。他实在不忍心告诉身旁兴致勃勃的孩子们：我们的钱不够！

　　一位排队买票的男士目睹了这一切。他悄悄地把手伸进口袋，把一张20元的钞票拉出来，让它掉到地上。然后，他蹲下去，捡起钞票，拍拍那个父亲的肩膀说：“对不起，先生，你掉了钱。”

　　父亲回过头，他明白了原因。他眼眶一热，紧紧地握住男士的手。因为在他心碎、困窘的时刻，这位男士帮了他的忙：“谢谢，先生。这对我和我的家庭意义重大。”

　　有时候，一个小小的善行，就会铸就大爱的人生舞台。充满爱心的人往往比别人能享受更大的幸福，因为他们有三个幸福来源：自己的幸福、别人的快乐，还有自己对别人的付出。

　　帮助他人就是帮助自己，要时刻保持一颗同情心。我们不能对身处困境的人熟视无睹，那种丧失了同情心的人同时也会把自己推进冷漠的世界。

　　人生不如意事十常八九，有时遭受的甚至是毁灭性的打击，在这种时候没有人会拒绝别人善意的帮助。“君子不乘人之危”是说正义的人不要在这个时候再给他人伤口上撒一把盐，把别人置于死地。我们主张“君子好乘人之危”是指在别人处于危难之时，君子能够挺身而出，伸出援助之手。电影或小说中经常有一些这样的片段：两个本是对手的人，其中一方落难后得到另一方的救助，而后两人成了亲密的朋友。敌对者之间尚且如此，更何况大多数人是我们的朋友，因此，保持一颗同情心至关重要。

　　俗话说，“投之以桃，报之以李”，今天你帮助他人，给予他人方便，他可能不会马上报答，但他会记住你的好处，也许会在你不如意时给你以回报。退一万步来说，你帮助别人，他即使不会报答你的厚爱，但可以肯定的是，他日后至少不会做出对你不利的事情。如果大家都不做不利于你的事情，这不也是一种极大的帮助吗？生活的目标是善良。这是我们的灵魂所固有的一种感情。

勇敢地付出

　　有个人在沙漠中穿行，遇到风沙暴，迷失了方向。

　　两天后，烈火般的干渴几乎摧毁了他生存的意志。沙漠就像一座极大的火炉要蒸干他的血液。绝望中的他意外地发现了一幢废弃的小屋，他拼足了最后的气力，才拖着疲惫不堪的身子，爬进堆满枯木的小屋。定睛一看，枯木中隐藏着一架抽水机，他立刻兴奋起来，拨开枯木，上前汲水，但折腾了好大一阵子，也没能抽出半滴水来。

　　绝望再一次袭上心头，他颓然坐地，却看见抽水机旁有个小瓶子，瓶口用软木塞堵着，瓶上贴了一张泛黄的纸条，上边写着：你必须用水灌入抽水机才能引水！不要忘了，在你离开前，请再将瓶子里的水装满！

　　他拨开瓶塞，望着满瓶救命的水，早已干渴的内心立刻爆发了一场生死决战：我只要将瓶里的水喝掉，虽然能不能活着走出沙漠还很难说，但起码能活着走出这间屋子！倘若把瓶中唯一救命的水倒入抽水机内，或许能得到更多的水，但万一汲不上水，我恐怕连这间小屋也走不出去了……

　　最后，他把整瓶水全部灌入那架破旧不堪的抽水机，接着用颤抖的双手开始汲水……水真的涌了出来！他痛痛快快地喝了一顿，然后把瓶子装满，用软木塞封好，又在那泛黄的纸条后面写上：相信我，真的有用。

　　几天后，他终于穿过沙漠，来到绿洲。每当回忆起这段生死历程，他总要告诫后人：在取得之前，要先学会付出。

　　在人生中，在通往成功和富足的路上，我们往往并不是缺少获得扶持的机遇，而是没有好好把握机遇。正如上边那个故事中的人，如果喝光了瓶中的水，他永远也看不到抽水机里奔涌出来的水；黄纸条上说的究竟是真还是假，恐怕他到死也无法断定。

　　这个道理或许听来很是平常，但真要"学会付出"，恐怕也不是每个人都能做到的。让高尚的品德和人生的智慧迸射出来吧，"先学会付出"，让成功从这里开始！

　　生活的目标是善良。这是我们的灵魂所固有的一种感情。

善行会带来好运

其实财富之神也垂青品德高尚的人。

那是很多年前的一个暴风雨之夜。乔治·伯特作为一家旅馆的服务生正在柜台里值班，有一对老夫妇走进大厅要求订房。

乔治·伯特告诉他们，这里已经被参加会议的团体包下来了，而且附近的旅馆也已经客满。

当他看到老夫妇焦急无助的样子时，真诚地对他们说："先生，太太，在这样的夜晚，我实在不敢想象你们离开这里却又投宿无门的处境。如果你们不嫌弃的话，可以在我的休息间里住一晚，那里虽然不是豪华的套房，却十分干净。"

这对老夫妇谦和有礼地接受了伯特的好意。

第二天，当这对老夫妇提出要付钱给伯特时，他却坚决不收。他真诚地说："我的房间是免费借给你们住的。昨天晚上我已经额外地在这儿挣了钟点费！房间的费用本来就包含在里面了。"

老先生临走时，温和地告诉伯特说："你这样的员工是每一个老板梦寐以求的，也许有一天，我会为你盖一座旅馆。"

伯特当时以为这位老人在开玩笑，他只是笑了笑，并没有往心里去。

过了几年，乔治·伯特还在那家旅馆里上班，仍旧当他的服务生。有一天，他忽然收到一封老先生的来信，邀请他到曼哈顿去，并附上了启程的机票。

当他赶到曼哈顿时，在第五大道和三十四街的一栋豪华的建筑物前，见到了老先生。

老先生看着惊讶的伯特，微笑着解释说："我的名字叫威廉·渥道夫·爱斯特。这就是我为你盖的饭店，我认为你是管理这家饭店的最佳人选。"

于是，乔治·伯特成为这家饭店的第一任总经理，他不负厚望，在短短的几年里，将饭店管理得井井有条，驰名全美。

人们习惯于信任品德良好的人，当我们决定把财富寄托于外人的时候，这些人就会首先跳进我们的脑海里。

真正善良的人，不会在做一件事前就盘算着他人的回报，他们只会出于真诚而伸出援助之手。他们是单纯的，拥有一颗广博的心。对于他们来说哪里都是天堂，他们没有私心杂念。

真正善良的人是低调的。他们不会炫耀，不会卖弄，不随意抬高自己的人生的价值，不会不遗余力地"推销"自己。

但幸运之神总会把一切看在眼里，在合适的时候，便抛给这些人一个幸运的机会。

心灵感悟

都说现代社会到处充斥着诚信危机，人与人之间已不再相互信任。我们开始被父母教育："不要相信陌生人""不要和陌生人说话"。但人们渴望爱与被爱的心是不变的，甚至越来越强烈，越稀少越弥足珍贵。

当一切显得虚妄之时，唯有真诚和爱才有感化人心的力量。

给别人一点希望

有个刚做完手术的孩子，他的眼睛上还蒙着纱布，等待光明。

一天，他摸索着来到医院后院，坐在一棵大树下。他在黑暗中幻想着将要看到的五彩世界，而又担忧手术不成功。一片树叶飘到了他的头上，他随手一摸，拿到手里，他自言自语地说："这是杨树叶，还是……""是杨树叶。"一个低沉的声音传过来，接着一双大手摸到了他的脸上。"小朋友，几岁了？""12岁。""你眼睛不好？""啊，从小就有毛病。伯伯，你说这世界美吗？"

"美啊！你看，这天空是蓝色的，远处的山雄伟挺立，那云朵洁白可爱。在咱们对面有一泓清水。水面上浮着粉红的荷花，碧绿的荷叶。这四周绿树成荫。嘿！那边不知是谁在放风筝。你听，这树上的小鸟在叫，你听见了吧？孩子！""我听见了。"盲童的脑海中出现了一幅幅美丽动人的图画。当他沉浸在欢乐中时，蓦然他抓住那个人的手问道："伯伯，我的眼睛能治好吗？""能，能！孩子，只要你认真配合医生治疗，就会好的。""真的？""真的！"以后，就时常看见这两个人在交谈着。

过了一段时间，这个盲童终于拆了线。他看到了光明。当他适应了刺眼的阳光后，便跑向了后院。

他走到那个黑暗中给予他欢乐的地方，用他那明亮的双眼向四周一望，他愣住了。原来，这里没有花木，没有清水，没有大山，有的只是一堵墙壁和一棵老树。在残秋冷风中坐着一个老人，他戴着一副墨镜，身边放着一根探盲棒。老人捧着一片杨树叶，在低低地说着什么。以后，在这所医院里，经常可以看到一个少年拉着一位失明的老人，在用他刚刚获得光明的双眼，向那位曾给过他一片光明的老人诉说。

这个故事告诉人们：除了用高明的医术医治人们的痛苦，其实人们更需要一束阳光、一阵风、一片叶子、一只飞鸟等带给人们的那种对生命的感动，有了它，人们才不再怨恨，不再遗憾，不再屈服于命运的安排。

美国作家欧·亨利在他的小说《最后一片叶子》里讲了一个故事：病房里，一个生命垂危的病人从房间里看见窗外的一棵树上的叶子，在秋风中一片片地掉落下来。病人望着眼前的萧萧落叶，身体也随之每况愈下，一天不如一天。她说："当树叶全部掉光时，我也就要死了。"一位身患绝症的老画家得知后，在一个风雨之夜，冒着生命危险用彩笔画了一片叶脉青翠的树叶挂在树枝上。

就这样，老画家虽然不久就去世了，但最后一片"叶子"始终没掉下来。只因为生命中的这片绿，病人竟奇迹般地活了下来。

给别人一点希望吧，它可以照亮对方的生命之路。始终相信吧，秋天里也会有童话。当别人活得生机勃勃、激昂澎湃，你的人生也会因此而丰盈富足。

心灵感悟

　　人要学会敞开心扉爱他人，让爱心就像玫瑰花儿一样散发芬芳。当关爱的思想治愈疾病、为创伤止痛的时候，当那些与此相反的心态带来痛苦、郁闷和孤独的时候，我们就真正领悟到了博爱的真谛。

助人即助己

多年以前，在荷兰一个小渔村里，一个勇敢的少年以自己的实际行动使全世界的人们懂得了无私奉献的报偿。

由于全村的人们都以打鱼为生，而海面上瞬息万变，危机四伏。因此为了应对突发海难，自愿紧急救援队的建立就显得十分重要和必要。

那是一个漆黑的夜晚，海面上乌云翻滚，狂风怒吼，巨浪掀翻了一条渔船，船员的生命危在旦夕。他们发出了 SOS 求救信号。救援队的船长听到了警报，火速召集自愿紧急救援队的成员，乘着划艇，冲入了汹涌的海浪中。忧心忡忡的村民们都聚集在海边，翘首眺望着云谲波诡的海面，他们每人都举着一柄提灯，为救援队照亮返回的路。

一个小时之后，救援队的划艇终于冲破浓雾，乘风破浪，向岸边驶来。村民们喜出望外，欢呼着跑上前去迎接。当他们精疲力竭地跑到海滩后，却听到自愿救援队的队长宣布：由于救援船容量的限制，无法搭载所有遇险的人，无奈只得留下其中的一个人，否则救援船就会翻覆，那样所有的人都活不了了。

刚才还欢欣鼓舞的人们顿时安静下来，才落下的心又悬到了嗓子眼儿，人们又陷入了慌乱与不安之中。这时，救援队长开始组织另一队自愿救援者前去搭救那个最后留下来的人。16 岁的汉斯自告奋勇地报了名。他的母亲忙抓住了他的胳膊，用颤抖的声音说："汉斯，你不要去。你知道，10 年前，你的父亲就是在海难中丧生的，而三个星期前，你的哥哥保罗也出了海，可是到现在连一点消息也没有。孩子，你现在是我唯一的依靠了！求求你千万不要去！"

看着母亲那日见憔悴的面容和近乎乞求的眼神，汉斯心头一酸，泪水在眼中直打转，但是他强忍住没让它流下来。"妈妈，我必须去！"他坚定地答道，"妈妈，您想想，如果我们每个人都说'我不能去，让别人去吧'，那情况将会怎样呢？妈妈，您就让我去吧，这是我的责任。只要有人要求救援，我们就得竭尽全力地去履行我们的义务。"汉斯张开双臂，紧紧地拥吻了一下他的母亲，然后义无反顾地登上了救援队的划艇，冲入无边无际的黑暗之中。

10 分钟过去了，20 分钟过去了……一小时过去了。这一个小时，对忧心忡忡的汉斯的母亲来说，真是太漫长了。终于，救援船再次冲破迷雾，出现在人们的视野中。只见汉斯正站在船头向岸上眺望。救援队长把手握成喇叭状，向汉斯高声喊道："汉斯，你找到留下来的那个人了吗？"

汉斯高兴地大声回答："我们找到他了，队长。请您告诉我妈妈，他就是我的哥哥——保罗！"

帮助他人也是在帮助自己，如果人人都付出一点爱，这个世界将变成美好的春天。或许，你不经意间帮助的人恰恰是你的亲人；或许，你今天帮助了别人，明天就得到了他人的帮助。不要以为你的帮助对于你来说只是付出，而无回报。我们每个人在遇到困难时都希望遇到善良的人伸出援救的双手，那么，我们就应该从自我做起，时时准备着你那双援救的手。播撒一颗善心，收获的将是爱的森林。

 **心灵感悟**

梵界讲究因果报应。其实在现实生活中，这种所谓的"因果报应"就是心存感激的受惠者对施惠者的一种报偿而已。对他人施予善行，往往能收获比别人更加丰厚的回报。明智的父母都懂得让孩子奉献自己的爱心，帮助别人。帮助别人，就是帮助自己，而我们为别人付出的时候，本身就体验到了生命的快乐和富足。善良的回报在哪儿都是相通的。

仁慈的报酬

一个周末的晚上，松树堡的寡妇正和她5个年幼的儿女围坐在火堆旁。虽然和孩子们说笑着，她心里却愁云密布。在这个广大而寒冷的世界里，她没有一个朋友，没有任何人可以依靠。这一年来，她一个人用那双瘦弱的双手支撑着整个家庭。

如今正属寒冬，森林早已披上了洁白的银装，北风吹得松枝哗哗作响，连她的小屋也颤动起来。屋内的火堆上正烤着一条青鱼，这是她们全家唯一的一点食物。当她看到孩子们欢笑的脸庞时，心里便充满了无限的凄楚和焦虑。是的，她相信上帝一直保佑着她，并了解她的疾苦和贫困，她也知道上帝曾经答应帮助那些孤儿寡母，而上帝绝不会食言，可她现在仍然感到万分的凄苦和无助。

几年之前，上帝带走了她最大的儿子。他离开家庭，到遥远的地方去寻找宝藏，从此便杳无音信，再没回来过。不久，上帝又派死神带走她的伴侣和依靠——丈夫，但她从来都没有沮丧过。她艰辛地劳动，不仅供养着自己的孩子，还不时地帮助其他的穷人。

她将最后的食物分给孩子们。这时传来一阵敲门声和狗叫声。全家的注意力都被吸引了过来，孩子们争先恐后地跑去开门。门口站着一位十分疲倦的旅人，他衣衫褴褛，但十分健康。旅人走进屋，请求留宿一夜，并想要一些吃的。他说："我一整天滴水未进了。"寡妇听了十分难过，现在她心里关心的不只是自己的事了。她毫不犹豫地把最后一点食物分了一份给旅人，并微笑着告诉孩子们："我们绝不会因为这小小的善举而被遗弃，也绝不会因此陷入更深的困苦之中。"

旅人于是来到盘子旁，当他发现盘中的食物少得可怜时，抬头惊奇地望着这一家人："天啊，你们只有这一点食物吗？"他叫道，"却仍然把它分给一个陌生人？你们真是太善良了。可是……"他继续问，"你们慷慨地分给我最后一点食物，这些可怜的孩子不就要挨饿吗？"

"是啊！"寡妇忽然泪流满面，"可我还有一个儿子，如果他还没有被上帝带走的话，现在不知在世界的哪个角落。我如此待你，也祈祷别人能如此待他。上帝的仁爱遍施大地，像他保佑以色列人那样，他同样会保佑我们。就是此刻，我的儿子可能也在四处流浪，和你一般疲惫饥饿，我只希望他能被一户人家所收留，即使这户人家和我们一样的贫困。因此我又怎能背叛上帝，不真诚地收留你呢？"

寡妇刚说完话，旅人便激动地跑过去抱住了她。"上帝果真使你儿子被一个善良的家庭所收留，并且赐予了他财富，使他能感谢真诚收留他的人：我的妈妈，哦，亲爱的妈妈！"原来旅人正是寡妇多年未见的大儿子，他刚从印度归来。为了给家人一个惊喜，他掩藏了自己的身份。当然，这是一份最令人感动，也最令人快乐的惊喜。

故事中的女主人公给我们上了一堂人生哲理课,她向我们展现了人性中的善和美,使得我们感悟到:善行必有善报。

人活着应该有助于人,真诚待人,只有这样,才能得到别人的帮助和尊敬,才能感到真正的快乐。

> 给别人以帮助和鼓励,自己不但不会有损失,反而会有所收获。通常,一个人给别人的帮助和鼓励越多,从别人那儿得到的收获也越多。而那种吝啬的人,对他人不表同情、不予赞助的人,无异使自己陷于孤独无助的境地。

经受住善恶的考验

人性本无善恶,所谓的善恶不过是上帝对人的考验罢了,经得起考验为善,经不起考验为恶。

一名很恶很恶的农妇死了,她生前没有做过一件善事,鬼把她抓去,扔在火海里。

守护她的天使站在那儿,心想:我得想出她的一件善行,好去对上帝说话。

他想啊想,终于回忆起来,就对上帝说:"她曾在菜园里拔过一根葱,施舍给一个女乞丐。"

上帝说:"你就拿那根葱,到火海边去伸给她,让她抓住,拉上来。如果能从火海里把她拉上来,就让她到天堂去。如果葱断了,那女人就只好留在火海里,像现在一样。"

天使跑到农妇那里,把一根葱伸给她,对她说:"喂,女人,你抓住了,等我拉你上来。"他开始小心地拉她,差一点就拉上来了。

火海里别的罪人也想上来,女人用脚踢他们,说:"人家在拉我,不是拉你们;那是我的葱,不是你们的。"

她刚说完这句话,葱就断了,女人再度落进火海,天使只好哭泣着走了。

农妇后来才知道,这葱其实是可以拉许多人的,上帝想借此再度考验一下她,但她没有经受住这种考验。

作恶一生的农妇死后丢入火海,天使想借善良将她救出,无奈那农妇没有经得起最后的考验。一个人活在世上,不能只顾自己,而不顾别人的死活。在关键时刻正是考验一个人的时候,人性也会在此时显现出来。只有心怀善念的人,才会经受住考验,到达想去的地方;而心怀邪念的人,则会把自己送入地狱。

这个故事也再次印证了善恶有报的道理。恶妇最后的恶念让她失去了去天堂的机会。在古老的过去,人们都相信神的存在,相信自己的一举一动都逃不过神的眼睛。人们都知道要与人为善。受苦时,西方人会想到这是自己的罪,东方人会觉得这是自己过去的孽债。在那样的社会里,善有善报、恶有恶报的事情会更多地在现实生活中得到体现。因为人们相信,心地善良,也就"配得上"看到宇宙的真实现实。

现在虽然很多人都被这个物质世界的假现象所迷惑,但善恶相报的原理依然是我们做人做事的法则。相信做好事有福报的人,有的认为是在积德,今世或者是来世会有福报的;有的人做好事没想到今后的福报,只觉得做好事心胸很坦荡、心情很开朗。做坏事的人当然不信有因果报应关系,但他做坏事时,心情一定是紧张不安的,神经整天处于高度紧绷状态,一有风吹草动心里就慌得很，正所谓"半夜也怕鬼敲门"。但不管怎么说，人心都是向善的，只要你拥有一颗善良的心，你就是个问心无愧的人。

　　善恶常在一念之间。一切恶念、恶言、恶行，对于自己和他人都是地狱；一切善念、善言、善举对于自己和他人都是天堂。如果人人都能弃恶从善，即使是地狱也能成为天堂。

　　因此，每个人都要静坐常思己过，经常检点审视自己的内心，摒除心中的恶念，放弃伤人的恶言、恶行，让自己的心灵纯净，才会得到真正的内心平静和安宁。

给人方便即给己方便

　　有一个商人在一团漆黑的路上小心翼翼地走着，心里懊悔自己出门时为什么不带上照明的工具。忽然前面出现了一点灯光，并渐渐地靠近。灯光照亮了附近的路，商人走起路来也顺畅了一些。待到他走进灯光时，才发现那个提着灯笼走路的人竟然是一位双目失明的盲人。

　　商人十分奇怪地问那位盲人说："你本人双目失明，灯笼对你一点用处也没有，你为什么要打灯笼呢？不怕浪费灯油吗？"

　　盲人听了他的问话后，慢条斯理地回答道："我打灯笼并不是为给别人照路，而是因为在黑暗中行走，别人往往看不见我，我便很容易被人撞倒。而我提着灯笼走路，灯光虽不能帮我看清前面的路，却能让别人看见我。这样，我就不会被别人撞倒了。"

　　这位盲人用灯火为他人照亮了本是漆黑的路，为他人带来了方便，同时他也因此保护了自己。正如印度谚语所说："帮助你的兄弟划船过河吧！瞧！你自己不也过河了？！"人与人之间恰恰就是这样，在你真诚地帮助他人时，你恰恰也在帮助自己。

　　《向导》杂志曾经刊登过这样一则登山事故：

　　有一个人遭遇暴风雪，迷失了方向。由于他的穿着装备无法抵挡风雪，以致手脚开始僵硬。他知道自己时间不多了。

　　结果他遇到另一个和他有着相同遭遇的人，几乎冻死在路边。他立刻脱下湿手套，跪在那人身旁，按摩他的手脚，那人开始有了反应。最后两人合力找到了避难处。

　　之后别人告诉故事中的主角，他救别人，其实也救了自己。他原本手脚僵硬麻木，就是因为替对方按摩而消除。

　　"善心"是从不会损失的投资。爱默生曾提醒我们："要做一个为后来者开门的人，不要试图使世界成为死巷。"他又说："此生最美妙的报偿就是，凡真心帮助他人的人，没有不帮助自己的。"

　　我们知道来自"爱"的快乐，是转瞬即逝的，很快地我们觉得不满足，于是又重新开始了我们的追寻。其实，快乐的源泉在于"施"——为别人奉献，关注别人，与别人分享希望，分享自己的故事，也倾听别人的故事。

　　每一个人每一天都可以安抚一个朋友、一位同事，或一个孩子的伤痛，而自己的不悦和痛苦也能随之减少。爱是一种慰藉，爱别人，能让我们觉得更有意义。今天，我们愿意为贫困潦倒的朋友伸出援手，这样做，也将为我们的人生注入新的生机。将来回顾你的人生，你会发现，那些值得怀念的时刻，都是你为他人付出的时刻。

心灵感悟

　　爱心是可以延续的，善良是可以传播的。人间的美好，就是由一颗又一颗善良的心构筑起来的。只要人人都献出一点爱，世界就会变成美好的人间。

给予之心

　　在英国有位孤独的老人，无儿无女，又体弱多病，他决定搬到养老院去。老人宣布出售他漂亮的住宅。

　　因为这是一所有名的住宅，所以购买者闻讯蜂拥而至。住宅的底价是8万英镑，但人们很快就将它炒到10万英镑，而且价钱在不断攀升。老人深陷在沙发里，满目忧郁。是的，要不是健康状况不好的话，他是不会卖掉这栋陪他度过大半生的住宅的。

　　一个衣着朴素的青年来到老人面前，弯下腰低声说："先生，我也想买这栋住宅，可我只有1万英镑。""但是，它的底价就是8万英镑，"老人淡淡地说，"而且现在它已经升到10万英镑了。"青年并不沮丧，他诚恳地说："如果您把住宅卖给我。我保证会让您依旧生活在这里，和我一起喝茶、读报、散步，相信我，我会用整颗心来照顾您！"

　　老人站起来，挥手示意人们安静下来。"朋友们，这栋住宅的新主人已经产生了，就是这个小伙子。"

　　青年不可思议地赢得了经济上的胜利，梦想成真。

　　世界上最强大的不是坚船利炮，而是一颗仁慈的爱心。故事中的小伙子拥有一颗善良仁慈的心，因而得到老人的青睐而成为住宅的主人。

　　在人的一生中，都无法避免困难和问题。物质上需要帮助、支持；精神上需要理解、鼓励；兴趣上需要满足、发挥……如果我们能想他人之所想，急他人之所急，及时给他人以物质和精神的帮助和安慰，在他心里就会产生巨大的震撼力，而对自己，则减掉了许多原来扔也扔不掉的精神负担。

　　给予，即是爱；占有、获取并不是爱的本质。只有心甘情愿的付出、尽心竭力的奉献、

不需偿还的给予，才是爱；想的是被他人拥有，或者为他人献出一切，才是爱。"只要人人都献出一点爱，世界将变成美好的人间。"只要自己先献出一点爱，生活就会增添一份光彩，只要人人献出一点爱，那么整个社会将会因此而更加温馨与幸福！

　　给予的方式并不相同：有有条件的，有无条件的；有有限的，有无限的；有忘我的，有为我的；有精神的，有物质的。在物质给予方面，有等价的，有不等价的；有先予后取的，有先取后予的。精神的东西，理解与鼓励；物质的东西，互相馈赠。古希腊哲学家伯利克说过："我们结交朋友的方法，是给他以好处。当我们真的给他人以恩惠时，我们不是因为得失而这样做，乃是由于我们慷慨而这样做，并不后悔的。"

总而言之，一个并不准备承担付出的人，最终得到的是痛苦和孤独。朋友间的幸福快乐，更多地存在于慷慨的给予之中。因为"不行春风，难得秋雨"！

不但要愿意给予他人，也要善于给予。只要善于给予，那么能够给予的东西就太多了。为别人奉献自己，牺牲时间，是一种给予；为别人的幸运和成功而庆幸，是一种给予；能从别人的观点看事物，容许别人有自己的意见和特色，也是一种给予；谨慎——避免鲁莽的言行，耐心——倾听别人的倾诉，同情——分担别人的悲痛等，都是一种给予。

心灵感悟

> 生活中我们应该保持一颗仁爱之心，保持对真、善、美的追求，地位、财富固然重要，真正使人获得永久尊重和帮助的还是那颗善良的心。把你无私的爱献给周围的人——父母、同学、朋友以及那些陌生人，这样不管你有什么梦想，他们都会帮你实现。

小善铸就大爱

中午用餐高峰时间过去了，原本拥挤的小吃店，客人都已散去，老板正要喘口气看看报纸的时候，有人走了进来。那是一位老太太和一个小男孩。

"一碗酸菜面要多少钱呢？"老太太坐下来数了数钱，叫了一碗热气腾腾的面，将碗推到小男孩面前。小男孩吞了吞口水望着奶奶说：

"奶奶，您真的吃过午饭了吗？""吃过了。"一眨眼工夫，小男孩就把一碗面吃了个精光。

老板看到这个场面，走到两个人面前说："老太太，恭喜您，您今天运气真好，您是我们的第 100 个客人，所以午餐免费。"

后来又过了一个多月，小男孩蹲在小吃店对面像在数着什么东西，让无意间望向窗外的老板吓了一大跳。

原来小男孩每看到一个客人走进店里，就把一颗小石子放进他画的圈圈里，但是午餐时间都快过去了，小石子却连 50 颗都不到。

老板看得心头激动，他赶快打电话给所有的老顾客："很忙吗？没什么事的话，我要你来吃碗酸菜面，今天我请客。"像这样打电话给很多人之后，客人开始一个接一个到来。"70、71、72……"小男孩数得越来越快了。

终于当第 99 个小石子被放进圈圈里的那一刻，小男孩匆忙跑到一个胡同里拉着奶奶的手进了小吃店。

"奶奶，这一次换我请客了。"小男孩有些得意地说。真正成为第 100 个客人的奶奶，让孙子招待了一碗热腾腾的酸菜面，而小男孩就像之前奶奶一样，坐在那儿静静地看着。

"也送一碗给那孩子吧。"老板娘不忍心地说。

"那小孩现在正在学习不吃东西也会饱的道理呢！"老板回答。

吃得津津有味的奶奶问小孙子："要不要留一些给你？"

没想到小男孩却拍拍他的小肚子，对奶奶说："不用了，我已经吃饱了，奶奶您看……"

一念善心助长一棵幼苗，棵棵幼苗可以成林。人人有爱，社会有情。在这个社会上，"第 100 个客人"可以是我们周围的每一个人——如果我们都能善待第 100 个客人，还会有那么多的罪恶和遗憾吗？

心灵感悟

有时候，一个小小的善行，会铸就大爱的人生舞台。

善待社会，善待他人，并不是一件复杂、困难的事，只要心中常怀善念，生活中的小小善行，不过是举手之劳，却能给予别人很大帮助，何乐而不为呢？给迷途者指路，向落难者伸出援手，真心祝贺他的成功，真诚鼓励失意的朋友，等等，看似微不足道的举动，却能给别人带去力量，也给自己带来付出的快乐和良心的安宁。

爱如同心圆

韦利是一个患有先天性心脏病的小男孩，但他开朗活泼，和所有的人都能成为朋友。正是因他的乐观和快乐，很少有人知道他是一个可能随时离开人间的高危病人。

韦利有早起晨练的习惯。尽管医生不让他做高强度和剧烈的运动，但是韦利还是愿意早起看看清晨，看看太阳，看看一天的开始是怎样的美丽。那是一个薄雾和轻烟笼罩的早晨，韦利走到城市中央广场的时候，发现一个人倒在地上，身上洒落了露水，脸色发紫，呼吸微弱，显然他正处在危险之中。

韦利早已知道心脏病发作时的痛楚，他对这个陌生人的痛苦感同身受。四周很静，真正晨练的人一般不会来这里。韦利知道自己一个人无论如何也扶不起地上这个身材高大的人，怎么办？

时间来不及了，韦利顾不上医生的警告俯身拉起他的衣服。就这样，12岁的韦利用尽全身力气一点点地把这个人在地上拖行了200米。终于有人发现了他们，韦利只说了一句"快送他去医院"便昏倒在地。

韦利醒来后看到的是陌生人一脸的关切和自责。他说自己因贪杯醉倒在街头，如果不是韦利救了他，医生说他会冻死在那里。陌生人愧疚地说："对不起，医生告诉我说你的心脏病差一点就要了你的命，你是在拿你的命救我。真不知道该如何感谢你！"韦利笑了："我现在没事了，你也没事了。这就是最好的感谢！"

陌生人一定要报答韦利。韦利想了想说："我真的不需要你对我有什么报答，只是希望你能像我救你一样，尽自己所能，去救助比自己的处境还要差的陌生人，我想这就足够了。"

许多年过去了，韦利活过了比医生的预言长数倍的时间。他还是和以前一样乐观，并且真诚地对待每一个人，在别人需要时候尽自己所能帮助别人。但是韦利的病终于在一个冬天的早晨击倒了他，当时韦利正在一个很偏僻的地方散步，忽然感到心口一阵剧烈的疼痛，韦利挣扎了几下终于支持不住倒在了地上。

韦利醒来时发现自己躺在医院里，身边站着一个十几岁的男孩，正瞪着一双大眼睛关切地看着他。韦利很感激地握住男孩的手说："谢谢你，孩子，你救了我。你是怎么发现我的？"

男孩很开心的样子："我早上要去爷爷家陪他，正好路过那个地方，看到你躺在地上，我就想起了爷爷说他年轻的时候被一个和我一样大的男孩救过的事。我想我也一定能够做到，于是我就使出全身的力气拉你。幸好你还不算重，我成功了，回去后我一定告诉爷爷，他告诉我要尽力帮助每一位需要帮助的陌生人，我今天做到了。"

韦利不知道该如何形容自己的心情，一次对人施以援手竟会带来一生受用不尽的恩惠。

爱，真是一个同心圆，我中有你，你中有我。爱能产生人间一切的美德与奇迹。

爱心救赎心灵

　　路易斯·劳斯是星星监狱的典狱长，那是当时最难管理的一座监狱。

　　可是 20 年后劳斯退休时，该监狱却成为一所提倡人道主义的机构。研究报告将功劳归于劳斯，当他被问及该监狱改观的原因时，他说："这都由于我已去世的妻子——凯瑟琳，她就埋葬在监狱外面。"

　　凯瑟琳是 3 个孩子的母亲。劳斯成为典狱长时，每个人都警告她千万不可踏进监狱，不仅因为那里是很危险的地方，而且对孩子的成长会有非常不好的影响。但这些话拦不住凯瑟琳。

　　第一次举办监狱篮球赛时，她带着 3 个可爱的孩子走进体育馆，与服刑人员坐在一起。她的态度是："我要与丈夫一道关照这些人，我相信他们也会关照我，我不必担心什么！"

　　一名被定有谋杀罪的犯人瞎了双眼，凯瑟琳知道前去看望。她握住他的手问："你学过点字阅读法吗？""什么是'点字阅读法'？"他问。于是她教他阅读。

　　多年以后，这人每逢想起她还会流泪。凯瑟琳在狱中遇到一个聋哑人，结果她自己到学校去学习手语。

　　许多人说她是耶稣基督的化身。在以后的 18 年间，她经常造访星星监狱。

　　后来，她在一桩意外的交通事故中逝世。第二天，劳斯没有上班，代理典狱长接替他的工作。

　　消息立刻传遍了监狱，大家都知道出事了。接下来的一天，她的遗体被放在棺木里运回家，她家距离监狱不远。

　　代理典狱长早晨散步时惊愕地发现，一大群看来最凶悍、最冷酷的囚犯，齐集在监狱大门口。他走近去看，见有些人脸上竟带着悲哀和伤心的眼泪。

　　他知道这些人爱凯瑟琳，于是转身对他们说："好了，各位，你们可以去，只要今晚记得回来报到！"然后他打开监狱大门，让一大队囚犯走出去，在没有守卫的情形下，走几里路去见凯瑟琳最后一面。结果，当晚每一位囚犯都回来报到，无一例外！

　　凯瑟琳以爱的方式感化了每一位囚徒，并以自己的爱赢得了爱。相信每一位囚徒的生命也将因之而改变。

　　爱使生命圣洁。凡爱所在之处，你必看见神圣的光辉。因为爱，使你的人性提升，而能以超脱尘世的眼光看待这世界。

　　你的儿女、你的爱侣、你的猫或狗、你的花园，或任何你爱的对象，在你的眼中都是那么可爱、那么宝贵，即使有那么一丁点儿缺陷，在你眼里也显得完美无缺。

　　因为有爱，寻常的东西也会觉得意义非凡，散发出特有的光彩：你第一次遇见你丈夫的那一天；你们的结婚周年；公园里你们曾靠着聊天的长凳；你曾坐着为宝宝喂奶的摇椅；祖母亲手为你织的毛毯；小女儿写的第一张小卡片，上面写着"我爱你，妈妈"……这些都将变成无可取代的纪念品，共同编织出你生命中所有爱的回忆。

心灵感悟

　　我们相信爱能使灵魂从心灵深处觉醒。当你爱的时候，你和周围世界一分为二的界线将会消失，凡尘俗世里你我的区分不再存在，你将会体验到完整的自我。一旦有了这经验，你在宇宙中不再是一个孤立的个体。你的生命和你所爱者的生命之间，彼此的灵魂相互交融。

第十六辑
宽容豁达行天下

该记住的和该忘却的

有一次，一位作家邀请两位朋友阿尔和马修一同外出旅行。

三人行经一处山崖时，马修失足滑落，眼看就要丧命，机灵的阿尔拼命拉住了他的衣襟，将他救起。

马修很感激阿尔对自己的救命之恩。在附近的大石头上，他用力镌刻下这样一行字："某年某月某日，阿尔救了马修一命。"

于是3人继续前进，几日后来到一处河边。由于长期旅行疲惫不堪，且心情烦躁，阿尔与马修为了一件小事吵起来了，阿尔一气之下竟打了马修一耳光。

马修被打得流出鼻血，他很气愤，然而他没有还手，却一口气跑到了沙滩上，在沙滩上写下一行字："某年某月某日，阿尔打了马修一记耳光。"

旅行终于结束了，三人回到家乡，作家怀着好奇心问马修："我一直不太理解，你为什么要把阿尔救你的事刻在石头上，而把他打你耳光的事写在沙滩上？"

马修平静地回答："阿尔救了我的命，这份恩情我是永远不会忘却的，所以我将它刻在石头上；而因他打我而激起的怨恨则是一时的，我愿将它写在沙滩上，让它随着沙滩字迹的消失而被忘得一干二净。"

 心灵感悟

记着别人对自己的恩典，忘掉别人对自己的伤害，就是最大的宽容。生活中，我们都应该用爱和感激来代替仇恨，化解积怨。

豁达使人宠辱不惊

有位修行很深的禅师叫白隐，无论别人怎样评价他，他都从不加以争辩，每次都只是淡淡地说一句："就是这样吗？"

在白隐禅师所住的寺庙旁，住着一家三口，女儿年方18岁，长得如出水芙蓉。上门提亲的不少，老两口都不满意，便都回绝了。无意间，夫妇俩发现尚未出嫁的女儿竟然怀孕了。这种见不得人的事，使得她的父母震怒异常！在父母的一再逼问下，她终于吞吞吐吐地说出"白隐"两个字。

她的父母怒不可遏地去找白隐理论，但这位大师仍不置可否，只若无其事地答道："就是这样吗？"孩子生下来后，被老两口送给了白隐。此时，他的名誉虽已扫地，但他并不以为意，只是非常细心地照顾孩子——他向邻居乞求婴儿所需的奶水和其他用品，虽不免横遭白眼，或是冷嘲热讽，但他总是处之泰然，仿佛他是受托抚养别人的孩子一样。

事隔一年后，这位没有结婚的妈妈，终于不忍心再欺瞒下去了，她老老实实地向父母吐露真情：孩子的生父是街北的一位青年。

她的父母立即将她带到白隐那里，向白隐道歉，请他原谅，并将孩子带回。

白隐仍然是淡然如水，他只是在交回孩子的时候，轻声说道："就是这样吗？"仿佛不曾发生过什么事；即使有，也只像微风吹过耳畔，霎时即逝！

白隐代人受过，牺牲了为自己洗刷清白的机会，受到人们的冷嘲热讽，但是他始终处之泰然，"就是这样吗？"这平平淡淡的一句话，就是对"宠辱不惊"最好的解释，我们现代人缺乏的正是这一点。

心灵感悟

　　豁达是一种人生境界，它使人无论身处顺境还是逆境，都保持从容的心态，从而清醒理智地面对现实。

拥抱对手

这是一场看似普通又极为特殊的世界职业拳手争霸赛。

正在比赛的是两个美国职业拳手，年长的叫卢卡，30岁；年轻的叫拉瓦，25岁。上半场两人打了6个回合，实力相当，难分胜负。在下半场第7个回合，拉瓦接连击中老将卢卡的头部，打得他鼻青脸肿。

短暂的休息时，拉瓦真诚地向卢卡致歉。他先用自己的毛巾一点点擦去卢卡脸上的血迹，然后把矿泉水洒在他的头上。拉瓦始终是一脸歉意，仿佛这一切都是自己的罪过。

接下来两人继续交手。也许是年纪大了，也许是体力不支，卢卡一次又一次地被拉瓦击倒在地。

按规则，对手被打倒后，裁判连喊三声，如果三声之后仍然起不来，就算输了。每次都不等裁判将"3"叫出口，拉瓦就上前把卢卡拉起来。卢卡被扶起后，他们微笑着击掌，然后继续交战。

这样的举动在拳击场上极为少见。

最终，卢卡负于拉瓦，观众潮水般涌向拉瓦，向他献花、致敬、赠送礼物。拉瓦拨开人群，径直走向被冷落一旁的老将卢卡，将最大的一束鲜花送进他的怀抱。

两人紧紧地拥在一起，相互亲吻对方被击伤的部位，俨然是一对亲兄弟。卢卡真诚地向拉瓦祝贺，一脸由衷的笑容。他握住拉瓦的手高高举过头顶，向全场的观众致敬。观众更加沸腾了，为这一对相拥在一起的对手欢呼。

　　人的胸襟是一种奇妙的东西，它可以使人在失意时保持坦然，在得意时能够热情地给对手以鼓励。这更是一种人格的魅力。

最好的消息

　　阿根廷著名的高尔夫球手罗伯特·德·温森多是一个非常善良又豁达的人。

　　有一次，温森多赢得一场锦标赛。领到支票后，温森多微笑着从记者的重围中走出来，到停车场准备回俱乐部。这时候一个年轻的女子向他走来。她向温森多表示祝贺后哭着向他诉说她可怜的孩子病得很重——也许会死掉，而那笔昂贵的医药费和住院费使她难以接受，她痛苦极了。

　　她的讲述触动了温森多心中最柔软的那一部分，他立刻掏出笔，在刚赢得的支票上飞快地签了名，然后塞给那个女子，说："这是这次比赛的奖金。祝你可怜的孩子早点康复。"便驾车离去了。

　　一个星期后，温森多正在一家乡村俱乐部进午餐，一位职业高尔夫球联合会官员走过来，问他一周前是不是遇到一位自称孩子病得很重的年轻女子。

　　"你是怎么知道的？""是停车场的孩子们告诉我的。"官员说。

　　温森多点了点头，说有这么一回事，又问："到底怎么啦？难道那个孩子出了什么问题？""根本就没有什么病得很重的孩子，她甚至还没有结婚！"官员回答说。温森多让她给骗了！

　　"你是说根本就没有一个小孩子病得快死了？"

　　"是这样的，根本就没有。"官员十分肯定地回答。

　　温森多并没有生气，反而长吁了一口气，然后说："这真是我一个星期以来听到的最好的消息。"

　　在别人看来是一个重大的损失，是一件足以使人恼怒的事件，你却因为整个事件中没有人受到伤害而感到欣慰，区别何在？就因为你拥有一个豁达、博大的胸怀。

学会宽恕

　　"他们的罪恶应该得到赦免。"

　　"主呀，赦免他们！因为他们不知道自己在做些什么！"

　　《圣经》上的这两段话指出了宽恕的重要性——宽恕你自己以及他人。

　　关于"原谅"与"赦免"，有很多错误的看法，而它的治疗价值并未能获得完全的承认，原因之一在于真正的"宽恕"是十分少见的。如果我们能够原谅别人，那么我们将感到"心情很好"，但是，很少有人告诉我们这项事实："宽恕"的行为，可以令我们感到轻松愉快，可以减少我们的敌意。

另一种观念是，"宽恕"可以使我们处于一种战略性地位，是打败敌人的利器之一。这也就是说，"宽恕"可以被当作一种有效的复仇武器——而且十分有效。但是报复性的宽恕并不是真正的宽恕。

真正的宽恕并不难——比心存怨恨要容易得多。但只有一项基本的条件：你必须愿意放弃你的怨恨感，你必须毫无保留地放弃心理负担。

我们若是觉得很难宽恕别人，那是因为我们很喜欢自己心中的怨恨，并从它那儿得到一种病态的满足：只要我们能够责备他人，我们就会认为自己比他人高明。

许多人在培养内心的怨恨感时，也会因为对自己感到抱歉，而获得一种错误的满足感。当我们真正宽恕时，我们既不是帮助别人，也不是想要表现自己的正直。

我们原谅他人的罪过，并不是因为我们已经使他人赔偿了他对我们的损害，而是我们发现这些罪过本身并不是正当的。只有当我们在内心打算真正去原谅他人时，我们才能真正地宽恕他人。

最重要的是，如果你希望获得平和的心态，享受心情的平衡，那你必须学会埋葬怨恨，成为能够宽恕别人的人。

做一个有爱心的人，而不是做一名怨恨者。法国大文豪罗契佛考写道："爱有多深，就能获得多大的宽恕。"

说理只要三分

偶然看到一帖处世药方，教的是如何待人接物，写得很有意思，其中有：热心肠一副，温柔两片，说理三分。

张明不禁感到奇怪，这说理为什么是三分而不是十分呢？

后来，张明想起小时候的一次挨打，而后渐渐明白了其中的道理。

张明从小都是认死理的犟脾气，小学5年级时，不知为了什么和父亲理论——早已忘了原因，现在想来，大概是他记错了什么事——说着说着争论起来，张明说他错了，而父亲认为他是对的。滑稽的是两人都为这件小事争得互不相让。说着说着，父亲上火了，拿出他的权威啪地给了张明一巴掌："还要说？"张明拼命忍住泪："就是要说。"啪，又是一巴掌："还要说？""就是要说。"啪啪！还要说？就是要说。啪啪啪啪！还要说？就是要说就是要说。啪啪啪啪啪啪……张明终于忍不住疼，既气愤又委屈，哇的一声大哭起来，一边哭一边大喊："你不是我爸爸，你不配做我爸爸……"

最后的收场是母亲怒气冲冲地加入了这场战争，过来把他推开把张明护住。张明赌气足足有1个月不喊父亲一声"爸"，而父亲则被张明气得脸色铁青！

"说理三分"，讲的其实是一种技巧。你若有理，聪明人一点就通，不用十分，三分足够了，不必画蛇添足；碰到蠢人（或一时走进死胡同的人），你再多费口舌也无用，何必执着，不妨假以时日，让他自己慢慢去悟；至于蛮汉，他本不讲理，你即使讲上十二分，也无异于对牛弹琴——岂止是对"牛"呢，说不定像在对"虎"弹琴，弹得"老虎"上了火，"啊呜"一声要了你的小命！

"说理三分"，讲的也就是宽容。人总有缺点，或多或少总有不周全的地方，他或许并不明白，你巧妙地说上几句，点到为止，确是与人为善让他心存感激，若是穷追猛打，非要弄得人家连面子都留不住，只怕会两败俱伤。

记得上写作课时老师常教学生一大诀窍："含蓄不露，便是好处""用意十分，下语三分，可见风雅，下语六分，可追李杜，下语十分，晚唐之作也"。其实这也是做人一大诀窍，做人不能太露，太露了就是"晚唐之作"，不可取。含蓄是一种大气、一种教养、一种风度，真正会做人的人总是含蓄的，总是懂得明明占理十分只说三分，总是记着"得理也让人"。

不过，这也是很难很难的。人性的弱点之一是"一吐为快"，何况在理儿上的，常常会不知不觉"理直气壮"起来。因此，许多人虽然有高僧所说的"热心肠一副"，也自认为不乏"温柔两片"等，却总成不了气候——常常就在这多说几句之中，将功劳一笔勾销了……

> "说理三分"，实在是大智慧、大修养、大气度、大学问。

自己生活，也让别人生活

谁生活在人群当中，谁就绝对不应该摒弃任何人——只要这个人是大自然安排和产生的作品，哪怕他是最卑劣、最可笑的人。我们应该把这样一个人，视为既成的事实。这个人遵循一条永恒的、形而上学的规律，因此，只能表现出他目前的这个样子。如果我们碰到一些糟糕透顶的人，那就要记住这一句话，"林子里，总少不了一些怪鸟"。如果我们不这样做，那我们就是不公正的，我们也就等于向这个人发出了生死决斗的挑战。原因在于，没有一个人能够改变自己的真实个性，这包括道德、气质、认识、能力、长相、脾气，等等。

如果我们完全彻底地谴责一个人的本质。那么，这个人除了把我们视为他的仇敌，别无其他选择，因为我们只在这个人必须脱胎换骨、成为永远不可改变、截然不同的人的前提下，才肯承认这个人的生存权利。

为此原因，要在人群当中生存，我们就必须容许别人以既定的自身个性存在，不管这种个性是什么。我们关心的，只是如何使得一个人以本性所允许的方式发挥他的作用。既不应该希望改变，也不可以谴责别人的本性，这就是"自己生活，也让别人生活"这条格言的含义。这种做法，虽然合乎理性，但具体实施起来，其实也并不容易。

我们要学会容忍别人，就不妨先锻炼我们的耐性。每天，我们都有这样练习的机会。在这之后，我们就可以把获得的耐性加以应用。我们让自己习惯于这样的看法：别人拂逆我们的心意，妨碍我们的行动，但他们这样做，完全是出于一种严格的、发自本性的必然性，它与物理学上一切物体活动所根据的必然性并无不同。

所以，针对别人的行为动怒，与向横在我们前进路上的石头大发脾气同等愚蠢。

对于许多人，我们最聪明的想法就是：我不准备改变他们，我要利用他们。

要敞开你的心扉，抛开你的情感障碍，用心去感受。体会这个世界，它使你与自己的心灵和他人的心灵联系起来。你可以试着站在对方的立场，设身处地地为对方想一想。这样，你就能与对方的心灵联系起来，消除你心中的成见。这样，你才能开启宽容的大门，才能使自己从情感的困境中彻底解脱出来。

"自己生活，也让别人生活"，这是一扇宽容的大门。开启它，就能使自己从情感的困境中彻底地摆脱，还原最本真的自我。

宽容的至高境界

宽容是一种修养，是一种境界，是一种美德。生活需要宽容，就像人生需要明媚灿烂的阳光一样。拥有一份宽容，我们就能正视师长的严厉，谅解亲朋的疏忽，善待别人的错误，甚至能宽容仇人的伤害。

有这样一个故事。

一个夜晚，在美国东海岸的一个城市里，有位韩国学生，走出公寓去寄一封信。路上，他被 11 个不良少年围攻，拳打脚踢揍了一顿。

不幸的是在救护车来到之前，他就断了气。两天之内，这 11 个人被一一逮捕。社会大众要求严惩他们，媒体也呼吁采取最严厉的惩罚。

后来，这位死者的父母寄来一封信，要求尽可能减轻对这些少年的责罚，并捐献一笔基金，作为这群孩子出狱重新生活及社会辅导的费用。

他们不愿仇恨这些少年，他们只希望这些少年从残暴、粗鲁、野蛮和病态的虐待性格中获得新生。

世界上的事无独有偶，在意大利也曾发生过类似的事。

1994 年 9 月的一天，在意大利境内的一条高速公路上，一对美国夫妇带着 7 岁的儿子尼古拉斯·格林正驾车向一个旅游胜地进发。

突然，一辆菲亚特轿车超过他们。车窗内伸出几支枪，一阵射击之后，他们的儿子中弹身亡。

这对夫妇本该痛恨这个国家，因为在这块土地上他们失去了爱子。他们痛恨这里的人也并不为过，因为是意大利人杀了他们的孩子。可是，悲伤过后，他们做出一个令人震惊的决定：把儿子的健康器官捐献给意大利人！

在意大利，即便是正常死亡的本国公民，自愿捐献器官的也很罕见，于是，一个 15 岁的少年接受了尼古拉斯的心脏，一个 19 岁的少女得到了他的肝，一个 20 岁的女孩换上了他的胃，另两个孩子分别得到了他的两个肾。5 个意大利人在这份生命的馈赠中得救了。

1994 年 10 月 4 日，意大利总统斯卡尔法罗将一枚金质奖章授予这对美国夫妇，为他们海纳百川的胸怀以及悲世悯人的情操，还有以德报怨的人生境界。

中年丧子是人生的一大悲剧，这两对夫妇没有把丧子这剜心之痛化为仇恨，反而用宽容之心拯救犯罪的少年，用关爱之心挽救别人的生命。他们企盼人间多一份平和、安宁和幸福。

他们的善举乃是宽容的至高境界，让世人敬佩。

宽容曾经伤害过你的人

在第二次世界大战期间，英军与德军在森林中相遇，激战一夜后，英军士兵德鲁克和一名战友与部队失去了联系，他们来自同一个小镇。

他们两个相互扶持在森林中艰难跋涉。10多天过去了，仍未与部队联系上。这一天，他们打死了一只鹿，依靠鹿肉又艰难度过了几天。可是整个森林除了一只鹿之外，他们再也没看到其他任何动物。他们仅剩下的一点鹿肉，背在德鲁克的身上，因为德鲁克年纪小些，力气比战友大些。这一天，他们在森林中又一次与敌人相遇，经过再一次激战，他们巧妙地避开了敌人。就在德鲁克自以为已经安全时，只听"砰"的一声枪响，德鲁克的肩膀一阵剧烈疼痛，德鲁克中了一枪！他的战友惶恐地跑了过来，战友害怕得语无伦次，抱着他的身体泪流不止，并赶快把自己的衬衣撕下包扎他的伤口。

晚上，他的战友一直念叨着母亲的名字，两眼发直。他们都以为自己熬不过这一关了，尽管饥饿难忍，可他们谁也没有动身边的鹿肉。天知道他们是怎么过的那一夜！第二天，部队救了他们。

其实，德鲁克知道谁开的那一枪，这个人就是他的战友。当时在战友抱住他时，他碰到了战友发热的枪管。德鲁克怎么也不明白，战友为什么对他开枪，但当晚他就宽恕了战友。他知道战友想独吞自己身上的鹿肉，他也知道他想为了自己的母亲而活下来。

接下来这么多年，他装作根本不知道此事，也从不提及。战争太残酷了，战友的母亲还是没有等到他回来。德鲁克和他的战友一起祭奠了老人家。那一天，战友跪下来，请求德鲁克原谅他，德鲁克没让他说下去。他们又做了几十年的朋友，德鲁克宽恕了他。

宽容带来心灵的安慰

曼德拉因为领导反对白人种族隔离的政策而入狱，白人统治者把他关在荒凉的大西洋小岛罗本岛上27年。当时曼德拉年事已高，但白人统治者依然像对待年轻犯人一样对他进行残酷的虐待。

罗本岛上布满岩石，到处是海豹、蛇和其他动物。曼德拉被关在总集中营一个"锌皮房"，白天打石头，将采石场的大石块碎成石料。他有时要下到冰冷的海水里捞海带，有时干采石灰的活儿——每天早晨排队到采石场，然后被解开脚镣，在一个很大的石灰石场里，用尖镐和铁锹挖石灰石。因为曼德拉是要犯，看管他的看守就有 3 个人。他们对他并不友好，总是寻找各种理由虐待他。

谁也没有想到，1991 年曼德拉出狱当选总统以后，他在就职典礼上的一个举动震惊了整个世界。

总统就职仪式开始后，曼德拉起身致辞，欢迎来宾。他依次介绍了来自世界各国的政要，然后他说，能接待这么多尊贵的客人，他深感荣幸，但他最高兴的是，当初在罗本岛监狱看守他的 3 名狱警也能到场。随即他邀请他们起身，并把他们介绍给大家。

曼德拉的博大胸襟和宽容精神，令那些残酷虐待了他 27 年的白人汗颜，也让所有到场的人肃然起敬。看着年迈的曼德拉缓缓站起，恭敬地向 3 个曾关押他的看守致敬，在场的所有来宾以至整个世界都静下来了。

后来，曼德拉向朋友们解释说，自己年轻时性子很急，脾气暴躁，正是狱中生活使他学会了控制情绪，因此才活了下来。牢狱岁月给了他耐心与激励，也使他学会了如何处理自己所遭遇的痛苦。他说，感恩与宽容常常源自痛苦与磨难，必须通过极强的毅力来训练。

当你迈出通往自由的监狱大门时，若不能把悲痛与怨恨留在身后，那么，你其实仍在狱中。

宽容铺就五彩路

学校的道路刚刚用水泥修筑完毕，便有两个玻璃球嵌于其中。校长经过时，想尽量靠近玻璃球。他想，一定是孩子们在课间玩耍时一不留神把玻璃球弹到了这里，如果现在不赶快把它们抠出来，等水泥完全凝固了，那玻璃球就成了永远的镶嵌物。他弯下腰，准备伸手去抠玻璃球。突然，有两个男孩"咻咻"地笑着，手拉手从他身边飞快跑过，跑出几十米后，又警觉地回头，似乎担心会遭到校长的批评。校长愣了一下，猛地意识到了什么，他摆摆手，示意那两个男孩过来。

男孩吐着舌头不情愿地走过来，手紧紧捂着口袋。校长微笑着对他们说："你们能不能借给我一样东西？"两人齐声问："什么东西？"校长说："你们口袋里的东西——玻璃球。"两个男孩惊讶万分，低着头，不敢迎视校长的目光。口袋里一阵脆响之后，10 多只玻璃球交到了校长手里。

校长俯下身子，像个淘气的孩子，把玻璃球一只一只按到了水泥路面上。两个男孩连忙向校长认错，承认原先那两只玻璃球是他俩按进去的，并表决心说："再也不敢了。"校长听了朗声大笑起来。他说："为什么要认错呢？我表扬你们两个还怕来不及呢！你们看，水泥路面原本多么灰暗、多么单调，但是，镶上了几个玻璃球就显得多么精神、多么漂亮！快去，告诉你们的同学，让大家把玩过的玻璃球、小贝壳、彩石子全都拿来，砌出你们自己喜欢的图案——心形、圆形、三角形，什么图形都可以，咱们要把这条路铺成一条五彩路！"

多年过去，当年的孩子又有了孩子。当他们满怀信任地将自己的孩子再度送进自己的母校时，总忘不了牵着孩子的手，带他们来走这条五彩路。那些美丽自由的图案寄托着少年花样的梦想，并被一条缎带般的甬路阐释得具体透辟。他们不再年少的心澎湃着、激荡着，在一份分享不尽的包容与睿智面前，仿佛再一次听到了校长爽朗的笑声。

　　雨果曾经这样告诉我们："世界上最宽阔的是海洋，比海洋更宽阔的是天空，比天空更宽阔的是人的胸怀。"懂得宽容，才不会对自私、虚伪、嫉妒、狂傲感到失望，才会用宏大的气量去感受相逢一笑泯恩仇的快乐。

带上宽容出发

　　这是一场惨烈的战争，几乎所有的士兵都丧命于敌人的刀剑之下。

　　命运将两个地位悬殊的人推到一起：一个是年轻的指挥官，一个是年老的炊事员。

　　他们在奔逃中相遇，两个人不约而同地选择了相同的路径——沙漠。追兵止于沙漠的边缘，因为他们不相信人会从那里活着出去。

　　"请带上我吧，丰富的阅历教会了我如何在沙漠中辨认方向，我会对你有用的。"老人哀求道。指挥官麻木地下了马，他认为自己已经没有了求生的资格，他望着老人花白的双鬓，心里不禁一颤：由于我的无能，几万个鲜活的生命从这个世界上消失，我有责任保护这最后一个士兵。他扶老人上了战马。

　　到处是金色的沙丘，在这茫茫的沙海中，没有一个标志性的东西，使人很难辨认方向。"跟我走吧。"老人果敢地说。指挥官跟在他的后面。灼热的阳光将沙子烤得如炙热的煤炭一样，喉咙干得几乎要冒烟。他们没有水，也没有食物。老人说："把马杀了吧！"年轻人怔了怔，唉，要想活着也只能如此了。他取下腰间的军刀。

　　"现在，马没了，就请你背我走吧！"年轻人又一怔，心想，你有手有脚，为什么要人背着走，这要求着实有点过分。但长期以来，他都处在深深的自责之中，老人此时要在沙漠中逃生，也完全是因为他的不称职。他此刻唯一的信念就是让老人活下去，以弥补自己的罪过。他们就这样一步一步地前行，在大漠上留下了一串深陷且绵延的脚印。

　　1天、2天……10天，茫茫的沙漠好像无边无际，到处是灼热的沙砾，满眼是弯曲的线条。白天，年轻人是一匹任劳任怨的骆驼；晚上，他又成了最体贴周到的仆从。然而，老人的要求越来越多，越来越过分。他会将两人每天共同的食物吃掉一大半，会将每天定量的马血多喝掉好几口。年轻人从没有怨言，他只希望老人能活着走出沙漠。

　　他俩越来越虚弱，直到有一天，老人奄奄一息了。"你走吧，别管我了。"老人愤愤地说，"我不行了，还是你自己去逃生吧。"

　　"不，我已经没有了生的勇气，即使活着我也不会得到别人的宽恕。"

　　一丝苦笑浮上了老人的面容："说实话，这些天来难道你就没有感到我在刁难、拖累你吗？我真没想到，你的心可以包容下这些不平等的待遇。"

　　"我想让你活着，你让我想起了我的父亲。"年轻人痛苦地说。老人此刻解下了身上的一个布包，"拿去吧，里面有水，也有吃的，还有指南针，你朝东再走一天，就可以走出沙漠了，我们在这里的时间实在太长了……"老人闭上了眼睛。

　　"你醒醒，我不会丢下你的，我要背你出去。"老人勉强睁开眼睛，"唉，难道你真的认为沙漠这么漫无边际吗？其实，只要走3天，就可以出去，我只是带你走了一个圆圈而已。

我亲眼看着我两个儿子死在敌人的刀下，他们的血染红了我眼前的世界，这全是因为你。我曾想与你同归于尽，一起耗死在这无边的沙漠里，然而你用胸怀融化了我内心的仇恨，我已经被你的宽容大度所征服。只有能宽容别人的人才配受到他人的宽容。"老人永久地闭上了眼睛。

指挥官震惊地矗立在那儿，仿佛又经历了一场战争，一场人生的战斗。他得到了一位父亲的宽容。此时他才明白武力征服的只是人的躯体，只有靠爱和宽容大度才能赢得人心。

他放平老人的身体，怀着宽容之心，向希望走去。

> 对待他人不够宽厚，或睚眦必报，都会给我们的心灵带来巨大的伤害，其中还包括负疚感。人生在世，何不尝试原谅他人，把心胸放得再宽广一点呢？

祈祷彼此相爱

在已故的美国爱荷华大学副校长安·柯莱瑞曾工作过的房子里，保存着这样一封信的复印件，那是一封让所有人难以理解的信。那位副校长是爱荷华大学里最有权威的女性之一，也是在整个美国都很有地位的一位女性。很久以前，她的父亲曾远涉重洋到中国传教，她就出生在中国的上海，因为出生与成长都在中国的关系，她对中国人怀有一种特殊的感情。她终身未婚，对待中国留学生就像对自己的孩子一样，无微不至地关照他们、爱护他们，每年的感恩节和圣诞节总是邀请中国学生到她家中做客。

可是不幸的事情发生了，在 1991 年 11 月 1 日，发生了一起震惊世界的惨案，那是一件让所有中国人都对世界怀有羞愧的事。一位名叫卢刚的中国留学生，在他刚获得爱荷华大学太空物理博士学位的时候，开枪射杀了这所学校的 3 位教授、1 位和他同时获得博士学位的中国留学生，而碰巧在现场的这所学校的副校长安·柯莱瑞也倒在血泊中。由于枪伤过于严重，副校长不治身亡。

1991 年 11 月 4 日，爱荷华大学的全体师生停课一天，在这一天，大家为安·柯莱瑞举行了葬礼。在葬礼上，身为安·柯莱瑞好友的德沃·保罗神父在对她的一生做回顾追思时说："假若今天是我们的愤怒和仇恨笼罩的日子，安·柯莱瑞将是第一个责备我们的人。"

也是在这一天，安·柯莱瑞的 3 位兄弟举行了一场记者招待会，他们以她的名义捐出一笔资金，宣布成立安·克莱瑞博士国际学生心理学奖学金基金会，用以安慰和促进外国学生的心智健康，减少人类悲剧的发生。

她的兄弟们还在无比悲痛之时，邮寄了一封信给卢刚的家人。在本文中，我们把这封信奉上，希望每一个读到这封信的人都能够从中学到那种宽容的精神，那种伟大的爱。

柯莱瑞家人致卢刚家人的信
1991.11.4

致卢刚的家人：

我们经历了突发的剧痛，我们在姐姐一生中最光辉的时候失去了她。我们深以姐姐为荣，她有很大的影响力，受到每一个接触她的人的尊敬和热爱——她的家庭、邻居，她遍及各国学术界的同事、学生和亲属。我们一家从很远的地方来到这里，不但和姐姐的许多朋友一同承担悲痛，也一起分享姐姐在世时所留下的美好回忆。

当我们在悲伤和回忆中相聚一起的时候，也想到了你们一家人，并为你们祈祷。因为这个周末你们肯定是十分悲痛和震惊的。

姐姐安最相信爱和宽恕。我们在你们悲痛时写这封信，为的是要分担你们的悲伤，也盼你们和我们一起祈祷彼此相爱。在这痛苦的时候，安是会希望我们大家的心都充满同情、宽容和爱的。我们知道，在此时比我们更感悲痛的，只有你们。请你们理解，我们愿和你们共同承受这悲伤。这样，我们就能一起从中得到安慰和支持。安也会这样希望的。

诚挚的安·克莱瑞博士的兄弟们

弗兰克／麦克／保罗·柯莱瑞

心灵感悟

愤怒和仇恨并不能洗刷痛苦，唯有宽容和爱才是医治悲痛的良方。

以德报怨

“我一定要报复他，我要让他从心底感到后悔。”迈克尔气得满脸通红，不停地咕哝着。他想得出了神，以至没发现正在找他的约翰逊。

约翰逊问道：“谁？你要报复谁呀？”迈克尔如梦方醒，抬头一看，见是自己的好朋友，便笑了起来。他说：“哦，你还记得我父亲送我的那截漂亮的竹条吗？你看，折成了现在这个样子，这都是农民罗宾逊的儿子干的！”

约翰逊非常冷静地问他小罗宾逊为什么要弄折竹条。迈克尔答道：“我刚才正走得好好的，边走边把竹条缠绕在身上玩。一不小心，它的一端脱了手。当时我在木桥边，正对着大门，那个小坏蛋在那儿放了一罐水，准备挑回家。刚巧，我的竹条弹回来把水罐打翻了，可并没有碎。就在我向他赔礼道歉的时候，他跳过来就骂，毫不理会我的解释。他突然抓住我的竹条，你看嘛，都折成这个样子了，我会叫他后悔的。”

约翰逊说：“他的确是个坏孩子，为此，他已经受到了足够的惩罚，没人喜欢他，他几乎没什么伙伴、没什么娱乐，这是他活该。我想，这些足够作为你对他的报复了。”

迈克尔答道：“事情虽是这样，但他弄坏了我的竹条，那么漂亮的竹条，那可是我父亲送给我的礼物啊！要知道，我只是无意间碰倒了他的罐子，我还说要帮他重新打满。我要报复！”

约翰逊说：“好吧，迈克尔。不过我认为你不理他会更好些，因为轻视就是你对他最大的报复。对了，我想起一个关于他的笑话。有一次，他看到一只蜜蜂在花丛中飞来飞去，就想把它抓住再揪掉它的翅膀。可惜，他很倒霉，蜜蜂蜇了他一下又安全地飞进了蜂巢。他被疼痛激怒了，就像你现在这样，他发誓要报仇。于是，他找来一根棍子，朝蜂窝捅了几下。刹那间，一群群的蜜蜂飞了出来，向他扑去，他浑身上下被蜇了几百次。他惨叫着，痛得在地上滚来滚去。他父亲闻讯赶来，也没赶走蜂群，他躺在床上休息了好几天。你看见了，他的报复没有得胜。所以，我劝你不要计较他的鲁莽。他是个坏家伙，比你厉害多了。真要报复的话，我怀疑你还没有他那点本事呢。"

迈克尔说："你的建议的确不错，那么跟我一起到我父亲那儿去吧，我想告诉他事情的真相，相信他不会生气的。"

于是，他们去把整个事情的经过告诉了迈克尔的父亲。迈克尔的父亲非常感激约翰逊给他儿子的忠告，并答应迈克尔会再送他一根完全一样的竹条。

没过几天，迈克尔碰见那个品性恶劣的男孩正挑着一担重重的木柴向家走去，结果跌在地上，爬不起来了。迈克尔跑过去帮他放好木柴。小罗宾逊感到非常愧疚，心里难受极了，他为以前的行为感到后悔！而迈克尔则欢欢喜喜地回家去了。他想："这是最绅士的报复，以德报怨，对此，我怎么可能感到后悔呢？"

宽容别人并不难

一次，楚庄王因为打了大胜仗，十分高兴，便在宫中设盛大晚宴招待群臣，宫中一片热火朝天。楚王也兴致高昂，叫出自己最宠爱的妃子许姬给群臣斟酒助兴。

忽然一阵大风吹进来，蜡烛被风吹灭，宫中立刻漆黑一片。黑暗中，有人扯住许姬的衣袖想要亲近她。许姬便顺手拔下那人的帽缨并尽力挣脱离开，然后许姬来到庄王身边，告诉庄王说："有人想趁黑暗调戏我，我已拔下了他的帽缨，请大王快吩咐点灯，看谁没有帽缨就把他抓起来处置。"

庄王说："且慢！今天我请大家来喝酒，酒后失礼是常有的事，不宜怪罪。再说，众位将士为国效力，我怎么能为了维护你的贞洁而辱没我的将士呢？"说完，庄王不动声色地对众人喊道："各位，今天寡人请大家喝酒，大家一定要尽兴，请大家都把帽缨拔掉，不拔掉帽缨不足以尽欢！"

于是群臣都拔掉自己的帽缨，庄王再命人重又点亮蜡烛，宫中一片欢笑，众人尽欢而散。

3年后，晋国侵犯楚国，楚庄王亲自带兵迎战。交战中，庄王发现自己军中有一员将官总是奋不顾身，冲杀在前，所向无敌。众将士也在他的影响和带动下奋勇杀敌，斗志高昂。这次交战，晋军大败，楚军大胜回朝。

战后，楚庄王把那位将官找来，问他："寡人见你此次战斗奋勇异常，寡人平日好像并未给过你什么特殊好处，你为什么如此冒死奋战呢？"

那将官跪在庄王阶前，低着头回答说："3年前，臣在大王宫中酒后失礼，本该处死，可是大王不仅没有追究、问罪，反而设法保全我的面子，臣深深感动，对大王的恩德牢记在心。从那时起，我就时刻准备用自己的生命来报答大王的恩德。这次上战场，正是我立功报恩的机会，所以我才不惜生命，奋勇杀敌，就是战死疆场也在所不辞。大王，臣就是3年前那个被王妃拔掉帽缨的罪人啊！"

一番话使楚庄王和在场将士大受感动。楚庄王走下台阶将那位将官扶起，那位将官已是泣不成声。

用一种宽容、豁达的胸怀对待"冒犯"你的人，不用采取任何行动，问题便会自动消失，心灵也可以得到一份宁静。

生存不是为了仇恨

不要将仇恨作为生存的意义，放弃仇恨，生命会更加有意义。

在美国东部的一个州，有一位年轻的警察叫杰布。在一次追捕行动中，杰布被歹徒用冲锋枪射中右眼和左腿膝盖。3个月后，从医院里出来时，他完全变了个样：一个曾经高大魁梧、双目炯炯有神的英俊小伙现已成了一个又跛又瞎的残疾人。

这时，有线电台记者采访了他，问他将如何面对现在遭受到的厄运。他说："我只知道歹徒现在还没有被抓获，我要亲手抓住他！"记者看到，他那只完好的左眼里透射出一种令人战栗的愤怒之光。

从那以后，杰布不顾任何人的劝阻，参与了抓捕那个歹徒的无数次行动。他几乎跑遍了整个美国，甚至有一次为了一个微不足道的线索独自一人乘飞机去欧洲。

10年后，那个歹徒终于被抓获了，当然，杰布起了非常关键的作用。在庆功会上，他再次成了英雄，许多媒体称赞他是全美最坚强、最勇敢的人。

不久，杰布在卧室里割脉自杀了。在他的遗书中，人们读到了他自杀的原因：

"这些年来，让我活下去的信念就是抓住凶手……现在，伤害我的凶手被判刑了，我的仇恨被化解了，生存的信念也随之消失了。面对自己的伤残，我从来没有这样绝望过……"

人生总有存在的意义，如果我们只为一个仇恨的目的而生存，那么当这个目的实现后，生命也就失去了意义。放弃仇恨吧，用宽容的心去对待遭遇的一切，你的生命才会更加有意义，生活才会更加丰富多彩。

宽容是财富

人不是做了错事得到报应才算公平。我们应该彼此宽容，每个人都有弱点与缺陷，都可能犯下这样那样的错误。我们要竭力避免伤害他人，要以博大胸怀宽容对方。

从前有一个富翁，他有3个儿子，在他年事已高的时候，富翁决定把自己的财产全部留给3个儿子中的一个。可是，到底要把财产留给哪一个儿子呢？富翁于是想出了一个办法。

他要3个儿子都花一年时间去游历世界，回来之后看谁做到了最高尚的事情，谁就是财产的继承者。一年时间很快就过去了，3个儿子陆续回到家中，富翁要3个人都讲一讲自己的经历。大儿子得意地说："我在游历世界的时候，遇到了一个陌生人。他十分信任我，把一袋金币交给我保管，可是那个人意外去世了，我就把那袋金币原封不动地又还给了他的家人。"二儿子自信地说："当我旅行到一个贫穷落后的村落时，看到一个可怜的小乞丐不幸掉到湖里了，我立即跳下马，从湖里把他救了起来，并留给他一笔钱。"三儿子犹豫地说："我、我没有遇到两个哥哥碰到的那种事，在我旅行的时候遇到了一个人，他很想得到我的钱袋，一路上千方百计地害我。我差点死在他手上。可是有一天我经过悬崖边，看到那个人正在悬崖边的一棵树下睡觉，当时我只要抬一抬脚就可以轻松地把他踢到悬崖下，我想了想，觉得不能这么做，正打算走，又担心他一翻身掉下悬崖，就叫醒了他，然后继续赶路。这实在算不了什么有意义的经历。"富翁听完3个儿子的话，点了点头说道："诚实、见义勇为都是一个人应有的品质，称不上是高尚。有机会报仇却放弃，反而帮助自己的仇人脱离危险的宽容之心才是最高尚的。我的全部财产都是老三的了。"

富翁把宽容之心列为最高尚的，却也不无道理。

假如出现某种情况，你在憎恨别人时，心里总是愤愤不平，希望别人遭到不幸、惩罚，却又往往不能如愿，一种失望、莫名烦躁之后，使你失去了往日那轻松的心境和欢快的情绪，从而心理失衡；另外，在憎恨别人时，由于疏远别人，只看到别人的短处，言语上贬低别人，行动上敌视别人，结果使人际关系越来越僵，以致树敌结仇。

你"恨死了"别人，这种嫉恨的心理对你的不良情绪起了不可低估的作用。而且，今天记恨这个，明天记恨那个，结果朋友越来越少，对立面越来越多，严重影响人际关系和社会交往，成为"孤家寡人"。

在遭到别人伤害、心里憎恨别人时，不妨做一次换位思考，假如你自己处于这种情况，会如何应付？当你熟悉的人伤害了你时，想想他往日在学习或生活中对你的帮助和关怀，以及他对你的一切好处，这样，心中的火气、怨气就会大减，就能以包容的态度谅解别人的过错或消除相互之间的误会，化解矛盾，和好如初。这样一来，包容的是别人，受益的却是自己。

心灵感悟

宽容是一种美德，怀有这种美德的人将会避免很多不必要的精神困扰，始终怀有愉悦的心情去生活；宽容是一种境界，能够达到这种境界的人是智力发达之人，他将看到广阔多彩的前景，会感觉到世界上所有的人都冲他微笑。

不要轻易责备

当我们批评他人时，请先想想自己。

有一位父亲给儿子写了一封信：

听着，孩子，我有一些话要说。虽然你睡得正熟，一只小手掌压在脸颊下，你的额头微湿，蜷曲的金发贴在上面。我偷偷溜进你的房间，因为刚才在书房看报的时候，内心不断地受到苛责，终于带着愧疚的心情来到你的床前。

我想了许多事，孩子，我常常对你发脾气。早上你穿好衣服准备上学，胡乱用毛巾在脸上碰一下，我责备你；你没有把鞋子擦干净，我责备你；看到你把东西乱扔，我更生气地对你吼叫。

吃早餐的时候也一样，我常骂你打翻东西、吃饭不细嚼慢咽、把两肘放在桌上、奶油涂得太厚，等等。等到你离开餐桌去玩，我也准备出门，你转过身，挥着小手喊："再见，爸爸。"我仍皱着眉头回答："肩膀挺正。"

到了傍晚，情况还是这样。我走在路上偷偷观察你，看见你跪在地上玩玻璃弹珠，脚上的长袜都磨破了。我不顾你的颜面，当着别的孩子的面叫你回家，并对你吼道，长袜子是很贵的，你要穿就得爱惜一点。想想看，孩子，这话居然出自为人之父的人的口。

记得吗？就是刚才，我在书房里看报，你怯生生地走过来，眼里带着惊惶的神色，站在门口踟蹰不前。我从报端上望过去，不耐烦地叫道："你要什么？"

你不说一句话，只是快步跑过来，双手搂住我的脖子亲吻。你小手臂的力量显示出一份情爱，那是上帝种在你心田里的，任何漠视都不能令它枯萎。你吻过我就走了，吧嗒吧嗒地跑上楼。

孩子，就是那时候，报纸从我手中滑落，我突然觉得害怕，我怎么养成了一个坏习惯啊！挑错、呵斥的习惯——这就是我对待孩子的方法？孩子，不是我不爱你，只是我对你期望过高，不自觉地用自己年龄的标准去衡量你了。

其实，你的本性里有许多真善美。你小小的心灵就像刚从山头升起的阳光一样无限光明，这一点可以从你天真自然、不顾一切跑过来亲吻我的动作中看出来。孩子，今晚其余的一切都不重要了，我在黑暗中跪到你床边，深觉愧疚！

这是一种无力的赎罪。我知道你未必懂得我所说的这一切。但是，从明天起，我会认真地做一个真正的父亲。要和你结为好朋友，你痛苦的时候同你一起痛苦，欢乐的时候同你一起欢乐。我会每天告诉自己："你只不过是个男孩——一个小男孩。"

我实在不该把你当成大人，孩子，像我现在看到的你，疲倦地蜷缩在床上，完全还是婴孩的模样。记得昨天你还躺在妈妈怀里，头靠在妈妈肩上，我要求的实在太多太多了。

的确如此，我们很多人在说话时，经常会只顾自己痛快，过后才发现不小心伤了别人的心，尤其是当别人做了错事，或自己因此而吃了亏，就更觉得自己受了委屈而要说出来图个痛快，于是一些难听的话就不自觉地冒了出来。结果往往是痛快了一时而伤了和气。

只要你不是无缘无故地责备别人，在你开口之前，别人总是处于一种被动的心理状态，因为他们感到自己做错了事，自责的心理能让他们安静地接受你的责备，但绝对不是任你处置，随你发泄。当你的责备已经到伤害他们自尊心的地步，那么自责心理就可能立即消失，并产生一丝不快，慢慢地不快会发展成怨恨。

如何才能不尖刻地责备别人？首先要有一种宽容的想法：我亏也吃了，别人错也犯了，只要他认识到，我的责备就没必要了，还不如客气点，送个人情。只要不太计较得失，一般的责备都可以省去。如果是对方没认识到他的过错，甚至继续犯错误，那么你也可以客气地提醒他，只要他能很好地认错，便可作罢。给他一种自重感，这样他就会与你合作，而不是对抗。

有些人很喜欢指责他人，一旦出现问题，他们首先想到的就是如何将责任推卸给他人。有些人似乎养成了一种不以为然的恶习，他们动不动就批评他人。还有些人，他们本来在某方面做得并不好，却非要拼命去批评人家。这种批评怎会以理服人呢？其结果要么伤害他人，要么被人反驳，弄得自己反遭他人伤害。其实，尽量去了解别人，尽量设身处地去思考问题，这比批评要有益得多，这样不但不会害人害己，而且让人心生同情和仁慈。"了解就是宽恕。"何不运用温柔之术呢？所以，当我们批评他人时，先想想自己："我做得怎样？是否应该完全怪罪他人？"这样你也许会完全改变自己的想法和行为，并与他人保持一种良好的人际关系。

心灵感悟

我们平时大概会习惯责骂他人的错误，尤其是当他们的错误对我们的生活产生了不利的影响时，我们可能因此而失控。当怨恨之情占据我们的心灵，辱骂就会随之而来。

但若细想一下便会发现，辱骂除了让我们的情绪变坏外别无所获，有时甚至会越骂越糟，导致双方关系的破裂或留下伤痕。因此，无论怎样比较都会发现原谅是一个有益的选择。

懂得宽恕自己

适时地宽恕自己的错误，生活才能更轻松。

有一天，上帝来到人间，遇到一个智者正在钻研人生的问题。上帝敲了敲门，走到智者的跟前说："我也对人生感到困惑，我们能一起探讨探讨吗？"

智者毕竟是智者，他虽然没有猜到面前这个老者就是上帝，但也能猜到绝不是一般的人物。他正要问来者是谁，上帝说："我们只是探讨一些问题，完了我就走了，没有必要通报我的姓名吧。"

智者说："我越是研究，就越是觉得人类是一种奇怪的动物。他们有时候非常理智，有时候却非常不理智，而且往往在大的方面丧失了理智。"

上帝感慨地说："这个我也有同感。他们厌倦童年的美好时光，急着长大成熟，但长大了，又渴望返老还童。健康的时候，不知道珍惜健康，往往牺牲健康来换取财富，然后又牺牲财富来换取健康。他们对未来充满焦虑，却往往忽略现在，结果既没有生活在现在，又没有生活在未来之中。他们活着的时候好像永远不会死去，但死去以后又好像从没活过，还说人生如梦……"

智者感到上帝的论述非常精辟，就说："研究人生的问题，很是耗费时间的。你怎么利用时间呢？"

"是吗？我的时间是永恒的。对了，我觉得人一旦对时间有了真正透彻的理解，也就真正弄懂了人生了。因为时间包含着机遇，包含着规律，包含着人间的一切，比如，新生的生命、没落的尘埃、经验和智慧，等等人生至关重要的东西。"

智者静静地听上帝说着，然后，他要求上帝对人生提出自己的忠告。

上帝从衣袖中拿出一本厚厚的书，上边却只有这么一段话：

人啊！有人会深深地爱着你，却不知道如何表达；金钱唯一不能买到的，却是最宝贵的，那便是幸福；宽恕别人和得到别人的宽恕还是不够的，你也应当宽恕自己；你所爱的，往往是一朵玫瑰，并不是非要极力地把它的刺根除掉，你能做的最好的，就是不要被它刺伤，自己也不要伤害心爱的人；尤其重要的是，很多事情错过了就没有了。

智者看完了这些文字，激动地说："只有上帝，才能……"抬头一看，上帝已经走得无影无踪了。

心灵感悟

　　在适当的时候，懂得宽容自己，你就能摆脱不必要的心灵负担，活得更加轻松。宽容自我，将获得清静的自我本性，给自己一个改过的机会，也给自己一个更广阔的空间！

以爱包容仇恨

在犹太人的《圣经》中有一则约瑟夫接纳他的哥哥的故事。

约瑟夫是雅各的第十一子，遭兄长忌妒，在年少时他被卖往埃及为奴，后来做了埃及宰相。

有一年因为饥荒，他的哥哥们到埃及来寻求食物，约瑟夫见到了兄长。

当约瑟夫发现自己的哥哥们时，在众多仆人面前终于控制不住自己，他大声叫起来："所有的人都走吧！"

众仆人都离开了，这时约瑟夫对哥哥们说："我是约瑟夫，我的父亲还好吗？"

他的哥哥们无法回答，一个个都目瞪口呆了。

接着，约瑟夫又对哥哥们说："走近些。"

当他们走近，他说："我是你们的兄弟约瑟夫，你们曾经把我卖到埃及。"兄长们还是不敢相信。但是，当他们明白一切都是真的时，他们看着眼前的弟弟如此威风、如此荣耀，更是吓得说不出话来了。

但是，这时他们听到约瑟夫说："现在，你们不要因为把我卖到这里而感到难过，或谴责自己，那是上帝为了救我的命把我早些送来的。老家发生饥荒已经两年了，接下来还有 5 年时间所有的土地将颗粒无收。上帝把我早些送过来，是为了让你继续存活，以特殊的方式搭救你们的性命。所以是上帝而不是你们把我送到这儿来的，他使我成为法老的父亲、所有财产的主人、整个埃及的统治者。"

在约瑟夫的话中，他把自己的少年的苦难看成上帝救自己的命的行为，其实是一种宽以待人、化敌为友的处世为人之道。

对整个人类充满爱心而去真诚爱护每一个人，这是千百年来人类总结出来的处世智慧。

对待敌人能用爱心去宽恕，对待朋友能用真诚去回报，你方能成为最强大的人。因为最强大的人是那些能够化敌为友的人。

谅解和接受曾经伤害过你的人，才是最好的待人之道，这样就能得到希望中的回报。

心灵感悟

　　在发生矛盾的时候，我们应该主动地原谅别人，展示出自己的君子风度，对方也会因此而感动，那么两个人就可以言归于好。

多点雅量面对嘲笑

面对他人的嘲笑，多一点雅量去看待，是一种胸襟，也是一份难得的智慧。

曾任美国总统的福特在大学里是一名橄榄球运动员，所以他在 62 岁入主白宫时，他的体型仍然非常挺拔结实。毫无疑问，他是自老罗斯福总统以来体格最为健壮的一位。当了总统以后，他仍继续滑雪、打高尔夫球和网球，而且擅长这几项运动。

在 1975 年 5 月，他到奥地利访问，当飞机抵达萨尔茨堡，他走下舷梯后，他的皮鞋碰到一个隆起的地方，脚一滑就跌倒在跑道上。他跳了起来，没有受伤，但使他惊奇的是，记者们竟把他这次跌倒当成一项大新闻，大肆渲染起来。在同一天里，他又在丽希丹宫被雨淋滑了的长梯上滑倒了两次，险些跌下来。随即一个奇妙的传说散播开了：说福特总统笨手笨脚，行动不灵敏。自萨尔茨堡以后，福特每次跌跤或者撞伤头部或者跌倒雪地上，记者们总是添油加醋地把消息向世界报道。后来，竟然反过来，他不跌跤也变成新闻了。哥伦比亚广播公司曾这样报道说："我一直在等待着总统撞伤头部，或者扭伤胫骨，或者受点轻伤之类的来吸引读者。"记者们如此的渲染似乎想给人形成一种印象：福特总统是个行动笨拙的人。电视节目主持人还在电视中和福特总统开玩笑，喜剧演员切维·蔡斯甚至在"星期六现场直播"节目里模仿总统滑倒和跌跤的动作。

福特的新闻秘书朗·聂森对此提出抗议，他对记者们说："总统是健康而且优雅的，他可以说是我们能记得起的总统中身体最为健壮的一位。"

"我是一个活动家，"福特抗议道，"活动家比任何人都容易跌跤。"

但他对别人的玩笑总是一笑了之。1976 年 3 月里，他还在华盛顿广播电视记者协会年会上和切维·蔡斯同台表演过。节目开始，蔡斯先出场。当乐队奏起"向总统致敬"的乐曲时，他"绊"了一脚，跌倒在歌舞厅的地板上，从一端滑到另一端，头部撞到讲台上。此时，每个到场的人都捧腹大笑，福特也跟着笑了。

当轮到福特出场时，蔡斯站了起来，佯装被餐桌布缠住了，弄得碟子和银餐具纷纷落地。蔡斯装出要把演讲稿放在乐队指挥台上，可一不留心稿纸掉了，撒得满地都是。众人哄堂大笑，福特却满不在乎地说道："蔡斯先生，你是个非常、非常滑稽的演员。"

心灵感悟

面对嘲笑，最忌讳的做法是勃然大怒，大骂一通，其结果会让嘲笑之声越来越炽。要让嘲笑自然平息，最好的办法是一笑了之。一个满怀计划的人，不会去考虑别人多余的想法，而是有风度、有气概地接受一切非难与嘲笑。伟大的心灵多是海底之下的暗流，唯有小丑式的人物，才会整天聒噪不休！

第十七辑
感恩点亮生命之灯

感恩带来幸福

感恩是幸福和成功的来源。人应该持之以恒地怀有这种感情。无论你获得了怎样的生活，你都要心存感激。

很多人生活不幸福，很大程度上是因他缺少感激之情。当他获得生活的馈赠之后，他没有感激，而是认为一切都理所当然，这样他就渐渐失去了别人对他的亲近和支持，失去了接近美好事物的机会。

没有感激之心，人心就会充满各种怨恨和不满，这样他就会牢牢记住那些不如意的事情。久而久之，他就失去了生活的美好依靠，继而开始变得失落和悲凉。这样的人，怎么会与成功结缘？

一个原本英俊的雕塑家，突然发现自己的面貌、行为举止以及神情都变得丑陋可怕。他为此苦恼万分，遍访名医均无良方。

一个偶然的机会，他来到一座庙宇，向大师寻求帮助。大师了解情况之后说："我可以恢复你的相貌，但你必须先为我的庙宇做一年工，为我们雕塑几尊神态各异的观音偶像。"

这位雕塑家细心琢磨观世音的面貌、表情和形态举止，那种慈祥、善良、圣洁和正义的形象深深刻印在他的心中，使他渐渐达到了忘我的境界。

当他工作完成的时候，大师带他来到镜子跟前。他惊喜地发现，自己的相貌已经变得神清气朗、端正英武。

他感谢大师治好了他的相貌，大师告诉他："是你自己治好了自己，你的病根是因为过去一直在雕塑地狱魔鬼的缘故。"

心灵感悟

对人生、对大自然的一切美好事物，我们要心存感激，将他们的美德和好处深藏在我们心中，让我们自己也能时时受到美好事物的熏染，如此，我们的生活也会变得美好。

感恩的心

一个天生失语的小女孩，从小和妈妈相依为命。在她们贫穷的家里，妈妈每天辛苦工作回来后给她带一块小小的年糕，是她最大的快乐。

有一天，下着很大的雨，已经过了晚饭时间，妈妈却还没有回来。天越来越黑，雨越下越大，小女孩决定顺着妈妈每天回来的路去找妈妈。当她看见妈妈的时候，妈妈手里拿一块小小的年糕倒在路旁，已经永远地离开了她。

雨一直在下，小女孩也不知哭了多久。她知道妈妈再也不会醒来，现在就只剩下她自己。妈妈的眼睛为什么不闭上呢？是因为不放心她吗？她突然明白了自己该怎样做，于是擦干眼泪，决定用自己的语言来告诉妈妈她一定会好好地活着，让妈妈放心地走……

小女孩就在雨中一遍一遍用手语做着这首《感恩的心》，泪水和雨水混在一起，从她小小的却写满坚强的脸上滑过……"感恩的心，感谢有你，伴我一生，让我有勇气做我自己。感恩的心，感谢有你，花开花落，我一样会珍惜……"她站在雨中不停地做着，一直到妈妈的眼睛终于闭上……

天下有多少这样的父母，在默默地为儿女付出一切，又有多少这样的儿女，能够感恩于亲人这样一颗爱心！生活给予我们的不仅仅是来自亲人的爱，我们是否都怀有一颗感恩的心来面对呢？

常怀一颗感恩的心

有一颗感恩的心，才更懂得尊重：尊重生命、尊重劳动、尊重创造。

在一个小镇上，饥荒让所有贫困的家庭都面临着危机，因为对于他们来说，最起码的温饱问题都难以解决。

小镇上最富有的人要数面包师卡尔了，他是个好心人。为了帮助人们度过饥荒，他把小镇上最穷的 20 个孩子叫来，对他们说："你们每一个人都可以从篮子里拿一块面包。以后你们每天都在这个时候来，我会一直为你们提供面包，直到你们平安地度过饥荒。"

那些饥饿的孩子争先恐后地去抢篮子里的面包，有的为了能得到一块大点的面包甚至大打出手。他们心里只想着要得到面包，当他们得到的时候，立刻狼吞虎咽地把面包吃完，甚至都没想到要感谢这个好心的面包师。

面包师注意到一个叫格雷奇的小女孩，她穿着破旧不堪的衣服，每次都在别人抢完以后，她才到篮子里去拿最后的一小块面包，她总会记得亲吻面包师的手，感谢他为自己提供食物，然后拿着它回家。

面包师想："她一定是回家和自己的家人一起分享那一小块面包，多么懂事的孩子呀！"

第二天，那些孩子和昨天一样抢夺较大的面包，可怜的格雷奇最后只得到了昨天一半大小的面包，但她仍然很高兴。她亲吻过面包师的手后，拿着面包回家了。到家后，当她妈妈把面包掰开的时候，一个闪耀着光芒的金币从面包里掉了出来。妈妈惊呆了，对格雷奇说：

"这肯定是面包师不小心掉进来的，赶快把它送回去吧。"

小女孩儿拿着金币来到了面包师家里，对他说："先生，我想您一定是不小心把金币掉进了面包里，幸运的是它并没有丢，而是在我的面包里，现在我把它给您送回来了。"

面包师微笑着说："不，孩子，我是故意把这块金币放进最小的面包里的。我并没有故意想要把它送给你，我希望最文雅的孩子能得到这块金币，是你选择了它，现在这块金币是属于你的了，算是对你的奖赏。希望你永远都能像现在这样知足、文雅地生活，用感恩的心去面对每一件事。回去告诉你的妈妈，这个金币是一个善良文雅的女孩儿应该得到的奖赏。"

故事告诉我们，要想拥有幸福的生活，就要怀有一颗感恩的心。

有一颗感恩的心，会让我们的社会多一些宽容与理解，少一些指责与推诿；多一些和谐与温暖，少一些争吵与冷漠；多一些真诚与团结，少一些欺瞒与涣散……

一个不知道感恩的人，只会向别人索取，而不能给予社会什么，只能是一个自私自利的人，更严重的是，他们的生活会因此而缺少快乐，体验不到相互给予的快乐和由自身为他人制造的快乐中延伸而至的一种快乐。他们将无法融入社会大家庭，甚至他们的生存将受到威胁，以致产生极端心理，做出危害社会的行为。

懂得感恩是个人维护自己的内心安宁感、提高自己的幸福充裕感必不可少的心理能力。"滴水之恩，当涌泉相报"的原意就是告诉人们要知回报。在一个文明的社会，知道感谢，怀有一颗感恩之心是很必要的，可促进社会各成员、群体、阶层、集团之间的关系相处融洽、协调，促进人与人之间互相尊重、信任、帮助。

如果你有一颗感恩的心，你会对你所遇到的一切都抱着感激的态度，这样的态度会使你消除怨气。早上起来的时候，你看到窗外的阳光，你会感恩；吃一块面包，你会感恩；接到朋友的电话，你会感恩；在树上看到一只鸟在唱歌，你会感恩；看到猫咪睡在你的床头，你会感恩；然后你的一天乃至你的一生，就在这感恩的心情中度过，那你还有什么不幸福的呢？

　　一个常怀感恩之心的人，一定是个幸福的人。

　　感恩是爱的根源，也是快乐的必要条件。如果我们对生命中所拥有的一切能心存感激，便能体会到人生的快乐、人间的温暖以及人生的价值。

感恩带来好运

人都要有感恩之心，只有做到知恩图报，别人才心甘情愿地去帮助我们。

在里约热内卢的一个贫民窟里，有一个男孩，他非常喜欢足球，可是又买不起，于是就踢塑料盒、汽水瓶、踢从垃圾箱拣来的椰子壳。他在巷口里踢，在能找到的任何一片空地上踢。

有一天，当他在一个干涸的小池塘里猛踢一只猪膀胱时，被一位足球教练看见了，他发现这男孩子踢得很是那么回事，就主动提出送给他一只足球。小男孩得到足球后踢得更卖力了，不久，他就能准确地把球踢进远处随意摆放的一只水桶里。

圣诞节到了，男孩的妈妈说："我们没有钱买圣诞礼物送给我们的恩人，就让我们为他祈祷吧。"

小男孩跟妈妈祷告完毕，向妈妈要了一只铲子跑了出去，他来到一处别墅前的花圃里，开始挖坑。

就在他快挖好的时候，从别墅里走出来一个人，问小孩在干什么。小男孩抬起满是汗珠的脸蛋，说："教练，圣诞节到了，我没有礼物送给您，我愿给您的圣诞树挖一个树坑。"

教练把小男孩从树坑里拉上来，说："我今天得到了世界上最好的礼物，明天你到我的训练场去吧。"

三年后，这位 17 岁的小男孩在 1958 年世界杯上率领巴西队第一次捧回金杯。一个原来不为世人所知的名字——贝利，随之传遍世界。

小贝利用自己的实际行动，表达了对教练的爱心和感激，他因此也得到教练的喜爱和培养，最终成为世界球王。

我们的生活中有许多人值得我们去感谢：朋友、家人、故友、老师、领导、同事，给你机会的人和无数的其他人。我们要感谢生活本身的赠予或自然界的美景。如果我们心存感激之情，那么我们感受的不仅仅是心灵的宁静。一个怀有感恩之心的人，生活也将赋予他最大的回报。

一个没有良心的人，是一个永不会满足的人，也是一个不懂得珍惜现在所拥有的人，怨天尤人是他们的习惯，忌妒是他们内心的火焰，在这样的人心中，别人的成果与成功都是靠运气得来的。他们整天被怨恨的情绪所吞噬，搞得自己痛苦不堪。

俗话说："滴水之恩，当涌泉相报。"别人对我们的帮助和好处，我们一定要谨记在心，懂得感激。爱人者，人恒爱之。做人有良心，友好地对待他人，我们的人生必定是幸福的。

心灵感悟

做人要有良心，就不会忘记回报他人给我们的恩惠，就会懂得在得到他人的爱后付出自己的爱，这样的人才会感恩，这样的人生才会更有意义。

感谢帮助你的人

一天，一个贫穷的小男孩为了攒够学费正挨家挨户地推销商品。劳累了一整天的他此时感到十分饥饿，但摸遍全身，却只有一角钱。怎么办呢？他决定向下一户人家讨口饭吃。当一位美丽的女孩打开房门的时候，这个小男孩却有点不知所措了，他没有要饭，只乞求给他一杯水喝。这位女孩看到他很饥饿的样子，就拿了一大杯牛奶给他。男孩慢慢地喝完牛奶，问道："我应该付多少钱？"女孩回答道："一分钱也不用付。妈妈教导我们，施以爱心，不图回报。"男孩说："那么，就请接受我由衷的感谢吧！"说完男孩离开了这户人家。此时，他不仅感到自己浑身是劲儿，而且还看到上帝正朝他点头微笑。其实，男孩本来是打算退学的。

数年之后，那位女孩得了一种罕见的重病，当地的医生对此束手无策。最后，她被转到大城市医治，由专家会诊治疗。当年的那个小男孩如今已是大名鼎鼎的霍华德·凯利医生了，他也参与了医治方案的制订。当看到病历上所写的病人的地址时，一个奇怪的念头霎时间闪过他的脑际。他马上起身直奔病房。

来到病房，凯利医生一眼就认出床上躺着的病人就是那位曾帮助过他的恩人。他回到自己的办公室，决心一定要竭尽所能来治好恩人的病。从那天起，他就特别地关照这个病人。

经过艰辛努力，手术成功了。凯利医生要求把医药费通知单送到他那里，在通知单的旁边，他签了字。

当医药费通知单送到这位特殊的病人手中时，她不敢看，因为她确信，治病的费用将花去她的全部家当。最后，她还是鼓起勇气，翻开了医药费通知单，旁边的那行小字引起了她的注意，她不禁轻声读了出来："医药费——一满杯牛奶。霍华德·凯利医生"。

心灵感悟

　　做人贵在知恩图报，当别人在为我们付出一次小小的善举时，他们也许是不经意而为之，但我们铭记于心，也就意味着我们会把这种爱心传递下去，如果社会中，人人如此，它的力量将无比巨大。

感谢养育之恩

这是一个风和日丽的日子，树林中各种各样的鸟类都从巢中飞了出来，愉快地在空中飞来飞去，它们那美妙的歌声，给寂静的树林带来了勃勃生机。

可是戴胜鸟和它的老伴儿却飞不出窝巢了，岁月不饶人，它们的身体早已虚弱不堪了，全身的羽毛已经变得干涩枯燥、暗淡无光，像老树上的枯枝般容易折断，双眼还生了翳病看不见了。为了养儿育女，它们的精力已经快要耗尽了。

老戴胜鸟觉得自己的子女都已经长大，能够独立生活了，自己的职责已经尽到，可以无怨无悔地离开这个世界了。因此，夫妻俩商量，决定不再离开自己的家，安心地待在窝里，静静地等待那迟早总会降临的时刻。

但老戴胜鸟想错了，它们辛辛苦苦养育的那些孩子们是绝不会扔下它们不管的。这一天早晨，它们的大儿子就带着一些好吃的东西，专程来看望它们。小戴胜鸟发现年迈的双亲身体不好，立即飞去把这个消息告诉了它的兄弟姐妹们。

戴胜鸟的儿女们很快都到齐了，它们聚集在双亲的旧巢前，有一只鸟说：

"我们的生命是父母亲最伟大的馈赠，它们用爱哺育了我们。现在它们老了，病了，眼睛也看不见，已经没有能力养活自己了。我们一定要帮它们治病，细心看护好它们，这是我们做子女的神圣义务！"

这些话刚说完，年轻的戴胜鸟们立刻行动起来。有的飞去筑起温暖的新居，有的振翅飞去捕捉昆虫，有的飞到树林里去找治病的药。

新房子很快就落成了，孩子们小心翼翼地帮着父母搬了进去。为了让父母感到温暖，它们像孵蛋的母鸡用自己的体温去保护没有出壳的雏鸡一般，用自己的翅膀盖住老鸟。它们还细心地喂给父母泉水喝，并用自己的尖嘴帮忙梳理老戴胜鸟蓬乱的绒毛和容易折断的翎毛。

飞往森林的孩子们终于回来了，它们找到了能治失明的草药。大家高兴极了，它们把有特效的草叶啄成草汁给老戴胜鸟擦用。尽管药力很慢，需要耐心等待，它们却一刻也不让父母亲单独留在家里，总是轮流守候在父母身边。

快乐的一天终于到来了，戴胜鸟和它的老伴儿睁开眼睛，向四周张望，它们认出了自己孩子的模样。孩子们都高兴极了，并准备了丰盛的食物，好好地庆祝了一番。

知恩的子女们就这样用自己纯真的爱，治好了父母的病，帮助它们恢复了视觉和精力，以报答养育之恩。

 **心灵感悟**

　　我们一天天在成长，可我们的父母却在一天天苍老，拿什么报答他们的养育之恩？我们的爸爸妈妈不需要太多的钱财，他们的要求特别简单，有可能是一个温暖的电话，还可能是一晚上体贴的谈话……总之，感激父母的养育之恩是父母最大的安慰与补品。

孝心是无价之宝

　　没有什么比一颗孝顺的心更令人动心，因为，孝心比世界上任何珠宝还名贵。珠宝有价，孝心无价。

　　从前，有一个珠宝商很有名，要说他出名的原因，不是由于他收藏的珠宝多，而是因为他的优秀品质。

　　一天，几个犹太老人找他买一些宝石，他们要把宝石镶在职位最高的拉比的法衣上。拉比就是犹太人的神父。

　　犹太老人来到珠宝商的家，说出他们需要的宝石，同时给出了一个合理的价格。可是珠宝商说现在不能看那些宝石，请犹太老人过一会儿再来。

　　犹太老人认为珠宝商有意拖延，好以这个借口提高价格，他们不愿多耽搁，于是给出了双倍的价钱，珠宝商还是不愿意出示珠宝；老人只好出3倍的价钱，可是珠宝商依然不接受，这些老人们只好怒气冲冲地走了。

　　几小时之后，珠宝商找到几位犹太老人，把他们需要的宝石摆在桌子上。犹太老人拿出他们所报最高价的钱，珠宝商却说："我只收你们早晨给出的合理价格。"

　　老人们奇怪地问："既然如此，你那时候干吗不做这一笔生意呢？"

　　珠宝商说："你们早晨来的时候，我父亲正在睡觉，宝石柜的钥匙在他身上，要拿宝石只能叫醒他。在我父亲这样的年龄，安稳的睡眠对他很重要。即使你们给我全世界的金钱，我也不能打扰父亲的休息。"

　　珠宝商的话深深地打动了这些老人，他们动情地拍着珠宝商的肩膀说："你这样敬爱父母，将来你的孩子也会这样敬爱你。上帝会保佑你的。"

　　一颗再名贵的珠宝，即使价值连城，也还可以明码标价。但是一颗孝顺父母的心灵却是无价之宝，无人能为它标上确切的价格。

 **心灵感悟**

　　人是最善于索取的动物，在亲人无私的爱护下，我们渐渐觉得父母所做的理所当然，在接受时渐渐变得心安理得。不要漠视父母为我们付出的辛劳，更别忽略了父母那颗默默付出的心，当岁月的风霜一点点染白父母的双鬓时，为父母奉上我们的感恩之心，一切都还来得及。

表达感恩之心

卡耐基在为成年人上的一堂课上，曾给全班出过一道家庭作业。作业内容是："在下周以前去找你所爱的人，告诉他们你爱他。那些人必须是你从没说过这句话的人，或者是很久没听到你说这些话的人。"

在下一堂课程开始之前，卡耐基问他的学生们是否愿意把他们对别人说爱而发生的事和大家一同分享。卡耐基非常希望跟往常一样有个女人先当志愿者。但这个晚上，一个男人举起了手，他看来有些激动。

男人从椅子上站起身，开始说话了："卡耐基先生，上礼拜你布置给我们这个家庭作业时，我对你非常不满。我并没感觉有什么人需要我对他说这些话。还有，你是什么人，竟敢教我去做这种私人的事？但当我开车回家时，我想到，自从五年前我的父亲和我争吵过后，我们就开始彼此避免遇见对方，除非在圣诞节或其他家庭聚会中非见面不可。尽管如此，我们还是几乎不交谈。所以，回到家时，我告诉自己，我要告诉父亲我爱他。

"说来也很怪，做了这决定时我胸口上的重量似乎减轻了。

"第二天，我一大早就急忙起床了。我太兴奋了，所以几乎一夜没睡着，我很早就赶到办公室，两小时内做的事比从前一天做的还要多。

"9点钟时，我打电话给我爸爸，问他我下班后是否可以回家去。他听电话时，我只是说：'爸，今天我可以过去吗？有些事我想告诉您。'我父亲以暴躁的声音回答：'现在又是什么事？'我跟他保证，不会花很长的时间，最后他终于同意了。5点半，我到了父母家，按门铃，祈祷我爸会出来开门。我怕是我妈来开门，而我会因此丧失勇气。但幸运的是，我爸来开了门。

"我没有浪费一丁点儿的时间——我踏进门就说：'爸，我只是来告诉你，我爱你。'

"我父亲听了我的话，他不禁哭了，他伸手拥抱我说：'我也爱你，儿子，原谅我竟一直没能对你这么说。'

"这一刻如此珍贵，我祈盼它凝止不动。爸和我又拥抱了一会儿，长久以来我很少感觉这么好过。

"但这不是我要说的重点。两天后，那从没告诉我他有心脏病的爸爸忽然病发，在医院里结束了他的一生。我并没想到他会如此。

"如果当时我迟疑着没有告诉我爸，我就可能没有机会了！所以我要告诉全班的是：你知道必须做，就不要迟疑。把时间拿来做你该做的，现在就去做！"

心灵感悟

爱，需要大声地表达，不论是对你的爱人还是父母！然而，我们对情人热切的表达已经够多了，却从未向父母表达过。现在就去做，你的一句话对你父母来说，胜过他们拥有的任何一件珍宝！

为老师干杯

老师与学生应当是互相尊重、互相亲爱的朋友。

玛丽·居里是法籍波兰物理学家和化学家，也是法国科学院第一位女院士。1903年她和丈夫一起获诺贝尔物理学奖，1911年又荣获诺贝尔化学奖，成为迄今为止唯一的两次获得诺贝尔奖的女科学家。

1912年，华沙"镭实验室"建成了。居里夫人——"镭的母亲"，接到消息后，立刻打点行装，从巴黎飞往华沙。

晚上，为居里夫人举行的欢迎宴会开始了。居里夫人成了贵宾，被请到摆满鲜花的桌前坐下。但她却隔着鲜花，在努力地寻找着什么。

忽然，居里夫人的目光碰上了对面一位白发苍苍的老妇人的目光，老妇人正敬佩地望着她。居里夫人激动地站了起来，向老人走去。

居里夫人伸出双手，紧紧地拥抱了这位老妇人，在老妇人的双颊上吻了又吻，说道："我以为这是不可能的，可这是真的，是真的！我一直想念着您，斯克罗斯校长！"

斯克罗斯校长热泪盈眶，她紧紧握住居里夫人的手，不住地说："好样的，玛利亚！好样的，玛利亚！"在场的人都被她们深深地感动了，好多人眼中都噙满了泪花。

侍者送来了酒，居里夫人拿起一杯酒，递给斯克罗斯，然后转身对众人说："尊敬的主人，尊敬的来宾们，我提议，为斯克罗斯校长干杯！是她教育我要用自己的大脑去思考，要真诚、勇敢地面对生活！"

"干杯！"

"干杯！"

玛丽·居里对老师的尊敬和爱戴感染了在场的每一个人，大家纷纷举起酒杯，宴会的气氛达到了高潮。

"新松高于旧竹枝，全凭老干来扶持。"我们的成绩是和老师的辛勤培养分不开的，所以我们要尊敬我们的老师。

心灵感悟

尊敬师长似乎已经离我们很遥远了，即使你已经褪去学生的稚气，握住了成功的奖杯，但请不要忘记感谢开启你智慧的老师们，是他们用汗水和青春浇灌了你渴求知识的心田。

真心感激带来好人缘

一只蚂蚁准备到河对岸去建立新的家庭，但是河上没有桥。正在危难之际，河边的柳树上飘下一片枯叶，刚好落在河水边，蚂蚁赶忙爬了上去，随着柳叶漂到了河对岸。

"谢谢你！"蚂蚁满怀感激地对柳叶说。

由于一时未找到理想的安身之地，夜晚来临时，这只蚂蚁被冻得瑟瑟发抖。一条蚯蚓见了，忙热情地邀请蚂蚁到它的洞里过夜，蚂蚁欣然同意了，并真诚地向蚯蚓表达了谢意。

第二天，蚂蚁在寻找新家的途中，由于粒米未进，在它感到又渴又饿时，一只乌鸦送给了它一粒豌豆，蚂蚁接过豌豆后，又真诚地对乌鸦说了声"谢谢"。

两个过路的人见了后，一个人说："蚂蚁的运气真好，处处都能得到帮助。"

"不是蚂蚁运气好，它之所以能处处得到帮助，是因为它常把'谢谢'挂在嘴边。"另一个人说。

第二个人的话一语道破了蚂蚁获得好运气的"天机"。的确，经常把"谢谢"挂在嘴边的人，走到哪里都会受到欢迎，并得到人们真心的帮助。当然，"谢谢"的前提是真心真意，是真诚的感恩。否则，虚假的"谢谢"说得再多，也不会有人理你。

当然，向他人表达感激之心的言辞并不止"谢谢"两字，但如果你连这两个最简单的字都不愿说出口，别人怎么会知道你的感激之情呢？虽然每个向你伸出援助之手的人的初衷不是为了得到这两个字，但这两个字如果是由你真心诚意说出口的话，那么对方还是很受用的，并且同时会认为你是个真诚的人，在今后的日子里也乐意与你交往。

对父母表示真心的感谢，父母回报你的是悉心的照顾和关心；对同学表示真心的感谢，同学回报你的是更多的合作与帮助；对朋友表示真心的感谢，朋友回报你的是坚不可摧的友情；对偶尔向你伸出援助之手的陌生人表示真心的感谢，你的人生旅程将会更加顺利。

记住：一个经常把"谢谢"挂在嘴边的人，一定是一个有好人缘的人。

心灵感悟

　　班尼迪克特说："受人恩惠，不是美德，报恩才是。当他积极投入感恩的工作时，美德就产生了。"感恩不是炫耀，不是停滞不前，而是把所有的拥有看作一种荣幸、一种鼓励，在深深感激之中产生回报的积极行动，与他人分享自己的拥有。

施比受更有福

以前，有一个女孩名叫埃尔莎。她有一位年纪很大的老奶奶，头发都白了，脸上也布满了皱纹。

埃尔莎的父亲在山上有一栋大房子。

每天，太阳都从南边的窗户里射进来。房子里的每件东西都亮亮的，漂亮极了。

奶奶住在北边的屋子里。太阳从来照不进她的屋子。

一天，埃尔莎对她的父亲说："为什么太阳照不进奶奶的屋子呢？我想，她也是喜欢阳光的。"

"太阳公公的头探不进北边的窗户。"她父亲说。

"那么，我们把房子转个方向吧，爸爸。"

"房子太大了，不好转。"她爸爸说。

"那奶奶就照不到一点阳光了吗？"埃尔莎问。

"当然了，我的孩子，除非你给她带一点进去。"

从那以后，埃尔莎就想啊想啊，想着如何能带一点阳光给她奶奶。

当她在田野里玩耍的时候，她看到小草和花儿都向她点头。鸟儿一边从这棵树跳到那棵树，一边唱着甜美的歌儿。

世间万物好像都在说:"我们热爱阳光,我们热爱明亮、温暖的阳光。"

"奶奶肯定也是喜欢的,"孩子想,"我一定要带一点给她。"

一天早晨,她在花园里玩时,看到了太阳温暖的光线照到了她金色的头发上。然后,她低下头,看到衣摆上也有阳光。

"我要用衣服把阳光包住。"她想,"然后把它们带进奶奶的房子。"于是,她跳了起来,跑进了奶奶的屋子。

"看,奶奶,看!我给你带来了一些阳光!"她叫着。然后,她打开了她的衣服,可是看不到一丝阳光。

"孩子,阳光从你的双眼里照出来了,"奶奶说,"它们在你金色的头发里闪耀。有你在我身边,我不需要阳光了。"

埃尔莎不懂为什么她的眼睛里可以照出阳光。但她很愿意让奶奶高兴。

每天早上,她都在花园里玩耍。然后,她跑进奶奶的房子里,用她的眼睛和头发,给奶奶带去阳光。

小埃尔莎为了能给奶奶带去阳光而每天早上用眼睛和头发把阳光带进奶奶的房里。行为虽然幼稚,却足以显露出她的心灵之高尚。这是小埃尔莎在心灵深处为了表达对奶奶的关爱而做出感激的一种方式。

不错,感激不是自动来的,它是培养出来的,许多人从未真正感觉到它或表示出来。由于我们只注意我们需要什么,使我们甚少去注意这些东西是从哪儿来的。如果你要拥有美好的生活,就应该培养感恩的心。

世界上最大的悲剧是一个人大言不惭地说:"没人给过我任何东西!"这种人不论生活贫穷还是富有,他的灵魂一定是贫乏的。

史蒂芬·葛瑞雷特这样说:"我会很快地离开这世界,我能做的任何好事,或我能对人类所表现的任何仁慈,让我现在就做而不要拖延,因为我不会再有一生了。"

施比受更有福。在很多人的经验中,都会觉得施得愈多,收到的愈多。然而你得先有勇气,才能鼓励别人;你得先丰富自己,才能丰富别人的灵魂;你得先得到爱,你才能爱那些不可爱的人。

你我皆是人类的一分子,我们是兄弟姐妹,生活中会有许多艰辛和意外,但别因此而放弃希望。希望我们都能效法马丁·路德·金的精神:"即使我知道明天世界会毁灭,我仍会种下我的苹果树。"

> 我们每个人都有很多东西给我们周围的人,然而时间有限,因此我们应尽量跟别人接触。我们有许多东西可以给予那些跟我们最接近的人,那些比我们不幸的人,那些正在开始奋斗的人,那些要重新站起来的人。

感谢对手

没有对手,你的生存也就没有了意义。

1996年世界爱鸟日这一天,芬兰维多利亚国家公园应广大市民的要求,放飞了一只在笼子里关了四年的秃鹰。事过三日，当那些爱鸟者还在为自己的善举津津乐道时，一位游客在距公园不远处的一片小树林里发现了这只秃鹰的尸体。解剖发现，秃鹰死于饥饿。

秃鹰本来是一种十分凶悍的鸟，甚至可与美洲豹争食。然而它由于在笼子里关得太久，远离天敌，结果失去了生存能力。

无独有偶，一位动物学家在考察生活于非洲奥兰治河两岸的动物时，注意到河东岸和河西岸的羚羊大不一样，前者繁殖能力比后者更强，而且奔跑的速度每分钟要快 13 米。

他感到十分奇怪，既然环境和食物都相同，何以差别如此之大？为了解开其中之谜，动物学家和当地动物保护协会进行了一项实验：在两岸分别捉 10 只羚羊送到对岸生活。结果送到西岸的羚羊发展到 14 只，而送到东岸的羚羊只剩下了 3 只，另外 7 只被狼吃掉了。

谜底终于被揭开，原来东岸的羚羊之所以身体强健，只因为它们附近居住着一个狼群，这使羚羊天天处在一个"竞争氛围"中。为了生存下去，它们变得越来越有"战斗力"。而西岸的羚羊长得弱不禁风，恰恰因为缺少天敌，没有生存压力。

上述现象对我们不无启迪，生活中出现一个对手、一些压力或一些磨难，的确并不是坏事。一份研究资料说，一年中不患一次感冒的人，得癌症的概率是经常患感冒者的 6 倍。至于俗语"蚌病生珠"，则更说明问题。一粒沙子嵌入蚌的体内后，它将分泌出一种物质来疗伤，时间长了，便会逐渐形成一颗晶莹的珍珠。

生活中有各种各样的笼子，不少人的处境和那只笼子里的秃鹰差不了多少。虽然它能让人暂时地乐而忘忧，流连忘返，但毕竟是笼子。可以设想，最后的结局会和那只秃鹰没有什么两样。

感激伤害你的人，因为他磨炼了你的心态；感激欺骗你的人，因为他增进了你的见识；感激鞭打你的人，因为他消除了你的惰性；感激遗弃你的人，因为他教导你要自立。

心灵感悟

没有压力怎会有动力，没有竞争怎会有进步，正是对手的追赶才驱使我们向前迈进，驱使我们生命的车轮不断地滚滚前行。对手促使我们进步，只有共生存才能改写历史。请感谢对手！

做人要知恩图报

有这么一个寓言，一只老鼠掉进了一只桶里，怎么也出不来。老鼠吱吱地叫着，它发出了哀鸣，可是谁也听不见。可怜的老鼠心想，这只桶大概就是自己的坟墓了。正在这时，一只大象经过桶边，用鼻子把老鼠吊了出来。

"谢谢你，大象。你救了我的命，我希望能报答你。"

大象笑着说："你准备怎么报答我呢？你不过是一只小小的老鼠。"

过了一些日子，大象不幸被猎人捉住了。猎人用绳子把大象捆了起来，准备等天亮后运走。大象伤心地躺在地上，无论怎么挣扎，也无法把绳子扯断。

突然，小老鼠出现了。它开始咬着绳子，终于在天亮前咬断了绳子，替大象松了绑。

"你看到了吧，我履行了自己的诺言。"小老鼠对大象说。

报恩，不单是发自心底真切的感激，更是兑现诺言的行动，投之以真诚的回报。

春秋时，晋大夫魏颗的父亲武子有个宠妾，武子病时，嘱咐他的儿子魏颗在自己死后让宠妾改嫁，到病重时，又嘱咐魏颗说自己死后让他杀了宠妾殉葬。武子死后，善良的魏颗告诉自己："前一种安排才是父亲头脑清醒时的命令。"因此，没有听从父亲病重神志不清时要宠妾殉葬的嘱咐，把那个妾嫁出去了。

后来有一次魏颗率领晋军与秦国军队交战，魏颗与秦国勇将杜回遭遇。魏颗不是杜回的对手，只好且战且退。杜回就要追杀上来，却被一位老人用茅草绳绊倒在地，魏颗赶紧回身将杜回捉住，最后将秦军打败。夜间，魏颗梦见老人自说是武子爱妾的父亲，他结草帮助魏颗，是为了报答魏颗不杀自己女儿之恩。

魏颗立下这次战功后，晋景公把令狐（今山西临猗县东）作为奖赏封给他。魏颗的儿子后来就以父亲封地的地名为姓氏，称为令狐氏。

还有一个著名的报恩故事。从前有个人叫杨宝，在华阴山上救了一只受伤的黄雀，在黄雀伤好后便放它飞走。当夜杨宝梦见黄雀化作一个黄衣童子回来报恩，自称是西王母的使者，并口衔四枚白环，说杨宝的子孙将来都会像白环一样珍贵。后来，杨宝的儿子杨震、孙子杨秉、曾孙杨赐和玄孙杨彪果然都飞黄腾达。

后来，人们把这两个故事浓缩为一个成语"结草衔环"，表达知恩图报的意思。

感激曾经向你伸出援手的那个人吧，我们常常说要知恩图报，知恩感恩并不难，难的是报恩。即使时机不利、条件不好、能力有限，但只要有一颗报恩的心，对方也会在心里充满盈盈暖意。

心灵感悟

人类的世界因许多情感而充满真实的感动，然而，有一种感动最令人动容，那就是报恩。报恩是人类乃至动物都懂得的情感，它的意义不仅仅是给恩人心灵上的慰藉，更多的是为社会注入一股温情的暖意，让彼此戒备而冰冻的心渐渐融化。

感谢生活

一个商人从事航海贩运发了大财。他曾屡屡战胜风险，各种各样恶劣的气候和地形都没有对他的货物造成损失，似乎命运女神格外垂青于他。他所有的同行都遭到过灾难，只有他的船平安抵港。人们追求奢侈的欲望使他财源广进，他顺利地贩卖了运回来的砂糖、瓷器、肉桂和烟草。总之，他很快就成了腰缠万贯的大富翁。

他开始挥霍，一个朋友目睹了他的豪华盛宴之后，羡慕地说道："你的家常便饭就有这样的气派，真让我大开眼界！"

"这还不是靠我自己的努力奋斗，靠我的聪明才智，靠我的独具慧眼，才能抓住机遇获得今天的成就。"

这位商人认为赚钱是件极容易的事，因此，他把赚得的钱拿出来搞投机。但这一次可没有什么好运气了，第一条船设备很差，碰到一点儿风浪就翻了船；第二条船连必要的防御武器都没有，海盗连船带货都一齐掳了去；第三条船呢，虽然平安到港了，但一时间经济萧条，没有了往日那种追求奢华的风气和购物狂潮，货物也因为积压过久而变质了。另外，代理人的欺骗和他的花天酒地、挥金如土的生活方式也花费了他不少的钱财。

他的朋友看到他如此迅速地陷入一文不名的境况，问他道："这是怎么回事？"

"唉，别提了，全怪那不济的命运。"

"你别放在心上，"朋友安慰他说，"如果命运不愿意看到你幸福，至少它会教你变得谨慎小心。"

不知道他是否听进了这个忠告，但可以肯定的是，成功属于你，但应该感谢的人有很多，独木难成林；失败也是你的，但要埋怨的只有自己，吸取教训才会迎来下次的成功。命运不是用来埋怨的，感激才会让你收获更多。人们在一般情况下，总爱把成绩归功于自己的才干；如果失败，就会把责任推到命运女神身上了。但人们从来不懂得感谢生活。

生活之所以多姿多彩，正是在于它随时都会发生变化。变化的生活，可能不如你期待的美好，但它实际上是锤炼你的利器。当生活慷慨地向你敞开它宽广的怀抱时，你要懂得这是它给予你的珍贵馈赠，是成就你的成功阶梯。工作屡遭挫折，加上在外独居，生活寂寞无依，更加重了情绪的沮丧、消沉，便企图用光鲜的外表、强悍的言语抵御。

隐忍内伤的结果，终至溃烂、化脓，直至发觉自己一直在逃避面对跌到谷底的现实窘况。

有的伤势虽未再恶化，失败的经验却像一道丑陋的疤痕，刻画在胸口。认输、逃避的感觉日复一日强烈，自责最后演化为自卑，让我们彻底怀疑自己的能力。

好长一段时日，我们自己失败，甘愿服输，对未来裹足不前，迟迟不敢起步出发。

我们应懂得从另一方面来看待这道伤口：庆幸自己还有勇气承认失败，重新来过，并且把它当成时时警惕自己，匡正以往浮夸、矫饰作风的记号。

感谢伤口！更感谢失败！

心灵感悟

　　每一次失败都会化作伤疤留在心里，每一道伤痛都会蛰伏在心底不时隐隐作痛。失败的苦痛犹如烈酒，辛辣也灼人，那滋味也许叫人终生难忘，心有余悸。然而，没有灼热的刺痛哪里体会到甘甜的舒畅，没有失败哪里品尝得到再次成功的喜悦？感谢失败，感谢留在心底的那道伤口，它让我们记住，痛往往是生命的重生！

最后一关

一家外资公司的公关部需要招聘一位职员，前来应聘的人经过甄选，最后只剩下了5个。公司告诉这5个人，聘用谁得由经理层会议讨论才能决定，结果会在三天内发到他们的邮箱里。

三天后，其中一位的电子邮箱里收到一封信，信是公司人事部发来的，内容是："经过公司研究决定，很抱歉，你落聘了。我们虽然很欣赏你的学识、气质，但名额有限，这实在是割爱之举。公司以后若有招聘名额，必会优先通知你。你所提交的材料在被复印后，不日将邮寄返还你。另外，为感谢你对本公司的信任，还随信寄去本公司产品的优惠券一份。祝你好运！"

看完电子邮件，她知道自己落聘了，有点难过！但又为该公司的诚意所感动，便顺手花了一分钟时间回复了一封简短的感谢信。

但在两天后，她却接到了那家外资公司的电话，说经过经理层会议讨论，她已被正式录用为该公司职员。

她很不解，后来才明白邮件其实是公司最后的一道考题。她能胜出，只不过因为多花了一分钟时间去感谢。

现实中，或许我们很少遇到这样的考题，但真正的考验往往是在我们猝不及防之际。感激是幸运女神的贴身助手，在你真心感激之余，也许幸运女神已经将幸运之箭瞄准了你。

心灵感悟

感恩之心会给我们带来无尽的快乐。为生活中的每一份拥有而感恩，能让我们知足常乐。感恩之心使人警醒并积极行动，更加热爱生活，创造力更加活跃；感恩之心使人向世界敞开胸怀，投身到仁爱行动之中。没有感恩之心的人，永远不会懂得爱，也永远不会得到别人的爱。

感谢你所拥有的

远古时代，古罗马众神决定举行一次欢迎会，邀请全体美德神参加。真、善、美、诚以及各大小美德神都应邀出席，他们和睦相处，友好地谈论着，玩得很开心。

但是主神朱庇特注意到：有两位客人互相回避，不肯接近。主神向信使神密库瑞述说了这一情况，要他去看看这是什么问题。信使神立即将这两位客人带到一起，并给他们介绍起来。

"你们两位以前从未见过面吗？"信使神说。

"没有，从来没有。"一位客人说，"我叫慷慨。"

"久仰，久仰！"另一位客人说，"我叫感恩。"

正如这个故事揭示的：生活中慷慨的行为总是难以得到真诚的感恩。事实上，我们每个人每天的生活都在仰赖着他人的奉献，只是很少有人想到这一点。我们每个人在生活中，都会得到别人的帮助，接受他人的恩惠。我们应该用心记住这些，并且用感恩之情回报这个世界，那么生活在我们眼里会变得越来越美好。

感恩，是人性善的反映；感恩，是一种品德，是一种生活态度，是一种健康的心态，是一种做人的境。如果人与人之间缺乏感恩之心，必然导致人际关系的冷漠，不懂得知恩图报反而忘恩负义之人，必是遭人唾骂的无耻之人，所以，每个人都应该学会感恩。学会感恩，就是要学会懂得尊重他人，对他人的帮助时时怀有感激之心；学会感恩，就是让你知道如何享受快乐生活；学会感恩，首先要拥有一颗感恩的心，一个人只有懂得感恩，才会懂得付出。学会感恩，要培养谦虚的品德，对待比自己弱小的人，要知道躬身弯腰伸出援助之手；学会感恩，要有奉献精神，无论做什么事，应以"公"为先，做一个乐于奉献的人；学会感恩，感谢父母给了我们鲜活的生命，无论贫穷与富贵，高尚与卑微，珍惜活着的感觉；学会感恩，感谢你身旁的每一个人，无论是帮助过你关心过你指点过你，还是怨恨你伤害你抛弃过你的人，毕竟都是短暂人生的组成部分。

感恩是爱的根源，也是快乐的源泉。如果我们对生命中所拥有的一切能心存感激，便能体会到人生的快乐、人间的温暖以及人生的价值。班尼迪克特说："受人恩惠，不是美德，报恩才是。当他积极投入感恩的工作时，美德就产生了。"

感恩之心会给我们带来无尽的快乐。为生活中的每一份拥有而感恩，能让我们知足常乐。

感恩不是炫耀，不是停滞不前，而是把所有的拥有看作一种荣幸、一种鼓励，在深深感激之中进行回报的积极行动，与他人分享自己的拥有。

拥有感恩之心的人，即使仰望夜空，也会有一种感动，正如康德所说："在晴朗之夜，仰望天空，就会获得一种快乐，这种快乐只有高尚的心灵才能体会出来。"生活中确实需要感恩，不懂得感恩，生活便会黯然失色，人生便没有滋味。

感恩是一种深刻的感受，能够增强个人的魅力，开启神奇的力量之门，发掘出无穷的智慧。感恩也像其他受人欢迎的特质一样，是一种习惯和态度。你必须真诚地感激别人，而不只是虚情假意。

感恩和慈悲是近亲。时常怀有感恩的心情，你会变得更谦和、可敬且高尚。

每天都该用几分钟的时间，为你的幸运而感恩。所有的事情都是相对的，不论你遇到何种磨难，都不是最糟的，所以你要感到庆幸。

"谢谢你""我很感谢"，这些话应该经常挂在嘴边。以特别的方式表达你的谢意，付出你的时间和心力，比物质的礼物更可贵。

如果你想有拥有美好的人生，那就常怀一颗感恩的心吧！想一些令你觉得心怀感激的事，让自己全心全意地浸润其中。令你心怀感谢的或许是孩子的健康平安；或许是朋友对你从来不间断的关爱；也许你会为早晨能从舒适的床上悠悠醒来，并且有早餐可吃而心存感激；也许你为经历了长久以来种种自我毁灭的行径之后，仍能存活到至今而谢天不已。不要保留、不要抗拒，就让自己淹没在感恩的洪流里吧，人的快乐就在其中。

心灵感悟

　　生活中我们应该学会感恩，感激父母给了我们生命，感激国家给了我们和平，感激路人给了我们帮助，感激……生活中需要感恩的事实在是很多。生活中怀有一颗感恩之心，才能体会到人生的幸福。

第十八辑
平常心做卓越事

净土在心中

生活与工作的压力使一位青年快要无法喘息了，这几日他总觉得心情烦躁、情绪低落。怎样才能找到一个清静之地呢？有人建议他到庙里走一走。

到了寺院，但见寺庙香客络绎不绝，檀香馥郁。看着香客们一张张写满坦然、安详、幸福的脸，他有些迷惑：佛门真的有如此的威力，果真能净化人的灵魂？

漫步于寺院中，看到一位佛门老者在枯树下潜心打坐，那沉静的神态止住了他的脚步。走近细看，老者那面露慈祥却心纳天下的表情更加强烈地震撼了他——老者必是超然物外的，否则怎么会露出如此美好的神情！

他悄然坐在了老者身边，向老者谈了他心中的苦痛，然后说："为什么现代人之间钩心斗角，纷争不已？"

老者拈须而笑，铿锵而悠长地说："我送你一句佛语吧。"老者一字一顿地说："爱出者爱返，福往者福来！"

青年幡然醒悟！听佛门一偈语，胜读十年书啊！如果芸芸众生都能明白这个道理，这个世界岂不成了人间净土，又何来那么多的失意、忧烦、痛苦啊？原来，净土自在心中啊。

心灵感悟

净土在心中，只要你付出爱、付出福气，就能够得到爱和福气。不计较一时的得与失，人间哪里会寻不到净土呢？净土就在平凡人的心中。

拥有一颗平常心

俗话说："一种米养百样人。"世界上没有性情相貌完全相同的两个人。人的心理活动，包括气质、性格、能力等个性心理特征。在社交活动中，个性心理的不同决定了其行为的不同。气质、性格、能力各不相同的人，在社交活动中会有不同的行为。

社交既然是人与人的往来，目的就在于使个人逐渐完善并更有利于社会。而体现于具体交往中，则以索取与给予作为直接目的，作为成功交际的直接结果则是与别人进行感情沟通。

这就要求我们不论生活出现了何种情况，都要保持良好的心态，只有保持了良好的心态，我们才有可能改变处境。

欲求成功的事业，须有自强的才能；欲求人生的安详，须讨自律的生活；欲求生存的荣誉，须有一种良知、良情、良意的美德。诚于内涵的爱心，发挥崇高至善的理性，要想拥有至善至美的人生，就必须拥有一颗平常心。在行为上，永远表现出博爱的精神。

世俗间有人想用自己的生活方式，去控制他人的行动；而人类文明的生活，是基于情感的交流，追求自由平等的待遇。人的恶行终将得到报应和惩罚。一个态度庄严之人，才具有健全的思想，体会人世间的一切真假善恶。

如果一个人认为卑鄙无知的行为不是一种丑恶，那么人类的道德就没有崇高的评价。最廉洁、最宽恕他人的人，能树立起美好的社会风范；最艰苦的生活，可以锤炼生命的坚贞。人格的完美与尊严，要在日常生活中有自我诚实的表现。

拥有一颗平常心，这就要求你在现实中，必须随着时代的进步，追求新的知识，创造新的环境，这样才能自求生存。在生活之中，不能为物欲所刺激，恣情狂妄，重利忘义，这只能丧失自己的良知，损害人类的利益。

心灵感悟

生活于世俗之间，我们能做的就是培养一颗平常心，让自己活得安详、自在。

寻找精神上的寄托

失去心理寄托将会如何？此时人们找不到生存的意义，不知道工作的目的，从而心中痛苦异常。为了使自己能经常保持一种宁静泰然的心境，一点精神上的寄托是很需要的。

精神上的寄托，完全是属于你私人灵魂深处的东西。它不一定有很大的意义，不一定有什么积极的目的，它只是你精神上的一片私人的园地，是你灵魂的一个小小的避风港，是你躲避世俗羁绊的堡垒，是你可以在那里找到自己，和自己心灵恳谈的一个秘密的花园。

会处理生活的人，一定懂得怎样给自己安排一片不受干扰的属于自己的小天地。在这里，你可以想你所要想的，做你所要做的，躲开一切你所要躲开的，逃避一切你所要逃避的。这片小天地就是你寄托灵魂或真正属于自己的地方。

给自己的灵魂找一个寄托，并不是消极的逃避，那正是一种积极的养精蓄锐。正如有位名人说的："我休息是为了工作。"我们也是一样，让灵魂去休息一下，养一养它在尘世间奔波所受的伤，然后好再去奔波。

人生真是一连串不停的奔波！

我们几乎很难找到一个人，能够成天只做他自己喜欢的事，过他自己所愿意过的生活。

每个人都必须被动地做些他并不想做的事，表演一些他并不喜欢表演的角色，过一种他所不愿过的生活。所以，我们发现，有些人一有时间就吸烟，有些人一有时间就看小说，有些人一有时间就写文章。

这些一有时间就想做的事，才真正是他所喜欢做的事。但是，因为他必须应付许许多多生活中的琐事，他没有充分的时间和自由去只管做他所喜欢做的。因此，这些小小的嗜好，就成为他生活中的一点寄托。

他从这里面找到他自己，得到生活的真味，暂时忘掉了世界的烦嚣。

假如你懂得生活，同时你也懂得自己，那么你一定会在生活中找到那么一点使你安心、使你忘忧、使你沉醉的所谓的寄托。

寄托有时很容易找到。一本书、一张唱片、一支笔、几张纸、或集邮、或摄影、或游山玩水，只看你兴趣近于哪方面，只看你是否诚心去找。

辛勤地工作，然后用你的爱好去美化并充实你的生活，这样，物质与精神才可以平衡。

只有当你找到寄托你心灵的处所之后，你才能有余情去欣赏这世界可爱的一面，才有机会去享受真正属于自己的人生。

不知是福

有一位老人患心脏病，住进了医院，当时病情很严重，必须给心脏开刀进行"搭桥"手术。开过刀，很多人非常关心地问他：

"伤口痛不痛？"

"不痛，一点都不痛！"

"随便割破一小块皮都很痛，胸口上划开了五十几厘米的伤口，割断了静脉，又锯开了胸腔骨……这一切，难道真的不痛吗？"

"因为，痛的时候我不知道啊！尤其我一生最怕插管子之类的东西，在恢复室24小时，总共插了七八根管子。是在管子已经拿掉之后，我才知道这些的！"

老人接着说，医师为我"开心"那一段时间，对我来说，是全然的"不知"。人间许多事情，在你"不知"的时候，便没有所谓的"痛苦"。

世间的许多苦恼，都是从"知道"来的。人的一生，许多痛苦都是经由见闻知觉，把"痛苦"这种信息送入心中，而成为"自我刑罚"。

譬如：见到一个仇人，看见不悦、哀伤的情景，一瞬间的事情，往往刻下一生痛苦的记忆；听见了一句诽谤、冤屈的话，听见了不幸的消息，从此陷入悲伤的泥沼，难以自拔。

"不知"，有时是一种幸福；"不知"，是世间的另一种美。

这种"不知哲学"，乃是我们去除烦恼的要法之一。

人生许多的苦恼都是从"知道"而来。人间许多事情，在你"不知道的时候，便没有所谓的痛苦"。

不该看到的事、不该听到的话、不该了解的机密最好别去查问——不知是福。

英雄做的平常事

洪水困住了一所小学，那时，只剩下 4 个孩子和他——学校的一名勤杂工。

他找来了一只大木盆，孩子们上去后就盛满了。他不会游泳，但毫不犹豫地推走了木盆，自己却被洪水卷走了。最后，他奇迹般地生还。

一时间，他成了一位英雄。一个报社想抢一个独家新闻，立刻派一位记者采访了他："当时你不是把死留给了自己吗？你是怎么想的呢？"

"很简单，就是让孩子们活着。"

"这说明你拥有一颗非常了不起的爱心。"记者希望他在按照为他设计的英雄路线上描绘，甚至已经替他想好了长篇的"心理活动"描写。

"没那么复杂，因为这几个孩子中有我的儿子。"他的回答让记者很吃惊，也很失望。

但记者仍没有放弃，他想挖掘一些更深层面的新闻，又问："你的水性不好，那你是怎样战胜洪水活下来的呢？"

他说："也很简单，因为我很爱我的儿子，我不能让他没有父亲。"

记者怅然若失，自叹道："难道一位英雄的心路历程竟是如此简单？"他一时不清楚这篇稿子是该发还是不该发。

心灵感悟

心中有爱，意志不倒。平凡的人也可做出不同寻常的事。

保持心灵的弹性

所谓弹性，那就是能屈能伸。刚硬的玻璃，虽然明澈，却经不起顽石的一击；细柔的藤条，因其坚韧，才充满活力。在一些场合，如在大是大非的原则上，我们应像玻璃一样刚硬透明，但在一些细小的问题上，我们又必须像细柔的藤条一样，显示它的灵活性与多变性。

我们都试图选择一种轻松的生活方式，于是我们唱歌、跳舞。而波动的生活又常常使我们心力交瘁，再加上意外的打击，生命的意义变得模糊。一旦缺乏弹性，生命更成了易碎品。我们追求心灵的轻松和自由，过内心宽松的日子，并非游戏人生，轻松的感觉会使我们的行为更富有人性和潇洒，会使我们的生命减少消费。一个人自己活得累，会使你周围的人也感到很累。我们希望尽可能多地获得别人的认同和接受，我们就要尽可能多地释放出这种轻松的气息。只有轻松才能使彼此都享受到和谐的快乐。

南隐是日本明治时代的一位禅师。有一天，有位学者特来向他问禅，他让徒弟拿来茶壶与茶杯，亲自斟茶来招待学者。

他将茶水注入学者的杯子，直到杯满，仍然继续注入。这位教授眼睁睁地望着茶水不断地溢出杯外，不知禅师何意，却也不能再沉默下去，终于说道："已经漫出来了，不要再倒了！"

"你何尝不像这只杯子啊，"南隐答道，"你自己的看法和想法充满了你的头脑。你不先把你自己的杯子倒空，叫我如何对你说禅？"

可见没弹性的心灵，就是一块实心的铁砣，这样的心灵，不会充满生机和活力，也不会接受别人的建议和真正的劝解。

我们提倡真诚坦率，但面对一个为人坦荡、无拘无束，说一不二、从不妥协的人，尽管他不是口是心非、虚伪做作，我们也只好敬而远之、远而避之。因为真诚坦率是指一个人的内涵，不是缺乏弹性的性格。弹性不足，压力面前内心慌乱，小事变大，易事变难，进而失去机会，失去进取心。弹性也是有限度的，即不违背做人的正直原则，过此则丧失了人品。

对于我们这些炎黄子孙来说，古老的历史，复杂的现实，已使我们的背负够重，体念够累，我们何不以轻对重、以松对累呢？无论是身处佳境还是不幸，我们都能寻找到我们的轻松，既不受名利之累，也不为逆境所困。以我们弹性的心灵带给他人所需的慰藉和喜悦，不亦乐乎？

一味地刚硬，就接近于鲁莽；保持心灵的弹性，才能使心情从容自在。

难得糊涂

郑板桥在潍县做官时题过几幅著名的匾额，其中最为脍炙人口的是"难得糊涂"这一块。

据说，"难得糊涂"这四个字是郑板桥在山东莱州的云峰山写的。那一年郑板桥专程至此观郑文公碑，因盘桓至晚，不得已借宿于山间茅屋。屋主为一儒雅老翁，自命糊涂老人，出语不俗。他室中陈列了一方桌般大小的砚台，石质细腻，镂刻精良，板桥大开眼界。老人请板桥题字以便刻于砚背。板桥以为老人必有来历，便题写了"难得糊涂"四个字，用了"康熙秀才雍正举人乾隆进士"方印。

因砚台过大，尚有余地。板桥说老先生应写一段跋语，老人便写了"得美石难，得顽石尤难，由美石而转入顽石更难。美于中，顽于外，藏野人之庐，不入富贵之门也。"他用了一块方印，印上的字是："院试第一，乡试第二，殿试第三。"板桥大惊，知道老人是一位隐退的官员，细谈之下，方知原委。

有感于糊涂老人的命名，板桥当下见还有空隙，便也补写了一段："聪明难，糊涂尤难，由聪明而转入糊涂更难。放一著，退一步，当下安心，非图后来报也。"

做任何事情，都要拿得起放得下，这样堪称悟透人生。难得糊涂，乃人生佳境。于聪明之中藏有糊涂乃是人生的大智慧。

一切都会过去

古希腊有一位国王，拥有至高无上的权势、享用不尽的荣华富贵，但他并不快乐。他可以主宰自己的臣民，却难以操控自己的情绪，种种莫名其妙的焦虑和忧郁不时让他闷闷不乐、寝食难安。

于是，他召来了当时最负盛名的智者苏菲，要求他找出一句人间最有哲理的箴言，而且这句浓缩了人生智慧的话必须有一语惊心之效，能让人胜不骄、败不馁，得意而不忘形、失意而不伤神，始终保持一颗平常心。苏菲答应了国王，条件是国王将佩戴的那枚戒指交给他。

几天后，苏菲将戒指还给了国王，并再三劝告他："不到万不得已，别轻易取出戒指上镶嵌的宝石，否则，它就不灵验了。"

没过多久，邻国大举入侵，国王率部拼死抵抗，但最终整个城邦沦陷于敌手。于是，国王四处亡命。

有一天，为逃避敌兵的搜捕，他藏身在河边的茅草丛中，当他掬水解渴，猛然看到自己的倒影时，不禁伤心欲绝——谁能相信如今这个蓬头垢面、衣衫褴褛的人，就是那个曾经气宇轩昂、威风凛凛的国王呢？

就在他双手掩面欲投河轻生之际，他想到了戒指。他急切地抠下了上面的宝石，只见宝石里侧镌刻着一句话——一切都会过去！

顿时，国王的心头重新燃起希望的火花。从此，他忍辱负重、卧薪尝胆，重召旧部并东山再起，最终赶走了外敌，赢回了王国。

而当他再一次返回王宫后，所做的第一件事便是将"一切都会过去"这句六字箴言，镌刻在象征王位的宝座上。

后来，他被誉为最有智慧的国王而名垂青史。据说，在临终之际，他特意留下遗嘱：死后，双手空空地露出灵柩之外，以此向世人昭示那句六字箴言。

世间的一切，无论花环与荣耀，无论挫折与屈辱，统统都会过去，为什么还要纠结住不放呢？保持一颗平常心，去面对尘世万物，有什么不好呢？

将死亡视为另有归宿

相传六祖慧能禅师弥留之际，众弟子痛哭，依依不舍，大家都将他视为再生父母。六祖气若游丝地说："你们不用伤心难过，我另有去处。"

"另有去处"这四个字，发人深省。慧能把死当作换了一段新的旅程，这想法不但豁达、开朗，而且把生命在时间、空间的价值继续延伸，远远胜过有些人虽然活着，却只有华美装饰的躯壳，而无真我的风采！

禅的哲学注重真我，所谓真我就是人的精神，也是天地之正气。真我从根本上来说，就是人之所本。人类的文化宝藏、哲学科学、宗教、教育和任何思想情感等，其实都是由无数真我的延续、不断地累积而成的。

这些真我，数千年迄今，其实都是在活生生地影响着我们的生活，造福于人类，这些真我并没有死去。

禅宗有关超越生死的看法，很值得今天还看不透人生、想不通生活或贪生怕死的人参考借鉴。

禅宗重来去自在，生死也有如来去。参透这一玄机，我们就不必天天再为生老病死而恐惧不安，或对于家庭亲朋甚至世间的荣华富贵有所舍不得，并至少可以活得开心一点，快乐一些。

有朋友移民到国外去，虽然这一辈子再也没有见面的可能了，我们却还高高兴兴地为他们饯行送别，并预祝他们走好。死亡同样是再也不能见面了，为什么不把它想成"另有去处"而坦然接受呢？别忘了生死自有天命啊！

> 有生必有死，有得必有失，生死是人生必经的旅程，不要把死看作终结，也可以同慧能一样，走向"另一个去处"。

平淡之中见真情

他和她都老了，他们相识相爱的时候是 20 世纪 60 年代，当时，物资十分匮乏。那时候，粮店里的米与副食店里的肉、豆腐和百货店里的肥皂、布匹，以及煤铺里的煤等生活物资均要凭票供应，普通人家的生活清苦至极。

男方的家在城郊的小菜园里，用现在的话来说，那里是当地的蔬菜基地。女孩第一次"访地方"（当地将女方到男方家里去了解情况称为"访地方"）时，男方留她和媒婆吃中饭。菜很简单，只有两道：几个荷包蛋外加一碗萝卜丝。其中，那几个鸡蛋是向邻居借的，萝卜则是自己种的。

在回家的路上，媒婆说男方人穷又小气，劝漂亮的女孩不要嫁过去。女孩却说男方煮的萝卜丝很好吃，说明他很能干。

过了一段时间，当女孩一个人再次来找男孩时，男孩刚好捉了一些鲫鱼。招待女孩的菜仍然是两道：除了油煎鲫鱼外，还有一碗红烧萝卜。吃饭时，女孩称赞男孩的萝卜做得很有特色，并说自己很喜欢吃萝卜。男孩说："是吗？你下次来我请你吃另一种口味的萝卜。"

在后来的交往中，女孩尝尽了男孩所制的不同口味的萝卜：清炒萝卜、清炖萝卜、白焖萝卜、糖醋萝卜、麻辣萝卜、萝卜干、酸萝卜，等等。再后来，女孩就成了这些萝卜的俘虏，嫁给了男孩。

当有人问老太太当时为何不嫁给那些有条件煮肉、炖鸽、杀鸡、烧鱼的男人，却嫁给只会烹饪萝卜的男人时，老太太说："当时我认为，一个男人在那种清贫的日子里竟能够把一种普通的萝卜烹饪出甜酸苦辣咸等几种不同的口味而令我大饱口福、历久难忘，我想他同样能够将清贫的日子调理得色彩斑斓。谈婚论嫁，既要注重眼前，更要注重将来。这不，如今我和他结婚已 30 多年了，你看我们吵了几次架？更不像某些人那样动不动就闹离婚。日子虽然过得平淡了一点，但平淡中更能见真情啊！"

> 当你用一颗平常心去对待生活时，你就会发现：真情，就在你身边。平常心是颗理解、宽容、忍让的心，就是因别人的欢乐而欢乐，因别人的痛苦而痛苦，因别人的喜悦而喜悦。拥有一颗平常心，却能够拥有一份不平常的幸福。

对待非议置若罔闻

释迦牟尼传道之初并不被人理解，常常遭到别人的怨恨和谩骂。可是不管那个人骂得多难听，释迦牟尼都不加辩解，仍然心平气和地听着，等到对方骂累了，释迦牟尼才问他："我的朋友，如果你送东西给别人，别人却不接受的话，那么那个东西是属于谁的呢？"

那个人不明白他的意思，很不客气地答道："当然还是属于我啦！"释迦牟尼说："到今天为止，你一直在骂我，可是我若是不接受这些'赠礼'的话，那么那些话是属于谁的呢？"

那个人顿时语塞，沉默下来，不得不承认以往谩骂释迦牟尼是因为忌妒，他已经认识到了自己的过错，并发誓以后再也不诽谤他人了。

释迦牟尼把自己的这个经验告诉他的弟子，要他们戒慎之："一般人遭人辱骂后，总会想要回嘴报复，其实是不必要的，因为那个人总会自食其果的。要想侮辱别人，不但不会达到目的，反而会回报到自己身上，侮辱到自己。"

我们作为普通人，总难免会遭人诽谤、非难、排挤，如果外来批评是正确的，就应坦率地听取他人的意见，引以为戒，如果不是那么一回事，就不要在意，置若罔闻，泰然处之。

对于外界的打击辱骂，也许我们还达不到所谓"爱敌人"的修养程度，但至少也应该爱惜自己，不要让他人来影响自己的情绪和健康。

人的一生谁都难免要遇上难堪的误解，遭到他人不公正的批评甚至辱骂。不论是卑鄙的、恶毒的还是残酷的，你千万不要让对方一句不公正的批评或难听的辱骂，而变得像对方一样失去理智。获胜的唯一战术，就是保持沉默，不和别人发生正面冲突，就连多余的解释也没有必要。

因为在这种情况下，相互争吵辱骂，既不会给任何一方带来快乐，也不会给任何一方带来胜利，只会带来更大的烦恼、更大的怨恨、更大的伤害。退一步讲，在对骂中没有占上风的一方，当众出丑，带来的只是对自己鲁莽行为的悔恨；占了上风的一方，虽然把对方骂得体无完肤，又能怎么样？只能加深对立情绪，加深对方的怨恨，在旁观者的眼里也不过是一只好斗的公鸡罢了。

所以在这个时候与其怒气冲天、气愤不已，不如冷静地自我反省，泰然处之，让对方刮目相看。

哲人说得好，"棍棒、石头或许会击伤我的肌骨，但语言无法伤害我"。聒噪不如沉默，息谤得于无言。

完美与自然

日本人仓冈天心所写的《茶之书》中讲了这么一则有趣的小故事。茶师千利休吩咐儿子少庵打扫庭院，少庵认认真真地完成父亲要求做的事情，可是茶师说："不够干净。"要求他重做一次。

于是，少庵又尽力打扫了一遍，茶师还是说："不行，你的工作做得不够好，再来一次。"少庵顿了顿，没有说什么，又默默地花了1个小时扫园，直至认为自己已经做得相当好了，心想父亲肯定挑不出什么毛病来了，便去对父亲说："父亲，已经没事可做了。石阶洗了三次，石龙灯也擦拭多遍。树木洒过了水，闪耀着翠绿，没有一枝一叶留在地面。"

茶师却斥道："傻瓜，这不是打扫庭院的方法。这像洁癖。你还没有完全领悟啊！"说着，他步入园中，用力摇动一棵树，只见那棵树上纷纷落下一片片金色、红色的美丽的树叶。茶师说："打扫庭院不只是要求清洁，也要求美和自然。你的做法违背自然，试图完美，却不知那是一种伤害，结果是离完美更远。一切都要自然，不要刻意去做任何事情。"

 心灵感悟

生活中，完美是不存在的，如果过分地苛求，只会距离完美的目标越来越远。只有保持一颗平常心，你才会发现其实你的生活本来就很完美。

第十九辑
让心灵快乐地舞蹈

快乐在我们心里

快乐是生命唯一的意义，没有快乐的地方，人类的生活会变得疯狂而可怜。

上帝把一捧快乐的种子交给幸福之神，让她到人间去撒播。

临行之前，上帝仍不放心地问："你准备把它们撒在什么地方呢？"

幸福之神胸有成竹地回答说："我已经想好了，我准备把这些种子放在最深的海底，让那些寻找快乐的人，经过惊涛骇浪的考验后才能找到它。"

上帝听了，微笑着摇了摇头。

幸福之神思考了一会儿，继续说："那我就把它们藏在高山之上吧，让寻找快乐的人，通过艰难跋涉才能发现它的存在。"

上帝听了之后，还是摇了摇头。

幸福之神茫然无措了。

上帝意味深长地说："你选择的这两个地方都不难找到。你应该把快乐的种子撒在每个人的心底。因为，人类最难到达的地方，就是他们自己的心灵。"

心灵感悟

　　快乐就在我们心里。当你跋山涉水寻找快乐时，为什么不去自己心里找一找？当你摒弃了心中的忧虑、欲望、抱怨和仇恨时，快乐就会像泉水一样汩汩而出。

心就是快乐的根

终南山麓，水清草美。据说这一带出产一种快乐藤，凡是得到这种藤的人，一定喜形于色、笑逐颜开，不知道烦恼为何物。

曾经有一个人，为了得到不尽的快乐，不惜跋山涉水去找这种藤。他历尽千辛万苦，终于到达终南山麓，在险峻的山崖上，他找到了这棵快乐藤。可是他虽然得到这种藤，却发现他并没有得到预想中的快乐，反而感到一种空虚和失落。

这天晚上，他在山上一位老人的屋中借宿，面对皎洁的月光，他发出了一声长长的叹息。老人闻声而至，问他：

"年轻人，什么事让你这样叹息呀？"

于是，他说出了心中的疑问："为什么已经得到快乐藤的自己，却没有得到快乐呢？"

老人一听就乐了，说："其实，快乐藤并非终南山才有，而是人人心中都有。只要你有快乐的根，无论走到天涯海角，都能够得到快乐。"

老人的话让这个年轻人顿觉耳目一新，就又问：

"什么是快乐的根呢？"

老人说：

"心就是快乐的根。"

快乐是一种心灵状态，快乐不是来自物体，它也不是一件东西。快乐也不是一种穷追不舍——你不需紧紧抓住它，因为它就在你心中，你已经得到它了。

有了快乐的思想和心态，你就能得到快乐。名人眼中的快乐是不尽相同的，关键是如何调整我们的心态，去观察和提取我们身边能够给我们带来快乐的素材，以使我们找到更多制造快乐的理由。

快乐的小叫花子

皮克是地球上最快乐的叫花子。

"我为什么不快乐呢？我每天都能讨到填饱肚子的食物，有时甚至还能讨到一截香肠；我每天还有这座破庙可以挡风遮雨；我不为其他的人做工，我是自己的上帝。我为什么不快乐呢？"皮克这样回答那些羡慕他的人。

可是有一天，皮克脸上的快乐突然丢失了。

那是因为，一天，皮克在回破庙的路上捡到一袋金币，准确地说是 99 块金币。

其实捡到金币的那个晚上，皮克是最最快乐的了。"我可以不做叫花子了，我有了 99 块金币，这够我吃一辈子啊！99 块，哈哈！我得再数数。"皮克怕这是一个梦，甚至不敢睡觉。直到第二天太阳出来时他才相信这是真的。

第二天，皮克很晚也没有走出破庙，他要把这 99 块金币藏好，这真的需要费一番工夫。"这钱不能花，我得攒着。我要是拥有 100 块金币就好了。我要有 100 块金币。"从来没有什么理想的皮克现在开始有了理想。他还需要 1 块金币，这对一个叫花子来说，绝对是一个非常远大的理想。

晌午皮克才出去讨饭，不！他开始讨钱，一分一分的。中午他很饿，他只讨了一点儿剩饭。下午，他很早就"收工"了，他得用更多的时间守着他的金币。

"还差 97 分。"晚上他反复数着他的金币，他开始忘记了饥饿。

一连几天，皮克都这样度过。过这样的日子皮克就再也没有吃饱过，同时也再没有快乐过。

讨饭越来越难。难的原因是别人愿给剩饭而不愿给钱，还因为皮克用来讨钱的时间越来越少了，当然也因为他不快乐了，别人也不愿再施舍给他了。

"皮克，你为什么不快乐了？"

"咱是叫花子，快乐个啥！"

皮克越来越忧郁，越来越苦闷，也越来越瘦弱了。终于有一天，皮克病倒了。这一病皮克就几天也没有起来。这几天里皮克就想着一件事：还差 16 分就满 100 块金币了。

"皮克，你没有收到我的金币？"突然，一个富商找到破庙里生命垂危的皮克。

"什么？"皮克惊问。

"皮克，你的快乐，是你的快乐救过我。3 年前，我在一次买卖中赔尽了家产。我正准备自杀，我见到了快乐的你，我明白了身无分文的人也能快乐地生活。后来，我就东山再起了，赚了很多钱。那一次，我带着 99 块金币出来游玩，见到你，就把钱丢到了你要走的路上。可是你现在为什么还做叫花子呢？为什么不快乐呢？生了病为什么不拿钱去看医生呢？"

"我想拥有 100 块金币。还差 16 分，就差 16 分。"

富商从腰里取出一块金币给他。皮克接过钱，把钱装进袋子里，然后又全部倒出来，很细心地数——他终于有 100 块金币了，对了还有 84 分。

皮克笑了，然后就昏倒了。

这时一个游僧路过这里，见到昏倒的皮克，向富商问明了情况，便说：

"这下完了！"

"怎么了？"

"因为他有了 99 块金币的时候，就会希望有 100 块金币。这就是每个人都不可避免的贪欲，贪欲赶走了他的快乐。你要救他，你得向他索回那 99 块金币，这样他或许有救。现在，你反倒满足了他的欲望，重病的他就失去了支撑下去的动力。你开始时给他 99 块金币，你使世界上少了一个天使；你又给他一块金币，这就使世界上少了一个生命。"

富商试了试皮克的鼻子，皮克果然什么时候都不会再快乐了。

人不能没有欲望，没有欲望就没有前进的动力，但人却不能有贪欲，因为贪欲是无底洞，你永远也填不满。对付贪欲最有效的方法是知足常乐。

你应该明白：即使你拥有整个世界，但你一天也只能吃三餐，这是人生思悟后的一种清醒，谁真正懂得它的含义，谁就能活得轻松，过得自在，白天知足常乐，夜里睡得安宁，走路感觉踏实，蓦然回首时也没有遗憾。

无止境地追求权力、地位、金钱是一种心灵的病态。这种病态如果发展下去，就是贪得无厌，其结局是自我爆炸、自我毁灭。

一个人生活上的快乐，应该来自尽可能减少对外来事物的依赖。

托尔斯泰说："欲望越小，人生就越幸福。"这话蕴含着深邃的人生哲理。

这是针对欲望越大，人越贪婪，人生越易致祸而言的。古往今来，被难填的欲壑所葬送的贪婪者不可计数。

心灵感悟

　　"身外物，不奢恋"，是思悟后的清醒。它不但是超越世俗的大智大勇，也是放眼未来的豁达胸怀。谁能做到这一点，谁就会活得轻松、过得自在，遇事想得开、放得下。

快乐藏在手中

快乐之道不在于做自己喜爱的事，而在于以饱满的热情做自己不得不做的事。

从前，有一个农夫，他每天不辞辛劳地工作，但是他非常贫穷。一天他来到一片离家很远的树林，碰到一位老妇人，那妇人对他说："我知道你每天很辛苦，但是得到的微不足道的。我送你一枚魔法戒指，它能够使你拥有财富。当你说出你想要得到什么，同时转动你手指上的戒指，你将会立刻得到你所希望的东西。但是，这枚戒指只能实现你的一个愿望，所以你在许下愿望之前要仔细考虑清楚。"

惊愕的农夫接过戒指，激动地踏上了回家的路。晚上，农夫路经一座大城市时，遇到了一个商人，他拿出了魔法戒指，向商人讲述了这段稀罕的经历。

商人邀请农夫晚上住在他家。深夜，商人来到熟睡的农夫身边，他小心翼翼地用一枚相同的戒指，换走了农夫手指上的魔法戒指。农夫早上醒来，向商人道了谢，又继续赶路了。

商人急不可待地紧闭房门，一边说着"我要拥有1亿两黄金"，一边转动着戒指。奇迹出现了，无数的金子像下雨一样落了下来，商人还没有来得及跑就被砸死了。

农夫回到家，把魔法戒指的故事讲给妻子听，并让她妥善保管这枚戒指。妻子按捺不住激动，对丈夫说："试试看，让它带给我们大片的土地。"

"我们必须仔细对待我们的愿望，不要忘记，这戒指只能实现我们的一个愿望。"农夫解释着，"最好让我们再苦干一年，我们将会拥有多顷良田。"从此，他们竭尽全力地工作，并且获得了足够的钱，买了他们所希望拥有的土地。

农夫的妻子想要一头牛和一匹马。农夫说："亲爱的，我们何不再继续苦干一年？"于是一年后，他们又买回了牛和马。

"我们是最快乐的人。"农夫说，"不要再谈什么魔法戒指了，我们拥有年轻，拥有坚实的双手。等到我们老的时候，我们再去想那个戒指吧。"

40年以后，农夫和他的妻子已经变老了，他们的头发变得和雪一样白。他们拥有他们希望获得的一切，那枚"魔法戒指"依旧完好地保存。纵然没有使用这戒指，他们仍得到了属于他们的快乐。

心灵感悟

快乐就藏在你的双手中。只有自己才能创造属于自己的快乐。

向你的梦想勇往直前，把精力投入行动中，快乐就会随风而来。

快乐其实就是简单，越简单越容易获得快乐。放下包袱和贪婪的欲望，拥有容易满足的心就容易得到快乐的眷顾。

快乐的秘诀

一位著名的电视节目主持人，邀请了一位老人做他的节目特邀嘉宾。这位老人的确不同凡响。他讲话的内容完全是毫无准备的，当然更没有预演过。他的话把他映衬得魅力四射，不管他什么时候说什么话，听起来总是特别贴切，毫不做作，观众听着他幽默而略带诙谐的话语都笑弯了腰。主持人也显然对这位幸福快乐的老人印象极佳，像观众一样享受着老人带来的欢乐。

最后，主持人禁不住问这位老人："您这么快乐，一定有什么特别的快乐秘诀吧？"

"没有，"老人回答道，"我没有什么了不起的秘诀。我快乐的原因非常简单，每天当我起床的时候我有两个选择——快乐和不快乐，不管快乐与否，时间仍然不停地流逝，我当然选择快乐。如果要秘诀的话，这就是我的快乐秘诀。"

这个解释听起来似乎过于简单，而且这个老人看起来也不是那么深沉，但是他的意思和林肯说过的一样：人们的快乐与否不过就和他们的决定一样罢了。

你可以不快乐，如果你想要不快乐。你可以告诉自己所有的事情都不顺心，没有什么是令人满意的，这样你肯定不快乐。但是，如果你要快乐，尽管告诉自己："一切都进行顺利，生活过得很好，我选择快乐。"那么可以确定的是你的选择会变成现实。

是谁决定你快乐或不快乐？不是别人，正是你自己！

快乐的交易

从前有一位富翁，名字叫白正。

白正虽然非常有钱，却常常自怜，他可怜自己空有钱财，却从来没有体会过真正的和全然的快乐。

白正常常想："我有很多钱，可以买到许多东西，为什么却买不到快乐呢？如果有一天我突然死了，留下一大堆钱又有什么用呢？不如把所有的钱拿来买快乐，如果能买到一次全然的快乐，我死也无憾了。"

于是，白正变卖了大部分家产，换成一小袋钻石，放在一个特制的锦囊中。他想："如果有人能给我一次纯粹的全然的快乐，即使是一刹那，我也要把钻石送给他。"

白正开始旅行，到处询问："哪里可以买到全然快乐的秘方呢？什么才是人间纯粹的快乐呢？"

他的询问总是得不到令他满意的解答，因为人们的答案总是庸俗而相似的：

你如果有很多的金钱，就会快乐。

你如果有很大的权势，就会快乐。

你如果拥有得越多，就会越快乐。

因为白正早就有了这些东西，却没有快乐，这使他更疑惑："难道这个世界没有全然的快乐吗？"

有一天，白正听说在偏远的山村里有一位智者，无所不知，无所不通。

他就跑进村找那位智者，智者正坐在一棵大树下闭目养神。

白正问智者："智者！人们都说你是无所不知的，请问在哪里可以买到全然快乐的秘方呢？"

"你为什么要买全然快乐的秘方呢？"智者问道。

白正说："因为我很有钱，可是很不快乐，这一生从未经历过全然的快乐，如果有人能让我体验一次，即使只是一刹那，我愿把全部的财产送给他。"

智者说："我这里就有全然快乐的秘方，但是价格很昂贵，你准备了多少钱，可以让我看看吗？"

白正把怀里装满钻石的锦囊拿给智者，没有想到智者看也不看，一把抓住锦囊，跳起来，就跑掉了。

白正大吃一惊，过了好一会儿才回过神来，大叫："抢劫了！救命呀！"可是在偏僻的山村根本没人听见，他只好死命地追赶智者。

他跑了很远的路，跑得满头大汗、全身发热，也没有发现智者的踪影，他绝望地跪倒在山崖边的大树下痛哭。没有想到费尽千辛万苦，花了几年的时间，不但没有买到快乐的秘方，大部分的钱财又被抢走了。

白正哭到声嘶力竭，站起来的时候，突然发现被抢走的锦囊就挂在大树的枝丫上。他取下锦囊，发现钻石都还在，一瞬间，一股难以言喻的、纯粹的、全然的快乐充满他的全身。

正当他陶醉在全然的快乐中的时候，躲在大树后面的智者走了出来，问他："你刚刚说，如果有人能让你体验一次全然的快乐，即使只是一刹那，你愿意送给他所有的财产，是真的吗？"

白正说："是真的！"

"刚刚你从树上拿回锦囊时，是不是体验了全然的快乐呢？"智者又问。

"是呀！我刚刚体验了全然的快乐。"

智者说："好了，现在你可以给我所有的财产了。"

智者一边说一边从白正手中取过锦囊，扬长而去。

人生的快乐与否，有时完全在于心态，你快乐，生活也就会变得快乐！

所以，一个人快乐与否，不在于他拥有什么，而在于他怎样看待自己所拥有的东西。生活是快乐的源泉，有了生活，快乐就不会枯竭。生活中并不缺少快乐，缺少的是发现快乐的眼睛，缺少的是感到快乐的心灵。

千万不要轻视每天发生的小事，幸福和快乐往往与此相伴。快乐并非天外来客，生活中常常充满快乐，不会珍惜每一刻时光，快乐永远与你无缘。何必刻意地到处寻找快乐，其实快乐时刻就在你自己身边；何必苦苦地等候快乐，快乐时刻要自己去创造，去感受。让我们怀着一份感激的心情去面对生活，感谢每一缕阳光、每一棵大树、每一份关爱、每一次收获……用心灵去触摸快乐，让快乐充满我们的世界。快乐存于天地间，快乐无极限。

快乐依赖于我们自身的感受，要体验到永恒的快乐、真正的快乐，我们需要有一颗善良的、纯真的、无所不能包容的心。还有什么比这样的心灵更能为这世界带来更多的快乐呢？

一个人生活得快乐与否，取决于自己内心的态度而绝非外在的物质条件。态度就像磁铁，不论我们的思想是正面还是负面的，我们都受它的牵引。而思想就像轮子一般，使我们朝一个特定方向前进。虽然我们无法改变人生，但我们可以改变人生观；虽然我们无法改变环境，但是我们可以改变心境。

人们说："究竟快乐是什么？其实，是种感觉，是种只可意会，不可言传的感觉。"快乐的感觉与人的心境、心态密切相关。也许你并不富有，但你有一个健康的身体；也许你没有显赫的地位，但你有一个幸福美满的家；也许你并不出名，但你有宁静而不受干扰的生活。你的内心是否感受到了这份快乐。许多人都在刻意追求所谓的快乐，有的人虽然得到了，但代价是巨大的。

人的一生是在与死神争夺宝贵的时间，还有什么想不开、放不下的事，值得用生命作代价去换取呢？珍惜生命的每一天，把快乐迎进自己的心坎中去吧！

给予即是快乐

假如一个人能够大彻大悟，尽心努力去为他人服务，他的人生一定能奇迹般地迅速发生改变。最有助于人生的，莫过于在早年起就养成善心善意和爱人的习惯。

从前有个国王，他有一个为他所钟爱至极的儿子。这位年轻的王子没有一项欲望不能得到满足。他父王的钟爱与至高无上的权力，可以使他得到一切想要的东西。然而他仍然常常紧锁眉头，很不快乐。

有一天，一位魔术家走进王宫，对国王说，他能有办法使王子快乐，可以把王子的忧虑变作笑容。国王很高兴地回答说："假如你真能办成这件事，那你所要的任何赏赐，我都可以答应。"

魔术家将王子带进一间密室，用白色的东西，在一张纸上涂了些笔画。他把那张纸交给王子，嘱咐他走入一间暗室，然后燃起蜡烛，注视着纸上呈现出了什么。说完，魔术家就走了。

这位年轻的王子遵命而行。在烛光的映照下，他看见那些白色的字迹化作美丽的绿色，然后变成了这样的几个字："每天给别人做一件善事！"王子遵从魔术家的劝告去做，不久，他就成了全国最快乐的少年。

一个人的生命，除非有助于他人，除非充溢了喜悦与快乐，除非养成对人人怀着善意的习惯，对人人抱着亲爱友善的态度，并从中得到喜悦与快乐，否则他就不能称得上成功，也不能称得上幸福。

知足常乐

美国人艾迪·雷根伯克在探险时，与他的同伴迷失在浩瀚的太平洋里，他们毫无希望地在救生筏上漂流了21天之久。艾迪说："我从那次经验里所学到的最重要的一课是：如果你有足够的新鲜的水可以喝，有足够的食物可以吃，你就绝不要再抱怨任何事情了。"目前，艾迪在他浴室的镜子上贴着这样几句话，好让自己每天早上刮胡子的时候都能看到：

人家骑马我骑驴，

回头看看推车汉，

比上不足，比下有余。

知足是对欲望的一种理性的审视。俄国作家契诃夫对知足常乐有深刻的体会，他说："为了让内心不断感到幸福，甚至在忧伤悲愁的时候也不变，那就需要：善于满足现状；高兴地体会到'本来事情可能更糟'。如果你有一颗牙痛起来，那你就要欢欢喜喜，因为你不是满口牙都痛。你手上扎了一根刺,你高兴地喊一声:'幸亏不是扎在眼睛里!'"

知足是一种境界,知足的人总是微笑着面对生活,在知足的人眼里,世界上没有解决不了的问题,没有过不去的河,他们会为自己寻找合适的台阶,而绝不会庸人自扰;知足是一种大度,大"肚"能容天下事,在知足者的眼里,一切过分的纷争和索取都显得多余,在他们的天平上,没有比知足更容易求得心理平衡了;知足是一种宽容,对他人宽容,对社会宽容,对自己宽容,这样才会得到一个相对宽松的生存环境,这难道不值得庆贺吗? 知足常乐,此之谓也。

心灵感悟

俄国作家契诃夫对知足常乐有深刻的体会,他说:"为了让内心不断感到幸福,甚至在忧伤悲愁的时候也不变,那就需要:善于满足现状;高兴地体会到'本来事情可能更糟'。"

享受快乐

快乐是不能用金钱来衡量的,人生最重要的是快乐,而不是金钱的多少。

富商科比临终前,见窗外的市民广场上有一群孩子在捉蜻蜓,就对他4个未成年的儿子说:"你们到那儿给我捉几只蜻蜓来吧,我许多年没见过蜻蜓了。"

不一会儿,大儿子就带了一只蜻蜓回来。富商问儿子:"怎么这么快就捉了一只?"大儿子说:"我用你送给我的遥控赛车换来的。"富商点点头。又过了一会儿,二儿子也回来了,他带回来两只蜻蜓。富商问:"你这么快就捉了两只蜻蜓?"二儿子说:"我把你送给我的遥控赛车租给了一位小朋友,他给我3美分,这两只是我用两美分向另一位有蜻蜓的小朋友买来的。爸爸,你看这是多出来的1美分。"富商微笑着点点头。

不久,老三也回来了,他带来了10只蜻蜓。富商问他:"你怎么捉了这么多的蜻蜓?"三儿子说:"我把你送给我的遥控赛车放在广场上,如果谁要玩赛车交1只蜻蜓就可以了。要不是怕你着急,我至少可以收18只蜻蜓。"富商拍了拍三儿子的头。

最后到来的是最小的孩子。他满头大汗,两手空空,衣服上沾满了尘土。富商问:"孩子,你怎么搞的?"四儿子说:"我捉了半天,也没捉到一只,那些蜻蜓好可爱,飞得那么高,我蹦起来都捉不到它们。不过,有好几次我差点抓住了!"

四儿子眉飞色舞地讲述着,似乎还沉浸在抓蜻蜓的快乐中。富商笑了,笑得满眼是泪,他摸着四儿子挂满汗珠的脸蛋,把他搂在了怀里。

第二天,富商死了。他的孩子们在床头发现了一张小纸条,上面写着:孩子,我并不需要蜻蜓,我需要的是你们捉蜻蜓的乐趣。

富翁尽一生感悟,临终前教给孩子们的是享受过程的乐趣。真正的快乐不一定在于事情能带来多少金钱,只要你能够享受整个过程,在过程中感受到快乐与幸福,那么,你就是真正快乐和幸福的。

　　人生真实的意义在于获得快乐，而不是以一些巧妙的手段获得物质。快乐就存在于人们追求的过程中，如果舍弃了过程，其实也就舍弃了快乐。

因为快乐，所以快乐

　　英国有一个天性乐观的人，从不拜神，令神不开心，因为神的权威受到了挑战。他死后，为了惩罚他，神便把他关在很热的房间，7天后，神去看望这位乐观的人，看见他非常开心。神便问："身处如此闷热的房间7天，难道你一点也不痛苦？"乐观的人说："待在这间房子里，我便想起在公园里晒太阳，当然十分开心啦！"（英国一年难得有好天气，一旦晴天，人们都喜欢去公园晒太阳）神不开心，便把这位快乐的人关在一间寒冷的房间。7天过去了，神看到这位快乐的人依然很开心，便问他："这次你为什么开心呢？"这位快乐的人回答说："待在这寒冷的房间，便让我联想起圣诞节快到了，又要放假了，还要收很多圣诞礼物，能不开心吗？"神不开心，便把他关在一间阴暗又潮湿的房间。7天又过去了，这位快乐的人仍然很高兴，这时神有点困惑不解，便说："这次你能说出一个让我信服的理由，我便不为难你。"这位快乐的人说："我是一个足球迷，但我喜欢的足球队很少有机会赢。但有一次赢了，当时就是这样的天气。所以每遇到这样的天气，我都会高兴，因为这会让我联想起我喜欢的足球队赢了。"神无话可说，给了这位快乐的人自由。

　　快乐从心灵出发，只要你保持一颗乐观豁达的心灵，即使身处逆境，也总能找到快乐的理由。

做快乐的主人

　　杰里是饭店经理，他的心情总是很好。当有人问他近况如何时，他都回答："我快乐无比。"

　　如果哪位同事心情不好，他就会告诉对方怎么去看事物好的一面。他说："每天早上，我一醒来就对自己说，杰里，你今天有两种选择，你可以选择心情愉快，也可以选择心情不好。我选择心情愉快。每次有坏事情发生，我可以选择成为一个受害者，也可以选择从中学些东西，我选择后者。人生就是选择，你要学会选择如何去面对各种处境。归根结底，你自己选择如何面对人生。"

　　有一天，他被3个持枪的歹徒拦住了。歹徒朝他开了枪。

　　幸运的是人们发现较早，杰里被送进了急诊室。经过18个小时的抢救和几个星期的精心治疗，杰里出院了，只是仍有小部分弹片留在他体内。

　　6个月后，他的一位朋友见到了他。

　　朋友问他近况如何，他说："我快乐无比。想不想看看我的伤疤？"朋友看了伤疤，然后问当时他想了些什么。杰里答道："当我躺在地上时，我对自己说有两个选择：一是死，一是活。我选择了活。医护人员都很好，他们告诉我，我会好的。但在他们把我推进急诊室后，我从他们的眼神中读到了'他是个死人'。我知道我需要采取一些行动。"

"你采取了什么行动？"朋友问。

杰里说："有个护士大声问我对什么东西过敏。我马上答'有的'。这时，所有的医生、护士都停下来等我说下去。我深深吸了一口气，然后大声吼道：'子弹！'在一片大笑声中，我又说道：'请把我当活人来医，而不是死人。'"

杰里就这样活下来了。

> 做快乐的主人。你对自己的态度，可以决定你是否快乐。
>
> 如果你把自己看成弱者、失败者，你将郁郁寡欢；如果你将自己看成强者，你将快乐无比。你可以快乐，只要你希望自己快乐。

快乐是心的天堂

有一位小国元首得了忧郁症，所有的心理医生都被请来为他看病。会诊后，经过充分的酝酿和讨论，全体医生一致举手通过，治疗方案出台了：只要借一个快乐人的衬衣给元首穿，心病就会痊愈。

紧急动员，元首的卫队满街奔跑，张贴告示：

诚聘：快乐的人一位。

要求：发自内心地快乐，并有衬衣一件。

待遇：报酬万元，并有海外旅游假期。

有意者持有关证件及个人简历，3日内与总统府医疗总监联系。

3天过去了，无人揭榜，元首病势更加沉重，忠诚的侍卫长全副武装，带着人首先闯进总理家里，厉声质问道："你身为一人之下万人之上的总理，难道还不快乐吗？为什么不去揭榜？"

总理漠然地看着侍卫长说："敌国随时准备入侵，同僚们钩心斗角，总统又可能随时为一点小事把我罢免，你说我能快乐吗？"

侍卫长沉默半晌，带人离开总理府，找到第一地产商人比尔盖先生："比尔盖先生，你富可敌国，公司业务庞大，股票天天涨，全国每家每户都用你们公司生产的产品，你不是很快乐吗？"

地产商人一脸苦相："穷人们罢工，盗贼天天盯着我，儿女们为遗产打破头，款收不回，货卖不出去，我烦着呢。"

就这样一天下来，一无所获，他们垂头丧气地往回走。忽然听到一阵快乐的歌声。大家连忙跑过去，只见一个人躺在山坡上，正沐浴在金色的夕阳下。

"你感到快乐吗？"

"是的，我感到很快乐。"

"你的所有愿望都能实现，你从不为明天发愁吗？"

"是的。你看，阳光温暖极了，风儿和煦极了，我肚子又不饿，口又不渴，天是这么蓝，地是这么阔。我躺在这里，除了你们，没有人来打扰我，我有什么不快乐的呢？"

"你真是个快乐的人。请将你的衬衫送给我们的元首，元首会好好感谢你的。"

"衬衫是什么东西？我从来没见过。"

权势和财富并不一定给我们带来快乐，这个世界上也没有穿上就快乐的衬衫存在。

在法语里，快乐这个名词是"好"和"钟点"两个字拼成的，由此可见，法国文化对于快乐的理解，没有什么复杂深思，无非就是现在一个好的钟点，我们能够把握的一个好的钟点。对于生活在当今这样一个快节奏、高竞争社会中的我们来说，一个"好的钟点"已经是过于奢侈的梦想，太多关于"亚健康""抑郁症""英年早逝""过劳死"的报道令我们身心麻木，似乎这些都是成功应付的代价。其实，快乐本身就是一种财富，只因为它对人类一视同仁，它反倒为趋炎附势的人类所抛弃，待到人们醒悟过来，才发现自己先前抛弃过的快乐，其实也已经将自己抛弃了。

　　快乐是一项巨大的财富，快乐亦是人生的一大使命。愚蠢而又常常自以为是的人们，却常常把快乐当成廉价的玩意儿，随随便便将其抛弃。在人类为一小股利益得意忘形的时候，殊不知，这只是生命中一场亏本的交易。

每天都有快乐的事

拉姆先生俯身去亲 6 岁儿子杰克并道晚安。杰克皱了皱眉说："爸爸，您忘了问我今天最快乐的事情是什么。"

"你说吧。"拉姆先生在床沿坐下，杰克脸贴着枕头小声说："捉到一条鱼。这是第一次，爸爸。"

这个习惯怎样开始、为什么开始，记不起了。可是这种睡前的仪式给了拉姆先生不少安慰。

人人每天总有段孤寂的时刻。上床后靠在枕头上，脑子静下来的时候，问问自己："今天最快乐的事情是什么？"一天也许很忙，甚至充满苦恼，但无论日子过得怎样，总有一件"最快乐"的事情。

这件事情难说是大事，大多只激起一阵短暂的快感。秋高气爽的清晨，被鸟鸣叫醒；炎热夏日用凉水淋浴；欣赏水仙花的芬芳。

我们每天都有快乐的事情，只是看你有没有察觉。

　　睡前回忆一天最快乐的事情，而不是那些让人烦心的事情，会让人怀着愉快的心情入睡，轻松地结束一天，并为第二天以好的心情开始奠定基础。

快乐藏在点滴之中

当药物功效逐渐减弱时，老崔意识到自己已经病入膏肓，离不开特别护理了，他不知道自己是否有完全康复的一天。尽管如此，他仍然期待着那一天，也许是几个星期后，也许需要几个月。老崔知道在接下来的日子里他必须留在医院里和药物、针剂，和医生护士相伴度过，而这样的生活未免有点凄凉。在这样的情况下，老崔决定抛开那些对未来的种种憧憬和幻想，让自己只关注现在，关注今天的每一个小时。他突然发现那些在他原来看来微不足道的小事，在今天也变得重要起来。早餐原来是那么重要，人们需要早餐就像贫困的人们盼望夜晚来临时能领到救济金；电视就像通路前的剪彩仪式那样受欢迎；问候电话简直就是一件特别的礼物。每一件小事都会让老崔高兴，于是他决定自己要为今天而活，不要去想更多的与现实脱节的事，他会变得更加快乐。他决心要珍惜每一个时刻，为做每一件小事而感到欣慰，因为快乐，老崔完全康复了。

一个人快乐与否，不在于他拥有什么，而在于他怎样看待自己所拥有的。快乐是一种积极、乐观的生活态度，谁都无法让我们无忧无虑地生活，唯有苦中作乐才能战胜忧愁、享受快乐。快乐不在外面，而是生长在每个人心中。让你心中的快乐藤长得茂盛一些，心态的快乐就是你终身的财富。

生活中的每件事都可以让我们快乐，就如罗丹所说："世上缺少的不是美，而是发现。"让我们调整好心态，擦亮双眼去发现快乐吧，不要等到生命的尽头。

心灵感悟

快乐就存在于生活中的点滴小事之中，只要你以正确的态度对待它们。

我们一味地去寻找快乐的影子，却对它本身的模样感到模糊，已不清楚它躲藏的地方在哪里了。

其实，只有发自内心的快乐才是真正的快乐。

快乐不求回报

要想别人快乐，自己先得快乐。要把阳光散布到别人的心田里，先得自己心里有阳光。

圣诞节快到了，儿子放学回到家，告诉妈妈他想为班里的每一个同学做一份礼物。

妈妈的心有些难过，她发现每次放学回家，儿子总是一个人孤零零地走在最后面，他的同学们说着笑着一起回家，可从来没有一个人注意到儿子的孤单。尽管如此，她还是决定满足孩子的心愿。她买回了做卡片的硬纸、胶水和彩色蜡笔。一连三个星期，儿子费尽辛苦做好了 35 张精美的卡片。

圣诞节终于来了，儿子别提有多高兴了，早上起床他小心翼翼地把卡片叠好，放进一个袋子里，飞快地跑出了家门。妈妈决定为他烤他最爱吃的甜饼，准备在他放学回家的时候，把这些美味可口、热气腾腾的甜饼连同一杯牛奶一起端放在餐桌上。妈妈想到儿子可能在节日来临时什么礼物都得不到，不禁感到心痛。

下午，妈妈把甜饼和牛奶端到桌上。一听到孩子们的声音，她就向窗外望去。

是的，孩子们放学回家了。而儿子依旧走在后面，妈妈注意到孩子的手里空空的，一件礼物也没有。儿子推门进来了，她赶紧擦掉脸上的泪水。

"妈妈给你准备了甜饼和牛奶。"她说。孩子却好像没有听见，只是继续大步走过她的身旁，脸上放着光，嘴里不停地说着："一个也没有，一个也没有。"

最后，儿子拉住妈妈的手说："妈妈，我把自己的卡片全部送给了同学，一个也没有忘记，一个也没有落下！"

心灵感悟

　　快乐是不要求回报的，它并不是指一个人在给别人带给快乐的同时要求对方给自己带来同样的快乐。快乐的人是以自己能给别人带来快乐为乐，以能给人送去快乐为荣，他能够从对方的快乐中感受到因自己的存在而给人带来的快乐。

第二十辑
希望在，梦就在

抓紧梦想

莱特兄弟在读高中的中途便辍学了，除此之外，他们没有受过任何正统的教育。但二人具有那些头戴学士帽的大学生所没有的东西，那就是他们丰富的创意与远大的志向。在接触飞行创作之前，他们曾尝试过很多工作，结果并不理想。最后他们开了一间规模很小的自行车行，从事修理及贩卖。然而，无论做任何事情，两兄弟始终对飞翔在空中的梦无法忘怀。不久，他们在自行车店里成立了风洞试验场，开始实验机翼风阻的情形。

经过数年滑翔机的不断试验后，莱特兄弟便将引擎装设在滑翔机上使其成为飞行机器。1903 年 12 月 17 日，是人类历史上值得纪念的一天，莱特兄弟商议，由掷铜板决定谁先坐上飞机，结果由弟弟奥威利先上。

上午 10 时 35 分，奥威利坐上已发出爆裂声的飞行机，他双腿伸直俯卧，并拉动引擎杆，飞行机器顿时发出轰隆的巨响，起飞时排气管也发出怪声，直至它缓缓升高，在天空中摇摇晃晃，足足盘旋了 20 秒之久，才降落在 100 米以外的沙地上。

这就是人类最初的飞机，它的出现是人类飞行史上的一桩大事。人类自远古以来的飞行梦想终于实现了！自此以后，人类的双脚终于可以离开地面，向着无垠的星空飞去。

在追梦的过程中，他们的父亲告诫说："家庭与飞行机器之间，你们只能选择其一。"结果，莱特兄弟毅然选择了飞行机器而放弃婚姻，为了飞行事业他们甘愿终生独身。

我们每个人小时候都有一个属于自己的纯真梦想，只不过最终梦想成真的人，从来也没有放弃过自己的梦想，而那些无所作为的人，早已遗弃了自己的梦想。

心灵感悟

> 梦想是生命的源泉，失去它生命就会毫无意义。如果你有一个梦，你一定要抓紧它，千万不要松开。

要心中有景

一日清晨，一小和尚来扫庭院，见古树下落叶满地，不禁触景伤情，望树兴叹。悲伤至极，便丢下笤帚至师父的堂前，叩门求见。师父闻声开门，见弟子愁容满面，以为发生了什么事，急忙询问："徒儿，晨光正好，你是在为什么事而忧愁呢？"

"师父，你日夜劝导我们要勤于修身悟道，但即便我学得再好，人总难免有死亡的一天。到那时候，所谓的我，所谓的道，不都如这秋天的落叶、冬天的枯枝，随着一日抔黄土而淹没了吗？"

老和尚听后，指着古树说："徒儿，不必为此忧虑。其实，秋天的落叶和冬天的枯枝，在秋风刮得最急的时候，在冬雪落得最密的时候，都悄悄地爬回了树上，孕育成了春天的花、夏天的叶。"

"那我怎么没有看见呢？"

"那是因为你心中无景，所以看不到花开。"

小和尚这才明白过来，只要心中有景，希望就在眼前。

当对生活丧失了信心，对未来丧失了希望，只因心中无景。只要心中有景，何处不是香飘满园？

自信的支柱

他是英国一位年轻的建筑设计师，很幸运地被邀请参加了温泽市政府大厅的设计。他运用工程力学的知识，根据自己的经验，很巧妙地设计了只用一根柱子支撑大厅天顶的方案。

一年后，市政府请权威人士进行验收时，对他设计的这一根支柱提出了异议。他们担心，用一根柱子支撑天花板不够安全，要求他再多加几根柱子。

年轻的设计师十分自信，他说："只要用一根柱子便足以保证大厅的稳固。"他将计算结果与相关实例陈列在工程验收专家面前，试图说服他们，但依然没有通过。恼怒的市政官员甚至威胁他，如果不进行更改就将被送上法庭。

在万不得已的情况下，他只好在大厅四周增加了 4 根柱子。

时光如梭，岁月更迭，一晃就是 300 年。

300 年的时间里，市政官员换了一批又一批，市政府大厅坚固如初。直到 20 世纪后期，市政府准备修缮大厅的天顶时，竟发现了一个让世人震惊的秘密：后增加的 4 根柱子全部都没有接触天花板，其间相隔无法察觉的 2 毫米。

消息传出，世界各国的建筑师和游客慕名前来，观赏这几根神奇的柱子，并把这个市政大厅称作"嘲笑无知的建筑"。最为人们称奇的，是这位建筑师当年刻在中央圆柱顶端的一行字："自信和真理只需要一根支柱。"

这位年轻的设计师名字叫克里斯托·莱伊恩。今天，能够找到有关他的资料已经很少了，但在仅存的一点资料中，记录了他当时说过的一句话："我很自信。至少 100 年后，当你们面对这根柱子时，只能哑口无言，甚至瞠目结舌。我要说明的是，你们看到的不是什么奇迹，而是我对自信的一点坚持。"

一根柱子，撑起了一座庞大的建筑，同样撑起了一个人对自信的完美诠释。

希望之弦

他出生时便看不到这个五彩缤纷的世界。为了生计，他拜一位老人为师学习弹奏三弦琴。

出师下山之日，老人知道自己的徒弟很渴望在有生之年看看这个世界，便在送别时交给他一个锦囊。对他说："我给你一个保证治好眼睛的药方，不过，你得弹断1000根弦，才可以打开这张纸单。在这之前，是不能生效的。"

于是这位琴师开始游走四方，尽心尽意地以弹唱为主。

一年又一年过去了，在他弹断了1000根弦的时候，早已过了花甲之年。这位民间艺人急不可待地将那张珍藏在怀里的药方拿了出来，请明眼的人代他看看上面写着的是什么药材，好治他的眼睛。

明眼人接过纸单来一看，说："这是一张白纸嘛，一个字都没有。"

那位琴师听了，潸然泪下，突然明白了师傅那"一千根弦"背后的意义。就为着这一个"希望"，支持他尽情地弹下去，而匆匆之间53年就如此活了过来。

这位年老的盲眼艺人，如今也有了一个双目失明的小徒弟，他没有把这故事的真相告诉他的徒儿，而是像当年他的师父一样将这张白纸慎重地交给了也同样渴望能够看见光明的弟子，对他说："我这里有一张保证治好你眼睛的药方，不过，你得弹断1000根弦才能打开这张纸。现在你可以出师了，去吧，去游走四方，尽情地弹唱，直到那1000根琴弦断掉，就有了答案。"

心灵感悟

我们都在奋力地前进，向着心中若隐若现的那个目标或梦想，这个梦想就是支持我们前行的希望。希望之弦可以支持我们突破一切艰险，最终迈上通向胜利的坦途。

谁也阻挠不了我的理想

1943年正是第二次世界大战的中期。牛津大学的校园里弥漫着战争的气息。大学生们不可避免地为打败德国而从事种种激动人心又极其神秘的活动，学习成了次要的任务。但这没有动摇一位女孩上牛津大学的决心。在她刚满17岁的时候，有一天，她走进新来的女校长的办公室说："校长，我想现在就去考牛津大学的萨默维尔学院。"

女校长皱着眉头说："什么？你不是病了吧？你现在连一节课的拉丁语都没学过，怎么去考牛津？"

"拉丁语我可以学嘛！"

"你才17岁，而且你还差一年才能毕业，你必须毕业后再考虑这件事。"

"我可以申请跳级！"

"绝对不可以。"

"你在阻挠我的理想！"女孩头也不回地冲出校长办公室。

回家后她耐心地说服了父亲支持她的想法，开始了艰苦的复习、学习备考工作。由于她从小受化学老师影响很大，同时又想到：大学学习化学专业的女孩子几乎比其他任何学科都少得多，如果选择某个文科专业，那竞争就会很激烈。这样，她选择了化学专业。在提前几个月得到了高年级学校的合格证书后，她就参加了大学考试。经过耐心的等待，她终于等到了牛津大学的入学通知书。

当年她所在的学校的校长评价她说："她无疑是我们建校以来最优秀的学生之一，她总是雄心勃勃，每件事都做得非常出色。"

正因为如此，40多年以后，英国乃至整个欧洲政坛上才出现一颗耀眼的明星，她就是连续四次当选英国保守党领袖，并于1979年成为英国第一位女首相，雄踞政坛长达11年之久，被世界媒体誉为"铁娘子"的玛格丽特·撒切尔夫人。

只有满怀自信的人，才能在任何地方都怀有自信地沉浸在生活中，并实现自己的理想。

决心的力量

在一次因为战乱而产生的逃难人潮当中，有一位身体虚弱的母亲，带着她只有3岁的小孩一起逃难。难民潮靠着步行，缓慢地向边境移动。酷热的太阳，恶毒地在每一个难民的头上肆虐，难民们拖着蹒跚的步伐，一步一步向前走，不知道自己什么时候会倒下。

那位虚弱的妈妈终于支撑不下去了，她抱着她的小孩，找到了难民潮当中的一位神父。这位可怜的母亲，苦苦地哀求神父，帮她照顾她的小孩，因为她觉得绝对无法支撑到边境。

神父看着这位可怜的母亲，由于他略懂医道，在简单地检查了这位妈妈的身体状况后，他发现她的体力尚可，便断然地拒绝了这位妈妈。神父说："你自己的孩子，当然要由你自己负责，我无法代劳！"虚弱的母亲，听到神父这般无情的拒绝，心中不由得十分愤怒，转身抱着自己的孩子，回到难民潮的队伍当中。

一天一天过去，这一群难民终于步行到了边境，通过国际红十字会的照顾，在难民营中，每个人至少有了最起码的安身之处。这时候，神父再来探望这位身体已经恢复健康的母亲。神父看到她，欣慰地说："还好我没有接下你托孤的任务，今天才能看到你们母子都平安——"智慧的神父，在最危难的时刻，让这一位可怜的母亲激发出无限的潜能。生命的能量，往往在你下定决心的时候，可以全部被激发出来。

希望你能了解决心的力量，在每次遇到困难的时候，都能激发出自己的生命潜能，勇敢地去面对挫折。

为自己点一盏心灯

真正的智者，总是站在有光的地方。太阳很亮的时候，生命就在阳光下奔跑。当阳光熄灭了，还会有那一轮高挂的明月；当月光熄灭了，还有满天闪烁的星星；如果星光也熄灭了，那就为自己点一盏心灯吧。无论何时，只要心灯不灭，就有成功的希望。

紫霄未满月就被白发苍苍的奶奶抱回家。奶奶含辛茹苦把她养到小学毕业，狠心的父母才从外地返家。父母重男轻女，对女儿非常刻薄。有时她生病，父母会变本加厉地折磨她，母亲说："我看你就来气，你给我滚，又有河又有老鼠药又有绳子，有志气你就去死。"还残忍地塞给她一瓶"安定"。13岁的小姑娘没有哭，在她幼小的心灵里，萌生了强烈的愿望——她一定要活下去，并且要活出个人样来！

被母亲赶出家门，好心的奶奶用两条万字糕和一把眼泪，把她送到一片净土——尼姑庵。紫霄满怀感激地送别奶奶后，心里波翻浪涌，难道我的生命就只能耗在这没有生气的尼姑庵吗？在尼姑庵，法名"静月"的紫霄得了胃病，但她从不叫痛，甚至在她不愿去化缘而被老尼姑惩罚时，她也不皱眉不哭。叛逆的个性正在潜滋暗长。在一个淅淅沥沥的清晨，她揣上老奶奶用鸡蛋换来的干粮和卖棺材得来的路费，踏上了西去的列车。几天后，她到了新疆，见到了久违的表哥和姑妈。在新疆，她重返课堂，度过了幸福的半年时光。在姑妈的建议下，她回安徽老家办户口迁移手续。回到老家，她发现再也回不了新疆了，父母要她顶替父亲去厂里上班。

她拿起了电焊枪，那年她才15岁。她没有向命运低头，因为她的心中还有梦。紫霄业余苦读，通过了"写作""现代汉语"和"文学概论"自学考试。第2年参加高考，她考取了安徽省中医学院。然而她知道因为家庭的原因自己无法实现梦想，大学经常成为她夜梦的主题。

1988年底，紫霄的第一篇习作被《巢湖报》采用，她看到了生命的一线曙光，她要用缪斯的笔来拯救自己。多少个不眠之夜，她用稚拙的笔饱蘸浓情，抒写自己的苦难与不幸，倾诉自己的顽强与奋争。多篇作品"飞"了出去，耕耘换来了收获，那些凝聚心血的稿件多数被采用，还获得了各种奖项。1989年，她抱着自己的作品叩开了安徽省作协的门，成了其中的一员。

文学是神圣的，写作是清贫的。紫霄毅然放弃了从父亲手里接过的"铁饭碗"，开始了艰难的求学生涯。因为她知道，仅凭自己现在的底子，远远不能成大器。她到了北京，在鲁迅文学院进修。为生计所迫，生性腼腆的她当起了报童。

骄阳似火，地面被晒得冒烟，紫霄挥汗如雨，怯生生地叫卖。天有不测风云，在一次过街时，飞驰而过的自行车把她撞倒了。看着肿得如馒头一般的脚踝，紫霄的第一个反应是这报卖不成了。她没有丧失信心，用几天卖报赚来的钱补足了欠交的学费，只休息了几天，又一次开始了半工半读生活。命运之神垂怜她，让她结识了莫言、肖亦农、刘震云、宏甲等名作家，有幸亲聆教诲，她感到莫大的满足。

为了节省开支，紫霄住在某空军招待所的一间堆放杂物的仓库里。晚上，这里就成了她的"工作室"，她的灯常常亮到黎明。礼拜天，她包揽了招待所上百床被褥的浆洗活，有一次她累昏在水池旁，幸遇两位女战士把她背回去，灌了两碗姜汤，她苏醒过来又去接着洗，她的脸上和手上有了和她年龄不相称的粗糙和裂口。

紫霄后来的经历就要"顺利"得多。她攻读古文，从军、写作、采访、成名，这一切似乎顺理成章，然而这一切又不平凡。她是一个坚强的女子，是一个不向困难俯首称臣的不屈的奇女子。她把困难视作生命的必修课，最终得了满分。

"一个人最大的危险是迷失自己，特别是在苦难接踵而至的时候。……命运的天空被涂上一层阴霾的乌云，她始终高昂那颗不愿低下的头。因为她胸中有灯，它点燃了所有的黑暗。"

一篇采访紫霄的专访的题词中写了这样的话，在主人公心中，那盏灯就是自己永远也未曾放弃过的希望。

心灵感悟

　　无论何时，都要在自己心中点上一盏灯，无论生活中有多少苦难，那盏灯一定不要灭，它会为你指引前进的方向。

播撒希望的种子

　　小时候，汤姆每年夏天都要随父母去乡下的爷爷那里度假。

　　汤姆记忆中的爷爷是个瘸了腿的老人。听爸爸说，爷爷年轻时很英俊，很能干。他做过教师，26 岁时当选村长，之后一路做了乡长、县长，在事业如日中天的时候他患了病——严重的中风。

　　宽阔的原野，高高的草垛，哞哞的牛叫声，脆脆的鸟鸣，总会使汤姆流连忘返。

　　"爷爷，我长大了也要来乡下，种庄稼！"一天早上，汤姆兴致勃勃地说出了自己那时的愿望。

　　"那，你想种什么呢？"爷爷笑了。

　　"种西瓜。"

　　"唔，"爷爷的眼睛快活地眨了眨，"那么让我们赶快播种吧！"

　　汤姆从邻居家要来了 5 粒黑色的瓜籽，取来了锄头。在一棵大杨树下，爷爷和汤姆翻松了泥土，然后把西瓜籽撒下去。做完这一切，爷爷说："接下去就是等待了。"

　　当时的汤姆并不懂"等待"是怎么回事。那个下午，他不知跑了多少趟——去看看他的西瓜地，也不知为此浇了多少次水，把西瓜地变成了一片泥浆。谁知，直到傍晚，却连西瓜的影子也没有。

　　晚餐桌上，汤姆问爷爷："我都等了整整一下午，还得等多久？"

　　第二天早晨，汤姆一醒来就往瓜地跑。咦！一个大大的、滚圆滚圆的西瓜正瞅着他笑呢！汤姆当时兴奋极了——他种出世界上最大的西瓜了！

　　稍大些，汤姆知道了这个西瓜是爷爷从家里搬到瓜地里的。尽管这样，他并不认为那是一种游戏，是慈爱的爷爷哄骗孙子的把戏，而是善良的老人在一个不懂事的孩子心中播下的一颗希望的种子。

　　如今，汤姆已有了自己的孩子，事业上也有所成就。而他觉得自己乐天的性情是爷爷为他在杨树底下播的种子长成的——爷爷本来可以告诉他，在爷爷的家乡种不了西瓜，八月中旬也不是种瓜的时节，而且树荫下边也不宜种瓜……但是他没有这样做，而是让他实地体验了"希望"与"成功"的滋味，他永远感激爷爷。

希望可以使原本平淡的生活变成彩色，使人在心中树立目标，让人生变得富有意义。

哀莫大于心死

一位孤独的年轻人倚靠着一棵树晒太阳。他衣衫褴褛，神情萎靡，不时有气无力地打着哈欠。一位智者从此经过，好奇地问："年轻人，大好时光，你不去做该做的事，懒懒散散地晒太阳，岂不辜负了大好时光？"

"唉！"年轻人叹了一口气说，"在这个世界上，除了我自己的躯体外，我一无所有。我又何必去费心费力地做什么事呢？每天晒晒我的躯体，就是我做的所有事了。"

"你没有家？"

"没有。与其承担家庭的负累，不如干脆没有。"年轻人说。

"你没有你的所爱？"

"没有，与其爱过之后便是恨，不如干脆不去爱。"

"没有朋友？"

"没有。与其得到还会失去，不如干脆没有朋友。"

"你不想去赚钱？"

"不想。千金得来还复去，何必劳心费神动躯体？"

"噢，"智者若有所思，"看来我得赶快帮你找根绳子。"

"找绳子？干吗？"年轻人好奇地问。

"帮你自缢！"

"自缢？你叫我死？"年轻人惊诧了。

"对。人有生就有死，与其生了还会死去，不如干脆就不出生。你的存在，本身就是多余的，自缢而死，不是正合你的逻辑吗？"

孤独者无言以对。

心死了，便没有了希望，生活也就没有了生机和色彩。而人生最大的悲哀也莫过于此了。

梦想的清单

有一个人在还是个没见过世面的孩子的时候，把自己一辈子想干的大事列了一个表。表上列着：到尼罗河、亚马逊河和刚果河探险；登上珠穆朗玛峰、乞力马扎罗山和麦特荷恩山；驾驭大象、骆驼、鸵鸟和野马……每一项都编了号，总共有127个目标。从那以后，他就开始抓紧一切时间来实现他的那些梦想。

16岁，他和父亲到了佐治亚州的奥克费诺基大沼泽和佛罗里达州的埃弗格莱兹去探险。

这是他首次完成了表上的一个项目。

20 岁他已经在加勒比海、爱琴海和红海里潜过水了。他还成为一名空军飞行员，在欧洲上空做过几十次战斗飞行。

21 岁时他已经到 21 个国家旅行过。

22 岁刚满，他就在危地马拉的丛林深处发现了一座玛雅文化的古庙。同一年他就成为"洛杉矶探险家俱乐部"有史以来最年轻的成员。26 岁时，他和另外两名探险家来到尼罗河之源。紧接着尼罗河探险之后，约翰开始接连不断地加速完成他的目标：1954 年他乘筏漂流了整个科罗拉多河；1956 年探察了长达 3200 多千米的刚果河；他在南美的荒原、婆罗洲和新几内亚与那些食人族、割取敌人头颅作为战利品的人一起生活过；他爬上过阿拉拉特峰和乞力马扎罗山……

他就是著名探险家约翰·戈达德。

将近 60 岁时，戈达德依然显得年轻、英俊，他不但是一个经历过无数次探险的老手，还是电影制片人、作家和演说家。戈达德已经完成了 127 个目标中的 106 个。

在实现自己目标的过程中，他有过 18 次死里逃生的经历。他说："这些经历教我学会了珍惜生活，凡是我能做的我都想尝试。"

心灵感悟

> 每个人在儿时都有属于自己的梦想清单，却在一天天的生计奔波中将梦想放进了杂物间，实现梦想的方法永远只有一个：行动。

有梦想就有希望

读过一篇文章《小人物与大明星》，令人颇有感触。

他高中毕业后，子承父业，成为一名每周只挣 30 美元的卡车司机。不过他活得很快乐，他的驾驶室里总是飘着愉快的歌声。最令他自豪的一件事是，1953 年的时候，他用开车攒下的钱在孟菲斯市的一个录音棚里，录制了一盘自弹自唱的音乐磁带，作为献给母亲的生日礼物。

她是洛杉矶一家军工厂的青年女工。像所有工人一样，她每天都在工厂的生产流水线上，不断地重复着几个简单的动作。她的生活波澜不惊，唯一值得炫耀的，便是在 1944 年的一天，她像往常一样在流水线上埋头干活。突然，一个到工厂采风的陆军摄影师注意到了她。摄影师请她做模特，拍摄了一组宣传照。

他是一个健壮的英格兰小伙，由于家境贫寒，他十几岁就自愿参加了英国皇家海军。退役后，他先后做过瓦泥匠、游泳馆救生员。1950 年，他开始在电影里扮演一些跑龙套的小角色。做演员所获得的微薄收入并不能维持他的日常开支，于是，他又找了一份给棺材刷油漆和上光的工作。

她高中毕业后进入密歇根大学，两年后辍学，带着仅有的 35 美元和一双舞鞋，前往纽约寻求发展。她由于没钱租好一点的房子，便住在爬满蟑螂的极其破旧的屋子里。她当过清洁工，做过衣帽间的侍者。干的时间最长的一份工作，是在德肯油炸圈饼店当售货员。

也许你没有想到，这些普通的人居然是赫赫有名的大明星，第一位就是"猫王"普雷斯利；第二位是玛丽莲·梦露；下一位人们叫他"007"；最后一位更是家喻户晓，她就是麦当娜。无论多么平凡，只要不放弃自己的梦想，你也能从小人物变成大明星。

心灵感悟

不必哀叹、抱怨自己当下的平凡，只要有梦想，只要向着自己的梦想努力、追逐，一切都能够改变！

给自己树一面旗帜

她从北京101中学来到云南边疆一个叫"蚂蟥堡"的地方。

她们住的房子是队里盖的马棚，只有顶，没有墙。人们用竹篱笆将马棚围了起来，放了几张床，两两相依。初到时，看书写字，就搬个小板凳放在床前。

有一天，一位马棚同屋收到了家中的来信。她看完后告诉她们，某天美国人上月球了。据说全世界都进行了实况转播，但她们没有收音机（在那个年代，收音机算是最奢侈的用品），几个月后才知道了这个消息。她们该做什么呢？能做什么呢？空担着一个"知识青年"的虚名，多数人只懂得一元一次方程式，更不要说极"左"路线把很多原来能做的事也弄得做不成了。种种希望和理想，像射进篱笆墙的阳光碎成了星星点点，聚不起来了。

她在苦闷中度过了几个月后，不再惶惑，她找到了自己的信念，变得充实起来。她很少浪费时间，除了劳动就是钻研，时间安排得很紧。当然，不是为了上月球，也不是为了想进大学，而只是希望让科学在生活中起些作用。她不过是个苗圃工，却读完了农大的好几门课。她苦读医书，在自己身上练会了针灸，治好过好几个病人。她动手建小气象站，自己动手做百叶箱、立风向杆、养蚂蟥，半夜起来记录温度……为了学习专业知识，她同时也学习基础知识，从一元一次方程到微积分，从A、B、C学习到阅读英文书籍，从"老初一"提高到了大学水平。

大概在1973年，一批科技期刊恢复出版，她到邮局订了所有能订的期刊，用掉了一个月的收入。她的衣服却是补了又补，鞋子也缝了又缝。她这种对科学执着钻研的顽强意志，在过去和现在都是她有力的人生支持之一。专注于科学，专注于诚实的、有益的工作，使她有了更多的勇气战胜懈怠、软弱和虚荣心。

后来她成了上海交大的研究生。

在通往理想的道路上总会遇到大大小小的困难和挫折，埋怨、消沉、哀叹命运，这些都无济于事。面对挫折，要有宽阔的胸襟和无畏的勇气。要记住，挫折是通向理想的阶梯。只要你有走出的愿望，就没有走不出的人生低谷。

如果你还在为不幸的遭遇自怨自艾的话，那你的人生将不会有任何前途。

心灵感悟

信念的力量是无穷的，但它并不是到处去寻找顾客的产品营销员，它永远也不会主动地去敲你的大门。因此，一个想成功的人必须主动地为自己树一面信念的旗帜，让它在远方随风飘扬，引导着你一步步走向成功。

打开梦想之门

"好莱坞向这个年轻人敞开大门，倘非绝后，那肯定也是空前的！"一位老资格的影评家这样说。

年轻人叫查理斯，他出生时，大夫告诉他的母亲："趁现在还来得及，最好送他到疯人院去。"查理斯没去那儿，但家里为此吃尽了苦头。

快3岁时，他才摇摇晃晃地会走第一步；那个冬天，他的两个姐姐带他坐在一面大镜子前，手点着他的鼻子问他："这是什么？"他回答是嘴巴。更糟的是，包括他父母亲在内，很少有人能听懂他说的话。

4岁那年，他被送往"肯尼迪儿童中心"学习。在那儿，他终于有了长足的进步。一天，他捧回一个刻着"Cheerios"字样的盒子给母亲："看，上面有我的名字！"（他的名字：Chris）母亲高兴得流下了眼泪。

8岁时的一个下午，他翻出一本旧相册，里面有他的两个姐姐幼年时在电视广告中的剧照，他一下给迷住了，痴痴地一再嚷道："我要……我也要上电视！"他的父亲忧心忡忡地劝道："我实在看不出有这种可能性！"

查理斯却从没忘记他的梦。一有空儿，他便一遍遍地借助着录像带练习唱歌和跳舞。4年后，机会终于来了，他在学校的圣诞晚会上扮演一个牧羊人，唯一的一句台词是："嗨，真逗！"为这句话，他反复练习了半个多月，连在梦中也念叨不已。演出的那天，观众席上的一位来自好莱坞的制片人听说了这件事。"真逗！"他对自己说。

又过了10年，这位好莱坞制片人准备推出一部肥皂剧的时候，发现还少个跑龙套的角色。他抓起电话："嗨，小伙子，对好莱坞还有兴趣吗？""好莱坞？太棒了，要知道我没有一天不想它的！"查理斯热情洋溢地回答。

于是，22岁那年查理斯第一次来到了好莱坞，和那些大明星在一起，他感到无比高兴和激动，说话也变得流畅自然了。电视剧原定于1987年9月播出，然而全美电视网联播公司拒绝购买播映权。

查理斯的梦幻破灭了，他又回到原先工作过的单位。到1988年，他已有了令人羡慕的固定薪水。他的家人和一些朋友都为之欣慰。他们一再对他说："你必须忘掉那些关于好莱坞的陈词滥调，那扇门不会再向你打开的！"

但查理斯深信，门会开的。好莱坞也没忘记他。不少人都说："让这个迷人的小伙子离开银幕太可惜了，何不再安排一次机会让他碰碰运气呢？"

于是，一个编剧专门为他写了一部家庭伦理片。剧中父子两人——儿子像查理斯一样，患有先天性残疾——相依为命，共度艰难人生。

正式开拍那天，查理斯站在摄影机前，泪流满面。他想起了自己坎坷不平的人生道路，想起了父母亲过早花白的头发，想起了无数帮助过自己的认识的和不认识的朋友，更想起了那些在疯人院中孤苦无助的同龄人。

他泣不成声地对"父亲"说道："天真黑！爸爸，拉我一把。你的手会给我温暖和勇气。让我们手拉手，共同走过这条人生路上泥泞而短暂的隧道……"

查理斯成功了。

　　所有的评论都说："这部影片可能不是最出色的，但肯定是最感人的。"一夜间，查理斯成了人们的偶像。信件铺天盖地般涌来。一个中学生来信说："我今年16岁，和你一样，我也患有严重的残疾。你是我心中的英雄。"

　　"我不是英雄，"查理斯告诉他，"我只是努力去改变自己。也许，生活也因此一天天地变得更美好。"

心灵感悟

　　患有残疾是不幸的，然而被残疾打垮才是真正的不幸。如果让一次不幸毁了一生的幸福那可真是不划算。不妨开朗一点，将痛苦留在身后，这个世界上总可以找到适合你的位置，努力吧！

第二十一辑
活在当下

被怠慢了的风景

一位到新加坡游览了两个星期的外地朋友，在临别晚宴上，谈起新加坡的名胜，如数家珍。唐城、虎豹别墅、飞禽公园、植物园、中央公园、范克里夫水族馆、光明山普觉禅寺、双林寺、天福宫、鳄鱼园、动物园、圣淘沙、乌敏岛、圣约翰岛、龟屿、晚晴园、和平纪念碑，等等，都印上了他清晰的足迹。

我在一旁静静地听着，越听越惭愧。

他眉飞色舞地描绘着的好多名胜，寻幽探秘的好多岛屿，都是我足迹未及的。

不是全然缺乏寻访探究的好奇心，只是因为这些名胜地都近在咫尺，就像握在掌心里的东西一样安全牢靠。心里老想：又飞不掉，急什么嘛！这样无意识地一日拖一日，一年拖一年。最最糟糕的是，不去、不看，心里居然也没有任何遗憾的感觉。

近读上海女作家查志华女士的散文集《无华小文》，内有一段文字，好似鼓槌一样，狠狠地敲在我心上。"人对于自己初来乍到的城市都有一种寻访探究的浓厚兴趣，而对自己生活其中几年几十年的地方却常常无意中薄视并怠慢了，所以有人写诗说：熟悉的地方无风景。"

薄视，怠慢。

对，身在庐山而不识庐山真面目，只因置身于庐山的那个人对于气势磅礴的庐山心存怠慢。

被"怠慢"了的风景，可以等——即使等上十年八年，那风景，依然妩媚如昔。可是，倘若被"怠慢"了的是人才，这人才，可经不起一等再等呀！

我们总对自己身边的人与事熟视无睹，等着以后去关心，以后再去关注，殊不知，你能等，那人与事是否可以等呢？

"此刻"冥想

大约一年前，有一天午后，我带我的小狗碧珠出去散步。大概走了4个路口之后，我突然发现自己根本不是在散步，我还在想着刚刚和一位电视节目制作人通过的电话，我在担心出书的截稿日期，我在盘算要不要请一位新的助手。我的心无所不在，就是不在这散步的路上。"快乐只能从当下里寻找，"我提醒自己，"但是我要怎样让自己回到当下？就算能回到当

309

下，我又该怎样把自己的心留在当下？"

忽然有两个字闪进了我的脑里："此刻。"于是我开始用这个词来造句，描述在每一个当下所做的事。然后我的思绪开始上路：

"此刻，我和碧珠正走上一个小山坡……此刻，我在柏油路上一步一步地向前走……此刻，我正看着碧珠那小巧的身影在我前面又蹦又跳……此刻，我正深深地吸入一口夏日的空气……此刻，我正抬头仰望蓝天……此刻，我正欣赏一朵红花……此刻，我在这儿；此刻……"

在我练习"此刻"冥想的同时，我的思绪放松了，我的呼吸也逐渐深而缓了，我不再一路催促碧珠，它停下来时，我也欣然止步。我开始专心于每一个刹那，一股宁静祥和的感觉渗进我每一个细胞。散步结束回到家里，我觉得自己好像刚刚度过了一个美妙假期，脸上还挂着满意的笑容。

从那一天起，我便常常做"此刻"冥想，尤其是在寻找真实的刹那时候。

如果你想用"此刻"冥想呼吸法来做某种情绪治疗，在冥想时，你可以试试这样的句子——

吸气时想："此刻，我吸入了爱。"

呼气时想："此刻，我呼出了恐惧。"

再来一次……

如此时常冥想，便享受到了一种宁静的快乐。

心灵感悟

"此刻"冥想可以让你体察生活中的每一个细节，体验当下的每一份快乐。现在，就请你开始与我们一起进行"此刻"冥想吧。

快乐无法保存

从前有个富翁，他对自己地窖里珍藏的葡萄酒非常自豪。窖里保留着一坛只有他才知道的、在某种场合才能喝的陈酒。

州府的总督登门拜访。富翁提醒自己："这坛酒不能仅仅为一个总督启封。"

地区主教来看他，他自忖道："不，不能开启那坛酒。他不懂这种酒的价值，酒香也飘不进他的鼻孔。"

王子来访，和他同进晚餐。但他想："区区一个王子喝这种酒过分奢侈了。"

甚至，在他儿子结婚那天，他还对自己说："这些客人的身份与这坛酒不符，不能给他们喝。"

一年又一年过去了，那坛酒一直被很好地保存着等待最适合的人喝。终于，富翁死了。

下葬那天，陈酒坛和其他酒坛一起被搬了出来，被左邻右舍的农民统统喝光了。谁也不知道这坛陈年老酒的久远历史。对他们来说，所有倒进酒杯里的酒都是一个味儿。

与之相对应，一位记者曾讲过这样一件事。

这位记者曾采访过钢琴大师鲁宾斯坦，临别时大师送给他一盒上等雪茄。这位记者表示要好好地珍藏这一礼物。钢琴大师告诉他："不要这样，你一定要享用它们，这种雪茄如人生一样，都是不能保存的，你要尽量享受它们，因为快乐是无法保存的。"

真正的快乐是保存不了的，那些用保存来获得快乐的人是徒劳的。

活在今天的方格中

也许很多人都觉得自己每天有做不完的事，并认为自己的生活压力越来越大。除此之外，还觉得对未来也不是很有把握，不知道未来会是什么样子。这个问题对于现在生活在迷茫中的一代更是一个严重存在的问题。但是这个问题并不是现在才有的，很久以前人们就在受着它的困扰。而以前的人又是如何解决的呢？让我们来看看吧。

在1871年的春天，有一位年轻人跟我们一样有这种感觉。他刚从医学院毕业，不知何去何从，及如何开业维生。后来他很幸运地看到对他有深远影响的二十几个字，改变了他的一生。

那天他从书上读到的那二十几个字，使他成为一代名医，使他日后创立美国医学界最有名的约翰霍普金斯医学院，并获得英国国王颁授爵位。他的名字是威廉·奥斯勒爵士。他在1871年所看到的二十几个字是："我们的首要之务，并不是遥望模糊的远方，而是专心处理眼前的事务。"

像他这样的名教授，又是医学院的创办人，大家一定认为他的能力应该是超人一等，可是他强调那是绝对不正确的。他的好朋友都知道，他其实资质平平。那么，他成功的秘诀到底是什么呢？他认为完全归功于那二十几个字，清楚地提醒他要"活在今天的方格中"。

奥斯勒的意思是要我们不为明天做计划吗？绝对不是的。他真正的意思是如果我们想要为明天做最佳准备，就要将自己所有的智慧与能力、热忱积极地投入今天该做的事务中。这是我们唯一能为未来做的准备工作。

"活在今天的方格中"，是要我们将所有的智慧与能力完全投入今天该做的事务中，从而为赢得更好的明天做最佳的准备。

把握现在的快乐

玛丽决定到森林中去享受自然风光，好好享受她"现在"的时光。但是，到森林中以后，她却让自己的思想漫游到她在家时应当做的那些事情上……她在想，小孩、日常用品、住房、票据，每件事情是否都安排妥当了。在其他的时间，她的思绪则飞到她走出森林后将必须做的那些事情上。现在就这么过去了，现在就这样被过去的事情和将来的事情给占据了，因而，在那种自然风光下，本来是享受现在幸福快乐时光的宝贵机会就这样失去了。

欧兰为了轻松一下，便去了一些小岛。她整个假期都在岛上晒太阳，不过，她不是为了享受温暖的阳光照射在她身上的那种十分惬意的感觉，而是为了等待她那些留守家中的朋友在看到她回家后的健康肤色后会对她说的一些恭维话。她的心用在将来的时刻，而当将来的时刻来临时，她又对不能回到海岸晒太阳而惋惜不已。

索尼在阅读一本教材时，竭力不让自己的思想走神。但是，他突然发现自己只读了3页，他的思想便开始走神了。尽管他的眼睛盯在每个词上，但他对书中的那些内容视而不见，他完全不知所云，一个观点也没有吸收进去。他只是表面上在阅读，他的"现在"正想着昨晚的电影，或者说，正在担心明天的测验。

如果你使自己专心致志于你的"现在"，专心致志于你总是逃避、忽视并让它白白流逝的时光，那么，你现在的这种体验必定极其美好。珍惜你的每一时刻，过去了的就让它过去，也不要老是幻想将来，把现在紧抓在手，作为你唯一的所有。记住，憧憬、希冀和后悔都是忽视现在的最普通、最有害的"策略"。

一味逃避现在将导致你对将来过于理想化。你也许会认为，在将来的某一美妙时刻，你的生活将得到改观，你的每一件事都被安排得井井有条，你将找到幸福的感觉。当你面临这一特殊时刻时——也许是毕业典礼，也许是洞房花烛夜，也许是你的孩子降生时，也许是你晋升、春风得意时，你的生活将真的开始了。当这样的时刻真的来临时，往往很令人失望。这种时刻绝不会像你想象的那样美妙。

当然，一件事情不合你的心意时，你能通过再一次理想化而避免沮丧、气馁。不要让这种恶性循环变成你的生活方式。通过想目前的某一重大成就这一方式，可以避免你去想那些不合你的心意的事件。

只要我们想一想，我们就知道，除"现在"之外，确实没有我们能把握的其他时刻。"现在"便是一切，将来只有当其来临时，才能成为你把握的另一个时刻。聪明的人应该把现在紧抓在手，作为你唯一的所有。

下次如果你仍然在是否该把握住你自己的问题上犹豫不决，仍然在是否该自己独自做出选择的问题上犹豫不决，你不妨问自己这样一个十分重要的问题："我还能活多久？"有了这一永恒的洞察力，你现在便可以独自做出选择，你便可以摆脱困扰你的担忧、恐惧和你是否负责得起的问题。

如果你不开始采取这样的行动，那么，你肯定会过着他人说你必须过的那种生活。既然你在世上的生命如此之短暂，你为何不过至少你满意的那种生活呢？简言之，生活是你的生活，做你想做的事情吧。

心灵感悟

"现在"不能被过去的记忆和未来的幻想所占据，现在就是现在，现在的快乐就应该现在把握。

假如今天是生命的最后一天

这是陈教师给高三年级学生出的一个作文题。面对这道题，许多同学茫然地瞪大了眼睛："怎么会呢？"陈教师说，当然，这一天的到来可能还十分遥远，现在让你们这些不识愁滋味的少年来思索这样一个沉重的问题的确有点残酷，但我想你们不要回避它，认真地思索它，你们会更加热爱生活，理解生命……作文交上来了，她看到了那么多发自内心的动人独白。

女生陈说："18年前的今天我来到了这个世界，假如今天是我生命的最后一天，我一定要趁着灿烂的阳光还照耀着我的脸时，对我的母亲说，妈妈，感谢你给了我一次生命，感谢你18年来供给我可口的饭食、美丽的衣服以及丰沛的情感。"

男生李说："假如今天是生命的最后一天，我将像《最后一课》中的小弗朗士那样用心记取教师的每一句教诲，把学习当成享受而不是苦役。"

男生吴说："我会鼓足勇气向所有曾受到过我伤害的人道歉，对他们说，请原谅我的过错，相信我不是有意的，做完了这一切，我将回到故乡的山林里向鸟儿们投食，并要向它们忏悔，原谅我小时候掏走了那么多鸟蛋、杀死了那么多小鸟，如果在我去的那个世界里也有像你们这样羽翼翩翩的可爱精灵，我将爱它们如同兄弟。"

女生杨说："我会走上大街向每一个过往的人行注目礼，我要永远记得红尘中凡俗人们的一举一动、一颦一笑。我要告诉所有的人，好好活着，别抱怨，别气馁，永远别忘了，我——一个即将辞世的人——羡慕你们！"

男生徐说："我会用自己所有的钱给关爱了我10余年却一直被我唤作阿姨的继母买件礼物，当然，我还要响亮地叫她一声妈妈。"

陈教师被这些"假如"后面涌动的真情深深打动了。她想，我们一生可能会有那么多遗憾：疏忽了爱的表白，遗忘了情的倾诉，对亲友的轻慢，对生活的懈怠，心灵的麻木，情感的冷漠，虚荣狂妄，蝇营狗苟……这一切，全都是在那"最后一天"无情抽打我们灵肉的皮鞭啊！伟大与卑微的生命都将转瞬即逝。"来不及"该是世界上最让人伤感的词语了吧？人生可数，从出生到撒手人寰，最多不到3万个日夜。"草木一秋""飞火流萤""匆匆过客"，生命如此轻飘，如果你不以真诚和努力充实每一个日子，你的生命怎能不留下遗憾？

假如今天是生命的最后一天？是的，我们一起想想。

心灵感悟

　　假如今天是生命的最后一天，我们会想起在生命里有那么多来不及表达的东西，有那么多要感谢的，有那么多对不起的，那么多不舍得，那么多感动。为什么不现在就去做，而要等到那最后一天呢？

每个年龄都是最好的

几岁是生命中最好的年龄呢？

电视节目拿这个问题问了很多的人。一个小女孩说："两个月，因为你会被抱着走，你会得到很多的爱与照顾。"

另一个小孩回答："3岁，因为不用去上学。你可以做几乎所有想做的事，也可以不停地玩耍。"

一个少年说："18岁，因为你高中毕业了，你可以开车去任何想去的地方。"

一个女孩说："16岁，因为可以穿耳洞。"

一个男人回答说："25岁，因为你有较多的活力。"说这话的人43岁。他说自己现在越来越没有体力走上坡路了。他25岁时，通常午夜才上床睡觉，但现在晚上9点一到便昏昏欲睡了。

一个3岁的小女孩说生命中最好的年龄是29岁。因为你可以躺在屋子里的任何地方，虚度所有的时间。有人问她："你妈妈多少岁？"她回答说："29岁。"

有人认为 40 岁是最好的年龄，因为这时是生活与精力的最高峰。

一位女士回答说 45 岁，因为你已经尽完了抚养子女的义务，可以享受含饴弄孙之乐了。

一个男人说 65 岁，因为可以开始享受退休生活。

最后一个接受访问的是一位老太太，她说："每个年龄都是最好的，享受你现在的年龄吧。"

心灵感悟

最重要的时间就是现在，最重要的人是现在需要你的人，最重要的事是马上去做。

不再期待明天

记得曾经有位多愁善感的女孩给一位作家写过这样一封信："我白天要上班，晚上要上夜大自考班，整天好像紧张充实，又像浑浑噩噩，我没有时间去看清晨的日出和彩霞，没有时间与星星谈谈心，没有时间驻足于草坪花丛听听花儿、草儿生长的声音，我幻想着有一天我能放下这一切的事情，到海南、到西双版纳、到夏威夷去度假，那时我该有多快乐……"

读到这封信时，作家不由想起一首好像叫作《我想去桂林》的流行歌曲："我想去桂林，可是我有时间的时候没有钱，有钱的时候没时间……"

在给这位女孩回信时，作家这样说道："你的幻想是很美丽的，足以让世上的大多数人动心，但也许它实现的机会很小。其实要享受生活、要快乐并不需要那么多的附加条件，你现在完全可以做到。你虽然很忙碌，但完全有时间有条件满足你与太阳、星星、花草的约会，不要把这些享受留待明天。只要你今天有享受的心情，你就完全能做到，明天会有明天的不如意和制约条件，是靠不住的，甚至你还会懊恼今天没有好好享受年轻的心情与生活呢。快乐、放松与享受生活不需要太多的条件与借口，它最需要的只是一种你需要面对今天的现实，给自己今天的快乐。另外一个时空会有另外一种快乐，错过了今天，你也就错过了今天的快乐。而且不只是休闲娱乐中有快乐，工作、学习中也有快乐，它随处躲藏，需要你用心灵去体会，对吗？"

现实是一种难以捉摸而又与你形影不离的时光，如果你完全沉浸于其中，就可以得到一种美好的享受。抓住现在的时光，是玩耍的时间就尽情地玩耍，是休息的时间就畅快地休息，是工作的时间就认真地工作。怎么可以总是"身在曹营心在汉"呢？抓住现在的时光，这是你能够有所作为的唯一时刻。不要期待在将来生活的某一天，会发生奇迹般的转变，你一下子变得事事如意，幸福无比。未来永远没有你想象的那么美好、如诗如画，它只能是将来的一种切切实实的现实。

心灵感悟

昨天，是张作废的支票；明天是尚未兑现的期票；只有今天才是现金，能随时兑换一切。

珍惜眼前

这场史无前例的洪水对村庄来说简直是场劫难，村民们被大水卷走了，只有一个人幸免于难——他被挂在了树上。他祈求上帝来解救自己，因为他是上帝忠实的信徒。上帝答应会给他生的机会。他觉得自己很幸运，上天不会让他过早死去，因此他并没有绝望，等待上帝来解救他。他等呀等，没有等到人划船过来，只等到了一根漂浮的木头。他想：上帝一定会送一艘小船给我，让我到达安全的彼岸，绝不会让我抱着木头漂在水里流浪……木头漂走了。时间一点点过去，小船没有来，连木头也没有了。终于他饿死在树上。

他的灵魂见到了上帝。他满含抱怨，问上帝为何食言。上帝说："我已经给你送去一块木头了，它足以救你的命，是你贪心一定要一艘船，又怎么能怪我呢？"

故事中的这个人，本来有机会摆脱命运，可他的贪婪给他套上了枷锁，最后他不仅失去了一根木头，而且把自己生存的希望都丢掉了。正如世界上缺少的不是美，而是发现美的眼睛；不是缺少机会，而是缺少把握；也不是缺少幸福，而缺少感受幸福的心。

很多人都读过海伦·凯勒的名篇《假如给我三天光明》，无不为作者的真情流露和纯真心灵所打动，它出自一个失去光明并且听力有缺陷的人之手。对我们普通人来说，"三天光明"实在算不了什么，回头想想，过去的三天真没有什么可值得留恋和回忆的，而"三天光明"对未见到过世界上任何色彩、一直在黑暗中生活的人来说，是多么宝贵！她在三天时间里，看到了比正常人更多的东西，甚至是一些我们不曾在意的东西。她第一天的时间给了朋友们，那些好心的、温和的、友好的、使自己的生活变得有价值的人们，给了那些有生命和没有生命的东西；第二天她看到了人类和自然的历史面目；第三天她在日常生活的人们中间度过平凡的一天。多么有意义、难以忘怀的三天！她看到了那么多美好的东西，甚至有很多是我们正常人所没有感受到的！

不要等到失去光明才感到眼睛的重要，丧失了双足才怀念起奔跑的快乐，亲友离去了才明白亲情的可贵，临终之前才懂得生命的美好。

特别的东西不要珍藏

多年前，我跟悉尼的一位同学谈话。那时他太太刚去世不久，他告诉我说，他在整理他太太东西的时候，发现了一条丝质的围巾，那是他们去纽约旅游时，在一家名牌店买的，那是一条雅致、漂亮的名牌围巾，高昂的价格标签还挂在上面，他太太一直舍不得用，她想等一个特殊的日子才用。讲到这里，他停住了，我也没接话。过了好一会儿，他说："再也不要把好东西留到特别的日子才用，你活着的每一天都是特别的日子！"

以后，每当我想起这几句话时，我常会把手边的杂事放下，找一本小说，打开音响，躺在沙发上，抓住一些自己的时间。我会从落地窗欣赏淡水河的景色，不去管玻璃上的灰尘，我会拉着太太到外面去吃饭，不管家里的饭菜该怎么处理。生活应当是我们珍惜的一种经验，而不是要挨过去的日子。

我曾经将这段谈话与一位女士分享，后来见面时，她告诉我她现在已不像从前那样，把美丽的瓷具放在酒柜里。以前她也以为要留待特别的日子才拿出来用，后来发现那一天从未到来。"将来""总有一天"已经不存在于她的字典里了。如果有什么值得高兴的事，有什么得意的事，她现在就要听到、就要看到。

我们常想跟老朋友聚一聚，但总是说"找机会"。

我们常想拥抱一下已经长大的小孩，但总是等适当的时机。

我们常想写封信给另外一半，表达一下浓郁的情意，或者想让他知道你很佩服他，但总是告诉自己不急。

其实，每天早上我们睁开眼睛时，都要告诉自己这是特别的一天。每一天、每一分钟都是那么可贵。

有人说：你该尽情地跳舞，好像没有人在看你一样。你该尽情地爱人，好像从来不会受伤害一样。我也要尽情地跳舞，尽情地爱。

你呢？第一件事是不是与好朋友分享这想法？

你看完这篇短文后，可以马上起身去擦桌子，或洗碗；可以把报纸放一边，闭起眼睛沉思一会儿；也可以把这篇短文转给很多朋友。当然，我最希望你选择最后这一项，要知道，你可能会改变很多人的一生。

你现在就开始吧！

心灵感悟

再也不要把好东西留到特别的日子才用，你活着的每一天都是特别的日子。

每天都活在当下

假使你的生命只剩下一天，明天就要结束，你今天想做什么？狠狠大吃一顿，彻夜不睡与爱人厮守，还是一个人躲起来大哭一场？

当生命走向尽头的时候，你问自己一个问题：你对这一生觉得了无遗憾吗？你认为想做的事你都做了吗？你有没有好好笑过、真正快乐过？

想想看，你这一生是怎么过的：年轻的时候，拼了命想挤进一流的大学；随后，你巴不得赶快毕业找一份好工作；接着，你迫不及待地结婚、生小孩，然后，你又整天盼望小孩快点长大，好减轻你的负担；后来，小孩长大了，你又恨不得赶快退休；最后，你真的退休了，不过，你也老得几乎连路都走不动了。当你正想停下来好好喘口气的时候，生命也就要结束了。

其实，这不就是大多数人的写照吗？他们劳碌了一生，时时刻刻为生命担忧，为未来做准备，一心一意计划着以后发生的事，却忘了把眼光放在"现在"，等到时间一分一秒地溜过，才恍然大悟"时不我予"。

佛家常劝世人要"活在当下"。到底什么叫作"当下"？简单地说，"当下"指的就是：你现在正在做的事、待的地方、周围一起工作和生活的人；"活在当下"就是要你把关注的焦点集中在这些人、事、物上面，全心全意认真去接纳、品尝、投入和体验这一切。

你可能会说："这有什么难的？我不是一直都活着并与它们为伍吗？"话是不错，问题是，你是不是一直活得很匆忙，不论是吃饭、走路、睡觉、娱乐，你总是没什么耐性，急着想赶赴下一个目标，因为你觉得还有更伟大的志向正等着你去完成，你不能把多余的时间浪费在"现在"这些事情上面。

不只是你，大多数的人都无法专注于"现在"，他们总是若有所想，心不在焉，想着明天、明年甚至下半辈子的事。

有人说"我明年要赚得更多"，有人说"我以后要换更大的房子"，有人说"我打算找更好的工作"。后来，钱真的赚得更多，房子也换得更大，职位也连跳好几级，可是，他们并没有变得更快乐，而且还是觉得不满足："唉！我应该再多赚一点！职位更高一点，想办法过得更舒适！"

这就是没有"活在当下"，就算得到再多，也不会觉得快乐，不仅现在不够，以后永远也不会嫌够。忘了真正的满足不是在"以后"，而是在"此时此刻"，那些想追求的美好事物，不必费心等到以后，现在便已拥有。

你停下来仔细看看周围的事物，包括你的工作、家人、朋友甚至饲养的宠物，每当你肯花时间欣赏他们、善待他们，是不是能让你产生美好的感觉？在那一刻，你觉得自己真是快乐。

假若你时时刻刻将力气都耗费在未知的未来，却对眼前的一切视若无睹，你永远也不会得到快乐。一位作家这样说过："当你存心去寻找快乐的时候，往往找不到，唯有让自己活在'现在'，全神贯注于周围的事物，快乐便会不请自来。"

这位作家这一生都在努力掌控身边每一件事，尽力去完成每一目标。她打心里相信，努力得愈多，快乐就会愈多。结果她却发现，她的努力其实正是阻止她感受快乐的最大障碍，而荒谬的是，"快乐"这种东西一直是她努力多年始终想要得到的东西。

或许人生的意义，不过是嗅嗅身旁每一朵绮丽的花，享受一路走来的点点滴滴而已。毕竟，昨日已成历史，明日尚不可知，只有"现在"才是上天赐予我们最好的礼物。

心灵感悟

你存心去找快乐，往往找不到，唯有让自己活在"现在"，快乐才会不请自来。

生命也有保存期限

有一位知名的哲学家，天生一股特殊的文人气质，迷倒了不少女人。

某天，一个女子敲开他的门说："让我做你的妻子吧！错过我，你将找不到比我更爱你的女人了！"

哲学家虽然也很喜欢她，但仍回答说："让我考虑考虑！"

事后，哲学家用他一贯研究学问的精神，将结婚与不结婚的好处和坏处分别罗列出来，才发现好坏均等，真不知该如何抉择。于是，他陷入长期的苦恼之中。

最后，他得出一个结论——人若在面临抉择而无法取舍的时候，应该选择自己尚未体验过的那一个。

哲学家来到女子的家中，对女子的父亲说："你的女儿呢？请你告诉她，我考虑清楚了，我决定娶她为妻！"

女人的父亲冷漠地回答："你来晚了10年，我女儿现在已经是三个孩子的妈妈了！"

两年后，哲学家抑郁成疾。死前，他将自己所有的著作丢入火堆，只留下一段对人生的注解——

如果将人生一分为二，前半段的人生哲学是"不犹豫"，后半段的人生哲学是"不后悔"。

心灵感悟

站在现在，不要后悔自己曾经的不完美，也不要害怕自己未来的不确定，因为正是这些不完美和不确定给了我们生命更多的希望。生命也有保存期限，想做的事该趁早去做。

回忆过去不如改善现在

新年的夜晚，一位老人伫立在窗前。他悲戚地举目遥望苍天，繁星宛若玉色的百合漂浮在澄静的湖面上。老人又低头看看地面，几个比他自己更加无望的生命正走向它们的归宿——坟墓。老人在通往那块地方的路上，也已经消磨掉60个寒暑了。在那旅途中，他除了有过失望和懊悔之外，再也没有得到任何别的东西。

年轻时代的情景浮现在老人眼前，他回想起那庄严的时刻，父亲将他置于两条道路的入口——一条路通往阳光灿烂的升平世界，田野里丰收在望，柔和悦耳的歌声四方回荡；另一条路却将行人引入漆黑的无底深渊，从那里涌流出来的是毒液而不是泉水，蛇蟒四处蠕动，吐着舌箭。

老人仰望夜空，苦恼地失声喊道："青春啊，回来！父亲哟，把我重新放回人生的入口吧，我会选择一条正路的！"可是，父亲以及他自己的黄金时代都一去不复返了。

他看见阴暗的沼泽地上空闪烁着幽光，那光亮游移明灭，瞬息即逝，那是他挥霍的年华；他看见天空中一颗流星陨落下来，消失在黑暗之中，那是他自身的象征。徒然的懊丧像一支利箭射穿了老人的心脏。他记起了早年和自己一同踏入生活的伙伴们，他们走的是高尚、勤奋的道路，在这新年的夜晚，载誉而归，无比快乐。

高耸的教堂钟楼鸣响了，钟声使他回忆起儿时双亲对他这浪子的疼爱。他想起了困惑时父母的教诲，想起了父母为他的幸福所做的祈祷。强烈的羞愧和悲伤使他不敢再多看一眼父亲居留的天堂。老人的眼睛黯然失神，泪珠泫然坠下，他绝望地大声呼唤："回来，我的青春！回来呀！"

老人的青春真的回来了。原来，刚才那些只不过是他在新年夜晚打盹儿时做的一个梦。尽管他确实犯过一些错误，眼下却还年轻。他虔诚地感谢上天，时光仍然是属于他自己的，他还没有堕入漆黑的深渊，尽可以自由地踏上那条正路，进入福地洞天，丰收的庄稼在那里的阳光下起伏摇摆。

依然在人生的大门口徘徊逡巡，踌躇着不知该走哪条路的人们，记住吧，等到岁月流逝，你们在漆黑的山路上步履踉跄时，再来痛苦地叫喊"青春啊，回来！还我韶华"，那只能是徒劳了。

心灵感悟

美国诗人朗费罗说："不要老叹息过去，它是不再回来的；要明智地改善现在，要以不忧不惧的坚决意志投入扑朔迷离的未来。"过去的已经过去，不再属于我们，为什么不好好地把握现在呢？

第二十二辑
幸福的钥匙在你心中

幸福的哲学

一个富人和一个穷人在一起谈论什么是幸福。

穷人说："幸福就是现在。"

富人望着穷人漏风的茅舍、破旧的衣着，轻蔑地说："这怎么能叫幸福呢？我的幸福可是百间豪宅、千名奴仆啊。"

一场大火把富人的百间豪宅烧得片瓦不留，奴仆们各奔东西。一夜之间，富人沦为乞丐。

火热的7月，汗流浃背的乞丐路过穷人的茅舍，想讨口水喝。穷人端来一大碗清凉的水，问他："你现在认为什么是幸福？"

乞丐眼巴巴地说："幸福就是此时你手中的这碗水。"

生活中，我们想要这个或那个。如果不能得到我们想要的，我们就不停地去想我们所没有的，并且保持一种不满足感。如果我们确实得到想要的，我们仅仅是在新的环境中重新创造同样的想法。因此，尽管得到了我们所想要的，我们仍旧不高兴。当我们充满新的欲望时，是得不到幸福的。

一位心理学家指出：最普遍的和最具破坏性的倾向之一就是集中精力于我们所想要的，而不是我们所拥有的。我们仅仅不断地扩充我们的欲望名单，这就确保了我们的不满足感。你的心理机制说："当这项欲望得到满足时，我就会快乐起来。"可是一旦欲望得到满足后，这种心理作用却不断重复。

幸运的是，有个可以快乐起来的方法，那就是改变我们的思考重心，从我们所想要的转而想到我们所拥有的。不是期望你的爱人是别人，而是试着去想她美好的品质；不是抱怨你的薪水，而是感激你拥有一份工作；不是期望你能去夏威夷度假，而是想到你家附近亦有乐趣，这有多高兴。

这种可能性是没有穷尽的！每次当你注意到自己跌入这种"我期望生活有所不同"的陷阱中时，退回来，并且重新来过。吸口气，记住要感激你所拥有的一切。当你的精力不是集中于你想要的，而是集中于你所拥有的，不管怎样你都要结束这种要得到更多的想法。

心灵感悟

学会知足，要尽力改变你的思考重心，从"我期望生活有所不同"的陷阱中退出来，学会感谢你所拥有的，你就会感到幸福。

珍惜所拥有的

从前，有个男孩住在山脚下的一幢大房子里。他喜欢动物、跑车与音乐。他爬树、游泳、踢球，喜欢漂亮女孩。他过着幸福的生活。

一天，男孩对上帝说："我想了很久，我知道自己长大后需要什么。"

"你需要什么？"上帝问。

"我要住在一幢前面有门廊的大房子里，门前有两尊圣伯纳德的雕像，并有一个带后门的花园。我要娶一个高挑而美丽的女子为妻，她性情温和，长着一头黑黑的长发，有一双蓝色的眼睛，会弹吉他，有着清亮的嗓音。

"我要有三个强壮的男孩，我们可以一起踢球。他们长大后，一个当科学家，一个做参议员，而最小的一个将是橄榄球队的四分卫。我要成为航海、登山的冒险家，并在途中救助他人。我要有一辆红色的法拉利汽车，而且永远不需要搭送别人。"

"听起来真是个美妙的梦想，"上帝说，"希望你的梦想能够实现。"

后来，有一天踢球时，男孩磕坏了膝盖。从此，他再也不能登山、爬树，更不用说去航海了。因此他学了商业经营管理，而后经营医疗设备。

他娶了一位温柔美丽的女孩，长着黑黑的长发，但她不高，眼睛也不是蓝色的，而是褐色的；她不会弹吉他，甚至不会唱歌，却做得一手好菜，画得一手出色的花鸟画。

因为要照顾生意，他住在市中心的高楼大厦里，从那儿可以看到蓝蓝的大海和闪烁的灯光。他的屋门前没有圣伯纳德的雕像，他却养着一只长毛猫。

他有三个美丽的女儿，坐在轮椅中的小女儿是最可爱的一个。三个女儿都非常爱她们的父亲。她们虽不能陪父亲踢球，但有时她们会一起去公园玩飞盘，而小女儿就坐在旁边的树下弹吉他，唱着动听而久萦于心的歌曲。

他过着富足、舒适的生活，但他却没有红色法拉利。有时他还要取送货物——甚至有些货物并不是他的。

一天早上醒来，他记起了多年前自己的梦想。"我很难过。"他对周围的人不停地诉说，抱怨他的梦想没能实现。他越说越难过，简直认为现在的这一切都是上帝同他开的玩笑。妻子、朋友们的劝说他一句也听不进去。

最后，他终于悲伤地病倒，住进了医院。一天夜里，所有人都回了家，病房中只留下护士。他对上帝说："还记得我是个小男孩时，对你讲述过我的梦想吗？"

"那是个可爱的梦想。"上帝说。

"你为什么不让我实现我的梦想？"他问。

"你已经实现了。"上帝说，"只是我想让你惊喜一下，给了一些你没有想到的东西。我想你该注意到我给你的东西：一位温柔美丽的妻子，一份好工作，一处舒适的住所，三个可爱的女儿——这是个最佳的组合。"

"是的，"他打断了上帝的话，"但我以为你会把我真正希望得到的东西给我。"

"我也以为你会把我真正希望得到的东西给我。"上帝说。

"你希望得到什么？"他问。他从没想到上帝也会希望得到东西。

"我希望你能因为我给你的东西而快乐。"上帝说。

　　他在黑暗中静想了一夜。他决定要有一个新的梦想，他要让自己梦想的东西恰恰就是他已拥有的东西。

　　后来他康复出院，幸福地住在自己的公寓中，欣赏着孩子们悦耳的声音、妻子深褐色的眼睛以及精美的花鸟画。晚上他注视着大海，心满意足地看着明明灭灭的万家灯火。

心灵感悟

　　其实我们每个人都拥有幸福，这个幸福就是现在。乐观的人会把这些看作上帝的一种恩赐，怀着感恩的心情去享受现实，而悲观者则会把手中的快乐随意丢弃。

幸福源自心态

　　幸福和不幸在于自己的心态，也就是怎样看待现在的自己。把痛苦和不幸的标准放在别人的身上，并不能使我们幸福。

　　如果只看到别人外在的幸福，就轻率地判断超越了自己的幸福，那么幸福就会毫不犹豫地离你而去，很多人感觉不到幸福的原因正是在于盲目地悲叹自己的处境。我们觉得不幸，不是因为自己住的单间房，而是拿自己和别人比较，觉得差距太远，心理无法平衡。

　　从前，有一个人，他生前善良且热心助人，所以在他死后，升上天堂，做了天使。他当了天使后，仍时常到凡间帮助人，希望感受到幸福的味道。

　　一日，他遇见一个农夫，农夫的样子非常苦恼，他向天使诉说："我家的水牛刚死了，没它帮忙犁田，那我怎能下田作业呢？"

　　于是天使赐他一只健壮的水牛，农夫很高兴，天使在他身上感受到幸福的味道。

　　又一日，他遇见一个男人，男人非常沮丧，他向天使诉说："我的钱被骗光了，没盘缠回乡。"

　　于是天使给他银两做路费，男人很高兴，天使在他身上感受到幸福的味道。

　　又一日，他遇见一个诗人，诗人年轻、英俊、有才华且富有，妻子貌美而温柔，他却过得不快活。

　　天使问他："你不快乐吗？我能帮你吗？"

　　诗人对天使说："我什么都有，只欠一样东西，你能够给我吗？"

　　天使回答说："可以。你要什么我都可以给你。"

　　诗人直直地望着天使："我要的是幸福。"

　　这下子把天使难倒了，天使想了想，说："我明白了。"

　　然后把诗人所拥有的都拿走。

　　天使拿走诗人的才华，毁去他的容貌，夺去他的财产和他妻子的性命。

　　天使做完这些事后，便离去了。

　　一个月后，天使再回到诗人的身边，

　　他那时饿得半死，衣衫褴褛地躺在地上挣扎。

　　于是，天使把他的一切还给他。

　　然后，又离去了。

　　半个月后，天使再去看看诗人。

这次，诗人搂着妻子，不住地向天使道谢。

因为，他得到幸福了。

　　幸福没有一个固定的标准，幸福与否，只在于你怎么看待。幸福不在别处，而是存在你的心中。

　　真正的幸福不是周围的环境所给予的，而是靠自己的努力创造的。即使自己的处境不顺心，也要试着心存感激地接受；即使比别人拿得少，也要想着那些比自己拿得还少的人们。自己安慰自己，不断地给自己打气，只有这时幸福才会眷顾你。

健康是福

　　健康是人生的第一幸福。健全的思想寓于健全的身体，不论多么出众的才能和力量，一旦失去了健康的身体，人生就将化为乌有。

　　有一个年轻人，总是抱怨自己贫穷，命运不济。他常常自怨自艾地说："我要是能有一大笔钱该有多好！那时候我可以舒舒服服地生活。"

　　这当儿，正巧有一位老石匠从旁边走过。听了他的话，老人问道："你为什么要抱怨呢？要知道你已经很富有了！"

　　"我有什么财富？"年轻人困惑不解，"我的财富在哪里？"

　　"比如你的眼睛，你愿意拿出一只眼睛来换些什么东西吗？"老石匠问。

　　年轻人慌忙说："你说的什么话？我的眼睛是给什么也不换的。"

　　老石匠又说："那么让我来砍掉你的一双手吧！我可以给你许多黄金。"

　　"不，我也绝不用自己的手去换黄金。"

　　这时候老石匠说："现在你该看到了吧，你已经十分富有了。为什么你还总抱怨命运不佳呢？记住我的话：健康——这是无价之宝，是金钱难以买得到的。"说完老石匠就走开了。

　　健康的身体是幸福之本，也是成功之本。可是，在现实生活中，有的人不重视自身的健康，以牺牲健康为代价去赚钱敛财，这实在是一种不明智的行为。有的人年轻时拼命用健康去换取金钱，年老时却又期望用金钱买回健康，这是做不到的。获得健康并不一定要花太多的时间和金钱，只要选择适合自己的方式坚持运动并持之以恒就行了。

　　健康的躯体是灵魂的居室，而病体则是监狱。有的人年轻时拼命用健康去换取金钱，年老时却又期望用金钱买回健康，这是做不到的。

运动让生命之树常青

　　居里夫人有句名言："科学的基础是健康的身体。"她不仅自己注意锻炼身体，而且要求两个女儿也坚持"严格的知识训练和体格锻炼"，使孩子长大成才。她常带孩子去远足、游泳、爬山。后来，她的两个儿女都成了人才，大女儿还获得了诺贝尔奖。这种智体相长的例子是很多的。

　　牛顿幼年体弱多病，后来从事农活和体育锻炼，成为一代科学巨匠。法兰西斯·培根在智体并重的教育熏陶下，后来成了现代实验科学的始祖。自 1901 年第一次颁发诺贝尔奖以来，获奖的科学家里就有不少体坛健将：米立根是网球运动员；康普顿热爱球类运动；丹麦杰出的物理学家居里斯·波耳，他年轻时是丹麦国家足球队著名的守门员，那时即使是在比赛时，一旦对方攻势减弱他就蹲在球门前从事物理演算，后来人们评价，居里斯·波耳早期的足球成就可与后期物理成就相媲美。

　　生命在于运动。运动能使老人益寿延年；能让中年人强身健体，摆脱繁重的工作、家务后的疲惫；运动同样也让青少年受益无穷。

　　生命在于运动。要拥有健康，就要从享受运动开始。

　　在海龟 800 岁生日那天，东海龙王亲自前往它家中祝寿。临走时，东海龙王恭敬地问："老先生，你能告诉我你健康长寿的秘诀吗？"

　　"每天都做一点运动。"海龟答道。

　　"哦，我明白了。难怪你每天都爬到沙滩上去散步，且风雨无阻，你是不是把散步当作一种锻炼？"

　　"是的。我就是那样想的。"

　　因为每天坚持运动，海龟才健康长寿，这是它告诉东海龙王的健康秘诀，也是它告诉人类的健康秘诀，现在也应该成为你的健康秘诀。

　　然而，有些人肯定会说"我很忙，没有时间运动"或是"我不喜欢运动"诸如此类的话。

　　如果不运动，就等于是在伤害自己。因为你失去了一种最简单的能让你感觉快乐、平静、不急躁的有效方法。也说明你对自己不够用心，让自己患上本来可以避免的疾病。

　　我们都很熟悉美国电影《阿甘正传》。主人公阿甘有一个爱好，就是长跑。长跑成为他生活中一项不可或缺的内容，他甚至不去想为什么要跑，而是感到每天不跑步，就觉得缺了什么。

　　于是，他长年累月地跑，在公路上跑，在大地原野上跑，他在跑步中体验到生命的力量，他用跑步与自我、与时代、与世界对话。他从跑步中享受到乐趣，还带动了大批的美国人追随着他跑。

　　热爱运动，享受运动，能让你在运动中体验运动的魅力，获得快乐。

　　清晨，当你迎着第一缕阳光奔跑在马路上，你呼吸着清新的空气，耳旁伴着婉转的鸟鸣，目睹城市从静谧走向繁忙。于是，生命的活力、生活的美好会让你以一种积极向上的心态投入一天的学习。

　　球场上，你与伙伴们奔跑、跳跃、扣球、拦网，你们紧张无比、全神贯注地进行比赛，分享每一次得分的兴奋，探讨每一次失误的原因。这时候，一种集体的荣誉感，一种拼搏的劲头充盈身心，什么忧愁、烦恼、矛盾、不快……全都丢到爪哇国去了。

假期里，你和几个志同道合的朋友结伴去登山，怀着喜悦、新奇的心情行进在蜿蜒小道、鸟语花香中，大自然的美景让你流连忘返。而当你登上数千米的巅峰，面对重峦叠嶂、苍茫大地时，或当你采集到一种珍稀化石、观察到一只罕见蝴蝶时，那一刻你将与同伴一起分享着人生的快乐与感动。

世界上许多成功者都有自己的休息和保持健康的方法，旧金山全美公司的董事长约翰·贝克每天坚持晨泳和晚泳，还经常抽空去滑雪、钓鱼、越野走以及打网球；包登公司的总裁尤金·苏利文养成习惯每天走过 20 条街去他的办公室；联合化学公司董事长约翰·康诺尔偏爱原地慢跑，一直保持着标准体重。

总之，我们可以像他们一样寻找一种最适合自己的锻炼方式，通过一些低强度但又十分有效的形式使自己保持充沛的精力和敏锐的思维，这无疑是最明智的选择。

心灵感悟

运动是一切生命的源泉，运动让生命之树常青。

每天坚持做一点运动，对你有百利而无一害。多做一点运动吧，从今天开始。

幸福要用心发现

有一个姑娘去看心理医生。她面容非常憔悴，看了让人不禁一丝心酸，她无穷尽地向医生抱怨着生活的不公，刚开始医生还静心地听她说，但很快就沉入她洪水般的哀伤之中了。好像你不得不承认，有些人就是特别倒霉，灾难好似一群鲨鱼，闻到人伤口的血腥之后，就成群结队而来，肆意啄食他的血肉，直到将那人的身体啃成一架白骨。

"从刚开始，我就知道自己这辈子不会有好运气的。"她说。

"你如何得知的呢？"医生问。

"我小时候，一个道士说过：'这小姑娘面相不好，一辈子没好运的。'我牢牢地记住了这句话。当我找对象的时候，一个出色的小伙子爱上了我。我想，我会有这么好的运气吗？没有的。就匆匆忙忙地嫁了一个酒徒，他长得很丑，我以为一个长相丑陋的人，应该多一些爱心，该对我好。但霉运从此开始。"

医生说："你为什么不信自己会有好运气呢？"她固执地说："那个道士说的……"

医生说："或许，不是厄运在追逐你，是你在制造它。当幸福向你伸出双手的时候，你把自己的手藏在背后了，你不敢和幸福击掌。但是，厄运向你一眨眼，你就迫不及待地迎了上去。看来，不是道士预言了你，而是你的不自信引发了灾难。"

她看着自己的手，迟疑地说："我曾经有过幸福的机会吗？"医生感觉无言。有些人残酷地拒绝了幸福，还愤愤地抱怨着，认为祥云从未卷过他的天空。

心灵感悟

幸福很矜持，相逢的时候，它不会夸张地和我们提前打招呼；离开的时候，也不会为自己说明和申辩。幸福是个哑巴。

幸福是最大的财富

一次，英国一个小镇上的一位古稀老人过生日，当地的记者也来向这位寿星祝贺，并对他进行了采访。在采访中，老人说道："我是这儿最富有的人。"

不久，这句话传到了镇上的税务稽查人员那儿。稽查员马上登门拜访他，开门见山地问："你自称是这里最富有的人，是吗？"

那位老人毫不犹豫地点了点头："是的，我确实这样说过。"

稽查员一听，马上从公文包里拿出笔和登记簿，继续问道："既然如此，能具体说一说你的财富吗？"

老人兴奋地说道："第一项财富是我身体健康，别看我已经70多岁了，但我能吃能走，身体可不输给你喔！"

稽查员有些吃惊，但仍然耐心地问："但你还有其他财富吗？"

"除此之外，我还有一个贤惠温柔的妻子，我们生活在一起将近60年了。另外我还有好几个聪明孝顺的孩子，这儿的所有人看了都很羡慕，这不也是财富吗？"

稽查员继续问着："你还有什么东西？"

"我是个堂堂正正的公民，享有宝贵的公民权，这也是个不容否认的财富。"

稽查员打住他，单刀直入地问："你没有银行存款或任何有价证券吗？"

老人十分干脆地回答："没有。"

稽查员问："你没有其他不动产吗？"

他得到的仍然是老人诚恳的回答："没有。除了刚才我说的那些财富，其他我什么也没有。"

稽查员收起登记簿，肃然起敬地说："老人家，确实如你所言，你是我们这个镇上最富有的人。而且，你的财富谁也拿不走，连政府也没办法抽你的财产税。"

心灵感悟

幸福是一种积极的心态，是一种内在意识的追求，是一种心灵的满足。一个人能从日常平凡的生活中寻找和发现活得更好的理由，就会比别人幸福。

人人都享有幸福

人性的一个弱点，便是总觉得他人手中的比我们拥有的要好，直到我们的幸福失去了，才追悔莫及。

从前，有一个国王闲来无事，便微服走出宫门，走到一个补鞋的老头儿面前，一时兴起就问老头儿："一国之中谁是最快乐的人？"

老头儿答："当然是国王最快乐了。"

国王问："为什么？"

老头儿说："你想，有百官差遣、平民供奉，想要什么就有什么，这还不快乐吗？"

国王答："希望如你所说吧。"于是与老头儿一起共饮葡萄美酒，直到老头儿醉得不省人事，国王便命人把他抬回宫中，对王妃说："这个老头儿说，国王是最快乐的，我现在戏弄一下他，给他穿上国王的衣服，让他理理国政，你们大家不要害怕。"王妃答："遵命。"

等到那老头儿醒了，宫女便假装说："大王你喝醉了，现在有很多事情要等你处理。"于是这老头儿被拥出临朝，众人都催促他快些处理事情，他却懵懵懂懂，什么也不知道。这时，旁边有史官记其所言所行，大臣公卿们与之商讨议论，一直坐了一整天，弄得这老头儿腰酸背痛，疲惫不堪。这样过了几天，老头儿吃不好睡不香，就瘦了下来。

宫女又假装说："大王你这样憔悴，是为什么啊？"

老头儿回答说："我梦见自己是一个补鞋的老头儿，辛苦求食，生活很是艰难，因此就瘦成这样了。"

众人都私下里偷着笑。这老头儿到了晚上，翻来覆去睡不着，道："我是补鞋子的呢，还是国王呢？若真是国王，皮肤为什么又这样粗糙呢？若是补鞋子的，又为什么会在王宫里呢？唉，我的心很慌，眼睛也花了啊。"他竟真的分不清自己到底是谁了。

王妃假装问："大王这样不高兴，让歌伎们来给你取乐吧。"于是老头儿喝起葡萄美酒，又醉得不省人事了。后来，宫女们又让老头穿上旧衣服，把他送回到简陋的床上。老头儿酒醒后，看见自己的破房，粗布衣服一切都是原来的样子，但却浑身酸痛，好像被棍子打过了一样。

过了几天，国王又来到他这里。老头儿对国王说："上次喝酒，是我糊涂无知，现在我才明白过来啊，我梦见自己当了国王，要审核百官，又有国史记对记错，众大臣要来商量讨论国事，心里便总是忧心不安。弄得浑身都痛，好像被鞭子打了一样。在梦里尚且如此，若是真的当了国王，还不更痛苦啊？前几天跟你说的话，实在是不对的啊。"

"家家有本难念的经"，我们不要总是羡慕他人的幸福，因为在那幸福的背后，或许有许多辛酸的泪水不为我们所知。做什么都不如保持自己的本色好，最真实的模样，最易获得快乐的心灵。

你是世界上最幸福的人

幸福是太多和太少之间的一站。

假如将全世界的人口压缩成一个100人的村庄，那么这个村庄将有：

57名亚洲人、21名欧洲人、14名美洲人和大洋洲人、8名非洲人；52名女人和48名男人。6人拥有全村财富的89%，而这6人均来自美国，80人住房条件不好，70人为文盲，50人营养不良，1人正在死亡，1人正在出生，1人拥有电脑，1人拥有大学文凭。

如果我们以这种方式认识世界，我们就可以理解下列信息：

如果你今天早晨起床时身体健康，没有疾病，那么你比其他几千万人都幸运，他们甚至看不到下周的太阳。

如果你从未尝试过战争的危险、牢狱的孤独、酷刑的折磨和饥饿的煎熬，那么你的处境比其他5亿人更好。

如果你能随便进出教堂或寺庙而没有任何被恐吓、强暴和杀害的危险，那么你比其他30

亿人更有运气。

如果你的冰箱里有食物可吃，身上有衣可穿，有房可住，有床可睡，那么你比世界上75%的人更富有。

如果你在银行有存款，钱包里有现钞，口袋里有零钱，那么你属于世界上8%最幸运的人。

如果你父母双全没有离异，那你就是很稀有的地球人。

如果你读了以上的文字，说明你就不属于20亿文盲中的一员，他们每天都在为不识字而痛苦。

　　幸福有时就在我们的手中，但是拥有幸福的我们不知道，也不懂得珍惜。人世间最可笑的事情莫过于骑着驴却找驴，苦苦寻求自己本来已有的东西。而我们还要为"得不到"常常忧思。

　　珍惜现在所拥有的吧，不要等到失去了才惊觉原来幸福曾经来过。

合适的才是最好的

有两只老虎，一只在笼子里，一只在野地里。在笼子里的老虎三餐无忧，在外面的老虎自由自在。两只老虎经常进行亲切的交谈。

笼子里的老虎总是羡慕外面老虎的自由，外面的老虎却羡慕笼子里的老虎安逸。一日，一只老虎对另一只老虎说："咱们换一换。"另一只老虎同意了。于是，笼子里的老虎走进了大自然，野地里的老虎走进了笼子。从笼子里走出来的老虎高高兴兴，在旷野里拼命地奔跑；走进笼子的老虎也十分快乐，他再不用为食物而发愁。

但不久，两只老虎都死了。一只是饥饿而死，一只是忧郁而死。从笼子中走出的老虎获得了自由，却没有同时获得捕食的本领；走进笼子的老虎获得了安逸，却没有获得在狭小空间生活的心境。

合适的才是最好的。许多时候，人们往往对自己的幸福熟视无睹，而觉得别人的幸福却很耀眼。想不到，别人的幸福也许对自己不适合；更想不到，别人的幸福也许正是自己的坟墓。

人在来到这个世界的时候，一开始无忧无虑，因为需求的东西少、负担少，所以得到的快乐也就多。而越到了以后，随着自己想要得到的东西不断地增加，要求不断地提高，各种各样的负担和烦恼也由此而生，除了苦苦挣扎得到想要得到的一切之外，再也没有时间去想自己是不是过得快乐。到了最后，等到终于明白这个问题，生命的守护神已经开始远离你而去了，等待你的就是生命的衰落、灭亡。这个世界多姿多彩，每个人都有属于自己的位置，有自己的生活方式，有自己的幸福，何必去羡慕别人？你不可能什么都得到，你也不可能什么都适合去做，所以，你还要学会放弃，放弃不切实际的想法，学会知足。

豁达者的幸福

一天中午，太阳火辣辣地炙烤着大地，阳光刺眼，大街上没几个行人，晓芸独自从天桥边走过，看见一个小伙子在吃力地背着个姑娘上天桥。小伙子的额头上渗出细密的汗珠。像这样"周瑜打黄盖，一个愿打，一个愿挨"的事，平时晓芸见多了，所以她开始时并没有太在意。但是当她从他们身边路过的那一瞬间，突然感到那男孩子的两腿抖得厉害，不像平时遇到的那种玩闹的恋人。于是晓芸靠上前去帮忙搀扶，问男孩儿："她生病了吧！是去医院吗？怎么不打车？"男孩只是低头不语。

来到天桥上，姑娘忽然大笑起来，男孩一边擦脸一边忙向晓芸道歉：

"对不起，谢谢您，我们是在游戏。"

"什么？"晓芸尴尬中有些恼怒。

姑娘好久才停止住笑，上前解释道："今天是我们结婚三周年纪念日，我们特意来逛街，本想买点东西庆祝，不过都太贵了，舍不得钱。于是想起以前上学时读过的一篇文章，文章里的主人公就是用这种方式来纪念他们的结婚周年的。于是我们便照做了。

"我们没有钱，我不让他买什么礼物做纪念，可是他有的是力气呀，所以我才让他背我上天桥，一趟算一年，才背了一个来回，他就累成这样了。若是将来我们结婚30周年、40周年，我还让他背我那么多个来回，他还得背……"

姑娘一边心疼地为男孩拭着额角的汗珠，一面又笑了起来。

我们一向以为，浪漫只是那些有钱人的专利。他们可以用鲜花、烛光、音乐来营造出如梦如幻的多彩境界，没有想到还有这样一种别致的浪漫。可以说，他们的这种浪漫完全是由于贫困培养而成的，那么，贫困还可以培育一种幸福，就是豁达者的幸福。

心灵感悟

幸福与否在于你的心态。不要以为只有有钱的人才能获得开心快乐，如果采取适当的方式，即使是我们身无分文，一切照样可以得到。

幸福就在身边

有个人不知什么是幸福，他发誓要寻找到幸福。他先从知识里寻找，得到的是幻灭；从旅行里找，得到的是疲劳；从财富里找，得到的只是争斗和忧愁；从写作中找，得到的只是劳累。

难道知识、旅行、写作与幸福快乐绝缘吗？显然不是。

在火车站里，他看到一位中年男子走下列车后，径直来到一辆汽车旁，先吻了一下车内的妻子，又轻轻地吻了一下妻子怀中熟睡的婴儿——生怕把他惊醒。然后，一家人就开车离开了。

他由此感慨道：生活的每一正常活动都带有某种幸福的成分。

对于某个人来讲，你可能是幸福的、满足的，也可能是不幸福的。

人生的目的是幸福。幸福大多是主观的，它原本就深植于人们心中，在生存需求的满足中，因而幸福无所不在。

曾听说过这样一个故事：

一个人历尽艰险去寻找天堂，终于找到了。当他欣喜若狂地站在天堂门口欢呼"我来到天堂了"时，看守天堂大门的人诧然问他："这里就是天堂？"欢呼者顿时傻了："你难道不知道这儿就是天堂？"

守门人茫然摇头："你从哪里来？"

"地狱。"

守门人仍是茫然。欢呼者慨然嗟叹："怪不得你不知天堂何在，原来你没去过地狱！"

你若渴了，水便是天堂；你若累了，床便是天堂；你若失败了，成功便是天堂；你若是痛苦了，幸福便是天堂。

总之，若没有其中一样，你断然不会拥有另一样的。天堂是地狱的终极，地狱是天堂的走廊。当你手中捧着一把沙子时，不要丢弃它们，因为金子就在其间蕴藏。幸福就是把自己的工作做好，又能拥有轻松休憩的时刻。

幸福是拥有一些熟悉、不需客套的朋友，能够相互分担、分享彼此的烦恼、快乐，尽管观点有所差异，却永远相互尊重。

幸福是拥有一个舒适的工作间：书架上列满了各式各样自己所喜欢、对自己有助益、启发的书，笔筒里都是自己所珍爱的文具，四周有绿色植物芳馨围绕，还有一把坐再久都能觉得舒适的坐椅。

幸福是自己感觉到每天在人生的各个方面都有所成长，享有一种更具成果与创造性的生活。

幸福是与过去和睦相处，将目光对准现在，对未来保持乐观。

幸福要靠追求

幸福其实就在不远的前方，只要你用全力去不懈地追求，就一定能够得到幸福的钟爱。

从前，有一个叫一心不二郎的孩子，他深爱着一位叫幸福的姑娘，幸福姑娘住在遥远的地方，中间隔了无数大山和河流。一心不二郎慢慢长大了，长成了一名健壮的小伙子，他越发思念远方的幸福姑娘，终于有一天，他备足了干粮，出发去寻找远方的幸福姑娘。他走啊走啊，翻过了数不清的大山，过了数不清的大河，衣服被荆棘剐破了，脚底磨出了泡，头发也长得又乱又长，可依然不见幸福姑娘的踪影。

这一天，他走到一片树林里，看见树林里有一间小屋子，他于是走过去想讨碗水喝。屋门开了，走出来一位鹤发童颜的老人，他笑眯眯地看着一心不二郎，问："孩子，你要到哪里去，怎么憔悴成这样？""我要去寻找幸福。"一心不二郎回答："她是一个圆脸、短发、大眼、小嘴的可爱姑娘，我们都管她叫小胖妞，我喜欢她，想娶她为妻，所以我要去找她，哪怕走到天边，也要找到幸福。"老人看着一心不二郎，摇摇头说："孩子，你太傻了，从前有好多年轻人都从我这里经过要去寻找幸福，但他们都没有能回来，路途遥远，险恶丛生，你会送了

性命的。""我爱幸福，如果找不到她我活着又有什么意思，即使在找她的过程中我掉下悬崖或被凶狠的猛兽吃掉，我也不会感到遗憾。"一心不二郎坚定地说。"孩子，我劝你还是不要去了，人人都在追求幸福，其中不乏王公贵族，他们有大批的金银财宝做聘礼，有飞驰的快马做脚力，而你，有什么呢？就算你找到幸福，她可能也早已做了别人的新娘，穷人是得不到幸福的。""不，幸福是个好姑娘，她不像你说的那样，我虽然没有金银财宝，但我有一颗珍爱的心。"一心不二郎说着，伸手掏出了自己的心，鲜红鲜红的。老人看了，叹口气说："那你去吧，孩子，祝你有好运气。"

一心不二郎辞别了老人，继续前进，一路上遇到了数不清的艰难险阻，经历了无数的困苦，经过九九八十一天的跋涉，终于找到了幸福姑娘。幸福正在和一个骑着快马、带了20箱金银财宝的人结婚，一心不二郎站在人群外，呆呆地看着这一切，他感到自己的心都碎了。

泪水从他的眼睛里流出来，滑过他憔悴的面庞，滴落在脚下鲜血染红的土地上，地上立刻开满了鲜花。幸福隔着人群看见了他，看见了这个为自己吃尽苦头、受尽磨难、痴心不改的小伙子。

她从来都没有看见谁这样真切地爱过自己。她不顾一切地冲开人群，奔跑过来，紧紧拥抱小伙子疲惫的身躯，亲吻他憔悴的面容，用自己的热泪洗去他一路风尘，温暖他伤痕累累的心。幸福是个好姑娘，只要你不懈追求，就能得到她的爱。

心灵感悟

幸福是一种心态，它不要求物质上占有什么，以及物质的丰富程度如何，关键在于你如何看待眼前的世界，你是否有一颗不懈追求的心。你的心想得到幸福，才会有争取幸福的行动，只要向着你的目标前进，不停下你的步伐，就一定能够得到幸福姑娘的心。

自由就是幸福

在科尔托尼村，有一个青年牧民名叫马尔丁诺。他老是身穿一件打补丁的厚呢短大衣，脚穿一双破鞋，头戴一顶旧草帽，肩膀上扛着一个粗布袋。尽管马尔丁诺穿着很寒酸，但他长得很漂亮，像蔚蓝天空中的太阳。有人说他比太阳还要美，这倒并不夸张。因为看太阳看久了，眼睛会酸痛，可是看马尔丁诺，却百看不厌，而且马尔丁诺的牧笛吹得比谁都好，他的歌声也比谁都嘹亮动听。

马尔丁诺有时在这个村子里做活，有时在那个村子里放牧，所以认识他的人很多。姑娘们都对他报以微笑，小伙子们则忌妒他，老人们总是眯着眼睛夸他长得英俊。

久而久之，马尔丁诺变得骄傲起来。他觉得自己是一个非常了不起的人。

有一次，他来到一座森林里，觉得累了，就坐在林中草地的一块大石头上休息。他从衣袋里拿出了笛子，吹起了一首动人的曲子。

这笛声一直传到森林深处。森林仙女听到了这首曲子，感到十分高兴，她想看一看是谁吹得那么好。她从大立菊飞到三叶草，从三叶草飞到风铃草，再从风铃草飞到石竹草，仙女像蝴蝶那样地飞啊飞，一直飞到林中的草地上。

"啊，你多幸福啊！"仙女望着马尔丁诺叫道，"听到你笛声的人都迷恋你，看到你的人都羡慕你！"

"你说什么？我可算是世界上最不幸的人了！正是因为那些讨厌的人们争相看我，我只得不停地从一个村子跑到另一个村子，活像个无家可归的流浪汉！当然，我也的确值得人们跑来看我一眼，要是我是一尊雕像就好了，那时我就幸福了！"

好心的仙女听了马尔丁诺的一席话，沉思了一下，然后同情地说：

"好吧！我可以使你得到幸福！这对我来说并不是一件难事。"

说着，仙女用魔棒点了一下马尔丁诺。就在这一瞬间，马尔丁诺就如愿以偿，变成了一尊非常美丽的金雕像，他的草帽，还有他那打过补丁的上衣，连同他手中所拿的那把赤杨木笛子，转眼间全都变成纯金的了。甚至连他所坐的那块大石头，也都变成了闪闪发光的金子。

仙女望着这尊金光闪闪的雕像，满意地拍了拍手，高高兴兴地走开了。而金雕像马尔丁诺，却孤单寂寞地坐在森林草地的那块金石头上。

马尔丁诺的愿望实现了。慕名而来的人们从远近村子里赶来欣赏他。一到晚上，人们燃起火堆，草地上聚集着男女青年们，他们弹着手风琴唱歌，手拉着手跳起舞来。

只有马尔丁诺一动不动地坐在那块金石头上，他是多么想跟大家一起唱歌跳舞啊！他还真想把笛子举到唇边，吹一首动听的曲子，但他的手不听使唤。他想唱，但是金喉咙发不出一点声音来。他想找个漂亮的姑娘跳舞，但金腿离不开金石头。马尔丁诺悲伤极了，他想哭，但是金做的眼睛流不出一滴眼泪。

就这样过了一天又一天，整整过了3年，森林仙女又从花丛、草丛中飞了出来，飞到了林中的草地上，飞到马尔丁诺金雕像的身边。

"幸福的牧人还坐着，他得到了想要的一切。"仙女说，"英俊的小伙子，请你告诉我，你现在幸福吗？"

金雕像不说话。

"啊！"仙女自责地说，"我忘了你不能回答！请你不要生气，我马上再把你变成活人！"

仙女又用她随身带着的魔棒轻轻地点了一下金雕像，马尔丁诺立即从石头上跳起来，拿着赤杨木笛子和粗布袋子，头也不回飞快地跑了。

"站住！站住！你还没有回答我的问题呢？"仙女着急地叫道，但是只见马尔丁诺越跑越快，好像怕被人追上似的。他一边跑一边喊："我现在知道了，自由才是最可贵的！再见啦！好心的仙女。"

小伙子的经历，充分说明了自由的可贵。难怪世界上有那么多人要为自由而斗争，哪怕是抛头颅洒热血也在所不惜。同时也告诫我们要珍惜生活，不要失去了才知可贵，为人更要和善，和睦的生活才是幸福的生活。

心灵感悟

> 人们往往拥有自由而不懂得享受，等失去自由才追悔莫及。所以，人要珍惜自由，好好地享受每一天。

幸福在你心中

一位少妇回家向母亲倾诉，说婚姻很是糟糕，丈夫既没有很多的钱，也没有好的职业，生活总是周而复始，单调无味。母亲笑着问，你们在一起的时间多吗？女儿说，太多了。母亲说，当年，你父亲上战场，我每日期盼的，是他能早日从战场上胜利归来，与他整日厮守，可惜——他在一次战斗中牺牲了，再也没有能够回来，我真羡慕你们能够朝夕相处。母亲沧桑的老泪一滴滴掉下来，渐渐地，女儿仿佛明白了什么。

一群男青年，在餐桌上谈起自己的老婆，说老婆总是管束得太严，几乎失去了自由，越说越觉得有大丈夫的凛然正气，狂饮如牛，扬言回家要和老婆怎么怎么斗争。邻桌的一位老叟默默地听了，起身向他们敬酒，问，你们的夫人都是本分人吗？男青年们点头。老叟叹了一口气，说，我爱人当年对我也是管得太死，我愤然离婚，以致她后来抑郁而终。如果有机会，我多希望能当面向她道歉，请求她时时刻刻地看管着我。小伙子，好好珍惜缘分呀！男青年们望着神色黯然的老叟，沉默不语，若有所悟。

一位干部，因为人员分流，从领导岗位上退了下来，一时间萎靡不振，与以前判若两人。妻子劝慰他："仕途难道是人生的最大追求吗？你至少还有学历还有专业技术呀，你还可以开始你新的事业呀。你一直是个善待生活的人，我们并不会因为你不做领导而对你另眼相待。在我的眼里，你还是我的丈夫，还是孩子的父亲。亲爱的，我现在甚至比以前更加爱你。"丈夫望着妻子，久久不语，眼里闪烁着晶莹的泪光。

一位盲人，在剧院欣赏一场音乐会，交响乐时而凝重低缓，时而明快热烈，时而浓云蔽日，时而云开雾散。盲人惊喜地拉着身边的人说，我看见了，看见了山川，看见了花草，看见了光明的世界和七彩的人生……

一个听力失聪的孩子，在画展上看到一幅幅作品。他仔细地看着，目不转睛，神情专注，忽然转身，微笑着大声地对旁边的父母说，我听到了，听到了小鸟在歌唱，听到了瀑布的轰鸣，还有风儿呼啸的声音……

一位病人，医生郑重地告诉他，手术成功，化验结果出来了，从他腹腔内摘除的肿瘤只是一般的良性肿瘤，经过一段时间的疗养便可康复出院，并不危及生命。他顿时满面春风，双目有神，紧紧地握着医生的手，激动地说，谢谢，谢谢，是你们给了我第二次生命……

心灵感悟

> 幸福是一个多元化的命题，我们在追求着幸福，幸福也时刻伴随着我们，让我们的心灵彻底地放松。只不过，很多时候，我们身处幸福的山中，从远近高低的角度看到的却总是别人的幸福风景，这是因为我们没有悉心感受自己所拥有的幸福天地。

最好的幸福

阿郎出生不久，就被父母按照彝族风俗将他和另一个刚刚出生的女孩子结为娃娃亲。连话都不会说、路也不会走的他，就在自己民族的风俗中成了"丈夫"。

彝族风俗里，结为娃娃亲后，双方直到结婚的时候才可以见面，但也只是见一面而已，见面后还需要分居一年后才可以真正住在一起。

在民族的风俗中，阿郎成长着，他不知道对方的家在哪里，甚至不知道她的名字，只知道，在这个世界上的某个角落，有一个女人已经在为成为他的妻子而等待着。

应该是有着渴望的吧！渴望知道对方的音容，渴望知道将要和自己共度一生的人的悲欢荣辱……但，在风俗中，他们依旧陌生。

秋天的一个周末，阿郎从县城的集市上回家。路上，暴雨突降。暴涨的河水将河上的绳索桥已经部分淹没了。绳索桥在河水的冲荡中摇摇晃晃，阿郎看到，桥上已经有一个女孩子在摸索着过河，他脱掉鞋子也上了桥。正小心地往前走着，突然前面传来那女孩子的惊叫声，那女孩子掉进了河里！阿郎纵身跃进河里……

重生之恩，让美丽的女孩古丽从心底里感激着善良的阿郎，两人由此熟悉起来。

交往在继续，渐渐地，如果有一天见不到古丽，阿郎就仿佛缺少些什么似的，坐卧不宁。他惊讶地意识到，自己爱上古丽了！而他似乎也能够从古丽的眼睛里读到一种可以燃烧的东西。他开始提醒自己，自己是个有"妻子"的人；告诉自己，那个从未见过的女子正在另外某个角落里等待自己。一边是情感的喷薄，一边是对民俗的恪守，那是怎样的斯杀和折磨？阿郎常常无助地对着夜空。他迅速地憔悴消瘦，终于病倒了。

古丽托朋友送来了一束带着露珠的野花和一封短信。古丽在信中感谢着阿郎的救命之恩，也述说了自己对他的爱恋。但是她从小时候被父母定了娃娃亲，她不能违背民俗……秋水难渡，阿郎的眼睛模糊起来。他仿佛看到了同病相怜的古丽无助幽怨的泪眼……

一些仿佛抽筋剔骨的日子终于过去，爱情被他们藏了起来，藏进了风俗和理智的深处。

终于，阿郎的娃娃亲相约见面的日子到了。他说服自己，按照民族的婚俗去用心呵护将相伴自己一生的那个女子。他平静地来到女孩子的家，迎出来的竟是古丽！两个人都怔住了。沉默，沉默，旋即是幸福而又傻气地笑，笑着笑着，两个人的眼泪都掉了下来。

爱情的玄机在那一刻灿烂无比。

爱情，本就是相互寻找另一半的艰辛跋涉。用了心的，就是幸福的。

　　"最好的幸福，是把一个人记住。最好的辛苦，是想你想得哭。最好的满足，是你给的在乎。爱受了些苦，才变得铭心刻骨。"

幸福住在相对望的门里

如果世界上有一个人能听到天空哭泣的声音，那个人一定是她。因为天知道她不会说出这个秘密。即使她开口，也发不出声音，她注定将终生沉默。

她以为沉默是命运，却并不可怕。但是后来，她有了一个孩子。

孩子降临那一刻，她生平第一次发出声音。孩子响亮的啼哭让她觉得声音与幸福必然有着关联，她的喉咙因为剧烈地震动而发出声响，虽然那次发出的声音不动听，她却引以为豪。她是多么高兴孩子可以像一个正常人一样去生活、去爱，可以大笑，也可以大哭。

孩子渐渐会望着她笑，会伸出手让她抱。眼睛乌黑晶亮，嘴里咿咿呀呀，要求得不到满足时会大哭，她却只能抱着他，不住地轻拍他的背。她什么也做不了。她不能像普通的母亲一样带着温柔甜蜜的笑容去哄他，"哦，哦，乖不哭。"也不能为他唱一首动听的摇篮曲。

想到孩子将终日与一个不能说话的母亲在一起，她心如刀绞，就仿佛行走在冰天雪地中，她用尽全身力气想要给孩子温暖，可孩子依然被冻得哇哇大哭。而且，这样长长久久的一生中，她将带给孩子什么呢？是否会因为语言的缺席，他的心灵将永远沉默？

在她做出那个决定时，她觉得有一个小人正用尖锐的利器，一刀一刀在她心上划，痛得她伤心恸哭。可她别无他法。她已经决定把孩子送给住在她对面那对不能生育的夫妇。她看得出他们很喜欢她的孩子。当她把孩子递给那对夫妇，他们欢天喜地，唯有她成了世间最难过的人，成了一个不能照料亲生孩子生活的可怜母亲。

住在对门，几步之遥，还好，天天可以看得见。阳台上，花的枝叶肆无忌惮地蔓延，她透过花间空隙暗暗估量孩子的身高、体重。孩子每成长一步，她都会在她家向阳的那面墙上，画上一朵小花，后面写上"给我正咿呀学语的孩子""给我正一步三晃的孩子""给我正饭量见长的孩子""给我不肯吃馒头的孩子"……后来，那面墙成了一面花墙。

孩子的每一步，对她来说都是惊心动魄的。有一次孩子发高烧，养父母在病房内守护，而她在病房外守护。那点点滴滴输入孩子血液的不再是几瓶药水，而是一个母亲的心。医生的脚步从她面前经过，护士端着托盘从她面前经过，她在外面站了 36 个小时，直到孩子康复后被牵着手从她面前经过。

她又在那面墙上写下："给我康复了的孩子。"

是的，以后她还会在一墙之外守护她心爱的孩子，还会不断地在那面向阳的墙上画上小花，慢慢写上"给我要上学的孩子""给我声音变粗的孩子""给我将要谈恋爱的孩子"……

这是多么深沉的母爱，一位母亲在用心、用爱记录着孩子的成长经历，在用自己的方式感受着相对望的门里的幸福。

学会感受生活中的幸福

1996 年，我患了重病，生命的上空黑云压顶，让我透不过气来。那一年我几乎是在医院中度过的。被囚拘在医院的白色围墙中，回眸凝想，我突然感到以前的生活都是幸福的，幸福从此刻戛然中断。那之前我从没有受过重病的折磨，不知道我是否已经处在死亡边缘，是否生命的一脉心香会就此结束。我产生了从未有过的恐惧。同一病室的 Y 君上午还在与我谈笑，下午，医生查房，探其鼻息，已经奄然物化。这可怕的场景使我默然良久，垂眼自顾，突然产生出一种眷恋生命的情怀。生命如此美好却又如此脆弱。幸福近在眼前又求之不得，想到此，眼泪不禁滚落下来。

莎士比亚曾说：眼泪是最宝贵的液体，不能让它轻易流出。但是此时，不得不任它洒落，因为它是被对幸福的无限眷恋逼催出来的。我脑子里突然萦绕起关于幸福的话题，觉得平日不可捉摸的幸福现在突然轮廓清晰起来：如果把人生比喻为一个天平，那么天平的一端是生命，另一端无疑就是幸福。在生命垂危的关头，天平高高地升了起来，将幸福升到空中，渐渐远离了自己。这时，唯一的企盼就是希望生命把升起的天平压下去，以使幸福重新回到自己身边。幸福所托举着的不就是对生命的渴望吗？我突然意识到：活着即幸福，幸福是常在的，这才是颠扑不破的命题，过去对幸福的一切阐释都显得那么牵强。可是为什么在安然无恙的时候没有想到这一点呢？当时我一点力气也没有，但我还是在做最后的挣扎，用仅有的一丝力气祈祷上苍：用我的全部财产换取生命吧，除去生命，我什么都不要，只要活着，有快乐与我同在就是圆满的，还要其他东西做什么呢？

在绝望中祈求的那种幸福是最真实的幸福。

求生的欲望化为一种力量，幸福的召唤化为生命的庇护神。奇迹终于出现了：我的病开始出现转机，当病痛稍有缓解的时候，我感到一阵轻松向我袭来，亲吻我的脸颊，撩拨我的欲望，我甚至在病床上隐隐约约体味到久违了的幸福存在。痛苦每减少一分，幸福便增长一寸。我的生命最终获得了解救。我自己也始料不及，当我完全复原后，幸福与生命就成为忠实的伴侣，再也分不开了。疾病把点点痕迹留在了我生命之树的树干上，留下记号，时时警示我不要亵渎或虐待幸福。

从此，幸福再不会从我身边溜走了。

心灵感悟

　　尽管幸福飘忽不定，但绝非虚妄之物，它真实地存在着，而且许多人都曾实实在在拥有过它。真正的幸福并不是先求而后得的，而是在困境中与之邂逅的。

第二十三辑
成功之路在脚下

视角与机遇

艾德里妮在12岁时选学了摄影课，她告诉父亲真正的摄影家用的都是黑白胶片。听从了女儿的意见，父亲给她买了黑白胶卷，并陪着她一起去拍摄著名的圣路易斯拱门。

那天天阴沉沉的，父亲建议等太阳出来再去，但她说这样的光线正适合她构想的照片。他们刚来到拱门，艾德里妮便走到近前，先是背靠在拱门的三角形支柱上，随后又弯着身子，将相机举过头顶。

父亲尽量和蔼地说："亲爱的，你应该退后一些，把整个拱门照下来。"任何人只要见过拱门的照片，就知道他为什么这样讲。但她没有理会，又走向另一根支柱，重复了前面的动作。他希望她能拍张漂亮的照片，所以再次试图告诉她该怎样拍这张照片，可是她对于父亲的忠告依旧置若罔闻，完全没有把他多年来在生日晚会上和度假时的摄影经验放在眼里。"不，我就要这样拍。"她说。

父亲有些生气地想，好吧，无非是浪费些胶卷和冲洗的钱，让她受到一些教训吧，就算是付点儿学费。然而，他没有想到的是女儿的行动给他上了一课。几年过后，艾德里妮获得了旧金山艺术学院的奖学金，在安塞尔·亚当斯摄影中心实习，并在旧金山现代艺术博物馆举办了摄影展。感谢上帝，艾德里妮没有听从父亲的劝告，以自己的想法拍摄的那张拱门照片已经挂在多家美术馆里，被广泛收藏。她的作品以独特的洞察力取胜，正是洞察力使她在12岁时以意想不到的角度拍下了那张拱门的照片。

女儿拍那张照片的方法使父亲明白，世上大多难题的解决方法近在眼前——换个视角，就能发现机遇。

　　生活往往就如这摄影一样，只要换个角度，便可发现一片不一样的天地，便可有一份不一样的收获。

等待得不到成功

从前，有两个朋友相伴去遥远的地方寻找人生的幸福和快乐，一路上风餐露宿，在即将达到目标的时候，遇到了一条风急浪高的大河，而河的彼岸就是幸福和快乐的天堂。关于如

336

何渡过这条河，两个人产生了不同的意见，一个建议采伐附近的树木造成一条木船渡过河去，另一个则认为无论哪种办法都不可能渡得了这条河，与其自寻烦恼和死路，不如等这条河流干了，再轻轻松松地走过去。

于是，建议造船的人每天砍伐树木，辛苦而积极地制造船只，并顺带着学会游泳，而另一个则每天躺下休息睡觉，然后到河边观察河水流干了没有。直到有一天，已经造好船的朋友准备扬帆的时候，另一个朋友还在讥笑他的愚蠢。

不过，造船的朋友并不生气，临走前只对他的朋友说了一句话："去做一件事不一定都成功，但不去做则一定没有机会成功！"

能想到等到河水流干了再过河，这确实是一个"伟大"的创意。可惜的是，这仅仅是个注定永远失败的"伟大"创意而已。

这条大河终究没有干枯，而那位造船的朋友经过一番风浪也最终到达了彼岸，这两人后来在这条河的两个岸边定居下来。

心灵感悟

去做一件事不见得都成功，但不去做则一定没有机会成功！躺着思想，不如站起来行动！无论你走了多久，走了多累，都千万不要在"成功"的家门口躺下休息。

方向决定成败

艾戈尔是德国汉堡的自由职业画家，当年从法国来到德国时，为了绘画艺术，他整天饿着肚子，竭尽千般努力，吃尽万般苦头，梦想着有朝一日出人头地当名画家。然而，经过数年努力，历经痛苦挣扎，仍然事与愿违，一张又一张呕心沥血创作的油画无人问津，他还是个口袋空空的落魄艺术家。

这时，他才意识到，自己的想法和做法不切实际，必须换个前进方向，找到一种适合自己的生存方式，方能实现当名画家的理想。

艾戈尔经过观察发现，德国一般的传统家庭都很注重每天全家在一起的聚餐，并以此作为亲情交流沟通的美好时光。

为了营造共进晚餐时的气氛，虽然食品简单得只是些面包、果酱和香肠，场面却安排得绝对高贵典雅，最富特色的是这样的晚餐都要铺上艺术餐巾纸，并根据不同的天气、当天幸运色以及不同的节日来挑选合适的艺术餐巾纸：若是品东方茶，就配上东方茶具和东方图案的餐巾纸；而如果喝咖啡，则垫上印有巧克力豆的餐巾纸。因此，在德国，10 张一包的艺术餐巾纸的价格一般都在 5 欧元左右，而且销售行情很好。

这时，艾戈尔有了自己的想法，决定改变自己艺术追求的方向。他成立了自己的餐巾纸设计公司，将法国人的浪漫充分体现在自己的纸巾设计作品中，将

德国人的严谨应用到他的企业管理中。

经过十几年的努力，他终于从一个食不果腹的自由职业画家，成功地转型为一位设计师，尤其在艺术餐巾纸的设计和销售方面，更是名声远扬。

现在，他正在考虑如何实现多年来想当一名著名画家的梦想，还想建立一个属于自己的博物馆，将他设计的所有艺术餐巾纸陈列出来，供人参观、收藏。

在实现成功目标的努力中，很多时候，除了要有顽强斗志和不懈奋进外，更需要正确的方向。一味蛮干，只低头拉车，不抬头看路，也许永远到不了自己的目的地。

心灵感悟

我们常常在付出艰辛与汗水后感叹为何仍未到达目的地，却很少能停下脚步来审视自己前进的方向是否正确。方向错了，再多的付出也是枉然。

天下没有免费的午餐

在西方流传着这样一个故事。

许多年前，一位聪明的国王召集了一群聪明的臣子，给了他们一个任务："我要你们编一本各个时代的智慧录，好流传给子孙。"这些聪明人离开国王后，工作了很长的一段时间，最后完成了一套 12 卷的智慧巨作。

国王看了以后说："各位先生，我确信这是各时代的智慧结晶，然而它太厚了，我怕人们不会读，把它浓缩一下吧。"

这些聪明人又长期努力地工作，几经删减之后，成了一卷书。然而，国王还是认为太长了，又命令他们再浓缩。这些聪明人把一卷书浓缩为一章，又浓缩为一页，然后减为一段，最后变成一句话。

聪明的老国王看到这句话后，显得很得意。"各位先生"，他说，"这真是各时代智慧的结晶，并且各地的人一旦知道这个真理，我们大部分的问题可能就都解决了。"

这句话就是："天下没有免费的午餐。"

这则寓言告诉人们这样一个道理：没有积极的行动，你就与成功无缘。

要想获得人生的丰收，就必须积极地努力、积极地奋斗。成功者从来也不会等到"有朝一日"再去行动，而是今天就动手去做。不断地努力、失败，直到成功。他们不会因为空想或等待而失去成功的可能性。

失败者谈起别人获得的成功总会愤愤不平地说："人家有好运气。"他们不采取行动，总是等待着有一天他们会走运，他们把成功看作降临在"幸运儿"头上的偶然事件。而成功者都是勤奋的人，他们从来都不靠运气，只是忙于解决问题，忙于把事情做好。

心灵感悟

天下从不存在免费的午餐，成功者无不经过了艰苦地奋斗与积极地进取。请记住，机遇只偏爱有准备的头脑，成功只属于永不停息的奋进者。

行动大于梦想

一个夏天，小男孩勒宁沿着一条曲折的道路寻找他的未来。当他走在一个偏僻的十字路口时，看见了一棵枝繁叶茂的老树。

他想："我要在那里小憩一会儿想想我的出路，虽然我的前程好坏未卜，但它肯定就在我的前面。"

想到这里，男孩子高兴地朝老树走去，可是走到近前他才发现树荫已被一位酣睡的老人占据了。勒宁是个有教养的孩子，他静静地坐在一旁等候着老人的醒来。

老人终于睁开了双眼，这时已是夕阳西下，夜幕低垂，但勒宁没有抱怨。

"我在寻找我的出路，老人家，"勒宁说，"您能告诉我前面哪条路是最好的吗？"

老人上下打量他一番，又由近及远地望了望伸向远方的道路，最后摇摇头对勒宁说：

"我的眼力不行了，我曾经能看见散步的风呢。"

"那么，老先生，"勒宁继续说，"也许您能听见美妙的世界位于哪条路上吧？"

老人把头侧向一边听了听，然后又侧向另一边听了听，最后摇摇头说："我的听觉也很差了，我曾经能听得见花的私语呢。"

坐下来，想了好一会。"老先生，"他说道，"您知道一个我能去的地方吗？一个能找到我的出路的地方？"

"我认为'时游'是最好的地方。"说着，老人缓缓地站起身来，伸了伸懒腰，消失在树的背影里。勒宁是个有教养的孩子，他没有尾随其后纠缠不休，而是在树枝下过了一宿。

一轮红日从东方的天空冉冉向他走来时，勒宁像听到了一声远方的呼唤随即站起身来。他在十字路口上选择了一条他希望能通往"时游"的道路。勒宁跋涉了很多日子，经历了许多事情。

他上山挖金，下海掏珠，爬山钻洞，风餐露宿，日夜兼程。他阅历大千世界，尝尽人间百味，但他仍然执着地寻觅着"时游"。

后来，他长大了，成熟了，终于把"时游"撇在脑后。他在自家的房子周围种起了粮食，种出了一个世界。

即使当他想起"时游"，那也不过像是童年时读过的一段神话，从来没有因此而搅乱过他宁静的心境。

有那么一天，他已经是位年迈的老人了，当孙子们和他一起坐在壁炉前问起那广阔而又神奇的世界时，勒宁突然想起他那一段不平凡的生活。

"是的，"他说，"年轻时我周游过世界，为着寻找某件东西，寻找什么现在已记不起来了。一些东西找到了，还有一些没有找着。可重要的是我年轻时执着地寻找过。"

心灵感悟

不论前方的路会怎样，不论最终的结局如何，我们都要行动起来，去追求，去寻找那美好的过程。

敢于放手一搏

在拿破仑的传记作品里，曾经记载过这样一个故事。

那是在马林果战役的前夕，拿破仑坐在营帐里，凝视着面前摊开的一张意大利地图。他把4枚钉子按放在地图上，一边挪动钉子，一边思考着。

过了一会儿，他自言自语地说："现在一切部署好了，我要在这里抓住他！"

"抓住谁？"身旁的一个军官问道。

"墨拉期，奥地利的老狐狸。他要从热那亚回来，路过都灵，进攻亚历山大里亚。我要渡过波河，在塞尔维亚平原迎着他，就在这儿打败他。"拿破仑的手指向马林果。

但是，马林果战役打响后，法军受到敌军强有力的抵抗，竟只剩招架之功，拿破仑精心筹措的胜利眼看要成为泡影。

正在法军败退之际，拿破仑手下的将领德撒带着大队骑兵驰过田野，停在拿破仑站着的山坡附近。队伍中有一个小鼓手，他是德撒在巴黎街头收留的流浪儿，在埃及和奥同战役中一直在法军中作战。

当军队站住时，拿破仑朝小鼓手喊道："击退兵鼓！"

这个孩子却没有动。

"小流浪汉，击退兵鼓！"

"小流浪汉，击退兵鼓！"

孩子拿着鼓槌向前走了几步，朗声说道："啊，大人，我不知道怎么击退兵鼓，德撒从来没有教过我。但是我会击进军鼓，是的，我可以敲进军鼓，敲得让死人都排起队来。我在金字塔敲过它，在泰伯河敲过它，在罗地桥又敲过它。啊，大人，在这里我也敲进军鼓吗？"

拿破仑无可奈何地转向德撒："我们吃败仗了，现在可怎么办呢？"

"怎么办？打败他们！要赢得胜利还来得及。来，小鼓手，敲进军鼓，像在泰伯河和罗地桥一样敲吧！"

不一会儿，队伍随着德撒的剑光，跟着小鼓手猛烈的鼓声，向奥地利军队横扫而去，他们不惜流血牺牲，把敌人打得一退再退。德撒在敌人的第1排子弹中就倒下了，但是队伍并没有动摇。当炮火消散时，人们看到那小流浪儿走在队伍最前面，笔直地前进，仍旧敲着激昂的进军鼓。他越过死人和伤员，越过营垒和战壕，他的脚步从容不迫，鼓声激昂有力，他以自己勇敢无畏的精神开辟了胜利的道路。

心灵感悟

在通往目标的历程中遭遇挫折并不可怕，可怕的是因挫折而产生的对自己能力的怀疑。只要精神不倒，敢于放手一搏，就有胜利的希望。

为自己创造成功

在1995年的时候，法国记者多米尼克·博比突然心脏病发作，导致四肢瘫痪，几乎丧失了所有的运动机能。

被病魔袭击后的博比躺在医院的病床上，他头脑清醒，但是全身的器官中，只有左眼还可以活动。

可是，他并没有被病魔打倒，虽然口不能言，手不能写，他还是决心要把自己在病倒前就开始构思的作品完成并出版。

出版商便派了一个叫门迪宝的笔录员来做他的助手，每天工作6小时，给他的著述做笔录。

博比只会眨眼，所以就只有通过眨动左眼与门迪宝来沟通，逐个字母地向门迪宝背出他的腹稿，然后由门迪宝抄录出来。

门迪宝每一次都要按顺序把法语的常用字母读出来，让博比来选择。如果博比眨一次眼，就说明字母是正确的；如果是眨两次，则表示字母不对。

由于博比是靠记忆来判断词语的，因此有时就可能出现错误，有时他又要滤去记忆中多余的词语。开始时他和门迪宝并不习惯这样的沟通方式，所以中间也产生不少障碍和问题：刚开始合作时，他们两个每天用6小时默录词语，每天只能录一页，后来慢慢增加到了3页。

历经几个月的艰辛之后，他们终于完成这部著作。据粗略估计，为了写这本书，博比共眨了左眼20多万次。

这本不平凡的书有150页，已经出版，它的名字叫《潜水衣与蝴蝶》。

心灵感悟

　　成功需要许许多多的条件，其中有很多需要我们自己去创造，哪怕我们已身陷绝境、疲惫不堪。

天上会掉馅饼吗

在电视台谈话栏目中，主持人问张璨——中国十大杰出青年、拥有1.2亿美元资产而名列中国内地富豪榜第23位的成功人士："人们都说你好像总是碰见天上掉馅饼的事，为什么别人老碰不见？"

她的回答极富智慧："因为我总是去努力寻找天上掉馅饼的地方。"

主持人又问："为什么你总是能找到掉馅饼的地方，有什么窍门吗？"

她说："第一，你得相信奇迹，尽管它可能百年不遇、千年难逢，但你要相信天上一定会掉馅饼并且你会碰见。第二，你得强壮你的体魄、锻炼你的技能、积蓄你的力量，当掉下馅饼时你才有能力去接住。第三，一般人老是平视与俯视，你得学会仰视，用与众不同的方式去寻找天上掉馅饼的地方。这样，你就会一次又一次发现越来越大的馅饼。"

张璨觉得一个人最重要的是：要有一个梦想，这个梦想可以很大，也可以很小，它由个人的个性与能力决定。然后你就可以为了实现这个梦想去努力、去奋斗。

智力因素诚然比较重要，但张璨认为有些东西更不能丢掉：一个就是坚定，你一定要很坚定，当你设定一个目标以后，你一定要全力以赴，一定要不屈不挠，一定要非常的顽强，即使用任何表述这种坚定的词加在你的身上都不会过分。其次就是你一定要善于感受事物，就是从生活中每一点、每一滴的各个方面去感受很多事物。另外你随时都要有从零开始的准备，而且时时刻刻都觉得你对你自己非常有信心。

"别人是撞了南墙才知道回头，你张璨是撞了南墙也不回头，而是小眼滴溜乱转，想着如何把墙给拆了。"一位中学老师的评价,形象地刻画了张璨永不服输的性格。张璨把"撞南墙"当作一种经验,当作上天的恩赐,因此,值得去享受这一过程。

"上天要爱一个人,不是给他美貌和财富,而是给给他考验和磨难,同时又一定会给他留一个缝隙,关键是看他有没有运气和能力找到这个缝隙。"

所以,无论遇到多么大的挫折和磨难,张璨最终都能以积极的心态去面对,她会笑着对自己说:"看,上天又在'爱'我了。"

心灵感悟

上天给了我们每个人机会,只不过现在它在隐藏状态中,能否发现它,在于细心去寻找,去准备,充实自己。

成功无止境

一个年轻人习武已经8年了,这是一个异常重要的时刻:他将正式接受来之不易的黑带,这源于他8年的勤修苦练,汇聚了8年的汗水与辛酸,代表了8年的成果。现在他跪在武学宗师面前,接受最后的教诲。

"在授予你黑带之前,你必须接受一个考验。"武学宗师说。

"我准备好了。"徒弟答道。他以为可能是最后一个回合的练拳。

宗师说:"你必须回答一个最基本的问题——黑带的真正含义是什么?"

"是我习武的结束,"徒弟答道,"是我辛苦练功应该得到的奖励。"武学宗师等待着他再说些什么,显然他不满意徒弟的回答。最后他开口了:"你还没有到拿黑带的时候,一年以后再来。"

一年以后,徒弟再度跪在宗师的面前。

"黑带的真正含义是什么?"

"是本门武学中最杰出和最高荣誉的象征。"徒弟说。武学宗师等他接着说,可过了好几分钟,徒弟还是不说话。宗师很不满意,最后说:"你仍然没有到拿黑带的时候,一年以后再来。"

一年以后,徒弟又跪在宗师的面前。

师傅又问:"黑带的真正含义是什么?""黑带代表开始,代表无休止的磨炼、奋斗和追求更高标准的里程的起点。"

"好,你已经可以接受黑带了。"武学宗师微笑着点点头。

心灵感悟

对于我们每个人来说,成功没有止境,而只有开始。这个开始,就是奋斗。名誉只是成功表面上的东西,只是装饰品而已,并没有实际意义。

幻想带不来成功

有一个人，已过而立之年仍无所作为，便寄希望于上帝的垂青，于是，他每隔两三天就跑到教堂祈祷一次。

第一次他到教堂时，跪在圣坛前，虔诚地低语："上帝啊，请念在我多年来敬畏您的分上，让我中一次彩票吧！阿门。"

几天后，他又垂头丧气地回到教堂，同样跪着祈祷："上帝啊，为何不让我中彩票？我愿意更谦卑地服侍您，求您让我中一次彩票吧！阿门。"

又过了几天，他再次出现在教堂，同样重复他的祈祷。如此周而复始，不间断地祈求着。

到了最后一次，他跪着祈祷："我的上帝，您为何不垂听我的祈求？让我中彩票吧！只要一次，让我解决所有困难，我愿终身奉献，专心侍奉您……"

上帝从圣坛上空发出了一阵宏伟庄严的声音："我一直垂听你的祷告。可是——最起码，你老兄也该先去买一张彩票吧！"

你是否也曾像这位老兄一样真的想过要成功？要成功，光有梦想是不够的，还必须拥有一定要成功的决心，配合确切的行动，坚持到底。

只有下定一个不变的决心，历经学习、奋斗、成长的过程，才有资格摘下成功的甜美果实。

而大多数的人，在开始时都拥有很远大的梦想，如同故事中那位祈祷者，却从未掏腰包真正去买过一张彩票。于是缺乏决心与实际行动的梦想开始萎缩，种种消极与不可能的思想衍生，甚至于就此不敢再存任何梦想，过着随遇而安、乐天知命的平庸生活。这也是为何成功者总是占少数的原因。了解成功哲学的你，是否真心愿意在此刻为自己的理想认真地下定追求到底的决心，并且马上行动？

梦想是成功的起跑线，决心则是起跑时的枪声。行动犹如跑步者全力的奔驰，唯有坚持到最后一秒的，方能获得成功的锦标。

一生干好一件事

有一位女作家被邀请参加笔会，坐在她身边的是一位匈牙利年轻的男作家。她衣着简朴，沉默寡言，态度谦虚。男作家不知道她是谁，他认为她只不过是一个不入流的作家而已。于是，他有了一种居高临下的心态。

"请问小姐，你是专业作家吗？"

"是的，先生。"

"那么，你有什么大作发表吗？能否让我拜读一两部。"

"我只是写写小说而已，谈不上什么大作。"

男作家更加证明自己的判断了。

他说："你也是写小说的？那我们算是同行了，我已经出版了339部小说，请问你出版了几部？"

"我只写了一部。"

男作家有些鄙夷地问："噢，你只写了一部小说。那能否告诉我这本小说叫什么名字？"

《飘》。"女作家平静地说。狂妄的男作家顿时目瞪口呆。

女作家的名字叫玛格丽特·米切尔，她的一生只写了一部小说。现在，我们都知道她的名字，但那位自称出版过339部小说的作家的名字，已经无从考证了。

> 一辈子如果干了许多可有可无的事，而不能专注一件事，对于生命而言，那只不过是在原地转圈而已。一生只要干好一件事，这一辈子就没有白过。

抓住万分之一的机会

其实，这个世界并不会偏爱任何一个人，上天对任何人都是公平的，就像爱因斯坦所说的那样："上帝高深莫测，但他并无恶意。"所以，任何一件好事、坏事发生的概率都是一样的，也就是说，如果好事情有可能发生，不管这种可能性多么小，它也是会发生的。

从这个推论中，我们可以得知，成功有时来自很小的机会，当这种机会来临的时候，关键是你是否能够发觉并抓住它。

"不放弃任何一个哪怕只有万分之一可能的机会。"这是著名企业家甘布士的经验之谈。

有一次，戴维要搭火车去外地，但事先没有买好车票。这时刚好是圣诞前夕，到外地去度假的人很多，因此火车票很难买到。

戴维夫人打电话到车站询问，答复是全部车票已经卖完，不过如果不怕麻烦的话，可以到车站碰碰运气，看是否有人临时退票。车站还特别强调一句：这种机会或许只有万分之一。

戴维欣然提了行李赶到车站，可是等了好久，一直没人退票，戴维仍然耐心等待。就在火车还有5分钟就要开时，一个女人匆忙来退票，因为她家里有急事，只得改期。于是戴维如愿以偿，搭上了火车。

到了目的地，戴维给夫人打了一个长途电话："我抓住了那只有万分之一的机会了，因为我相信，一个不怕吃亏的笨蛋才是真正的聪明人。"

戴维在生活中正是靠着不放弃万分之一机会的执着，终于在芸芸众生中脱颖而出，从一家织造厂的小技师，成为拥有5家百货商店的老板，然后又成为企业界举足轻重的人物。

追寻戴维的成功经历，的确让人获益匪浅。在通往成功的道路上，处处都有可能被错过的良机。

因此我们要像戴维那样，不怕吃亏，善于把握机会，哪怕是万分之一的机会也不能放弃，并且努力去奋斗，就一定能实现人生的理想。

> 哪怕只有万分之一的机会，你也不要放弃它。很多人都是借此而脱离困境的，你为什么要放弃上天的恩赐呢？

不为卑微的东西祈祷

小克莱门斯 4 岁就进了学堂。教书的霍尔太太是一位虔诚的基督徒，每次上课之前，她都要领着孩子们进行祈祷。有一天，霍尔太太给孩子们讲解《圣经》，当讲到"祈祷，就会获得一切"的时候，小克莱门斯忍不住站了起来，他问道："如果我祈祷上帝呢？他会给我想要的东西吗？""是的，孩子，只要你愿意虔诚地祈祷，就会得到你想要的东西。"

小克莱门斯特别想得到一块很大很大的面包，因为他从来没有吃过那样诱人的面包。而他的同桌，一个金头发的小姑娘每天都会带着一块这么诱人的面包来到学校。她常常问小克莱门斯要不要尝一口，小克莱门斯每次都坚定地摇头，但他的内心是痛苦的。

放学的时候，小克莱门斯对小姑娘说："明天我也会有一块大面包。"回到家后，小克莱门斯关起门，无比虔诚地进行祈祷，他相信上帝已经看见了自己的表情，上帝一定会被自己的诚心感动的！然而，第二天起床后，当他把手伸进书包的时候，除了一本破旧的课本什么也没有发现。他决定每天晚上坚持祈祷，一定要等到面包降临。

一个月后，金头发的小姑娘笑着问小克莱门斯："你的面包呢？"

小克莱门斯已经无法继续自己的祈祷了。他告诉小姑娘，上帝也许根本就没有看见自己在进行多么虔诚的祈祷，因为，每天肯定有无数的孩子都进行着这样的祈祷，而上帝只有一个，他怎么会忙得过来？小姑娘笑着说："原来祈祷的人都是为了一块面包，但一块面包用几个硬币就可以买到，人们为什么要花费这么多的时间去祈祷，而不是去赚钱买面包呢？"

小克莱门斯决定不再祈祷。他相信小姑娘所说的正是自己想要知道的——只有通过实际的工作才能获得自己想要的东西。而祈祷，永远只能让你停留在等待中。小克莱门斯对自己说："我不要再为一件卑微的小东西而祈祷了。"他带着对生活的坚定信心走向了新的道路。

多年以后，小克莱门斯长大成人，当他用笔名马克·吐温发表作品的时候，他已经是一名为了理想而勇敢战斗的作家了。他再没有祈祷上帝，因为在无数个艰难的日子中，他都记着：不要为卑微的东西祈祷！

**心灵感悟**

在通往成功的路上，你应该果断地、毫无顾忌地向人宣告并展示你的能力、风采、气度、才智。不要总听凭他人摆布，而要勇敢地去追求。

埋葬"我不能"

安娜是密歇根州一个小镇上的小学老师。

那天，她给学生们上了生动的一节课。她让学生们在纸上写出自己不能做到的事。所有的学生都全神贯注地埋头在纸上写着。一个 10 岁的女孩，她在纸上写道："我无法把球踢过第二道底线""我不会做 3 位数以上的除法""我不知道如何让比尔喜欢我"，等等。她已经写完了半张纸，但她丝毫没有停下来的意思，仍旧很认真地继续写着。

每个学生都很认真地在纸上写下了一些句子，述说着他们做不到的事情。

安娜老师也正忙着在纸上写着她不能做到的事情，像"我不知道如何才能让亨利的母亲来参加家长会""除了体罚之外，我不能耐心地劝说艾米"，等等。

大约过了10分钟，大部分学生已经写满了一整张纸，有的已经开始写第2页了。

"同学们，写完一张纸就行了，不要再写了。"这时，安娜老师用她那惯有的语调宣布了这项活动的结束。学生们按照她的指示，把写满了他们认为自己做不到的事情的纸对折好，然后按顺序依次来到老师的讲台前，把纸投进一个空的鞋盒里。

等所有学生的纸都投完以后，安娜老师把自己的纸也投了进去。然后，她把盒子盖上，夹在腋下，领着学生走出教室，沿着走廊向前走。

走着走着，队伍停了下来。安娜走进杂物室，找了一把铁锹。然后，她一只手拿着鞋盒，另一只手拿着铁锹，带着大家来到运动场的角落里，开始挖起坑来。学生们你一锹我一锹地轮流挖着，20分钟后，一个1米深的洞就挖好了。他们把盒子放进去，然后又用泥土把盒子完全覆盖上。这样，每个人的所有"不能做到"的事情都被深深地埋在了这个"墓穴"里，埋在了1米深的泥土下面。

这时，安娜老师注视着围绕在这块小小的"墓地"周围的25个十多岁的孩子，神情严肃地说："孩子们，现在请你们手拉着手，低下头，我们准备默哀。"

学生们很快地互相拉着手，在"墓地"周围围成了一个圆圈，然后都低下头来静静地等待着。

"朋友们，今天我很荣幸能够邀请到你们前来参加'我不能'先生的葬礼。"安娜老师庄重地念着悼词，"'我不能'先生在世的时候，曾经与我们的生命朝夕相处，您影响着、改变着我们每一个人的生活，有时甚至比任何人对我们的影响都要深刻得多。您的名字几乎每天都要出现在各种场合，比如学校、市政府、议会，甚至白宫。当然，这对于我们来说是非常不幸的。

"现在，我们已经把您安葬在了这里，并且为您立下了墓碑，刻上了墓志铭。希望您能够安息。同时，我们更希望您的兄弟姊妹.'我可以''我愿意'，还有'我立刻就去做'等能够继承您的事业。虽然他们不如您的名气大，没有您的影响力强，但是他们会对我们每一个人、对全世界产生更加积极的影响。愿'我不能'先生安息吧，也祝愿我们每一个人都能够振奋精神，勇往直前！阿门！"

接下来，安娜老师带着学生又回到了教室。大家一起吃着饼干、爆米花，喝着果汁，庆祝他们越过了"我不能"这个心结。

作为庆祝的一部分，安娜老师还用纸剪成一个墓碑，上面写着"我不能"，中间则写上"安息吧"，下面写着这天的日期。

安娜老师把这个纸墓碑挂在教室里。每当有学生无意说出："我不能……"这句话的时候，她只要指着这个象征死亡的标志，孩子们便会想起"我不能"先生已经死了，进而去想出积极的解决方法。

生活中我们太容易被"我不能"左右，因此很多事都无法得到解决。那么，我们不妨把自己的"我不能"埋进坟墓，时刻以勇者的心态来面对一切，乘风破浪，百折不挠，才会赢得希望。

成功就在下一次

史泰龙，无人不知的电影巨星，可是早在 20 年前，他穷困潦倒，睡在他的小车里面，身上只有 100 美金，他当时梦想当演员，于是到纽约去找电影公司。

由于史泰龙英语不标准，长相又不怎么样，他跑了 500 家电影公司，都遭到了拒绝。当时他在心里想的是：坚持下去，成功就在下一次……

他又开始应征当演员，又被拒绝 500 次，加起来共 1000 次，他心里想的还是：坚持下去，成功就在下一次……

他再次跑回去，向每一家电影公司介绍自己，结果还是被拒绝。在失败了 1500 次以后，他总结了自己失败的教训，于是他改变了行动策略。

后来，他写了一个剧本叫《洛基》，他拿着剧本到电影公司推荐，但一次又一次地被拒绝了。他不断对自己说："我一定要成功，也许下一次就行，再下一次，再下一次……"

在他遭到 1800 次拒绝后的一天，终于有一家电影公司有意用他的剧本，但不让史泰龙在电影里出现。

对方愿花 75000 美元买他的剧本，史泰龙饿肚子已经 3 个月了，没有钱吃饭，但是当时的史泰龙对 75000 美金这个数字一点没动心。

于是他拒绝了这家电影公司的要求，这让这位电影公司的老板非常惊讶！一直到遭遇 1855 次拒绝时，史泰龙终于当上了演员，他演的第一部电影叫做《洛基》，就是他自己编的剧本，他从此一炮走红，成为全世界片酬最高的男演员之一，基本酬金 2000 万美金。

雨果说过："坚持对于勇气，正如轮子对于杠杆，那是支点的永恒更新。"一个人要想成功光靠勇气也是不够的，他必须学习坚持，哪怕以前的所有坚持都遭到了拒绝也要坚持，因为成功就在下一次。

不打无准备之仗

我们常说：养兵千日，用兵一时，这是一种准备哲学。准备工作做得越充分的人，成功的可能性就越大。

在中外瞩目的拳坛世纪之战中，当时正是如日中天的泰森根本没有把已年近 40 岁的霍利菲尔德放在眼里，自负地认为可以毫不费力地击败对手。同时，几乎所有的媒体也都认为泰森将是最后的胜利者。美国博彩公司开出的是 22 赔 1 泰森胜的悬殊赔率，人们也都将大把的赌注压在了泰森身上。

在这种情况下，认为已经稳操胜券的泰森对赛前的准备工作——观看对手的录像，预测可能出现的情况及应对措施，保证自己充足的睡眠和科学的饮食方面都敷衍了事。

比赛开始后，泰森却惊讶地发现，自己竟然找不到对手的破绽，而对方的攻击却往往能突破自己的防线。于是，气急败坏的泰森做出了一个令全世界人都感到震惊的举动：一口咬掉了霍利菲尔德的半只耳朵！

世纪大战的最后结局当然是：泰森成了一位可耻的输家，还被内华达州体育委员会罚款600万美元。

其实，泰森输在准备不足。当霍利菲尔德认真研究比赛录像，分析他的技术特点和漏洞时，泰森却将教练准备的资料扔在了一边；当对手在比赛前拼命热身，提前进入搏击状态时，他却在和朋友一起狂欢。虽然泰森的实力确实比对手高出一筹，从年龄上也占尽了优势，但他最后一败涂地。

我们的人生也是如此，面对困厄、问题，手足无措，仓促应战，只会导致失利。胜利，属于做好了充分准备的人。

准备赢得一切。智者不打无准备之仗，只有准备得充分，才能在对手面前展现最完美的状态，才能赢得最后的胜利。

勇敢的诠释

哥伦布年轻的时候，曾经过着海盗生活，这不是值得惊奇的事，因为当年一些良好的家庭，都愿意把孩子送到海盗船上去工作，使孩子可以增长一点见闻，尝尝人生磨难，而且可以多赚一点钱。在他们看来，这种事情不被官方捉住，也就无所谓羞耻与卑贱，要是不幸地被逮着了，也只好自叹命运不济了。

哥伦布还在求学的时候，偶然读到一本毕达哥拉斯的著作，知道地球是圆的，他就牢记在脑子里。经过很长时间的思索和研究后，他大胆地提出，如果地球真是圆的，他便可以经过极短的路程而到达印度了。自然，许多有常识的大学教授和哲学家们都耻笑他的意见，因为，他想向西方行驶而到达东方的印度，岂不是傻人说梦话吗？他们告诉他"地球不是圆的，而是平的"，然后又警告他，要是一直向西航行，他的船将驶到地球的边缘而掉下去……这不是等于走上自杀之路吗？

然而，哥伦布对这个问题很有自信，只可惜他家境贫寒，没有钱去实现这个冒险的理想，他想从别人那儿得到一点钱，助他成功，但一连空等了17年，还是失望，所以，他决定不再向这个"理想"努力了。因为使他忧虑和失望的事情太多了，竟使他的红头发也完全变白了——虽然当时他还不到50岁。

灰心的哥伦布，这时只想进西班牙的修道院，去度过后半生。正在这时候，罗马教皇却怂恿西班牙皇后伊莎贝露帮助哥伦布。教皇先送了65元给哥伦布，算是路费，但他自觉衣服过于褴褛，便以这些钱买了一套新装和一匹驴子，然后启程去见伊莎贝露，沿途穷得竟以乞讨糊口。皇后赞赏他的理想，并答应赐给他船只，让他去从事这种冒险的工作。为难的是，水手们都怕死，没人愿意跟随他走，于是哥伦布鼓起勇气跑到海滨，捉住了几位水手，先向他们哀求，接着是劝告，最后用恫吓的手段逼迫他们去。另外，他又请求皇后释放了狱中的死囚，答应他们如果冒险成功，就可以免罪恢复自由。

一切都准备妥当。1492 年 8 月，哥伦布率领 3 艘船，开始了一个划时代的航行。刚航行几天，就有两艘船破了，接着又在几百平方千米的海藻中陷入了进退两难的险境，他亲自拨开海藻，才得以继续航行。在浩瀚无垠的大西洋中航行了六七十天，也不见大陆的踪影，水手们都失望了，他们要求返航，否则就要把哥伦布杀死。哥伦布兼用鼓励和高压两种手段，总算说服了船员。

也是天无绝人之路，在继续前进中，哥伦布忽然看见有一群飞鸟向西南方向飞去，他立即命令船队改变航向，紧跟这群飞鸟。因为他知道海鸟总是飞向有食物和适于它们生活的地方，所以他预料到附近可能有陆地。果然很快发现了美洲新大陆。

当他们返回欧洲报喜的时候，又遇上了四天四夜的大风暴，船只面临沉没的危险。在十分危急的时候，他想到的是如何使世界知道他的新发现，于是，他将航行中所见到的一切写在羊皮纸上，用蜡作密封后放在桶内准备在船毁人亡后，使自己的发现能够留在人间。

哥伦布他们总算很幸运，终于脱离了危险，胜利返航了。无须赘言，哥伦布如果没有不怕困难、不怕牺牲、勇往直前的冒险精神，"新大陆"能被早日发现吗？

哥伦布的探险成功了。

可惜，哥伦布至死都不知道自己发现的是美洲新大陆，他还以为自己只不过是发现了一条到达印度的新航路而已，所以把美洲红皮肤的人，也称呼为"印度人"。

哥伦布那种无畏、勇敢和敢于冒险的精神，值得我们学习。当水手们畏惧退缩的时候，只有他还要勇往直前；当水手们"恼羞成怒"警告他再不折回，便要叛变杀了他时，他的答复还是那一句话："前进啊！前进啊！前进啊！"

　　一个把自己限于牢笼中的人，是生活的奴隶，无异于丧失了生活的自由。只有勇于尝试的人，才拥有生活的自由，才能激发生命的火花，最大化地发挥自身的潜能！

第二十四辑
让心灵诗意地栖居

走慢一些，幸福在你身旁

父子俩一起耕作一片土地。一年一次，他们会把粮食、蔬菜装满那老旧的牛车，运到附近的镇上去卖。但父子二人相似的地方并不多。老人家认为凡事不必着急，年轻人则性子急躁、野心勃勃。

一天清晨，他们套上了牛车，载满了一车子的粮食、蔬菜，开始了旅程。儿子心想他们若走快些，当天傍晚便可到达市场。于是他用棍子不停催赶牛车，要牲口走快些。

"放轻松点，儿子，"老人说，"这样你会活得久一些。"

"可是我们若比别人先到市场，我们便有机会卖个好价钱。"儿子反驳。

父亲不回答，只把帽子拉下来遮住双眼，在牛车上睡着了。年轻人很不高兴，愈加催促牛车走快些，固执地不愿放慢速度，他们在快到中午的时候，来到一间小屋前面，父亲醒来，微笑着说："这是你叔叔的家，我们进去打声招呼。"

"可是我们已经慢了半个时辰了。"儿子着急地说。

"那么再慢一会儿也没关系。我弟弟跟我住得这么近，却很少有机会见面。"父亲慢慢地回答。

儿子生气地等待着，直到两位老人慢慢地聊足了半个时辰，才再次启程，这次轮到老人驾牛车。走到一个岔路口，父亲把牛车赶到右边的路上。

"左边的路近些。"儿子说。

"我晓得，"老人回答，"但这边路的景色好多了。"

"你不在乎时间？"年轻人不耐烦地说。

"噢，我当然在乎，所以我喜欢看漂亮的风景，把时间都享受起来。"

蜿蜒的道路穿过美丽的牧草地、野花，经过一条清澈河流——这一切年轻人都视而不见，他心里翻腾不已，十分焦急，他甚至没有注意到当天的日落有多美。

他们最终也没有在傍晚赶到。黄昏时分，他们来到一个宽广、美丽的大花园。老人呼吸芳香的气味，聆听小河的流水声，把牛车停了下来。"我们在此过夜好了。"

"这是我最后一次跟你做伴。"儿子生气地说，"你对看日落、闻花香比赚钱更有兴趣！"

"对了，这是你这么长时间以来所说的最好听的话。"父亲微笑着说。

几分钟后，父亲开始打呼噜——儿子则瞪着天上的星星，长夜漫漫，儿子好久都睡不着。天不亮，儿子便摇醒父亲。他们马上动身，大约走了一里路，遇到一个农民正在试图把牛车从沟里拉上来。

"我们去帮他一把。"老人低声说。

"你想浪费更多时间？"儿子有点生气了。

"放轻松些，孩子，有一天你也可能掉进沟里。我们要帮助有所需要的人——不要忘了。"

儿子生气地扭头看着一边。

等到另一辆牛车回到路上时，已是大天亮了。突然，天上闪出一道强光，接下来似乎是打雷的声音。群山后面的天空变得一片黑暗。

"看来城里在下大雨。"老人说。

"我们若是赶快些，现在大概已把货卖完了。"儿子大发牢骚。

"放轻松些……这样你会活得更久，你会更享受人生。"仁慈的老人劝告道。

到了下午，他们才走到俯视城镇的山上。站在那里，看了好长一段时间。两人都不发一言。

终于，年轻人把手搭在老人肩膀上说："爸，我明白您的意思了。"

他把牛车掉头，离开了那从前叫作广岛的地方。

心灵感悟

天下熙熙皆为利来，天下攘攘皆为利往。古往今来，多少人争名于朝、争利于夕，殚精竭虑。但是，人之于宇宙，不过是一过客而已，所以，放慢你的脚步，你会发现前所未见的美景。

生活处处美丽动人

一个对生活极度厌倦的绝望少女，她打算以投湖的方式自杀。在湖边她遇到了一位正在写生的画家，画家专心致志地画着一幅画。少女厌恶极了，她鄙薄地睨了画家一眼，心想：幼稚，那鬼一样狰狞的山有什么好画的！那坟场一样荒废的湖有什么好画的！

画家似乎注意到了少女的存在和情绪，但他依然专心致志、神情怡然地画。一会儿，他说："姑娘，来看看画吧。"

她走过去，傲慢地睨视着画家和画家手里的画。

少女被吸引了，竟然将自杀的事忘得一干二净，她真是没发现过世界上还有那样美丽的画面——他将"坟场一样"的湖面画成了天上的宫殿，将"鬼一样狰狞"的山画成了美丽的、长着翅膀的女人，最后将这幅画命名为"生活"。

少女的身体在变轻，在飘浮，她感到自己就是那袅袅婀娜的云……

良久，画家突然挥笔在这幅美丽的画上点了一些麻乱的黑点，似污泥，又像蚊蝇。少女惊喜地说："星辰和花瓣！"

画家满意地笑了："是啊，美丽的生活是需要我们自己用心发现的呀！"

《我希望能看见》一书的作者彼纪儿·戴尔是一个几乎失明50年之久的女人，她写道："我只有一只眼睛，而眼睛上还满是疤痕，只能透过眼睛左边的一个小洞去看。看书的时候必须把书本拿得很贴近脸，而且不得不把我那一只眼睛尽量往左边斜过去。"

可是她拒绝接受别人的怜悯，不愿意别人认为她"异于常人"。小时候，她想和其他的小孩子一起玩跳房子，可是她看不见地上所画的线，所以在其他的孩子都回家以后，她就趴在地上，把眼睛贴在线上瞄过去瞄过来。她把朋友所玩的那块地方的每一点都牢记在心，不久就成为玩游戏的好手了。她在家里看书，把印着大字的书靠近她的脸，近到眼睫毛都碰到书本上。她得到两个学位：先在明尼苏达州立大学得到学士学位，再在哥伦比亚大学得到硕士学位。

她开始教书的时候，是在明尼苏达州双谷的一个小村里，然后渐渐升到南达科他州奥格塔那学院的新闻学和文学教授。她在那里教了13年，也在很多妇女俱乐部发表演说，还在电台主持谈书和作者的节目。她写道："在我的脑海深处，常常怀着一种怕完全失明的恐惧，为了克服这种恐惧，我对生活采取了一种很快活而近乎戏谑的态度。"

然而在她52岁的时候，一个奇迹发生了。她在著名的梅育诊所施行了一次手术，使她的视力提高了40倍。一个全新的、令人兴奋的、可爱的世界展现在她的眼前。

她发现，即使是在厨房水槽前洗碟子，也让她觉得非常开心。她写道："我开始玩着洗碗盆里的肥皂泡沫，我把手伸进去，抓起一大把肥皂泡沫，我把它们迎着光举起来。在每一个肥皂泡沫里，我都能看到一道小小彩虹闪出来的明亮色彩。"

当我们去审视和扪问自己的心灵，能否像彼纪儿·戴尔那样在肥皂泡沫中看到彩虹？生活中的阴云和不测、不知会使多少人活在自怨自艾的边缘，许多人早已习惯了用抱怨和悲伤去迎接生命的各种遭遇，由于自身内心世界的阴晦，使得原本明朗的生活变得泥泞而毫无希望。想想象彼纪儿·戴尔这样的人吧！也许我们可以在她们身上学到点什么。用心去感受你眼中的可爱世界吧，阳光下洗碗盆的肥皂泡沫都是五彩缤纷的。

心灵感悟

生活的美与丑，全在我们自己怎么看，如果你将心中的丑陋和阴暗面彻底放下，然后选择一种积极的心态，懂得用心去体会生活，就会发现，生活处处都美丽动人。

亲近大自然

大自然传达诗意的感觉。凝视自然地形、色彩变化、地质构造、自然的香味和声音，我们可以获得和大自然融合为一的感觉。让眼睛看向远方的地平线，我们就能放松生活压力的焦点。适度地离开熙熙攘攘的尘嚣世界，接近大自然，享受大自然带给我们的乐趣，也是品味生活的良好方式。

一对年轻美国夫妇在繁华的纽约市中心居住。时间一长，觉得生活就像部运转的机器，虽然总是在忙忙碌碌地转着，但太千篇一律了，即使是那些花样繁多的休闲娱乐项目，也像麦当劳、肯德基等那些快餐一样，只能满足一时的胃口，过后很少会有余香留下。于是他们决定去乡下放松放松，他们开车南行，到了一处幽静的丘陵地带，看见小山旁有个木屋，木屋前坐了一个当地居民。那个年轻的丈夫就问乡下人："你住在这样人烟稀少的地方，不觉得孤单吗？"

那乡下人说："你说孤单？不！绝不孤单！我凝望那边的青山时，青山给我一股力量。我凝望山谷，每一片叶子包藏着生命的秘密。我望着蓝色的天，看见云彩变幻成壮丽的城堡。我听到溪水潺潺，好像向我细诉心灵。我的狗把头靠在我的膝上，从它的眼中我看到忠诚和信任。这时我看见孩子们回家了，衣服很脏，头发蓬乱，可是嘴唇上却挂着微笑，叫我'爸'。我觉得有两只手放在我肩上，那是我太太的手，碰到悲愁和困难的时候，这两只手总是支持着我。所以我知道上帝总是仁慈的，你说孤单？不！绝不孤单！"这绝对是一种最佳的回答。能怀着感恩的心态去品味一切，并和周遭的事物融为一体，喜悦和幸福的感觉便会在内心滋长。下次当你凝视天际时，想象你眼睛的肌肉已释放所有的紧张，想想如此一来对你有多好。如同风景画中的人物，我们得以用更宽广的角度看自己，并调整我们看事情的角度。在古典浪漫时期，面对大自然的渺小感

几乎是令人害怕的，今天我们对于飞流直下的瀑布或高耸的悬崖峭壁依然感到敬畏。即使在一个温和平静的风景中，我们看自己的方式不同了，我们的问题似乎显得比较简单，或觉昨天的事不过是幻象罢了。奇妙之事继续发生：我们花越多时间在大自然美景中，就有越多的焦虑消失掉。

自然宁静的效果部分和绿荫有关，心理作用上和休息联想在一起。如果你有一个小小的庭院，试着在院中种满不同叶形、不同颜色的植物。当然，花匠可以提供很好的服务，但是你可能宁愿自己修剪树叶，或自己动手采集果实和种子、做做园艺什么的。你可能放着花园某个角落不整理，作为鸟儿和昆虫的天堂。认识你种植的植物或花的名称，去认识它们个别的个性，同时学习它们的学名和俗名，并大声念出那些奇怪的章节，想象它们像种子一样躺在你心灵中的花园。

这样你的心灵会变得诗意、浪漫起来。

　　大自然具有无穷无尽的美，大自然也是人类的知心朋友，在你心灵空虚时，只要你走进自然，感受它优美的风景，你的心很快就会愉快起来，并获得无限的美的享受。

在行走中顿悟

走的意义，全在于不停地感知和丰盈。

在行走中顿悟，包含了一个追求真我的妙趣。

一辆公交车行驶在路上，车到中途抛锚了，乘客们只好纷纷下来步行。他们有的怨声载道，有的骂声迭迭，唯有一位鹤发童颜的老人心平气和、气度优游，好一番明媚的心情！别的乘客低着头匆匆地赶往目的地，哪怕是青年人也毫无生气和活力。而老人倒是相反，信步而行，态度悠闲，意趣盎然，偶尔抬头看看蓝天白云，竟有一番仙风道骨。

老人的"另类"行为感染了匆匆的人群。为什么其他人行色匆匆，老人却气定神闲？

生活中，我们习惯了拖着长长尾气的汽车、预先设置好轨道的火车，或是飞机，抑或是轮船，最差也是那充满杂技风情的自行车，我们却忘记了行走。我们习惯于车马，却在失去依赖之时陷入了迷惘。我们不知道怎样结束现在的迷惘，找到来时的路。

因为我们维持着习惯，就像戴着沉重的枷锁，时间长了，竟不觉得它是重的，反而还很

惬意。

其实，生命的节奏就像河流的奔涌，有急有缓，既有"星垂平野阔，月涌大江流"的舒缓从容，又有"乱石穿空，惊涛拍岸，卷起千堆雪"的激烈紧迫。一张一弛，生活之道也。哪能一味地急迫，一味地悠忽？一味地急迫，生命就显得狭窄了；一味地悠忽，生命就显得虚无。只有急缓相当，张弛有度，方为人生大境界。

当我们低头匆匆而行的时候，我们不但在心底种下了怨懑的种子，还忽略了沿途风光秀美的景色。春花的蓬勃灿烂、夏雨的专注猛烈、秋月的寂寥淡远、冬雪的晶莹无瑕，小溪的吟唱、蟋蟀的弹奏、鸟儿的放歌……一切都与我们擦肩而过，失之交臂。那么，我们生活的目的还有什么？

当我们静下心来，放慢脚步，竟会发现周围的景色原来这么美。这就是我们天天经过，熟悉得不能再熟悉的路途吗？几年如一日，怎么竟未发现过？

我们的心里涌起莫大的悲哀，于是开始细细地欣赏，美美地体味起来。

也许我们放弃了舟马，但收获了滋润的心灵；疲惫了身体，却点燃了追寻的激情。我们背负着五彩的梦想，行走在不知终点的行程。

也许，我们不需要绿茶红茶的亲近，只需在大漠深处绝望边缘来一口甘泉。我们是满足的，心里有无穷无尽的快意，向映着夕阳的晚空大吼一声，让天上的飞鹰也感受到我们的快乐。

心灵感悟

行走着，装一颗探求的心灵，携一份悠闲淡泊的神思，看一看人间的百态，品一品世间的甜苦，听一听鸟鸣虫嘶，嗅--嗅芳草鲜花，不做高深的评论，只需用心去感触，去领悟，你就会发现五彩缤纷的人生。

让青春永驻心田

日本许多商界要人，都喜爱一篇短短的散文，散文的题目叫《青春》，作者塞缪尔·厄尔曼。

厄尔曼1840年生于德国，儿时随家人移居美利坚，参加过南北战争，之后定居伯明翰，经营五金杂货，年逾70岁开始写作。

《青春》一文，仅寥寥400字：

青春不是年华，而是心境；青春不是桃面、丹唇、柔膝，而是深沉的意志、恢宏的想象、炽热的感情；青春是生命的深泉涌流。

青春气贯长虹，勇锐盖过怯弱，进取压倒苟安。如此锐气，二十后生有之，六旬男子则更多见。年岁有加，并非垂老；理想丢弃，方堕暮年。

岁月悠悠，衰微只及肌肤；热忱抛却，颓废必致灵魂。忧烦、惶恐、丧失自信，定使心灵扭曲，意志如灰。

无论年届花甲，抑或二八芳龄，心中皆有生命之欢乐，奇迹之诱惑，孩童般天真久盛不衰。

人的心灵应如浩渺瀚海，只有不断接纳美好、希望、欢乐、勇气和力量的百川，才能青春永驻、风华长存。

一旦心海枯竭，锐气便被冰雪覆盖，玩世不恭、自暴自弃油然而生，即便年方二十，实已垂垂老矣；然则只要虚怀若谷，让喜悦、达观、仁爱充盈其间，你就有望在八十高龄告别尘寰时仍觉年轻。

此文一出，不胫而走，以至代代相传。第二次世界大战期间，麦克阿瑟与日军角逐于太平洋时，将此文镶于镜框，摆在写字台上，以资自勉。

日本战败，此文由东京美军总部传出，有人将它灌成录音带，广为销售，甚至有人把它揣在衣兜里，随时研读。

多年后，厄尔曼之孙、美国电影发行协会主席乔纳斯·罗森菲尔德访问日本，席间谈及《青春》一文，一位与宴者随手掏出《青春》，恭敬地说："乃翁文章，鄙人总不离身。"主客皆万分感动。

1988年，日本数百名流聚会东京、大阪，纪念厄尔曼的这篇文章。松下电器公司创始人松下幸之助感慨地说："20年来，《青春》与我朝夕相伴，它是我的座右铭。"欧洲一位政界名宿也极力推荐："无论男女老幼，要想活得风光，就得拜读《青春》。"

一个人从生到死，都会经历从年少到年迈的过程，青春是上帝赋予我们的权利，却被大多数人所滥用。关于青春的定义，许多人会有不同的理想，然而明亮的色彩却一直是它的主旋律。

我们如果把大好的年华浪费，那更是辜负了青春的期盼。无论何时何地，遇到怎样的事情，始终要保持一颗年轻的心，这才是青春的要义。

心灵感悟

人的心灵就如一方沃土，要辛勤地耕耘其中，才能获得盎然的生机。反之，如果放任自流，任其自生自灭，再肥沃的土地最后也只会一片荒芜。

用心感受每分每秒

从前，托蒂是个电影导演，是一个只知道从早忙到晚、不会享受片刻安宁的工作狂，一个只想用工作来填满自己生活中分分秒秒的典型人物。而现在，他似乎变成了另一个人。对于眼下每一刻能够享受的幸福时光，他都在心底由衷地感谢一位名叫莱娜的年轻女子。

认识莱娜还是10年前春天的事。那时，曾经与病魔作了4年不懈斗争的她坚信自己已经战胜了缠身已久的绝症，并且开始着手计划未来美好的蓝图。托蒂想用一部电影来表现她积极抗病、顽强求生的治疗过程，以此证明一个被顽症缠身的人如何能学会乐观积极地生活。

然而，就在此时，一个打击突然袭来，从她的电话中，他得到一个很糟的消息。"我的日子不多了。"莱娜在电话中对他讲，"但我希望，我们能共同把这部影片拍完。我愿尽可能长时间地与你们在摄影机前交谈。"

放下电话，托蒂立刻带上摄影师和录音师赶到她家。她正坐在一张藤椅里，微笑着迎接他们。

也许由于心情紧张，托蒂一时有些手足无措，她倒显得异常平静。"我享受着每一天宝贵的时光，好像从来没有这么意识强烈，全身心投入地去体验眼下的一切美好事物，包括我们现在的会面。"她声音清晰愉悦，真诚、坦率地向他展开她全部的内心世界。

"现在我才知道，爱的真正含义是什么。"莱娜说，"与我从前想象的相比较，那是全然不同的一种感觉。就连性，我也有着从前未曾体验到的感受。现在对我来说，那是一种全身心的接近，两心相通、静静厮守的美妙感觉。"

在莱娜去世前的几天，托蒂曾经问起她："假如命运允许你再重新活一次，你愿意做些什么呢？"她的回答给他的生活开启了一个全新的方向。

"我愿更多地和我自己生活在一起。每一天都要为自己留出一段可以独处的宝贵时光，更有意识地去观察体验自我和身处的环境。"

莱娜毫无惧色地告别了短暂人生，离开了这个世界。

与莱娜的会面，开启了托蒂对生活的思索，并从中获得了积极的意义。

如今，他已学会不再那样茫然无视生活中的分秒光阴、细微事物了。当雨点洒落在身上时，他会尽兴地在雨中散步；当樱花盛开的美妙时节，他会沉浸到大自然中，痛痛快快地捕捉每一缕芬芳，尽情地享受一种孩童般的欢乐。

"如果上天再给我一次机会……"很可惜，上天只给了我们每人一次生命。工作固然重要，但那只不过是外在要求，我们的内心靠单纯的工作绝不会滋润。珍惜每一刻的快乐时光，我们才能在生命的终点少些后悔。

人生就像一辆单程的列车，一旦开过就永远不再回头。我们与其在生命的尽头才后悔人生的单调、苍白，倒不如在旅途中用心感悟分分秒秒的时光。

回归大自然

中国古代有位大诗人杜甫，他一生热爱大自然，把大自然当作最好的医生。他曾经写过这样的一首诗："清江一曲抱村流，长夏江村事事幽。自去自来梁上燕，相亲相近水中鸥。老妻画纸为棋局，稚子敲针作钓钩。多病所需唯药物，微躯此外更何求。"

这首诗的大意是：人有了病之后，不要精神不振，更不要失去生活的信心，自寻烦恼。要多去环境幽静的地方散心解闷，看一看自由自在的飞燕、相亲相爱的鸥鸟，寻找生活中的乐趣，这样便心悦而减少疾病。另外，要治病，除了吃药外，还可以下棋以怡心、钓鱼以安神。

如果你把自己融入大自然中，大自然就会敞开心胸，把日月星辰、山山水水、花草树木、飞禽走兽、空气海洋无私地赐给你，就看你会不会热爱它、会不会利用它。如果你热爱它、亲近它，就能与其和谐相处，并且拥有万贯金钱买不到的健康。

现代人大多生活在大都市中，平时接触的都是高楼大厦、车水马龙的人流，他们远离大自然，完全生活在钢筋水泥筑成的城市森林中，时间长了，就会有许多的烦恼。城市污浊的空气和浮躁的气氛对我们的健康是非常不利的，利用闲暇走出城市，走进自然，相信你一定能收获很多。

某地有个远近闻名的长寿村，那里环境幽美，树木茂盛，空气清新，泉水甘甜。据说，当地一个小村庄，百岁以上的老人就有 50 多人，下地干活的八旬老翁屡见不鲜。

有位健康专家到那里做了深入调查后，得出的结论是：这儿之所以生病的人少，长寿的人多，全都是大自然的恩赐。

大自然是造物主赐给人类的最高享受，谁能与大自然亲近，谁就能拥有健康。所以，希望你能把休闲的地点更多地放在大自然里，而不是咖啡厅或其他聚会场所。

大自然是这个世界的营养，我们所有人的身心都需要它的滋补。当然，在今日的地球上，真正原封未动的自然景观已所剩无几，而且会变得越来越少。我们所说的大自然只不过是由于地理或气候的限制而得以幸存下来，或由于人为的保护还能局部地存在下去的区域。大自然的本意是指纯粹的自然状态，但在今天，这样的自然状态更多的是在现代人的文化有色眼镜下呈现出来的景观。远古洪荒时的荒野是会吞没人的，它使生存于其中的人感到恐怖。作为发展着的人则力图克服障碍，它实在也没什么美可言。只是在人走出了野蛮状态，同自然有了分隔，开始从文明的高台上远眺自然，或偶尔离开人群步入林莽，走出城市而奔向远郊的时候，才会对它产生神往和惊叹。这是人对自身宿世足迹的追忆，是一种返璞归真的心态。对生活在荒野之外的现代人来说，荒野的美感冲动主要是人皆有之的新奇感，是暂时摆脱了日常生活状态的轻松心情，也是城镇居民需要花钱去买的奢侈享受。

朋友们，请走出城市、走进自然吧，那里将给你们提供最丰富的营养。

心灵感悟

我们来自大自然，只有回归大自然，我们才能找到本真的自己。这正如爱默生所说的："人是一种活动的植物，他们像树一样，从空气中得到大部分的营养。如果他们总是守在家里，他们就憔悴了。"

把生活当成艺术

有一次，英国游客杰克到美国观光，导游说西雅图有个很特殊的鱼市场，在那里买鱼是一种享受。和杰克同行的朋友听了，都觉得好奇。

那天，天气不是很好，但杰克发现市场并非鱼腥味刺鼻，迎面而来的是鱼贩们欢快的笑声。他们面带笑容，像合作无间的棒球队员，让冰冻的鱼像棒球一样，在空中飞来飞去，大家互相唱和："啊，5 条鳍鱼飞往明尼苏达去了。""8 只蜂蟹飞到堪萨斯。"这是多么和谐的生活，充满乐趣和欢笑。

杰克问当地的鱼贩："你们在这种环境下工作，为什么会保持愉快的心情呢？"

鱼贩说，事实上，几年前的这个鱼市场本来也是一个没有生气的地方，大家整天抱怨，后来，大家认为与其每天抱怨沉重的工作，不如改变工作的品质。于是，他们不再抱怨生活本身，而是把卖鱼当成一种艺术。再后来，一个创意接着一个创意，一串笑声接着另一串笑声，他们成为鱼市场中的奇迹。

女作家玛利·韦伯说："不论你爱好什么都可以，但是，你总得有所爱好。"因为你有所爱好，精神才会有所寄托，心灵才有所附着。至于这位女作家自己，她本身所爱好的有两样：一是大自然，二是文学。她那并不宽敞的园圃内，四季开满了可爱的花卉，她晨昏守望在花园里，内心充满了不可言喻的喜乐。她为了使人分享到她园中的芳馨，同时，更为了以极诗意的工作来减轻丈夫生活的重负，她常是黎明即起，将一些带露的花朵剪了下来。放置在挑筐里，背负到城中去叫卖，往往在午前才能回到家中。有时她中途遇雨，回来时满头满身都湿淋淋的，但她并不以为意，一边用帕子拭着她头上额间的雨水同汗珠，一边笑着对她的家人说："我已经完成了一件美的工作了！"

然后，她走到她的书桌边，展开纸，拿起笔，才写了没有几行，看看天已将午，她便又匆匆地赶到厨房，将面粉调好，做成饼子，放在火上焙烤着，随即，擦擦手上的面粉，又拿起她的笔来。当她文思潮涌，写得正起劲的时候，一阵阵的焦味就自厨房的锅子里飘了进来。她望着身边的丈夫，带着几分歉意地笑笑，赶紧跑到炉边。她的丈夫对她也极能体贴，饼子即使烤焦了，他也仍然觉得好吃，因为他深深地了解他那个年轻的妻子，知道她爱自然、爱文学，同时更爱他，为了她这种种的"爱"，做丈夫的便轻轻地原谅了她——那个可爱的妻子兼愚笨的厨娘。

玛利·韦伯在那样艰苦的环境下，却能生活得那样快乐，那完全是由于她的精神有所寄托。所以，她穷困到步行数十里到城中去卖花时，她繁忙到写几行文稿就要到厨房里去翻看面饼时，她的内心仍不怨不尤，她只说："我已经完成了一件美的工作！"她只向她的丈夫发出带歉意的甜美的笑容。

她懂得生活，了解生活的艺术，倾心于美的、崇高的、有意义的事物与工作，最后，她的生活本身就变成了艺术！破陋的屋子、粗劣的饮食，有什么关系呢？不合时的旧衣裳、繁累的苦作，又有什么关系呢？什么能阻拦住一颗纯真、纯朴而快乐的心灵，向往那最崇高的美的境界，如同云游鸟逍遥地飞向高空。

把生活当成艺术，用一颗艺术的心灵去对待生活，善于采撷生活中点点滴滴的情趣，生活会把美好的一面回馈给你。

散文人生

有人说，人生就像一首诗，朦胧深邃，单纯凝练，充满跳跃和偶然，但人生更像一篇充满诗情的散文，因为它有着无数张力的语义点，有着开放宽容的境界，有制约全篇意蕴的"潜结构"，观照它也就体验着人生之美了。此样的人生，犹如浓缩的历时画卷，可以让人感受着生活，感受着生命，感受着人生的春夏秋冬。

人生与其说是历时的流逝，不如说是共时的展现，可以接通天地、融贯古今。历史有时就凝于一瞬，如马背上的拿破仑，这一瞬不就是人生的辉煌吗！另外，歌德的"浮士德"、塞万提斯的"堂吉诃德"却永存于世，历史唯其这般丰富才会如此多彩。四季样的人生，才会斑斓，才会多姿。春的盎然、夏的热烈、秋的繁茂、冬的凋零。既有秋天里的春天，又有冬天里的夏日。人生之美令我们无限趋近，精卫填海、普罗米修斯受难、西西弗斯滚石上山、夸父逐日……这人生不竭的追求不就是此岸之美的"潜结构"吗？它如散文的神韵、文章的气势，它体现着一种心态：我们不可能永葆青春，却可拥有青春的境界，这样来观照人生便是审美了。

好散文是要大手笔来写的，情寄八荒之表，抚四海于须臾，天马行空，纵横捭阖，汪洋恣肆，如孔子的沐风咏而归，孟子养浩然之气，庄子鹏程九万里，那是怎样傲然壮阔的人生，那是诗的人生，更是散文的人生。可旷达，可傲岸，可真性情，可独立不倚，可行吟汨罗，可金刚怒目，可长啸竹林；可烟雨浩渺，可樱桃芭蕉，可含情脉脉，可炊烟袅袅，可不同心态的共时呈现，可融人生的诸种体验，这不就是散文的境界吗？这不就是浓缩了的生命的展示吗？

散文的人生犹如四季自然的更替，可悲欢离合，可甜酸苦辣，可独白，可对话，可承受生命之重，可体验人生之本真。四季样的人生，才可展示岁月的风采、时代的变迁，生命的花才会美丽。四季如春固然美妙，可那样的人生不单调吗？失去了想象力的生活就丧失了审美，又怎能体验到春的喜悦！四季般的人生就会有各自的节奏、各自的主旋律，这样的人生才会奏出自由、美妙的乐章，唯此散文的人生才会于发展中寻求彼此的共振默契。

散文的人生不只有湖的平静，也有海的汹涌；不止有美，也有力！四季样的人生，就要有四季的色彩，不唯历时顺延而且共时展现。少年意气不识愁滋味，中流击水，以浪遏飞舟的英姿谱写明丽的诗篇。既可有闲庭信步、运筹帷幄的从容与睿智、闲适，亦可抒童稚之趣。

四季般的人生，才是散文的人生，才会有自然的纯、生命的真、诗意的审美！

心灵感悟

　　人生散文，散文人生。散文人生的"形"可以五彩缤纷，各有形态，但散文的"神"是一致的，那就是对人生真善美的追求。

在平凡中采撷情趣

我们的生活可以很平凡，很简单，但是不可以缺少情趣。一个懂得简单生活的人可以从做家务、教育孩子、为配偶购买情人节礼物等平凡的生活细节中体验到生活的快乐。

小张是一个大三的穷学生。一个男生喜欢她，同时也喜欢另一个家境很好的女生。在他眼里，她们都很优秀，他不知道应该选谁做妻子。有一次，他到小张家玩，她的房间非常简陋，没什么像样的家具。但当他走到窗前时，发现窗台上放了一瓶花——瓶子只是一个普通的水杯，花是在田野里采来的野花。

就在那一瞬，他下定了决心，选择小张作为自己的终身伴侣。促使他下这个决心的理由很简单，小张虽然穷，却是个懂得如何生活的人，将来无论他们遇到什么困难，他相信她都不会失去对生活的信心。

小白喜欢时尚，爱穿与众不同的衣服。她是被别人羡慕的白领，但她很少买特别高档的时装。她找了一个手艺不错的裁缝，自己到布店买一些不算贵但非常别致的料子，自己设计衣服的样式。在一次清理旧东西时，一床旧的缎子被面引起了她的兴趣——这么漂亮的被面扔了怪可惜的，不如将它送到裁缝那里做一件中式时装。想不到效果出奇地好，她的"中式情结"由此一发而不可收：她用小碎花的旧被套做了一件立领带盘扣的风衣；她买了一块红缎子稍作加工，就让她那件平淡无奇的黑长裙大为出彩……

小王是个普通的职员，过着很平淡的日子。她常和同事说笑："如果我将来有了钱……"同事以为她一定会说买房子买车子，而她的回答是："我就每天买一束鲜花回家！"不是她现在买不起，而是觉得按她目前的收入，到花店买花有些奢侈。有一天她走过人行天桥，看见一个乡下人在卖花，他身边的塑料桶里放着好几把康乃馨，她不由得停了下来。这些花一把才开价5元钱，如果是在花店起码要15元，她毫不犹豫地掏钱买了一把。

这把从天桥上买回来的康乃馨，在她的精心呵护下开了一个月。每隔两三天，她就为花换一次水，再放一粒维生素C，据说这样可以让鲜花开放的时间更长一些。每当她和孩子一起做这一切的时候，都觉得特别开心。

生活中还有很多像小张、小白、小王这样懂得生活艺术的人，他们懂得在平凡的生活细节中拣拾生活的情趣。亨利·梭罗说过："我们来到这个世上，就有理由享受生活的快乐。"当然，享受生活并不需要太多的物质支持，因为无论是穷人还是富人，他们在对幸福的感受方面并没有很大的区别，我们可以通过摄影、收藏、从事业余爱好等途径培养生活情趣。卡耐基说过，生活的艺术可以用许多方法表现出来。没有任何东西可以不屑一顾，没有任何一件小事可以被忽略。一次家庭聚会、一件普通得再也不能普通的家务事都可以为我们的生活带来无穷的乐趣与活力。

假如生活是甜美的，我们会含着笑意来享受它；假如生活是酸苦的，我们也要扮着鬼脸来调剂它。而假如生活是平淡的呢？那我们就静下心来品味它。

放飞悠悠的童心

真正的幸福是很简单的，它就存在于我们生活中的每一个细微之处。这些简单平凡的"小幸福"要有一颗纯真、质朴的童心才能够体会得到。成功学大师戴尔·卡耐基在其《快乐的人生》中记载了自己的一次关于简单幸福的体验：

有一次，我与一个和睦的家庭共同度过一个难忘的夜晚。次日清晨，我们在餐厅内共进早餐。这个餐厅最为别致之处就在于它四周的墙壁分别挂有男主人童年成长的乡村景观图片。图片中除了一一反映男主人的童年生活外，还有高低起伏的丘陵、暖阳照耀的山谷、涟漪荡漾的小河……从图片中令人仿佛感受到小河中的水在静静地流淌着，尤其在阳光之下更显得闪闪发亮。清澈的水流流过岩石，在弯弯曲曲的河床中曲折而行。河流旁边则不规则地散落着许多小房子，而房子的中间耸立着外形如塔的高尖的教堂。

当大伙用过早餐之后，男主人欣然指着壁上的画，对大家讲起他的快乐回忆："我偶尔坐在餐厅中，看着壁上的画，不禁置身于往事之中。譬如，想起小时候的我总爱赤着脚在小溪中走来走去，即使时日已远，但我仍然清楚地记得在我脚下的那些泥土是多么的细软纯洁。

"夏天时，我们在小河边钓鱼；春天时节，我们则坐着木板从丘陵上一路滑下去。

"在童年的记忆中，最令我难以忘怀的还有那个高高尖尖的教堂……"这位男士满脸洋溢着微笑地继续说着，"教堂里时时会举办盛大的布道会。尽管当时我什么也听不懂，只会静静坐着。但是现在想来，这也不失为一项幸福的回忆。现在，父母虽然均已永眠于教堂旁的墓地；但是，在回忆中、在墓地旁，均能清晰地想起过去的甜蜜光景，而父母的叮嘱声也仿佛近在耳边。有时，当我累了或精神紧张时，我便坐在这儿安静地观赏教堂的画，它让我重拾旧时那段纯真无瑕的时光，它真的能带给我和平的心灵！"

心灵感悟

　　或许并非每个人都有这么美丽的童年回忆，但是每个人都可以拥有一颗质朴、纯净的心灵，当你为生活的忙碌和沉重而感到不堪重负的时候，不妨试着还自己一颗童心，这样你就可以远离都市的喧嚣，找到一份简单自然的心情。

心平气和好做事

　　人的烦恼一半源于自己，即所谓画地为牢、作茧自缚。芸芸众生，各有所长，各有所短，争强好胜失去一定限度，往往受身外之物所累，失去做人的乐趣。只有承认自己某些方面不足，才能扬长避短，才不会让忌妒之火吞没心中的灵光。

　　让自己放轻松，就是心平气和地工作、生活。这种心境是充实自己的良好状态。充实自己很重要，只有有准备的人，才能在机遇到来之时不留下失之交臂的遗憾。淡泊人生是耐住寂寞的良方。轰轰烈烈固然是进取的写照，但成大器者绝非热衷于功名利禄之辈。

　　俗语有"宰相肚里能撑船"之说。古人与人为善之美、修身立德的谆谆教诲却警示于世人，一个人若肚量大，性格豁达，方能纵横驰骋；若纠缠于无谓的鸡虫之争，非但有失儒雅，而且会终日郁郁寡欢，神魂不定。唯有对世事时时心平气和、宽容大度，才能处处契机应缘、和谐圆满。

　　如果一语龃龉便遭打击，一事唐突便种下祸根，一个坏印象便一辈子倒霉，这就说不上宽容，就会被别人称为"母鸡胸怀"。真正的宽容，应该是能容人之短，又能容人之长。对才能超过自身者也不忌妒，唯求"青出于蓝而胜于蓝"，热心举贤，甘做人梯，这种精神将为世人称道。

　　没有耐性的人，必定缺乏坚毅持久、克服万难的精神，自然成就不了什么伟大的事业。我们希望将来能有所作为，首先必须磨炼自己的耐心和毅力。

　　清廷派驻台湾的总督刘铭传，是建设台湾的大功臣，台湾的第一条铁路便是他督促修成的。刘铭传的被任用，有一则发人深省的小故事：

　　当李鸿章将刘铭传推荐给曾国藩时，还一起推荐了另外两个书生。曾国藩为了测验他们三人中谁的品格最好，便故意约他们在某个时间到曾府去面谈。可是到了约定的时刻，曾国藩却故意不出面，让他们在客厅中等候，自己却在暗中仔细观察他们的态度。只见其他两位都显得很不耐烦似的，不停地抱怨；只有刘铭传一个人安安静静、心平气和地欣赏墙上的字画。后来曾国藩考问他们客厅中的字画，只有刘铭传一人答得出来。

　　结果刘铭传被推荐为台湾总督。

　　"尽管在困难和压力的情境中仍不能很好地保持平静，但我至少能够在处于危机的时候做一些有建设性的事。有人认为我能够保持心情平静，是由于我总能以理智的态度来对待困难，想出许多解决的方法，并且把一些有意义的方法建设性地付诸实践行动。我自己也感到很惊讶，自从学会这种解决问题的小窍门后，我开始能够从容地面对困难和压力，甚至在我心烦意乱的时候也能从容应付。这使我认识到寻求解决问题的方法是摆脱焦虑困扰的'良药'。"一位知名跨国企业的CEO这样总结自己的成功秘诀。

这种经验使我们受益良多。可见，保持心平气和，付诸建设性的行动比焦虑更有意义。

为心灵留下一片空白

很多时候，我们的内心都为外物所遮蔽、掩饰，浮躁的心情占领了我们的整颗心，因此在人生中留下许多遗憾：在学业上，由于我们还不会倾听内心的声音，所以盲目地选择了别人为我们选定的、他们认为最有潜力与前景的专业；在事业上，我们故意不去关注内心的声音，在一哄而起的热潮中，我们也去选择那些最为众人看好的热门职业；在爱情上，我们常因外界的作用扭曲了内心的声音，因经济、地位等非爱情因素而错误地选择了爱情对象……现代人惯于为自己做各种周密而细致的盘算，权衡着可能有的各种收益与损失。但是，我们唯一忽视的，便是去听一听自己内心的声音。

快节奏的生活、工作的压力容易使人心境失衡，如果患得患失，不能以宁静的心灵面对无穷无尽的诱惑，就会感到心力交瘁或迷惘躁动。

一位长者问他的学生：你心目中的人生美事为何？学生列出"清单"一张：健康、才能、美丽、爱情、名誉、财富……谁料老师不以为然地说：你忽略了最重要的一项——心灵的宁静，没有它，上述种种都会给你带来可怕的痛苦！

唯有心灵宁静，才不眼热权势显赫，不奢望金银成堆，不乞求声名鹊起，不羡慕美宅华第，因为所有的眼热、奢望、乞求和羡慕都是一厢情愿，只能加重生命的负荷，加速心灵的浮躁，而与豁达康乐无缘。

老街上有一位老铁匠。由于早已没人需要打制的铁器，现在他改卖铁锅、斧头和拴小狗的链子。

他的经营方式非常古老和传统。人坐在门内，货物摆在门外，不吆喝，不还价，晚上也不收摊。你无论什么时候从这儿经过，都会看到他在竹椅上躺着，手里是一个半导体，身旁是一把紫砂壶。

他的生意也没有好坏之说，每天的收入正够他喝茶和吃饭。他老了，已不再需要多余的东西，因此他非常满足。

一天，一个文物商从老街经过，偶然看到老铁匠身旁的那把紫砂壶。因为那把壶古朴雅致，紫黑如墨，有清代制壶名家戴振公的风格，他走过去，顺手端起那把壶。

壶嘴内有一记印章，果然是戴振公的，商人惊喜不已。因为戴振公在世界上有捏泥成金的美名，据说他的作品现在仅存3件，一件在美国纽约州立博物馆里；一件在台湾。

商人端着那把壶，想以 10 万元的价格买下它。当他说出这个数字时，老铁匠先是一惊，后又拒绝了，因为这把壶是他爷爷留下的，他们祖孙三代打铁时都喝这把壶里的水，他们的汗也都来自这把壶。

壶虽没卖，但商人走后，老铁匠有生以来第一次失眠了。这把壶他用了近 60 年，并且一直以为是把普普通通的壶，现在竟有人要以 10 万元的价钱买下它，他转不过神儿来。

过去他躺在椅子上喝水，都是闭着眼睛把壶放在小桌上，现在他总要坐起来再看一眼，这让他非常不舒服。特别让他不能容忍的是，当人们知道他有一把价值连城的茶壶后，蜂拥而至，有的问还有没有其他的宝贝，有的开始向他借钱，更有甚者，晚上来推他的门。他的生活被彻底打乱了，他不知该怎样处置这把壶。

当那位商人带着 20 万元现金第二次登门的时候，老铁匠再也坐不住了。他招来左右店铺的人和前后邻居，拿起一把斧头，当众把那把紫砂壶砸了个粉碎。

现在，老铁匠还在卖铁锅、斧头和拴小狗的链子，据说他已经 102 岁了。

宁静可以沉淀出生活中许多纷杂的浮躁，过滤出浅薄粗率等人性的杂质，可以避免许多鲁莽、无聊、荒谬的事情发生。宁静是一种气质、一种修养、一种境界、一种充满内涵的悠远。安之若素，沉默从容，往往要比气急败坏、声嘶力竭更显涵养和理智。

我们很忙，行色匆匆地奔走于人潮汹涌的街头，浮躁之心油然而生，这也是我们不去倾听内心声音的一个缘由。我们找不到一个可以冷静驻足的理由和机会。现代社会在追求效率和速度的同时，使我们作为一个人的优雅在逐渐丧失。那种恬静如诗般的岁月对于现代人来说，已成为最大的奢侈和批判对象。内心的声音，便在这些繁忙与喧嚣中被淹没。物质的欲望在慢慢吞噬人的性灵和光彩，我们留给自己的内心空间被压榨到最小，我们已狭隘到没有"风物长宜放眼量"的胸怀和眼光。我们开始患上种种千奇百怪的心理疾病，心理医生和咨询师在我们的城市也渐渐走俏，我们去寻医、去求诊，然后期待在内心喑哑的日子里寻求心灵的平衡。

忙碌和急躁是现代社会的一种通病，繁忙紧张的生活容易使人心境失衡，如果患得患失，不能以平和的心灵面对无穷无尽的竞争与诱惑，就会感到心力交瘁或迷惘躁动。

品味孤独

波澜万丈的生活激荡人心，令人心驰神往，但在人生的河流中，更多的则是平静。你总要学会一个人慢慢地享受人生，总会有那么一个时刻，你是孤独无助的。但不要害怕，因为这本身就是人生给你的最高馈赠，正如罗曼·罗兰所说："世上只有一个真理，便是忠实人生，并且爱它。"那么，当孤独来临时，去体味它、享受它，在欣赏完夏花的绚烂之后，不妨沉下心来，品读秋叶的静美。

孤独是一种难得的感觉，在感到孤独时轻轻地合上门和窗，隔去外面喧闹的世界，默默地坐在书架前，用粗糙的手掌爱抚地拂去书本上的灰尘，翻着书页，嗅觉立刻触到久违的纸墨清香。正像作家纪伯伦所说："孤独，是忧愁的伴侣，也是精神活动的密友。"孤独，是人的一种宿命，更是精神优秀者所必然选择的一种命运。

布雷斯巴斯达曾经说过："所有人类的不幸，都是起始于无法一个人安静地坐在房间里。"洗尽尘俗，褪去铅华，在这喧嚣的尘世之中，要保持心灵的清静，必须学会享受孤独。孤独就像个沉默少言的朋友，在清静淡雅的房间里陪你静坐，虽然不会给你谆谆教导，却会引领你反思生活的本质及生命的真谛。

孤独时你可以回味一下过去的事情，以明得失；也可以计划一下未来，以未雨绸缪；你也可以静下心来读点书，让书籍来滋养一下干枯的心田；也可以和妻子一起去散散步，弥补一下失落的情感；还可以和朋友聊聊天，古也谈谈，今也谈谈，不是神仙，胜似神仙。

孤独，实在是内心一种难得的感受。当你想要躲避它时，表示你已经深深感受到它的存在。

此时，不妨轻轻地关上门窗，隔去外界的喧闹，一个人独处，细心品味孤独的滋味。虽然它静寂无声，却可以让你更好地透视生活，在人生的大起大落面前，保持一种洞若观火的清明和远观的睿智。

在人生的漫漫长路中，孤独常常不请自来地出现在我们面前。在广阔的田野上，在"行人欲断魂"的街头，在幽静的校园里，在深夜黑暗的房间中，你都能隐约感受到孤独的灵魂。

在现代社会中为生存而挣扎的人总会有一种身在异国他乡之感：冷漠、陌生，好像"站在森林里迟疑不定，未知走向何方"，好像"动物引导着自己""感到在众人中比在动物中更加危险"，又好像"独坐在醉醺醺的世人之中""哀诉"人间的不公正。

总之，互相猜忌，彼此欺诈，黑暗笼罩着去路，危险隐藏在背后，这些就是现实人生的写照。

而保留一点孤独则可以使你"远看"事物，即"从事物远离"，对事物"作远景的透视"，只有这样才能达到万物合一、生命永恒的境界。

在这种境界中，你"可以倾诉一切""可以诚实坦率地向万物说话""人们彼此开诚布公，开门见山"。

这也是一种艺术审美的境界，它能"使事物美丽、诱人，令人渴慕"，使人成为自己的主人，使人生获得意义和价值。

尘世中，无数人眷恋轰轰烈烈，以拜金主义为唯一原则而没头没脑地聚集在一起互相排挤、相互厮杀。而生活的智者却总能以孤独之心看孤独之事，自始至终都保持独立的人格，流一江春水细浪淘洗劳碌之身躯，存一颗宁静淡泊之心寄寓无所栖息的灵魂。

这是孤独的净化，它让人感动，让人真实又美丽，它是一种心境，氤氲出一种清幽与秀逸，营造出一种独处的自得和孤高，去获得心灵的愉悦，获得理性的沉思，与潜藏灵魂深层的思想交流，找到某种攀升的信念，去换取内心的宁静、博大致远的菩提梵境。

心灵感悟

许多人抱怨生活的压力太大，感到内心烦躁，不得清闲。于是，追求清静成了许多人的梦想，却害怕孤独。其实孤独才是人生中的一种大境界，它是一首诗、一道风景，值得细心品味。

修养心灵

一个皇帝想要整修京城里的一座寺庙，他派人去找技艺高超的设计师，希望能够将寺庙整修得美丽而又庄严。

后来有两组人员被找来了，其中一组是京城里很有名的工匠与画师，另外一组是几个和尚。

由于皇帝不知道到底哪一组人员的手艺比较好，于是就决定给他们机会做一个比较。

皇帝要求这两组人员各自去整修一个小寺庙，而这两个组互相面对面。三天之后，皇帝要来验收成果。

工匠们向皇帝要了一百多种颜色的颜料（漆），又要了很多工具；而让皇帝很奇怪的是，和尚们居然只要了一些抹布与水桶等简单的清洁用具。

三天之后，皇帝来验收。

他首先看了工匠们所装饰的寺庙，工匠们敲锣打鼓地庆祝工程的完成，他们用了非常多的颜料，以非常精巧的手艺把寺庙装饰得五颜六色。

皇帝满意地点点头，接着回过头来看看和尚们负责整修的寺庙。他看了一下就愣住了，和尚们所整修的寺庙没有涂上任何颜料，他们只是把所有的墙壁、桌椅、窗户等都擦拭得非常干净，寺庙中所有的物品都显出了它们原来的颜色，而它们光亮的表面就像镜子一般，无瑕地反射出从外面而来的色彩，那天边多变的云彩、随风摇曳的树影，甚至对面五颜六色的寺庙，都变成了这个寺庙美丽色彩的一部分，而这座寺庙只是宁静地接受这一切。

皇帝被这庄严的寺庙深深地感动了，当然我们也知道最后的胜负了。

我们的心就像是一座寺庙，我们不需要用各种精巧的装饰来美化我们的心灵，我们需要的只是让内在原有的美无瑕地显现出来。

如果你珍爱生命，请你修养自己的心灵。人总有一天会走到生命的终点，金钱散尽，一切都如过眼云烟，只有精神长存世间，所以人生的追求应该是一种境界。

在纷纷扰扰的世界上，心灵当似高山不动，不能如流水般不安。居住在闹市，在嘈杂的环境之中，不必关闭门窗，只任它潮起潮落，风来浪涌，我自悠然如局外之人，没有什么能破坏心中的凝重。身在红尘中，而心早已出世，在白云之上，又何必"入山唯恐不深"呢？关键是你的心。

心灵是智慧之根，要用知识去浇灌。胸中贮书万卷，不必人前卖弄。"人不知而不愠，不亦君子乎？"让知识真正成为心灵的一部分，成为内在的涵养，成为包藏宇宙、吞吐天地的大气魄。只有这样，才能运筹帷幄之中，决胜千里之外，才能指挥若定、挥洒自如。

修养心灵，不是一件容易的事，要用一生去琢磨。心灵的宁静，是一种超然的境界！高朋满座，不会昏眩；曲终人散，不会孤独；成功，不会欣喜若狂；失败，不会心灰意冷。坦然迎接生活的鲜花美酒，洒脱面对生活的刀风剑雨，还心灵以本色。

心灵感悟

　　宁静是生活的必需，倾听内心宁静的声音，原创力才不会枯竭，观察力才会敏捷，能看见别人看不到的盲点，能想到别人想不到的点子。

杂念缠身心难静

伟大的作家托尔斯泰曾讲过这样一个故事：有一个人想得到一块土地，地主就对他说："清早，你从这里往外跑，跑一段就插个旗杆，只要你在太阳落山前赶回来，插上旗杆的地都归你。"那人就不要命地跑，太阳偏西了还不知足。太阳落山前，他是跑回来了，但人已精疲力竭，摔个跟头就再没起来。

于是有人挖了个坑，就地埋了他。牧师在给这个人做祈祷的时候说："一个人要多少土地呢？就这么大。"

人生的许多沮丧都因为你得不到想要的东西，其实，我们辛辛苦苦地奔波劳碌，最终的结局不是只剩下埋葬我们身体的那点土地吗？

伊索说得好："许多人想得到更多的东西，却把现在所拥有的也失去了。"这可以说是对得不偿失最好的诠释了。

其实，人人都有欲望，都想过美满幸福的生活，都希望丰衣足食，这是人之常情。但是，如果把这种欲望变成不正当的欲求，变成无止境的贪婪，那我们就无形中成了欲望的奴隶了。在欲望的支配下，我们不得不为了权力、为了地位、为了金钱而削尖了脑袋向里钻。我们常常感到自己非常累，但是仍觉得不满足，因为在我们看来，很多人比自己生活得更富足，很多人的权力比自己大。所以我们别无出路，只能硬着头皮往前冲，在无奈中透支着体力、精力与生命。

扪心自问，这样的生活，能不累吗！被欲望沉沉地压着，能不精疲力竭吗！静下心来想一想：有什么目标真的非让我们实现不可，又有什么东西值得我们用宝贵的生命去换取？朋友，让我们斩除过多的欲望，用心品味宁静的生活吧。

心灵感悟

> 宁静是福，生活在喧嚣吵闹的都市中的人们，可能更懂得宁静的弥足珍贵。与宁静的生活相比，追逐名利的生活是多么不值得一提。宁静的生活是在真理的海洋中，在激流波涛之下，不受风暴的侵扰，保持永恒的安宁。

找寻内在的平静

富有的农夫在巡视谷仓时，不慎将一只名贵的手表遗失在谷仓里，他在偌大的谷仓内遍寻不获，便定下赏金，要农场上的小孩到谷仓帮忙，谁能找到手表，就给他50美元。

众小孩在重赏之下，无不卖力地四处翻找，但是谷仓内满坑满谷尽是成堆的谷粒，以及散置的大批稻草，要在这当中找寻小小的一只手表，实在是大海捞针。

小孩们忙到太阳下山仍无所获，便一个接着一个放弃了50美元的诱惑，一起回家吃饭去了。只有一个贫穷的小孩，在众人离开之后，仍努力找着那只手表，希望能在天黑之前找到它，换得那笔"巨额"赏金。

谷仓中慢慢变得漆黑，小孩虽然害怕，仍不愿放弃，手上不停摸索着，突然他发现，在人声静下来之后，出现了一个奇特的声音。

那声音"嘀嗒、嘀嗒"不停响着，小孩登时停下所有动作，谷仓内更安静了，嘀嗒声也显得十分清晰。小孩循着声音，终于在偌大的漆黑谷仓中找到那只名贵手表。

人生会遭遇许多事，其中很多是难以解决的，这时很多人心中便被盘根错节的烦恼纠缠住，茫茫然不知如何面对。如果能静下心来思考，往往会恍然大悟。保持一颗安静的心，不为纷繁的事务所扰，也许会胜过劳累的追逐。

心灵感悟

当人把自己变得太复杂时，往往多吃了一些苦头，多跑了一些冤枉路。当我们将心思归于单纯时，很多深奥的道理和现象，反倒可以轻易地领悟出来。

第二十五辑
友谊是心灵的甘泉

友谊是生命的需要

一个富翁和一个书生打赌，让这位书生单独在一间小房子里读书，每天有人从高高的窗外往里面递一回饭。假如能坚持 10 年的话，这位富翁将满足书生所有的要求。

于是，这位书生开始了一个人在小房子里的读书生涯。他与世隔绝，终日只有伸伸懒腰，沉思默想一会儿。他听不到大自然的天籁之声，见不到朋友，也没有敌人，他的朋友和敌人就是他自己。

很快，这位书生就自动放弃了这一搏。

因为书生在苦读和静思中终于大彻大悟：10 年后，即便大富大贵又能怎样？

从这个故事中我们得到了很多启发：

可以说自从世界上出现人类以来，相互交往就一直存在，即使是病人，聚在一起也比独处要轻松，尤其是现代社会，与世隔绝，独处一室是非常不切实际的做法。

人际关系就像是一盏灯，在人生的山穷水尽处，指引给你柳暗花明又一村的繁华。创造完美的人生就从搞好你的人际关系开始……

当杰琳还是孩子时，她的父亲就不幸过世，她继承了那所她曾有过许多美好时光的山区小屋。在退休的前几年，杰琳决定保留这所小屋，并尽可能多花时间在山中度过。一个秋天的夜晚，杰琳在壁炉里堆起柴燃起火取暖时，一种无可名状的孤独感油然而生。再结一次婚显然不太现实，收养个孩子似乎又不太可能。然后杰琳意识到自己也许还有二三十年的生命，她对自己说："教堂一直是我排遣心中的不快、保持积极乐观的场所，既然如此，我为什么不把这间小屋捐赠给教堂，将它作为那些需要关怀的人包括我自己的快乐天堂呢？"接下来的一星期，杰琳将这种想法告诉了教堂的牧师和其他她相信的人，他们都很高兴。

从那时起，孤独感便不复存在了。杰琳将她生活中的积极因素转化为她期望融入和实现的目标，她因此而拥有了更多的新朋友，她的生活也因此而更有意义。

心灵感悟

心灵上的孤独越来越困扰着我们的生活，我们每天都与朋友谈天说地，却常常会有莫名的孤独感袭上心头。其实，你并没有真正地向别人打开你的心。打开你的心灵，让自己融进人群，你就可以抵御那种莫名生出的孤独和消沉。记住，与人分享一份快乐，你就有了两份快乐。

友谊拓宽人生道路

张辉在一家公司做一名管理人员。在公司产品遭遇退货、赔款、濒临倒闭，公司高层们急得团团转而又束手无策时，张辉站了出来，提供了一份调查报告，找出了问题的症结。此举不仅一下子解决了公司的难题，还为公司赚了几百万元。

因工作出色，张辉深受老总的重视，不久就成为全公司的一颗明星。凭着自己的智慧和胆略，他又为公司的产品打开国内市场立下了汗马功劳，两年时间内为公司赚回几千万元利润，成为公司举足轻重的人物。

张辉踌躇满志，以为销售部经理一职非他莫属。然而，他没有被提职。本来公司董事会要提拔他为公司主管销售的副总经理，却由于在提名时遭到人事部门的强烈反对而作罢，理由是各部门对他的负面反映太大，比如，不懂人情世故，不和同事交往，骄傲自大……让这样一个闭门自封的人进入公司的决策层显然不太适宜。

销售部经理一职被别人担任了，他只好拱手交出自己创建、自己培养成熟的国内市场。这就好比自己亲手种下的果树上所结的果子被别人摘走一样，令他非常痛苦和不解。

他不明白，公司怎么能这样对待自己呢？自己到底错在哪里？后来，还是一个同情他的朋友为他破解了他的迷惑。

难怪那一次，他出去为公司办理业务，需要一批汇款，在紧要关头却迟迟不见公司的汇票，业务活动"泡汤"，令他很难堪。

实际上是一个出纳员给他穿了一次小鞋。因为，平时他对这个出纳不巴结、不献媚、不送小礼品，也就是说没有把她放在眼里。

还有一次他在外办事，需要公司派人来协助，却不料人还没有到，马上又把人撤回来了，原来是一些资格较老的人觉得他很"孤傲""目中无人"，在工作上从不与他们交流……所以想尽办法拖他的后腿，让他的工作无法展开。

尽管张辉工作业绩辉煌，但他忽视了人际关系的重要性。那些他不熟悉的、不放在眼里的小人物，在关键时刻照样会坏他的大事，阻碍他在公司的发展和成功。在无可奈何的情况下，他只好伤心地离开了公司。

许多杰出的人士，之所以被能力不如自己的人击垮就是因为不善与人沟通，不注意与人交流，被一些非能力因素打败，把自己逼入死胡同。

英雄穷困潦倒是常见的事，但只要懂得对群体感情的投资，就能一飞冲天、一鸣惊人。

赢得好人缘要有长远眼光，要在别人遇到困难时主动帮助，在别人有事时不计回报，"该出手时就出手"，日积月累，留下来的都是人缘。

现代人生活忙忙碌碌，没有时间进行过多的应酬，日子一长，许多原来牢靠的关系就会变得松懈，朋友之间逐渐互相淡漠。这是很可惜的。

就像西德尼·史密斯所说："生命是由众多的友谊支撑起来的，爱和被爱中存在着最大的幸福。"一个人如果孤立无援，那他一生就很难幸福；一个人如果不能处理好人际关系，就犹如在雷区里穿行，举步维艰。"条条大路通罗马"，而八面玲珑的人可以在每条大路上任意驰骋。

心灵感悟

　　人是高级的感情动物，注定要在群体中生活，而组成群体的人又处在各种不同的阶层和具有不同的属性，适当时进行感情投资，有利于在社会上建立好人缘。只有人缘好，才能有一个好的形象，你的人际交往才能如鱼得水，没人缘的人自然常常陷入进退两难的境地。

患难见真情

　　人的生活离不开友谊，但要获得真正的友谊并不容易，它需要用忠诚去播种，用热情去灌溉，用原则去培养。

　　两位朋友正走在路上，突然闯出一头熊。当熊还未发现这两个人时，其中一位就奔向路边的一棵树，爬上去，藏在枝叶间。另一位不如他的同伴敏捷，已无法逃脱，只好躺在地上装死。熊走上前，嗅遍他的全身，而他一动不动，屏住了呼吸，因为据说熊从不吃死人。果然，这头熊以为他是一具死尸，就走开了。危险过去之后，躲在树上的那位下来，问他的同伴，熊把大嘴凑到他耳边，跟他小声说了些什么。这位同伴答道："它告诉我，以后再也不要和一遇到危险就抛弃你的朋友同行。"

　　能患难与共的朋友才是人生的知己，也才是真正的朋友。英文谚语中有一句叫"A Friend indeed is a friend in need"。也是说患难中见真情的人才能成为我们的朋友，足见古今中外关于朋友的定义都是惊人的一致。

　　那些平日里呼朋引伴，一到大难临头就各自飞的人如何能算得上朋友呢？

　　朋友之间应坦诚相待，患难与共。有句话说得比较好，患难见真情，当你遭遇困难时能够伸手拉你一把、给你帮助、让你渡过难关的人才是真正的朋友。你们也会因此结下深厚的友谊。这样的朋友是难能可贵的，我们必须给予足够的真诚和信任，真诚是朋友相处的基本原则，而对于患难与共的朋友更应该坦诚相待。

心灵感悟

　　有这么一句至理名言："在一起共患难很多的人，其友谊才称得上牢不可破。"真正的朋友应相互帮助、相互信赖，并且要坦诚相待。

用真诚之水浇灌友谊之花

　　对朋友不能付出真诚的人永远得不到真正的友谊，他们将是终身可怜的孤独者。

　　黄牛看见狐狸在树下呜呜地哭，问他为什么悲伤。

　　狐狸抹了一把眼泪，说："人家都有三朋四友，唯独我孤零零的，心里难受哇……"

　　黄牛问："花猫不是你的朋友吗？"

　　狐狸叹口气，说："花猫与我交友一载，没请过我一次客，这算什么朋友？我早跟他散伙了。"

黄牛问：“山羊不是你的朋友吗？”

狐狸摇摇头，说：“山羊与我结拜半年，从未给过我一分钱的好处，还有啥朋友味儿？我早跟他断绝往来了。”

黄牛长叹了一声，问：“听说你曾经跟大黑猪的关系还可以？”

狐狸气得直跺脚，说：“我早把他给踢了，你想想，大黑猪能帮我什么忙？当初我根本就不该认识那个蠢家伙。”

黄牛戏谑地一笑，调侃道：“狐狸先生，我送你一样东西吧。”

狐狸眼睛一亮，心想这下可以讨到便宜了，立马止住哭，问道：“什么东西？”

黄牛扭过头，扔下一句“贪鬼”，说完头也不回地走了。

孤零零的狐狸可怜吗？一点都不可怜，今天这种局面完全是他自己造成的。他交朋友是为了占人家的便宜，所以大伙儿都不愿和他做朋友。交朋友不能总想占别人的便宜。如果只想吃别人的、要别人的，没有好处就跟人家断绝关系，自己就会变成孤家寡人。

交朋友要真诚，不能只想从朋友那里获得点什么，更重要的是为朋友付出。你对朋友好，以真心换真心，这样你会取得朋友的信赖和帮助，你的朋友也就越来越多，这才是真正的交友之道。

对朋友的真诚是应当付出许多东西的，包括情感上的沟通和物质上的帮助。人生在世也就几十年，我们有很多有意义的事情去做，把太多的时间花在钩心斗角上会很累，也不值得。在这个世界上，每件事情都有正反两面，有付出自然有索取，有真诚必然有虚伪。意识到这一点，有助于我们更完整地看待友谊，更全面地看待世界，我们就不会为没有回报而耿耿于怀。

心灵感悟

　　永远做一个真诚的人，因为给予朋友是一件很高兴的事情，只有自己富有才能给予别人。希望有所收获的付出便不再纯洁，因为它把友谊变成了交易。懂得付出的人是真正拥有财富的人，只要他能帮助朋友，只要还有朋友需要他的帮助，那么，他就是一个真正富有的人。

真正的友谊是什么

“朋友”一词虽简单、朴实，却需我们用心去诠释。

这是一个发生在越南的故事。

几发炮弹突然落在一个小村庄的一所由传教士创办的孤儿院里。传教士和两名儿童当场被炸死，还有几名儿童受伤，其中有一个小姑娘，大约8岁。

村里人立刻向附近的小镇要求紧急医护救援，这个小镇和美军有通信联系。终于，美国海军的一名医生和护士带着救护用品赶到。经过查看，这个小姑娘的伤十分严重，如果不立刻抢救，她就会因为休克和流血过多而死去。

输血迫在眉睫，但得有一个与她血型相同的献血者。经过迅速验血表明，两名美国人都不具有她的血型，但几名未受伤的孤儿可以给她输血。

医生用掺和着英语的越南语，加上临时编出来的大量手势，竭力想让他们幼小而惊恐的听众知道，如果他们不能补足这个小姑娘失去的血，她一定会死去。

他们询问是否有人愿意献血，回答是一片沉默。每个人都睁大了眼睛迷惑地望着他们。过了一会儿一只小手缓慢而颤抖地举了起来，但忽然又放下了，然后又一次举起来。

"噢，谢谢你。"医生说："你叫什么名字？"

"恒。"小男孩很快躺在草垫上。他的胳膊被酒精擦拭以后，一根针扎进他的血管。输血过程中，恒一动不动，一句话也不说。过了一会儿，他忽然抽泣了一下，全身颤抖，并迅速用一只手捂住了脸。

"疼吗？恒？"医生问道。恒摇摇头，但一会儿，他又开始呜咽，并再一次试图用手掩盖他的痛苦。医生问他是不是针刺痛了他，他又摇了摇头。

医疗队觉得有点不对劲儿。就在此刻，一名越南护士赶来援助。她看见小男孩痛苦的样子，极快地用越南语向他询问，听完他的回答，护士用轻柔的声音安慰他。顷刻之后，他停止了哭泣，用疑惑的目光看着那位越南护士。护士向他点点头，一种消除了顾虑与痛苦的释然表情立刻浮现在他的脸上。

越南护士轻声对两位美国人说："他以为自己就要死了，他误会了你们的意思。他认为你们让他把所有的鲜血都给那个小姑娘，以便让她活下来。"

"但是他为什么愿意这样做呢？"海军护士问。

这个越南护士转身问这个小男孩："你为什么愿意这样做呢？"

小男孩回答："她是我的朋友。"

"朋友"两个字，有时候显得快乐无比，有时候却很沉重。

古希腊哲学家德谟克里特曾说："连一个高尚朋友都没有的人，是不值得活着的。"很庆幸，故事中的小女孩拥有了人世间最可宝贵的友谊。当然，那名小男孩在危难时刻所表现出的情操和气概，是许多成年人都不及的。

这其中的区别在于小男孩明白什么是真正的友谊。

心灵感悟

交朋友要真诚，不能只想从朋友那里获得点什么，更重要的是为朋友付出。你对朋友好，以真心换真心，这样你会取得朋友的信赖和帮助，你的朋友也就会越来越多，这才是真正的交友之道。

管鲍之交

真正的朋友从不把友谊挂在嘴上，他们并不为了友谊而互相要求点什么，而是彼此为对方做一切办得到的事。

春秋时鲍叔牙和管仲是好朋友，二人相知很深。

他俩曾经合伙做生意，一样地出资出力，分利的时候，管仲总要多拿一些。别人都为鲍叔牙鸣不平，鲍叔牙却说，管仲不是贪财，只是他家里穷。

管仲几次帮鲍叔牙办事都没办好，三次做官都被撤职，别人都说管仲没有才干，鲍叔牙又出来替管仲说话："这绝不是管仲没有才干，只是他没有碰上施展才能的机会而已。"

更有甚者，管仲曾三次被拉去当兵参加战争而三次逃跑，人们讥笑他贪生怕死。鲍叔牙再次直言："管仲不是贪生怕死之辈，他家里有老母亲需要奉养啊！"

后来，鲍叔牙当了齐国公子小白的谋士，管仲却为齐国另一个公子纠效力。两位公子在回国继承王位的争夺战中，管仲曾驱车拦截小白，引弓射箭，正中小白的腰带。小白弯腰装死，骗过管仲，日夜驱车抢先赶回国内，继承了王位，称为齐桓公。公子纠失败被杀，管仲也成了阶下囚。

齐桓公登位后，要拜鲍叔牙为相，并欲杀管仲报一箭之仇。鲍叔牙坚辞相国之位，并指出管仲之才远胜于己，力劝齐桓公不计前嫌，用管仲为相。齐桓公于是重用管仲，果如鲍叔牙所言，管仲的才华逐渐施展出来，终使齐桓公成为春秋五霸之一。

因此，世人用"管鲍之交"来比喻君子之友谊。

"友不贵多，得一人可胜百人；友不论久，得一日可逾千古。"要想获得一个朋友须有一个宽阔无私的胸怀。

真诚的朋友，总能无私地互相帮助。

而计较个人得失，只是自私或忌妒的反映。

心灵感悟

真正的友人，一定会为我们的进步而高兴，为我们的前进而呐喊助威，绝不会成为我们成功路上的绊脚石。

真正的朋友，在你获得成功的时候，为你高兴；在你遇到不幸或悲伤的时候，会给你及时的支持和鼓励；在你有缺点有可能犯错误的时候，会给你正确的批评和帮助。

友情是一服灵药

有一个叫德诺的少年，10 岁那年，他因输血不幸染上了艾滋病，伙伴们都躲着他，只有大他 4 岁的爱笛依旧像从前一样跟他玩耍。

一个偶然的机会，爱笛在杂志上看见一则消息，说新奥尔良的费医生找到了能治疗艾滋病的药物，这让他兴奋不已。于是，在一个月明星稀的夜晚，他带着德诺悄悄地踏上了去新奥尔良的路。

为了省钱，他们晚上就睡在随身带的帐篷里。德诺的咳嗽多起来，从家里带来的药也快吃完了。这天夜里，德诺冷得直发抖，他用微弱的声音告诉爱笛，他梦见 200 亿年前的宇宙了，星星的光是那么暗，他一个人待在那里，找不到回来的路。爱笛把自己的鞋塞到德诺的手上："以后睡觉，就抱着我的鞋，想想爱笛的臭鞋还在你手上，爱笛肯定就在附近。"

孩子们身上的钱差不多用完了，可离新奥尔良的路还很远。德诺的身体越来越弱，爱笛不得不放弃了计划，带着德诺又回到了家乡。爱笛依旧常常去病房看望德诺，他们有时还会玩装死的游戏吓医生和护士。

秋天的下午，阳光照着德诺瘦弱苍白的脸，爱笛问他想不想再玩装死的游戏，德诺点点头，然而这回，德诺却没有在医生为他摸脉时忽然睁开眼笑起来，他真的死了。

那天，爱笛陪着德诺的妈妈回家。两人一路无语，直到分手的时候，爱笛才抽泣着说："我很难过，没能为德诺找到治病的药。"

德诺的妈妈泪如泉涌地说："不，爱笛，你找到了。"她紧紧搂着爱笛，"你给了他快乐，给了他友情，给了他一只鞋，他一直为有你这个朋友而满足。"

心灵感悟

在这个充满竞争的社会里，我们的成长伴随着与别人心灵的不断疏远，逐渐地与人有了隔阂，因此在茫茫人海里常感到万分孤独。

所以我们需要两种东西安慰心灵的痛苦，一种是爱情，一种就是友情。友情是为心灵疗伤的灵丹妙药。治好了心灵的伤病，身体的病痛也就减轻了。

患难之交才真诚

富贵之时自然高朋满座，患难之交才真诚。

春秋时期，有一年冬天，寒风呼啸，大雪纷飞。在鸟兽潜踪、人烟稀少的荒原上，有两个互相搀扶的年轻人，正跌跌撞撞、艰难地走着。他们是一对挚友：羊角哀和左伯桃。

当时，各国诸侯为争夺土地，扩大势力范围，连年发动战争，使人民生活在水深火热之中。

这两个朋友对人民深为同情，决心施展自己的才干，拯救国家和人民。他们听说楚庄王是个贤明的国君，就相约前去投奔。

风狂雪猛，寒冷、饥饿、长途跋涉，使身体本来就瘦弱的左伯桃病倒了。在这危难时刻，羊角哀对左伯桃说："我扶你走吧，你放心，我绝不会丢下你不管的。"羊角哀搀扶起左伯桃艰难地走着……

两天过去了，羊角哀筋疲力尽了。他好不容易才把左伯桃扶到一棵大空心树旁，暂避风雪。

"角哀，荒原千里，风雪无边，如果我们两个都冻饿而死，不如救活一个。我看，你一个人快走吧，我是实在不行了，别再连累你。"左伯桃喘着气说，他连站起来的力气也没有了。

羊角哀一听，急了："你怎么说这种话！伯桃，你放心，我背也要把你背到楚国去！"说着，羊角哀弯下身子就要背左伯桃，但他也没有力气再把左伯桃背起来了。

左伯桃用微弱的声音说："角哀，我现在的身体状况肯定到不了楚国就会死在半路上，你的身体比我好，本领比我强，有希望走出这片荒原，应该你去楚国！我们救国救民理想的实现就拜托你了！"

两个人真诚相商。最后，左伯桃还是说服了羊角哀。

羊角哀抱着左伯桃放声痛哭。左伯桃催他赶快上路。羊角哀要把所有的干粮留给左伯桃，左伯桃决意不要……羊角哀只好怀着极为沉痛的心情诀别了他的朋友，独自上路了。

羊角哀赶到楚国后，受到楚庄王的重用。他连忙带人回到荒原，却发现左伯桃已冻死在空心树旁，他埋葬了好友的尸体，痛哭而别。

楚庄王知道这一切后，深为左伯桃的精神所感动，下令奖励了左伯桃的妻儿。

心灵感悟

　　古希腊著名诗人欧里庇得斯说："富贵之时自然高朋满座，患难之交才真诚。"确实如此，在我们最困难的时候，在一无所有的情况下，还能有人关怀我们、信任我们，这是多么难得的幸福啊。相反，那些平日不怎么来往，一旦见我们位高权重就上来凑热闹的人，绝不会成为我们的朋友。

距离产生美

　　蕨菜和离它不远的一朵无名小花是好朋友。每天天一亮，蕨菜和无名小花都扯着嗓子互致问候。日子久了，两人都把对方当成自己最知心的朋友。同时，它俩发现，由于相距较远，每天扯着嗓子说话很不方便，便决定互相向对方靠拢。它们认为彼此之间距离越近，就越容易交流，感情也越深。

　　于是，蕨菜拼命地扩散自己的枝叶，它蓬勃地生长，舒展的枝叶像一柄大伞一样；无名小花则尽量向蕨菜的方向倾斜自己的茎枝，它俩的距离也越来越近了。

　　出乎意料的是：由于蕨菜的枝叶像一柄张开的大伞，它不仅遮住了无名小花的阳光，也挡住了它的雨露。失去阳光和雨露滋润的无名小花日渐枯萎，它在伤心之余，不再与蕨菜共叙友情，相反还认为是蕨菜动机不良，故意谋害自己，便在心里痛恨起蕨菜来。

　　蕨菜呢，由于枝叶过于茂盛，一次狂风暴雨之后，它的枝叶被折断许多，身子光秃秃的。看着遍体鳞伤的自己，蕨菜把这一切后果都归咎于无名小花，认为如果没有无名小花，它也绝不会恣意让自己的枝叶疯长的。

　　于是，一对好朋友便反目成仇了。

　　友情之花需要沟通、理解和帮助的滋养，但也需要克制与距离来促进其关系的和谐融洽。心灵是贴近的，但身体应该保持一定的距离，克制自己，尊重对方，才能让友谊之花长盛不衰。

莫以小人之心度君子之腹

　　君子有其独特的做事风范，以小人的心肠忖度君子的行为，总是会犯错误的。

　　从前有一位国王得了重病，宫中御医用了各种办法，国王的病情依然不见好转。这时，从外地来了一位医生治好了国王的重病，国王非常感激他。知恩不报非君子，国王的第二次生命全靠了这位医生，他因此决定重赏医生。

于是，国王暗地里吩咐属下携带很多财宝，赶到医生的家乡，为医生修建了深宅大院，木器家具一应俱全。另外国王还派人为医生置办了大量田产，赐给他成群的牛羊。一切都安排妥当之后，属下又悄悄回宫。

这时，国王的病已彻底痊愈。他对医生说："我的病已经痊愈，非常感谢你，你可以走了。"

医生原以为会得到国王丰厚的奖赏，毕竟国王的第二次生命是他挽回的，可现在国王一点封赏的意思也没有，他心中非常恼怒，但也只好暗自将怨恨埋在心中。

医生带着愤愤不平的情绪回到了家乡。可是回到家一看，禁不住让他大吃一惊，听着乡人的赞叹与羡慕之词，医生在惊愕之余，不禁惭愧至极。他情不自禁地自言自语道："国王真是位有德之人，知恩图报，给我的奖赏远远超过了我所希望的，而我却心胸狭窄，误认为国王是不义之人，满怀怨恨，实在是以小人之心度君子之腹啊！"

我们不是小人，却常常会犯小人般的错误，总在不经意之间伤害了君子的心。其实，我们许多人都会犯与这位医生一样的错误。对于别人给予自己的真诚帮助，我们会思忖他在笑容背后隐藏着怎样的险恶目的。他是看中了我的权，还是我的钱？可事实证明，那只是他的纯真善心使然，全然不是我们所想的那么险恶。

心灵感悟

猜疑往往是心灵闭锁者人为设置的心理屏障。只有敞开心扉，将心灵深处的猜测和疑虑公之于众，增加心灵的透明度，才能求得彼此之间的了解。

推倒冷漠的心墙

心理上的隔阂远胜过空间上的障碍。

一块丑陋的水泥墙"咕——噜、咕——噜"呻吟着沉入海底，差一点砸着水晶宫。

"这是什么东西？"龙王大怒。

乌龟丞相立刻去现场调查，回来禀报："一块柏林墙！"

"柏林墙？"龙王说，"就是那个把一个国家和民族隔成两半，只存活 10315 天，又一夜之间灰飞烟灭的水泥块？"

"正是。"乌龟丞相讲，"它代表一个利益集团的意志，别人的死活它是不管的。我们大海容不得这种坏东西，我马上派虾兵蟹将把它扔回大陆！"

"且慢！"龙王说，"让它留在这里更好！龙子龙孙们可以每天看见它。应当让年轻人知道，最坏的墙是冷酷无情的墙，它常常建在一些人的心中。"

"柏林墙"曾是人为地竖在东德和西德中间的一堵墙。这堵墙把德国人民隔离了许多年。如今，柏林墙早就被推翻了，但是，还有种种无形的"柏林墙"隔在人们之间，这就是人心的隔阂。消除人心的墙比推倒有形的墙更难。

当我们在日常交往过程中与他人出现隔阂或矛盾时，我们该怎么办呢？明智的选择就是采取积极态度，主动化解矛盾、打破隔阂，推倒心中的"柏林墙"。

消除隔阂消除误解，会给我们带来更多的收获。在希望别人快乐的同时，你自己也充满了快乐。人与人之间偶尔出现一点小摩擦是很正常的，但重要的是不要让小摩擦演变成大矛盾，甚至最好不要让摩擦发生。

为了减少与他人的隔阂和摩擦，首先要有一颗宽容大度的心，不要为一些鸡毛蒜皮之事而斤斤计较，出现矛盾隔阂时主动与人化解。还有就是抑制争强好胜的性格，对事或对人不必过分强求，更不能为了取胜而不择手段。

在与人交往时，将你的心窗打开，不要吝啬心中的爱，因为只有爱人者才会被爱。当你陷入困境时，你会得到许多充满爱心的关怀和帮助。

心灵感悟

心墙不除，人心会因为缺少氧气而枯萎，人会变得忧郁、孤寂。爱是医治心灵创伤的良药，爱是心灵得以健康生长的沃土。爱，以和谐为轴心，照射出温馨、甜美和幸福。爱把宽容、温暖和幸福带给了亲人、朋友、家庭、社会。无爱的社会太冰冷，无爱的世界太寂寞。爱能打破冷漠，让尘封已久的心重新温暖起来。

鹿与豺交朋友

在一个名叫金巴兰的大森林里，住着一只鹿和一只乌鸦，它们相处得很和睦。有一天，一只豺来到森林里，对鹿说："你住在这座森林里，也没有一个伴儿，你如果和我交个朋友，那该多好啊。"鹿听了豺的话以后，便把豺领到了自己家里。乌鸦远远地看见豺走来的时候，就对豺有了戒心。它把鹿叫到一边，悄悄地对鹿说："兄弟，你和一个不了解它地位、身份和脾气的豺交朋友，可不太明智啊。"但是鹿没有听乌鸦的劝告，仍然同豺交了朋友。

一天，豺对鹿说："朋友，离这儿不远的地方有一大片金黄的稻田，到那里去你可以吃到你最喜欢吃的食物。"鹿听了豺的话，就每天到那片稻田里去吃稻子。护田人发现鹿天天来吃稻子，就布了网，准备捉住它。有一天，鹿刚刚来到田里就陷进网里了。鹿在网里想：在这危难时刻，我的朋友豺如果能来帮我的忙该多好啊！这时，豺果然到稻田里寻找鹿，当它发现鹿陷进了护田人的网里时，心想：鹿终于陷进网里了，好哇，这回护田人剥了它的皮，我就可以吃肉了。

鹿突然发现了豺，急忙哀求道："朋友，你能救我脱险吗？你不救我，我肯定活不了了。请你想办法咬破这个网，救救我吧。你如果救了我，我是不会忘记你的恩情的。"

豺说："朋友，我可怜你，我看到你落难，心里十分难过，我一定要咬破这张网。不过，今天是我的斋戒日，不能吃肉，这网是用羊肠做的，如果我一咬，便会破坏了我的斋戒，等明天早晨再说吧。明天一早，我就来救你。"豺说完就走了，然后到个隐蔽的地方藏了起来。

天快黑了，乌鸦还不见鹿回来，心里非常着急。它四处寻找，最后发现鹿正陷在网里。乌鸦说："朋友，你怎么会掉进网里？你的朋友豺在哪儿？"

鹿说："兄弟，这就是我不听你的话，和豺交朋友的下场，真的，'不听好人言，遭殃在眼前'。"

"朋友，你赶快鼓起肚子躺在地上装死，听我大声叫的时候，你立刻爬起来逃走。"乌鸦说完，便飞到一棵树上去。鹿听了乌鸦的主意，就鼓起肚子躺在地上，假装死了。

护田人走近一看，以为鹿真的死了，便放下木棒，赶快去放网。在护田人收网的时候，乌鸦立刻呱呱地叫起来。鹿听到乌鸦的叫声，爬起来，撒腿就逃。护田人发现鹿跑了，抬起木棒向鹿扔过去，木棒没有打中鹿，正好打中藏在树丛后面等着吃鹿肉的豺。

交友有一个选择的过程。开始是结识和初交，在交往过程中互相了解以后，才由初交成为熟悉的朋友。朋友可以是暂时的，也可能是永久的。从学习、工作的需要出发，本着互惠互利、共同发展的原则，结交一些志同道合的朋友是有益的。如果不仅志同道合，而且感情深厚，心灵相通，这样就可以从合作共事的朋友变成生死相依、患难与共的知音知己。

交什么朋友，怎样交友，这是一个问题的两个方面。朋友有君子，有小人，交友也有君子之交和小人之交。君子之间的友谊平淡清纯，但真实亲密而能长久。小人的友谊浓烈甜蜜，但虚假多变，经不起时间的考验。

君子之交和小人之交的区别在于"同道"还是"同利"。小人之交因为是为了私利而互相勾结，所以见利就争先、利尽就交疏。这样的朋友是假朋友，或者是暂时的朋友。君子之交是坚持道义的原则和社会的使命，所以能够相益共济，始终如一。这样的朋友才是可靠的真朋友。我们要交志同道合的真朋友，不要交追逐私利的假朋友。

心灵感悟

找一个帮手很容易，而获得一个朋友很难，这两者的价值是不相同的。生活在一个全新的社会，虽然友谊的内涵变得丰富、复杂，但朋友的重要性仍然十分明显。清代冯班认为：朋友的影响比老师还大，因为这种影响是气习相染、潜移默化的，久而久之就不知不觉地受其影响。

第二十六辑
敞开心扉，学会分享

真正的富有

30年前卡丽还是一个小姑娘，父亲是新英格兰一个小镇的补鞋匠；每天放学以后，卡丽到父亲的小店去帮忙，卡丽的工作是将顾客送来的鞋贴上标签，然后把取鞋票交给他们，可是有一个人不受卡丽欢迎。

这个人被称为棕衣人布朗宁。不论春夏秋冬，他总是戴着一顶棕色的羊毛帽子，穿一件棕色的破夹克，磨损的袖子油亮亮的。他白天在街上游荡，到了快打烊的时候，他们的钱匣子也满了，他就会来占卡丽父亲的便宜。一天，眼见闹钟一点一点地移向关门的时间，卡丽突然看见棕衣人布朗宁向他们的小店走来。卡丽看了看自己的表：5点30分。于是卡丽急忙把窗口的牌子从"营业"换成了"休息"。希望这一来可以阻止他进来。但是棕衣人布朗宁还是推门走了进来。

他用干瘦的手推了推破烂的帽檐，走过柜台。卡丽可以看到他脸上布满了深深的皱纹。他潮湿的破夹克散发着落水狗的气味。卡丽转过身去，整理着架上的鞋。他径直走到后面，父亲刚刚关上机器。

卡丽听见棕衣人布朗宁用低沉的声音说："这几天我的手头有些紧，你看能不能借几个子儿给我买点吃的？"父亲放下手里的工具，走到卡丽所站的柜台边。

"对不起，宝贝儿。"父亲说。他打开钱匣子，拿出了两张一元的票子，将它们递给了棕衣人布朗宁。"别喝酒，布朗宁，"他严厉地说，"给孩子们买一点牛奶和面包。"布朗宁点点头，抓紧了爸爸递过去的钱。父亲把布朗宁送到门口，看见他确实走进了街对面的杂货店，父亲站在那儿很长时间，直到看见布朗宁手里提着一桶牛奶和一袋面包从店里出来，才转身回到小店。

在父亲的鞋店工作的那些年里，卡丽看见过多少次这样的情景？20次、30次、100次？为什么父亲从不抱怨？他肯定从来没有收回过布朗宁"借去"的钱。现在卡丽已成年了，父亲也退了休，卡丽才问他。

"爸爸，那时你为什么老是借钱给布朗宁？你知道你借给他的每一分钱，对他来说不过是又多了一分酒钱。难道你不觉得他是在占你的便宜吗？"

父亲在餐桌旁坐了下来，他盯视了卡丽好一会儿。也许他已经听见卡丽多次抱怨邻居借了她家的鸡蛋、割草机、黄油等而不归还。父亲说："我从来就没有期待布朗宁会还我的钱。很早我就决定，我不借钱给他，在我的心里是把钱给他。如果他说是借钱，那是他的事。但是，对我来说，我是把钱作为礼物而送给他。"

"我估计那对你来说更简单一些。"卡丽微笑了，想起了在父亲的小店，从来没有详细的账本。

"卡丽，"父亲说，"当你做好事的时候，不要老是想要得到回报。"

卡丽继续剥着玉米，父亲到院子里去欣赏孙子盖的小房子。卡丽逐渐意识到他们是多么富有。

在物质方面，给予意味着自己的富有。不是一个人有很多他才算富有，而是他给予人很多才算富有。

生怕丧失什么东西的吝啬者，如果撇开他物质财富的多少不谈，从心理学角度来说，他是一个贫穷而崩溃的人。不管是谁，只要他能慷慨地给予，他就是一个富有的人。他把自己的一切给予别人，从而体验到自己生活的意义和乐趣。

然而，给予最重要的意义并不在于物质方面，而尤其在于人性方面。一个人能给予另一个人什么东西呢？他把自己的一切给予别人，把自己已有的最珍贵的东西给予别人，把自己的生命给予别人。这不一定意味着他为别人牺牲自己的生命，指的是他把自己身上存在的东西给予别人，把自己的快乐、兴趣、同情心、谅解、知识、幽默、忧愁——把自己身上存在的所有表情和表现给予别人。在他把自己的生命给予别人的时候，他也增加了别人的生命价值，丰富了别人的生活。通过提高自己的生存感，他也提高别人的生存感。他不是为了接纳才给予。给予本身就是一种强烈的快乐。在给予中，他不知不觉地使别人身上的某些东西得到新生，这种新生的东西又给自己带来了新的希望。在真诚的给予中，他无意识地得到了别人给他的报答和恩惠。

给予暗示着让别人也成为给予者，双方共同分享从而得到新的快乐。由于在给予的行动中某种东西产生，因此涉及给予行为的双方，对他们看到的新生活非常感激。尤其是就爱而言，这意味着爱是一种能产生爱的力量。软弱无能是难以产生爱的。马克思曾对这种思想做了精辟的论述："人同世界的关系是一种人的关系，那么你就只能用爱交换爱，只能用信任交换信任。如果你想得到艺术的享受，那么你就必须是一个有艺术修养的人。如果你想感化别人，那你就必须是一个能鼓舞和推动别人前进的人。"

心灵感悟

生活中，你分享越多、给予越多，你就拥有越多，你的心中将充满坦然和光明，不再被怀疑和恐惧所支配。事实上，当你失去越多，就会有更多新鲜的水从那个你从来不知道的源泉流出来。

把爱与人分享

有一位守墓人一连好几年在每星期都收到一个不相识的妇人的来信，信里附着钞票，要他每周给她儿子的墓地放一束鲜花。后来有一天，他们见面了。那天，一辆小车停在公墓大门口，司机匆匆来到守墓人的小屋，说："夫人在门口车上，她病得走不动，请你去一下。"

一位上了年纪的妇人坐在车上，表情有几分高贵，但眼神哀伤，毫无光彩。她怀抱着一大束鲜花。

"我就是亚当夫人。"她说，"这几年，我每个礼拜给你寄钱……"

"买花。"守墓人答道。

"对，给我儿子。"

"我一次也没忘了放花，夫人。"

"今天我亲自来，"亚当夫人温存地说，"因为医生说我活不了几个礼拜了。死了倒好，活着也没意思了。我只是想再看一眼我儿子，亲手来放一些花。"

守墓人眨巴着眼睛，苦笑了一下，决定再讲几句："我说，夫人，这几年你常寄钱来买花，我总觉得可惜。"

"可惜？"

"鲜花搁在那儿，几天就干了。没人闻，没人看，太可惜了！"

"你真的这么想的？"

"是的，夫人，你别见怪。我是想起来自己常去医院、孤儿院，那儿的人可喜欢花了。他们爱看花，爱闻花香。那儿都是活人，可这儿墓地里哪个活着？"

老妇人没有作声。她只是小坐一会儿，默默地祷告了一阵，没留话便走了。守墓人后悔自己一番话太率直、欠考虑，这会使她受不了的。

可是几个月后，这位老妇人又忽然来访，把守墓人惊得目瞪口呆，她这回是自己开车来的。

"我把花都给那儿的人们了。"她友好地向守墓人微笑着说，"你说得对，他们看到花可高兴了，这真叫我快活！我的病也好转了，医生不明白是怎么回事，可是我自己明白，我觉得活着还有些用处。我找到了活着的真正意义，并重新唤起了我对生命的热爱！"

一个活着的人，心里只有阴暗和悲观，而看不到世上其他的人们，这个人的心灵其实已如枯草般衰落、死亡。

我们生活在同一个美丽的世界，鸟语花香的环境有赖于每一个人的努力，只有把爱与人分享，我为人人，人人为我，这世间才会美好，才值得留恋。

　　生命的意义在于付出，在于给予，而不在于接受，更不在于索取。人人都懂得与人分享，世界将变得更加美好温馨。

接受别人的帮助

善于借助别人的力量，让弱小的自己变得强大，让强大的自己变得更加强大，使自己的成功更持久。

星期六上午，一个小男孩在沙滩上玩耍。他身边有他的一些玩具小汽车、货车、塑料水桶和一把亮闪闪的塑料铲子。在松软的沙堆上修筑公路和隧道时，他发现一块很大的岩石挡住了去路。

小男孩开始挖掘岩石周围的沙子，企图把它从泥沙中弄出去。他是个很小的孩子，而岩石却相当巨大。手脚并用，他花尽了力气，岩石却纹丝不动。小男孩下定决心，手推、肩挤、左摇右晃，一次又一次地向岩石发起冲击，可是，每当他刚把岩石搬动一点点的时候，岩石便又随着他的稍事休息而重新返回原地。小男孩气得直叫唤，使出吃奶的力气猛推猛挤。但是，他得到的唯一回报便是岩石滚回来时砸伤了他的手指。最后，他筋疲力尽，坐在沙滩上伤心地哭了起来。

这整个过程，他的父亲从不远处看得一清二楚。当泪珠滚过孩子的脸庞时，父亲来到了他的跟前。父亲的话温和而坚定："儿子，你为什么不用上所有的力量呢？"男孩抽泣道："爸爸，我已经用尽全力了，我已经用尽我所有的力量！""不对，"父亲亲切地纠正道，"儿子，你并没有用尽你所有的力量。你没有请求我的帮助。"说完，父亲弯下腰抱起岩石，将岩石扔到了远处。

心灵感悟

当你遇到自己无法克服的困难时，为什么不请求别人的帮助呢？人互有短长，你解决不了的问题，对你的朋友或亲人而言或许就是轻而易举的，他们也是你的资源和力量。

天堂与地狱

懂得与别人合作与分享，看到的就是天堂；不懂得与别人合作与分享，看到的就是地狱。

一位生前经常行善的基督徒见到了上帝，他问上帝天堂和地狱有何区别。于是上帝就让天使带他到天堂和地狱去参观。

到了天堂，在他们面前出现一张很大的餐桌，桌上摆满了丰盛的佳肴。围着桌子吃饭的人都拿着一把十几尺长的勺子。

不过令人不解的是，这些可爱的人们都在相互喂对面的人吃饭。可以看得出，每个人都吃得很愉快。天堂就是这个样子呀！他心中非常失望。

接着，天使又带他来到地狱参观。出现在他面前的是同样的一桌佳肴，他心中纳闷：天堂怎么和地狱一样呀！天使看出了他的疑惑，就对他说："不用急，你再继续看下去。"

过了一会儿，用餐的时间到了，只见一群骨瘦如柴的人来到桌前入座。每个人手上也都拿着一把十几尺长的勺子。可是由于勺子实在是太长了，每个人都无法把勺子内的饭送到自己口中，这些人都饿得大喊大叫。

心灵感悟

我们生存在一个充满竞争的时代，生存似乎变得越来越艰难，然而正是如此，我们才更需要与别人合作。而有的人不愿接受别人的帮助，总想以一己之力去完成所有的事情，但是，一个人的才能和力量总是有限的，唯有合作，才能让你的生活更加轻松、更加快乐。

别独享荣耀

如果你习惯了独享荣耀，那么总有一天你会独吞苦果！

美国有家罗伯德家庭用品公司，八年来生产迅速发展，利润以每年18％～20％的速度增长。

这是因为公司建立了利润分享制度，把每年所赚的利润按规定的比率分配给每一个员工，这就是说，公司赚得越多，员工也就分得越多。

员工明白了"水涨船高"的道理，人人奋勇，个个争先，积极生产自不待说，还随时随地地挑剔产品的缺点与毛病，主动加以改进。

俗话说，"有福同享，有难同担"。当你在工作和事业上取得些成绩、小有成就时，当然是值得庆贺的，但是有一点，如果赢得这一点成绩是大家集体的功劳，或者离不开他人的帮助，那你千万别把功劳据为己有，否则他人会觉得你好大喜功，抢占了他人的功劳。

如果某项成绩的取得确实是你个人的努力，当然应该值得高兴，也会得到别人对你的祝贺，但你自己一定要明白，千万别高兴得过了头。

一方面可能会伤害有些人的自尊心；另一方面，现实社会中害"红眼病"的人不少，如果你过分狂喜，能不逼得人家眼红吗？

当你在工作上有特别表现而受到别人肯定时，千万要记住一点——别"吃独食"，否则这份荣耀会给你的人际关系带来障碍。当你获得荣耀时，应该做到以下几点。

1. 与人分享

即使是口头上的感谢也算是与他人分享，而且你可以让更多的人和你一起分享，反正说几句话对你也没什么损失！当然别人倒并不是非得要分你一杯羹，但你主动与人分享，这让旁人觉得自己受到尊重。如果你的荣耀事实上是众人协力完成的，那你更不应该忘记这一点。你可以采取多种与他人分享的方式，如请大家喝杯咖啡，或请大家吃一顿。吃人嘴软，拿人手短，别人分享了你的荣耀，就不会为难你了。

2. 感谢他人

要感谢同人的协助，不要认为都是自己一个人的功劳。尤其要感谢上司，感谢他的提拔、指导。如果事实正是这样，那么你本该如此感谢；如果同人的协助有限，上司也不值得恭维，你的感谢也就更为必要，虽然显得有点虚伪，但却可以使你避免成为他人的箭靶。为什么很多人上台领奖时，他们首先要讲的话就是："我很高兴！但我要感谢……"原因是这种"口惠而实不至"的感谢虽然缺乏"实质"意义，但听到的人心里都很愉快，也就不会妒忌你了。

3. 为人谦卑

有些人往往一旦获得荣耀，就容易忘乎所以，并从此自我膨胀。这种心情是可以理解的，但旁人就遭殃了，他们要忍受你的嚣张，却又不敢出声，因为你正是春风得意时。可是慢慢地，他们会在工作上有意无意地让你为难，让你碰钉子。因此有了荣耀时，要更加谦卑。不卑不亢不容易，但"卑"绝对胜过"亢"，就算"卑"得过分也没关系，别人看到你如此谦卑，当然不会找你麻烦、和你作对了。

心灵感悟

别独享荣耀，说穿了就是不要去威胁别人的生存空间，因为你的荣耀会让别人产生一种不安全感。而当你获得荣誉时，你去感谢他人、与人分享、为人谦卑，这正好让他人吃下了一颗定心丸，人性就是这么奇妙，没什么话好说。

自私者会自吞恶果

有这样的一个故事：

一天，村里的一位渔夫带着儿子来到与海相通的大湖边。他想，这个湖既然与海相通，就一定会有很多鱼，于是他就在湖边开始钓鱼。他刚把钓钩扔进湖里，就钩住一个很重的东西，用力拉也拉不动。"看来是钓到一条大鱼了！"他兴奋地想着，不过又想："这么大的一条鱼，如果把它钓起来，被别人看到的话，大家肯定都会跑到这里来钓鱼，那么湖里的鱼很快就会被别人钓完了，所以还是不要告诉别人的好。"

这位渔夫想了一会儿，便告诉儿子："你赶快回去告诉你妈妈，说爸爸钓到了一条很大的鱼。为了不让别人发现，要妈妈想办法和村里的人吵架，吸引大家的注意力，这样就不会有人发现我钓到了一条大鱼。"

儿子很听话地跑回去告诉了妈妈，妈妈心想："只是和人吵架根本无法吸引全村所有人的注意，我还是想点更好的办法吧。"于是她就把衣服剪出了很多洞，把儿子的衣服当帽子戴，还用墨水把眼睛的周围擦得黑黑的。对于自己的扮相她很满意，便离开家在村子里走来走去。

邻居看到她，惊讶地说："你怎么变成这个样子，是不是发疯了？"

她便开始大吼大叫："我才没有发疯！你怎么可以这样侮辱我？我要抓你去村长那里，我要叫村长罚你的钱！"

村民们看到他们拉拉扯扯吵得很厉害，就都跟着来到村长家，想看看村长如何判决。

村长听完他们各自的说辞，便对渔夫的妻了说道："你的样子的确很奇怪，不论是谁看了都会问你是不是疯了，所以他不用受罚，该受罚的是你！因为你故意打扮得怪模怪样，还这样大吵大闹，严重扰乱了村民的生活。"

湖边的渔夫在儿子跑回家之后，用力拉钓竿想把鱼拉上来，可是怎么拉也拉不动，他怕再用力会把鱼线拉断，便干脆脱光衣服跳进湖里去抓那条大鱼。

当他潜入湖里，仔细一看，才发现原来鱼钩是被湖底的树枝钩住，根本就不是钓到什么大鱼！他非常气恼。更为严重的后果是，当他伸手拨开树枝，不料钓钩反弹起来刺伤了他的眼睛！他强忍着剧痛爬上岸来，又湿又冷，但是衣服又不知道什么时候被人偷走了，他只好光着身子沿路回村求救。

自私是一种潜藏在心灵深处的人的本能倾向，它的存在与表现不为本人所察觉，私欲强的人不顾社会和他人的利益，一味地满足自己的需求，而在自己私欲得到满足的时候却心安理得地享受，所以，自私的人，没有人愿意与其共事，因而他也永远难以取得成功。

世间成大事的人一般是做事坦荡、能克制私欲的君子。

卢克莱修说："自私是人类的一种本性，高尚者和卑劣者的区别在于：前者能够克制这种本性而代之以无私的给予，而后者则任其肆意横行。"

自私是一种极端利己的心理，自私的人不顾他人和社会的利益，只计较个人得失，不讲公德；更有甚者会为私欲铤而走险，最后受到法律的制裁。自私也是诱发贪婪、忌妒、报复等病态心理的根源。

历史一再证明，自私的人是没有好的结局的，从某种意义来说，自私就是自毁，自私者到最后只能独自吞噬恶果。

　　自私的人总是有很强的占有欲。独占，被自私者认为是最明智的选择。然而，令人感到可悲的是，原本就没人和他抢，是他输给了自己。

满足藏在付出的怀抱里

一个男子坐在一堆金子上，伸出双手，向每一个过路人乞讨着什么。

吕洞宾走了过来，男子向他伸出双手。

"孩子，你已经拥有了那么多的金子，你还要乞求什么呢？"吕洞宾问。

"唉！虽然我拥有如此多的金子，但是我仍然不满足，我乞求更多的金子，我还乞求爱情、荣誉、成功。"男子说。

吕洞宾从口袋里掏出他需要的爱情、荣誉和成功，送给了他。

一个月之后，吕洞宾又从这里经过，那男子仍然坐在一堆黄金上，向路人伸着双手。

"孩子，你所求的都已经有了，难道你还不满足吗？"

"唉！虽然我得到了那么多东西，但是我还是不满足，我还需要快乐和刺激。"男子说。

吕洞宾把快乐和刺激也给了他。

一个月后，吕洞宾又见那男子坐在金子上，向路人伸着双手——尽管有爱情、荣誉、成功、快乐和刺激陪伴着他。

"孩子，你已经拥有了你想要的，你还乞求什么呢？"

"唉！尽管我已拥有了比别人多得多的东西，但是我仍然不能感到满足，老人家，请你把满足赐给我吧！"男子说。

吕洞宾笑道："你需要满足吗？孩子，那么，请你从现在开始学着付出吧。"

吕洞宾一个月后从此地经过，只见这男子站在路边，他身边的金子已经所剩不多了，他正把它们施舍给路人。

他把金子给了衣食无着的穷人，把爱情给了需要爱的人，把荣誉和成功给了惨败者，把快乐给了忧愁的人，把刺激送给了麻木冷漠的人。现在，他一无所有了。

看着人们接过他施舍的东西，满含感激而去，男子笑了。

"孩子，现在你拥有满足了吗？"吕洞宾问。

"拥有了！拥有了！"男子笑着说，"原来，满足藏在付出的怀抱里啊。当我一味乞求时，得到了这个，又想得到那个，永远不知什么叫满足。当我付出时，我为我自己人格的完美而自豪，而满足，为我对人类有所奉献而自豪、而满足，为人们向我投来的感激的目光而自豪、而满足。"

拆除心墙

　　俗语说："赠花予人，手上留香！"学会付出是美好人性的体现，同时也是一种处世智慧和快乐之道。有一句名言说："人活着应该让别人因为你活着而得到益处。"学会分享、给予和付出，你会感受到舍己为人，不求任何回报的快乐和满足。幸福犹如香水，你不可能泼向别人而自己却不沾几滴。的确，在生活中，超越狭隘、帮助他人、撒播美丽、善意地看待这个世界……这样快乐、幸福和丰收会时时与我们相伴。对此，罗曼·罗兰说得很精彩："快乐和幸福不能靠外来的物质和虚荣，而要靠自己内心的高贵和正直。"

　　贝尔太太是美国一位有钱的贵妇，她在亚特兰大城外修了一座花园。花园又大又美，吸引了许多游客，他们毫无顾忌地跑到贝尔太太的花园里游玩。

　　年轻人在绿草如茵的草坪上跳起了欢快的舞蹈；小孩子扎进花丛中捕捉蝴蝶；老人蹲在池塘边垂钓；有人甚至在花园当中支起了帐篷，打算在此过他们浪漫的盛夏之夜。贝尔太太站在窗前，看着这群快乐得忘乎所以的人们，看着他们在属于她的园子里尽情地唱歌、跳舞、欢笑。她越看越生气，就叫仆人在园门外挂了一块牌子，上面写着：私人花园，未经允许，请勿入内。可是这一点也不管用，那些人还是成群结队地走进花园游玩。贝尔太太只好让她的仆人前去阻拦，结果发生了争执，有人竟拆走了花园的篱笆墙。

　　后来贝尔太太想出了一个绝妙的主意，她让仆人把园门外的那块牌子取下来，换上了一块新牌子，上面写着：欢迎你们来此游玩，为了安全起见，本园的主人特别提醒大家，花园的草丛中有一种毒蛇。如果哪位不慎被蛇咬伤，请在半小时内采取紧急救治措施，否则性命难保。最后告诉大家，离此地最近的一家医院在威尔镇，驱车大约50分钟即到。

　　这真是一个绝妙的主意，那些贪玩的游客看了这块牌子后，对这座美丽的花园望而却步了。可是几年后，有人再往贝尔太太的花园去，却发现那里因为园子太大，走动的人太少而真的杂草丛生、毒蛇横行，几乎荒芜了。孤独、寂寞的贝尔太太守着她的大花园，她非常怀念那些曾经来她的园子里玩的快乐的游客。

　　篱笆墙是农家用来把房子四周的空地围起来的类似栅栏的东西，有的上面还有荆棘，不小心碰上会扎人。篱笆墙的存在是向别人表示这是属于自己的"领地"，要进入必须征得自己的同意。贝尔太太用一块牌子为自己筑了一道特别的"篱笆墙"，随时防范别人的靠近。这道看不见的篱笆墙只是一种自私的表象，而它隔开的不只是人的脚步，更是心与心的距离，当所有朋友都远离，当所有脚步都绕路而行，那么再美的花又有什么用，无人分享，就永远无法实现它们本身的价值。

　　贝尔太太得到的后果是什么呢？在封闭自己的同时，也使快乐和幸福远离。打开你自己的心灵的篱笆，让阳光进来，让朋友进来，这样，你的心灵的花园才不会荒芜。

心灵感悟

　　我们每个人心中都有一座美丽的大花园。如果我们愿意让别人在此种植快乐，同时也让这份快乐滋润自己，那么我们心灵的花园就永远不会荒芜。

学会分享

　　收藏家拉希德先生有8000多把梳子，枣木梳、牛角梳、象牙梳、玉梳、角梳应有尽有。据他自己说，他有2把西施的梳子、3把杨贵妃的梳子、4把慈禧太后的梳子，还有5把英国女王伊丽莎白一世的梳子。女王的梳子上还挂着一根弯弯曲曲的亚麻色的头发，光这根头发就价值连城啊！拉希德先生的梳子用"老虎嘴"牌保险柜锁着，柜上常年放着一把子弹上膛的手枪。

　　"你就说世界上这梳子，哈哈……"拉希德先生骄傲得不行，总是说着这样的半句话。

　　"你想看看我的收藏？那怎么行啊？"拉希德先生常常这样自问自答。

　　"爸爸，您有许多梳子是吗？"拉希德先生的儿子央求说，"我想看看！"

　　"不行！"拉希德先生简直吓坏了，赶紧把保险柜的钥匙钉在内裤上。"你小孩子家嘴巴不严，没准惹出什么祸事来呢！爸爸哪有什么梳子呀！"

　　儿子流下了委屈的泪水。

　　"他爸，"他的妻子说，"我知道你有梳子，难道连我也不能看一眼吗？"

　　"不行！"拉希德先生埋下头来，说，"你们妇人家，浅薄得很，没准……其实梳子有什么好看的呢？"

　　拉希德先生的内裤改由自己来洗了，因为那上面钉着保险柜的钥匙啊。

　　为了最大限度地显示自己的富有，拉希德先生几经辗转，好不容易来到一座没有梳子的城市。

　　"亲爱的市民们，你们知道吗，世界上有一种东西叫梳子，能够把头发弄得格外的顺，没见过吧？哈哈，鄙人拥有8000多把梳子！"

　　拉希德先生在人们的眼神里寻找崇拜和恭维，然而他没有得到。你想啊，在一个没有梳子的城市里，也就没人听得懂他的话了。所以说，拉希德先生天天说话，却等于白说。

　　星移斗转，岁月如梭，拉希德先生老了。他的藏品保密了一辈子，谁都没看见。现在，他不知道该怎么办了。卖掉吗？要钱做什么呢？继续保密吗？他觉得够没意思的了。他回想了一下，自己一辈子竟没见过别人给他的一丝笑容。

　　有一天，拉希德先生坐在一棵大树下昏昏欲睡，他怎么也没想到，有一头狮子从后面走过来。

　　狮子是从动物园里跑出来的。

　　这是一头雄狮，长长的鬃毛有些肮脏，可它仍然不失威武。

　　当拉希德先生发现了狮子，真是魂飞魄散、瘫软如泥了。

　　"先生您好，"狮子开口说，"我很难受，我的鬃毛黏在了一起，硬邦邦的，我一点办法都没有。请问，您能帮我个忙吗？"

　　拉希德先生赶紧讨好地说："能啊，能的！我有梳子，有许多许多梳子啊！狮子先生，您稍等啊！"

狮子跟着他，来到他的住所。

拉希德先生打开保险柜，取出大大小小、疏疏密密、各式各样的许多梳子。狮子看得有些眼花缭乱了。拉希德先生耐心地、又很小心地给狮子梳通鬣毛，梳子当然是先用疏的，后用密的了。他还打了一些水来，把鬣毛上的脏东西清洗掉。

狮子乖乖地等着，像猫儿一样温顺，后来竟打起了呼噜。拉希德先生累得满头大汗，花去了 3 个小时才做完了。狮子觉得非常舒服，连连感谢。拉希德先生让狮子照了照镜子，狮子露出了动物的让人难得一见的笑容。

"太谢谢您了，看来梳子真是世间的宝贝，您有这么多宝贝，我羡慕死了！"

拉希德先生被狮子的笑容感动了。他一股脑儿把所有的梳子拿了出来，送给了狮子和市民。从此，这座城市有了一种新的文明。

故事中的拉希德先生本来是一个守财奴，千方百计藏着自己的梳子，从不给人看，连他家里人都不例外。这样的人当然不受欢迎，一辈子竟没见过别人给他的一丝笑容。所以他的生活一点都不开心。后来，他转变了，用自己心爱的梳子为狮子梳毛发。他终于体验到与别人共同分享的愉悦之感。他的付出也得到了回报，大家开始喜欢他了。拉希德先生笑了，那是一位老年人的笑容，满足又宁静。帮助别人能令自己开心，原来生活可以如此的美妙。

心灵感悟

在花中采蜜是蜜蜂的快乐，而将蜜汁送给蜜蜂也是花儿的快乐。无论做任何事情我们都要记得与他人分享，把你的快乐分享给别人就是两份快乐，把痛苦分担给别人，你的痛苦就减半了。而拒绝分享不仅会损害他人利益，还会损害你自己。

付出爱心就是种下希望

有一年的圣诞节，保罗的哥哥送给他一辆新车作为圣诞礼物。保罗从他的办公室出来时，看到街上一个小男孩在他闪亮的新车旁走来走去，并不时触摸它，满脸羡慕的神情。

保罗饶有兴趣地看着这个小男孩。从他的衣着来看，他的家庭显然不属于自己这个阶层。就在这时，小男孩抬起头，问道："先生，这是你的车吗？"

"是啊，"保罗说，"这是我哥哥送给我的圣诞礼物。"

小男孩睁大了眼睛："你是说，这是你哥哥给你的，而你不用花一角钱？"

保罗点点头。小男孩说："哇！我希望……"

保罗原以为小男孩希望的是也能有一个这样的哥哥，小男孩说出的却是："我希望自己也能当这样的哥哥。"

保罗深受感动地看着这个男孩，然后问他："要不要坐我的新车去兜风？"

小男孩惊喜万分地答应了。

逛了一会儿之后，小男孩转身向保罗说："先生，能不能麻烦你把车开到我家门前？"

保罗微微一笑，他想他理解小男孩的想法：坐一辆大而漂亮的车子回家，在小朋友的面前是很神气的事。但他又想错了。

"麻烦你停在两个台阶那里，等我一下好吗？"

小男孩跳下车，三步并作两步地跑上台阶，进入屋内。不一会儿他出来了，并带着一个显然是他弟弟的小孩。这个小孩因患小儿麻痹症而跛着一只脚。他把弟弟安置在下边的台阶上，紧靠着坐下，然后指着保罗的车子说："看见了吗？就像我在楼上跟你讲的一样，很漂亮对不对？这是他哥哥送给他的圣诞礼物，他不用花一角钱！将来有一天我也要送你一部和这一样的车子，这样你就可以看到我一直跟你讲的橱窗里那些好看的圣诞礼物了。"

保罗的眼睛湿润了，他走下车子，将小弟弟抱到车子前排座位上。他的哥哥眼睛里闪着喜悦的光芒，也爬了上来。于是三个人开始了一次令人难忘的假日之旅。

在这个圣诞节，保罗明白了一个道理：给予真的比接受更令人快乐。

有位名人说："人活着应该让别人因为你活着而得到益处。"的确，学会给予和付出，你会感受到舍己为人，不求任何回报的快乐和满足。学会付出是人类光辉灿烂人性的体现，同时也是一种处世智慧和快乐之道。

即使你拥有金钱、爱情、荣誉、成功，也许你还不会有快乐。快乐是人生的至高追求，只有给予和付出，你才能实现这一追求。

海伦·凯勒曾说："任何人出于他的善良的心，说一句话有益的话，发出一次愉快的笑，或者为别人铲平粗糙不平的路，这样的人就会感到欢欣是他自身极其亲密的一部分，以致使他终身去追求这种欢欣。"的确，在生活中，从一个表情、一句问候、一个眼神、一件小事开始，学会付出，善意地看待这个世界，快乐会时时与我们相伴。说到底，拥有快乐其实很简单。对此，还是罗曼·罗兰说得精彩："快乐不能靠外来的物质和虚荣，而要靠自己内心的高贵和正直。"

心灵感悟

哈伯德说："聪明人都明白这样一个真理——帮助自己的唯一办法，就是去帮助别人。"的确，为别人付出爱心，就种下一片希望，也就会品尝到丰收的喜悦。

打破吝啬的樊篱

罗素说过，吝啬，比其他事更能阻止人们过自由而高尚的生活。就是告诉我们一定要摒弃吝啬的不良习惯。

凡吝啬的人一般都是自私的、贪婪的。这类人只是嫌自己发财速度太慢，总嫌发财"效率"太低，总想不劳而获或者少劳多获，因而挖空心思地、不择手段地算计他人、算计集体、算计社会，一般的情况是：在吝啬者口袋里的金钱或多或少地带有不洁的成分，廉耻、天良、真理都会沉溺在吝啬者的吝啬之中。

这种过于吝啬的习性的一种表现是与人交往只索取不奉献。

有个勤劳而忠实的男孩叫汤姆，他一个人住在一间小屋子里，并且拥有一座在村庄里最美丽的花园。小汤姆有很多的朋友，其中有一个磨坊主叫汤恩。汤恩是个很富有的人，他总自称是小汤姆最忠厚的朋友，因此他每次到小汤姆的花园来时，都以最好的朋友的身份拎走一大篮子各种美丽的鲜花,在水果成熟的季节还拿走许多水果。

汤恩经常说:"真正的朋友就该分享一切。"而他却从来没有给过小汤姆什么。

冬天的时候,小汤姆的花园枯萎了。"忠实的"磨坊主朋友从来没去看望过孤独、寒冷、饥饿的小汤姆。

汤恩在家里对他的家人说:"冬天去看小汤姆是不恰当的,人们经受困难的时候心情烦躁,这时候必须让他们拥有一份宁静,去打扰他们是不好的。而春天来的时候就不一样了,小汤姆花园里的花都开放了,我去他那儿采回一大篮子鲜花,我会让他多么高兴啊。"

磨坊主天真无邪的儿子问他:"爸爸,为什么不让小汤姆到咱们家来呢?我会把我的好吃的、好玩的都分给他一半。"

谁想到磨坊主却被儿子的话气坏了,他怒斥这个白白上了学、仍然什么都不懂的孩子。他说:"如果小汤姆来到我们家,看到了我们烧得暖烘烘的火炉、我们丰盛的晚饭,以及我们甜美的红葡萄酒,他就会心生妒意,而忌妒则是友谊的大敌。"

磨坊主汤恩的高论让我们看到了吝啬的人在面对生活时的丑恶嘴脸。吝啬者金钱、财富都不缺,然而其灵魂、其精神日趋贫穷。

吝啬果真能给吝啬者带来愉快吗?不能。其实吝啬者的生活是最不安宁的,他们整天忙着的是挣钱,最担心的是丢钱,唯恐盗贼将他的金钱全部偷走,唯恐一场大火将其财产全部吞噬掉,唯恐自己的亲人将它全部挥霍掉,因而整天提心吊胆、坐立不安,永远不会是愉快的。

所以,我们要打破吝啬的樊篱,走出吝啬的灰暗,寻找生命中那一份与人分享的蓝天。

心灵感悟

施予没有资格的限制,曾经再吝啬、再坏的人,只要决心想给予,就可以透过训练开启布施之心。在生活中,让我们学会"布施"吧,因为,只有如此,才能让我们得到更多,学会给予,才能收获幸福,懂得付出,才能有更多收获。

接受不可避免的现实

生活中,我们会遇到许多不公平的经历,而且许多都是我们所无法逃避的,也是无所选择的。我们只能接受已经存在的事实并进行自我调整,抗拒不但可能毁了自己的生活,而且会使自己精神崩溃。因此,人在无法改变不公和不幸的厄运时,要学会接受它、适应它。因为,它们往往是无法逃避的,也是我们难以选择的。

一位很有名气的心理学教师,在给学生上课时拿出一只十分精美的咖啡杯,当学生们正在赞美这只杯子的独特造型时,教师故意装出失手的样子,咖啡杯掉在水泥地上成了碎片,这时学生中不断发出了惋惜声。教师指着咖啡杯的碎片说:"你们一定对这只杯子感到惋惜,可是这种惋惜也无法使咖啡杯再恢复原形。今后在你们的生活中发生了无可挽回的事时,请记住这破碎的咖啡杯。"

这是一堂很成功的素质教育课,学生们通过摔碎的咖啡杯懂得了,人在无法改变失败和不幸的厄运时,要学会接受它、适应它。

荷兰阿姆斯特丹有一座15世纪的教堂遗迹,里面有这样一句让人过目不忘的题词:"事必如此,别无选择。"

　　小时候，琼斯和几个朋友在密苏里州的老木屋顶上玩，琼斯爬下屋顶时，在窗沿上歇了一会儿，然后跳下来，他的左食指戴着一枚戒指，往下跳时，戒指勾在钉子上，扯断了他的手指。

　　琼斯尖声大叫，非常惊恐，他想他可能会死掉。但等到手指的伤好后，琼斯就再也没有为它操过一点儿心。他已经接受了不可改变的事实。

　　英格兰的妇女运动名人格丽·富勒曾将一句话奉为真理，这句话是："我接受整个宇宙。"是的，你也应该能接受不可避免的事实。

　　成功学大师卡耐基也说："有一次我拒不接受我遇到的一种不可改变的情况。我像个蠢蛋，不断作无谓的反抗，结果带来无眠的夜晚，我把自己整得很惨。终于，经过一年的自我折磨，我不得不接受我无法改变的事实。"

　　面对现实，并不等于束手接受所有的不幸。只要有任何可以挽救的机会，我们就应该奋斗！但是，当我们发现情势已不能挽回时，我们最好就不要再思前想后、拒绝面对，要接受不可避免的事实，唯有如此，才能在人生的道路上掌握好平衡。

心灵感悟

　　命运中总是充满了不可捉摸的变数，如果它给我们带来了快乐，当然是很好的，我们也很容易接受。但事情却往往并非如此，有时，它带给我们的会是可怕的灾难，这时如果我们不能学会接受它，反而让灾难主宰了我们的心灵，那生活就会永远地失去阳光。

过去的就让它过去

　　古时候，一个少年背负着一个砂锅前行，没想到绳子断了，砂锅也掉到地上碎了，可是少年却头也不回地继续前行。路人喊住少年问："你不知道你的砂锅碎了吗？"少年回答："知道。"路人又问："那为什么不回头看看？"少年说："已经碎了，回头何益？"说罢继续赶路。

　　听完这个故事，不知道你有没有一点感悟。这个少年是对的，既然砂锅已经碎了，回头看又有什么用呢？

　　还有这么一个故事：一天，一位老师在实验室讲课，他先把一瓶牛奶放在桌上，沉默不语。学生们不解地望着老师。这时候，老师站了起来，一巴掌将那瓶牛奶打翻在水槽中。然后他将学生们叫到水槽前，说："我希望你们记住，牛奶已经淌光了，无论怎么样后悔和抱怨，都没有办法取回一滴。你们要是事先想一想，加以预防，那瓶牛奶还可以保住；可是现在，如果还为它劳心费神、分散精力，是没有一点益处的。现在最紧要的，就是忘记它，注意下一件事。"

　　琐碎的日常生活中，诸如撞碎油瓶、打翻牛奶的事在所难免，但总有人一味沉溺在已经发生的事情中，不停地抱怨，不断地自责，这样一来，将自己的心境弄得越来越沮丧。像这种看到眼前困境而只知道抱怨的人，注定会活在迷离混沌的状态中，看不见前头亮着一片明朗的人生天空。他之所以这样，是因为经历的磨炼太少。

　　这正如人生中的许多失败一样，已经无法挽回，再去惋惜悔恨也于事无补。与其在痛苦中挣扎浪费时间，还不如重新找到一个目标，再一次奋发努力。

　　泰戈尔在《飞鸟集》中写道："只管走过去，不要逗留着去采下花朵来保存，因为一路上，花朵会继续开放的。"

为采集眼前的花朵而花费太多的时间和精力是不值得的，道路还长，前面还有更多的花朵，让我们一路走下去……

令人后悔的事情，在生活中经常出现。许多事情做了后悔，不做也后悔；许多人遇到要后悔，错过了更后悔；许多话说出来后悔，说不出来也后悔……人的遗憾与后悔情绪仿佛是与生俱来的，正像苦难伴随生命的始终一样，遗憾与悔恨也与生命同在。

人生一世，花开一季，谁都想让此生了无遗憾，谁都想让自己所做的每一件事都永远正确，从而达到自己预期的目的。可这只能是一种美好的幻想。人不可能不做错事，不可能不走弯路。做了错事、走了弯路之后，有后悔情绪是很正常的，这是一种自我反省，是自我解剖与改正的前奏曲，正因为有了这种"积极的后悔"，我们才会在以后的人生之路上走得更好、更稳。

但是，如果你纠缠住后悔不放，或羞愧万分，一蹶不振；或自惭形秽，自暴自弃，那么你的这种做法就是蠢人之举了。

古希腊诗人荷马曾说过："过去的事已经过去，过去的事无法挽回。"的确，昨日的阳光再美，也移不到今日的画册。我们又为什么不好好把握现在，珍惜此时此刻的拥有呢？为什么要把大好的时光浪费在对过去的悔恨之中呢？

心灵感悟

过去的事就让它永远地过去吧，一味执迷也只是于事无补，倒不如抖落一身的尘埃，继续上路，相信人生将有更美的风景在前方等待着你。

第二十七辑
发现你心灵的力量

懂得尊重他人

不懂得尊重别人，你同他人就无法沟通合作，因为你已经失去与他人沟通合作的基础。人人都有自尊心，你尊重别人，别人才会尊重你。

一天，一位40多岁的中年女人领着一个小男孩，走进美国著名企业"巨象集团"总部大厦楼下的花园，并在一张长椅上坐下来。她不停地在跟男孩说着什么，似乎很生气的样子，不远处有一位头发花白的老人正在修剪灌木。

忽然，中年女人从随身挎包里揪出一团白花花的卫生纸，一甩手将它抛到老人刚剪过的灌木上。老人诧异地转过头朝中年女人看了一眼。中年女人也满不在乎地看着他。老人什么话也没有说，走过去拿起那团纸扔进一旁装垃圾的筐子里。

过了一会儿，中年女人又揪出一团卫生纸扔了过来。老人再次走过去把那团纸拾起来扔到筐子里，然后回原处继续工作。可是，老人刚拿起剪刀，第三团卫生纸又落在了他眼前的灌木上……

就这样，老人一连捡了那中年女人扔的六七个纸团，但他始终没有因此露出不满和厌烦的神色。

"你看见了吧！"中年女人指了指修剪灌木的老人对男孩说，"我希望你明白，你如果现在不好好上学，将来就跟他一样没出息，只能做这些卑微低贱的工作！"

老人放下剪刀走过来，对中年女人说："夫人，这里是集团的私家花园，按规定只有集团员工才能进来。"

"那当然，我是'巨象集团'所属一家公司的部门经理，就在这座大厦里工作！"中年女人高傲地说着，同时掏出一张证件朝老人晃了晃。

"我能借你的手机用一下吗？"老人沉吟了一下说。

中年女人极不情愿地把手机递给老人，同时又不失时机地开导儿子："你看这些穷人，这么大年纪了连手机也买不起。你今后一定要努力啊！"

老人打完电话后把手机还给了妇人。很快一名男子匆匆走过来，恭恭敬敬地站在老人面前。老人对那个男子说："我现在提议免去这位女士在'巨象集团'的职务！"

"是，我立刻按您的指示去办！"那个男子连声应道。

老人吩咐完后径直朝小男孩走去，他用手抚了抚男孩的头，意味深长地说："我希望你明白，在这世界上最重要的是，要学会尊重每一个人……"说完，老人撇下三人缓缓而去。

中年女人被眼前骤然发生的事情惊呆了，她认识那个男子，他是巨象集团主管任免各级员工的一个高级职员。"你……你怎么会对这个老园工那么尊敬呢？"她大惑不解地问。

"你说什么？老园工？他是集团总裁詹姆斯先生！"

"啊，他是总裁？！"

中年女人一下子瘫坐在长椅上。

学会尊重每一个人，无论一个人的身份和工作多么卑微，我们都应尊重他，这是我们应该具备的良好品质。要知道，尊重没有高低贵贱之分，而且尊重别人就是在尊重自己。

心灵感悟

尊重人是有修养的表现。一个没有修养的人才会到处侮辱和伤害别人。人是注重尊严的，你伤害了别人的尊严，换来的就是他人的愤恨。尊重的关键就是把他人放在与我们自己平等的重要位置上，切实考虑对方的需求和感受，而不要自命不凡、盛气凌人。

体谅的力量

美国经济大萧条时期，18 岁的姑娘安娜好不容易才找到一份在一家高级珠宝店当售货员的工作。在圣诞节的前一天，店里来了一位 30 岁左右的男顾客。他虽然穿着整齐干净，看上去很有修养，但很明显，这也是一个遭受失业打击的不幸的人。

此时，店里只有安娜一个人，其他几个职员刚刚出去。

安娜向他打招呼时，男子不自然地笑了一下，目光从安娜的脸上慌忙躲闪开，仿佛在说：你不用理我，我只是看看。

这时，电话铃响了。安娜去接电话，一不小心将摆在柜台上的盘子弄翻了，盘子里装着的 6 枚精美绝伦的金戒指掉在了地上。姑娘慌忙去捡。可她捡回了 5 枚以后，却怎么也找不到第六枚戒指。当她抬起头时，看到那位男子正向门口走去，顿时，她明白了那第六枚戒指在哪里。

当男子的手将要触到门框时，安娜柔声叫道："对不起，先生。"

那男子转过身来，两个人相视无言，足足有一分钟。

安娜的心在狂跳，他要是来粗的怎么办？他会不会……

"什么事？"他终于开口说道。

安娜极力压住心跳，鼓足勇气，说道："先生，这是我头回工作，现在找个事真不容易，是不是？"

男子长久地审视着她，良久，一丝微笑在他脸上浮现出来。安娜终于平静下来，她也微笑着看着他，两人就像老朋友见面似的那样亲切自然。

"是的，的确如此。"他回答，"但是我能肯定，你在这里会干得不错。"

停了一下，他向她走去，并把手伸给她："我可以为你祝福吗？"

紧紧地握完手后，他转身缓缓地走向门口。

安娜握着手心里的第六枚戒指，望着男子的背影，感激的泪水在眼里打转。

安娜是个聪慧的姑娘，多一份体谅的心就能够融化人心中的坚冰，使人为之动容。给人一点尊重，它将带给人面对人生的希望，去获取人生旅途中的下一个幸福。

心灵感悟

　　生活中，请让我们相信，每一个有坏处的人都有他值得人同情和原谅的地方。一个人的过错，常常并不只是他一个人所造成的，对这些人多一份体谅吧，让他们感受到温暖，他们也会把温暖回馈给他人。

不要吝啬自己的掌声

　　有这样一个关于鼓励的故事，一个驯兽师在训练海豚跳高，在开始的时候他先把绳子放在水面下，使海豚不得不从绳子上方通过，海豚每次经过绳子上方就会得到奖励，它们会得到鱼吃，会有人拍拍它并和它玩，训练师以此对这只海豚表示鼓励。当海豚从绳子上方通过的次数逐渐多于从下方经过的次数时，训练师就会把绳子提高，只不过提高的速度会很慢，不至于让海豚因为过多的失败而沮丧。训练师慢慢地把绳子提高，一次一次地鼓励，海豚也一步一步地跳得比前一次高。最后海豚跳过了世界纪录。

　　无疑是鼓励的力量让这只海豚跃过了这一载入吉尼斯世界纪录的高度。对一只海豚如此，对于聪明的人类来说更是这样，鼓励、赞赏和肯定，会使一个人的潜能得到最大限度的发挥。可事实上更多的人与训练师相反，起初就定出相当的高度，一旦达不到目标，就大声批评。

　　观众的掌声对一个赛场上的球队有没有好处？答案是肯定的。每个球队都知道，赛场上天时、地利、人和都是非常重要的。每个球队都承认，球迷的打气使他们感觉自己受到了尊重，情绪激动，斗志昂扬。

　　在日常生活中，鼓励也是很重要的。在家庭里，夫妻应该彼此鼓励，父母与子女应该彼此鼓励；在工作上，老板和员工更是应该彼此鼓励；在生活中，朋友之间也应彼此鼓励。亨利·汉克是印第安纳州洛威市一家卡车经销商的服务经理，他公司有一个工人，工作愈来愈差。但亨利·汉克没有对他吼叫，而是把他叫到办公室里来，跟他进行了坦诚的交谈。

　　他说："希尔，你是个很棒的技工。你在这里工作也有好几年了，你修的车子也很令顾客满意。有很多人都称赞你的技术好。可是最近，你完成一件工作所需的时间却加长了，而且你的质量也比不上你以前的水平。也许我们可以一起来想个办法解决这个问题。"希尔回答说他并不知道他没有尽他的职责，并且向他的上司保证，他以后一定改进。最后他也确实那样做了。

心灵感悟

　　不要吝啬自己的鼓励！有的时候，你的一句鼓励可能让对方终生受益。给同学一点鼓励，在他考试没考好的时候，送上一句"下次努力，你的成绩肯定会很好的"；在朋友遇到困难时，送上一句"你平时那么棒，这些困难算什么"。一句鼓励的话，相信会给失意的人很大帮助。

学会欣赏

每个人都不会排斥他人中肯的欣赏和赞美，我们应该用欣赏的眼光去看待他人，表达自己对他人的理解与尊重，而不是刻薄地挑剔。

老李有一个上初中的女儿，正值叛逆精神十足的青春期，常常对父母所说的话持相反的意见，强词夺理地反驳或者大吵大闹几乎是家常便饭。

老李参加了一个学习班，听说欣赏别人很重要。于是，他决定首先在家里"试用"一次。一天晚上，他的女儿因为有约会要外出，并说会很晚才回家。他刚刚开口劝阻时，女儿又发起脾气，在父亲面前大吵起来。

面对此情此景，他却一反平常的态度，以欣赏的眼光微笑着看女儿。这与以前那种"以牙还牙"的做法，完全背道而驰。当女儿看到父亲的表现时，似乎很疑惑，她就平静下来，不再叫嚷，问："爸爸，你今天看起来好像很奇怪呀！"

父亲微笑着说："我在欣赏你呢！你能据理力争，很有勇气，这种行为是多么的可贵！我庆幸自己有你这样一个女儿！我很疼爱你，也想竭尽全力帮助你更好地成长。"

女儿被深深感动了，搂着他的脖子说："爸爸，我也是很爱您的！我答应您，今晚一定会早点回家，免得让您担心。"

当女儿出去后，他太太走到身旁对他说："我从来没有见过你像今天表现得如此聪明呀！真想不到，你居然还会有这么和风细雨的态度。"

他的眼珠一转，很想再接再厉，于是笑着对太太说："我以前在家里是太强硬了，有时候居然对你也会很冷漠。现在，我学会了把欣赏和感激的心情带回家，所以变聪明了。亲爱的，你说我聪明，其实在我看来，你不但聪明，而且美丽！"

太太感到他很反常，多少有点不知所措地说："你怎么突然夸起我来了？人都说'女人四十豆腐渣'，我现在已经四十多了，哪里还谈得上什么美啊！"

他马上很认真地说："不！你的确很美丽，不说别的，你的眼睛就好美啊！"

"那是20年前的事情了！"太太有些不好意思地说。

"不，你的眼睛现在仍然很美，真的！"他的话语依然毫不含糊。

"难道是真的吗？"太太的脸上不由得泛起红晕，不好意思地笑着，显得很满足。

同一件事，以欣赏的眼光对待它，带来的是和谐；以厌恶的眼光对待它，带来的是对抗。角度不同，天壤之别。我们都喜欢和谐，那就学会欣赏吧！

欣赏对手

乔治和马克是一对十分要好的朋友，在一家公司的同一部门工作。因为部门主管升迁，公司准备在部门里选拔一个新的主管。消息传开后，大家都闻风而动，都希望自己入选。后来，传来内部消息，老板主要在考察乔治和马克，他俩的能力都很突出，尤其是乔治，办事能力强，为人也不错。

　　马克得知乔治就是自己的竞争对手，便暗下决心，想着一定要把乔治挤掉。但他也明白，如果堂堂正正地竞争，自己不是乔治的对手。于是，他四处活动，在上司面前极尽献媚之能事，除夸大自己的能力外，还时时给老板一个暗示——乔治有许多缺点，他不适合这个职位。在马克的阴谋活动下，乔治终于被挤了下去。但是，当马克坐到那个梦寐以求的位子上时，他才发现，他根本就不是胜利者，多数人对他嗤之以鼻，他的工作无法顺利开展，而且每次面对乔治，他都心怀愧疚。仅仅过了半年，由于工作没有成效，他就被免职了。

　　现代社会，不可避免地存在竞争。生活中几乎每个人都有对手，对手可能是你的同学、你的朋友、你的敌人。采用什么样的态度去对待你的竞争对手，看起来是一件小事，却决定一个人的成败。换句话说，适当的竞争能够促进一个人快速成长，并促进一个人各方面不断成熟起来。这一切的关键是你对竞争对手持什么样的态度。

　　有了竞争对手，不是整天盘算着要如何打击对方，而是从欣赏的角度，处处向对手学习，并以对手的标准来要求自己，你才能成为真正的胜者。事实上，欣赏对方比打击对方更有效。

　　懂得欣赏别人需要宽广的心怀，忌妒心极强的人是不会用欣赏的眼光看身边的人的。学会欣赏别人就是给自己提供机遇，不懂得欣赏别人，你就不懂得怎样才能更好地发展自己。

把"请"挂嘴边

　　史蒂是一个不懂礼貌的孩子，他几乎不知道说"请"。"给我一点面包！我要喝水！把那本书给我！"他要东西时总是这样说。他的父母为此感到非常难过。而那个可怜的"请"呢，就只好日复一日地坐在史蒂的上颌，希望有机会到外面一趟，它的身体因此日见憔悴。

　　史蒂有个哥哥叫尼克，尼克非常懂礼貌。生活在他嘴中的"请"经常能呼吸到新鲜空气，身体健壮，心情愉快。

　　一天吃早饭时，史蒂的"请"觉得自己必须呼吸一下新鲜空气，于是它从史蒂的嘴中跑了出来，长长地呼了一口气，然后爬到桌子对面，跳到尼克的口中。

　　住在那里的"请"看到陌生的客人，立即问候到它从哪里来。

　　史蒂的"请"回答说："我住在那位弟弟的口中。但是，哎呀，他从不用我，我从未呼吸过新鲜空气！我刚才想你也许愿意让我在这里待上一两天，让我重新变得健壮起来。"

　　"噢，当然可以，"另一个"请"热情地说道，"我了解你的心情。你可以待在这里，没有问题。当我的主人需要我的时候，我们两个可以一起出去。他是个和蔼可亲的人。我相信，说两次'请'，他是不会在意的。你想在这里待多长时间就待多长时间吧！"

　　那天中午吃饭时，尼克想要黄油，他这样说道："父亲，请——请把黄油递给我，好吗？"

　　"当然可以，"父亲说，"你为什么这样客气？"

　　尼克没有回答。他转向母亲，说道："母亲，请——请你给我拿一块松饼，好吗？"

　　母亲听了这话，禁不住大笑起来。"亲爱的，给你。你为何要说两次'请'？"

　　"我不知道，"尼克回答道，"不知为何，这些字好像是自己跳出来的。史蒂，请——请给我倒点水！"这次，尼克几乎吓了一跳。

"好了，好了，"父亲说道，"这没有什么不好的。在这个世界上像这样客气的人并不多。"而与此同时，小史蒂表现得非常粗鲁，他一直大喊大叫："给我一个鸡蛋！我要喝牛奶。把勺子给我！"但是现在他停下来，听他哥哥说话。他想，像哥哥那样说话很有趣，于是他开始说："母亲，嗯，嗯，把一块松饼递给我，好吗？"

他想说"请"，但是他怎么也说不出口，他根本没想到自己口中的"请"现在正待在尼克的嘴中。于是他又试了一次，想要黄油。"母亲，嗯，嗯，把黄油给我，好吗？"他能说出口的只有这些。

这种情况持续了一整天，所有人都不知道他们兄弟两个出了什么问题。夜幕降临后，他们两个都累坏了，而且史蒂变得非常急躁。母亲只好让他们两个早早入睡。

第二天早晨，他们刚一坐下吃早饭，史蒂的"请"就跑回了家。昨天，他呼吸了许多新鲜空气，现在感觉非常好。他刚回到史蒂的口中，就得到了一次呼吸的机会。因为史蒂说道："父亲，请您给我切一块橙子，好吗？"哎呀！这个字非常容易地就说出了口！听起来和尼克说的一样好听，而尼克今天早晨也只说一个"请"字了。

从那以后，小史蒂变得和哥哥一样懂礼貌了。

生活在今天的人们，似乎越来越难听到这些和蔼可亲的礼貌用语了。其实，在上车买票时说个"请"，去餐厅用餐时道个"谢"，彼此照面也互致问候一下，一切都会变得理所应当，人与人之间就会多一份融洽，世间就洋溢着温暖和顺的气息。生活中因为有一个"请"字，将变得更加美好。

心灵感悟

> 生活中，一个小小的"请"字就能体现出一个人的真挚和诚意，使他人感到温暖。人与人之间渴望沟通和交流，而这些细小的方面是最能体现出你的那一份心意的，同时也是对个人形象、风度的一个最佳传播。

挺起刚正的脊梁

维尼的母亲是他 7 岁那年去世的，父亲后来续娶了一个犹太人，继母来到他家的那一年，小维尼 11 岁了。

刚开始，维尼不喜欢她，大概有两年的时间他没有叫她"妈"。为此，父亲还打过他。

可越是这样，维尼越是在情感中有一种很强烈的抵触情绪。然而，维尼第一次喊她"妈"，却是在他第一次也是唯一的一次挨她打的时候。

一天中午，维尼偷摘人家院子里的葡萄时被主人给逮住了。主人的外号叫"大胡子"，维尼平时就特别畏惧他，如今在他的跟前犯了错，他吓得浑身直哆嗦。

大胡子说："今天我也不打你不骂你，你只给我跪在这里，一直跪到你父母来领人。"

听说要自己跪下，维尼心里确实很不情愿。大胡子见他没反应，便大吼一声："还不给我跪下！"

迫于对方的威慑，维尼战战兢兢地跪了下来。这一幕，恰巧被他的继母给撞见了。她冲上前，一把将维尼提起来，然后对大胡子大叫道："你太过分了！"

继母平时是一个没有多少言语的性格内向之人，突然如此震怒，让大胡子这样的人也不知所措。维尼也是第一次看到继母性情中另外的一面。

回家后，继母用枝条狠狠地抽打了两下维尼的屁股，边打边说："你偷摘葡萄我不会打你，哪有小孩不淘气的！但是，别人让你跪下，你就真的跪下？你不觉得这样有失人格吗？不顾自己人格的尊严，将来怎么成人，将来怎么成事？"

继母说到这里，突然抽泣起来。维尼尽管只有 13 岁，但继母的话在他的心中还是引起了震撼。他猛地抱住了继母的臂膀，哭喊道："妈，我以后不这样了。"

继母教会了维尼人生中的重要一课——人活着要有尊严。继母因为懂得这一点，所以从没有勉强小维尼叫她母亲，当然她同样不允许别人侮辱小维尼。

人活着就要有尊严，活着就该挺起刚正的脊梁，这是做人的根本，小维尼也许还懵懂不知，然而，作为成年人，理应捍卫自己的尊严。

心灵感悟

自尊，不仅仅是为了维护个人的尊严，更是为了捍卫整个血统、家族以及种族的尊严，这是对自尊含义的拓展，是更宽广层面上的自尊。

明白尊重的含义

自尊心是一个人灵魂中的杠杆。财富与名利不会永远跟随在你身旁，但尊严是永远追随你的天使，如果你能够时刻想着它的话。

有一次，电影明星洛依德将车开到检修站，一个女工接待了他。她熟练灵巧的双手和年轻俊美的容貌一下子吸引了他。

整个巴黎都知道他，但这个姑娘却没表示出丝毫的惊讶和兴奋。

"您喜欢看电影吗？"他不禁问道。

"当然喜欢，我是个电影迷。"

她手脚麻利，看得出她的修车技术非常熟练。半小时不到，她就修好了车。

"您可以开走了，先生。"

他却依依不舍："小姐，您可以陪我去兜兜风吗？"

"不，先生，我还有工作。"

"这同样是您的工作。您修的车，难道不亲自检查一下吗？"

"好吧，是您开还是我开？"

"当然我开，是我邀请您的嘛。"

车跑得很好。姑娘说："看来没有什么问题，请让我下车好吗？"

"怎么，您不想再陪陪我吗？我再问您一遍，您喜欢看电影吗？"

"我回答过了，喜欢，而且是个影迷。"

"您不认识我？"

"怎么不认识，您一来我就认出了，您是当代影帝阿列克斯·洛依德。"

"既然如此，您为何对我这样冷淡？"

"不！您错了，我没有冷淡。只是没有像别的女孩子那样狂热。您有您的成绩，我有我的工作。您今天来修车，是我的顾客，我就像接待顾客一样接待您；将来如果您不再是明星了，再来修车，我也会像今天一样接待您。人与人之间不应该是这样吗？"

洛依德沉默了。在这个普通的女工面前，他感觉到自己的浅薄与狂妄。

"小姐。谢谢！您让我受到了一次很好的教育。现在，我送您回去。再要修车的话，我还会来找您。"

　　连自己都不尊重的人，是无法明白尊重的含义的，也不能体会到获得尊重的快乐体验。生命是自己的，重视与否取决于自己的心，负责与否同样也取决于你自己。

自尊是一种动力

一位朋友在英国工作时，有次去餐厅用餐，看到一对衣着普通的夫妇，带着一个年纪约八九岁的小男孩，来到一家著名的正统西餐厅。

他们坐定之后，侍者递上菜单，这对夫妇点了一份价格最低的牛排。侍者脸上露出诧异的神色，迟疑问道："一份牛排？可是你们有三位，这样够用吗？"那对父母中的爸爸腼腆地笑了笑，说："我们都吃过了，牛排是给孩子吃的！"

很快地，那一家人所点的牛排套餐，包括餐前的浓汤及生菜沙拉，送到了小孩的面前，父母微笑而满足地看着他们的孩子用餐。

这一家人的举动，引起了餐厅经理的注意。

他发现，这对父母在教导孩子使用桌上的刀叉时，取用的顺序十分正确，而且对于孩子的用餐礼节，亦要求得相当严格，反复而有耐心地、一次又一次教他们的孩子，直到他做对为止。

餐厅经理看到这种情形，知道这一家人的经济状况应该不是太好，于是，就吩咐侍者送去两杯咖啡。那位爸爸连忙挥手，正要说他们没有点时，经理走上前去，礼貌地告诉他们，这是餐厅用来免费招待客人的。

随后，经理和这对夫妇聊了起来，终于了解了为什么这一家三人却只点一份餐点的真正原因。

那位爸爸说："不怕你知道，我们的经济条件很差，根本吃不起这种高级餐厅的晚餐，但我们对孩子有信心，知道在贫困环境下长大的小孩会有不凡的成就，我们希望能及早教会他正确的用餐礼仪。更重要的是，我们也想让孩子在成长过程中，记住自己曾在高级餐厅中接受过备受尊重服务的那种感觉，希望他将来做一个永远懂得自重、也能尊重为他服务的人。"

文中父母的用心何等良苦！孩子的自尊意识需要从小培养和浇灌，将来成长的路上他才不会忘记自尊自爱、尊重他人及其辛勤的劳动。

　　自尊心是一种美德，是促使一个人不断向上发展的一种原动力。一个人唯有自尊自爱，才会在坎坷的人生中，承受风霜雨雪，寻求一条自立自强的道路。

尊重是沟通的基础

甄妮每天都驾驶着她的黄色法拉利回到公寓地下的车库。最近一连几天，总有一辆蓝色宝马车停得离她的车泊位特别近。"为什么他老是不给我留些地方？"甄妮心中愤愤地想。因为，这样一来，她想把车挤进自己的停车位就不是一件容易的事。一边是蓝色宝马，一边是水泥柱，她不得不来回倒几次车。

这一天，甄妮比那辆蓝色宝马先回到家。当她刚把车停好，那辆宝马开了进来，驾车人像以往那样把他的车紧紧地贴着甄妮的车停下。甄妮实在无法忍耐，外加她正患感冒，头疼得厉害，况且她还刚收到税务所的催款单，于是甄妮怒目圆睁，瞪着蓝色宝马的主人大声喊道："瞧你！是不是可以给我留些地方？你离我远些！"蓝色宝马的主人也瞪圆双眼，回敬甄妮："和谁说话呢！"他边尖着嗓门大叫边离开车子，"你以为你是谁，是总统夫人？"说完，对甄妮不屑一顾地扭转身子走了。甄妮咬咬牙心想："我会让你尝尝我的厉害。"第二天，甄妮回家时，蓝色宝马正好还未回车库，甄妮把车子紧挨着他的泊车位停下，这下他也会因为水泥柱子而打不开车门的。接着的几天，那辆蓝色宝马每天都先于甄妮回到车库，逼得甄妮好苦。

有一天，甄妮转变车的反光镜以避免被水泥柱子撞着时，真想有个好机会再教训他一下。可转念一想："老这样下去能行吗？该怎么办呢？"过了一会儿，甄妮立即有了一个好主意。第二天早晨，蓝色宝马的主人一坐进他的车子就发现挡风玻璃上放着一个信封。便条上这样写着：

亲爱的蓝色宝马：

很抱歉，我家的女主人那天向你家男主人大喊大叫。您知道，人们的行为有时会变得多么疯狂。自打那以后，她一直觉得过意不去，她并不是有意针对哪个人的，这也不是她惯有的作风，只是那天她从信箱里拿到了带来坏消息的信件。

我希望您和您家的男主人能够原谅她。

您的邻居黄色法拉利

第二天早晨，当甄妮走进车库，一眼就发现了挡风玻璃上的信封，她迫不及待地抽出信纸。

亲爱的黄色法拉利：

我家的男主人这些日子也一直心烦意乱，因为他刚学会驾驶汽车，因此还停不好车子。从今天以后，我会尽量停得离你们远一些，我很高兴现在我们可以成为朋友了，我家男主人很高兴看到你写的便条，他也会成为你们的好朋友的。

你的邻居蓝色宝马

当甄妮开始发动汽车时，不禁暗自笑出了声。从那以后，每当蓝色宝马和黄色法拉利再相见时，它们的驾车人都会愉快地微笑着打招呼。

心灵感悟

　　尊重是人们相互沟通的基础，就算别人做错了，也不必一味地生气和埋怨别人，宽容地对待别人，设身处地地为别人着想，就会减少不必要的矛盾或者能更轻松地化解矛盾，也让自己享受一片和谐。哲人说，宽容和忍让的痛苦，能换来甜蜜的结果。这话千真万确。

捍卫尊严的"决斗"

忍辱偷生的人，绝不会受人尊重。

迪克博士是一位诗人。有一天，他和几位贵妇人乘坐游艇，泛舟泰晤士河上。他吹着萨克斯，尽量逗那些贵妇人快活。这时，游艇后不太远的地方，有只被军官们占用的船。诗人看到那只军官船向游艇靠近时，就不吹萨克斯了。于是军官当中有人问他，为什么他要把萨克斯收进口袋里不吹了。

"我把萨克斯放进口袋里，正如我把它从口袋里拿出来一样，都是为了使自己高兴。"博士回答说。

那位军官怒气冲冲地威胁说，要是他不立刻把他的萨克斯再掏出来吹，那就不客气了，要把他扔进河里。博士怕吓着那些贵妇人，便尽可能地逆来顺受，忍气吞声地拿出他的萨克斯来。只要对方的船还在河上，他就一个劲儿直吹。

傍晚时分了，他看到那个曾经对他如此粗暴无礼的军官，独自一人正在伦敦附近一个偏僻的地方走着，便朝那军官走去，冷冰冰地说：

"今天，我是为了使我的同伴和你的同伴避免陷入烦恼，才服从你那傲慢的命令的，现在为了使你真正相信，一个普普通通的人，也会像一个披着军服的人那样有勇气。明天一早，就在此地，希望你能来，我们就干一场吧，但是不要有别人在场。决斗只在我们之间进行。"

博士进一步决定，他们之间的矛盾，只能靠手中的剑来解决。那个军官同意了这些条件。

第二天早晨，这两个决斗者在约好的时间里，在指定的地方碰面了。军官正站在准备决斗的位置上。就在那个时候，博士举枪瞄准了他。

"干什么？"军官说，"你想暗杀我吗？"

"不是的！"博士说，"不过，你得在这儿跳一分钟的舞。否则，你就会是一个死人了。"

接着是一场小小的争执。可是博士是如此暴怒、如此坚决，军官只好被迫屈服了。

当他跳完舞的时候，博士说：

"昨天，你违反我的意愿，逼着我吹萨克斯；今天，我违反你的意愿，强迫你跳舞。现在，我们两人的事儿都以游乐的方式了结了。"

你以什么样的方式对待他人，那么你也将得到同样方式的对待。尊重是双方的，是相互的，你给人一个甜枣，对方必然回报你以樱桃，互相尊重才是处世之道。

希望获得他人的肯定

埃迪无疑是全班同学中对学习最不感兴趣的人了。他总是穿着脏兮兮、皱巴巴的衣服，脏乱的头发从来也不梳理，一张脸毫无表情，两只眼睛呆滞无光，而且眼神总也不集中，上课总是分神。每次当他的老师汤普森小姐和他说话时，他总是用最简单的两个词"是"或者"不是"来冷冷地作答。性格孤僻、不求上进的埃迪，是个不讨人喜欢的小男孩。

虽然，老师们常说他们对待自己的每一个学生都是一视同仁的，都给予了相同的爱，但是，就连汤普森小姐也觉得埃迪是一个不讨人喜欢的小男孩，而对他缺少关心。

圣诞节的时候，汤普森小姐收到了埃迪的礼物，那是用褐色的包装纸和印着苏格兰纹的带子包起来的盒子，纸上写着："送给汤普森小姐。"

当汤普森小姐打开埃迪礼物的时候，从中掉出两样东西：一对普通的手镯，而且一只已经有了裂纹；另外一件是一瓶廉价的香水。

其他的同学见状，不禁叽叽喳喳地纷纷议论起来，他们都嘲笑埃迪。但是，汤普森小姐马上戴上这对手镯，并洒了一些香水在她的手腕上。然后，她伸出手臂让她的学生们闻了闻，并问："怎么样呀？这香水闻起来是不是很香？"刚才的嘲笑声没有了。这时汤普森小姐注意到，埃迪脸上流露出难得一见的微笑。

那天放学以后，大家都走了，只剩下埃迪。他缓慢地走到汤普森小姐的讲台旁，轻声地说："汤普森小姐……我妈妈的手镯戴在您的手上真是很漂亮。我很高兴您能喜欢我送的礼物。"

看着埃迪渐行渐远的小小的背影，汤普森小姐感到眼眶突然湿润了，她为自己对埃迪的做法感到非常内疚。

第二天清晨，当学生们来到学校时，他们惊奇地发现，迎接他们的是一个新老师，汤普森小姐简直就像换了一个人，像一个对那些爱她的而且依靠她生活的孩子们恪尽职守、奉献爱心的天使！她帮助所有的孩子，特别是那些愚钝的学生，尤其是埃迪。

终于，在那一学年结束的时候，埃迪取得了激动人心的进步，他赶上了大多数的同学。

"没有教不好的学生，只有不会教的老师。"汤普森小姐时常想起这句话。

心灵感悟

　　每个人在内心深处都希望自己获得他人的肯定，成为他人心目中的重要人物。如果对方感觉到他在你心目中很重要，他一定会对你产生好感，也会努力地想要维护并加深这种印象。

生命需要赞美

一位母亲给我们讲述了这样一个发人深省的故事。

一天夜里，刮起了十分凶猛的台风。由于风势的猛烈，整个市区都停了电。陷入一片漆黑之中。而就在这天晚上临睡之前，女儿晴晴赤着小脚丫举着一支蜡烛来到母亲的面前，对她说："妈妈，我最喜欢的就是台风。"

"晴晴，你为什么喜欢台风？难道你不知道吗，每刮一次大风，就会有很多屋顶被掀跑，很多地方被淹水，铁路被冲断，家庭主妇望着60元一斤的白菜生气，而你却说喜欢台风？"母亲很生气，但还是尽力压住性子问。

"因为有一次，台风来的时候停电……"

"你是说你喜欢停电？"

"停电的时候就可以点蜡烛。"

"蜡烛有什么特别的？"母亲继续好奇地问。

"我拿着蜡烛在屋里走来走去，你说我看起来很像天使……"

听了女儿的解释，母亲终于在惊讶中静穆下来。

也许以孩子的年龄，对天使是什么也不甚了然，她喜欢的只是母亲那夜称赞她时郑重而爱宠的语气。

是的，这便是语言的力量。在日常生活当中，我们很多时候都能碰到这样的事情，一句不经意的赞赏，会使时光和周围情境都变得值得追忆起来，也会使我们自觉不自觉地按照话中的方向努力去做，创造出一个奇迹。

台湾著名女作家於梨华女士在《改变一生的一句话》一书中写道：

下课铃一响，大家纷纷站起，挤向门口，我经过讲台往门口走时，赵老师说："你到我办公室来一下。"我跟在她身后，心里七上八下，不知道自己闯了什么祸，老师中，赵淑茹是我最崇拜的。那时她大约二十七八岁，身长如玉，一张瓜子脸，双瞳如漆，语调和婉，生气时，自己两颊先飞红起来，我们都不怕她，但对她敬爱异常，她是我们初二的语文老师。跟她到办公室，她坐下，把我叫到她跟前，双眼牢牢地看着我说："好好用功，将来你可以做个好作家。"说着，把手里的我的作文《冬天里的太阳》扬了扬说："写得实在好，明天我去贴在布告牌上。"

我鞠了躬，退出来，她还嘱咐了一句："记住我今天的话哦！"

那年我14岁，44年来，我从来没忘记过她的话。

生活中，人人需要赞美，需要一种来自别人的肯定。充满真诚的赞美，是取得他人信任的推进器。

赞美是一种认可，认可是良好沟通的开始。现实生活中，在每个人的心中都有一把无形的尺子，我们每接触一个人，都会用这把尺子去量一量，看他是不是我喜欢的人，如果不是，就讨厌他、否定他；如果是，就肯定他、喜欢他。每个人的存在都有其存在的价值，有其存在的意义。生活中我们往往过多地注意别人的不足，而看不到他们的优点，我们也往往会因为一个人小小的失误而否定他很多的优点，所谓的"好事不出门，坏事传千里"也是这个道理。赞美实是人际交往中的一剂融化剂。一句赞美的话使本来办不成的事办成了，使本来阻止不了的行为阻止了。赞美别人，并不会贬低自己，而相反会抬高自己。你想一想，生活中有赞美别人换来别人瞧不起自己的事情吗？

我们的亲人，我们的伙伴，他们各自都有很多的优点，就在于我们善不善于发现。每个人都希望得到别人的认可，得到别人的赞赏，因为这是对其成就和价值的肯定，往往我们没有这样做。我们是不是应反省一下，从现在开始，学会赞美他人，特别是原来你不喜欢的人。

心灵感悟

适当的赞美是人际交往中不可缺少的语言艺术，正像歌德说的那样："赞美别人就是把自己放在同他人一样的水平上。"但是，过分赞美就显得虚伪。所以古人谓"誉人之言太滥不可"。为了自己拥有更和谐的生活，不妨也学一点适当的赞美！

第二十八辑
享受精彩的人生

要懂得欣赏自己的生活

生活中有些人羡慕那些明星、名人，日日淹没在鲜花和掌声中，名利双收，以为世间苦痛都与他们无缘。这是羡慕别人的盲区，也是一些人老是羡慕别人光鲜处的原因。事实上，走近明星名人的生活就会发现，他们同样有着不为人知的辛酸。美国前总统里根曾几度风光，晚年却备受不孝逆子的敲诈、虐待；戴安娜如果没有魂断天涯，几人知道她与查尔斯王子那场"经典爱情"竟是那般糟糕……

俗话说，人生失意无南北，宫殿里也会有悲恸，茅屋同样会有笑声。

只是，平时生活中无论是别人展示的，还是我们关注的，总是风光的一面、得意的一面，这就像女人的脸，出门的时候个个都描眉画眼，涂脂抹粉，光艳亮丽，这全都是给别人看的。回到家后，一个个都素面朝天，这就难怪男人们感叹："老婆还是别人的好。"于是，站在城里，向往城外，而一旦走出围城，就会发现生活其实都是一样的，有许多我们一直很在意的东西，较之别人，根本就没有什么可比性。

有位哲人说过，与他人比是懦夫的行为，与自己比是英雄。这句话乍一听不好理解，但细细品味也有它的道理。

所以，不要把你的生命浪费在和别人对比上，应该跟自己的心灵去赛跑。

要懂得欣赏自己的生活，让自己活得随心所欲。你能改变什么让自己感到愉快，那就做一些改变；不过，如果改变了以后会让自己不愉快的话，那么不管有多少人说要做，也不应该盲从去做。

还有，即使你已经知道改变以后会很好，但自己无力改变的话，也不应该勉强去做，原谅自己，欣赏自己所拥有的一切，那些让自己觉得不满意的地方，就尽量忽略过去。毕竟，上帝创造我们有不同的肤色、不同的个性，是为了让我们的生活多姿多彩。所以要接受自己所谓不完美的地方，没有必要勉强自己变得完美。

所以，我们要用"和自己赛跑，不要和别人比较"的生活态度来面对生活。如果我们愿意放下身价，观摩别人表现杰出的地方，从对方的表现看出成功的端倪，收获最多的其实还是自己。不要与别人比华丽的服装，而忽视了自己真正需要提升的东西。

与自己某个阶段所取得的小成功相比，才能更好地看到自己是不是进步了，才能更好地丈量自己的尺寸，所以一定要选好可比的标准，而且让你与可比的对象之间具备一定的联系。

珍惜生命

　　人要珍惜并热爱自己的生命，因为生命只有一次。

　　不要太在意生命中的缺憾，要珍惜自己所拥有的一切。生命是上帝对我们的眷顾，它成就了你的色彩缤纷的生活。

　　有一天，如来佛祖把弟子们叫到法堂前，问道："你们说说，你们天天托钵乞食，究竟是为了什么？"

　　"世尊，这是为了滋养身体，保全生命啊。"弟子们几乎不假思索。

　　"那么，肉体生命到底能维持多久？"佛祖接着问。

　　"有情众生的生命平均起来大约有几十年吧。"一个弟子迫不及待地回答。

　　"你并没有明白生命的真相到底是什么。"佛祖听后摇了摇头。

　　另外一个弟子想了想又说："人的生命在春夏秋冬之间，春夏萌发，秋冬凋零。"

　　佛祖还是笑着摇了摇头："你觉察到了生命的短暂，但只是看到生命的表象而已。"

　　"世尊，我想起来了，人的生命在于饮食间，所以才要托钵乞食呀！"又一个弟子一脸欣喜地答道。

　　"不对，不对。人活着不只是为了乞食呀！"佛祖又加以否定。

　　弟子们面面相觑，一脸茫然，又都在思索另外的答案。这时一个烧火的小弟子怯生生地说道："依我看，人的生命恐怕是在一呼一吸之间吧！"佛祖听后连连点头微笑。

　　"对了！对了！人的生命在于呼吸间。你体会到了人的生命的真谛。这一呼一吸就是人的生命。所以你们大家要只争朝夕地修道，不可放松啊！"

　　生命是虚无而又短暂的，它在于一呼一吸之间，在于一分一秒之中，它如流水般消逝，永远不复回。珍惜你的时间，珍惜你的生命。

　　爱因斯坦曾说过："我们一来到世间，社会就在我们面前树起了一个巨大的问号，你怎样度过自己的一生？我从来不把安逸和享乐看作生活目的本身。"生命短暂得就如一道流星，你稍不留神就与它擦肩而过，浪费生命是最大悲剧。

拥抱缺憾

智者再优秀也有缺点，愚者再愚蠢也有优点。对人多作正面评估，不用放大镜去看缺点，生活中对己宽、对人严的做法，必遭别人唾弃。避免以完美主义的眼光去观察每一个人，以宽容之心包容其缺点。责难之心少有，宽容之心多些。

缺陷和不足是人人都有的，但是作为独立的个体，你要相信，你有许多与众不同甚至优于别人的地方，你要用自己特有的形象装点这个丰富多彩的世界。

很多人因为自己的缺陷和不足自怨自艾，从而丧失了自信，变得自卑。

人无完人，金无足赤。没有一个人是完美无瑕的，难道有缺点和不足就注定要悲哀，要默默无闻、无法成就大事吗？其实，只要你把"缺陷、不足"这块堵在心口上的石头放下来，别过分地去关注它，它也就不会成为你的障碍。假如能善于利用你那已无法改变的缺陷、不足，那么，你仍然是一个有价值的人。

不要因为不完美而恨自己。你有很多的朋友，他们没有一个是十全十美的。那些伪装完美、追求完美的人，其实正在拿自己一生的幸福开玩笑。

世界上根本没有完美，反而正是有了缺憾，才使我们整个生命有了追求前进的动力，珍惜缺憾，它就是下一个完美。

人生就是充满缺陷的旅程。从哲学的意义上讲，人类永远不满足自己的思维、自己的生存环境、自己的生活水准。这就决定了人类不断创造、追求，从简单的发明到航天飞机，从简单的词语到庞大的思想体系。没有缺陷，产品便不会一代代更新。没有缺陷就意味着圆满，绝对的圆满便意味着没有希望，没有追求，便意味着停滞。人生圆满，人生便停止了追求的脚步。

生活也不可能完美无缺，也正因为有了残缺，我们才有梦、有希望。当我们为梦想和希望而付出我们的努力时，我们就已经拥有了一个完整的自我。

心灵感悟

人生确有许多不完美之处，每个人都会有或这或那的缺陷。其实，没有缺憾我们便无法去衡量完美。仔细想想，缺憾其实不也是一种完美吗？

当我们为梦想和希望而付出我们的努力时，我们就已经拥有了一个和谐平衡的世界。

人生无所谓输赢

哈佛告诉学生：人生就如一盘棋，需要你朝着一个目标，踏踏实实地走好每一步。人生没有输赢之分，只要你走好每一步，就是完美的人生。

一只屎壳郎，推着一个粪球，在并不平坦的山路上奔走着，路上有许许多多的沙砾和土块，然而，它推的速度并不慢。

在路正前方的不远处，一根植物的刺，尖尖的，斜长在路面上，根部粗大，顶端尖锐，格外显眼。也许是冥冥之中的安排，屎壳郎偏偏奔这个方向来了，它推的那个粪球，一下子扎在了这根"巨刺"上。

然而，屎壳郎似乎并没有发现自己已经陷入困境。它正着推了一会儿，不见动静。它又倒着往前顶，还是不见效。它还推走了周边的土块，试图从侧面使劲……该想的办法它都想到了，但粪球依旧深深地扎在那根刺上，没有任何出来的迹象。

就在这时，它突然绕到了粪球的另一面，只轻轻一顶，咕噜……顽固的粪球便从那根刺里"脱身"。它赢了。

没有胜利之后的欢呼，也没有冲出困境后的长吁短叹。赢了之后的屎壳郎，就像刚才什么也没有发生过一样，它几乎没有做任何停留，就推着粪球急匆匆地向前去了。

推得过去，是生活；推不过去，也是生活。人生不因成败得失而有意义。这正如下棋，要的就是一种享受和学习的过程，而不是最后赢的结果。我们每个人在人生舞台上都担当着不同的角色，只要扮演好你的角色就可以了。

心灵感悟

　　人生无常，只知奋斗不知享受生活的人其实很可怜，而为了一些身外之物弄得诚惶诚恐的人则是可悲的。执着虽是一种很好的品德，但过分执迷于成败却是不明智的。

享受现有的生活

生活中，智慧的人多能顿悟人生，看淡尘世的物欲，抵御各种诱惑，舍弃烦恼和痛苦，惜时如金，提高生活的质量，丰富人生的内涵，踏踏实实做些有利于社会的事情，从而流芳百世。愚蠢的人一般是混沌人生，一生只会贪求名利，在烦恼和痛苦中过早地耗尽生命的"灯油"。昨天已是过去，明天还未到来，最重要的还是今天。昨天只是一种记忆，随着时间的流逝，这种记忆会逐渐被淡忘。明天只是一种虚幻，只会增加莫名的痛苦。

如果你是为往事而悔恨、为未来的事情而担忧，那你就是生活在乌托邦之中。这是人的一生中最有害的两种情绪，它不会帮你改变过去与未来，却会使你陷入惰性与悲观的泥潭，失去现在！

我们的眼、手、整个的心灵和身体都生活在现在，也只能生活在现在，为什么要去一遍又一遍地回顾往事、忧虑未来呢？实际上，过去的事情不论多么值得流连或是多么需要悔恨，那只是毫无意义的心理反应。"过去"已经过去了，已经不存在了；而未来尚未到来，也是不存在的。人生就像爬山登高，爬在中途的时候，不必往下看，也不要过多地往上看。因为你不大可能看到顶峰，不大可能看得很远、很清楚，何必要为看不清楚的未来费神费力、分散注意力呢？

有人为低工资而懊恼、忧郁，猛然发现邻居大嫂已经下岗失业，于是马上又暗暗庆幸自己还有一份工作可以做，虽然工资低一些，但起码没有下岗失业，心情转眼就好了起来。每个人总是看重自己的痛苦，而对别人的痛苦往往忽略不计。当自己痛苦不堪的时候，要是能够换一个角度来思考，痛苦的程度就会大大减弱。教你一个快乐的办法：当自己兴高采烈的时候，应多向上比，越比越会进步；当自己苦恼郁闷的时候，应多向下比，越比越会开心。

人生最可怜的事，不是生与死的诀别，而是当面对自己所拥有的，却不知道它是多么的珍贵。从前有一个流浪汉，不知进取，每天只知道手上拿着一个碗向人乞讨度日，最后终于有一天，人们发现他潦倒而死。

他死后，只剩下他天天向人要饭的碗，有人看到这个碗，觉得有些特别，带回了家里仔细研究才发现，原来流浪汉用来向人乞讨的碗，竟是价值连城的古董。

我们应该多注意自己手中所捧的那只碗，不要总是眼高手低，一味地羡慕别人，而忘了自己本身原有的价值。

传统观念和社会环境总是要求人们为将来牺牲现在。按照这种逻辑，采取这种态度生活，那就意味着没有现在，只有未来，不仅要避免目前的享受，而且要永远回避幸福。因为我们所指望的将来的那一天一旦到来，也就成为那时的现在；而在那时的现在又要为那时的将来做准备。如此明日复明日，今天为将来，幸福岂不是永远可望而不可即吗？

当然，寄希望于未来，如果作为学习和工作上的奋斗目标，期望生活改善，事业有成，这并不错。人应该生活在希望中，以此来促使自己从消沉的情绪中解脱出来，但其实质仍是为了抓住现在的时光去做脚踏实地的努力，而不是回避现实去空想未来多么美好。当那一天真的到来时，却往往是平淡无奇的，不如想象的那么美好。激动一时之后，又会面临新的矛盾和难题。这种把未来理想化的想法是脱离实际的幻觉，所以我们应该生活在现在和希望中，而不能生活在对未来的幻想中。如果让未来复未来，可望而不可即的做法成为一种习惯性的循环和固定的生活方式，那就要改变这种病态，打破这种恶性循环，因为它让你放弃了现在。昨天是作废的支票，明天是一张期票，只有今天才是你拥有的现金！我们只有这样做，才算是选择了一种自由的、充实的、愉快的生活。我们每个人都可以做出这样的选择，这体现了生命的意义和人生效率的原则！

　　生命只有一次，每个人在世界上逗留的时间是如此短暂，振作起来、行动起来吧！抓住今天，关闭昨天和明天的大门，珍惜、利用好今天的时光。学会在现在中快乐地生活，该做什么就做什么，一个人就能把可能被毁弃的一天变成有所收益的一天，"现在"永远是行动的时候！

为自己鼓掌

人生就像是一个舞台，每个人都在饰演着不同的角色，不管是主角或是配角，都不可或缺。我们都在用炽热的心感受来自生活的点点滴滴。每个人来到世上，都希望演绎出辉煌的成就和有个性的自我，希望自己的一颦一笑、风度学识或动人歌喉、翩翩身影，能够得到别人的认可和掌声，但并不是每个人都能神采飞扬地站在灯光闪烁的舞台上。作为一个平凡的个体，大多数人也许只能在镁光灯的背后呢喃自己的独白，没有人会关注，没有人会在意，没有人会给予簇拥的鲜花和热烈的掌声。

面对此情此景，有些人往往会嗟叹自己的渺小与庸常，羡慕别人的优秀与成功。其实又何必艳羡那些鲜花和掌声呢？只要你在真真实实地生活，活出一个真真正正的自我，那么即使所有的人把目光投向别处，你还拥有一个最后的观众，你还可以为自己鼓掌。

为自己鼓掌，我们将勇往直前。当我们碰壁时，我们低下已昂得高高的头；当我们遭遇失败时，我们灰心丧气、万分沮丧；当我们为现实而回头张望时，我们已失去了自尊。然而人生的道路上到处充满荆棘，即使再平静的海面也会有波涛汹涌的一天。相信自己，用一颗勇敢的心去面对。一次失败并不代表最后的失败，谁笑到最后才是笑得最灿烂的。胜利了，我们一笑而过；跌倒了，我们忍痛爬起，继续我们的人生之旅。或许胜利的旗帜就在前方向我们挥手；或许下一站就是成功；或许明天又是美好的一天。所以我们应该不怕困难，勇往直前，去开拓通往未来的七彩之路。

为自己鼓掌，生活将多姿多彩。很多时候我们都是在为别人喝彩加油，但是当我们为自己喝彩时，我们会有不同的感受、不同的心情，就像窗外吹来的凉风夹着桂花带来的芳香给人清爽的感觉，让人通体舒畅。失败让我们气馁，但如果你从此一蹶不振，那你就错了。失败乃成功之母，我们真心努力过，失去何尝不是一种美？

心灵感悟

每一个角落都在等待阳光的照耀，每一个人都在等待美好时光的到来，每一颗心都在等待心灵的碰撞。

为自己鼓掌喝彩，就是尊重自己的价值，让自己在无情的竞争中获得一份温情。

为自己而活

玛丽亚每天都在房前的空地上练习唱歌。一位邻居听了，冷笑着说："你即使练破了嗓子，也不会有人为你喝彩，因为你的声音实在是太难听了。"

玛丽亚回答道："我知道，你所说的这番话，其他人也对我说过多次了，但我不在乎，我是为自己而活着的，不需要活在别人的认可里。我只知道在唱歌时我就快乐，所以无论你们怎么指责我的声音难听，都不会动摇我唱下去的决心。"

在此，玛丽亚可以说是给青少年朋友上了生动的一课。的确，你不需要永远活在别人的认可里，快快乐乐地为自己活一次，是一种智慧。

如果你追求的快乐是处处参照他人的模式，那么你的一生都会悲惨地活在他人的价值观里。

事实上，人活在这个世上，并不是一定要压倒他人，也不全部是为了他人而活，一个人所追求的应当是自我价值的实现以及对自我的珍惜。不过需要注意的是，一个人是否实现自我并不在于他比别人优秀多少，而在于他在精神上能否得到幸福的满足。

然而，在现实生活中，我们常常为同学的一句无意的嘲笑，或在工作中同事一次无心的抱怨，就变得闷闷不乐，甚至开始彻底地怀疑自己、否定自己。其实，这样的心态是不健康的。

虽然我们有必要在意别人对自己的评价，但不能过分在乎，否则，烦恼的是你自己，痛苦的也必定是你自己。

其实，只要你自己感到快乐，觉得自己能够得到他人所没有的幸福，那么即使你表现得不高明也没有什么，在这方面，玛丽亚就做得非常好。

能够善待自己，为自己活一次的人，即使没有得到他人的认可，也不会感到沮丧，因为幸福不幸福、快乐不快乐的感觉只有自己知道。

心灵感悟

当你把他人的不赞成视作生活中必然遇到的非常自然的现状时，你的幸福就永远是自己的。因为在你生活的这个世界上，人们的认知都是独立的，人人都应该为自己而活一次。

为自己活一次，不再为一切烦事担忧。没有什么是放不下的，只要自己快乐就好。

生活精致离不开品位

美国总统林肯的一位朋友，一次向林肯推荐一个人做阁员，林肯却没有用他。朋友问原因，林肯回答："我不喜欢他那副长相。"朋友不理解，说："这是不是太严厉了？他不能为自己天生的面孔负责呀！"林肯说："不，一个人到一定年龄就该对自己的脸孔负责。"林肯的意思是说，人的脸孔固然是天生的，但表情、神态反映着一个人的内在气质。精于一艺或是完成某种事业之士，他们的容貌自然具有凡庸之士所没有的某种气质与风格。而要具有这种气质、风格或品位，就要注意在加强道德修养和文化学习的同时，从日常生活中的一点一滴小事做起，严格要求自己，保持仪态大方，服装整洁，说话文明，趣味高尚。

德国作家施瓦布说："一个人的品格，犹如一朵花的芳香。"我们要细心地呵护和培养自己高雅的品位，让它散发出愉快的芬芳。而这绝不是穿金戴银，啜几口上好咖啡，或开一辆大奔，出入几趟五星级酒店就能变得"品位"十足的。一位智者说过："人格无法在市场上买到，必须孜孜不倦地塑造。"一个人品位的形成，如同吃中药，是慢慢调理出来的。我们看古今中外那些有着高尚人格和不俗品位的人，都是十分注意这一"塑造"和"调理"功夫的。

有品位的人一定有优美的风度，但是，风度的优美没有固定的模式。

各种各样的风度，有各种各样的优美。有的热情，有的文静；有的果断，有的谨慎；有的敏捷，有的庄重；有的温文尔雅，有的秀丽端庄；有的脉脉含情，有的含蓄深沉。

一身名牌并不是品位，品位蕴含在我们日常生活的精致中，而生活中的精致无处不在。

读大学的时候，朋友的寝室里有一个从遥远的山区来的青年小辉。据说，他要是回一次家，得先坐火车，再坐汽车，之后是马车，之后是背包步行……他的家是常人无法想象的僻远。

彼此都很熟了以后，他给我们讲他母亲的故事。透过他的讲述，我们看到了一个在困窘环境中生活着的瘦削美丽的母亲。她经常说的话是：生活可以简陋，却不可以粗糙。她给孩子做白衬衫、白边儿鞋，让穿着粗布衣服的孩子们在艰辛中明白什么是整洁有序。他说，母亲的言行让他和他的手足们知道，粗劣的土地上一样可以长出美丽的花。受母亲这种思想的影响，他的生活虽贫穷但很精致。

朋友说他终于明白，为什么那个养育他成人的窑洞里，会走出那么多有出息的孩子。

和小辉同一寝室的那位朋友，是在富裕家庭里长大的，他的父母生了5个孩子，只有他一个男孩。他来上大学，他的母亲一下子给他买了10套衣服，可是，没有一件给他穿出点儿模样来。他总是随随便便地一扔，想穿了就皱巴巴地套上，头发总是在早晨起来时变得"张牙舞爪"，怎么梳都梳不顺。"一切都乱了套"是他最习惯说的一句话。他总也弄不明白，住对床的室友，怎么每一天的日子都过得有滋有味。他的床横看竖看都是乱，而对面那张床，洗得发白的床单总是铺得整整齐齐。

这种点点滴滴生活中的精致，融入一个人的血液、生命、言行中，就形成高洁的品位，就显出非凡的教养，就透出慑人的高贵。这种精致的生活只在于我们的心灵和习惯，而不在于环境的优劣。这种精致的生活越是出自粗劣的环境，它所培养出的一个人的天生风骨就越震慑人，这个人也更是有了脱离粗劣环境的力量。因为一切都表明：他虽出身这样的环境，可他超越了这个环境，这个环境已配不上他了，他已属于更好的环境，他的一切已显示他该拥有更好的一切。

　　生活的品位无处不在。整洁的书桌、干净的床铺、聆听一段音乐或鉴赏一件美术作品，均能让我们获得心灵的滋养，并提升自己的品位。

删繁就简的人生

人的一生难免会有许多欲望和追求。追求真理，追求理想的生活，追求刻骨铭心的爱情，追求金钱，追求名誉和地位。有追求就会有收获，我们会在不知不觉中拥有很多，有些是我们必需的，而有些却是完全用不着的。那些用不着的东西，除了满足我们的虚荣心外，最大的可能，就是成为我们的负担。

而懂得简单生活的人就善于放下欲望的包袱，减去一些生活中不必要的内容。简单生活不是贫乏或缺少内容，而是繁华过后的一种觉醒，是一种删繁就简的境界。

有这么一位行吟诗人，他一生都住在旅馆里，拒绝房子等他认为是负担的东西。他不断地从一个地方旅行到另一个地方。他的一生都是在路上，在各种交通工具和旅馆中度过的。当然这并不是他没有能力为自己买一座房子，而是他选择的生存方式。后来，鉴于他为文化艺术所做的贡献，也鉴于他已年老体衰，政府决定免费为他提供住宅，但他还是拒绝了，理由是他不愿意为房子之类的麻烦事情耗费精力。就这样，这位特立独行的行吟诗人，在旅馆和路途中度过了自己的一生，直到90多岁时逝世。他死后，朋友为他整理遗物时发现，他一生的物质财富，就是一个简单的行囊，行囊里是供写作用的纸笔和简单的衣物；而在精神财富方面，他给世界留下了10卷优美的诗歌和随笔作品。

这位诗人的生活是简单而富有意义的。他的人生是一种删繁就简的人生，没有太多不必要的干扰，没有太多欲望的压迫，是一种简单而又纯粹的人生。

当今西方包括美国的许多人，在倡导过一种"简单的生活"。他们试着离开汽车、电子产品、时尚圈子，看能不能活得快乐。这被称作"草根运动"。他们强调简化自己的生活，并非完全抛弃物欲，而是要把人的专一于身外浮华物上的注意力移出适当比例，放在人自身上、精神上、心灵情感上，过一种平衡、和谐、从容的生活。一个真正有感知的人的生活，实质是提升生活品质。

"简单生活"并不是要你放弃追求、放弃劳作，而是说要抓住生活、工作中的本质及重心，以四两拨千斤的方式，去掉世俗浮华的琐事。简单的生活，是快乐的源头，为我们省去了许多汲汲于物的烦恼，也为我们开阔了许多身心解放的快乐空间。

一个懂得简单生活的人，他会心无旁骛，并善于将可能引起忧思苦恼及妨碍行进的事物丢弃掉，不让它干扰自己的身心和脚步。用过电脑的朋友都知道，你在系统中安装的应用软件越多，电脑运行的速度就越慢；并且在电脑运行的过程中，还会有大量的垃圾文件、错误信息不断产生，若不及时清理掉，不仅仅影响电脑的运行速度，还会造成死机甚至整个系统的瘫痪。所以必须定期地删除多余的软件，清理掉那些无用的垃圾文件，这样才能保证电脑的正常运转。我们的生活和电脑系统的情况十分类似，如果你想过一种简单快乐的生活，就不能背负太多不必要的包袱，要学会删繁就简。

卡尔逊说："简单生活不是自甘贫贱。你可以开一部昂贵的车子，但仍然可以使生活简化。一个基本的概念在于你想要改进你的生活品质而已。关键是诚实地面对自己，想想生命中对自己真正重要的是什么。"

在这里，简单背后还需遵循一个法则，那就是我们在简化生活的同时要注意聆听自己内心的真正需要，去伪存真。

心灵感悟

至简生活倡导的是一种简约的生活。它主张我们减去人生旅途中不必要的行李，以使我们能够有更多的时间去欣赏沿途的风景，能够更轻松地享受旅程的乐趣。

简单不是乱减一气，而是在对事物的规律有深刻的认识和把握之后的去粗取精、去伪存真。

它是一条路径，通向一种舒适但不奢侈、节俭但不拮据、体面但不单调的生活。

假如今天是最后一天

海伦·凯勒的自传叫《假如给我三天光明》，现在我们要问的是假如今天是你生命的最后一天，你又该怎样度过呢？

在这最后一个宝贵的日子里，你该怎么办？

首先，你需要把这最后一天的底封起来，不能浪费每一秒钟。你不能为昨天的不幸、昨天的挫败、昨天的悲痛而哀伤。为什么你要想挽回损失反而增加了损失呢？

那么，你该怎么办，忘掉昨天，又不能想到明天？你为什么为了想得到或许会得到的东西，而损失已经得到的东西呢？你明天的太阳还会升起吗？你明天的光阴会在今天过吗？在今天的路上，能做明天的事吗？你能把明天的金银放进今天的钱包里吗？明天的孩子会在今天出生吗？我应该为明天可能发生的事而苦恼吗？不！你不能，明天和昨天都已经埋入地下，你不会再去想它们。

今天是你生命中仅有的一天！

你只有一条生命，生命不过是一段时间而已。如果你浪费了今天，你就是毁坏了你生命的最后记录。所以，你要珍爱今天的每一小时，因为它永远不会再回来了。你不能把今天用堤岸围住，第二天带回来，因为谁也不能去捕捉风。你要用双手抓住这一天的每一秒钟，并用爱心抚摸，因为它的重要性是任何价值也买不到的。垂死的人愿意拿出他所有的黄金买一口气，可他能如愿吗？

今天是你生命中的最后一天！

你会愤怒地躲避那些在麻将桌上浪费时间的人。对别人的拖延行为，你会用自己的行动去摧毁；对怀疑，你会用你自己的忠诚埋葬它；对人生的恐惧，你会以你的胆量去分割它。那些专说别人闲话、对他人的行为说三道四的地方，你不会再去了；不务正业的事情，你也不会去做；游手好闲的场所，你也不会去待。你会用自己的忠诚、自己的爱，去证明你人生的价值！

对于你生命中的这最后一天，你会把它弄成你生命中最美好的一天。你会最后享受一下生活，看看朝阳、看看花朵、看看露水，再尝尝美酒，然后不忘记说声谢谢。你会使每一分钟都能换取有价值的东西。你会比以往更加努力劳动、工作，会访问比以往更多的客户，卖出比以往更多的货物，阅读更多的书籍，赚比以往更多的钱。今天的每一分钟，比昨天的每一小时会有更多的收获。

总而言之，你生命中的最后一天，会是你一生中最好的一天！

心灵感悟

其实，不用假设，我们生命中的"今天"都是唯一的。难道不是吗？人生只出售单程车票。生命的列车一旦启动，就会朝着一个地方隆隆驶去，绝无掉头的可能。我们每个乘坐这列列车的人，都应该好好考虑一下这个问题：

如果把生命中的每一天都当作最后一天，你的生活就会更加充实，你的人生也就更有意义。

在欣赏中忘却

从前在山中的庙里，有一个小和尚被要求去买食用油。在离开前，庙里的厨师交给他一个大碗，并严厉地警告："你一定要小心，千万别把油洒出来。"

小和尚答应后就下山到厨师指定的店里买油。在上山回庙的路上，他想到厨师凶恶的表情及严重的告诫，愈想愈觉得紧张。小和尚小心翼翼地端着装满油的大碗，一步一步地走在山路上，丝毫不敢左顾右盼。

很不幸的是，他在快到庙门口时，由于没有向前看路，结果踩到了一个洞。虽然没有摔跤，却洒掉了三分之一的油。小和尚非常懊恼，而且紧张得手都开始发抖，无法把碗端稳。回到庙里时，碗中的油就只剩一半了。厨师拿到装油的碗时，当然非常生气，他指着小和尚大骂："你这个笨蛋！我不是要你小心吗，为什么还是浪费这么多油？真是气死我了！"

小和尚听了很难过，开始掉眼泪。另外一位老和尚听到了，就跑来问是怎么一回事。了解以后，他就去安抚厨师的情绪，并私下对小和尚说："我再派你去买一次油。这次我要你在回来的途中，多观察你看到的人和事物，并且需要给我作一个报告。"

小和尚想要推卸这个任务，强调自己油都端不好，根本不可能既要端油，还要看风景、作报告。

不过在老和尚的坚持下，他只有勉强上路了。在回来的途中，小和尚发现其实山路上的风景真是美。远方看得到雄伟的山峰，又有农夫在梯田上耕种。走不久，又看到一群小孩子在路边的空地上玩得很开心，而且还有两位老先生在下棋。这样边走边看风景，不知不觉就回到庙里了。当小和尚把油交给厨师时，发现碗里的油装得满满的，一点都没有洒。

　　真正懂得从生活经验中找到人生乐趣的人，才不会觉得自己的日子充满压力及忧虑。
　　生活中有逆境也有顺境，无论处在哪种环境，都不能忘记发现生活中美好的一面，因为很多的压力和烦恼都是在欣赏中忘却的。

人生没有完美

一位胆小如鼠的骑士将要进行一次远途旅行。他竭尽所能准备好应付旅途中可能遇到的各种问题。

他带了一把宝剑和一副盔甲，为的是对付他遇到的敌手；一大瓶药膏，为防止太阳晒伤皮肤或被藤条剐伤皮肤；一把斧子，用来砍木柴；一顶帐篷、一条毯子、锅和盘子以及喂马的草料等。

他终于上路了——叮叮，当当，咕咕，咚咚，好像一座难以移动的废物堆。

当他走到一座破木桥的中间时，桥板突然塌陷，他和他的马都掉入河中，淹死了。临死前那一刻，他很懊悔，他忘了带一个救生筏。

故事中的骑士到死也没有醒悟，他所想到的死因只会让他更深一步陷入死亡的深潭。他的无论多么完美的想法都无法让他实现对完美的追求，因为，生活中每一件事都想做得完完美美的人，结局注定悲哀。

心理学研究证明，试图达到完美境界的人与他们可能获得成功的机会恰恰成反比。追求完美给人带来莫大的焦虑、沮丧和压抑。

事情刚开始，他们就担心着失败，因生怕干得不够漂亮而辗转不安，这就妨碍了他们全力以赴去取得成功。而一旦遭到失败，他们就会异常灰心，想尽快从失败的境遇中逃避开去。他们没有从失败中获取任何教训，而只是想方设法让自己避免尴尬的场面。

很显然，背负着如此沉重的精神包袱，不用说在事业上谋求成功，就是在自尊心、家庭问题、人际关系等方面，也不可能取得满意的效果。他们抱着一种不正确和不合逻辑的态度对待生活和工作，他们永远无法让自己感到满足，每天都是焦灼不安的。

如何从追求尽善尽美的诱惑中摆脱出来，心理学家认为：

第一，要正确评估自己的潜能。

既不要估得太高，更不必过于自卑。有一分热，发一分光。你如果事事要求完美，这种心理本身就成为你做事的障碍。不要在自己的短处上去与人竞争，而是要在自己长处上培养起自尊、自豪和工作的兴趣。

第二，重新认识"失败"和"瑕疵"。

一次乃至多次的失败并不能说明一个人价值的大小。仔细想一下，如果从不经历失败，我们能真正认识生活的真谛吗？我们也许一无所知，沾沾自喜于愚蠢的无知中。因为成功只能坚定期望的信念，而失败则给了我们独一无二的宝贵经验。

人只有经受住失败的挫折才能到达成功的巅峰，不必为了一件事未做到尽善尽美的程度而自怨自艾。没有"瑕疵"的事物是不存在的，盲目地追求一个虚幻的境界只能是劳而无功。

我们不妨问一问："我们真的能做到尽善尽美吗？"既然不行，我们就应该尽快放弃这种想法。

第三，为自己确定一个短期的目标。

找一件自己完全有能力做好的事，然后去把它做好。这样你的心情就会轻松自然，办事也会较有信心，感到自己更有创造力和更有成效。

实际上，你不追求出类拔萃，而只是希望表现良好时，你会出乎意料地取得最佳的成绩。

目标切合实际的好处不仅于此，它还为你提供了一个新的起点，能使你循序渐进地摘取事业上的桂冠。同时你的生活也会因此而丰富起来，变得富有色彩，充满人情味，并不像你原来所想的那样暗淡。

心灵感悟

世界上根本没有一次完全准备好的旅途。等你全部准备好了，恐怕事情本身已经没有任何意义。一个人要想永远立于不败之地，光有细致周全的计划是不够的，还必须敢于在一次又一次的挑战中战胜自己，这种挑战就包含战胜自己对完美的追求心。

实现内心真实的愿望

京城中一富豪有两个儿子，哥哥好酒，弟弟恋花。

南海中生长着一种长生果，如果幸运地找到并吃进肚腹，就一定可以长命百岁。两人便都筹足盘缠，兴致勃勃地朝南海出发。

他们来到一个山谷中，看见满谷绿草如茵、山花烂漫、彩蝶飞舞。弟弟在京城中从未见过如此奇观，加之爱花如命，于是他停下脚步，决定久居此山谷，不再去想长生果了。

哥哥一人离开山谷，踏上征途。一天，一眼清泉使他驻足徘徊。泉水酒香袭人，饮之则觉清冽甘甜。哥哥开怀畅饮，将寻找长生果之事抛诸脑后。

就这样，兄弟两人都没能到达南海，也没去找长生果，但他们都找到了自己的快乐，找到了内心的幸福。

生活中，我们为自己树立了一个又一个目标。然而，很多时候，在向目标前进的途中，我们会被许多目标之外的风景吸引住目光，甚至为它们停住脚步。其实，我们不必为自己的"半途而废"而自怨自艾，因为那并不是我们甘于放弃目标，而是由于我们发现了更真实、更符合自己内心愿望的去处。

心灵感悟

很多时候，我们历经艰辛也没能达到目标，但用不着过度地自责沮丧，回首其过程，也许在寻找之中我们已悄然获得了目标之外的宝藏。

第二十九辑
永葆一颗平常心

人生如吃饭

人生如吃饭，看似简单，却有着深远的寓意在里面。

保罗去向一位老人请教一些关于人生的问题。

老人告诉保罗："人生其实很简单，就跟吃饭一样，把吃饭的问题搞明白了，也就把所有的问题都搞明白了。"

保罗一时没有领会："人生像吃饭这么简单？"

老人不紧不慢地说："就这么简单，只不过用嘴吃饭人人都无师自通，用心吃饭则有一定难度，即使名师指点也未必有几个能学得会。

"聪明者为自己吃饭，愚昧者为别人吃饭；聪明者把吃饭当吃饭，愚昧者把吃饭当表演；聪明者吃饭既不点得太多，也不点得太少，他知道适可而止，能吃多少就点多少，他能估计自己的肚子；愚昧者则贪多求全、拼命点菜，什么菜贵点什么，什么菜怪点什么，等菜端上来时又忙着给人夹菜，自己却刚吃几口就放下了。

"他们要么就是高估了自己的胃口，要么就是为了给别人做个'吃相文雅'的姿态；聪明者付账时心安理得，只掏自己的一份；愚昧者结账时心惊肉跳，明明账单上的数字让他心里割肉般疼痛，却还装出面不改色、心不跳的英雄气概，宛如他是大家的衣食父母；聪明者只为吃饭而来，没有别的动机，他既不想讨好谁，也不会得罪谁；愚昧者却思虑重重，既想拼酒量，又想交朋友，还想拉业务，他本来想获得众人的艳羡，最后却南辕北辙、弄巧成拙，不是招致别人的耻笑，就是引来别人的利用。吃饭本是一种享受，但是到了他这里，却成为一种酷刑。

"吃饭跟人生何其相似！人生在世，光怪陆离的东西实在太多，谁也无法说出哪些是好的、哪些是不好的，哪些值得追求、哪些不值得追求，哪种模式算是成功、哪种模式算是失败，唯一能说明白的也许只有三点：

第一，自己的事情自己承担，不要麻烦任何人为你代劳，也不要抢着为任何人代劳；

第二，要多照顾自己的情绪，少顾忌他人的眼色，太多地顾忌别人，把自己弄得像演员，实在是一件出力不讨好的事情；

第三，凡事最好量需而行、量力而行，不要订太高的目标。

人生本来是一系列美好无比的享受，可是真正享受到这些乐趣者又能有几人呢？由于无视一些基本原则，那么多人的生命都白白浪费了。

控制好自己的欲望

现今的社会是一个科技发达、物质丰富、充满竞争的社会，我们心中的欲望常被挑逗得像看见红色斗篷的斗牛；他人暴富的经历，更让我们血脉偾张，跃跃欲试；时尚名牌漫天飞，哪能心如止水；美女香车招摇过，你的心早已蠢蠢欲动；更不能忍受的是别墅洋房的诱惑……因此，太多的时候，我们会被世上的名利、金钱、物质所迷惑，心中只想得到，只想将其统统归于己有，而不想舍弃，更舍不得放下。于是心中就充满了矛盾、忧愁、不安，心灵上就会承受很大的压力，以致活得很累、很累。

据说上帝在创造蜈蚣时，并没为它造脚，但是它仍可以爬得像蛇一样快。有一天，它看到羚羊、梅花鹿和其他有脚的动物都跑得比自己快，心里很不高兴，便忌妒地说："哼！脚多，当然跑得快。"于是它向上帝祷告说："上帝啊，我希望拥有比其他动物更多的脚。"

上帝答应了蜈蚣的请求，他把好多好多的脚放在蜈蚣面前，任凭它自由取用。蜈蚣迫不及待地拿起这些脚，一只一只地往身体上粘，从头一直粘到尾，直到再也没有地方可粘了，它才依依不舍地停止。

它心满意足地看着满是脚的躯体，心中暗暗窃喜："现在我可以像箭一样地飞出去了！"但是等它开始要跑时，才发觉自己完全无法控制这些脚。这些脚噼里啪啦地各走各的，它非得全神贯注才能使一大堆脚顺利地往前走。这样一来它反而比以前走得慢了。

一批又一批人前赴后继地把自己绑上欲望的战车，纵然气喘吁吁也不得歇脚。不断膨胀的物欲、工作、责任、人际、金钱几乎占据了现代人全部的空间和时间，许多人每天忙着应付这些事情，几乎连吃饭、喝水、睡觉的时间都没有。

人不能没有欲望，没有欲望就没有前进的动力；但人不能有贪欲，因为贪欲是无底洞，你永远也填不满它，贪欲只会给你带来无穷无尽的烦恼和麻烦。

在现代社会，如何控制好自己心中的欲望，不仅关系到脚下的人生，更关系到我们每日的心情。生命属于个人，每个人有权设计自己的生活和人生道路。所有的心愿，只要符合法律和道德的要求，都应该受到尊重。但是我们必须明白：生命的过程中，一切物质及肉体都是不可靠的奴仆，想让自己的人生得以升华，就必须放下这些本性之外的东西，去追求生活本身的淳朴，这样才能活得惬意、活得洒脱。

是啊，我们有必要把生活弄得那么复杂吗？简单才是生活的真谛。可是，现实生活中，这样的人不在少数，他们常常把本来非常简单的事情想得很复杂。他们的痛苦源自对追求丧失了信心，不清楚应该如何安排自己的生活。

一个追求简洁而又善于放松自己的懒人常常能拥有充实的人生。一个人如果追求复杂而奢侈的生活，则苦难没有尽头。贪欲无度就会烦恼不断，毫无快乐可言。

心灵感悟

　　这个世界有太多的诱惑，因此有太多的欲望。一个人需要以清醒的心智和从容的步履走过岁月，他的精神中必定不能缺少淡泊。虽然我们渴望成功，渴望生命能在有生之年画出优美的轨迹，但我们真正需要的是一种平平淡淡的快乐生活、一份实实在在的成功。这种成功，不必努力苛求轰轰烈烈，不一定要有那种揭天地之奥秘、救万民于水火的豪情，只是一份平平淡淡的追求足矣！

忌妒会导致毁灭

　　在果园的核桃树旁边长着一棵桃树，它的忌妒心很重，一看到核桃树上挂满了果实，心里就觉得很不是滋味。

　　"为什么核桃树结的果子要比我多呢？"桃树愤愤不平地抱怨着，"我有哪一点不如它呢？老天爷真是太不公平了！不行，明年我一定要和它比个高低，结出比它还要多的桃子！让它看看我的本事！"

　　"你不要无端忌妒别人啦，"长在桃树附近的老李子树劝诫道，"难道你没有发现，核桃树有着多么粗壮的树干、多么坚韧的枝条吗？你也不动动脑想一想，如果你也结出那么多的果实，你那瘦弱的枝干能承受得了吗？我劝你还是安分守己、老老实实地过日子吧！"

　　自傲的桃树可听不进李子树的忠告，忌妒心蒙住了它的耳朵和眼睛，不管多么有理的规劝，对它都起不到任何作用了。桃树命令它的树根尽力钻得深些、再深些，要紧紧地咬住大地，把土壤中能够汲取的营养和水分统统都吸收上来。它还命令树枝要使出全部的力气，拼命地开花，开得越多越好，而且要保证让所有的花朵都结出果实。

　　它的命令生效了，第二年花期一过，这棵桃树浑身上下密密麻麻地挂满了桃子。桃树高兴极了，它认为今年可以和核桃树好好比个高低了。

　　充盈的果汁使得桃子一天天加重了分量，渐渐地，桃树的树枝、树杈都被压弯了腰，连气都喘不过来了。它们纷纷向桃树发出请求，赶快抖掉一部分桃子，否则就要承受不住了。可是桃树不肯放弃即将到来的荣耀，它下令树枝与树杈要坚持住，不能半途而废。

　　这一天，不堪重负的桃树发出一阵哀鸣，紧接着就听到"咔嚓"一声，树干齐腰折断了。尚未完全成熟的桃子滚满了一地，在核桃树脚下渐渐地腐烂了。

　　桃树的教训是深刻的，它的诱因在于忌妒，其根源在于缺少平常心。

　　人生就像一场比赛，不管多么努力，技术运用得多么高超，总会有相对于第一名的落后者。享受欢呼的，仅仅是那成千上万名中第一个冲到终点的幸运儿。生活又何尝不是这样？相对于那些在某一领域中因出类拔萃而获得万众瞩目的人来说，绝大多数的人都是那些在平凡的工作、平凡的家庭中默默尽力的人。况且，人生风云变幻，又有多少人没有品尝过世事沧桑的滋味呢？

　　从社会的需要说，只要每个人做好自己的分内工作，维持物质的丰厚，铸造社会的繁荣，他就应该自豪。若从生活的价值来说，能够体味人生的酸甜苦辣，做过了自己所喜欢的事，没有虐待这百岁年华，心灵从容富足，就算这一生"功德圆满"了。

贪婪到极致是虚无

物质是生活的基础，对物质的追求是理所当然的。但是，人一旦掉进贪婪陷阱，就如坠入万丈深渊，万劫不复。

以前，有一个国王，王妃为他生了一群白胖的王子。好不容易，他最宠爱的妃子为他生了一位漂亮的公主。国王对小公主疼爱有加，视如掌上明珠，舍不得稍加训斥。凡是公主要求的东西，国王从来都不会拒绝，就是她要天上的星星，国王也恨不得攀登天空，为公主摘下来，点缀她的彩衣。

公主在国王的呵护纵容下，慢慢成长为豆蔻年华的少女，渐渐懂得了装扮自己。有一天，春雨初霁的午后，公主带着婢女徜徉于宫中花园。只见树枝上的花朵，经过雨水的润泽，花苞上挂着几滴雨珠，显得越发娇艳；翁郁的树木，翠绿得逼人眼睛。公主正在欣赏雨后的景致，忽然目光被荷花池中的奇观吸引住了。原来池水的热气经过蒸发，正冒出一颗颗状如琉璃、珍珠的水泡，浑圆晶莹，闪耀夺目。公主看得入神忘我，突发奇想："如果把这些水泡串成花环，戴在头发上，一定美丽极了！"

她打定主意，于是叫婢女把水泡捞上来，但是婢女的手刚一触及水泡，水泡便破灭无影。折腾了半天，公主在池边等得愤愤不悦，婢女在池里捞得心急如焚。公主终于气愤难忍，一怒之下，便跑回宫中，把国王拉到了池畔，对着一池闪闪发光的水泡说："父王！您一向是最疼爱我的，我要什么东西，您都依着我。现在女儿想把池里的水泡串成花环，戴在头上。"

"傻孩子！水泡虽然好看，终究是虚幻不实的东西，怎么可能做成花环呢？父王另外给你找些珍珠、水晶，一定比水泡还要美丽！"国王无限怜爱地看着女儿。

"不要！不要！我只要水泡花环，我不要什么珍珠、水晶。如果您不给我，我就不想活了。"公主哭闹着。束手无策的国王只好把朝中的大臣们集合于花园，忧心忡忡地说道："各位大臣们！你们号称是本国的奇工巧匠，你们之中如果有人能够以奇异的技艺，用池中的水泡，为公主编织美丽的花环，我便重重奖赏。"

"报告陛下！水泡刹那生灭，触摸即破，怎么能够拿来做花环呢？"大臣们面面相觑，不知如何是好。

"哼！这么简单的事，你们都无法办到，我平日如何善待你们？如果无法满足我女儿的心愿，你们统统提头来见。"国王盛怒。

"国王请息怒，我有办法替公主做成花环。只是老臣我老眼昏花，实在分不清楚水池中的水泡，哪一颗比较均匀圆满，能否请公主亲自挑选，交给我来编串。"一位须发斑白的大臣神情笃定地打圆场。

公主听了，兴高采烈地拿起瓢子，弯下腰身，认真地舀取自己中意的水泡。本来光彩闪烁的水泡，经公主轻轻一触摸，霎时破灭，变为泡影。捞了老半天，公主一颗水泡也拿不起来。

显然，公主的水泡花环梦想难以实现。我们暂且不顾公主失望的表情，重点去研究分析一下公主有此梦想的根源：正因为公主生活无忧，物质富足，她才贪占那些虚无的东西。可以说，这是贪婪的极致。极致的贪婪蒙蔽了公主的眼睛，使她是非难辨，幻想与现实不分，闹出如此笑话。现代生活中的某些人是不是也有着公主的影子呢？过度地追逐，只能陷于痛苦的深渊。

然而，世人大都面对金钱爱不释手，面对名利心难清静。更有甚者，为虚无的目标而苦命追逐。然而由于目标不当，有时不仅不会带来快乐，反而成为烦恼的根源，且白费精力。

心灵感悟

"禅"的最高境界是心外无物，人类的终极自由是心灵的自由，它可以决定外界的刺激对本身的影响程度。只有做到心外无物，才能获得心灵的自由。

人心不足蛇吞象

欲望，永不满足的欲望，一方面是人们不懈追求的原动力，成就了人往高处走，水往低处流的箴言；另一方面也诠释了"有了千田想万田，当了皇帝想成仙""人心不足蛇吞象"的人性弱点。

有一个男人，经过了自己的艰苦努力，终于拥有了自己的事业和家庭，房子、车子在他的生活中样样齐全，而投身商海这么多年，没日没夜奔波、操劳的他，有一天终于感觉累了、疲倦了，看着渐渐发福的太太，不由得感叹道："太太，在这个社会上，我们也算小富有余了，我想好好休整一年，然后去找个简单的工作。"

太太不满："作为男人，要有远大志向，不能稍富即安，我们离真正的富翁还差太远。"

太太的话像针般又一次深深地扎进男人的心中，男人的尊严在那一刻激灵了一下，人活着究竟为什么，就为那些花花绿绿的钞票？他头一次迷茫了。

然而未等他再展宏图，他却轰然倒下了，莫名其妙地消瘦，胸部长时间的憋闷，让他不得不去医院检查。检查的结果让他头晕目眩，诊断书清晰地写着两个字：肺癌。他差点跌坐在椅子上，医生握着他的手，安慰他："慢慢调养，保持快乐的心情。"

回到家中，他感觉房子突然间变小了，太太也变得陌生得好像不认识了，整天一句话也不说，常常面对着窗外的小鸟发呆，自己再也飞不高了，什么创业，什么人生，什么追求，此刻都失去了意义。于是他扔下一张纸条：我走了，是贪婪毁了我、毁了这个家。然后走出了家门。

正如宋学大家程颐所讲："一念之欲不能制，而祸流于滔天。"古往今来，贪婪成性的大有人在，因贪婪而身败名裂，甚至招致杀身之祸的人就更是不胜枚举了，而驱使他们做出种种抉择的唯一动力便是贪婪的心态。

恩格斯曾鲜明地指出：卑劣的贪欲是文明时代从它存在的第一日起直至今日的动力：财富，财富，第三还是财富——不是社会的财富，而是这个微不足道的单个的个人的财富。这就是文明时代唯一的、具有决定意义的目的。

一个人对生活的期望不能过高。虽然谁都会有些需求与欲望,但这要与本人的能力及社会条件相符合。每个人的生活有欢乐,也有失缺,不能搞攀比,俗话说"人比人,气死人""尺有所短,寸有所长""家家有本难念的经"。

心理调适的最好办法就是做到知足常乐,"知足"便不会有非分之想,"常乐"也就能保持心理平衡了。

我们每个人都有欲望,但欲望太多了,人生就会变得疲惫不堪。每个人都应学会减负,更应当学会知足常乐,因为心灵之舟载不动太多的重荷。

第三十辑
演奏生命的乐章

活出生命的价值

人活着不是只为了享乐，人存在的最大价值在于被他人需要。当你感到一切人都需要你的时候，这种感觉就会使你有旺盛的精力。

在某一城市一家医院的同一间病房里，住着两位病症相同的绝症患者。不同的是，一个来自乡下农村，一个就生活在医院所在的城市。

生活在医院所在城市的病人，每天都有亲朋好友和同事前来探望。家人前来时宽慰说："家里你就放心吧，还有我们呢，你就安心养病吧。"朋友探望时劝慰说："现在你什么也别想，一门心思养病就行。"公司来人时开导说："你放心，公司上的事，我们都替你安排好了，你现在的工作就是养病。"……

来自乡下农村的患者，只有一位十四五岁的小女孩守护着。他的妻子半个月才能来一次。或送钱，或送些衣物。妻子每次来，总是不停地说这说那，要丈夫为家里的事情拿主意："快要春种了，今年是种西瓜还是茄子？""再过两天，他大叔就要嫁女了，你说送多少贺礼啊？""女儿说要跟她表姐去大城市打工，我还没答应，这事要你拿主意"……

几个月后，情况发生了戏剧性的变化。生活在医院所在城市的那位病人，在亲人、朋友、同事一声声"你放心吧""你就安心养病吧"的宽慰声里，意识中感觉他们已不需要自己，自己也就失去了活着的价值意义，渐渐地失去了战胜病魔的信心和勇气，于是在孤独寂寞与病魔的吞噬中一点点地死去。

来自乡下农村的患者，在妻子大事小事都要自己定夺、拿主意中，意识到自己对家人的重要，意识到自己必须活着，哪怕仅仅是给家人拿些主意，于是一种强烈的求生欲望使他奇迹般地活了下来。

英国思想家霍布斯说过："和其他所有的东西一样，一个人是否举足轻重，在于他自身的价值；也就是说，在于他能发挥多大的作用。"如果只是为了自己享受生活，人就不会有太大的拼搏激情。很多父母为了孩子而奔波劳碌，甚至乐此不疲。如果有一天，他们的子女告诉父母，已经不需要他们了，他们的生活必定会失去方向，而变得无所适从。

心灵感悟

希望被别人需要，是人的一种天性，也能体现出一个人的价值。在某些特定情况下，一个人如果不被别人需要，生存也就失去了意义。

经营你的强项

成功的关键不是克服缺点、弥补缺点，而是施展天赋、发扬长处。要想取得成就，就要擅长经营自己的强项。

一只小兔子被送进了动物学校，它最喜欢跑步课，并且总是第一；它最不喜欢的是游泳课，一上游泳课它就非常痛苦。但是兔爸爸和兔妈妈要求小兔子什么都学，不允许它有所放弃。小兔子只好每天垂头丧气地到学校上学，老师问它是不是在为游泳太差而烦恼，小兔子点点头。老师说，其实这个问题很好解决，你跑步是强项，但是游泳是弱项。这样好了，你以后不用上游泳课了，可以专心练习跑步。小兔子听了非常高兴，它专门训练跑步，结果成为跑步冠军。

小兔子根本不是学游泳的料，即使再刻苦，它也不会成为游泳能手；相反，它专门训练跑步，结果成为跑步冠军。

一个人的性格天生内向，不善于表达，你却要他去学习演讲，这不仅是勉为其难，而且还浪费了大量时间和精力。一个人天生有心脏病，你却要他去练习长跑，这不是要他的命吗？

自然界有一种补偿原则，当你在某方面很有优势时，肯定在另一个方面有弱项。而当你在某个方面拥有缺点时，可能又在另一个方面拥有优点。你要想出类拔萃，就必须腾出时间和精力来把自己的强项磨砺得更加犀利。

世界上没有两片完全相同的树叶，每个人的天赋也是不同的。你也许在某个方面表现突出，而其他方面则可能有所欠缺。所以，你最好集中自己的智慧潜能优势，寻找一个与之相符合的发展方向，这样成功的机会就更大。

在漫漫的人生旅途中，找到自己的强项，也就找到了通往成功的大门。选准自己的坐标以后需要立即行动，没有走出去的冒险精神，你的选择永远不会变成现实。如果你是鱼，就跳进大海，在茫茫的大海里尽情畅游；如果你是鹰，就飞向蓝天，在广阔的天空中自由翱翔。

主动赢取机遇

有一个创业的年轻人在遭受了几次挫折后，有点灰心了，很茫然地倚靠在一块大石头上，懒洋洋地晒着太阳。

这时，从远处走来了一个怪物。

"年轻人！你在做什么？"怪物问。

"我在这里等待时机。"年轻人回答。

"等待时机？哈哈……时机是什么样的，你知道吗？"怪物问。

"不知道。不过，听说时机是个神奇的东西，它只要来到你身边，那么，你就会走运，或者当上了官，或者发了财，或者娶个漂亮老婆，或者……反正，美极了。"

"嗨！你连时机什么样都不知道，还等什么时机？还是跟着我走吧，让我带着你去做几件于你有益的事！"怪物说着就要来拉年轻人。

"去去去，少来这一套！我才不会跟你走呢！"年轻人不耐烦地说。

怪物叹息地离去。

一会儿，一位长髯老人（我们常说的时间老人）来到年轻人面前问："你抓住它了吗？"

"抓住它？它是什么东西？"年轻人问。

"它就是时机呀！"

"天哪！我把它放走了！"年轻人后悔不迭，急忙站起身呼喊时机，希望它能返回来。

"别喊了。"长髯老人接着又说，"我来告诉你关于时机的秘密吧。它是一个不可捉摸的家伙。你专心等它时，它可能迟迟不来；你不留心时，它可能就来到你面前；见不着它时你时时想它；见着了它时，你又认不出它；如果当它从你面前走过时你抓不住它，那么它将永不回头，这时你就永远错过了它！"

机遇不会从天而降，需要自己去争取，需要自己去寻求。机遇总是青睐意志坚定、精力充沛、行动迅速的人。这种人不但善于做出决定，而且善于执行决定。当面对问题的时候，他会全面考虑自己所面对的情况，果断地做出选择，然后把它们搁置脑后，转向其他的事情。这样的人有超常的管理能力。他不是仅仅制订工作计划，还能够执行工作计划。他不但做出决定，而且还能够将决定贯彻到底。

一张地图，不论它多么详细，比例尺有多么精密，绝不能够带它的主人在地面上移动一寸。一本羊皮纸的法禅，不论它有多公正，绝不能够预防罪行。一个卷轴，绝不会自动为你赚一分钱。只有行动，才是哺育成功的食物和水。

不要逃避今天的责任而等到明天去做，因为明天还有明天的事情。现在就采取行动吧，即使你的行动不会使你马上得到机遇，但是，动而失败总比坐而待毙好。即使机遇可能不是行动所摘下来的那个果子，但是，没有行动，任何果子都会在枝上烂掉。

采取主动，就能创造自己的机会。缜密思虑下策划的行动，是没有任何东西可以取代的。

不要等待"时来运转"，也不要由于等不到而觉得恼火和委屈，要从小事做起，要用行动争取胜利。

记住，立即行动！

立即行动！可以应用在人生每一个阶段的各个方面，帮助你做自己应该做却不想做的事情，对不愉快的工作不再拖延，抓住稍纵即逝的宝贵时机，实现梦想。

心灵感悟

　　机遇不会从天而降，它需要自己去寻求、去创造、去争取，即使机遇真的会从天而降，如果你背着双手，一动不动，机遇也会从你身边滑过，落到地上。

敢于冒险

山洪暴发了，两个钓鱼人被困在河中间的沙碛上。浑浊的水汹涌着，沙碛的面积在逐渐缩小。

"我们游过去吧！"第一个钓鱼人说，"趁这沙碛还没有被完全淹没的时候。"

"我以为，"第二个钓鱼人表示意见道，"还是不要冒险的好！因为第一，也许这水不会再涨了；第二，说不定会有被营救的机会。"

他们研究了一会儿，谁也说服不了谁。

于是，他们各自按照自己的想法行事。

第一个钓鱼人下水了。开始，浪头推着他直往下游冲去，到了河中心，他被浪头淹没，看不见一点踪影。

留下的钓鱼人叹着气说："唉！不听我的劝告。偏要去冒无谓的危险，有什么办法呢！说到游泳，我的本事不比他差，然而我就懂得小心谨慎。"

过了一会儿，第一个钓鱼人的脑袋又出现在下游的水面，他好像游得有些吃力，然而渐渐接近对岸了。

"他能到达岸上吗？很难说！"第二个钓鱼人想，同时张望着有没有过路的小船来搭救自己。不久，远处的岸上出现了一个黑点，证明第一个钓鱼人是达到目的了。

"他侥幸游过去了。"留下的钓鱼人想，"我虽然还困在这里，但我并不后悔。冒那么大的危险，太不值得。咦，水怎么涨得这样快？糟糕！还没有小船经过……"

沙碛已经没有了，而且，留下的钓鱼人已被水淹到胸部了。

"唉，我这回大概完蛋了！"这个钓鱼人无可奈何地叹着气，但随即又对自己说："不过，我并不后悔。我是小心谨慎的，没去冒险。死在小心谨慎里总比死在危险里强！"说完，水已漫过了他的头顶。

不敢冒风险的人，是很难获得成功的，因为风险是与成功相伴相随。为什么要冒险？因为你不冒险永远不会有胜利。每一个人心里都希望自己成为某种人物，能达到某种境界。问题就在于大家总是坐等机会来临，机会是不会光临守株待兔的人的，进取的人才能抓住机会。

或许你现在坐在椅子上读这篇文章，会说："你说得很好，但是我的环境不同，不允许我去冒险。"这种观念就是你的最大敌人。你在这种情形之下，正应当冒更大的险。越是平平庸庸的人生越需要冒险。你的弱点要靠坚强的行动来治疗它。

你要敢于想得更伟大，要敢于做一个伟大的人物。如此你将拥有更丰富的生命。世界上到处充满机会，敢于冒险必然有丰富的收获。在科学方面，在宗教方面，在商业方面，在教育方面，到处都需要有勇气面对困难的人才。迫切需要的是进击型的人才，而非防御型的人才。

你平心静气地问问自己，你对生命作何想法，对你自己作何想法。你满意于就你目前能力所负的一点点责任吗？你满意于跟着别人后面生活下去吗？你画地自限地说我的能力到此为止吗？还是你心里自认为是属于弥足珍贵的少数者之一，怀抱着一种渴望的心情，有一天将攀登领导地位？假使是后者，你就是精英。你不必等待"有一天"，现在就开始。

不过，有一点你需要搞清楚：冒险绝不是冒冒失失的无端逞强和希图侥幸的投机取巧。

冒险是有目的、有计划地对你的智慧和能力进行挑战。

冒险与收获常常是结伴而行的。险中有夷，危中有利。要想有卓越的人生就要敢于冒险。许多成功人士不一定比你"会"做，重要的是他们比你"敢"做。

如果你没有冒险精神，只愿意四平八稳地走在平坦的大道上，那么，你就永远也成不了遨游蓝天的雄鹰，只能做一只在粪堆里扒食的小鸡。

一些人之所以一辈子平平庸庸、清清淡淡，直到走到人生的尽头也没有享受到真正成功的快乐和幸福的滋味，就是因为他们安于现状，不敢冒险，不敢走前人没有走过的路。

> 生活中，大多数的人在开始时都拥有很远大的梦想，只是他们从未采取行动去实现这些梦想，于是梦想开始萎缩，种种消极的思想逐渐衍生，甚至从此不敢再存任何梦想，过着平庸生活。

发挥自身优势

有一个孩子，功课差极了，老师说他的智力有问题。看上去，孩子的确有些沉默寡言，他可以一个人坐在屋前的花园里看着花草小虫很长时间。他的父亲教训他："除了喜欢打猎、养狗、捉老鼠以外，你什么都不操心，将来会有辱你自己，也会辱没我们整个家庭。"

他的姐姐也看不起这个学习成绩平平、行为怪异的兄弟。他在家庭中是一个不受欢迎的人。

但是他的母亲爱他，她想如果孩子没有那些乐趣，不知道他的生活还会有什么色彩。她对丈夫说："你这样对他不公平，让他慢慢学会改变吧。"丈夫说："你这不是教育，你会毁了他的一生。"她却固执己见，他是她的孩子，需要她的安慰和鼓励。

她支持孩子到花园中去，还让孩子的姐姐也去。母亲耍了一个小心机，她对孩子和他的姐姐说："比一下吧，孩子，看谁从花瓣上先认出这是什么花？"孩子要是比他的姐姐认得快，妈妈就吻他一下。这对孩子来说，是多么令人兴奋的一件事，他回答出了姐姐无法回答的一些问题。他开始整天研究花园的植物、蝴蝶，甚至观察到了蝴蝶翅膀上的斑点的数量。

对于她的做法，她的丈夫觉得不可理喻。认为那种怜爱是无助无望的，除了暂时麻醉孩子之外，根本毫无益处。

但是，就是这位醉心于花草的孩子，多年后成为生物学家，创立了著名的"进化论"。他就是达尔文。

一个人总会有自己的兴趣，兴趣就是最佳的发展方向，也是最好的老师。

我们知道，只有充分发掘自身的优势，才能实现你所确定的终生奋斗目标。但这需要一个前提条件，那就是首先要问问你自己的兴趣所在。所谓兴趣，是指一个人力求认识某种事物或爱好某种活动的心理倾向。这种心理倾向是和一定的情感联系着的。"我喜欢做什么？""我最擅长什么？"一个人如果能根据自己的爱好去选择事业的目标，他的主动性将会得到充分发挥。即使十分疲倦和辛劳，也总是兴致勃勃，心情愉快；即使困难重重也绝不灰心丧气，而能想尽办法，百折不挠地克服它，甚至废寝忘食，如醉如痴。爱迪生就是个很好的例子。他几乎每天都在实验室里辛苦工作十几个小时，在那里吃饭、睡觉，但他丝毫不以为苦."我一生中从未停止一天工作。"他宣称，"我每天其乐无穷。"难怪他会成大事。

很多人往往一时很难弄清楚自己的兴趣所在或擅长什么，这就需要你在实践中善于发现自己、认识自己，不断地了解自己能干什么，不能干什么，如此才能取己所长、避己所短，进而取得成功。

作家斯贝克一开始并没有意识到自己会成为作家，曾几次改行。开始，因为他身高一米九十多，爱上了篮球运动，成为市男子篮球队员。因为球技一般，年龄渐长，又改行当了专业画家。他的画技也无过人之处，当他给报刊绘画时，偶尔也写点短文，终于发现自己的写作才能，从此走上了文学创作的道路。

可以通过回顾自己的经历来发现和准确判断自己的兴趣所在。在此基础上，将自己的兴趣归于某种兴趣类型，并与相应的职业对比，可以帮助你选择适合自己兴趣的职业，更好地发挥自身优势。

心灵感悟

一个人，若想充分发挥自身的优势，必须根据自己的兴趣爱好来选择适合自己的职业。如此才能使你的事业如虎添翼，顺利到达成功的彼岸。

小成就累积大成功

1983 年，伯森·汉姆徒手攀壁，登上纽约的帝国大厦，在创造了吉尼斯纪录的同时，也赢得了"蜘蛛人"的称号。美国恐高症康复联合会得知这一消息，致电"蜘蛛人"汉姆，打算聘请他做康复协会的心理顾问，因为在美国有 8 万多人患有恐高症。

伯森·汉姆接到聘书，打电话给联席会主席诺曼斯，让他查一查第 1024 号会员。这位会员很快被查了出来，他的名字叫伯森·汉姆。原来他们要聘做顾问的这位"蜘蛛人"，本身就是一位恐高症患者。

诺曼斯对此大为惊讶。一个站在一楼阳台上都心跳加速的人，竟然能徒手攀上 400 多米高的大楼，这确实是个令人费解的谜，他决定亲自拜访一下伯森·汉姆。

诺曼斯来到费城郊外的伯森住所。这儿正在举行一个庆祝会，十几名记者正围着一位老太太拍照采访。原来伯森·汉姆 94 岁的曾祖母听说汉姆创造了吉尼斯纪录，特意从 100 公里外的葛拉斯堡罗徒步赶来，她想以这一行动为汉姆的纪录添彩。谁知这一异想天开的想法，无意间创造了一个耄耋老人徒步 100 公里的世界纪录。

《纽约时报》的一位记者问她，当你打算徒步而来的时候，你是否因为年龄关系而动摇过？老太太精神矍铄，说："小伙子，打算一口气跑 100 公里也许需要勇气，但是走一步路是不需要勇气的。只要你走一步，接着再走一步，然后一步再一步，100 公里也就走完了。"

恐高症康复联席会主席诺曼斯站在一旁，一下明白了伯森·汉姆登上帝国大厦的奥秘，原来他只需要一步一步往上爬。

在这个世界上，创造出奇迹的人正是那些一步一步往上爬的人。

在人生中的各方面都要这样做，持续不断地每天进步 1%，一年的进步远远超过 365%，长期下来，你一定会有一个高品质的人生。

不用一次大幅度地进步，一点点就够了。不要小看这一点点，每天小小的改变，会有大大的不同。很多人一生当中，连一点进步都不一定做得到。

成功与不成功之间的距离，并不像大多数人想象的那样是一道巨大的鸿沟。成功与不成功之间的差别只在一些小小的动作：每天花 10 分钟阅读、多打一个电话、多努力一点、多一个微笑、演出时多费一点心思、多做一些研究，或在实验室中多试验一次。伟大的哲学家冯·哈耶克告诫道:"如果我们多设定一些有限定的目标,多一分耐心,多一点谦恭,那么,我们事实上倒能够进步得更快且事半功倍;如果我们自以为是地坚信我们这一代人具有超越一切的智能及洞察力并以此为傲,那么我们就会反其道而行之,事倍功半。"

成功就是每天在各方面持续不断地进步一点点。每天进步一点点是卓越的开始,每天创新一点点是领先的开始,每天多做一点点是成功的开始。水温升到99摄氏度,还不是开水,其价值有限,若再添一把火,在99摄氏度的基础上再升高1摄氏度,就会使水沸腾,并产生大量水蒸气来开动机器,从而获得巨大的经济效益。再添一把柴,99摄氏度的水就能达到沸点。

只差一点点,往往是导致最大差别的关键。每天多睡一点点、少做一点点是失败者共有的习惯;每天多做一点点、多付出一点点是成功者共有的特质。

每天进步一点点,虽然只有一点点,可是我们仍在进步、仍在前进,怕就怕止步不前,这样你永远都成功不了。成功与失败往往只差这么一点点,告诉自己:只要我能每天这么做,我就不会被失败击倒。

心灵感悟

每个重大的成就都是一系列的小成就累积而成的。

按部就班做下去是唯一的实现目标的聪明做法。每天多做一点点,慢慢地、慢慢地,你会发现自己离金字塔顶已经不远了。

命运在你掌中

一个生活平庸的年轻人,对自己的人生没有信心,平时经常去找一些"赛半仙"算命,结果越算越没信心。他听说山上寺庙里有一位禅师很是了得,这天他便带着对命运的疑问去拜访禅师,他问禅师:"大师,请您告诉我,这个世界上真的有命运吗?"

"有的。"禅师回答。

"噢,这样是不是就说明我命中注定穷困一生呢?"他问。

禅师让这个年轻人伸出他的左手,指着手掌对年轻人说:"你看清楚了吗?这条横线叫作爱情线,这条斜线叫作事业线,另外一条竖线就是生命线。"

然后禅师让他自己做一个动作,把手慢慢地握起来,握得紧紧的。

禅师问:"你说这几根线在哪里?"

那人迷惑地说:"在我的手里啊!"

"命运呢?"

那人终于恍然大悟,原来命运是掌握在自己手里的。

不管别人怎么跟你说,不管"算命先生"如何给你算,记住,命运在自己的手里,而不是在别人的嘴里!当然,再看看自己的拳头,你还会发现,你的生命线有一部分还留在外面没有被抓住,它又能给你什么启示?命运大部分掌握在自己手里,但还有一部分掌握在"上天"的手里。古往今来,凡成大业者,他们"奋斗"的意义就在于用其一生的努力去换取在"上天"手里的那一部分"命运"。那么,现在就握紧自己的手,对自己的内心大声说一句:"命运掌握在我自己的手中,而不在别人的手里和嘴里!"

人生需要设计

设定自己的目标，就是要设计自己的人生。目标，无论是生活中的小目标，还是人生中的大目标，都需要精心设计。设计会使我们的人生更加完善，而完善的人生一直都是我们所追求的。不论你是知名企业的总裁，还是普通公司的小职员；不论你已经到了老年，还是正处于花季少年，你都离不开人生设计。

人一生中会做无数次的设计，但如果最大的设计——人生设计没做好，那将是最大的失败。设计人生就是要对人生实行明确的目标管理。如果没有目标，或者目标定位不正确，你的一生必然碌碌无为，甚至是杂乱无章。做好人生设计，很重要的是必须把握两点：一是善于总结，一是善于预测。对过去进行总结和对未来进行设计并不矛盾。只有对自己的过去进行好好的回顾、梳理、反思，才能找出不足，继续发扬优势。这样，在做人生设计时，才能扬长避短，而对未来进行预测，就是说要有前瞻性的观念和能力。假如缺少了前瞻性的观念和能力，人将无法很好地预见自己的未来、预见事物的动态发展变化，也就不可能根据自己的预见进行科学的人生设计。一个没有预见性的人，是不可能设计好人生、走好人生的。

还有一点必须记住，那就是设计好人生的前提是具有自知之明。了解自己，了解环境，这是成功的法则。知己知彼，方能百战不殆。对自己有个详细的了解与估量，才能有的放矢地进行人生设计。在知己知彼以后，需要对自己合理定位。人不是神，有很多不足和缺陷，对自己期望过低、过高都不利于成长。

但设计人生不能盲从，也不能一味地服从与遵从死理。设计目标是为了实现，而不是为了设计而设计。设计只是一种手段，不是我们要的结果。因此，我们需要变通的设计，因事因时因地而变化。设计也不是屈服，设计的主动权要掌握在我们自己的手中——我的人生我做主，用自己手中的画笔在画布上画出美丽的图画。

一切皆有可能

有一家效益相当好的大公司，决定进一步扩大经营规模，高薪招聘营销主管。广告一打出来，报名者蜂拥而至。

众多应聘者接到的并不是什么繁复的面试，而是一道实践性的试题：把木梳卖给和尚。

绝大多数应聘者困惑不解，甚至愤而慨之：出家人剃度为僧，需木梳何用？岂不是神经错乱、拿人开涮吗？没过一会儿，应聘者三五成群接连拂袖而去。

偌大个场地上，最后只剩下 3 个应聘者：小刘、小李和大周。

负责人对剩下的这 3 个应聘者交代："以 10 日为限，届时请各位将销售结果向我汇报。"

10 日的期限转眼就到了，3 位应聘者如期回到公司做汇报。

小刘讲述了自己销售期间的辛苦以及受到众和尚的责骂和追打的委屈。但皇天不负有心人，在下山途中小刘遇上一个正在太阳下使劲挠头皮的小和尚，他顿时灵机一动递上木梳，小和尚用后满心欢喜，就买下了一把。

负责人问小李："那么你卖出多少？"小李答："10 把。"

小李去的是一座名山古寺，由于山高风大，进香者的头发被吹乱了，他找到寺院的住持说："蓬头垢面是对佛的不敬。应在每座庙的香案前放把木梳，供善男信女梳理鬓发。"住持采纳了他的建议，买下了 10 把梳子。

最后是大周，他的答案是 1000 把，负责人大为惊奇，连忙问他整个过程。

原来大周去了一个颇具盛名、香火极旺的深山宝刹，那里朝圣者如云，施主络绎不绝。他给住持提了个建议：凡来进香朝拜的人多有一颗虔诚之心，宝刹应有回赠，以做纪念，保佑其平安吉祥，鼓励其多做善事。我有一批木梳，您的书法超群，可先刻上"积善梳" 3 个字，然后便可做赠品。

大周还给住持出主意：不妨搞一个首次赠送"积善梳"的仪式，隆重其事，让香客感受到一种尊重和善意。住持听了大喜，即时拍板买了大周所有的梳子，并邀请他留下来帮忙组织赠送梳子的仪式。

心灵感悟

世界上常常有这种情况，一般人看起来不可能的事情、认为办不到的事情，只要稍微动一下脑筋，改变一下思路，就会发现成功原来隐藏在不可能的背后。